中国国家标准汇编

2008 年修订-104

中国标准出版社 编

中国标准出版社

北京

图书在版编目（CIP）数据

中国国家标准汇编：2008年修订.104/中国标准出版社编.—北京：中国标准出版社，2010

ISBN 978-7-5066-5625-2

Ⅰ.中…　Ⅱ.中…　Ⅲ.国家标准-汇编-中国-2008　Ⅳ.T-652.1

中国版本图书馆CIP数据核字（2009）第219604号

中国标准出版社出版发行
北京复兴门外三里河北街16号
邮政编码:100045
网址 www.spc.net.cn
电话:68523946　68517548
中国标准出版社秦皇岛印刷厂印刷
各地新华书店经销

*

开本 880×1230　1/16　印张 36.75　字数 1 094 千字
2010年1月第一版　2010年1月第一次印刷

*

定价 200.00 元

出 版 说 明

1.《中国国家标准汇编》是一部大型综合性国家标准全集。自1983年起，按国家标准顺序号以精装本、平装本两种装帧形式陆续分册汇编出版。它在一定程度上反映了我国建国以来标准化事业发展的基本情况和主要成就，是各级标准化管理机构，工矿企事业单位，农林牧副渔系统，科研、设计、教学等部门必不可少的工具书。

2.《中国国家标准汇编》收入我国每年正式发布的全部国家标准，分为"制定"卷和"修订"卷两种编辑版本。

"制定"卷收入上年度我国发布的、新制定的国家标准，顺延前年度标准编号分成若干分册，封面和书脊上注明"20××年制定"字样及分册号，分册号一直连续。各分册中的标准是按照标准编号顺序连续排列的，如有标准顺序号缺号的，除特殊情况注明外，暂为空号。

"修订"卷收入上年度我国发布的、被修订的国家标准，视篇幅分设若干分册，但与"制定"卷分册号无关联，仅在封面和书脊上注明"20××年修订-1,-2,-3,……"字样。"修订"卷各分册中的标准，仍按标准编号顺序排列(但不连续)；如有遗漏的，均在当年最后一分册中补齐。需提请读者注意的是，个别非顺延前年度标准编号的新制定的国家标准没有收入在"制定"卷中，而是收入在"修订"卷中。

读者配套购买《中国国家标准汇编》"制定"卷和"修订"卷则可收齐上一年度我国制定和修订的全部国家标准。

3. 由于读者需求的变化，自1996年起，《中国国家标准汇编》仅出版精装本。

4. 2008年制修订国家标准共5946项。本分册为"2008年修订-104"，收入新制修订的国家标准40项。

中国标准出版社

2009年10月

目　　录

ICS 25.220.10
A 29

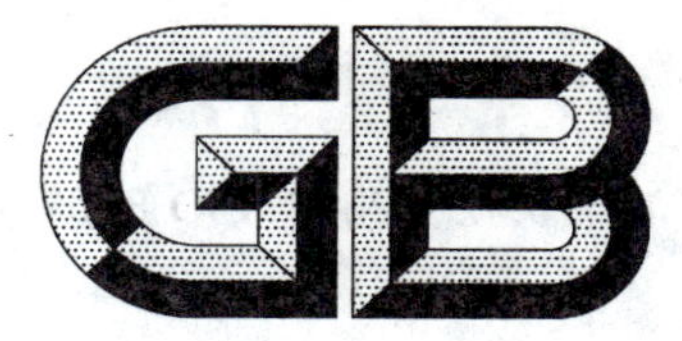

中华人民共和国国家标准

GB/T 18570.12—2008/ISO 8502-12:2003

涂覆涂料前钢材表面处理 表面清洁度的评定试验 第12部分:水溶性铁离子的现场滴定测定法

Preparation of steel substrates before application of paints and related products—Tests for the assessment of surface cleanliness—Part 12: Field method for the titrimetric determination of water-soluble ferrous ions

(ISO 8502-12:2003,IDT)

2008-04-01 发布　　2008-09-01 实施

中华人民共和国国家质量监督检验检疫总局
中国国家标准化管理委员会　发布

前　言

GB/T 18570《涂覆涂料前钢材表面处理　表面清洁度的评定试验》分为下列几部分：

——第1部分：可溶性铁的腐蚀产物的现场试验(技术报告)；

——第2部分：清理过的表面上氯化物的实验室测定；

——第3部分：涂覆涂料前钢材表面的灰尘评定(压敏粘带法)；

——第4部分：涂覆涂料前凝露可能性的评定导则；

——第5部分：涂覆涂料前钢材表面的氯化物测定(离子探测管法)；

——第6部分：可溶性杂质的取样　Bresle法；

——第7部分：油和脂类的现场测定法；

——第8部分：湿气的现场折射测定法；

——第9部分：水溶性盐的现场电导率测定法；

——第10部分：水溶性氯化物的现场滴定测定法；

——第11部分：水溶性硫化物的现场浊度测定法；

——第12部分：水溶性铁离子的现场滴定测定法；

——第13部分：可溶性盐的现场电导率测定法。

本部分为GB/T 18570的第12部分。

本部分等同采用ISO 8502-12:2003《涂覆涂料前钢材表面处理　表面清洁度的评定试验　第12部分：水溶性铁离子的现场滴定测定法》(英文版)。

本部分等同翻译ISO 8502-12:2003。

为便于使用，本部分做了下列编辑性修改：

——“本国际标准”一词改为“本部分”；

——用小数点“.”代替作为小数点的逗号“,”；

——用顿号“、”代替作为分述的逗号“,”；

——删除国际标准的目录、前言和引言；

——为清楚可见，在第4章首段中添加条号“4.1”和条题“概述”，其后条号相应顺延修改；在第7章中添加条号和列项号。

本部分由中国船舶工业集团公司提出。

本部分由全国涂料和颜料标准化技术委员会涂漆前金属表面处理及涂漆工艺分技术委员会归口。

本部分起草单位：中国船舶工业综合技术经济研究院、中国船舶工业第十一研究所。

本部分主要起草人：宋艳媛、刘冰扬、傅建华。

涂覆涂料前钢材表面处理 表面清洁度的评定试验 第12部分:水溶性铁离子的现场滴定测定法

警告:GB/T 18570的本部分规定的方法需要用重铬酸钾溶液进行滴定。虽然这种滴定液的小耗量和低浓度都不足以使其构成危害(如摄取时),但应注意与该滴定液可能污染危害环境方面的有关国家或地方法规。

1 范围

GB/T 18570的本部分规定了表面处理前后钢材表面上的可溶性铁离子的现场滴定测定法。

本方法主要适用于表面杂质的评估。易于非专业人员操作,准确度能满足大多数实用目的。

2 规范性引用文件

下列文件中的条款通过GB/T 18570的本部分的引用而成为本部分的条款。凡是注日期的引用文件,其随后所有的修改单(不包括勘误的内容)或修订版均不适用于本部分,然而,鼓励根据本部分达成协议的各方研究是否可使用这些文件的最新版本。凡是不注日期的引用文件,其最新版本适用于本部分。

GB/T 18570.6—2005 涂覆涂料前钢材表面处理 表面清洁度的评定试验 第6部分:可溶性杂质的取样 Bresle法(ISO 8502-6:1995,IDT)

ISO 3696:1987[1)] 分析实验室用水 规格和试验方法

3 原理

以水作为溶剂,采用Bresle法(见GB/T 18570.6—2005)或其他常规方法对需评估的表面杂质进行移取。移取杂质后,用磷酸对其进行酸化,溶液中的铁离子浓度以重铬酸盐溶液为滴定剂、以二苯胺磺酸盐为指示剂进行滴定测定。

应选择合适的滴定浓度、液滴的大小和测试表面的面积(通常为1 250 mm^2),这样就可以通过滴定的滴数乘以一个简单的转化系数得到可溶性铁离子的表面浓度。

反应式:$Cr_2O_7^{2-} + 6Fe^{2+} + 14H^+ \longrightarrow 2Cr^{3+} + 6Fe^{3+} + 7H_2O$

4 试剂

4.1 概述

在分析期间,所用水至少应满足ISO 3696:1987要求的3级纯度。

注:通常电导率低于0.5 mS/m(5 μS/cm)的蒸馏水或去离子水可满足这种要求。

4.2 磷酸溶液(H_3PO_4)

磷酸溶液为浓度85%的去离子水溶液,体积比是1∶2(1份磷酸的体积对应2份体积的水)。

4.3 指示剂溶液

指示剂溶液为无色的、浓度0.5%的二苯胺磺酸钠去离子水溶液($C_6H_5NHC_6H_4SO_3Na$),保存在A瓶(5.2)中。

---

1) GB/T 6682—1992为非等效于ISO 3696:1987。

为确定指示剂是否被氧化，每年应滴定检查一次，即用该溶液滴定含硫酸盐溶液，例如普通自来水。

4.4 重铬酸钾溶液

重铬酸钾溶液浓度为 $c(K_2Cr_2O_7)=0.002$ mol/L，用于滴定，保存在 B 瓶(5.3)中。

5 设备

5.1 塑料烧杯

塑料烧杯容积适当，通常为 20 mL。

5.2 A 瓶

A 瓶容积约为 30 mL，装有一个可逐滴滴定的指示剂溶液(4.2)、每滴约 0.05 mL 的装置。

5.3 B 瓶

B 瓶容积约为 30 mL，装有一个可逐滴滴定的滴定溶液(4.3)、每滴(0.050±0.002)mL 的装置。

6 钢材表面水溶性杂质的移取

采用 GB/T 18570.6—2005 中规定的 Bresle 法或其他常规方法移取钢材表面的水溶性杂质。

采用 Bresle 法时，若无其他要求，使用型号为 A-1250 的胶贴袋(空腔面积为 1 250 mm^2)。无论胶贴袋的尺寸大小如何，注入胶贴袋空腔内的水溶剂的体积与空腔的面积成正比，为(2.5±0.5) $\mu L/mm^2$。

7 步骤

7.1 按 GB/T 18570.6—2005 中第 5 章规定的步骤，将待分析的含有铁离子的溶液收集在塑料烧杯中(5.1)。

7.2 加入约 1 mL 的指示剂溶液(4.3)，小心地摇晃塑料烧杯，使溶液混合均匀。

7.3 按下列滴定要求测定铁离子浓度：

a) 加入 4 mL 磷酸溶液(4.2)，小心地摇晃塑料烧杯，使溶液混合均匀；

b) 加入作为空白的 1 滴[(0.050±0.002) mL]滴定溶液(4.4)；

c) 缓慢滴加滴定溶液，每滴加一滴之后，应轻微摇晃塑料烧杯溶液，使溶液颜色由无色变为浅灰蓝色直至紫色为止。记录颜色变化所需的滴定数(不包括作为空白加入的第 1 滴)。

注：颜色变化不是很明显，加入更多滴时不会发生更大变化。

8 结果表述

如果使用 A-1250 型胶贴袋，表 1 给出了第 7 章规定的滴定液滴数与铁离子的表面浓度之间的关系。转换系数为每滴 27 mg/m^2。

表 1 滴定结果

按第 7 章要求的滴定数	铁离子的表面浓度 mg/m^2	
	min	max
1	0	27
2	27	54
3	54	81
4	81	108
5	108	135
6	135	162
7	162	189

如果实际使用的胶贴袋的空腔面积不是1 250 mm^2,则将结果乘以1 250和实际使用的胶贴袋空腔面积(单位为mm^2)的比值相乘。

测定结果表示为铁离子的表面浓度值,单位为毫克每平方米(mg/m^2)。

9 精密度

本方法的精密度依据钢材表面铁离子的浓度而定(见表1)。

10 试验报告

试验报告至少应包括下列内容:

a) 本部分标准号(GB/T 18570.12—2008);

b) 标识试验表面必需的所有细节;

c) 从钢材表面移取可溶性杂质的方法;

d) 试验表面的面积;

e) 试验结果,按第8章规定测得的铁离子的表面浓度;

f) 试验日期。

ICS 93.080.30
Q 84

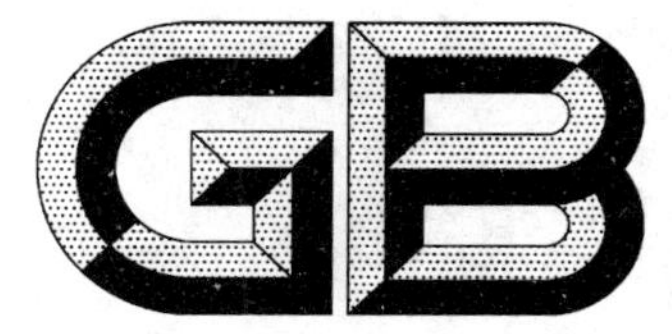

中华人民共和国国家标准

GB/T 18574—2008
代替 GB/T 18574—2001

城市轨道交通客运服务标志

The passenger service signs for urban rail transit

2008-12-23 发布

2009-06-01 实施

中华人民共和国国家质量监督检验检疫总局
中国国家标准化管理委员会 发布

前　言

本标准代替 GB/T 18574—2001《地铁客运服务标志》。

本标准与 GB/T 18574—2001 相比主要内容变化如下：

——变更标准名称为：城市轨道交通客运服务标志；

——将原标准以标志反映信息量（单一标志和组合标志）进行章节划分改为按标志功能（安全标志、导向标志、位置标志、综合信息标志和无障碍标志）进行章节划分；

——对标志的几何形状不作规定（除安全标志）；

——对标志的颜色不作具体规定（除安全标志），增加选择颜色的原则和使用线路标志色的规定；

——增加标志提供信息内容的系统性和连续性的规定；

——增加站外导向标志；

——增加车门位置标志；

——将综合信息（运营时间、轨道交通网络图、线路图、票价表（图）、站内示意图、车站所在街区导向图、实时运营信息、公告）纳入客运服务标志系统；

——增加无障碍标志即轮椅利用者和视觉障碍者使用的标志。

本标准的附录 A 和附录 B 为资料性附录。

本标准由中华人民共和国住房和城乡建设部提出。

本标准由全国城市轨道交通标准化技术委员会（SAC/TC 290）归口。

本标准起草单位：北京市地铁运营有限公司、北京市地下铁道设计研究所、北京市地铁运营有限公司客运公司、天津市地下铁道运营有限公司、深圳市地铁有限公司运营分公司、长春市轨道交通有限责任公司、武汉地铁集团有限公司、上海申通地铁集团有限公司、北京京港地铁有限公司、重庆市轨道交通设计研究院、上海地铁运营有限公司、上海磁浮交通工程技术研究中心、大连公交客运集团有限公司电车分公司、大连现代轨道交通有限公司金马运营分公司、广州市地下铁道总公司、天津滨海快速交通发展有限公司、北京市轨道交通建设管理有限公司、沈阳地铁运营有限公司、杭州市地铁集团有限责任公司。

本标准起草人：王娟、李胜利、李卫军、宋杰、张绍康、徐维亚、刘冰、永秀、曹国利、李军、何斌、陈曼麟、乐梅、王晓军、孙方、吴晶晶、康海燕、李红军、王凌、盛雄伟、宋孚强、薛胜喜、马坚生、陈宇波、王永旗、李彦彬、张锐、吕春娟、吴龙飞、胡晖辉、许艳华、高利军、伍敏、罗超、刘馨、白雪翎、叶永松、李倩、李岩。

本标准所代替标准的历次版本发布情况为：

——GB/T 18574—2001。

城市轨道交通客运服务标志

1 范围

本标准规定了城市轨道交通客运服务标志的基本原则和总体要求，安全标志、导向标志、位置标志、综合信息标志、无障碍标志的内容、形式和设置要求。

本标准适用于城市轨道交通客运服务设施和场所。

2 规范性引用文件

下列文件中的条款通过本标准的引用而成为本标准的条款。凡是注日期的引用文件，其随后所有的修改单(不包括勘误的内容)或修订版均不适用于本标准，然而，鼓励根据本标准达成协议的各方研究是否可使用这些文件的最新版本。凡是不注日期的引用文件，其最新版本适用于本标准。

GB/T 2893.1 图形符号 安全色和安全标志 第1部分:工作场所和公共区域中安全标志的设计原则(GB/T 2893.1—2004,ISO 3864-1:2002,MOD)

GB 2894 安全标志(GB 2894—1996,neq ISO 3864:1984)

GB/T 10001(所有部分) 标志用公共信息图形符号

GB/T 12103 标志用图形符号的制订和测试程序(GB/T 12103—1990,neq ISO 9186:1989)

GB 13495 消防安全标志(GB 13495—1992,neq ISO 6309:1987)

GB/T 14543 标志用图形符号的视觉设计原则

GB/T 15565 图形符号 术语

GB/T 15566.1 公共信息导向系统 设置原则与要求 第1部分:总则

GB 15630 消防安全标志设置要求(GB 15630—1995,neq ISO/TR 7239)

GB/T 15720 中国盲文

GB/T 16159 汉语拼音正词法基本规则

GB 16179 安全标志使用导则

GB/T 16275 地下铁道照明标准

GB/T 16900 图形符号表示规则 总则(GB/T 16900—1997,eqv ISO/IEC 11714-1:1996)

GB/T 16903.1 图形符号表示规则 标志用图形符号 第1部分:图形标志的形成

GB/T 20501(所有部分) 公共信息导向系统 要素的设计原则与要求

GB 50157 地铁设计规范

JGJ 50 城市道路和建筑物无障碍设计规范

3 术语和定义

GB/T 15565确立的以及下列术语和定义适用本标准。

3.1

安全标志 safety sign

通过颜色与几何形状的组合表达通用的安全信息，并且通过附加图形符号表达特定安全信息的标志。

3.2

导向标志 direction sign

由图形标志和(或)文字标志与箭头符号组合形成，用于指示通往预期目的地路线的公共信息标志。

3.3

位置标志 location sign

由图形标志和(或)文字标志形成,用于标明服务设施或服务功能所在位置的公共信息标志。

3.4

综合信息标志 information sign

由图、表、文字所构成的标志,用于表达与服务有关的公共信息。

3.5

无障碍标志 accessibility sign

由专为轮椅利用者(老年人、肢体残疾人、伤病人等)、视觉障碍者使用的图形符号、文字(包括盲文)和有关设备设施等构成,用于提供导向、位置、综合信息服务的标志。

4 基本原则和总体要求

4.1 基本原则

4.1.1 客运服务标志应能给乘客必要的导向、提示和警示,以方便乘客,确保安全,利于客运组织。

4.1.2 客运服务标志应包括安全标志、导向标志、位置标志、综合信息标志,应形成完整的客运服务标志系统。

4.1.3 客运服务标志应规范、协调、清晰、明确、易懂、易辨、易记,设置适当。应根据需要进行及时调整,以利于持续改进和提高服务水平。

4.2 标志的信息内容

4.2.1 标志提供的信息内容应根据乘客的行为模式、路线、区域和乘客需求分级给出,防止信息的不足或过量。

4.2.2 各导向标志之间的信息内容应具有连续性,导向标志应与位置标志形成“导向-位置”系统。

4.2.3 站外导向标志和站口位置标志中表示城市轨道交通的图形应一致。

4.2.4 应根据需要将不同标志进行组合。标志组合时,应通过信息要素的排序或不同尺寸区分信息内容的主次。

4.2.5 重要位置的安全标志、导向标志、位置标志宜独立设置。

4.2.6 标志的信息内容应简明。

4.2.7 标志中应优先使用图形符号。

4.3 标志的版面设计

4.3.1 客运服务标志系统应制定版面设计方案,方案中涉及的要素的设计应符合 GB/T 20501(所有部分)的相关规定。

4.3.2 标志中的图形符号应符合 GB/T 10001(所有部分)的规定。

4.3.3 当需要制定 GB/T 10001(所有部分)中未涉及的图形符号时,应符合 GB/T 12103、GB/T 14543、GB/T 16900 和 GB/T 16903.1 的有关规定。

4.3.4 有方向性的图形符号应避免其方向与实际场景的方向相矛盾。当出现矛盾时,应采用该图形符号的镜像。

4.3.5 图形符号内不得添加文字、数字。

4.3.6 标志中的文字除汉语地名外,应同时使用中、英文两种文字,可根据需要增加其他语种。少数民族自治地区应增设少数民族文字。

4.3.7 标志中的汉语地名应同时使用中文和汉语拼音。汉语拼音应符合 GB/T 16159 的有关规定,不标声调。

4.3.8 标志中的汉字应以《简化字总表》、《第一批异体字整理表》为准，词句、简称等应规范。

4.3.9 标志中的数字应使用阿拉伯数字。

4.3.10 标志中的文字、数字的字体应分别统一，应使用等线体。

4.3.11 标志中文字高度和图形符号尺寸可参照附录 A 确定。

4.3.12 客运服务标志系统应利用不同颜色区分乘车导向标志和出站导向标志。

4.3.13 在实际外部光照或内部照明条件下，标志的底色与图形符号、文字使用的色彩对比应有较大差异。

4.3.14 在城市轨道交通形成网络运输后，标志中应使用线路标志色区分不同线路。

4.3.15 导向标志版面横向布置时：

——箭头指左向(含左上、左下)，图形符号、文字、数字等应位于箭头的右侧，并按重要程度自左向右排列；

——箭头指右向(含右上、右下)，图形符号、文字、数字等应位于箭头左侧，并按重要程度自右向左排列；

——箭头指上向或下向，图形符号、文字、数字等宜位于箭头右侧，并按重要程度自左向右排列。

4.3.16 导向标志版面纵向布置时：

——箭头指下向(含左下、右下)，图形符号、文字、数字等宜位于箭头上方，并按重要程度自上向下排列；

——其他情况，图形符号、文字、数字等均宜位于箭头下方，并按重要程度自上向下排列。

4.3.17 位置标志版面横向布置时，图形符号宜位于左方，文字位于右方。

4.3.18 位置标志版面纵向布置时，图形符号宜位于上方，文字位于下方。

4.3.19 标志版面横向布置时，标志中的排列应中文在上，拼音或英文在下。

4.3.20 标志版面纵向布置时，应中文在右，拼音或英文在左。拼音或英文字符较多时，应顺时针旋转 90°。

4.4 标志的载体

4.4.1 标志的载体可根据标志的种类选用以下形式：

——灯箱：在箱体内部安装照明灯具，通过内部光线的透射显示箱体表面的信息。宜用于疏散标志、重要的导向标志和位置标志；

——牌、板：将信息呈现在牌、板上。宜用于综合信息标志、安全标志和辅助导向标志等；

——电子设备：利用电子显示器(屏)等设备，显示实时信息。宜用于综合信息标志和自动检票等设备的出、入状态标志；

——物体表面：将信息呈现在地面或其他表面。宜用于站台安全线、车门位置标志等。

4.4.2 标志载体的尺寸规格应根据建筑物结构和标志的功能进行规范，规格尺寸不宜繁多。

4.4.3 标志载体应采用安全、环保、耐用、不褪色、防眩光的材料制作，不应使用受潮或遇水变形、变质以及易燃的材料。有触电危险的场所应使用绝缘材料。

4.5 标志的照明

4.5.1 标志的照明可采用外部照明和内部照明。

4.5.2 标志采用外部照明时，标志设置位置的照明条件应符合 GB/T 16275 的有关规定，并应避免反射眩光。

4.5.3 标志采用内部照明时，应避免直接眩光。

4.6 标志的设置与安装

4.6.1 标志可采用以下方式设置：

——悬挂(吸顶):通过拉杆、吊杠等将标志上端与建筑物或其他结构物连接的设置方式;

——落地:通过某种固定方法使标志矗立在地面或建筑物顶面的设置方式;

——附着:采用钉挂、镶嵌、粘贴、喷涂等方法直接将标志的一面或几面贴附在侧墙、物体、地面的设置方式;

——摆放:将标志直接放置在使用处的设置方式。

4.6.2 标志的设置不得侵入相关限界,不得影响乘客正常通行和紧急疏散。

4.6.3 标志应设置在醒目、不被其他物体遮挡的位置。

4.6.4 标志不应与广告等其他图形、文字混设。

4.6.5 重要的导向标志应设置在乘客通行区域各个空间转换点的中线位置,并与乘客流向垂直。

4.6.6 除盲人标志外,标志的设置高度应由成人的平均视高、乘坐轮椅行动不便者的平均视高、观察角、观察距离、建筑结构、列车车窗高度等因素决定。观察角和偏移角应符合 GB/T 15566.1 的有关规定。

4.6.7 标志的依托物应稳固。

5 安全标志

5.1 城市轨道交通安全标志应包括禁止标志、警告标志、提示标志和消防安全标志(参见图 1~图 4)。

图 1 禁止标志

图 2 警告标志

图 3　提示标志

图 4　消防标志

5.2　安全标志的图形符号、标志形状、颜色和设置要求应符合 GB 2894、GB 13495、GB 15630、GB 16179 的有关规定。

5.3　站台安全线应符合 GB 50157 的有关规定。

5.4　城市轨道交通地下设施的疏散指示标志应符合 GB 50157 的有关规定。

5.5　制定 GB 2894 和 GB 13495 中没有的图形符号时，应符合 GB/T 2893.1、GB/T 12103、GB/T 14543、GB/T 16900 和 GB/T 16903.1 的有关规定。

6　导向标志

6.1　站外导向标志

6.1.1　宜在轨道交通车站周边 500 m 左右范围内的公交车站、商业设施、交叉路口等人流密集的地点连续设置。

6.1.2　站外导向标志信息内容应包括箭头和城市轨道交通位置标志；宜包括线路名称及线路标志色和车站名称；可包括距车站的距离等。

6.1.3　站外导向标志中的城市轨道交通位置标志应符合相关国家现行标准的规定，不得使用企业徽标代替。

6.2　乘车、换乘导向标志

6.2.1　乘车导向标志应设置在车站出入口、通道、站厅等通往站台通行区域的相应位置。换乘导向标志应设置在换乘站台通往目的站台通行区域的相应位置。当通行区域行程大于 30 m 时，宜重复设置。

6.2.2　地面或侧墙上的附着式乘车、换乘导向标志可作为辅助导向标志，其颜色应使用线路标志色。

6.2.3　乘车、换乘导向标志信息内容应包括箭头、线路名称及线路标志色；宜包括文字注释等（参见图 5、图 6、图 7）。

图 5　乘车导向标志

图 6 乘车、换乘导向标志示意图

图 7 换乘、出站导向标志示意图

6.3 客运服务设施导向标志

6.3.1 自动售票机、自动查询机、自动充值机、乘客服务中心、自动扶梯、自动步道、楼梯、升降梯等导向标志应设置在乘客通往该设施的通行区域的相应位置。

6.3.2 自动扶梯、自动步道、楼梯、升降梯导向标志可与乘车、换乘、出站导向标志组合。

6.3.3 客运服务设施导向标志信息内容应包括箭头、图形符号;可包括文字注释等(参见图 8、图 9)。

图 8 售票设施导向标志

图 9 自动扶梯、楼梯、升降梯导向标志

6.4 检(验)票设施导向标志

6.4.1 检(验)票设施导向标志可根据实际运营需要选择设置。

6.4.2 需要检(验)票设施导向标志时,检(验)票设施导向标志应设置在站厅非付费区的乘客通往自动检(验)票设备或人工检(验)票口的通行区域的相应位置。

6.4.3 检(验)票设施导向标志信息内容应包括箭头、文字注释等(参见图 10)。

图 10 检(验)票设施导向标志

6.5 站台导向标志

6.5.1 站台导向标志应设置在乘客通往站台的通行区域的相应位置。

6.5.2 站台导向标志信息内容应包括箭头、列车行进方向的文字注释;可包括线路名称及线路标志色等(参见图 11)。

图 11 站台导向标志

6.6 列车运行方向导向标志

6.6.1 列车运行方向导向标志应根据站台形式和结构设置在站台的侧墙、立柱或屏蔽门或站台边缘上方等位置。

6.6.2 站台上用于列车内乘客视读的列车运行方向导向标志设置的位置应使乘客都能够透过车窗视读。

6.6.3 列车运行方向导向标志信息内容应包括箭头、下一站站名、本站站名;宜包括线路标志色;可包括上一站站名(参见图 12、图 13)。

6.6.4 本站站名的字号应大于下一站站名和上一站站名的字号,下一站站名宜比上一站站名醒目。

图 12 列车运行方向导向标志

图 13 列车运行方向导向标志

6.7 出站导向标志

6.7.1 出站导向标志应设置在站台通往出入口的通行区域的相应位置。当通行区域行程大于 30 m 时,可重复设置。

6.7.2 出站导向标志信息内容应包括箭头、出入口编号;宜包括车站周边信息、文字注释、方位(参见图 14、图 15)。

图 14 出站导向标志

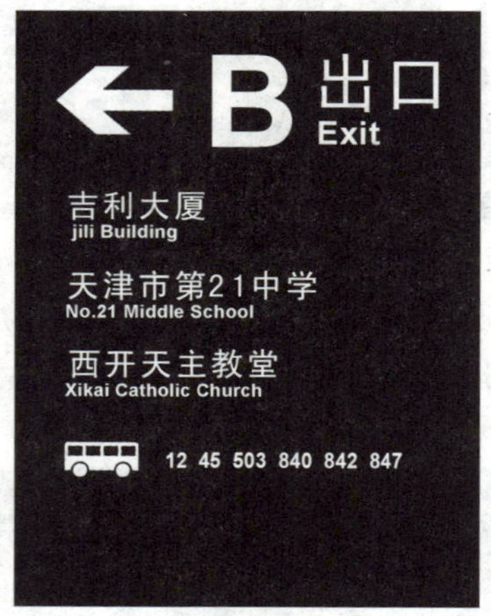

图 15 出站导向标志

6.8 公共服务设施导向标志

6.8.1 卫生间、公共电话、信息查询机、警务室等导向标志应设置在乘客通往该设施的通行区域的相应位置。

6.8.2 公共服务设施导向标志信息内容应包括箭头、图形符号；可包括文字注释等（参见图 16）。

图 16 卫生间导向标志

7 位置标志

7.1 城市轨道交通位置标志

7.1.1 城市轨道交通位置标志应设置在车站出入口的醒目位置。

7.1.2 城市轨道交通位置标志信息内容应包括表示城市轨道交通的图形；可包括文字注释等。

7.1.3 城市轨道交通位置标志中表示城市轨道交通的图形应符合相关国家标准的规定，不得用企业徽标代替。

7.1.4 在城市轨道交通位置标志中增加企业徽标时，表示城市轨道交通的图形应布置在主要位置，企业徽标应布置在次要位置；企业徽标的面积不得大于表示城市轨道交通的图形面积的三分之一。

7.2 车站位置标志

7.2.1 车站位置标志应设置在车站出入口的醒目位置。

7.2.2 车站位置标志信息内容应包括车站名称、线路名称及线路标志色；宜包括出入口编号、文字注释等（参见图 17）。

图 17 车站位置标志

7.2.3 车站位置标志可与城市轨道交通位置标志组合设置。

7.3 客运服务设施位置标志

7.3.1 自动售票机、自动查询机、自动充值机、乘客服务中心、升降梯等位置标志应设置在相应设施的上方或附近位置。

7.3.2 客运服务设施位置标志信息内容应包括图形符号、文字注释(参见图18)。

图18 乘客服务中心位置标志

7.4 检(验)票设施位置标志

7.4.1 检(验)票设施位置标志宜设置在检(验)票设施的上方。

7.4.2 根据运营需要改变检(验)票设施闸口的出/入状态时,检(验)票设施位置标志应能随之显示各闸口的出/入状态。

7.4.3 在发生紧急情况时,检(验)票设施位置标志显示闸口出/入状态信息应与乘客疏散方向一致。

7.4.4 检(验)票设施位置标志信息内容应包括图形符号或文字注释(参见图19)。

7.4.5 轮椅通路宜使用无障碍图形符号。

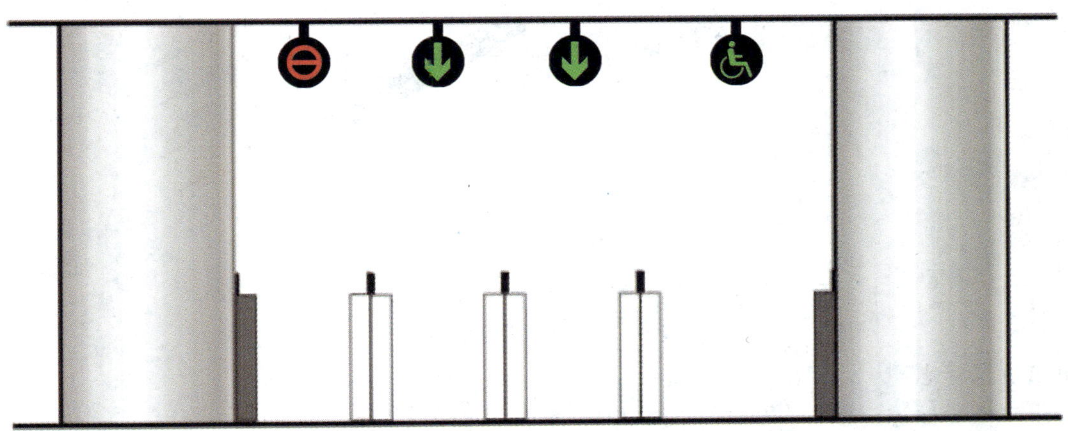

图19 检(验)票设施位置标志示意图

7.5 站台站名标志

7.5.1 站台站名标志应根据站台形式和结构设置在站台的上方、侧墙、站柱等位置。

7.5.2 用于列车上的乘客视读的站台站名标志的设置位置应能够使乘客透过车窗视读。

7.5.3 站台站名标志信息内容应包括本站站名;宜包括线路标志色等(参见图20)。

图20 站台站名标志

7.6 车门位置标志

7.6.1 车门位置标志应设置在站台的列车停车后车门所在位置的地面或屏蔽门上。

7.6.2 车门位置标志信息内容应包括图案;宜包括箭头图形符号。

7.6.3 车门位置标志设置在地面时,应设置在站台安全线以内;引导乘客上下车箭头方向应表示中间下车,两侧上车(参见图21)。

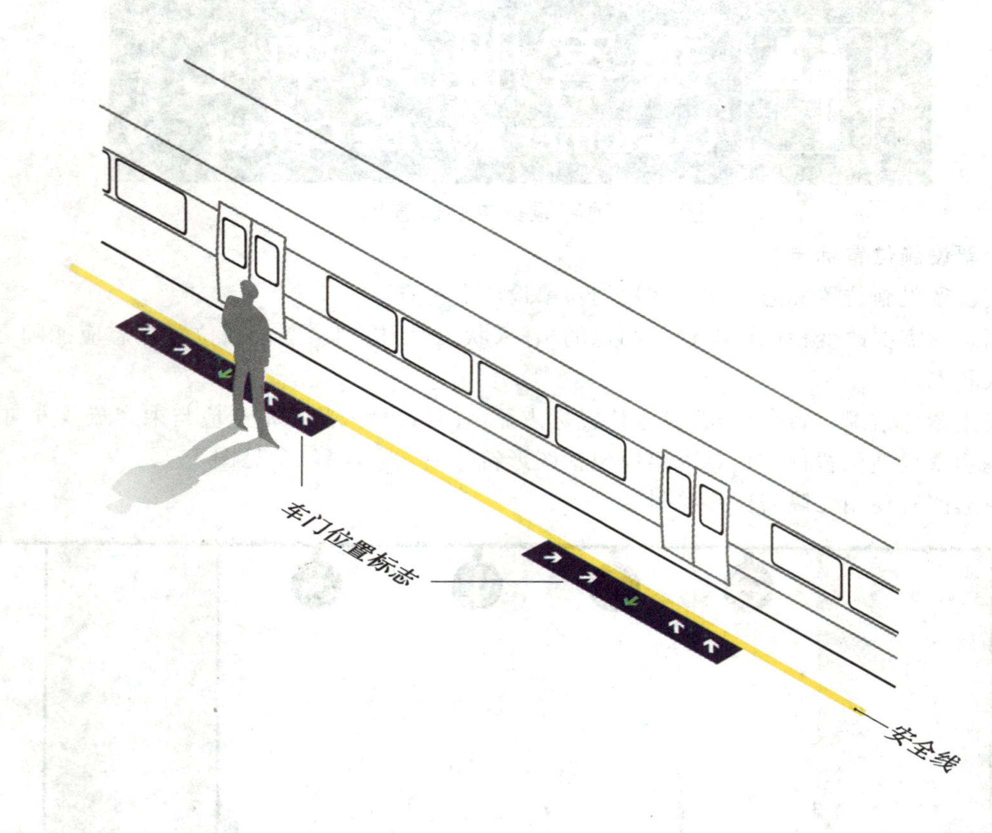

图21 车门位置标志示意图

7.7 出口位置标志

7.7.1 出口位置标志应设置在出入口内的相应位置。

7.7.2 出口位置标志信息内容应包括出入口编号、文字注释;宜包括周边地理信息、方位(参见图22)。

图22 出口位置标志

7.8 公共服务设施位置标志

7.8.1 卫生间、公共电话、信息查询机、警务室等位置标志应设置在相应设施的上方位置。

7.8.2 公共服务设施位置标志信息内容应包括公共服务设施图形符号;可包括文字注释。

8 综合信息标志

8.1 运营时间

8.1.1 运营时间应包括本站首末车时间、车站开/关门时间。在城市轨道交通形成网络运输后，轨道交通运营时间表上还应包括轨道交通线路运营时间(参见图 23、图 24)。

图 23 本站首末车时间、开/关门时间

北京地铁线路运营时间表

线路	始发站 → 终点站	首班车	末班车
1	苹果园 → 四惠东	5: 10	22: 55
	四惠东 → 苹果园	5: 05	23: 15
2	西直门(外环)	5: 10	22: 15
	西直门(外环)	5: 10	23: 00
	积水潭(内环)	5: 03	22: 01
	积水潭(内环)	5: 03	22: 45
13	西直门 → 东直门	6: 00	21: 30
	西直门 → 霍营		22: 30
	东直门 → 西直门	6: 00	21: 30
	东直门 → 霍营		22: 30
BT	四惠 → 土桥	6: 00	22: 45
	土桥 → 四惠	5: 20	22: 05

图 24 轨道交通线路运营时间

8.1.2 本站首末车时间、车站开/关门时间、轨道交通线路运营时间表宜设置在车站的出入口等适当位置。

8.1.3 轨道交通线路运营时间宜设置车厢等处。

8.2 轨道交通线路网络图

8.2.1 轨道交通线路网络图宜设置在车站的出入口内、通道、售票机(处)、站台、车厢等适当位置。

8.2.2　轨道交通线路网络图中的各条线路应使用标志色。

8.2.3　轨道交通线路网络图中可突出标注本站，图中的换乘车站应区别于非换乘车站(参见图25)。

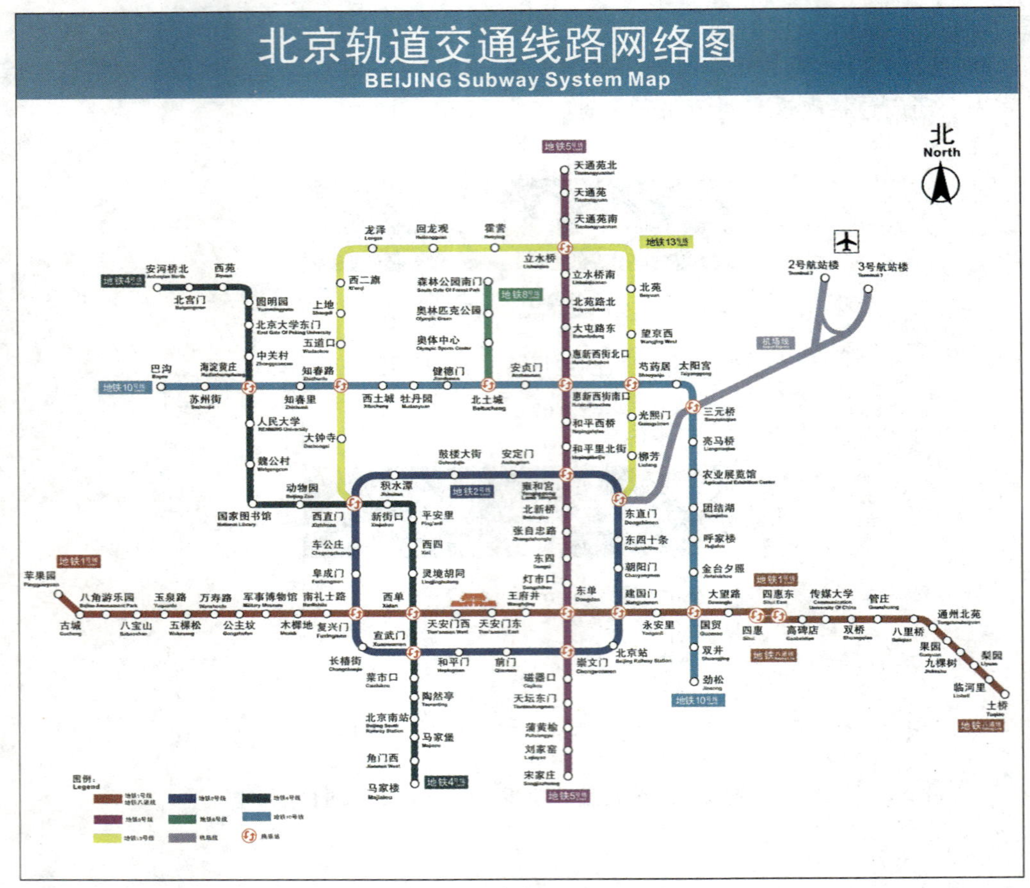

图 25　轨道交通线路网络图

8.3　线路图

8.3.1　宜设置在车站的出入口内、通道、售票机(处)、站台、车厢等适当位置。

8.3.2　线路图中的各条线路应使用标志色。

8.3.3　线路图中应突出标注本站，图中的换乘车站应区别于非换乘车站(参见图26)。

8.3.4　站台上和车厢里的线路图可与列车运行方向标志结合。

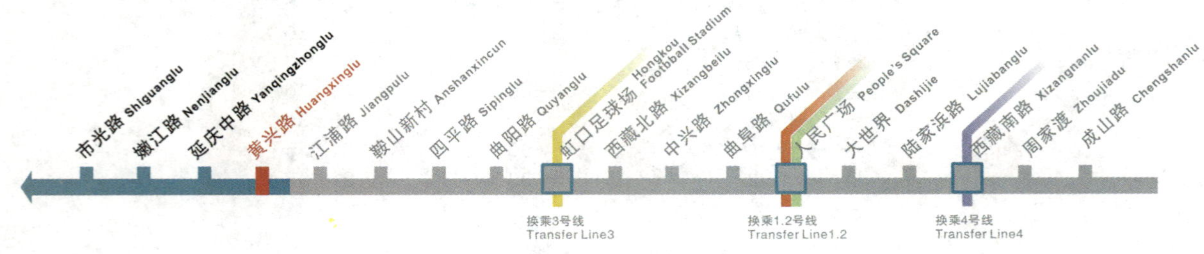

图 26　线路图

8.4　票价表(图)

8.4.1　票价表(图)应设置在售票机(处)附近。

8.4.2　实行计程票价制时，票价表(图)应突出标注出本站，并标注从本站到达各站的票价。

8.5　站内示意图

8.5.1　站内示意图应设置在车站的站厅、站台等适当位置。

8.5.2　站内示意图应提供车站功能区域分布、服务设施分布等信息。

8.5.3 站内示意图应标注乘客的当前位置。

8.5.4 站内示意图中信息的方位应与乘客所在位置的实际场景一致(参见图 27)。

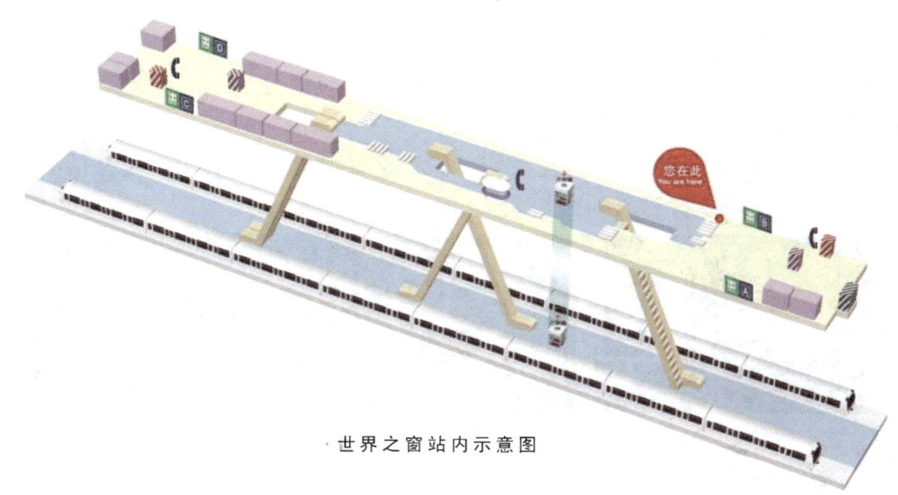

图 27 站内示意图

8.6 车站所在街区导向图

8.6.1 车站所在街区导向图宜设置在站台和站台通往出入口的通行区域的适当位置。

8.6.2 车站所在街区导向图应包括车站周边道路、主要公共服务机构、著名景区、轨道交通与其他交通工具换乘等重要信息(参见图 28)。

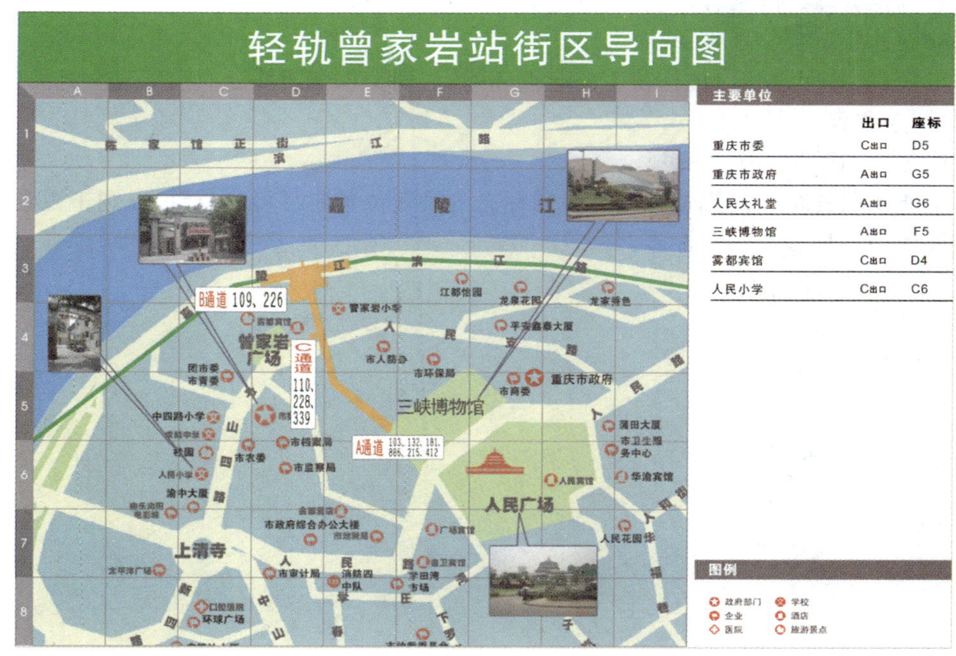

图 28 车站所在街区导向图

8.7 实时运营信息

8.7.1 实时运营信息宜在站台、车厢等处发布。

8.7.2 发布的实时运营信息宜包括全线运营信息、车站运营信息、列车运营信息等。

8.8 公告

8.8.1 公告宜设置在出入口、通道、站厅、站台、车厢等适当位置。

8.8.2 公告宜发布乘客在轨道交通公共场所应注意的事项、通知等信息。

9 无障碍标志

9.1 无障碍设施导向标志

9.1.1 无障碍设施导向标志应设置在通往无障碍设施(无障碍通路、自动检票机轮椅通路、升降梯、专用厕所、列车轮椅席等)的通行区域的相应位置。

9.1.2 无障碍设施导向标志信息内容应包括箭头、无障碍设施图形符号;可包括文字注释等(参见图29)。

图29 专用电梯导向标志

9.2 无障碍设施位置标志

9.2.1 无障碍设施位置标志应设置在无障碍设施(无障碍通路、自动检票机轮椅通路、升降梯、专用厕所、列车轮椅席等)的上方等相应位置(参见图19)。

9.2.2 无障碍设施位置标志信息内容应包括无障碍设施图形符号;可包括文字注释。

9.3 视觉障碍者标志

9.3.1 车站出入口至站台候车处应连续铺设用于引导视觉障碍者步行的盲道;合理设置行进盲道和提示盲道,以利于有视觉障碍的乘客顺利、安全地完成进站—乘车—出站的全过程。

9.3.2 盲道的设计应符合JGJ 50的规定。

9.3.3 车站出入口、站厅、站台、楼梯扶手的起点和终点、列车内车门等处应设置盲文触摸信息牌,可设置声音提示等信息装置。

9.3.4 盲文应符合GB/T 15720的规定。

9.3.5 轨道交通线路各车站的视觉障碍者专用标志的设置位置应尽可能一致,以利于视觉障碍者掌握设置规则,帮助他们发现和使用此标志。

附 录 A
(资料性附录)
中文字高与观察距离对应表、图形符号高度与观察距离对应表

表 A.1 标志中文字高度与观察距离对应表

观察距离	汉字字高	英文字高
30 m	≥120 mm	≥90 mm
20 m	≥80 mm	≥60 mm
10 m	≥40 mm	≥30 mm
4 m~5 m	≥20 mm	≥15 mm
1 m~2 m	≥9 mm	≥7 mm

表 A.2 标志图形符号高度与观察距离对应表

观察距离	图形符号高度
15 m	≥150 mm
15 m~30 m	≥180 mm
30 m~38 m	≥200 mm

附 录 B
（资料性附录）
城市轨道交通客运服务标志中文名称索引

表 B.1

序 号	标志名称	条 号
1	安全标志	5
2	导向标志	6
3	站外导向标志	6.1
4	乘车、换乘导向标志	6.2
5	客运服务设施导向标志	6.3
6	检票设施导向标志	6.4
7	站台导向标志	6.5
8	列车运行方向导向标志	6.6
9	出站导向标志	6.7
10	公共服务设施导向标志	6.8
11	无障碍设施导向标志	6.9
12	位置标志	7
13	城市轨道交通位置标志	7.1
14	车站位置标志	7.2
15	客运服务设施位置标志	7.3
16	检票设施位置标志	7.4
17	站台站名标志	7.5
18	车门位置标志	7.6
19	出口位置标志	7.7
20	公共服务设施位置标志	7.8
21	无障碍设施位置标志	7.9
22	综合信息标志	8
23	运营时间	8.1
24	轨道交通线路网络图和线路图	8.2
25	票价表(图)	8.3
26	站内示意图	8.4
27	车站所在街区导向图	8.5
28	实时运营信息	8.6
29	公告	8.7
30	无障碍标志	9

ICS 53.100
P 97

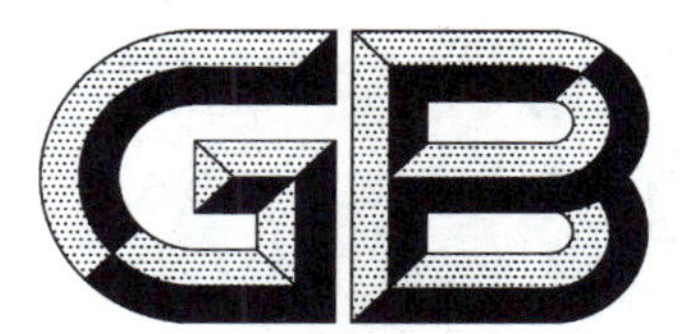

中华人民共和国国家标准

GB/T 18577.1—2008/ISO 6746-1:2003
代替 GB/T 18577.1—2001

土方机械 尺寸与符号的定义 第1部分:主机

Earth-moving machinery—Definitions of dimensions and codes—Part 1:Base machine

(ISO 6746-1:2003,IDT)

2008-08-26 发布 2009-02-01 实施

中华人民共和国国家质量监督检验检疫总局
中国国家标准化管理委员会 发布

前　言

GB/T 18577《土方机械　尺寸与符号的定义》分为两个部分：

——第1部分：主机；

——第2部分：工作装置和附属装置。

本部分为GB/T 18577的第1部分，本部分等同采用ISO 6746-1:2003《土方机械　尺寸与符号的定义　第1部分：主机》(英文版)。

本部分等同翻译ISO 6746-1:2003。

为便于使用，本部分做了下列编辑性修改：

——"本国际标准"一词改为"本部分"；

——删除了国际标准的前言；

——对ISO 6746-1:2003中引用的国际标准，用已被采用为我国的标准代替对应的国际标准。

本部分代替GB/T 18577.1—2001《土方机械　尺寸的定义和符号　第1部分：主机》。

本部分与GB/T 18577.1—2001相比，主要变化如下：

——标准名称由"土方机械　尺寸的定义和符号　第1部分：主机"改为"土方机械　尺寸与符号的定义　第1部分：主机"；

——对标准的英文名称进行了相应修改；

——将原3.1"三维坐标系统"的内容和附录A合并为3.1"三维坐标系统"，并对标准的内容进行了相应修改；

——调整和修改了附录的内容。

本部分的附录A、附录B、附录C、附录D和附录E为规范性附录。

本部分由中国机械工业联合会提出。

本部分由全国土方机械标准化技术委员会(SAC/TC 334)归口。

本部分起草单位：天津工程机械研究院。

本部分主要起草人：李广庆、尚海波。

本部分所代替标准的历次版本发布情况为：

——GB/T 18577.1—2001。

土方机械　尺寸与符号的定义
第1部分:主机

1　范围

GB/T 18577 的本部分规定了土方机械的主机的尺寸与符号的定义,并规定了用于尺寸定义的坐标系统、编码系统、术语标准和商业规格中相应的尺寸。

本部分适用于 GB/T 8498 所定义基本类型的土方机械的主机。

2　规范性引用文件

下列文件中的条款通过 GB/T 18577 的本部分的引用而成为本部分的条款。凡是注日期的引用文件,其随后所有的修改单(不包括勘误的内容)或修订版均不适用于本部分,然而,鼓励根据本部分达成协议的各方研究是否可使用这些文件的最新版本。凡是不注日期的引用文件,其最新版本适用于本部分。

GB/T 8498　土方机械　基本类型　识别、术语和定义(GB/T 8498—2008,ISO 6165:2006,IDT)

GB/T 18577.2　土方机械　尺寸与符号的定义　第2部分:工作装置和附属装置(GB/T 18577.2—2008,ISO 6746-2:2003,IDT)

3　术语和定义

GB/T 8498 确立的以及下列术语和定义适用于 GB/T 18577 的本部分。

3.1

三维坐标系统　three-dimensional reference system

用于定义土方机械尺寸的三维坐标系统,见图1。

3.1.1

零 *Y* 平面　zero *Y* plane

通过机器纵向中心线的垂直平面。

3.1.2

***X* 平面　*X* plane**

任一与 *Y* 平面正交的垂直平面。

3.1.3

***Z* 平面　*Z* plane**

任一与 *X* 平面和 *Y* 平面正交的水平平面。

3.1.4

正坐标　positive coordinate

零 *X* 平面的前方,零 *Y* 平面的右方和零 *Z* 平面的上方均为正方向。

注1:*X*、*Y*、*Z* 轴(零平面上)的交点应位于有明确定义的基准点上(如座椅标定点;发动机曲轴中心线;推土机驱动轮或后桥中心线;整机测量为地平线)。

注2:若只表示一个部件(发动机、座椅),则从 *X*、*Y*、*Z* 轴(零平面上)交点起的坐标轴方位应在部件相对机器处于正常位置时(发动机的第一个缸对着机器的前方;座椅面向前方)确定为正方向。

注3:若表示一台机器或其工作装置,则应表明机器处于从右向左的行驶方位。

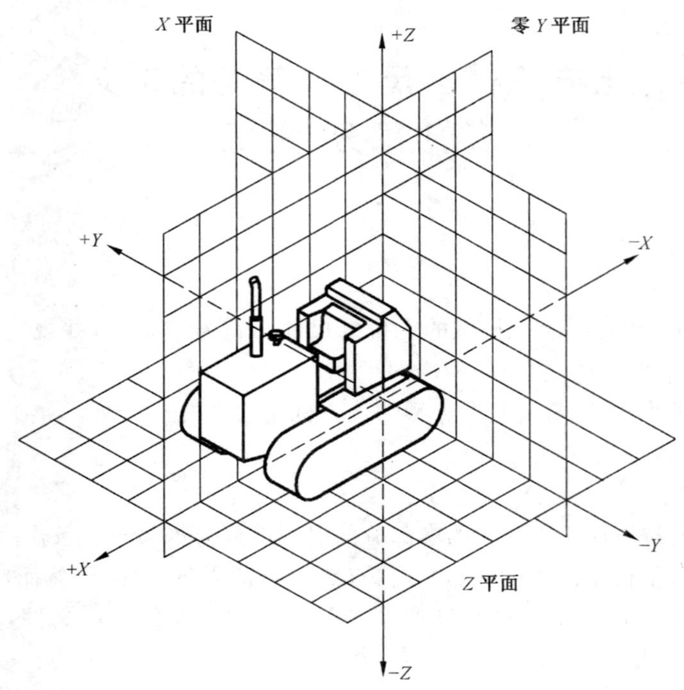

图 1　三维坐标系统

3.2

基准地平面(GRP)　ground reference plane(GRP)

测量时机器应停放在该平面。对主机应是坚硬的水平面;对工作装置和附属装置应是坚硬的水平平面或压实的地面。

注:该平面依据机器及其工作装置和附属装置的特定用途而定。当特定的国家术语标准或商业规格修订时需要重新定义。

3.3

主机　base machine

不带有工作装置或附属装置的机器,但包括安装工作装置和附属装置所必需的连接件,如需要,可带有司机室、机棚和司机保护结构。

4　总则

附录 A～附录 E,三维坐标系统应用图例和第 5 章对尺寸与符号的规定,给出了主机的尺寸与符号。工作装置和附属装置的尺寸与符号的定义在 GB/T 18577.2 中给出。

在附录中不详细给出举例。在专用术语标准或商业规范中定义和确定其他土方机械的主机尺寸和制定符号时,应使用同样的基本原则。

应使用三维坐标系统确定此类尺寸。

5　编码系统

每个尺寸由一个大写字母和参考数字组成的符号表示。

应使用一个大写字母按下列要求给出主机尺寸和类别:

H——高度尺寸(见附录 A);

W——宽度尺寸(见附录 B);

L——长度尺寸(见附录C);

R——半径尺寸(见附录D);

A——角度尺寸(见附录E)。

根据特定土方机械的主机的发展需要,可以在一个标准或商业规格中增加更多参考数字。

附 录 A
(规范性附录)
高度尺寸

本附录定义了主机的高度尺寸及其特定的符号。

符号	术语和定义	图例
$H1$	**最大高度 maximum height** 在 Z 坐标上,基准地平面至装有司机室或司机保护结构(例如 ROPS)的机器的最高点之间的距离,包括停放在不能穿透的坚硬平面上的履刺	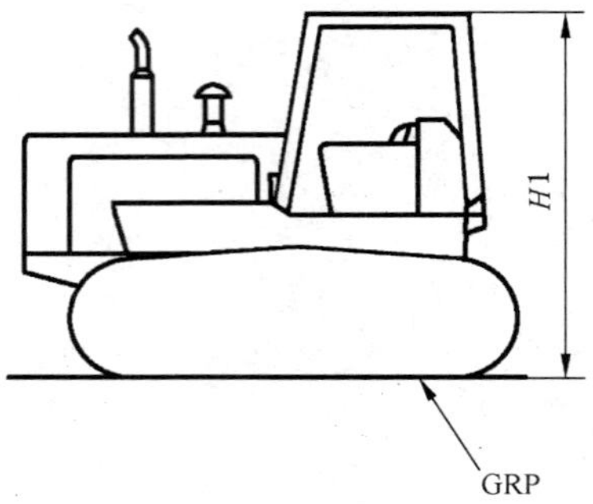 H1 GRP
$H2$	**最大高度(不带司机室或 ROPS)** **maximum height without cab or ROPS** 在 Z 坐标上,基准地平面至不带司机室或司机保护结构(例如 ROPS)的机器的最高点之间的距离,包括停放在不能穿透的坚硬平面上的履刺	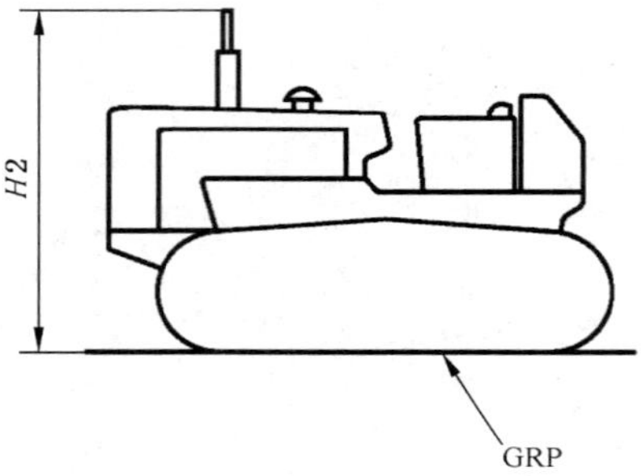 H2 GRP
$H3$	**运输高度 shipping height** 在 Z 坐标上,拆除了通常在运输时要拆卸的部件之后,基准地平面至机器的最高点之间的距离	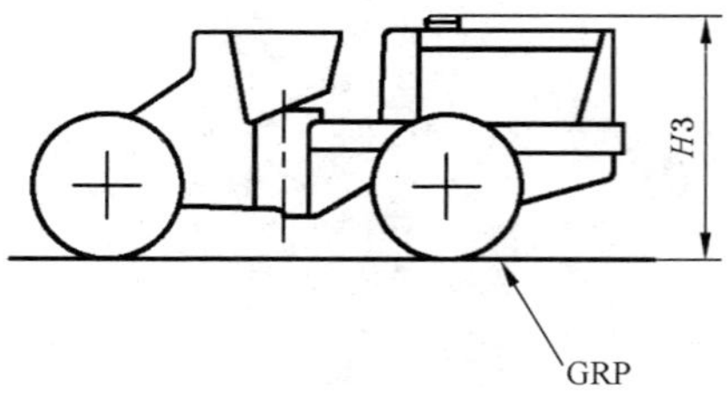 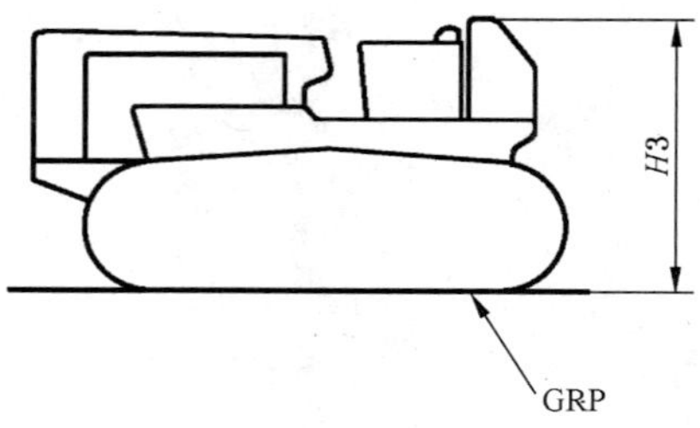 H3 GRP H3 GRP

表（续）

符号	术语和定义	图　　例
$H\ 4$	**离地间隙　ground clearance** 在 Z 坐标上，基准地平面至机器中部的最低点之间的距离，减去尺寸 $H\ 5$ 注：机器中部定义为零 Y 平面至任一侧的距离为履带中心距（$W\ 2$）或轮距（$W\ 3$）的 25% 的区域。	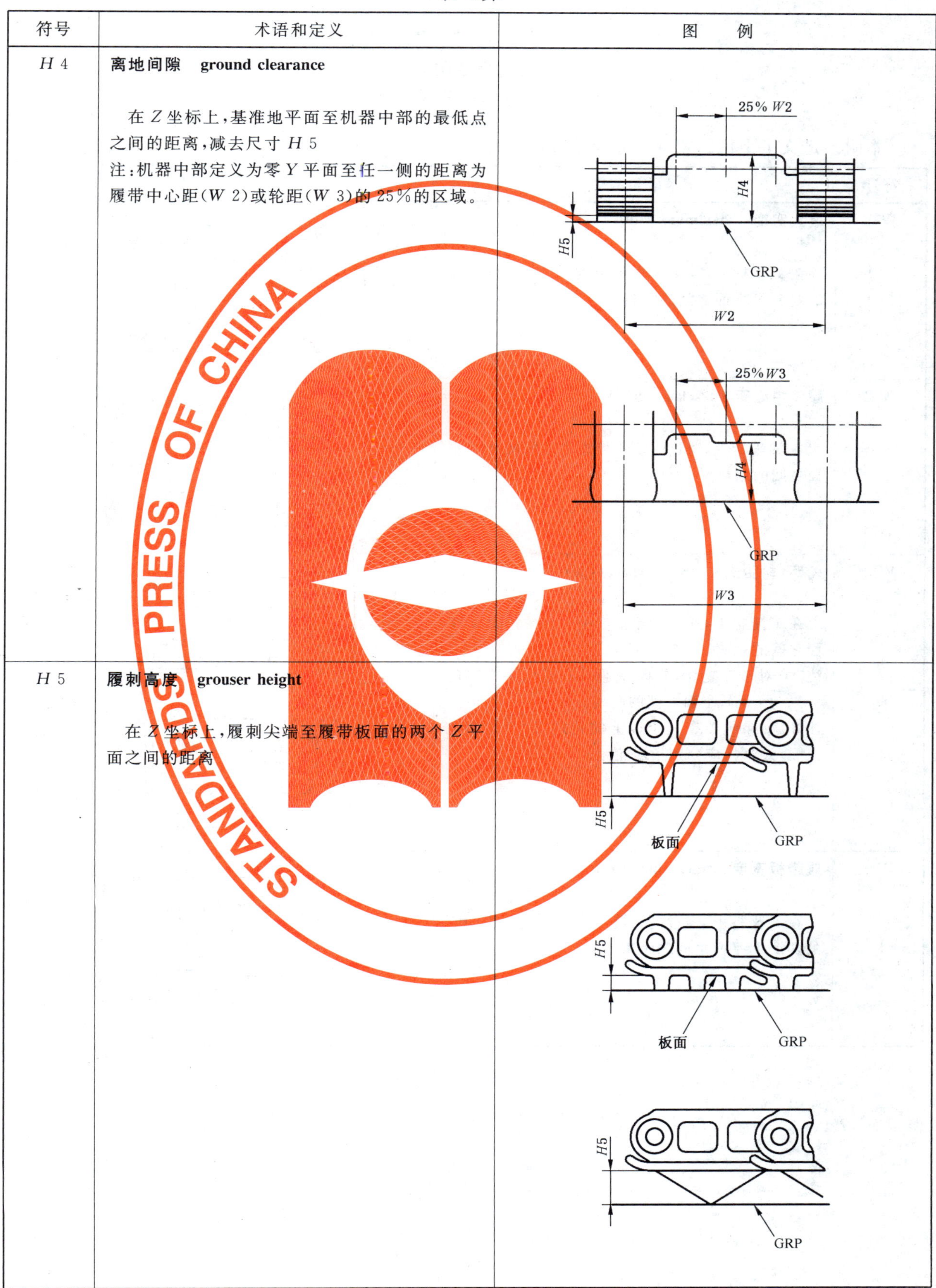
$H\ 5$	**履刺高度　grouser height** 在 Z 坐标上，履刺尖端至履带板面的两个 Z 平面之间的距离	

附 录 B
(规范性附录)
宽度尺寸

本附录定义了主机的宽度尺寸及其特定的符号。

符号	术语和定义	图 例
W 1	**最大宽度 maximum width** 在 Y 坐标上,零 Y 平面的两侧通过机器最远点的两个 Y 平面之间的距离	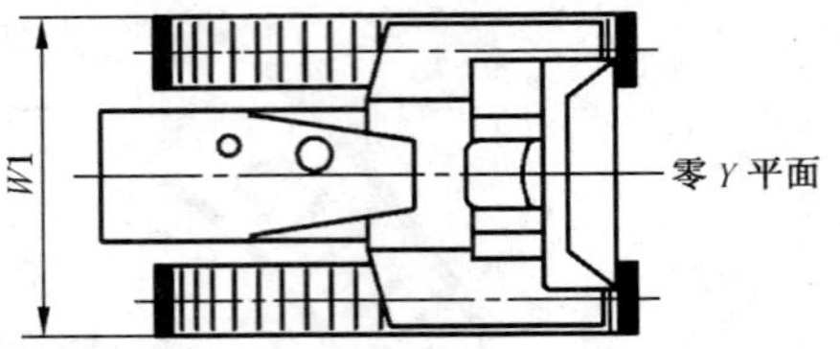 W1 零 Y 平面
W 2	**履带中心距 track gauge** 在 Y 坐标上,通过驱动轮齿宽中心的两个 Y 平面之间的距离	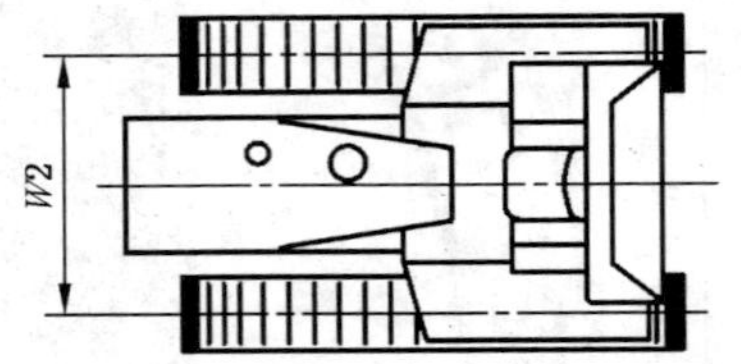 W2
W 3	**轮距(轮胎式) tread(wheel type)** 在 Y 坐标上,通过轮胎宽度中心线的两个 Y 平面之间的距离 注 1:对于双轮胎,轮距是通过双轮胎中心线的两个 Y 平面之间的距离。 注 2:如果机器有一个以上的轮距尺寸(轮胎轨迹)时,应分别指出轮距。	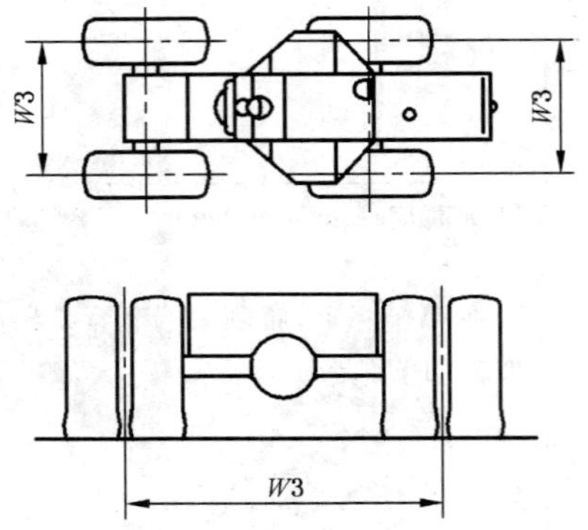 W3 W3 W3
W 4	**履带板宽度 track shoe width** 在 Y 坐标上,通过同一履带板上的最大横向点的两个 Y 平面之间的距离	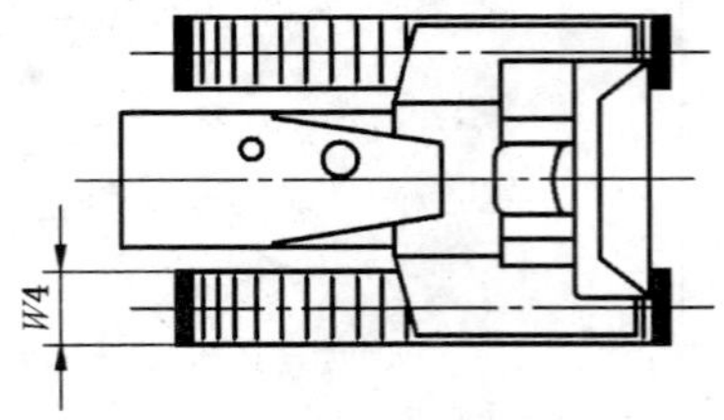 W4

附　录　C
（规范性附录）
长 度 尺 寸

本附录定义了主机的长度尺寸及其特定的符号。

符号	术语和定义	图　　例
L 1	**最大长度　maximum length** 在 *X* 坐标上，通过机器前、后最远点的两个 *X* 平面之间的距离	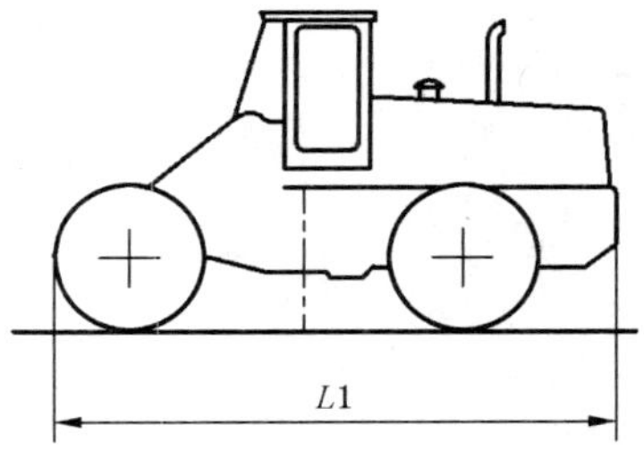 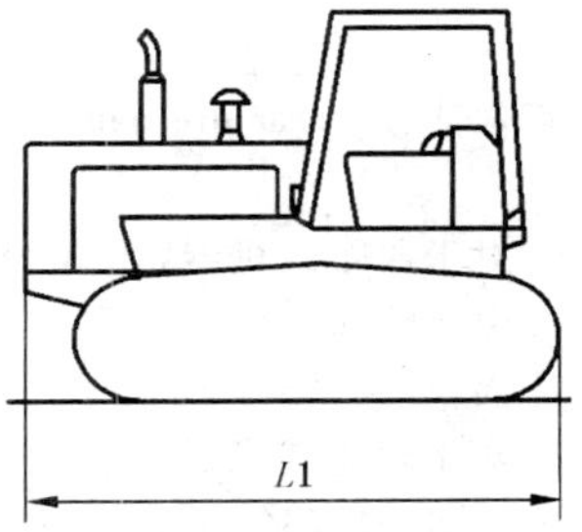 L1 L1
L 2	**履带接地长度　crawler base** 履带轴距 在 *X* 坐标上，通过驱动轮（或后引导轮）轴心和前引导轮轴心的两个 *X* 平面之间的距离	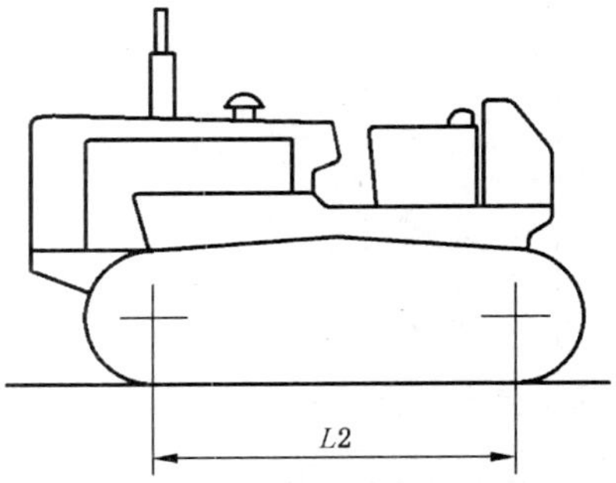 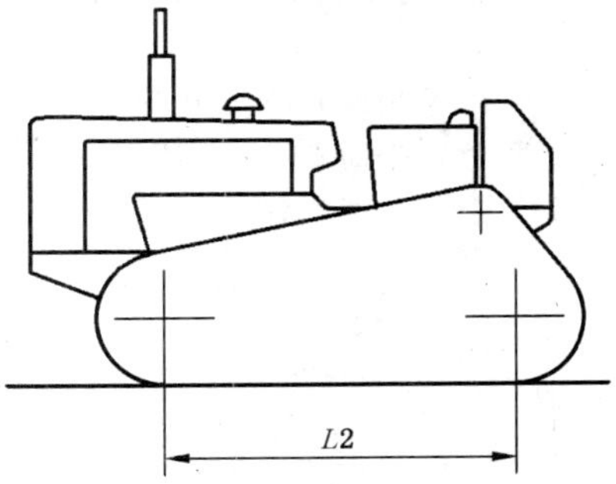 L2 L2

表（续）

符号	术语和定义	图例
$L\ 3$	**轴距　wheel base** 在 X 坐标上，当机身和各轮都在同一直线方向时，通过机器的前轮中心和后轮中心的两个 X 平面之间的距离 注：当机器装有双后桥时，后轮的中心是双后轮两轴线之间的中心线。	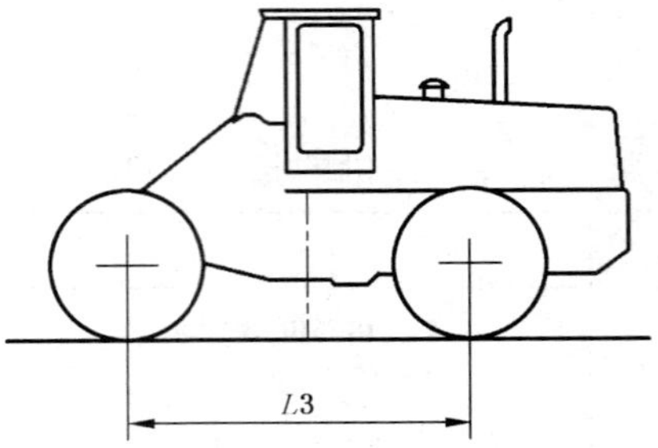 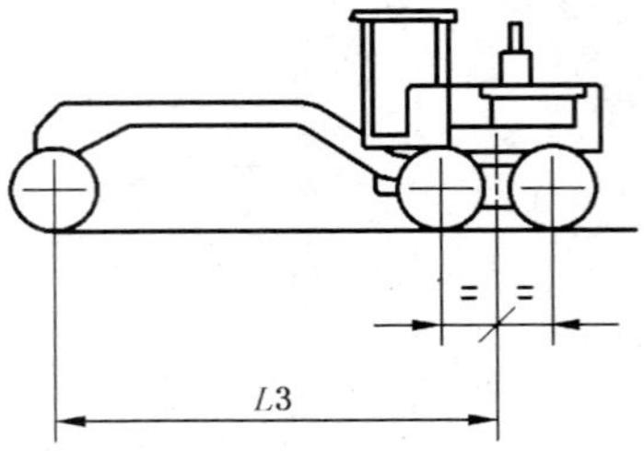 L3 = = L3
$L\ 4$	**后伸部分　rear overhang** 对于履带式机器，在 X 坐标上，通过驱动轮或后引导轮轴心和机器后部的两个 X 平面之间的距离 对于轮胎式机器，在 X 坐标上，通过后轮中心和机器的后部的两个 X 平面之间的距离	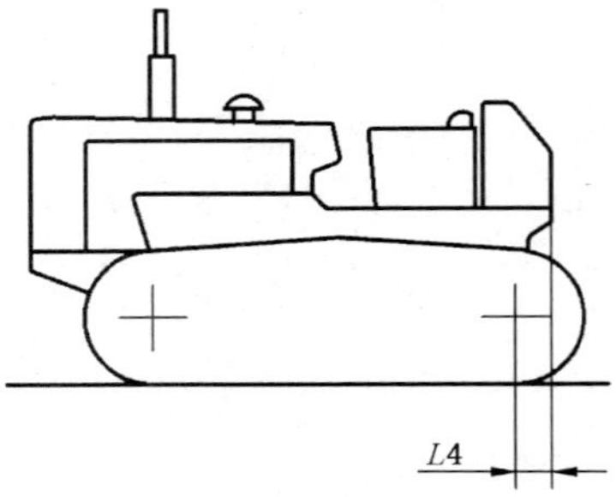 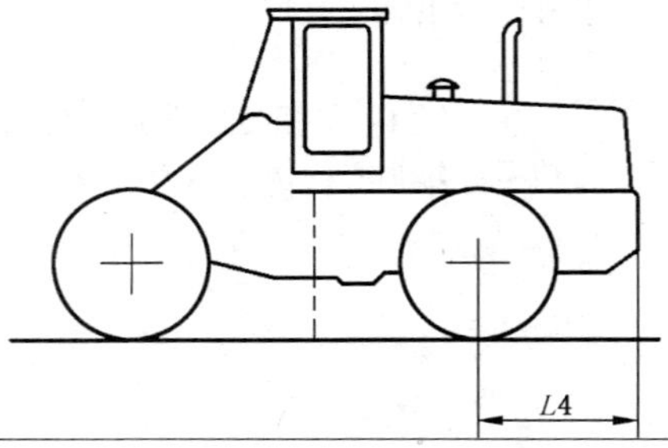 L4 L4
$L\ 5$	**后桥至转向铰接点的间距** **rear axle to pivot of articulated steering** 在 X 坐标上，通过后轮轴线与转向铰接中心的两个 X 平面之间的距离	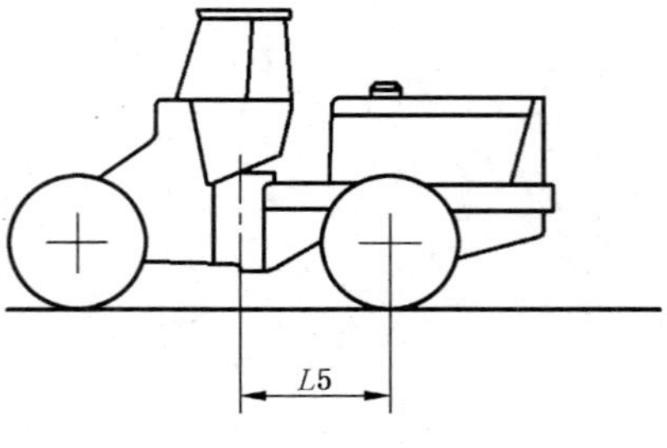 L5

附 录 D
（规范性附录）
半 径 尺 寸

本附录定义了主机的半径尺寸及其特定的符号。

符号	术语和定义	图　　例
R 1	**转弯半径　turning radius** 当机器作尽可能小的转向时，在 *Z* 平面上，旋转中心至描出最大圆弧的轮胎的中心线或履带的中心线之间的距离 注：对于原地转向的机器，*R* 1 应从机器的中心线测量。	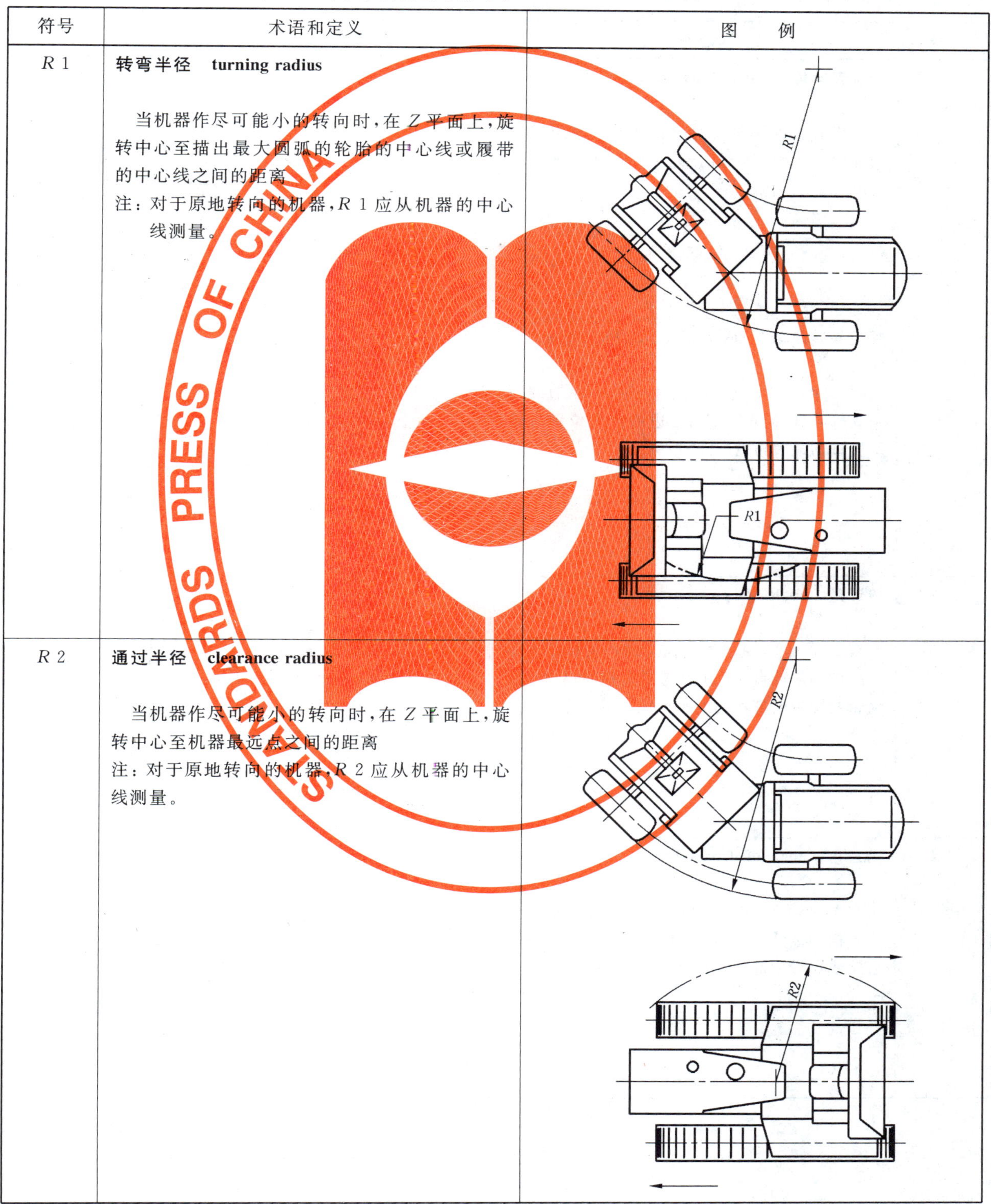
R 2	**通过半径　clearance radius** 当机器作尽可能小的转向时，在 *Z* 平面上，旋转中心至机器最远点之间的距离 注：对于原地转向的机器，*R* 2 应从机器的中心线测量。	

附 录 E
(规范性附录)
角度尺寸

本附录定义了主机的角度尺寸及其特定的符号。

符号	术语和定义	图例
A 1	**铰接转向角 articulation angle** 当机器从直线向前的位置旋转到左边或右边的最大位置时，机器前部在 *Z* 平面上所形成的角度	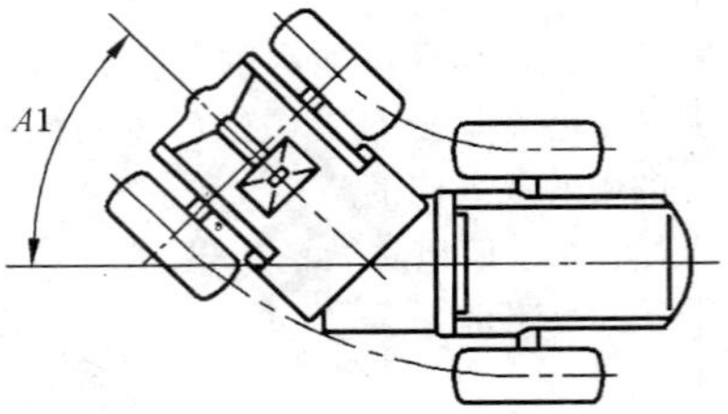 A1
A 2	**阿克曼转向角 Ackermann steering angle** 在 *Z* 平面上，当机器的前桥或后桥从直线位置绕其轴心旋转到左边或右边的最大位置时轮胎所转过的最大角度	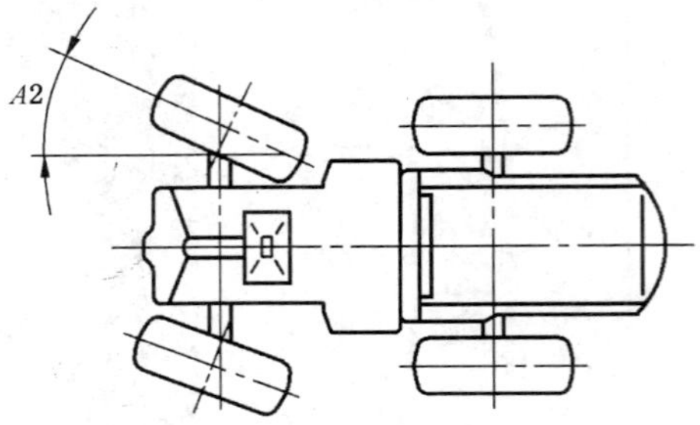 A2
A 3	**接近角 angle of approach** 在 *Y* 平面上，基准地平面与通过主机前部的任一结构的最低点(该点限制了角度的大小)且与前轮或履带前部相切的平面之间的夹角	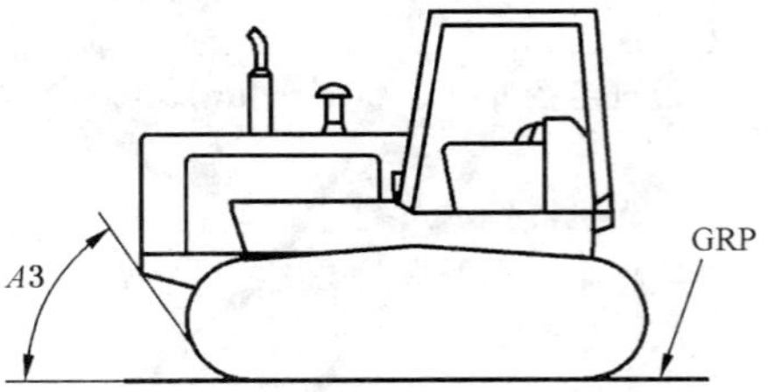 A3 GRP
A 4	**离去角 angle of departure** 在 *Y* 平面上，基准地平面与通过主机后部的任一结构的最低点(该点限制了角度的大小)且与后轮或履带后部相切的平面之间的夹角	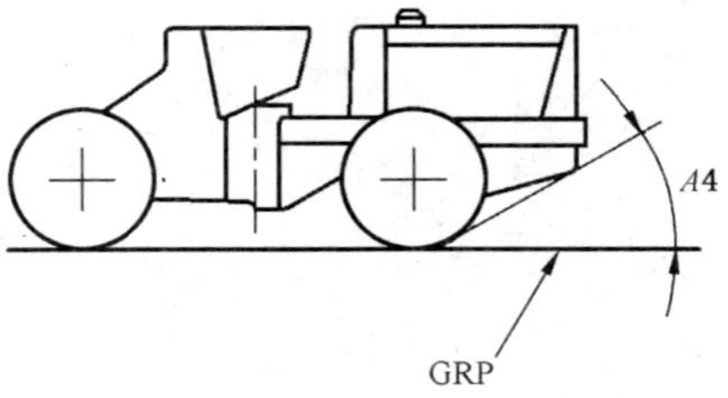 A4 GRP

ICS 53.100
P 97

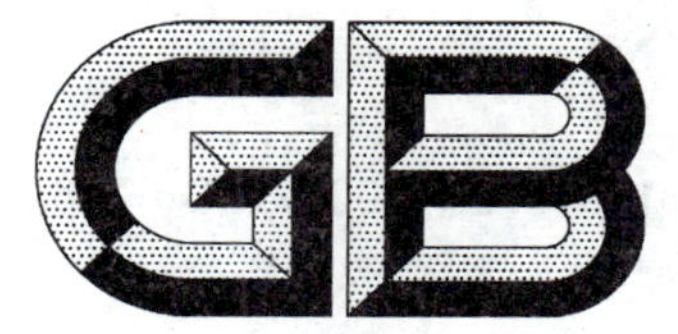

中华人民共和国国家标准

GB/T 18577.2—2008/ISO 6746-2:2003
代替 GB/T 18577.2—2001

土方机械 尺寸与符号的定义 第2部分:工作装置和附属装置

Earth-moving machinery—Definitions of dimensions and codes—Part 2:Equipment and attachments

(ISO 6746-2:2003,IDT)

2008-08-26 发布　　　　2009-02-01 实施

中华人民共和国国家质量监督检验检疫总局
中国国家标准化管理委员会　发布

前　言

GB/T 18577《土方机械　尺寸与符号的定义》分为两个部分：

——第1部分：主机；

——第2部分：工作装置和附属装置。

本部分为GB/T 18577的第2部分，本部分等同采用ISO 6746-2:2003《土方机械　尺寸与符号的定义　第2部分：工作装置和附属装置》(英文版)。

本部分等同翻译ISO 6746-2:2003。

为便于使用，本部分做了下列编辑性修改：

——“本国际标准”一词改为“本部分”；

——删除了国际标准的前言；

——对ISO 6746-2:2003中引用的国际标准，用已被采用为我国的标准代替对应的国际标准。

本部分代替GB/T 18577.2—2001《土方机械　尺寸的定义和符号　第2部分：工作装置》。

本部分与GB/T 18577.2—2001相比，主要变化如下：

——标准名称由“土方机械　尺寸的定义和符号　第2部分：工作装置”改为“土方机械　尺寸与符号的定义　第2部分：工作装置和附属装置”；

——对标准的英文名称进行了相应修改；

——将原3.1“三维坐标系统”的内容和附录A合并为3.1“三维坐标系统”，并对标准的内容进行了相应修改；

——调整和修改了附录的内容。

本部分的附录A、附录B、附录C、附录D和附录E为规范性附录。

本部分由中国机械工业联合会提出。

本部分由全国土方机械标准化技术委员会(SAC/TC 334)归口。

本部分起草单位：天津工程机械研究院。

本部分主要起草人：李广庆、尚海波。

本部分所代替标准的历次版本发布情况为：

——GB/T 18577.2—2001。

土方机械　尺寸与符号的定义　第2部分:工作装置和附属装置

1　范围

GB/T 18577 的本部分规定了土方机械的工作装置和附属装置的尺寸与符号的定义，并规定了用于尺寸定义的坐标系统、编码系统、术语标准和商业规格中相应的尺寸。

本部分适用于 GB/T 8498 所定义基本类型的土方机械的工作装置和附属装置。

2　规范性引用文件

下列文件中的条款通过 GB/T 18577 的本部分的引用而成为本部分的条款。凡是注日期的引用文件,其随后所有的修改单(不包括勘误的内容)或修订版均不适用于本部分,然而,鼓励根据本部分达成协议的各方研究是否可使用这些文件的最新版本。凡是不注日期的引用文件,其最新版本适用于本部分。

GB/T 8498　土方机械　基本类型　识别、术语和定义(GB/T 8498—2008,ISO 6165:2006,IDT)

GB/T 18577.1　土方机械　尺寸与符号的定义　第1部分:主机(GB/T 18577.1—2008,ISO 6746-1:2003,IDT)

3　术语和定义

GB/T 8498 确立的以及下列术语和定义适用于 GB/T 18577 的本部分。

3.1

三维坐标系统　three-dimensional reference system

用于定义土方机械尺寸的三维坐标系统,见图1。

3.1.1

零 *Y* 平面　zero *Y* plane

通过机器纵向中心线的垂直平面。

3.1.2

***X* 平面　*X* plane**

任一与 *Y* 平面正交的垂直平面。

3.1.3

***Z* 平面　*Z* plane**

任一与 *X* 平面和 *Y* 平面正交的水平平面。

3.1.4

正坐标　positive coordinate

零 *X* 平面的前方,零 *Y* 平面的右方和零 *Z* 平面的上方均为正方向。

注1:*X*、*Y*、*Z* 轴(零平面上)的交点应位于有明确定义的基准点上(如座椅标定点;发动机曲轴中心线;推土机驱动轮或后桥中心线;整机测量为地平线)。

注2:若只表示一个部件(发动机、座椅),则从 *X*、*Y*、*Z* 轴(零平面上)交点起的坐标轴方位应在部件相对机器处于正常位置时(发动机的第一个缸对着机器的前方;座椅面向前方)确定为正方向。

注3:若表示一台机器或其工作装置,则应表明机器处于从右向左的行驶方位。

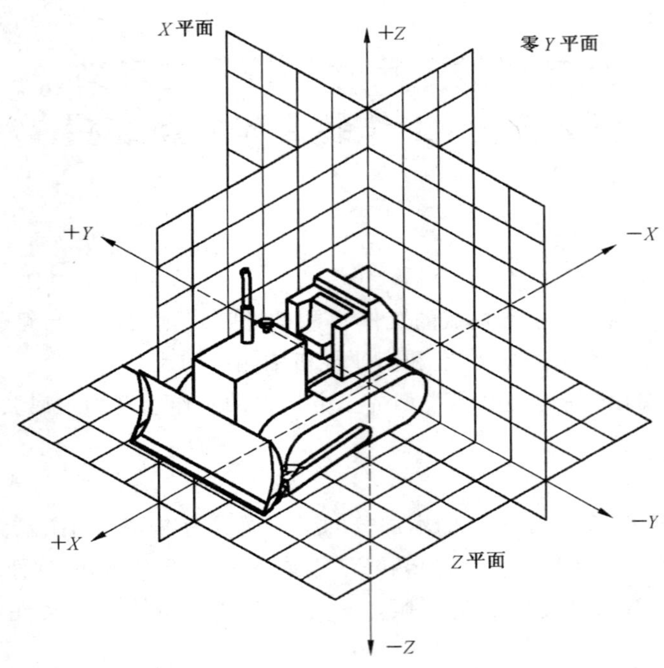

图1 三维坐标系统

3.2

基准地平面(GRP) ground reference plane(GRP)

测量时机器应停放在该平面。对主机应是坚硬的水平面;对工作装置和附属装置应是坚硬的水平平面或压实的地面。

注:该平面依据机器及其工作装置和附属装置的特定用途而定。当特定的国家术语标准或商业规格修订时需要重新定义。

3.3

主机 base machine

不带有工作装置或附属装置的机器,但包括安装工作装置和附属装置所必需的连接件,如需要,可带有司机室、机棚和司机保护结构。

3.4

工作装置 equipment

安装在主机上的一组部件,用以使附属装置执行机器的基本设计功能。

3.5

附属装置 attachment

为专门用途而安装在主机或工作装置上的部件总成。

3.6

部件 component

主机、工作装置或附属装置的零件或零件总成。

4 总则

附录A～附录E,三维坐标系统应用图例和第5章对尺寸与符号的规定,给出了工作装置和附属装置的尺寸与符号。主机的尺寸与符号的定义在GB/T 18577.1中给出。

在专用术语标准或商业规范中定义和确定其他土方机械的工作装置或附属装置尺寸和制定符号

时，应使用同样的基本原则。

应使用三维坐标系统确定此类尺寸。

5 编码系统

每个尺寸由两个大写字母和参考数字组成的符号表示。

应使用两个大写字母按下列要求给出工作装置和附属装置的尺寸和类别：

HH——高度尺寸（见附录 A）；

WW——宽度尺寸（见附录 B）；

LL——长度尺寸（见附录 C）；

RR——半径尺寸（见附录 D）；

AA——角度尺寸（见附录 E）。

根据特定土方机械的工作装置和附属装置的发展需要，可以在一个标准或商业规格中增加更多参考数字。

附 录 A
（规范性附录）
高 度 尺 寸

本附录定义了工作装置和附属装置的高度尺寸及其符号，显示符号编制的实际执行情况。

符号	术语和定义	图 例
HH××[a]	**推土铲高度　blade height** 基准地平面与推土铲顶部之间沿 *Z* 坐标的距离（不包括标牌和防溢出装置）。推土铲置于地面中等倾角，不侧倾或无侧倾角	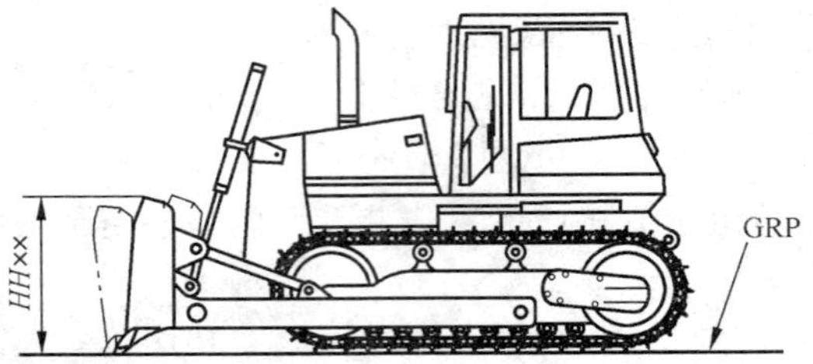 HH×× GRP
HH ××	**提升高度　lift height** 基准地平面与刀刃最低点之间沿 *Z* 坐标的距离。此时刀刃中等倾角，推土铲不侧倾或无侧倾角。对松土装置为其最低点与基准地平面之间沿 *Z* 坐标的距离。此时松土齿处于提升位置	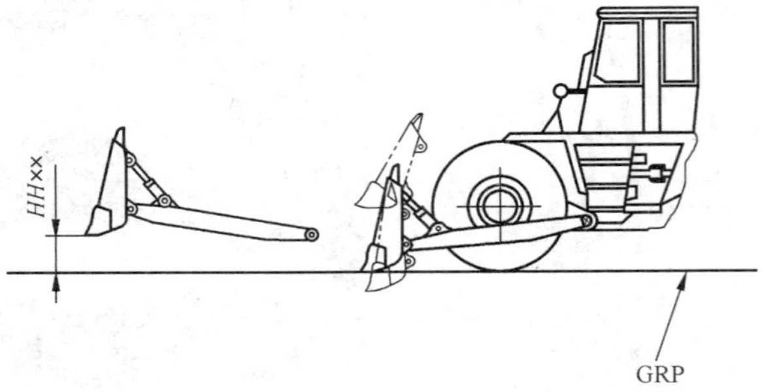 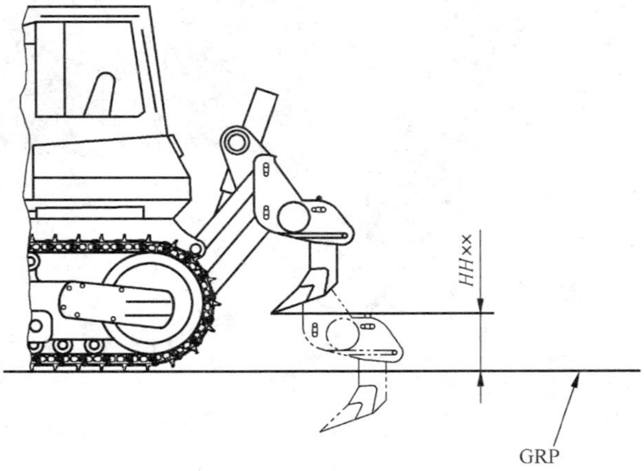 HH×× GRP HH×× GRP
HH ××	**铲斗铰接点的最大高度 maximum height to hinge pin, fully raised** 铲斗升至最高时，基准地平面与铰点中心线之间沿 *Z* 坐标的距离	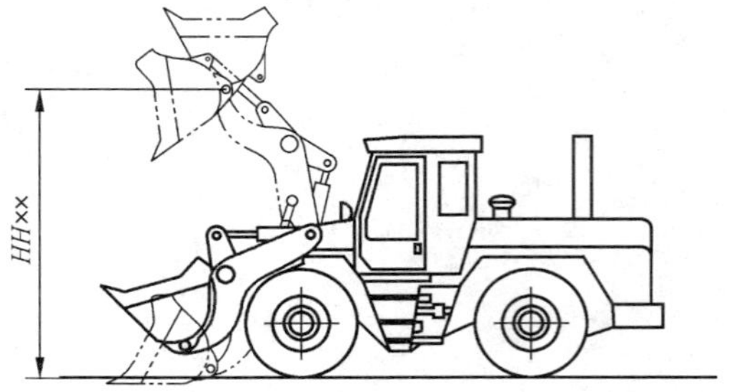 HH××

表（续）

符号	术语和定义	图　　例
$HH\times\times$	**切削刃或斗齿的最大高度** **maximum height of cutting edge or teeth** 切削刃或斗齿所能达到的最高点与基准地平面之间沿 Z 坐标的距离	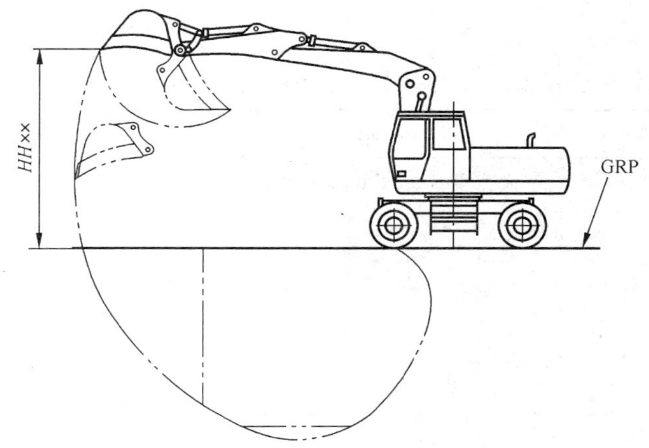 HH×× GRP
[a] "××"为编码中的数字(见第5章)。		

附 录 B
（规范性附录）
宽度尺寸

本附录定义了工作装置和附属装置的宽度尺寸及其符号，显示符号编制的实际执行情况。

符号	术语和定义	图 例
WW ××[a]	**最大宽度 maximum width** 通过工作装置最外点的两个 *Y* 平面之间沿 *Y* 坐标的距离	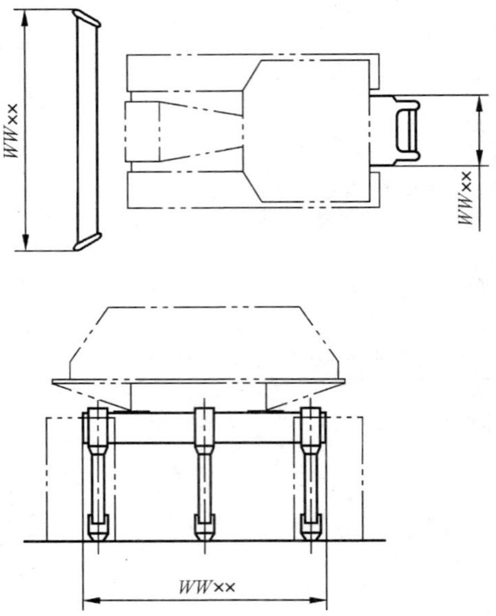 WW××
WW ××	**C 形架宽度 C-frame width** 通过 C 形最外点的两 *Y* 平面之间沿 *Y* 坐标的距离	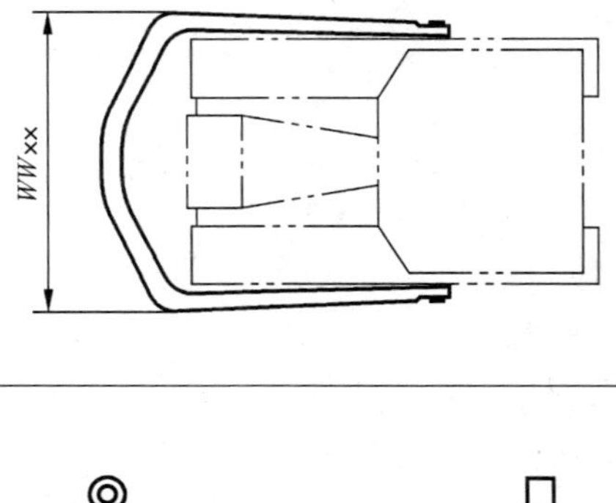 WW××
WW ××	**张开抓斗的宽度 width of open grab** 抓斗张开时切削刃或切削齿最远点之间在 *Z* 平面上的距离	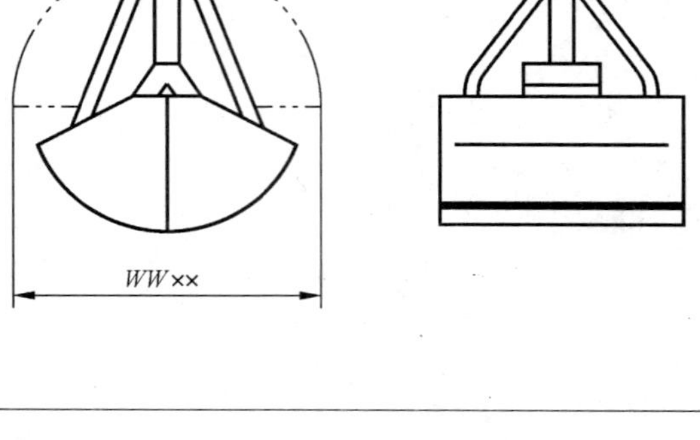 WW××

表（续）

符号	术语和定义	图　　例
WW ××	**圆木夹钳的宽度** **lof grapple width** 通过夹钳最外侧的两 *Y* 平面之间沿 *Y* 坐标的距离	
a “××”为编码中的数字(见第 5 章)。		

附 录 C
（规范性附录）
长度尺寸

本附录定义工作装置和附属装置的长度尺寸及其符号，显示符号编制的实际执行情况。

符号	术语和定义	图 例
LL ××[a]	**最大长度 maximum length** 装有工作装置和附属装置的机器，通过其前后两个最远点的两 X 平面之间沿 X 坐标的距离	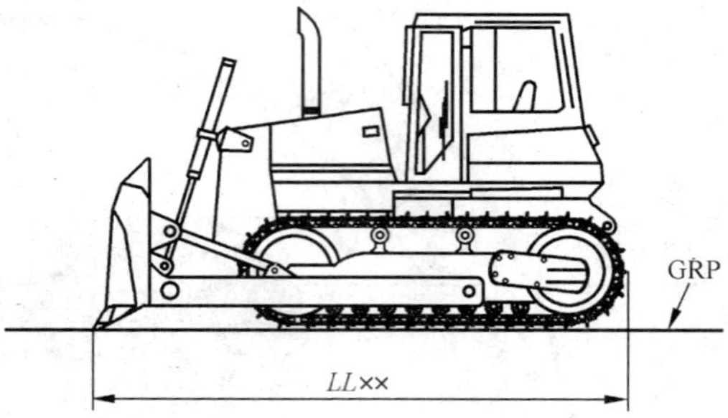 GRP LL××
LL ××	**运输长度** **overall length in shipping position** 装有工作装置和附属装置的机器处于运输状态，通过其前后两个最远点的两 X 平面之间沿 X 坐标的距离	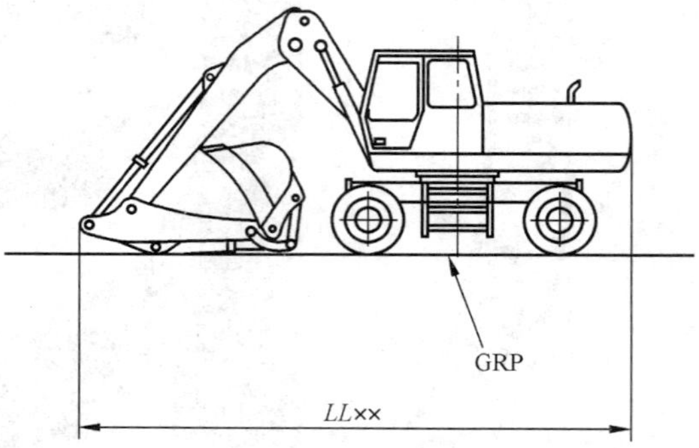 GRP LL××

a “××”为编码中的数字（见第 5 章）。

附 录 D
(规范性附录)
半径尺寸

本附录定义了工作装置和附属装置的半径尺寸及其符号,显示符号编制的实际执行情况。

符号	术语和定义	图 例
RR ××[a]	**最大高度时的半径** **reach at maximum height** 切削刃或斗齿在最大高度时与回转中心线之间沿 *X* 坐标(*Y* 平面)的距离	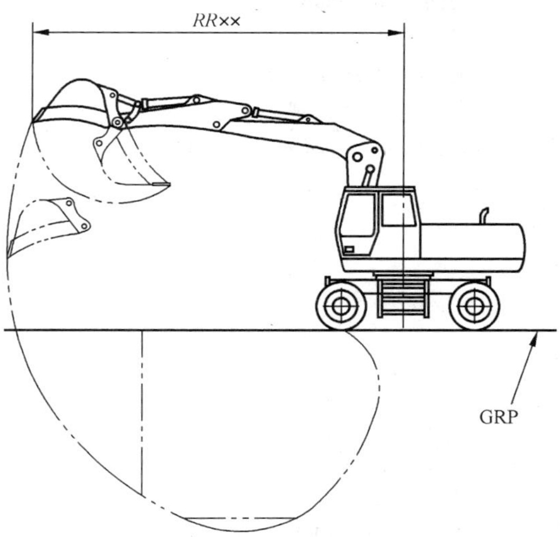
RR ××	**机器最外侧通过半径** **outside machine clearance radius** 机器装有工作装置和附属装置,以最小半径转弯,其最远点与转向中心沿 *X* 坐标(*Z* 平面)的距离	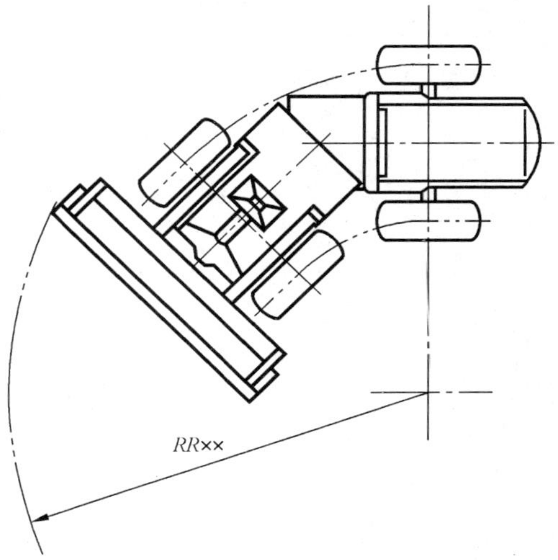
a "××"为编码中的数字(见第5章)。		

附 录 E
（规范性附录）
角度尺寸

本附录定义了工作装置和附属工作装置的角度尺寸及其符号，显示符号编制的实际执行情况。

符号	术语和定义	图 例
AA ××[a]	**刀刃倾斜角 blade angle** 刀刃最外端从刀刃垂直于零 *Y* 平面处顺时针或逆时针转动时，刀刃在 *Z* 平面上形成的最大角度	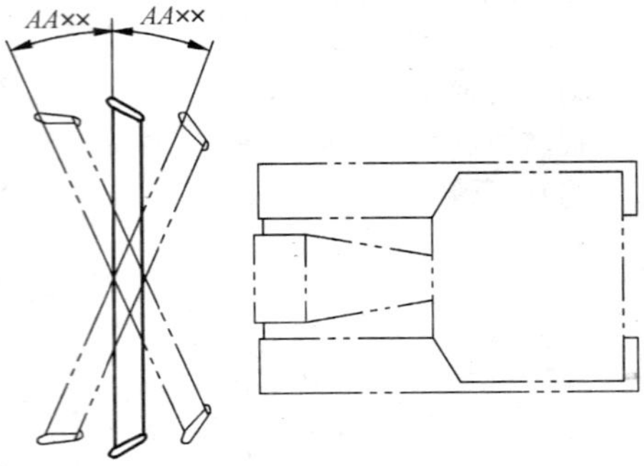
AA ××	**最大摆角** **maximum swinging angle** 工作装置和附属装置的最外端点从中间位置向左、右移动时，在 *Z* 平面上形成的最大角度	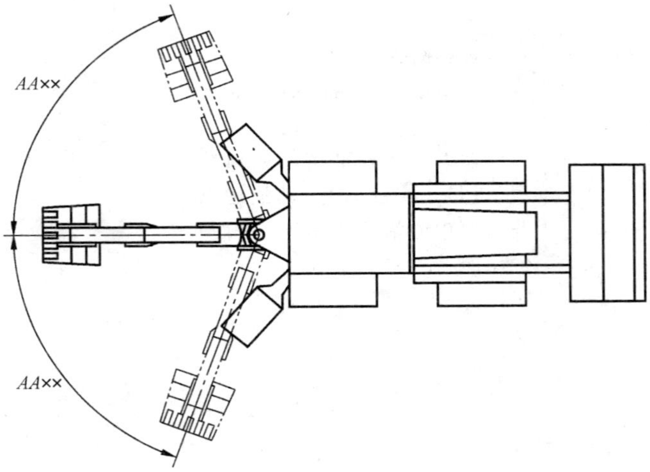

a “××”为编码中的数字(见第 5 章)。

ICS 07.040
A 75

中华人民共和国国家标准

GB/T 18578—2008
代替 GB/T 18578—2001

城市地理信息系统设计规范

Specifications for designing urban geographic information system

2008-07-02 发布　　　　2008-12-01 实施

中华人民共和国国家质量监督检验检疫总局
中国国家标准化管理委员会　发布

前　　言

本标准代替 GB/T 18578—2001，本标准与 GB/T 18578—2001 相比主要变化如下：

——按照 GB/T 1.1—2000《标准化工作导则　第 1 部分：标准的结构和编写规则》对标准进行了修改；

——对规范性引用文件进行了修改；

——4.2“设计原则”中增加了“先进性原则”，并对原有的内容进行了适当的调整和修改；

——将第 5 章“需求分析”修改为“需求调查和分析”，增加了需求调查的详细内容；

——删除了原标准中 6.2.5“开发成本和效益分析”的内容；

——修改了第 6 章中“地理定位控制”的内容。

本标准的附录 A、附录 B、附录 C 为资料性附录。

本标准由国家测绘局提出。

本标准由全国地理信息标准化技术委员会归口。

本标准起草单位：国家测绘局测绘标准化研究所、武汉大学。

本标准主要起草人：郭玉芳、吕玉霞、杜道生、王伟、王占宏。

本标准所代替标准的历次版本发布情况为：

——GB/T 18578—2001。

引　　言

随着地理信息系统(GIS)和计算机技术的迅猛发展,我国城市地理信息系统领域的需求和技术也发生了不少变化。为了更好地满足城市建设发展的需要,提高标准的现势性和现有标准之间的协调性,有必要修订GB/T 18578—2001的结构和内容。在本标准的修订过程中,对经过实践检验、认为正确合理的技术方法和技术内容予以保留,对与相关标准不协调的内容进行了修改,并适当增加了部分新的内容,具体参见前言所述。

城市地理信息系统设计规范

1 范围

本标准规定了城市地理信息系统的设计原则、内容、方法和要求。

本标准适用于各类城市地理信息系统的总体设计和详细设计，其他地理信息系统的设计可参照本标准。

2 规范性引用文件

下列文件中的条款通过本标准的引用而成为本标准的条款。凡是注日期的引用文件，其随后所有的修改版（不包括勘误的内容）或修订版均不适用于本标准，然而，鼓励根据本标准达成协议的各方研究是否可使用这些文件的最新版本。凡是不注日期的引用文件，其最新版本适用于本标准。

GB/T 12409 地理格网

GB/T 13923 基础地理信息要素分类与代码

GB/T 14395 城市地理要素 城市道路、道路交叉口、街坊、市政工程管线编码结构规则

3 术语和定义

下列术语和定义适用于本标准。

3.1

城市地理信息系统 urban geographic information system；UGIS

利用计算机和地理信息技术，实现对城市各种空间、非空间数据的输入、存贮、查询、检索、处理、分析、显示、更新和提供应用，并以处理城市各种空间实体及其关系为主的系统。

3.2

系统设计 system design

为实现用户需求分析提出的系统功能所进行的各种技术设计的总称，包括总体设计、详细设计和设计审查等。它是在用户需求分析的基础上进行具体设计的过程，也是选择最佳实现方案的过程。

3.3

原型法 prototype method

把系统设计和开发过程作为一个迭代过程的系统设计方法。其设计原则是先确定部分要求，制定初步方案，并在较短的时间内开发出一个能满足用户基本需求的示范性系统雏形（原型），然后经用户试用，找出原型的缺点和不足，进行修改补充，再向用户演示，听取意见和修改补充，如此反复，逐渐形成一个完善的系统。原型法的基本模型如图 1 所示。

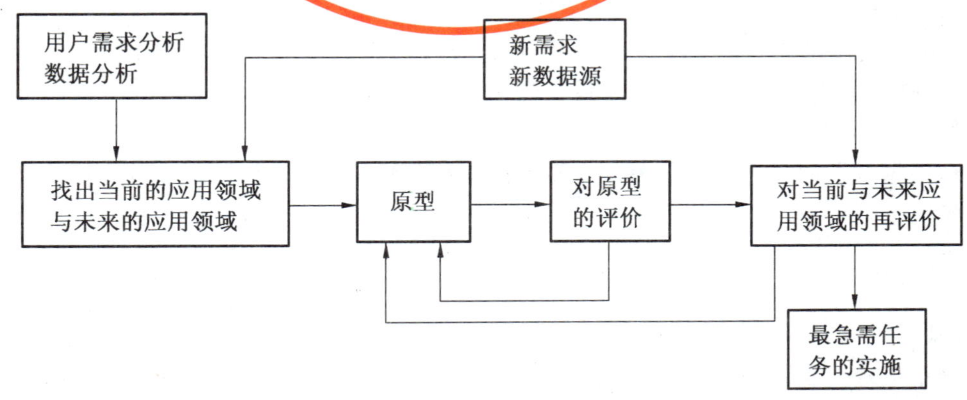

图 1 原型法的基本模型

3.4

生命周期法　life cycle method

指系统从立项开始，经过可行性论证、需求调查和分析、设计和开发、使用和不断维护，直到最后被淘汰的整个过程。一个系统的生命周期可分为若干个阶段，每个阶段的工作均以前一个阶段的工作结果为依据，并作为下一个阶段工作的前提。

3.5

模块结构法　module-structured method

一种面向数据流的系统设计方法。指用一组标准的准则和图表工具确定系统有哪些组成部分，用什么方式联系在一起，从而构成最优的系统结构，将系统分为若干个模块进行设计和开发，然后将各个模块拼装而成一个完整的系统。

3.6

内聚度　cohesion

单个模块所执行的诸任务在功能上互相关联的程度。

3.7

耦合度　coupling

模块之间相互依赖的量度。

4　设计方法、设计原则和设计过程

4.1　设计方法

城市地理信息系统的设计宜采用原型法。当需求分析明确时，也可使用生命周期法或模块结构法。

4.2　设计原则

城市地理信息系统的设计应遵循以下基本原则：

a）实用性原则。系统的设计在技术指标、产品模式、数据库模式等方面应面向城市信息应用，系统的结构、功能和界面应适合用户的使用，操作方便、灵活。

b）标准化、规范化原则。系统的内容、数据分类与编码、数据精度、作业规程等应采用或部分采用有关国家标准、行业标准和地方标准。对国家标准、行业标准和地方标准中没有包括但需规范化的内容，可补充制定临时规定。

c）可行性原则。系统规模应考虑与人力、财力相适应，并具有稳定可靠的数据源和较为迫切的用户需求，以及适宜的建设周期。

d）可扩充性原则。系统的数据编码和系统功能、数据、应用领域和软硬件配置应可扩充。

e）成本效益优化原则。系统的设计应以满足应用需求为标准，选择适当的数据精度和性能价格比最优的系统配置方案，合理安排工作的优先顺序，先试点后大规模实施，尽快使系统达到净产出的阶段。

f）先进性原则。系统的设计应充分利用当前先进、实用的技术手段，采用成熟的设计方案、技术标准、硬件平台和软件环境，保障系统稳定可靠地运行。

4.3　设计过程

城市地理信息系统的设计过程分为用户需求调查和分析、总体设计、详细设计和设计方案论证四个阶段。

5　需求调查和分析

5.1　基本要求

在进行城市地理信息系统设计时，应进行需求调查和分析，并形成用户需求调查报告和分析报告。用户需求具有随系统开发进程逐步提高的特点，因而，用户需求调查和分析应在系统设计和开发过程中反复进行。

5.2 需求调查

需求调查应通过选取一般单位和若干有代表性的单位进行。调查应明确内容，并制订出详细计划。调查完成后应编制调查报告。调查报告内容应真实、科学。需求调查的内容主要包括：

a) 用户(包括直接用户和潜在用户)概况；

b) 现状及问题；

c) 管理需求；

d) 应用需求；

e) 数据需求；

f) 安全需求；

g) 设备需求。

5.3 需求分析

根据需求调查结果进行统计汇总，分析找出数据、功能和用户间的关系，编写需求分析报告。分析报告的主要内容包括：

a) 分析直接用户、潜在用户；

b) 分析用户对数据和功能的需求；

c) 分析现有工作流程、数据项及其数据流程和在系统中实现的可能性；

d) 根据调查分析结果，提出系统实现的硬、软件及网络需求。

6 总体设计

6.1 总体设计任务

城市地理信息系统总体设计应根据需求调查报告和分析报告确定系统总体目标，规划系统的规模和建立系统的总体结构和模块间的关系，确定系统软、硬件及网络配置，设计数据库/数据结构，规定系统采用的技术规范，并作出组织实施计划，提出总体设计方案。

6.2 总体设计内容

6.2.1 确定系统目标

根据可行性研究报告、用户需求调查报告和用户需求分析报告确定系统的开发目标、应用目标、应用范围、预期效益、功能和时间要求。确定的目标要求具体、明确，充分反映用户意见和要求。

6.2.2 总体结构设计

6.2.2.1 子系统的划分

一个城市的地理信息系统可由若干子系统组成，但必须包含一个基础地理信息子系统。专题信息子系统的多少由城市地理信息系统的目标和服务领域决定。

不同类型的城市地理信息系统具有不同的系统结构体系：

a) 对于城市基础地理信息系统：由地形数据库、正射影像数据库和数字高程模型数据库等组成。

b) 对于城市专题地理信息系统：由一个基础地理信息子系统和若干个功能性子系统组成。例如，某城市的土地开发信息系统由基础地理信息子系统、规划信息管理子系统、土地价格评估子系统、土地开发可行性分析子系统等组成。

c) 对于城市综合地理信息系统：由一个基础地理信息子系统和若干个专题信息子系统组成。例如，一个城市综合地理信息系统可由基础地理信息子系统、规划管理子系统、综合管网子系统、地籍管理子系统、房产子系统、交通子系统、公安子系统、人口管理子系统、旅游子系统和公共服务设施子系统等中的若干子系统组成。

6.2.2.2 **系统基本功能**

城市地理信息系统应具有以下基本功能：

a) 数据输入：具有图形图像输入、属性数据基本输入、数据导入等功能；

b) 数据编辑：具有数字化坐标修改、属性文件修改、结点检错、多边形内点检错、结点匹配和元数据修改等功能；

c) 数据处理：具有拓扑关系生成、属性文件建立（含扩充、拆分和合并）、坐标系统转换、地图投影变换和矢栅数据转换等功能；

d) 数据查询、检索和统计：以不同的查询条件对各种数据进行单独的、组合的、相互的查询与检索，并能依据查询结果提取数据和对数据进行统计；

e) 空间分析：具有叠置分析、缓冲区分析、邻近分析、拓扑分析、统计分析、回归分析、聚类分析、地形因子分析和最佳路径分析等功能；

f) 数据输出：具有矢量绘图、栅格绘图、报表输出、数据导出及三维动态模拟和显示等功能。

6.2.3 **软硬件及网络系统配置**

6.2.3.1 **系统配置原则**

系统配置要遵循以下原则：

a) 满足系统规模、功能、数据容量、数据处理速度的要求；

b) 技术上稳定可靠；

c) 投资少，见效快；

d) 立足现在并顾及发展。

6.2.3.2 **系统配置方案**

系统的配置方案主要考虑以下方面：

a) 根据系统功能要求，提出目标系统的软件配置方案；

b) 根据系统规模和数据容量，提出目标系统的硬件配置方案；

c) 根据系统用户和数据分布，提出网络配置方案（客户机与服务器方案、中央处理机与终端方案或它们的混合方案）。

附录A提供了三种不同系统规模的软硬件配置方案，供设计时参考。

6.2.4 **软硬件及网络配置**

6.2.4.1 **软件配置**

对于选用的各类软件，包括计算机操作系统软件、基础软件、应用软件，均应说明其技术特点、与国内外同类产品的比较，明确阐述选择的理由，并指明所选软件的名称、生产厂家、版本号和技术要求。

6.2.4.1.1 **系统软件**

操作系统软件既要与所选计算机相匹配，又要支持所选地理信息系统基础软件。

6.2.4.1.2 **基础软件**

系统基础软件应满足以下技术要求：

a) 具有数据采集、输入、存储与管理和输出的功能；

b) 具有构建拓扑关系及空间分析功能；

c) 具有良好的用户界面开发工具、支持汉字处理、具有二次开发功能；

d) 具有良好的开放性、兼容性及与其他系统空间数据的可交换性；

e) 性能可靠，软件技术支持服务好；

f) 具有模块化或组件化和较高的性能价格比。

6.2.4.1.3 **应用软件**

应用软件应满足以下技术要求：

a) 与基础软件兼容或能以控件的方式连接；

b) 实现系统的某个特殊功能。

6.2.4.2 硬件配置

6.2.4.2.1 硬件设备

城市地理信息系统应包括计算机、输入设备、输出设备、数据存贮与备份设备和不间断电源等硬件设备。

6.2.4.2.2 硬件选择的原则和依据

硬件选择的原则和依据如下：

a) 性能价格比最优，具有通用性和可升级性；

b) 运算速度和存储容量等性能指标满足数据管理要求；

c) 与其他硬件的兼容性、可连接性、共享性好；

d) 与所选软件兼容性、对系统软件和应用软件的适应性好；

e) 硬件接口丰富。

6.2.4.3 网络体系结构

网络体系结构的设计应包括以下内容：

a) 写明网络设计原则、技术要求、产品选型、拓扑结构、基本部件与配件、传输介质、接口、通信协议、约束条件、结构化布线方案等；

b) 画出网络结构图：图中标出各类服务器与客户机、交换机、路由器等的数量与分布；反映出局域网及其互联的情况；如采用公用网或因特网需具体指出；

c) 说明各个服务器/客户机的作用、配置和具体位置；

d) 说明拟采用的网络安全保护技术，如防火墙等，并符合国家有关安全保密的规定。

6.2.5 数据库设计

6.2.5.1 数据库设计的基本要求

数据库的设计应满足以下要求：

a) 应对大量的数据体用非冗余结构予以定义，能为不同用户使用；

b) 在插入、修改和删除数据元素时，数据元素的结构、相互关系和从属性应保持不变；

c) 应用程序不依赖于数据库中的数据组织方法和存储位置，即数据独立；

d) 系统对库中数据存取进行控制，防止非法存取和有意或无意的破坏，保证数据安全；

e) 系统应保证数据在逻辑意义上的正确性、有效性和兼容性，应采取各种保护手段防止任何可能危及数据完整性的情况发生；

f) 应有一些辅助程序，用于数据库的维护、经常性数据组织和必要时的数据库恢复；

g) 应便于用户对数据进行独立的写入、修改、补充和删除；

h) 应具有不断扩充和更新的能力；

i) 应具有对历史数据的维护和处理的能力。

6.2.5.2 数据库设计的内容

6.2.5.2.1 数据量估算

数据量估算包括以下内容：

a) 数据库设计时应对每个子系统的数据量进行估算，按表1所示的内容和格式并加注文字的形式进行描述。预计数据量＝本子系统的数据总量×占空系数（实际开销与理论开销之比，由具体项目和运行环境而定，一般取1.5～2.5）。

b) 数据库设计时应根据数据的权属、维护的部门等对数据分布进行安排，并按表2所示的内容及格式进行描述。如数据文件名和存放位置（本站点、局域网、广域网服务器）。

表 1　子系统数据量估算

子系统名：

实 体 名	数据总量/KB

表 2　数据分布安排表

子系统名：

数据文件名	保存期限/年	存放位置		
		本站点	局域网服务器	广域网服务器

6.2.5.2.2　数据库系统的选择

数据库系统的选择既要考虑系统功能的要求，又要确保系统具有安全性、稳定性、兼容性和可扩展性，能支持复杂的数据类型和海量数据管理，以及良好的开发环境、性能价格比和服务支持能力。确定数据库管理系统后，应说明所选数据库开发商（或公司）名称、数据库的技术特点，并对该数据库是否满足本系统的要求进行论证。

6.2.5.2.3　图形数据分层方案设计

数据库设计时应规定图形数据的分层原则和数据的层名、层号以及数据内容规则。各类数据库或子数据库，应根据系统的具体情况和用户需求，采用统一的分层方案存放数据。数据分层应依据下列原则：

a）同一类数据放在同一层；

b）用户使用频率高的数据放在主要层；

c）为显示绘图或控制地名注记位置的辅助点、线、面应放在辅助层；

d）尽量减少数据冗余；

e）处理好数据与功能的关系。

6.2.5.2.4　数据分类和代码设计

数据分类与代码设计应包含以下内容：

a）介绍有关的国际标准、国家标准、行业规范及其贯彻情况；

b）编制系统使用的代码表，格式和内容如表 3 所示；

c）规定和制定临时分类与代码的依据和原则、格式约定、注意事项。

表 3　系统使用的代码表

代码表名称	中文注释	引用本表的子系统名称
（代码表 1）		1.　…… 2.　…… 　　…… n.　……

表 3(续)

代码表名称	中文注释	引用本表的子系统名称
(代码表 2)		1. …… 2. …… …… *n*. ……
……	……	……
(代码表 *M*)		1. …… 2. …… …… *n*. ……

6.2.5.2.5 **逻辑结构设计**

数据库的逻辑结构设计应明确确定基本数据库和数据子库的名称和数据库间数据共享的逻辑关系。

6.2.5.2.6 **数据库数据模型选择**

数据库设计时应根据用户需求选择合适的基础数据和专题数据、图形数据和属性数据的数据组织形式,即数据模型。GIS 中常用的数据模型有关系模型和面向对象模型等。

6.2.5.2.7 **空间数据模型选择**

数据库设计时应根据用户需求选择合适的基础数据和专题数据的数据存储格式:矢量形式、栅格形式、矢栅混合形式。

6.2.5.2.8 **数据字典的制作**

数据库设计时,制作的数据字典应对空间数据、属性数据进行详细的描述和定义。

6.2.5.2.9 **数据安全性设计**

数据库设计时应确定数据分级使用权限和密钥,防止各种非法操作的措施(如加密、备份、病毒防治等),并具有异常情况下数据库的恢复功能。

6.2.5.3 **地理定位控制**

地理定位控制的内容包括:

a) 平面坐标系。采用国家统一坐标系或依法审批通过的地方独立坐标系。
b) 高程基准。采用国家统一的高程基准。
c) 区域多边形控制系统。应当统一规定整个系统的区域多边形系统,并规定各种多边形区域的界线、名称、类型和代码。不同城市区域多边形的划分可以不同,其划分原则应考虑各个城市原有的习惯和数据统计单元。常用的城市分区方法有:按行政区分区,按城市管理分区(如市政管理、交通管理、邮政、环保分区);按经济活动性质分区;按自然界线分区等。

6.2.5.4 **属性数据指标体系**

属性数据应设计统一的标准指标体系。属性数据指标体系设计的内容包括:确定某类图形数据属性项名称、代码、类型、宽度和属性项的属性值指标(值域)。

属性项设计应根据业务管理的内容和需求确定。不同城市和不同等级的用户,属性项的数量可多可少,但宜依据现有国家标准、行业标准和地方标准来确定本城市、本系统所涉及的属性项和属性值的标准分级或指标值。

6.2.5.5 **基础地理信息数据库设计**

基础地理信息数据库的设计,除满足 6.2.4.1 的要求外,可按照空间数据库技术发展状况进行。

基础地理信息数据库是空间型数据库。它的主要内容是城市大比例尺地形图(1∶500,1∶1 000,

1∶2 000等)的数据，辅之以1∶5 000和1∶10 000的地形图数据、正射影像数据、地质数据以及其他基础性的社会信息。

6.2.5.6 **元数据库设计**

元数据库是城市数据库的有机组成部分，元数据库的设计应包括数据集的标识信息、数据质量信息、数据源和处理说明、数据内容摘要、数据空间参照系统、数据分类、数据分发信息和限制信息，以及其他有关信息。

6.2.5.7 **符号库设计**

符号库设计包括地形图符号库的设计和专题地图符号库的设计，其设计原则是：在一定的硬软件支持下，应按相关标准要求设计制作符号，并以数据库方式进行管理和维护。

6.2.5.8 **模型库和方法库设计**

对空间分析模型和方法的程序应建立程序库，实现其数据库的管理功能，并作为分析模块并入数据库管理系统。

6.2.5.9 **专题信息数据库设计**

专题信息数据库可以是空间型数据库，也可以是基于空间定位的关系数据库。按专题信息内容的不同，专题信息数据库又可细分为若干子库，如城市规划管理数据子库包括规划图形信息库、社会经济信息库和规划文档信息库等二级子库。子库的多少取决于本城市地理信息系统的具体目标和应用范围。

在专题信息数据库中，应根据城市特点设计统一的空间定位统计单元，并相应地在统计表中增加统计单元代码的数据项。空间定位统计单元可视不同的数据内容确定，可以是规则的格网，也可以根据一定条件划定多边形。空间定位统计单元应当是稳定的和标准化的。规则格网的统计单元应分级与编码，可按GB/T 12409的规定执行。在城市地理信息系统中用到的1∶2 000、1∶1 000和1∶500比例尺地形图，在GB/T 12409中未规定格网等级和边长，可根据实际需要自行设计，建议分别采用2.5 m，2 m，1 m或0.5 m的格网边长。

6.2.6 **实施计划与人员培训**

6.2.6.1 **实施计划**

6.2.6.1.1 制定实施计划，并根据系统工程的方法，将系统开发分为若干阶段。系统的实施一般可分为三个阶段进行：

a) 第一阶段：开发统一的基础地理信息子系统和建立数据库；

b) 第二阶段：根据需要开发其他子系统，扩充功能和分析应用模型及功能的二次开发；

c) 第三阶段：完善功能，实现系统集成和全市联网，最终完成目标系统的开发和建设。

6.2.6.1.2 系统的开发模式可分为完全自主开发、委托开发和联合开发三种模式。系统开发应根据开发单位的经费预算、人员储备和技术力量，选择合理的开发模式。当采用第二或第三种模式时，用户应自始至终参与系统开发全过程。

6.2.6.1.3 根据其开发阶段和开发模式制定出切实可行的开发计划(时间进度表)、资金投入计划、硬软件购置计划，确保系统在短时间内发挥经济效益和社会效益。

6.2.6.2 **人员培训**

人员应按少而精、专职与兼职相结合的原则进行配备。城市地理信息系统通常涉及的技术人员包括用户需求分析人员、项目主管、数据库主管、程序员、数据转换操作员、网络管理人员和用户等。

应根据系统规模和具体目标制定人员编制和培训计划，包括对决策层与业务人员从概念上、技术上、组织上及法律、经济上进行先导教育与培训。

6.3 **总体设计书的编写和论证**

城市地理信息系统总体设计书可按附录B所示的内容进行编写。其编写应符合规范化的要求，内容完整，文字表达简明扼要，数据和图表准确，便于理解和使用。总体设计书的附件包括用户需求调查报告和分析报告、图形信息分类代码表、属性信息指标体系表等。

总体设计方案是系统开发的指导性文件，是详细设计和制定实施方案的依据。因此，必须按设计的先进性、完整性、可靠性、可扩展性、可移植性、合理性进行论证，并经修改后方可付诸实施。

7 详细设计

7.1 详细设计的对象

详细设计的对象为总体设计中的某个子系统，原则上每个子系统都应分别进行详细设计。

7.2 详细设计的任务

在满足一个城市地理信息系统总体功能的前提下，应根据总体设计规定的系统目标、阶段开发计划和总体设计规定的设计原则和要求，对各个子系统进行详细设计，以指导子系统的开发。

子系统设计以对用户需求的进一步详细调查分析为基础。子系统设计前的用户需求调查要充分利用总体设计前调查分析的结果，特别是与子系统主题相关的部分，并对用户做进一步的专题性调查，弄清用户在相应专题方面的业务情况和对系统的应用要求，并以此作为子系统设计的依据。

7.3 详细设计的内容

7.3.1 目标设计

按系统的总目标确定本子系统的目标。

7.3.2 系统结构

根据子系统的规模和功能需求，确定其逻辑结构、软硬件的类型和数量。专题子系统逻辑结构必须要有熟悉本专题业务的专业人员参与设计。

7.3.3 功能模块设计

每个子系统除应具有如数据输入、图形或属性信息的查询检索、数据处理与分析、坐标变换和投影变换、图形图表显示或输出以及数据更新等通用功能外，还应针对各个不同的专题子系统，设计专题应用和辅助业务管理功能。如基础地理信息子系统应具备辅助测绘业务管理的功能，土地管理子系统应具备辅助土地管理事务处理的功能等。每一项管理业务均要按照规范化工作流程设计出功能模块并制定开发计划。

7.3.3.1 功能模块命名原则

模块的名称(即标识符)一般采用汉语拼音命名。要求有实际意义、便于理解、有规律可循。

7.3.3.2 功能模块层次结构

7.3.3.2.1 对总体设计中已划分的子系统和各大模块，按高内聚度和低耦合度、功能的完整性和可修改性的原则，采用自顶向下的方法逐层分解，进一步划分为功能独立、规模适当的模块，直至叶功能模块，并如图2所示画出模块结构图。

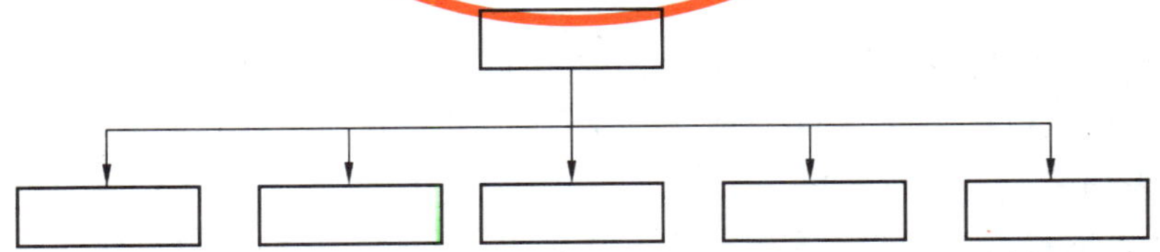

图2 功能模块层次结构示意图

7.3.3.2.2 在每个子系统中，功能模块的编号应该是唯一的。

7.3.3.2.3 详细描述各功能模块的内容和功能，以及入口参数和出口参数。

7.3.3.3 功能模块与部门的对应关系

使用表4所示的矩阵方式说明本子系统用户单位的各部门使用模块的情况。其中“√”表示使用了该模块。其中模块名可以是任意层次上的，建议与实际的安装相一致。

7.3.3.4 子系统的外部接口

子系统的外部接口应当在统一的总体设计方案和规范标准的指导和控制下进行设计。在条件成熟时，子系统应能通过网络互联。子系统的外部接口设计应考虑以下因素：

——采用统一的基础数据作为空间定位的公共平台；

——与其他子系统的接口：数据/参数调用/返回情况；

——对特殊外部设备的需求。

表 4 功能模块与部门的对应关系

	模块 1	模块 2	模块 3	…	模块 N
部门 1	√	√	√		√
部门 2	√	√	√		
部门 3		√			√
…					
部门 M			√		√

7.3.4 软硬件及网络配置

软硬件及网络的配置内容如下：

a) 按 6.2.4.1 的具体要求确定应用软件的类型、名称、套件数并说明其性能指标；

b) 按 6.2.4.2 的具体要求确定硬件设备的型号、数量并说明其性能指标，绘出硬件设备配置图；

c) 制定软硬件购置计划；

d) 按不同城市、不同规模系统、不同用户需求确定网络结构和功能。

7.3.5 数据库设计

7.3.5.1 代码设计

7.3.5.1.1 图形数据分类代码

图形数据分类代码应包括基础信息和各类专题信息图形数据的分类和代码。其中，基础地理信息要素分类与代码按 GB/T 13923 的规定执行，对各类专题数据分类与代码，执行相应的国家标准或行业标准。

7.3.5.1.2 图形数据的标识码

图形要素的标识码用于对主要实体要素的标识。道路、道路交叉口、街坊、市政工程管线的标识码应按 GB/T 14395 规定的编码结构规划，结合城市平面几何图形特点和应用习惯，首先确定定位分区代码；再分别确定各类要素实体的代码结构，进而构成这几类城市要素的标识码。其他各种城市地理要素，如宗地、地块、建筑物、公共设施等，可参照 GB/T 14395 的规则编制临时标识码，并列出全部标识码清单。

编制临时分类和代码应遵循城市地理信息分类和编码的原则，即科学性、系统性、稳定性、不受比例尺限制、兼容性、完整性、可扩充性、适用性和灵活性原则，并尽量与国际相关标准接轨。

7.3.5.1.3 代码表列表

可按照表 5 所示的形式对一个子系统使用的代码表列表，并应指明代码数据的文档名与文档编号。

表 5 ××子系统使用的代码表列表

代码表名称	中文注释

7.3.5.2 **数据组织和存储的表示**

对确定的数据模型，应用E-R图定义实体之间的关系：

a) 基数：一个实体连接另一个实体的数量关系；

b) 存在性：指明关系是“任选的”，还是“强制的”；

c) 依赖性：指明一个实体是否依赖于其他实体；

d) 继承性：指明“父类”与“子类”的关系。

7.3.5.3 **安全保密措施制定**

安全保密措施包括以下内容：

a) 进行用户角色定义，说明各类角色的权限；

b) 备份(包括安全性备份和历史备份)的要求与操作步骤；

c) 规定日志文件的使用。

7.3.5.4 **用户界面设计**

在子系统功能模块设计的基础上，应开发全汉化的菜单式用户界面。界面设计应符合人机界面设计的美学要求，对用户真正作到“友好”，具体要求如下：

a) 形式简洁、美观、汉化，使用户易懂、易学、易操作；

b) 具备“帮助”功能，甚至语音解说功能；

c) 提供系统命令提示功能和图标菜单，相同的功能要用相同的图标显示；

d) 提供系统错误检验能力、系统命令行处理能力和系统批处理能力；

e) 各模块之间界面形式一致，布局合理，尽可能加大图形显示窗口。

7.3.6 **数据输入设计**

数据输入设计的内容包括：

a) 数据源的分析与选择；

b) 数据采集前的预处理；

c) 数据采集方式的确定；

d) 数据采集技术要求和技术规定；

e) 与空间参照系配准(空间参照系与系统采用的参照系保持一致)；

f) 数据质量控制和检查验收规定；

g) 属性项的选择、定义；

h) 数据更新的技术方法；

i) 数据接边处理规定。

7.3.7 **数据输出设计**

数据输出设计的内容包括：

a) 确定数据输出的产品形式和要求；

b) 选择符号库系统或设计符号库；

c) 文本和表格设计；

d) 确定数据转出的数据转换标准和格式转换的接口。

7.4 **数据质量控制**

从系统设计、数据源选择、数据采集、数据处理直至系统开发完成，均应有严格的质量控制指标和检查措施。不同子系统的质量控制指标是不同的，但必须有一系列标准用于控制。对尚未形成国家标准、行业标准、地方标准的内容，应制定暂行规定进行内部质量控制。

7.5 **实施计划**

制定的实施计划应包括以下内容：

a) 列出经费投入计划；

b) 列出设备购置计划；

c) 列出人员培训计划；

d) 分项目列出时间进度表。

7.6 功能模块详述

对每个功能模块应分别进行详细描述，内容如下：

a) 模块编号与中文注释；

b) 功能描述与性能描述；

c) 说明与本模块相关的代码表与基本表；

d) 输入信息参数(含参数名、中文注释、缺省值、格式)、数据文件的格式与权限、输入频度；使用的特殊输入设备；输入时使用的代码表与基本表；

e) 输出信息参数(含参数名、中文注释、缺省值、格式)、数据文件格式、输出频度、报表格式样张；使用的特殊输出设备；输出时使用的代码表与基本表；

f) 算法，包括计算公式与说明、某些设定的或必然的逻辑关系；

g) 采用框图＋文字叙述处理流程；

h) 模块应用实例及说明(即调用说明)；

i) 屏幕布局与说明。

7.7 详细设计书的编写和论证

城市地理信息系统详细设计书可按附录C所示的内容进行编写。详细设计方案可单独论证，也可与总体设计方案一起论证。

附　录　A
（资料性附录）
系统配置方案

根据城市地理信息系统的具体目标和规模，可以选择不同的具体硬软件配置方案。本附录给出城市地理信息系统的大、中、小三种配置方案的建议，供设计时参考。

A.1　较大规模的城市地理信息系统配置方案

较大规模的城市地理信息系统配置有如下特点：

——多种操作系统并存；

——客户/服务器结构和分布式数据库；

——网络化；

——具有遥感图像处理功能；

——多媒体数据传输能力。

较大规模的城市地理信息系统配置方案如图A.1所示。大规模系统配置：可以采用服务器（文件服务器和数据服务器）和工作站联网，根据数据量配置大容量磁盘或磁盘阵列，并配置手扶跟踪数字化仪或大幅面扫描仪和矢、栅绘图机等外围设备。

图A.1　较大规模城市地理信息系统配置方案图

图注：

方框A是整个地理信息系统数据处理与管理的中心，以小型机、服务器为核心，带动数台工作站和微机，它有三方面任务：一是作为中央数据处理中心，负责整个系统的数据采集、数据管理、数据检索和数据查询；二是负责城市地理信息系统的动态维护；三是经过网络管理整个系统，并存储备份数据。

方框B是数据输入系统，由工作站、微机、数字化仪、扫描仪等组成。

方框C代表用户组。

方框D是数字图像处理系统。

方框E的功能是用来完成输出，由绘图机、打印机组成。

方框F是多媒体系统，由工作站、微机、录像机等组成。

G和H表示远程广域网用户系统。

A.2　中等规模的城市地理信息系统配置方案

它不像较大规模城市地理信息系统那么庞大和复杂，一般为地理信息局域网或广域网系统。中等规模系统配置：可以用服务器与若干台微机联网。服务器配置较大容量的磁盘，并配置适当数量的手扶跟踪数字化仪或大幅面扫描仪，以及绘图机等外围设备。

其系统配置方案如图A.2所示。

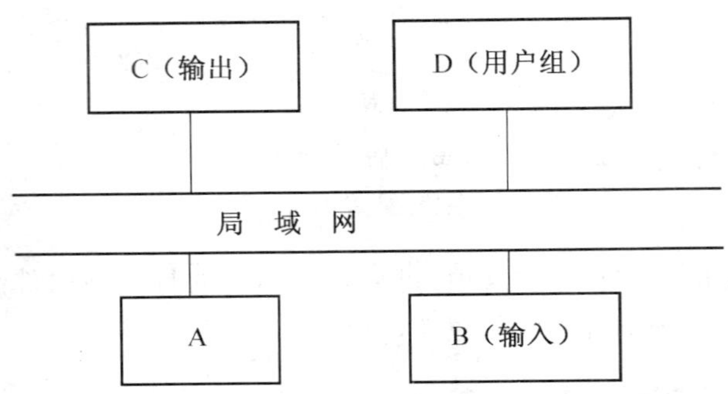

图 A.2 中等规模城市地理信息系统配置方案图

图注：

方框 A 是 GIS 中央数据库及网管，它是整个城市地理信息系统的数据处理和管理的中心，由 1 台或 2 台服务器组成，其作用与图 A.1 中的方框 A 类同。

方框 B 是数据输入系统。

方框 C 为输出系统。

方框 D 为用户组。

A.3 小规模城市地理信息系统的配置方案

小规模城市地理信息系统的配置方案较中等规模城市地理信息系统配置更为简单，一般为地理信息系统局域网。小规模系统配置，用一台高档微机与若干台微机联网，配置适当规模的磁盘，并根据近期或中长期的需要，配置手扶跟踪数字化仪或扫描仪，一般应配置一台绘图仪。

其系统配置方案如图 A.3 所示。

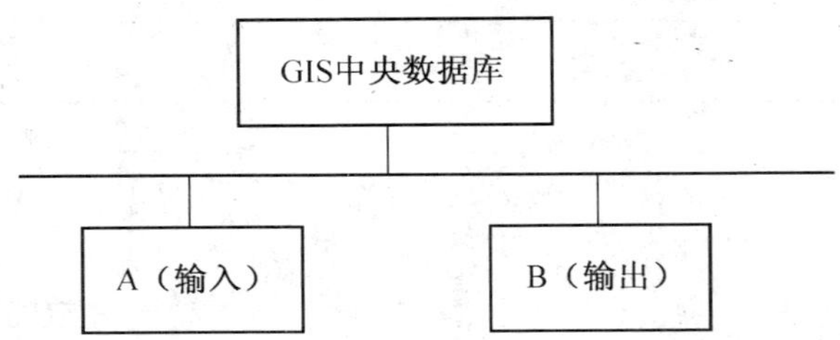

图 A.3 小规模城市地理信息系统配置方案图

从图 A.3 可见，小规模城市地理信息系统是最基本的城市地理信息系统，具有地理信息系统数据输入、存储、管理、分析、输出的基本功能。从网络角度看，小规模城市地理信息系统是一个局域网系统。

基础信息子系统是城市地理信息系统中其他所有子系统的公共基础，用于存储、管理和应用基础信息，为其他各个子系统提供统一的空间定位基础和专题信息的空间载体。

专题信息子系统用于存储、管理和应用某一类专题信息，各个专题信息子系统借助于统一的空间定位基础信息实现专题信息之间的配准和叠加分析处理。

附　录　B
（资料性附录）
总体设计书的编写提纲

B.1　引言

B.1.1　编写目的

作用，预期读者。

B.1.2　编写背景

系统名称，任务提出者，使用者，任务承接者，与其他系统的关系。

B.1.3　定义

术语，符号规定，标准词汇，命名规范。

B.1.4　参考资料

列出所有的参考资料，其中任务书、项目可行性论证报告和用户需求调查报告是必须的参考资料。

B.2　总体设计技术方案

B.2.1　系统目标

包括开发意图，应用目标，作用范围，预期效益。

B.2.2　设计原则

先进性原则，实用性原则，标准化、规范化原则，可行性原则，可扩充性原则，成本效益优化原则。

B.2.3　运行环境

软件平台，硬件平台，网络体系结构，系统配置方案。

B.2.4　系统结构

B.2.4.1　子系统划分：子系统名称、系统结构图。

B.2.4.2　模块设计：模块名称、编号。

B.2.5　软硬件配置

软硬件选型及其依据、台件数、系统配置结构图。

B.2.6　数据库设计

B.2.6.1　数据量估算

B.2.6.2　数据分布方案

B.2.6.3　数据库系统选购方案：原则、选型及其依据、套件数。

B.2.6.4　数据模型说明

B.2.6.5　数据结构说明

B.2.6.6　数据格式说明

B.2.7　代码设计

B.2.7.1　背景介绍：国际标准、国家标准、行业标准及其贯彻情况。

B.2.7.2　制定代码表的依据、格式约定、注意事项。

B.2.7.3　代码表列表：代码表名称及其被引用的子系统名称，其中应特别指出需要为本系统指定的临时代码表。

B.2.8　实施计划和人员培训

将系统的开发分为若干阶段实施并制定出切实可行的开发计划和人员培训计划。

B.3 总体设计方案论证

从设计的先进性、完整性、可靠性、可扩展性、可移植性、合理性方面进行论证。

B.4 附件

包括项目可行性研究报告、用户需求调查报告和分析报告等。

附 录 C
（资料性附录）
详细设计书的编写提纲

C.1 引言

C.1.1 编写目的

设计对象——系统的某个子系统，作用——承上启下（基于总体设计），预期读者。

C.1.2 编写背景

子系统名称，任务提出者和承接者，使用者，与其他子系统的关系。

C.1.3 定义

术语，符号规定，标准词汇，命名规范。

C.1.4 参考资料

列出所有的参考资料，其中总体设计书、项目可行性论证报告和用户需求调查报告是必须的参考资料。

C.2 详细设计技术方案

C.2.1 系统目标

开发意图，应用目标，作用范围，预期效益。

C.2.2 运行环境

本系统所需的特殊设备和支撑软件，网络体系结构，系统配置方案。

C.2.3 系统结构

C.2.3.1 次级子系统划分：次级子系统名称、系统结构图。

C.2.3.2 功能模块设计：模块名称、编号，层次，与部门的对应关系，外部接口等。

C.2.4 数据库设计

C.2.4.1 数据量估算和数据分布方案

C.2.4.2 数据库：按数据库—片—层—要素—数据项进行描述。

C.2.4.3 数据模型、数据结构、数据格式说明

C.2.5 代码设计

C.2.5.1 代码表列表：代码表名称及其被引用的次级子系统名称，其中应特别指出需要为本系统指定的临时代码表。

C.2.5.2 按制定代码表的依据、格式约定、注意事项（见总体设计）制定临时代码表。

C.2.6 输入设计

数据源、数据采集方法、处理要求、数据分层。

C.2.7 输出设计

图型、表形、数据文件格式。

C.2.8 界面设计

界面设计的具体原则。

C.2.9 安全保密设计

系统的安全保密措施。

C.2.10 模块详述

按模块逐个提出设计方案。

C.2.10.1 模块一(标识符)设计:功能、输入项、输出项、接口、支持软件、限制条件等。

C.2.10.2 模块二 …

C.2.10.3 ……

C.3 详细设计方案论证

可单独进行论证,或与总体设计方案一起论证。

C.4 附件

详细设计中的其他资料。

ICS 87.040
G 51

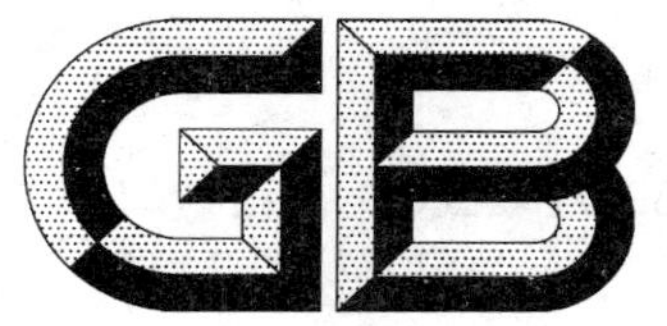

中华人民共和国国家标准

GB 18582—2008
代替 GB 18582—2001

室内装饰装修材料
内墙涂料中有害物质限量

**Indoor decorating and refurbishing materials—
Limit of harmful substances of interior architectural coatings**

2008-04-01 发布　　　　2008-10-01 实施

中华人民共和国国家质量监督检验检疫总局
中国国家标准化管理委员会　发布

前　言

本标准代替 GB 18582—2001《室内装饰装修材料　内墙涂料中有害物质限量》。

本标准与 GB 18582—2001 相比主要技术差异：

——范围中增加了水性墙面腻子，并对其规定了有害物质限量值；

——水性墙面涂料中挥发性有机化合物的限量值大幅度降低，表示方法改为产品中除水后的挥发性有机化合物的含量；

——游离甲醛计量单位改变，其限量值更加严格；

——增加了苯、甲苯、乙苯和二甲苯总和控制项目；

——增加了挥发性有机化合物的定义，测试方法由总挥发物扣除水分改为用气相色谱分析技术分离被测样品中各种挥发性有机化合物并定性鉴定和定量分析；

——修改完善了游离甲醛和可溶性重金属的测试方法；

——建立了苯、甲苯、乙苯和二甲苯总和的测试方法，并将其与测试挥发性有机化合物方法相结合。

本标准的附录 A、附录 B、附录 C、附录 D 为规范性附录。

本标准由中国石油和化学工业协会提出。

本标准由全国涂料和颜料标准化技术委员会(SAC/TC 5)归口。

本标准负责起草单位：中海油常州涂料化工研究院(国家涂料质量监督检验中心)、北京微量化学研究所、上海市涂料研究所。

本标准参加起草单位：中国涂料工业协会、上海市建筑科学研究院、中国建筑科学研究院、立邦涂料(中国)有限公司、广东华润涂料有限公司、广东嘉宝莉化工有限公司、卜内门太古漆油(中国)有限公司、上海中南建筑材料公司、广东美涂士化工有限公司、莆田市三江化学工业有限公司、中华制漆(深圳)有限公司、南宝树脂(中国)有限公司、江苏大象东亚制漆有限公司、罗门哈斯(中国)投资有限公司、杭州油漆有限公司、南京天祥涂料有限公司、常州光辉化工有限公司、东莞大宝化工制品有限公司、上海富臣化工有限公司、广东巴德士化工有限公司。

本标准主要起草人：张俊智、赵玲、冯世芳、黄宁、于滨、尹建武、张卫群、曹海华、黄添源、杨勇、龚万森、段质美、寇辉、王代民、熊荣、王大期、李锋、彭冬华、凌萍、姜亚琴、杨少武、杨卫疆、姜方群、徐凯斌、刘琳、黄建华、叶荣森、方学平。

本标准 2001 年 12 月 10 日首次发布，本次为第一次修订。

本标准委托全国涂料和颜料标准化技术委员会负责解释。

室内装饰装修材料
内墙涂料中有害物质限量

1 范围

本标准规定了室内装饰装修用水性墙面涂料(包括面漆和底漆)和水性墙面腻子中对人体有害物质容许限量的要求、试验方法、检验规则、包装标志、涂装安全及防护。

本标准适用于各类室内装饰装修用水性墙面涂料和水性墙面腻子。

2 规范性引用文件

下列文件中的条款通过本标准的引用而成为本标准的条款。凡是注日期的引用文件,其随后所有的修改单(不包括勘误的内容)或修订版均不适用于本标准,然而,鼓励根据本标准达成协议的各方研究是否可使用这些文件的最新版本。凡是不注日期的引用文件,其最新版本适用于本标准。

GB/T 601 化学试剂 标准滴定溶液的制备

GB/T 1250 极限数值的表示方法和判定方法

GB/T 3186—2006 色漆、清漆和色漆与清漆用原材料 取样(ISO 15528:2000,IDT)

GB/T 6682 分析试验室用水规格和试验方法(GB/T 6682—1992,neq ISO 3696:1987)

GB/T 6750 色漆和清漆 密度的测定 比重瓶法(GB/T 6750—2007,ISO 2811-1:1997,IDT)

GB/T 9750 涂料产品包装标志

3 术语和定义

下列术语和定义适用于本标准。

3.1

挥发性有机化合物(VOC) volatile organic compounds

在 101.3 kPa 标准压力下,任何初沸点低于或等于 250℃的有机化合物。

3.2

挥发性有机化合物含量 volatile organic compounds content

按规定的测试方法测试产品所得到的挥发性有机化合物的含量。

注 1:墙面涂料为产品扣除水分后的挥发性有机化合物的含量,以克每升(g/L)表示。

注 2:墙面腻子为产品不扣除水分的挥发性有机化合物的含量,以克每千克(g/kg)表示。

4 要求

产品中有害物质限量应符合表 1 的要求。

表 1 有害物质限量的要求

项目		限量值	
		水性墙面涂料[a]	水性墙面腻子[b]
挥发性有机化合物含量(VOC)	≤	120 g/L	15 g/kg
苯、甲苯、乙苯、二甲苯总和/(mg/kg)	≤	300	
游离甲醛/(mg/kg)	≤	100	

表 1(续)

<table>
<tr><td colspan="2" rowspan="2">项　　目</td><td colspan="2">限量值</td></tr>
<tr><td>水性墙面涂料[a]</td><td>水性墙面腻子[b]</td></tr>
<tr><td rowspan="4">可溶性重金属/(mg/kg)　≤</td><td>铅 Pb</td><td colspan="2">90</td></tr>
<tr><td>镉 Cd</td><td colspan="2">75</td></tr>
<tr><td>铬 Cr</td><td colspan="2">60</td></tr>
<tr><td>汞 Hg</td><td colspan="2">60</td></tr>
<tr><td colspan="4">[a] 涂料产品所有项目均不考虑稀释配比。
[b] 膏状腻子所有项目均不考虑稀释配比；粉状腻子除可溶性重金属项目直接测试粉体外，其余 3 项按产品规定的配比将粉体与水或胶黏剂等其他液体混合后测试。如配比为某一范围时，应按照水用量最小、胶黏剂等其他液体用量最大的配比混合后测试。</td></tr>
</table>

5　试验方法

5.1　取样

产品取样应按 GB/T 3186—2006 的规定进行。

5.2　试验方法

5.2.1　挥发性有机化合物含量(VOC)的测试按附录 A 和附录 B 的规定进行，涂料产品测试结果的计算按附录 A 中 A.7.2 进行。腻子产品测试结果的计算按附录 A 中 A.7.1 进行。

注：所有腻子样品不做水分含量和密度的测试。

5.2.2　苯、甲苯、乙苯和二甲苯总和的测试按附录 A 的规定进行。测试结果的计算按附录 A 中 A.7.3 进行。

5.2.3　游离甲醛的测试按附录 C 的规定进行。

5.2.4　可溶性重金属(铅、镉、铬和汞)的测试按附录 D 的规定进行。粉状腻子直接用粉体测试。

6　检验规则

6.1　本标准所列的全部要求均为型式检验项目。

6.1.1　在正常生产情况下，每年至少进行一次型式检验。

6.1.2　有下列情况之一时应随时进行型式检验：

——新产品最初定型时；

——产品异地生产时；

——生产配方、工艺及原材料有较大改变时；

——停产三个月后又恢复生产时。

6.2　检验结果的判定

6.2.1　检验结果的判定按 GB/T 1250 中修约值比较法进行。

6.2.2　粉状腻子报出检验结果时应同时注明配制比例。

6.2.3　所有项目的检验结果均达到本标准的要求时，产品为符合本标准要求。

7　包装标志

产品包装标志除应符合 GB/T 9750 的规定外，按本标准检验合格的产品可在包装标志上明示。

8 涂装安全及防护

8.1 涂装时应保证室内通风良好。

8.2 涂装时施工人员应穿戴好必要的防护用品。

8.3 涂装完成后继续保持室内空气流通。

附 录 A
（规范性附录）
挥发性有机化合物及苯、甲苯、乙苯和二甲苯总和含量的测试 气相色谱法

A.1 范围

本方法规定了水性墙面涂料和水性墙面腻子中挥发性有机化合物（VOC）及苯、甲苯、乙苯和二甲苯总和含量的测试方法。

本方法适用于 VOC 的含量大于或等于 0.1%、且小于或等于 15%的涂料及其原料的测试。

A.2 原理

试样经稀释后，通过气相色谱分析技术使样品中各种挥发性有机化合物分离，定性鉴定被测化合物后，用内标法测试其含量。

A.3 材料和试剂

A.3.1 载气：氮气，纯度≥99.995%。

A.3.2 燃气：氢气，纯度≥99.995%。

A.3.3 助燃气：空气。

A.3.4 辅助气体（隔垫吹扫和尾吹气）：与载气具有相同性质的氮气。

A.3.5 内标物：试样中不存在的化合物，且该化合物能够与色谱图上其他成分完全分离。纯度至少为99%，或已知纯度。例如：异丁醇、乙二醇单丁醚、乙二醇二甲醚、二乙二醇二甲醚等。

A.3.6 校准化合物

本标准中校准化合物包括甲醇、乙醇、正丙醇、异丙醇、正丁醇、异丁醇、苯、甲苯、乙苯、二甲苯、三乙胺、二甲基乙醇胺、2-氨基-2-甲基-1-丙醇、乙二醇、1,2-丙二醇、1,3-丙二醇、二乙二醇、乙二醇单丁醚、二乙二醇单丁醚、二乙二醇乙醚醋酸酯、二乙二醇丁醚醋酸酯、2,2,4-三甲基-1,3-戊二醇。纯度至少为99%，或已知纯度。

A.3.7 稀释溶剂：用于稀释试样的有机溶剂，不含有任何干扰测试的物质。纯度至少为 99%，或已知纯度。例如：乙腈、甲醇或四氢呋喃等溶剂。

A.3.8 标记物：用于按 VOC 定义区分 VOC 组分与非 VOC 组分的化合物。本标准中为己二酸二乙酯（沸点 251℃）。

A.4 仪器设备

A.4.1 气相色谱仪，具有以下配置：

A.4.1.1 分流装置的进样口，并且汽化室内衬可更换。

A.4.1.2 程序升温控制器。

A.4.1.3 检测器：可以使用下列三种检测器中的任意一种：

A.4.1.3.1 火焰离子化检测器（FID）。

A.4.1.3.2 已校准并调谐的质谱仪或其他质量选择检测器。

A.4.1.3.3 已校准的傅立叶变换红外光谱仪（FT-IR 光谱仪）。

注：如果选用 A.4.1.3.2 或 A.4.1.3.3 检测器对分离出的组分进行定性鉴定，仪器应与气相色谱仪相连并根据仪器制造商的相关说明进行操作。

A.4.1.4 色谱柱：聚二甲基硅氧烷毛细管柱或 6%腈丙苯基/94%聚二甲基硅氧烷毛细管柱、聚乙二醇毛细管柱。

A.4.2 进样器：微量注射器，10 μL。

A.4.3 配样瓶：约 20 mL 的玻璃瓶，具有可密封的瓶盖。

A.4.4 天平：精度 0.1 mg。

A.5 气相色谱测试条件

A.5.1 色谱条件 1

色谱柱（基本柱）：聚二甲基硅氧烷毛细管柱，30 m×0.32 mm×1.0 μm；

进样口温度：260℃；

检测器：FID，温度：280℃；

柱温：程序升温，45℃保持 4 min，然后以 8 ℃/min 升至 230℃保持 10 min；

分流比：分流进样，分流比可调；

进样量：1.0 μL。

A.5.2 色谱条件 2

色谱柱（基本柱）：6%腈丙苯基/94%聚二甲基硅氧烷毛细管柱，60 m×0.32 mm×1.0 μm；

进样口温度：250℃；

检测器：FID，温度：260℃；

柱温：程序升温，80℃保持 1 min，然后以 10 ℃/min 升至 230℃保持 15 min；

分流比：分流进样，分流比可调；

进样量：1.0 μL。

A.5.3 色谱条件 3

色谱柱（确认柱）：聚乙二醇毛细管柱，30 m×0.25 mm×0.25 μm；

进样口温度：240℃；

检测器：FID，温度：250℃；

柱温：程序升温，60℃保持 1 min，然后以 20 ℃/min 升至 240℃保持 20 min；

分流比：分流进样，分流比可调；

进样量：1.0 μL。

注：也可根据所用气相色谱仪的性能及待测试样的实际情况选择最佳的气相色谱测试条件。

A.6 测试步骤

A.6.1 密度

密度的测试按 GB/T 6750 进行。

A.6.2 水分含量

水分含量的测试按附录 B 进行。

A.6.3 挥发性有机化合物及苯、甲苯、乙苯和二甲苯总和含量

A.6.3.1 色谱仪参数优化

按 A.5 中的色谱条件，每次都应该使用已知的校准化合物对其进行最优化处理，使仪器的灵敏度、稳定性和分离效果处于最佳状态。

A.6.3.2 定性分析

定性鉴定试样中有无 A.3.6 中的校准化合物。优先选用的方法是气相色谱仪与质量选择检测器(A.4.1.3.2)或 FT-IR 光谱仪(A.4.1.3.3)联用，并使用 A.5 中给出的气相色谱测试条件。也可利用气相色谱仪，采用火焰离子化检测器(FID)(A.4.1.3.1)和 A.4.1.4 中的色谱柱，并使用 A.5 中给出的气相色谱测试条件，分别记录 A.3.6 中校准化合物在两根色谱柱（所选择的两根柱子的极性差别应尽可能大，例如 6%腈丙苯基/94%聚二甲基硅氧烷毛细管柱和聚乙二醇毛细管柱）上的色谱图；在相同的色谱测试条件下，对被测试样做出色谱图后对比定性。

A.6.3.3 校准

A.6.3.3.1 校准样品的配制：分别称取一定量(精确至0.1 mg)A.6.3.2鉴定出的各种校准化合物于配样瓶(A.4.3)中，称取的质量与待测试样中各自的含量应在同一数量级；再称取与待测化合物相同数量级的内标物(A.3.5)于同一配样瓶中，用稀释溶剂(A.3.7)稀释混合物，密封配样瓶并摇匀。

A.6.3.3.2 相对校正因子的测试：在与测试试样相同的色谱测试条件下按A.6.3.1的规定优化仪器参数。将适当数量的校准化合物注入气相色谱仪中，记录色谱图。按式(A.1)分别计算每种化合物的相对校正因子：

$$R_i = \frac{m_{ci} \times A_{is}}{m_{is} \times A_{ci}} \qquad \text{(A.1)}$$

式中：

R_i——化合物 i 的相对校正因子；

m_{ci}——校准混合物中化合物 i 的质量，单位为克(g)；

m_{is}——校准混合物中内标物的质量，单位为克(g)；

A_{is}——内标物的峰面积；

A_{ci}——化合物 i 的峰面积。

R_i 值取两次测试结果的平均值，其相对偏差应小于5%，保留3位有效数字。

A.6.3.3.3 若出现A.3.6中校准化合物之外的未知化合物色谱峰，则假设其相对于异丁醇的校正因子为1.0。

A.6.3.4 试样的测试

A.6.3.4.1 试样的配制：称取搅拌均匀后的试样1 g(精确至0.1 mg)以及与被测物质量近似相等的内标物(A.3.5)于配样瓶(A.4.3)中，加入10 mL稀释溶剂(A.3.7)稀释试样，密封配样瓶并摇匀。

A.6.3.4.2 按校准时的最优化条件设定仪器参数。

A.6.3.4.3 将标记物(A.3.8)注入气相色谱仪中，记录其在聚二甲基硅氧烷毛细管柱或6%腈丙苯基/94%聚二甲基硅氧烷毛细管柱上的保留时间，以便按3.1给出的VOC定义确定色谱图中的积分终点。

A.6.3.4.4 将1 μL按A.6.3.4.1配制的试样注入气相色谱仪中，记录色谱图并记录各种保留时间低于标记物的化合物峰面积(除稀释溶剂外)，然后按式(A.2)分别计算试样中所含的各种化合物的质量分数。

$$w_i = \frac{m_{is} \times A_i \times R_i}{m_s \times A_{is}} \qquad \text{(A.2)}$$

式中：

w_i——测试试样中被测化合物 i 的质量分数，单位为克每克(g/g)；

R_i——被测化合物 i 的相对校正因子；

m_{is}——内标物的质量，单位为克(g)；

m_s——测试试样的质量，单位为克(g)；

A_{is}——内标物的峰面积；

A_i——被测化合物 i 的峰面积。

平行测试两次，w_i 值取两次测试结果的平均值。

A.7 计算

A.7.1 腻子产品按式(A.3)计算VOC含量：

$$w(\text{VOC}) = \sum w_i \times 1\,000 \qquad \text{(A.3)}$$

式中：

$w(\text{VOC})$——腻子产品的VOC含量，单位为克每千克(g/kg)；

w_i——测试试样中被测化合物 i 的质量分数，单位为克每克(g/g)；

1 000——转换因子。

测试方法检出限：1 g/kg。

A.7.2 涂料产品按式(A.4)计算VOC含量：

$$\rho(\mathrm{VOC}) = \frac{\sum w_i}{1 - \rho_s \times \frac{w_w}{\rho_w}} \times \rho_s \times 1\,000 \qquad \cdots\cdots\cdots(\mathrm{A.4})$$

式中：

$\rho(\mathrm{VOC})$——涂料产品的VOC含量，单位为克每升(g/L)；

w_i——测试试样中被测化合物 i 的质量分数，单位为克每克(g/g)；

w_w——测试试样中水的质量分数，单位为克每克(g/g)；

ρ_s——试样的密度，单位为克每毫升(g/mL)；

ρ_w——水的密度，单位为克每毫升(g/mL)；

1 000——转换因子。

测试方法检出限：2 g/L。

A.7.3 涂料和腻子产品中苯、甲苯、乙苯和二甲苯总和的计算

A.7.3.1 先按式(A.2)分别计算苯、甲苯、乙苯和二甲苯各自的质量分数 w_i，然后按式(A.5)计算产品中苯、甲苯、乙苯和二甲苯含量的总和：

$$w_b = \sum w_i \times 10^6 \qquad \cdots\cdots\cdots(\mathrm{A.5})$$

式中：

w_b——产品中苯、甲苯、乙苯和二甲苯总和的含量，单位为毫克每千克(mg/kg)；

w_i——测试试样中被测组分 i(苯、甲苯、乙苯和二甲苯)的质量分数，单位为克每克(g/g)；

10^6——转换因子。

A.7.3.2 测试方法检出限：4种苯系物总和50 mg/kg。

A.8 精密度

A.8.1 重复性

同一操作者两次测试结果的相对偏差小于10%。

A.8.2 再现性

不同实验室间测试结果的相对偏差小于20%。

附 录 B
（规范性附录）
水分含量的测试

本标准中的水分含量采用气相色谱法或卡尔·费休法测试。气相色谱法为仲裁方法。

B.1 气相色谱法

B.1.1 试剂和材料

B.1.1.1 蒸馏水：符合 GB/T 6682 中三级水的要求。

B.1.1.2 稀释溶剂：无水二甲基甲酰胺（DMF），分析纯。

B.1.1.3 内标物：无水异丙醇，分析纯。

B.1.1.4 载气：氢气或氮气，纯度不小于 99.995%。

B.1.2 仪器设备

B.1.2.1 气相色谱仪：配有热导检测器及程序升温控制器。

B.1.2.2 色谱柱：填装高分子多孔微球的不锈钢柱。

B.1.2.3 进样器：微量注射器，10 μL。

B.1.2.4 配样瓶：约 10 mL 的玻璃瓶，具有可密封的瓶盖。

B.1.2.5 天平：精度 0.1 mg。

B.1.3 气相色谱测试条件

色谱柱：柱长 1 m，外径 3.2 mm，填装 177 μm～250 μm 高分子多孔微球的不锈钢柱。

汽化室温度：200℃。

检测器：温度 240℃，电流 150 mA。

柱温：对于程序升温，80℃保持 5 min，然后以 30 ℃/min 升至 170℃保持 5 min；对于恒温，柱温为 90℃，在异丙醇完全流出后，将柱温升至 170℃，待 DMF 出完。若继续测试，再把柱温降到 90℃。

注：也可根据所用气相色谱仪的性能及待测试样的实际情况选择最佳的气相色谱测试条件。

B.1.4 测试步骤

B.1.4.1 测试水的相对校正因子 *R*

在同一配样瓶（B.1.2.4）中称取 0.2 g 左右的蒸馏水（B.1.1.1）和 0.2 g 左右的异丙醇（B.1.1.3），精确至 0.1 mg，再加入 2 mL 的二甲基甲酰胺（B.1.1.2），密封配样瓶并摇匀。用微量注射器（B.1.2.3）吸取 1 μL 配样瓶中的混合液注入色谱仪中，记录色谱图。按式（B.1）计算水的相对校正因子 R：

$$R = \frac{m_i \times A_w}{m_w \times A_i} \qquad \text{(B.1)}$$

式中：

R ——水的相对校正因子；

m_i——异丙醇质量，单位为克（g）；

m_w——水的质量，单位为克（g）；

A_i——异丙醇的峰面积；

A_w——水的峰面积。

若异丙醇和二甲基甲酰胺不是无水试剂，则以同样量的异丙醇和二甲基甲酰胺（混合液），但不加水作为空白样，记录空白样中水的峰面积 A_0。按式（B.2）计算水的相对校正因子 R：

$$R=\frac{m_i\times(A_w-A_0)}{m_w\times A_i}\qquad\cdots\cdots(B.2)$$

式中：

R ——水的相对校正因子；

m_i——异丙醇质量，单位为克(g)；

m_w——水的质量，单位为克(g)；

A_i——异丙醇的峰面积；

A_w——水的峰面积；

A_0——空白样中水的峰面积。

R 值取两次测试结果的平均值，其相对偏差应小于 5%，保留 3 位有效数字。

B.1.4.2 样品分析

称取搅拌均匀后的试样 0.6 g 以及与水含量近似相等的异丙醇(B.1.1.3)于配样瓶(B.1.2.4)中，精确至 0.1 mg，再加入 2 mL 二甲基甲酰胺(B.1.1.2)，密封配样瓶并摇匀。同时准备一个不加试样的异丙醇和二甲基甲酰胺混合液作为空白样。用力摇动装有试样的配样瓶 15 min，放置 5 min，使其沉淀(为使试样尽快沉淀，可在装有试样的配样瓶内加入几粒小玻璃珠，然后用力摇动；也可使用低速离心机使其沉淀)。用微量注射器(B.1.2.3)吸取 1 μL 配样瓶中的上层清液，注入色谱仪中，记录色谱图。按式(B.3)计算试样中的水分含量：

$$w_w=\frac{m_i\times(A_w-A_0)}{m_s\times A_i\times R}\times 100\qquad\cdots\cdots(B.3)$$

式中：

w_w——试样中的水分含量的质量分数，%；

R——水的相对校正因子；

m_i——异丙醇质量，单位为克(g)；

m_s——试样的质量，单位为克(g)；

A_i——异丙醇的峰面积；

A_w——试样中水的峰面积；

A_0——空白样中水的峰面积。

平行测试两次，取两次测试结果的平均值，保留 3 位有效数字。

B.1.5 精密度

B.1.5.1 重复性

同一操作者两次测试结果的相对偏差小于 1.6%。

B.1.5.2 再现性

不同实验室间测试结果的相对偏差小于 5%。

B.2 卡尔·费休法

B.2.1 仪器设备

B.2.1.1 卡尔·费休水分滴定仪。

B.2.1.2 天平：精度 0.1 mg，1 mg。

B.2.1.3 微量注射器：10 μL。

B.2.1.4 滴瓶：30 mL。

B.2.1.5 磁力搅拌器。

B.2.1.6 烧杯：100 mL。

B.2.1.7 培养皿。

B.2.2 试剂

B.2.2.1 蒸馏水：符合 GB/T 6682 中三级水的要求。

B.2.2.2 卡尔·费休试剂：选用合适的试剂（对于不含醛酮化合物的试样，试剂主要成分为碘、二氧化硫、甲醇、有机碱。对于含有醛酮化合物的试样，应使用醛酮专用试剂，试剂主要成分为碘、咪唑、二氧化硫、2-甲氧基乙醇、2-氯乙醇和三氯甲烷）。

B.2.3 实验步骤

B.2.3.1 卡尔·费休滴定剂浓度的标定

在滴定仪(B.2.1.1)的滴定杯中加入新鲜卡尔·费休溶剂(B.2.2.2)至液面覆盖电极端头，以卡尔·费休滴定剂滴定至终点（漂移值＜10 μg/min）。用微量注射器(B.2.1.3)将10 μL蒸馏水(B.2.2.1)注入滴定杯中，采用减量法称得水的质量（精确至0.1 mg），并将该质量输入到滴定仪中，用卡尔·费休滴定剂滴定至终点，记录仪器显示的标定结果。

进行重复标定，直至相邻两次的标定值相差小于0.01 mg/mL，求出两次标定的平均值，将标定结果输入到滴定仪中。

当检测环境的相对湿度小于70%时，应每周标定一次；相对湿度大于70%时，应每周标定两次；必要时，随时标定。

B.2.3.2 样品处理

若待测样品黏度较大，在卡尔·费休溶剂中不能很好分散，则需要将样品进行适量稀释。在烧杯(B.2.1.6)中称取经搅拌均匀后的样品20 g（精确至1 mg），然后向烧杯内加入约20%的蒸馏水(B.2.2.1)，准确记录称样量及加水量。将烧杯盖上培养皿(B.2.1.7)，在磁力搅拌器(B.2.1.5)上搅拌10 min～15 min。然后将稀释样品倒入滴瓶(B.2.1.4)中备用。

注：对于在卡尔·费休溶剂中能很好分散的样品，可直接测试样品中的水分含量。对于加水20%后，在卡尔·费休溶剂中仍不能很好分散的样品，可逐步增加稀释水量。

B.2.3.3 水分含量的测定

在滴定仪(B.2.1.1)的滴定杯中加入新鲜卡尔·费休溶剂(B.2.2.2)至液面覆盖电极端头，以卡尔·费休滴定剂滴定至终点。向滴定杯中加入1滴按B.2.3.2处理后的样品，采用减量法称得加入的样品质量（精确至0.1 mg），并将该样品质量输入到滴定仪(B.2.1.1)中。用卡尔·费休滴定剂滴定至终点，记录仪器显示的测试结果。

平行测试两次，测试结果取平均值。两次测试结果的相对偏差小于1.5%。

测试3～6次后应及时更换滴定杯中的卡尔·费休溶剂。

B.2.3.4 数据处理

样品经稀释处理后测得的水分含量按式(B.4)计算：

$$w_w = \frac{w'_w \times (m_s + m_w) - m_w}{m_s} \times 100 \quad \cdots\cdots(B.4)$$

式中：

w_w——样品中实际水分含量的质量分数，%；

w'_w——稀释样品测得的水分含量的质量分数平均值，%；

m_s——稀释时所称样品的质量，单位为克(g)；

m_w——稀释时所加水的质量，单位为克(g)。

计算结果保留3位有效数字。

附 录 C
（规范性附录）
游离甲醛含量的测试

C.1 原理

采用蒸馏的方法将样品中的游离甲醛蒸出。在 pH＝6 的乙酸-乙酸铵缓冲溶液中，馏分中的甲醛与乙酰丙酮在加热的条件下反应生成稳定的黄色络合物，冷却后在波长 412 nm 处进行吸光度测试。根据标准工作曲线，计算试样中游离甲醛的含量。

C.2 试剂

分析测试中仅采用已确认为分析纯的试剂，所用水符合 GB/T 6682 中三级水的要求。所用溶液除另有说明外，均应按照 GB/T 601 中的要求进行配制。

C.2.1 乙酸铵。

C.2.2 冰乙酸：ρ＝1.055 g/mL。

C.2.3 乙酰丙酮：ρ＝0.975 g/mL。

C.2.4 乙酰丙酮溶液：体积分数为 0.25%，称取 25 g 乙酸铵（C.2.1），加适量水溶解，加 3mL 冰乙酸（C.2.2）和 0.25 mL 已蒸馏过的乙酰丙酮试剂（C.2.3），移入 100 mL 容量瓶中，用水稀释至刻度，调整 pH＝6。此溶液于 2℃～5℃贮存，可稳定一个月。

C.2.5 碘溶液：$c(1/2I_2)=0.1$ mol/L。

C.2.6 氢氧化钠溶液：1 mol/L。

C.2.7 盐酸溶液：1 mol/L。

C.2.8 硫代硫酸钠标准溶液：$c(Na_2S_2O_3)=0.1$ mol/L，并按照 GB/T 601 进行标定。

C.2.9 淀粉溶液：1 g/100 mL，称取 1 g 淀粉，用少量水调成糊状，倒入 100 mL 沸水中，呈透明溶液，临用时配制。

C.2.10 甲醛溶液：质量分数约为 37%。

C.2.11 甲醛标准溶液：1 mg/mL，移取 2.8 mL 甲醛溶液（C.2.10），置于 1 000 mL 容量瓶中，用水稀释至刻度。

C.2.12 甲醛标准溶液的标定：移取 20 mL 待标定的甲醛标准溶液（C.2.11）于碘量瓶中，准确加入 25 mL碘溶液（C.2.5），再加入 10 mL 氢氧化钠溶液（C.2.6），摇匀，于暗处静置 5 min 后，加 11 mL 盐酸溶液（C.2.7），用硫代硫酸钠标准溶液（C.2.8）滴定至淡黄色，加 1 mL 淀粉溶液（C.2.9），继续滴定至蓝色刚刚消失为终点，记录所耗硫代硫酸钠标准溶液体积 V_2（mL）。同时做空白样，记录所耗硫代硫酸钠标准溶液体积 V_1（mL）。按式（C.1）计算甲醛标准溶液的质量浓度。

$$\rho(HCHO)=\frac{(V_1-V_2)\times c(Na_2S_2O_3)\times 15}{20} \qquad \cdots\cdots\cdots\cdots(C.1)$$

式中：

$\rho(HCHO)$——甲醛标准溶液的质量浓度，单位为毫克每毫升（mg/mL）；

V_1——空白样滴定所耗的硫代硫酸钠标准溶液体积，单位为毫升（mL）；

V_2——甲醛溶液标定所耗的硫代硫酸钠标准溶液体积，单位为毫升（mL）；

$c(Na_2S_2O_3)$——硫代硫酸钠标准溶液的浓度，单位为摩尔每升（mol/L）；

15——甲醛摩尔质量的 1/2；

20——标定时所移取的甲醛标准溶液体积，单位为毫升（mL）。

C.2.13 甲醛标准稀释液：10 μg/mL，移取 10 mL 按 C.2.12 标定过的甲醛标准溶液（C.2.11），置于 1 000 mL 容量瓶中，用水稀释至刻度。

C.3 仪器与设备

C.3.1 蒸馏装置：100 mL 蒸馏瓶、蛇型冷凝管、馏分接受器。

C.3.2 具塞刻度管：50 mL（与 C.3.1 中馏分接受器为同一容器）。

C.3.3 移液管：1 mL、5 mL、10 mL、20 mL、25 mL。

C.3.4 加热设备：电加热套、水浴锅。

C.3.5 天平：精度 1 mg。

C.3.6 紫外可见分光光度计。

C.4 试验步骤

C.4.1 标准工作曲线的绘制

取数支具塞刻度管（C.3.2），分别移入 0.00 mL、0.20 mL、0.50 mL、1.00 mL、3.00 mL、5.00 mL、8.00 mL 甲醛标准稀释液（C.2.13），加水稀释至刻度，加入 2.5 mL 乙酰丙酮溶液（C.2.4），摇匀。在 60℃恒温水浴中加热 30 min，取出后冷却至室温，用 10 mm 比色皿（以水为参比）在紫外可见分光光度计（C.3.6）上于 412 nm 波长处测试吸光度。

以具塞刻度管中的甲醛质量（μg）为横坐标，相应的吸光度为纵坐标，绘制标准工作曲线。

C.4.2 游离甲醛含量的测试

称取搅拌均匀后的试样 2 g（精确至 1 mg），置于 50 mL 的容量瓶中，加水摇匀，稀释至刻度。再用移液管移取 10 mL 容量瓶中的试样水溶液，置于已预先加入 10 mL 水的蒸馏瓶（C.3.1）中，在馏分接受器（C.3.2）中预先加入适量的水，浸没馏分出口，馏分接收器的外部用冰水浴冷却，蒸馏装置见图 C.1。加热蒸馏，使试样蒸至近干，取下馏分接收器，用水稀释至刻度，待测。

注：若待测试样在水中不易分散，则直接称取搅拌均匀后的试样 0.4 g（精确至 1 mg），置于已预先加入 20 mL 水的蒸馏瓶中，轻轻摇匀，再进行蒸馏过程操作。

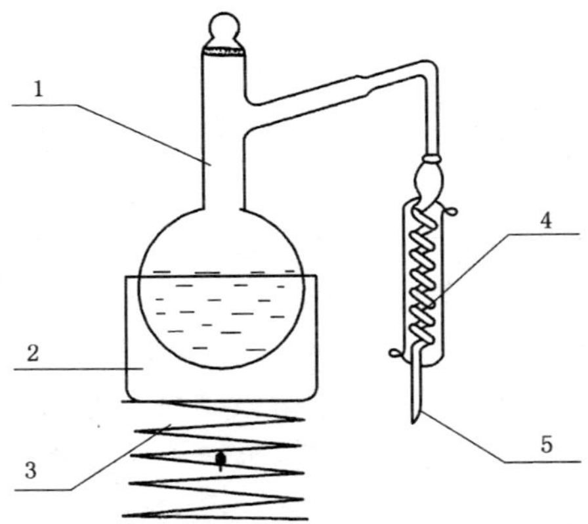

1——蒸馏瓶；
2——加热装置；
3——升降台；
4——冷凝管；
5——连接接受装置。

图 C.1 蒸馏装置示意图

在已定容的馏分接收器中加入 2.5 mL 乙酰丙酮溶液（C.2.4），摇匀。在 60℃恒温水浴中加热

30 min,取出后冷却至室温,用 10 mm 比色皿(以水为参比)在紫外可见分光光度计(C.3.6)上于 412 nm 波长处测试吸光度。同时在相同条件下做空白样(水),测得空白样的吸光度。

将试样的吸光度减去空白样的吸光度,在标准工作曲线上查得相应的甲醛质量。

如果试验溶液中甲醛含量超过标准曲线最高点,需重新蒸馏试样,并适当稀释后再进行测试。

C.5 结果的计算

C.5.1 游离甲醛含量按式(C.2)计算:

$$w = \frac{m}{m'} f \qquad \cdots\cdots(C.2)$$

式中:

w——游离甲醛含量,单位为毫克每千克(mg/kg);

m——从标准工作曲线上查得的甲醛质量,单位为微克(μg);

m'——样品质量,单位为克(g);

f——稀释因子。

C.5.2 测试方法检出限:5 mg/kg。

C.6 精密度

C.6.1 重复性

当测试结果不大于 100 mg/kg 时,同一操作者两次测试结果的差值不大于 10 mg/kg;当测试结果大于 100 mg/kg 时,同一操作者两次测试结果的相对偏差不大于 5%。

C.6.2 再现性

当测试结果不大于 100 mg/kg 时,不同试验室间测试结果的差值不大于 20 mg/kg;当测试结果大于 100 mg/kg 时,不同试验室间测试结果的相对偏差不大于 10%。

附 录 D
（规范性附录）
可溶性铅、镉、铬、汞元素含量的测试

D.1 原理

用0.07 mol/L盐酸溶液处理制成的涂料干膜，用火焰原子吸收光谱法测试试验溶液中可溶性铅、镉、铬元素的含量，用氢化物发生原子吸收光谱法测试试验溶液中可溶性汞元素的含量。

D.2 试剂

分析测试中仅使用确认为分析纯的试剂，所用水符合GB/T 6682中三级水的要求。

D.2.1 盐酸溶液：0.07 mol/L。

D.2.2 盐酸：质量分数约为37%，密度约为1.18 g/cm³。

D.2.3 硝酸溶液：1∶1（体积比）。

D.2.4 铅、镉、铬、汞标准溶液：浓度为100 mg/L或1 000 mg/L。

D.3 仪器

D.3.1 火焰原子吸收光谱仪：配备铅、镉、铬空心阴极灯，并装有可通入空气和乙炔的燃烧器。仪器工作条件见表D.1。

D.3.2 氢化物发生原子吸收光谱仪：配备汞空心阴极灯，并能与氢化物发生器配套使用。仪器工作条件见表D.1。

表D.1 火焰原子吸收光谱仪和氢化物发生原子吸收光谱仪工作条件

元素	测试波长/nm	原子化方法	背景校正
铅(Pb)	283.3	空气-乙炔火焰法	氘灯
镉(Cd)	228.8	空气-乙炔火焰法	氘灯
铬(Cr)	357.9	空气-乙炔火焰法	氘灯
汞(Hg)	253.7	氢化物法	—
注：实验室可根据所用仪器的性能选择合适的工作参数(如灯电流、狭缝宽度、空气-乙炔比例、还原剂品种等)，使仪器处于最佳测试状况。			

D.3.3 粉碎设备：粉碎机，剪刀等。

D.3.4 不锈钢金属筛：孔径0.5 mm。

D.3.5 天平：精度0.1 mg。

D.3.6 搅拌器：搅拌子外层应为聚四氟乙烯或玻璃[需用硝酸溶液(D.2.3)浸泡24 h，然后用水清洗并干燥]。

D.3.7 酸度计：精度为±0.2 pH单位。

D.3.8 微孔滤膜：孔径0.45 μm。

D.3.9 容量瓶：25 mL、50 mL、100 mL。

D.3.10 移液管：1 mL、2 mL、5 mL、10 mL、25 mL。

D.3.11 系列化学容器：总容量为盐酸溶液提取剂体积的1.6～5.0倍[需用硝酸溶液(D.2.3)浸泡24 h，然后用水清洗并干燥]。

D.4 试验步骤

D.4.1 涂膜的制备

将待测样品搅拌均匀。按涂料产品规定的比例(稀释剂无须加入)混合各组分样品,搅拌均匀后,在玻璃板或聚四氟乙烯板[需用硝酸溶液(D.2.3)浸泡 24 h,然后用水清洗并干燥]上制备厚度适宜的涂膜。待完全干燥[自干漆若烘干,温度不得超过(60±2)℃]后,取下涂膜,在室温下用粉碎设备(D.3.3)将其粉碎,并用不锈钢金属筛(D.3.4)过筛后待处理。

注 1:对不能被粉碎的涂膜(如弹性或塑性涂膜),可用干净的剪刀(D.3.3)将涂膜尽可能剪碎,无须过筛直接进行样品处理。

注 2:粉末状样品,直接进行样品处理。

D.4.2 样品处理

对制备的试样进行两次平行测试。

称取粉碎、过筛后的试样 0.5 g(精确至 0.1 mg)置于化学容器(D.3.11)中,用移液管(D.3.10)加入 25 mL 盐酸溶液(D.2.1)。在搅拌器(D.3.6)上搅拌 1 min 后,用酸度计(D.3.7)测其酸度。如果 pH 值>1.5,用盐酸(D.2.2)调节 pH 值在 1.0~1.5 之间。再在室温下连续搅拌 1 h,然后放置 1 h。接着立即用微孔滤膜(D.3.8)过滤。过滤后的滤液应避光保存并应在一天内完成元素分析测试。若滤液在进行元素分析测试前的保存时间超过 1 d,应用盐酸(D.2.2)加以稳定,使保存的溶液浓度 c(HCl)约为 1 mol/L。

注 1:如改变试样的称样量,则加入的盐酸溶液(D.2.1)体积应调整为试样量的 50 倍。

注 2:在整个提取期间,应调节搅拌器的速度,以保持试样始终处于悬浮状态,同时应尽量避免溅出。

D.4.3 标准参比溶液的配制

选用合适的容量瓶(D.3.9)和移液管(D.3.10),用盐酸溶液(D.2.1)逐级稀释铅、镉、铬、汞标准溶液(D.2.4),配制下列系列标准参比溶液(也可根据仪器及测试样品的情况确定标准参比溶液的浓度范围):

铅(mg/L):0.0,2.5,5.0,10.0,20.0,30.0;

镉(mg/L):0.0,0.1,0.2,0.5,1.0;

铬(mg/L):0.0,1.0,2.0,3.0,5.0;

汞(μg/L):0.0,10.0,20.0,30.0,40.0。

注:系列标准参比溶液应在使用的当天配制。

D.4.4 测试

用火焰原子吸收光谱仪(D.3.1)及氢化物发生原子吸收光谱仪(D.3.2)分别测试标准参比溶液的吸光度,仪器会以吸光度值对应浓度自动绘制出工作曲线。

同时测试试验溶液的吸光度。根据工作曲线和试验溶液的吸光度,仪器自动给出试验溶液中待测元素的浓度值。如果试验溶液中被测元素的浓度超出工作曲线最高点,则应对试验溶液用盐酸溶液(D.2.1)进行适当稀释后再测试。

如果两次测试结果(浓度值)的相对偏差大于 10%。需按 D.4 试验步骤重做。

D.5 结果的计算

D.5.1 试样中可溶性铅、镉、铬、汞元素的含量,按式(D.1)计算:

$$w = \frac{(\rho - \rho_0)V \times F}{m} \qquad \text{(D.1)}$$

式中:

w——试样中可溶性铅、镉、铬、汞元素的含量,单位为毫克每千克(mg/kg);

ρ_0——空白溶液(D.2.1)的测试浓度,单位为毫克每升(mg/L);

ρ——试验溶液的测试浓度,单位为毫克每升(mg/L);

V——盐酸溶液(D.2.1)的定容体积,单位为毫升(mL);

F——试验溶液的稀释倍数;

m——称取的试样量,单位为克(g)。

D.5.2 结果的校正

由于本测试方法精确度的原因,在测试结果的基础上需经校正得出最终的分析结果。即式(D.1)中的计算结果应减去该结果乘以表D.2中相应元素的分析校正系数的值,作为该元素最终的分析结果报出。

示例:铅的计算结果为120 mg/kg,表D.2中铅的分析校正系数为30%,则最终分析结果=120−120×30%=84 mg/kg。

表 D.2 各元素分析校正系数

元素	铅(Pb)	镉(Cd)	铬(Cr)	汞(Hg)
分析校正系数/%	30	30	30	50

D.6 测试方法的检出限

按上述分析方法测试可溶性铅、镉、铬、汞元素含量,其检出限不应大于该元素限量(见表1)的十分之一。分析测试方法的检出限一般被认为是空白样测试值标准偏差的3倍,上述空白样测试值由实验室测试。

D.7 精密度

D.7.1 重复性

同一操作者两次测试结果的相对偏差小于20%。

D.7.2 再现性

不同试验室间测试结果的相对偏差小于33%。

ICS 83.180
G 38

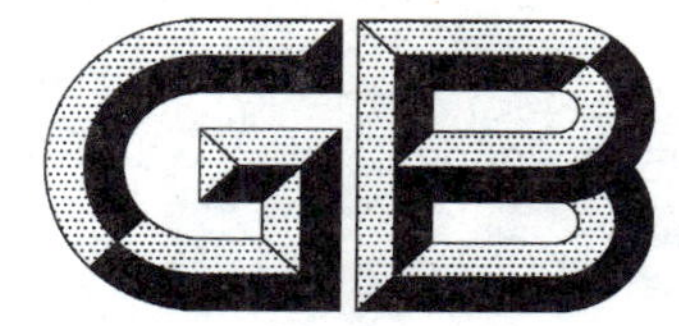

中华人民共和国国家标准

GB 18583—2008
代替 GB 18583—2001

室内装饰装修材料 胶粘剂中有害物质限量

Indoor decorating and refurbishing materials—Limit of harmful substances of adhesives

2008-09-24 发布　　2009-09-01 实施

中华人民共和国国家质量监督检验检疫总局
中国国家标准化管理委员会　发布

前　言

本标准的第3章为强制性的，其余为推荐性的。

本标准代替GB 18583—2001《室内装饰装修材料　胶粘剂中有害物质限量》。

本标准与GB 18583—2001相比主要变化如下：

——增加胶粘剂分类中本体型胶粘剂(本版3.1)；

——增加和修订溶剂型胶粘剂有害物质种类和限量要求(本版3.2,2001版3.1)；

——修订水基型胶粘剂有害物质限量要求(本版3.3,2001版3.2)；

——增加本体型胶粘剂有害物质限量要求(本版3.4)；

——修订有害物质检验方法(本版附录A、附录B、附录C、附录D和附录F,2001版附录A、附录B、附录C、附录D和附录E)；

——增加有害物质检验方法(本版附录E)。

本标准的附录A、附录B、附录C、附录D、附录E、附录F为规范性附录。

本标准由中国石油和化学工业协会提出。

本标准由全国胶粘剂标准化技术委员会归口。

本标准负责起草单位：上海橡胶制品研究所、中化化工标准化研究所、中国胶粘剂工业协会、国家环保产品质量监督检验中心。

本标准参加起草单位：抚顺哥俩好化学有限公司、汉高粘合剂有限公司、深圳固强粘合剂有限公司、上海东和胶粘剂有限公司、江苏黑松林粘合剂厂、贵州水晶化工股份有限公司。

本标准起草人：金卫星、沈忆华、张欣慰、李宪权、龚辈凡、强恩源、许宁、关爱君。

本标准所代替标准的历次版本发布情况为：

——GB 18583—2001。

室内装饰装修材料
胶粘剂中有害物质限量

1 范围

本标准规定了室内建筑装饰装修用胶粘剂中有害物质限量及其试验方法。

本标准适用于室内建筑装饰装修用胶粘剂。

2 规范性引用文件

下列文件中的条款通过本标准的引用而成为本标准的条款。凡是注日期的引用文件，其随后所有的修改单(不包括勘误的内容)或修订版均不适用于本标准，然而，鼓励根据本标准达成协议的各方研究是否可使用这些文件的最新版本。凡是不注日期的引用文件，其最新版本适用于本标准。

GB/T 601　化学试剂　标准滴定溶液的制备

GB/T 606—2003　化学试剂　水分测定通用方法　卡尔·费休法(ISO 6353-1:1982,NEQ)

GB/T 2793—1995　胶粘剂不挥发物含量测定

GB/T 13354—1992　液态胶粘剂密度的测定方法　重量杯法

3 要求

3.1 室内建筑装饰装修用胶粘剂分类

室内建筑装饰装修用胶粘剂分为溶剂型、水基型、本体型三大类。

3.2 溶剂型胶粘剂中有害物质限量

溶剂型胶粘剂中有害物质限量值应符合表1的规定。

表1　溶剂型胶粘剂中有害物质限量值

<table>
<tr><th rowspan="2">项　目</th><th colspan="4">指　标</th></tr>
<tr><th>氯丁橡胶胶粘剂</th><th>SBS胶粘剂</th><th>聚氨酯类胶粘剂</th><th>其他胶粘剂</th></tr>
<tr><td>游离甲醛/(g/kg)</td><td colspan="2">≤0.50</td><td>—</td><td>—</td></tr>
<tr><td>苯/(g/kg)</td><td colspan="4">≤5.0</td></tr>
<tr><td>甲苯+二甲苯/(g/kg)</td><td>≤200</td><td>≤150</td><td>≤150</td><td>≤150</td></tr>
<tr><td>甲苯二异氰酸酯/(g/kg)</td><td colspan="2">—</td><td>≤10</td><td>—</td></tr>
<tr><td>二氯甲烷/(g/kg)</td><td rowspan="4">总量≤5.0</td><td>≤50</td><td rowspan="4">—</td><td rowspan="4">≤50</td></tr>
<tr><td>1,2-二氯乙烷/(g/kg)</td><td rowspan="3">总量≤5.0</td></tr>
<tr><td>1,1,2-三氯乙烷/(g/kg)</td></tr>
<tr><td>三氯乙烯/(g/kg)</td></tr>
<tr><td>总挥发性有机物/(g/L)</td><td>≤700</td><td>≤650</td><td>≤700</td><td>≤700</td></tr>
<tr><td colspan="5">注：如产品规定了稀释比例或产品有双组分或多组分组成时，应分别测定稀释剂和各组分中的含量，再按产品规定的配比计算混合后的总量。如稀释剂的使用量为某一范围时，应按照推荐的最大稀释量进行计算。</td></tr>
</table>

3.3 水基型胶粘剂中有害物质限量值

水基型胶粘剂中有害物质限量值应符合表2的规定。

表 2　水基型胶粘剂中有害物质限量值

项　　目	指　　标				
	缩甲醛类胶粘剂	聚乙酸乙烯酯胶粘剂	橡胶类胶粘剂	聚氨酯类胶粘剂	其他胶粘剂
游离甲醛/(g/kg)	≤1.0	≤1.0	≤1.0	—	≤1.0
苯/(g/kg)	≤0.20				
甲苯＋二甲苯/(g/kg)	≤10				
总挥发性有机物/(g/L)	≤350	≤110	≤250	≤100	≤350

3.4　本体型胶粘剂中有害物质限量值

本体型胶粘剂中有害物质限量值应符合表 3 的规定。

表 3　本体型胶粘剂中有害物质限量值

项　　目	指　　标
总挥发性有机物/(g/L)	≤100

4　试验方法

4.1　游离甲醛含量的测定按附录 A 进行。

4.2　苯含量的测定按附录 B 进行。

4.3　甲苯及二甲苯含量的测定按附录 C 进行。

4.4　游离甲苯二异氰酸酯含量的测定按附录 D 进行。

4.5　二氯甲烷、1,2-二氯乙烷、1,1,2-三氯乙烷和三氯乙烯含量的测定按本标准附录 E 进行。

4.6　总挥发性有机物含量的测定按附录 F 进行。

5　检验规则

5.1　型式检验

本标准所列的全部技术要求均为型式检验项目。在正常生产情况下,每年至少进行一次型式检验。生产配方、工艺及原材料有较大改变时或停产三个月后又恢复生产时应进行型式检验。

5.2　取样方法

在同一批产品中随机抽取三份样品,每份不小于 0.5 kg。

5.3　检验结果的判定

在抽取的三份样品中,取一份样品按本标准的规定进行测定。如果所有项目的检验结果符合本标准规定的要求,则判定为合格。如果有一项检验结果未达到本标准要求时,应对保存样品进行复验,如复验结果仍未达到本标准要求时,则判定为不合格。

6　包装标志

用于室内装饰装修的胶粘剂产品,必须在包装上标明本标准规定的有害物质的名称及其最高含量。

附　录　A
（规范性附录）
胶粘剂中游离甲醛含量的测定　乙酰丙酮分光光度法

A.1　范围

本方法适用于室内建筑装饰装修用胶粘剂中游离甲醛含量的测定。

本方法适用于游离甲醛含量大于 0.05 g/kg 的室内建筑装饰装修用胶粘剂。

A.2　原理

水基型胶粘剂用水溶解，而溶剂型胶粘剂先用乙酸乙酯溶解后，再加水溶解。将溶解于水中的游离甲醛随水蒸出。在 pH=6 的乙酸-乙酸铵缓冲溶液中，馏出液中甲醛与乙酰丙酮作用，在沸水浴条件下迅速生成稳定的黄色化合物，冷却后在 415 nm 处测其吸光度。根据标准曲线，计算试样中游离甲醛含量。

A.3　试剂

除非另有说明，在分析中仅使用确认为分析纯的试剂和蒸馏水或去离子水或相当纯度的水。

A.3.1　乙酸铵。

A.3.2　冰乙酸：ρ=1.055 g/mL。

A.3.3　乙酰丙酮：ρ=0.975 g/mL。

A.3.3.1　乙酰丙酮溶液：0.25%（体积分数），称取 25 g 乙酸胺（A.3.1），加少量水溶解，加 3 mL 冰乙酸（A.3.2）及 0.25 mL 乙酰丙酮（A.3.3），混匀后再加水至 100 mL，调整 pH=6.0，此溶液于 2 ℃～5 ℃ 贮存，可稳定一个月。

A.3.4　盐酸溶液：1+5（V+V）。

A.3.5　氢氧化钠溶液：30 g/100 mL。

A.3.6　碘。

A.3.6.1　碘标准溶液：$c(1/2I_2)$=0.1 mol/L，按 GB/T 601 进行配制。

A.3.7　硫代硫酸钠溶液：$c(Na_2S_2O_3)$=0.1 mol/L，按 GB/T 601 进行配制。

A.3.8　淀粉溶液：1 g/100 mL，称 1 g 淀粉，用少量水调成糊状，倒入 100 mL 沸水中，呈透明溶液，临用时配制。

A.3.9　甲醛：质量分数为 36%～38%。

A.3.9.1　甲醛标准贮备液：取 10 mL 甲醛溶液（A.3.9）置于 500 mL 容量瓶中，用水稀释至刻度。

A.3.9.2　甲醛标准贮备液的标定：吸取 5.0 mL 甲醛标准贮备液（A.3.9.1）置于 250 mL 碘量瓶中，加碘标准溶液（A.3.6.1）30.0 mL，立即逐滴地加入氢氧化钠溶液（A.3.5）至颜色退到淡黄色为止（大约 0.7 mL）。静置 10 min，加入盐酸溶液（A.3.4）15 mL，在暗处静置 10 min，加入 100 mL 新煮沸但已冷却的水，用标定好的硫代硫酸钠溶液（A.3.7）滴定至淡黄色，加入新配制的淀粉指示剂（A.3.8）1 mL，继续滴定至蓝色刚刚消失为终点。同时进行空白试验。按式（A.1）计算甲醛标准贮备液质量浓度 $\rho_{甲醛}$。

$$\rho_{甲醛}=\frac{(V_1-V_2)\times c\times 15.0}{5.0} \qquad \text{(A.1)}$$

式中：

$\rho_{甲醛}$——甲醛标准贮备液质量浓度，单位为毫克每毫升（mg/mL）；

V_1——空白消耗硫代硫酸钠溶液的体积，单位为毫升（mL）；

V_2——标定甲醛消耗硫代硫酸钠溶液的体积，单位为毫升(mL)；

c——硫代硫酸钠溶液的浓度，单位为摩尔每升(mol/L)；

15.0——甲醛(1/2HCHO)摩尔质量；

5.0——甲醛标准贮备液取样体积，单位为毫升(mL)。

A.3.9.3 甲醛标准溶液：用水将甲醛标准贮备液(A.3.9.1)稀释成10.0 μg/mL甲醛标准溶液。在2 ℃～5 ℃贮存，可稳定一周。

注：可直接选用甲醛溶液标准样品(GSB 07-1179—2000)。

A.3.10 乙酸乙酯。

A.4 仪器

A.4.1 单口蒸馏烧瓶：500 mL。

A.4.2 直形冷凝管。

A.4.3 容量瓶：250 mL、200 mL、25 mL。

A.4.4 水浴锅。

A.4.5 分光光度计。

A.5 分析步骤

A.5.1 标准曲线的绘制

按表A.1所列甲醛标准贮备液的体积，分别加入六只25 mL容量瓶(A.4.3)，加乙酰丙酮溶液(A.3.3.1)5 mL，用水稀释至刻度，混匀，置于沸水浴中加热3 min，取出冷却至室温，用1 cm的吸收池，以空白溶液为参比，于波长415 nm处测定吸光度，以吸光度A为纵坐标，以甲醛质量浓度ρ(μg/ mL)为横坐标，绘制标准曲线，或用最小二乘法计算其回归方程。

表A.1 标准溶液的体积与对应的甲醛质量浓度

甲醛标准溶液(A.3.9.3)/mL	对应的甲醛质量浓度/(μg/mL)
10.00	4.0
7.50	3.0
5.00	2.0
2.50	1.0
1.25	0.5
0[1)]	0[1)]

1) 空白溶液。

A.5.2 样品测定

A.5.2.1 水基型胶粘剂

称取2.0 g～3.0 g试样(精确到0.1 mg)，置于500 mL的蒸馏烧瓶中，加250 mL水将其溶解，摇匀。装好蒸馏装置，加热蒸馏，蒸至馏出液为200 mL，停止蒸馏。如蒸馏过程中发生沸溢现象，应减少称样量，重新试验。将馏出液转移至250 mL的容量瓶中，用水稀释至刻度。取10 mL馏出液于25 mL容量瓶中，加5 mL的乙酰丙酮溶液(A.3.3.1)，用水稀释至刻度，摇匀。将其置于沸水浴中加热3 min，取出冷却至室温。然后测其吸光度。

A.5.2.2 溶剂型胶粘剂

称取5.0 g试样(精确到0.1 mg)，置于500 mL的蒸馏烧瓶中，加入20 mL乙酸乙酯(A.3.10)溶解样品，然后再加250 mL水将其溶解，摇匀。

装好蒸馏装置，加热蒸馏，蒸至馏出液为200 mL，停止蒸馏。将馏出液转移至250 mL的容量瓶中，用水稀释至刻度。取10 mL馏出液于25 mL容量瓶中，加5 mL的乙酰丙酮溶液(A.3.3.1)，用水稀释至刻度，摇匀。将其置于沸水浴中加热 3 min，取出冷却至室温。然后测其吸光度。

A.6 结果表述

直接从标准曲线上读出试样溶液甲醛的质量浓度。

试样中游离甲醛含量 w，计算公式(A.2)如下：

$$w=\frac{(\rho_t-\rho_b)\cdot V\cdot f}{1\ 000m} \qquad \text{(A.2)}$$

式中：

w——试样中游离甲醛含量，单位为克每千克(g/kg)；

ρ_t——从标准曲线上读取的试样溶液中甲醛质量浓度，单位为微克每毫升(μg/mL)；

ρ_b——从标准曲线上读取的空白溶液中甲醛质量浓度，单位为微克每毫升(μg/mL)；

V——馏出液定容后的体积，单位为毫升(mL)；

m——试样的质量，单位为克(g)；

f——试样溶液的稀释因子。

附 录 B
（规范性附录）
胶粘剂中苯含量的测定 气相色谱法

B.1 范围

本方法规定了室内建筑装饰装修用胶粘剂中苯含量的测定方法。

本方法适用于苯含量在 0.02 g/kg 以上的室内建筑装饰装修用胶粘剂。

B.2 原理

试样用适当的溶剂稀释后，直接用微量注射器将稀释后的试样溶液注入进样装置，并被载气带入色谱柱，在色谱柱内被分离成相应的组分，用氢火焰离子化检测器检测并记录色谱图，用外标法计算试样溶液中苯的含量。

B.3 试剂

B.3.1 苯：色谱纯。

B.3.2 乙酸乙酯：分析纯。

B.4 仪器

B.4.1 进样器：微量注射器。

B.4.2 色谱仪：带氢火焰离子化检测器。

B.4.3 色谱柱：毛细管柱：固定液为二甲基聚硅氧烷。

注：当有其他组分与被测组分的峰难以分开时，此时需换用不同极性柱子在合适条件下进行试验。

B.4.4 记录装置：积分仪或色谱工作站。

B.4.5 测定条件

注：可选用其他达到分离效果的测定条件。

B.4.5.1 汽化室温度：200 ℃。

B.4.5.2 检测室温度：250 ℃。

B.4.5.3 氮气：纯度大于 99.99%。

B.4.5.4 氢气：纯度大于 99.99%。

B.4.5.5 空气：硅胶除水。

B.4.5.6 程序升温：初始温度 35 ℃，保持时间 25 min，升温速率 8 ℃/min，终止温度 150 ℃，保持时间 10 min。

B.5 分析步骤

称取 0.2 g～0.3 g(精确至 0.1 mg)的试样，置于 50 mL 的容量瓶中，用乙酸乙酯溶解并稀释至刻度，摇匀。用微量注射器取 1 μL 进样，测其峰面积。若试样溶液的峰面积大于表 B.1 中最大浓度的峰面积，用移液管准确移取 V 体积的试样溶液于 50 mL 容量瓶中，用乙酸乙酯稀释至刻度，摇匀后再测。

B.6 标准溶液的配制

B.6.1 苯标准溶液：1.0 mg/mL。

称取 0.1 g(精确到 0.1 mg)苯，置于 100 mL 的容量瓶中，用乙酸乙酯稀释至刻度，摇匀。

B.6.2 系列苯标准溶液的配置

按表 B.1 中所列苯标准溶液(B.6.1)的体积，分别加到六个 25 mL 的容量瓶中，用乙酸乙酯稀释至刻度，摇匀。

表 B.1 系列标准溶液的体积与相应苯的质量浓度

移取的体积/mL	相应苯的质量浓度/(μg/mL)
15.00	600
10.00	400
5.00	200
2.50	100
1.00	40
0.50	20

B.6.3 系列标准溶液峰面积的测定

开启气相色谱仪，对色谱条件进行设定，待基线稳定后，用微量注射器取 1 μL 标准溶液进样，测定峰面积，每一标准溶液进样五次，取其平均值。

B.6.4 标准曲线的绘制

以峰面积 A 为纵坐标，相应质量浓度 ρ(μg/mL)为横坐标，即得标准曲线。

B.7 结果表述

直接从标准曲线上读取试样溶液中苯的浓度。

试样中苯含量 w，计算公式(B.1)如下：

$$w=\frac{\rho_t \cdot V \cdot f}{1\,000m} \qquad \text{(B.1)}$$

式中：

w——试样中苯含量，单位为克每千克(g/kg)；

ρ_t——从标准曲线上读取的试样溶液中苯的质量浓度，单位为微克每毫升(μg/mL)；

V——试样溶液的体积，单位为毫升(mL)；

m——试样的质量，单位为克(g)；

f——稀释因子。

附　录　C
（规范性附录）
胶粘剂中甲苯、二甲苯含量的测定　气相色谱法

C.1　范围

本方法规定了室内建筑装饰装修用胶粘剂中甲苯、二甲苯含量的测定方法。

本方法适用于甲苯含量在 0.02 g/kg 以上的室内建筑装饰装修用胶粘剂。

本方法适用于二甲苯含量在 0.02 g/kg 以上的室内建筑装饰装修用胶粘剂。

C.2　原理

试样用适当的溶剂稀释后，直接用微量注射器将稀释后的试样溶液注入进样装置，并被载气带入色谱柱，在色谱柱内被分离成相应的组分，用氢火焰离子化检测器检测并记录色谱图，用外标法计算试样溶液中的甲苯和二甲苯的含量。

C.3　试剂

C.3.1　甲苯：色谱纯。

C.3.2　间二甲苯和对二甲苯：色谱纯。

C.3.3　邻二甲苯：色谱纯。

C.3.4　乙酸乙酯：分析纯。

C.4　仪器

C.4.1　进样装置：微量注射器。

C.4.2　色谱仪：带氢火焰离子化检测器。

C.4.3　色谱柱：毛细管柱，固定液为二甲基聚硅氧烷。

注：当有其他组分与被测组分的峰难以分开时，此时需换用不同极性柱子在合适条件下进行试验。

C.4.4　记录装置：积分仪或色谱工作站。

C.4.5　测定条件

注：可选用其他达到分离效果的测定条件。

C.4.5.1　汽化室温度：200 ℃。

C.4.5.2　检测室温度：250 ℃。

C.4.5.3　氮气：纯度大于 99.99%。

C.4.5.4　氢气：纯度大于 99.99%。

C.4.5.5　空气：硅胶除水。

C.4.5.6　程序升温：初始温度 35 ℃，保持时间 25 min，升温速率 8 ℃/min，终止温度 150 ℃，保持时间 10 min。

C.5　分析步骤

称取 0.2 g～0.3 g(精确至 0.1 mg)的试样，置于 50 mL 的容量瓶中，用乙酸乙酯溶解并稀释至刻度，摇匀。用微量注射器取 1 μL 进样，测其峰面积。若试样溶液的峰面积大于表中最大浓度的峰面积，用移液管准确移取 V 体积的试样溶液于 50 mL 容量瓶中，用乙酸乙酯稀释至刻度，摇匀后再测。

C.6 标准溶液的配制

C.6.1 甲苯、间二甲苯和对二甲苯、邻二甲苯标准溶液：1.0 mg/mL、1.0 mg/mL、1.0 mg/mL

分别称取 0.100 0 g 甲苯、0.100 0 g 间二甲苯和对二甲苯、0.1 g(精确到 0.1 mg)邻二甲苯，置于 100 mL 的容量瓶中，用乙酸乙酯稀释至刻度，摇匀。

C.6.2 系列标准溶液的配置

按表 C.1 中所列标准溶液(C.6.1)体积，分别加入六个 25 mL 的容量瓶中，用乙酸乙酯稀释至刻度，摇匀。

表 C.1 标准溶液(C.6.1)的体积与对应的质量浓度

移取的体积/mL	对应甲苯的质量浓度/(μg/mL)	对应间二甲苯和对二甲苯的质量浓度/(μg/mL)	对应邻二甲苯的质量浓度/(μg/mL)
15.00	600	600	600
10.00	400	400	400
5.00	200	200	200
2.50	100	100	100
1.00	40	40	40
0.50	20	20	20

C.6.3 系列标准溶液峰面积的测定

开启气相色谱仪，对色谱条件进行设定，待基线稳定后，用微量注射器取 1 μL 标准溶液进样，测定峰面积，每一标准溶液进样五次，取其平均值。

C.6.4 标准曲线的绘制

以峰面积 A 为纵坐标，相应质量浓度 ρ(μg/mL)为横坐标，即得标准曲线。

C.7 结果表述

直接从标准曲线上读取试样溶液中甲苯或二甲苯的质量浓度。

试样中甲苯或二甲苯含量 w，计算公式(C.1)如下：

$$w = \frac{\rho_t \cdot V \cdot f}{1\,000m} \qquad \text{(C.1)}$$

式中：

w——试样中甲苯或二甲苯含量，单位为克每千克(g/kg)；

ρ_t——从标准曲线上读取的试样溶液中甲苯或二甲苯质量浓度，单位为微克每毫升(μg/mL)；

V——试样溶液的体积，单位为毫升(mL)；

m——试样的质量，单位为克(g)；

f——稀释因子。

附 录 D
（规范性附录）
聚氨酯胶粘剂中游离甲苯二异氰酸酯含量的测定　气相色谱法

D.1　范围

本方法适用于室内建筑装饰装修用聚氨酯胶粘剂中游离甲苯二异氰酸酯含量的测定。

本方法能测定游离甲苯二异氰酸酯含量在 0.1 g/kg 以上的室内建筑装饰装修用聚氨酯胶粘剂。

D.2　原理

试样用适当的溶剂稀释后，加入正十四烷作内标物。将稀释后的试样溶液注入进样装置，并被载气带入色谱柱，在色谱柱内被分离成相应的组分，用氢火焰离子化检测器检测并记录色谱图，用内标法计算试样溶液中甲苯二异氰酸酯的含量。

D.3　试剂

D.3.1　乙酸乙酯：加入 100 g 5A 分子筛(D.3.4)，放置 24 h 后过滤。

D.3.2　甲苯二异氰酸酯。

D.3.3　正十四烷：色谱纯。

D.3.4　5A 分子筛：在 500 ℃的高温炉中加热 2 h，置于干燥器中冷却备用。

D.4　仪器

D.4.1　进样装置：微量注射器。

D.4.2　色谱仪：带氢火焰离子化检测器。

D.4.3　色谱柱：固定液为二甲基聚硅氧烷。

D.4.4　记录装置：积分仪或色谱工作站。

D.4.5　测定条件

注：可选用其他达到分离效果的测定条件。

D.4.5.1　汽化室温度：200 ℃。

D.4.5.2　检测室温度：250 ℃。

D.4.5.3　柱箱温度：160 ℃。

D.4.5.4　氮气：纯度大于 99.99%。

D.4.5.5　氢气：纯度大于 99.99%。

D.4.5.6　空气：硅胶除水。

D.5　分析步骤

D.5.1　内标溶液的制备

称取 0.2 g(精确到 0.1 mg)正十四烷于 25 mL 的容量瓶中，用除水的乙酸乙酯稀释至刻度，摇匀。

D.5.2　相对质量校正因子的测定

称取 0.2 g～0.3 g(精确到 0.1 mg)甲苯二异氰酸酯于 50 mL 的容量瓶中，加入 5 mL 内标物，用适量的乙酸乙酯稀释，取 1 μL 进样，测定甲苯二异氰酸酯和正十四烷的色谱峰面积。根据公式计算相对质量校正因子，相对质量校正因子 f' 的计算公式(D.1)如下：

$$f' = \frac{m_i}{m_s} \cdot \frac{A_s}{A_i} \quad \cdots\cdots (D.1)$$

式中：

m_i——甲苯二异氰酸酯的质量，单位为克(g)；

m_s——所加内标物质量，单位为克(g)；

A_i——甲苯二异氰酸酯的峰面积；

A_s——所加内标物的峰面积。

D.5.3 试样溶液的制备及测定

称取2.0 g～3.0 g(精确到0.1 mg)样品于50 mL容量瓶中，加入5 mL内标物，用适量的乙酸乙酯稀释，取1 μL进样，测定试样溶液中甲苯二异氰酸酯和正十四烷的色谱峰面积。

D.6 结果表述

试样中游离甲苯二异氰酸酯含量 w，计算公式(D.2)如下：

$$w = f' \frac{A_i}{A_s} \cdot \frac{m_s}{m_i} \times 1\,000 \quad \cdots\cdots (D.2)$$

式中：

w——试样中游离甲苯二异氰酸酯含量，单位为克每千克(g/kg)；

f'——相对质量校正因子；

m_i——待测试样的质量，单位为克(g)；

m_s——所加内标物质量，单位为克(g)；

A_i——待测试样的峰面积；

A_s——所加内标物的峰面积。

附　录　E
（规范性附录）
胶粘剂中卤代烃含量测定　气相色谱法

E.1　范围

本方法规定了室内建筑装饰装修用胶粘剂中有害物质二氯甲烷、1,2-二氯乙烷、1,1,2-三氯乙烷、三氯乙烯含量测定方法。

本方法适用于二氯甲烷、1,2-二氯乙烷、1,1,2-三氯乙烷、三氯乙烯含量在 0.1 g/kg 以上的室内建筑装饰装修用胶粘剂的测定。

E.2　原理

试样用适当的溶剂稀释后，直接用微量注射器将稀释后的试样溶液注入进样装置，并被载气带入色谱柱，在色谱柱内被分离成相应的组分，用氢火焰离子化检测器检测并记录色谱图，用外标法计算试样溶液中待测组分的含量。

E.3　试剂

E.3.1　二氯甲烷、1,2-二氯乙烷、1,1,2-三氯乙烷、三氯乙烯均为色谱纯。

E.3.2　乙酸乙酯：分析纯。

E.4　仪器

E.4.1　进样器：微量注射器。

E.4.2　色谱仪：带氢火焰离子化检测器。

E.4.3　色谱柱：毛细管柱，固定液为二甲基聚硅氧烷。

注：当有其他组分与被测组分的峰难以分开时，此时需换用不同极性柱子在合适条件下进行试验。

E.4.4　记录装置：积分仪或色谱工作站。

E.4.5　测定条件

注：可选用其他达到分离效果的测定条件。

E.4.5.1　汽化室温度：200 ℃。

E.4.5.2　检测室温度：250 ℃。

E.4.5.3　氮气：纯度大于 99.99%。

E.4.5.4　氢气：纯度大于 99.99%。

E.4.5.5　空气：硅胶除水。

E.4.5.6　分流，分流比为 20∶1。

E.4.5.7　尾吹：30 mL/min。

E.4.5.8　二氯甲烷 恒温：80 ℃。

E.4.5.9　1,2-二氯乙烷、1,1,2-三氯乙烷、三氯乙烯程序升温：

初始温度 35 ℃，保持时间 25 min，升温速率 8 ℃/min，终止温度 150 ℃，保持时间 10 min。

E.5　分析步骤

称取 0.2 g～0.3 g(精确至 0.1 mg)的试样，置于 50 mL 的容量瓶中，用乙酸乙酯溶解并稀释至刻度，摇匀。用微量注射器取 1 μL 进样，测其峰面积。若试样溶液的峰面积大于表 E.1 中最大浓度的峰面积，用移液管准确移取 V 体积的试样溶液于 50 mL 容量瓶中，用乙酸乙酯稀释至刻度，摇匀后再测。

E.6 标准溶液的配制

E.6.1 标准溶液：10 mg/mL

分别称取约 1 g 准确至 0.000 1 g 的二氯甲烷、1，2-二氯乙烷、1，1，2-三氯乙烷和三氯乙烯，分别置于 100 mL 的容量瓶中，用乙酸乙酯稀释至刻度，摇匀。

E.6.2 标准溶液:500 μg/mL

分别取适当体积的二氯甲烷、1，2-二氯乙烷、1，1，2-三氯乙烷和三氯乙烯溶液（E.6.1），置于一个 100 mL 的容量瓶中，用乙酸乙酯稀释至刻度，摇匀即得二氯甲烷、1，2-二氯乙烷、1，1，2-三氯乙烷和三氯乙烯浓度为 500 μg /mL 的标准溶液。

E.6.3 系列标准溶液的配置

按表 E.1 中所列标准溶液（E.6.2）的体积，分别置于六个 25 mL 的容量瓶中，用乙酸乙酯稀释至刻度，摇匀。

表 E.1 系列标准溶液的体积与相应的质量浓度

移取的体积/mL	二氯甲烷的质量浓度/(μg/mL)	1，2-二氯乙烷的质量浓度/(μg/mL)	1，1，2-三氯乙烷的质量浓度/(μg/mL)	三氯乙烯的质量浓度/(μg/mL)
25.00	500.0	500.0	500.0	500.0
10.00	200.0	200.0	200.0	200.0
5.00	100.0	100.0	100.0	100.0
2.50	50.0	50.0	50.0	50.0
1.00	20.0	20.0	20.0	20.0
0.50	10.0	10.0	10.0	10.0

E.6.4 系列标准溶液峰面积的测定

开启气相色谱仪，对色谱条件进行设定，待基线稳定后，用微量注射器取 1 μL 标准溶液进样，测定峰面积，每一标准溶液进样五次，取其平均值。

E.6.5 标准曲线的绘制

以峰面积 A 为纵坐标，相应标准溶液质量浓度 ρ(μg/mL)为横坐标，即得标准曲线。

E.7 结果表述

直接从标准曲线上读取或根据回归方程计算出试样溶液中待测组分的质量浓度。

试样中待测组分含量 w，计算公式（E.1）如下：

$$w=\frac{\rho_t \cdot V \cdot f}{1\ 000m} \qquad \text{(E.1)}$$

式中：

w——试样中待测组分含量，单位为克每千克(g/kg)；

ρ_t——试样溶液中待测组分的质量浓度，单位为微克每毫升(μg/mL)；

V——试样溶液的体积，单位为毫升(mL)；

m——试样的质量，单位为克(g)；

f——试样溶液的稀释倍数。

附 录 F
（规范性附录）
胶粘剂中总挥发性有机物含量的测定方法

F.1 范围

本方法适用于室内建筑装饰装修用胶粘剂中总挥发性有机物含量的测定。

F.2 原理

将适量的胶粘剂置于恒定温度的鼓风干燥箱中，在规定的时间内，测定胶粘剂总挥发物含量。用卡尔·费休法或气相色谱法测定其中水分的含量。胶粘剂总挥发物含量扣除其中水分的量，计算得胶粘剂中总挥发性有机物的含量。

F.3 试剂

除非另有说明，在分析中仅使用确认为分析纯的试剂和蒸馏水或去离子水或相当纯度的水。

F.3.1 卡尔·费休试剂。

F.4 仪器

F.4.1 鼓风干燥箱：温度能控制在 105 ℃±1 ℃。

F.4.2 卡尔·费休滴定仪。

F.4.3 气相色谱仪：配有热导检测器。

F.5 分析步骤

F.5.1 总挥发分含量的测定

按 GB/T 2793—1995 规定的方法进行测定。

F.5.2 胶粘剂中水分含量的测定

F.5.2.1 卡尔·费休法

按 GB/T 606—2003 规定的方法进行测定。

F.5.2.2 气相色谱法

F.5.2.2.1 试剂

F.5.2.2.1.1 蒸馏水。

F.5.2.2.1.2 无水 N,N-二甲基甲酰胺(DMF)，分析纯。

F.5.2.2.1.3 无水异丙醇，分析纯。

F.5.2.2.2 仪器

F.5.2.2.2.1 气相色谱仪：配有热导检测器。

F.5.2.2.2.2 色谱柱：柱长 1 m，外径 3.2 mm，填装 177 μm～250 μm 的高分子多孔微球的不锈钢柱。(对于程序升温，柱温的初始温度 80 ℃，保持时间 5 min，升温速率 30 ℃/min，终止温度 170 ℃，保持时间 5 min；对于恒温，柱温为 140 ℃，在异丙醇完全出完后，把柱温调到 170 ℃，待 DMF 峰出完。若继续测试，再把柱温降到 140 ℃)。

F.5.2.2.2.3 记录仪。

F.5.2.2.2.4 微量注射器。

F.5.2.2.2.5 具塞玻璃瓶：10 mL。

F.5.2.2.3 试验步骤

F.5.2.2.3.1 测定水的响应因子 R

在同一具塞玻璃瓶中称0.2 g左右的蒸馏水和0.2 g左右的异丙醇(精确至0.1 mg),加入2 mL的N,N-二甲基甲酰胺,混匀。用微量注射器进1 μL的标准混样,记录其色谱图。

按式(F.1)计算水的响应因子R:

$$R=\frac{m_i A_{H_2O}}{m_{H_2O} A_i} \qquad \text{(F.1)}$$

式中:

R——水的响应因子;

m_i——异丙醇质量,单位为克(g);

m_{H_2O}——水的质量,单位为克(g);

A_{H_2O}——水峰面积;

A_i——异丙醇峰面积。

若异丙醇和二甲基甲酰胺不是无水试剂,则以同样量的异丙醇和二甲基甲酰胺(混合液),但不加水做为空白,记录空白的水峰面积。

按式(F.2)计算水的响应因子:

$$R=\frac{m_i(A_{H_2O}-B)}{m_{H_2O} A_i} \qquad \text{(F.2)}$$

式中:

R——水的响应因子;

m_i——异丙醇质量,单位为克(g);

m_{H_2O}——水的质量,单位为克(g);

A_{H_2O}——水峰面积;

A_i——异丙醇峰面积;

B——空白中水的峰面积。

F.5.2.2.3.2 样品分析

称取搅拌均匀后的试样0.6 g和0.2 g的异丙醇(精确至0.1 mg),加入到具塞玻璃瓶中,再加入2 mL N,N-二甲基甲酰胺,盖上瓶塞,同时准备一个不加试样的异丙醇和N,N-二甲基甲酰胺做为空白样。用力摇动装有试样的小瓶15 min,放置5 min使其沉淀,也可使用低速离心机使其沉淀。吸取1 μL试样瓶中的上清液,注入色谱仪中,并记录其色谱图。

按式(F.3)计算试样中水的质量分数$w_{水}$:

$$w_{水}=\frac{100\times(A_{H_2O}-B)m_i}{A_i m_p R} \qquad \text{(F.3)}$$

式中:

A_{H_2O}——水峰面积;

B——空白中水峰面积;

A_i——异丙醇峰面积;

m_i——异丙醇质量,单位为克(g);

m_p——试样质量,单位为克(g);

R——响应因子。

F.5.3 胶粘剂密度的测定

按GB/T 13354—1992规定的方法进行测定。

F.6 结果的表述

试样中总有机挥发物含量 w,计算公式(F.4)如下:

$$w=[(w_{总}-w_{水})/(1-w_{水})]\times\rho\times 1\ 000 \quad\cdots\cdots\cdots\cdots(F.4)$$

式中:

w——试样中总有机挥发物含量,单位为克/升(g/L);

$w_{总}$——总挥发分含量质量分数;

$w_{水}$——水分含量质量分数;

ρ——试样的密度,单位为克每毫升(g/mL)。

ICS 75.180.10
E 92

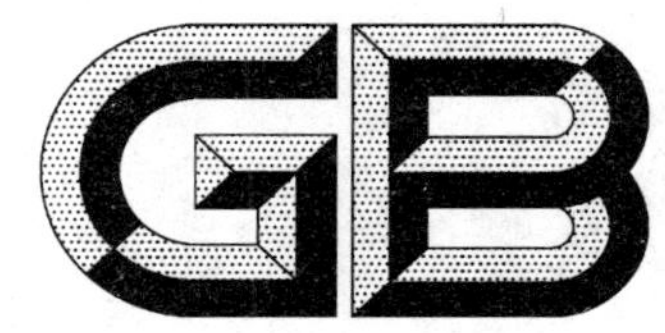

中华人民共和国国家标准

GB/T 18607—2008
代替 GB/T 18607—2001

抽油泵及其组件规范

Specification for subsurface
sucker rod pumps and fittings

2008-11-04 发布　　2009-05-01 实施

中华人民共和国国家质量监督检验检疫总局
中国国家标准化管理委员会　发布

前　言

本标准修改采用API Spec 11AX:2006《抽油泵及其组件规范》(第12版)(英文版)。

本标准根据API Spec 11AX:2006《抽油泵及其组件规范》(第12版)重新起草。

本标准与API Spec 11AX:2006(第12版)的技术性差异为:

——采用8项我国标准代替美国标准;

——根据我国国情和用户习惯,增加了资料性附录“金属柱塞与泵筒的配合间隙”(参见附录A),“泵总成密封性能试验压力推荐值”(参见附录B)及“配合间隙最大漏失量推荐值”(参见附录C)。

为了便于使用,本标准对API Spec 11AX:2006做了下列编辑性修改:

a) “本规范”一词改为“本标准”;

b) 用小数点“.”代替作为小数点的“,”;

c) 将美制单位转换为国际单位制;

d) 删除了API Spec 11AX:2006(第12版)中的“前言”和“特别声明”;

e) 删除了“附录A　API会标的使用”。

本标准代替GB/T 18607—2001《抽油泵及其组件规范》。

本标准与GB/T 18607—2001相比,主要变化如下:

——规范性引用文件中增加了“GB/T 2828.1《计数抽样检验程序　第1部分:按接收质量限(AQL)检索的逐批检验抽样计划》;

——删除了“RHT”、“RSA”、“RSB”、“TP”四种泵型;

——增加了“RXB”泵型。

本标准的附录A、附录B、附录C是资料性附录。

本标准由全国石油钻采设备和工具标准化技术委员会(SAC/TC 96)提出并归口。

本标准负责起草单位:玉门油田分公司机械厂。

本标准参加起草单位:江汉机械研究所、铁岭中油机械设备制造有限公司、咸阳石油钢管钢绳有限责任公司。

本标准起草人:钟永海、李秀梅、刘林、张淳、张滨、刘连伟、贺国伟、肖莉、张璇、郑雷、何雄、吴清河、朱敏。

本标准所代替标准的历次版本发布情况为:

GB/T 18607—2001。

抽油泵及其组件规范

1 范围

本标准包括各种通用泵径的杆式泵和管式泵。本标准为确保全部组件的标准化和互换性提供了足够的尺寸要求。本标准还规定了抽油泵及其组件的标准材料，但对其设计细节未作规定。

2 规范性引用文件

下列文件中的条款通过本标准的引用而成为本标准的条款。凡是注日期的引用文件，其随后所有的修改单(不包括勘误的内容)或修订版均不适用于本标准，然而，鼓励根据本标准达成协议的各方研究是否可使用这些文件的最新版本。凡是不注日期的引用文件，其最新版本适用于本标准。

GB/T 228 金属材料 室温拉伸试验方法(GB/T 228—2002,ISO 6892:1998,IDT)

GB/T 230.1 金属洛氏硬度试验 第1部分:试验方法(A,B,C,D,E,F,G,H,K,N,T标尺)(GB/T 230.1—2004,ISO 6508-1:1999,MOD)

GB/T 2828.1—2003 计数抽样检验程序 第1部分:按接收质量限(AQL)检索的逐批检验抽样计划(ISO 2859-1:1999,IDT)

GB/T 9253.2 石油天然气工业套管、油管和管线管螺纹的加工、测量和检验

GB/T 9445 无损检测人员资格鉴定与认证(GB/T 9445—2005,ISO 9712:1999,IDT)

SY/T 5029 抽油杆

SY/T 5188 抽油泵维护与装卸推荐作法

SY/T 6194 石油天然气工业油气井套管和油管用钢管(SY/T 6194—2003,ISO 11960:2001,IDT)

ASME B1.1:1989 统一英制紧固螺纹(UN和UNR牙型)

ASTM E165:1991 液体渗透检验标准做法

ASTM E384:1989 材料显微硬度标准测试方法

NACE MR-01-76:1992 油井设备抗硫化氢致脆断裂金属材料标准推荐做法

3 抽油泵代号

3.1 抽油泵的基本类型及其字母代号见表1。

表1 抽油泵代号

(1)	(2)	(3)	(4)	(5)
泵类型	字母代号			
	金属柱塞泵		软密封柱塞泵	
	厚壁泵筒	薄壁泵筒	厚壁泵筒	薄壁泵筒
杆式泵				
定筒式,顶部固定	RHA	RWA	—	—
定筒式,底部固定	RHB	RWB	—	—
定筒式,底部固定	RXB	—	—	—
动筒式,底部固定	—	RWT	—	RST
管式泵	TH	—	—	—

3.2 抽油泵的代号见图1,包括:

a) 标称油管外径;

b) 标称泵径;

c) 泵的类型,包括泵筒类型、支承总成的位置及类型;

d) 标称泵筒长度;

e） 标称柱塞长度；

f） 标称加长短节长度(使用加长短节时)。

示例：一台泵径为31.8 mm(1¼in)的杆式泵，其厚壁泵筒长3.048 m(10 ft)，上部加长短节长0.610 m(2 ft)，下部加长短节长0.610 m(2 ft)，柱塞长1.219 m(4 ft)。在60.3 mm(2⅜in)油管中工作并以底部皮碗支承总成固定，该泵代号表示为：

20—125RHBC3.0—1.2—0.6—0.6

3.3 除3.2所述泵型代号以外，卖方还必须提供下列附加信息：

a） 泵筒的材料；

b） 柱塞的材料；

c） 泵筒与柱塞的配合间隙；

d） 阀的材料；

e） 其他配件的材料。

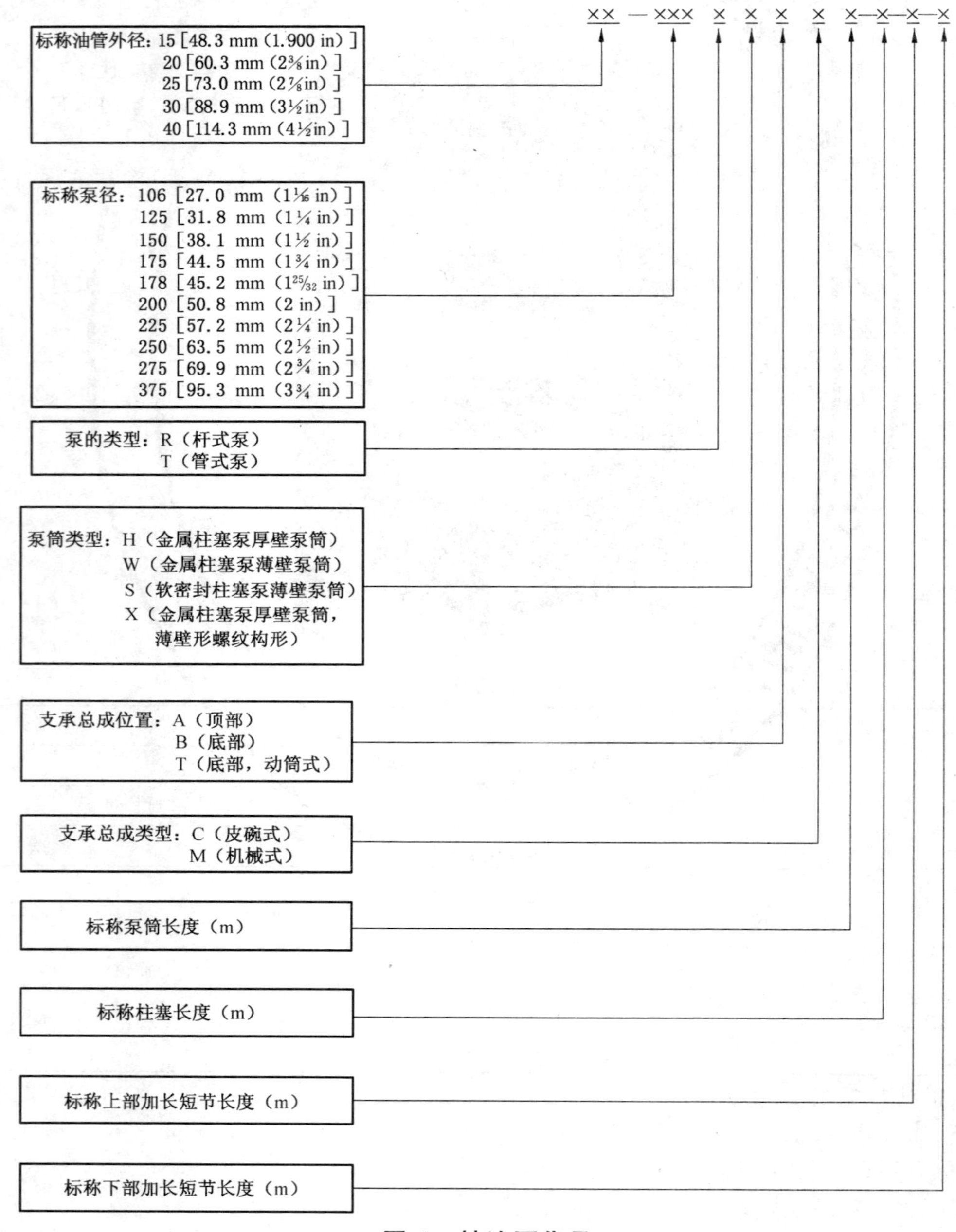

图1 抽油泵代号

4 设计控制

4.1 总则

4.1.1 抽油泵应按第 3 章规定进行标识，按第 5 章规定进行组装。

4.1.2 按本标准设计和制造的零件尺寸应符合第 6 章的要求，材料应符合第 9 章的要求。

4.2 设计文件

4.2.1 设计文件应包括图纸、标准和程序。必要时，还包括假设、方法、公式、计算和试验结果。

4.2.2 设计文件应编制设计要求和验收准则文件。

4.2.3 抽油泵总成的冲程长度测定方法应编制成文件。

4.2.4 设计文件应清晰、易读、能复制且可检索。

4.3 设计验证

设计验证包括对设计符合本标准要求而进行的验证和测试两项内容。

4.4 设计评审

设计文件应由原设计人员之外有资格的人员进行评审(若制造厂商雇有此类合格评审人员)。

4.5 设计更改

对设计进行更改时应作出标识，编制文件和评审，并经授权人员批准。

5 抽油泵总成

5.1 抽油泵总成应符合表 2～表 9 和图 2～图 9 的要求，零部件应符合第 6 章的要求。

5.2 金属柱塞泵应配备第 6 章所列的下列基本零件：

a) 阀杆或拉管(仅用于杆式泵)；

b) 基本直径减去间隙值的整体式或组合式金属柱塞；

c) 阀；

d) 厚壁泵筒或薄壁泵筒；

e) 支承总成：

1) 杆式泵使用带“+30”皮碗[表示比支承接头内径大 0.76 mm(0.030 in)]的皮碗型支承总成；管式泵使用带“+10”皮碗[表示比支承接头内径大 0.25 mm(0.010 in)]的皮碗型支承总成。字母“C”在第 3 章所述泵型代号中表示皮碗。

2) 若有指定时，可配备机械支承总成，此时用字母“M”代替抽油泵代号中的“C”。机械支承总成的详细规定见零件 S21 和 S22。

5.3 软密封柱塞密封件的设计和结构目前尚未标准化。可根据制造厂产品目录确定密封元件的尺寸、类型和数量。

5.4 本章所述抽油泵总成应按第 7 章进行组装和功能试验。

5.5 抽油泵总成应按第 8 章进行标识。

表 2 RHA 定筒式、厚壁筒、顶部固定杆式泵(见图 2)

(1)	(2)	(3)	(4)	(5)	(6)
		标准抽油泵规格			
		$2\frac{3}{8}\times1\frac{1}{4}$ (60.3×31.8)	$2\frac{7}{8}\times1\frac{1}{2}$ (73.0×38.1)	$2\frac{7}{8}\times1\frac{3}{4}$ (73.0×44.5)	$3\frac{1}{2}\times2\frac{1}{4}$ (88.9×57.2)
		抽油泵代号			
		20—125 RHAC[a,b,c]	25—150 RHAC[a,b,c]	25—175 RHAC[a,b,c]	30—225 RHAC[a,b,c]
符号	名称	件号			
B12	厚壁泵筒	B12—125[a]	B12—150[a]	B12—175[a]	B12—225[a]
B21	阀杆异径接头	B21—20	B21—25	B21—25	B21—30
B22	泵筒阀罩异径接头	B22—20	B22—25	B22—25	B22—30
C12	柱塞上部阀罩	C12—125	C12—150—25	C12—175	C12—225
C13	外螺纹柱塞闭式阀罩	C13—125	C13—150	C13—175	C13—225
C14	泵筒闭式阀罩	C14—20	C14—25	C14—25	C14—30
C31	加长接箍	C31—125[c]	C31—150[c]	C31—175[c]	C31—225[c]
G11	阀杆导向套	G11—20	G11—25	G11—25	G11—30
P12	阀座管塞	P12—125	P12—150	P12—175	P12—225
P21	整体式柱塞[d]	P21—125[b]	P21—150[b]	P21—175[b]	P21—225[b]
R11	阀杆	R11—20[e]	R11—25[e]	R11—25[e]	R11—30[e]
S11	支承皮碗芯轴(HR 型)	S11—20	S11—25	S11—25	S11—30
S12	支承皮碗(HR 型)	S12—20	S12—25	S12—25	S12—30
S13	支承皮碗座圈(HR 型)	S13—20	S13—25	S13—25	S13—30
S14	支承皮碗压帽(HR 型)	S14—20	S14—25	S14—25	S14—30
S15	支承皮碗异径接头	S15—20	S15—25	S15—25	S15—30
V11	阀球和阀座				
	游动阀	V11—125	V11—150	V11—175	V11—225
	固定阀	V11—175	V11—225	V11—225	V11—250

注:除抽油泵规格外,所有尺寸用毫米表示,括号内为相应的英寸。

a 规定泵筒长度,单位为米(英尺),标准长度为:2.438 m(8 ft)~9.144 m(30 ft),长度按每 0.610 m(2 ft)递增。

b 规定标称柱塞长度,单位为米(英尺),配合间隙为百分之几毫米(千分之几英寸)。

c 规定加长接箍的总长度,单位为千分之几米(整英尺)。标准长度按每 0.152 m(½ ft)递增。

d 若柱塞 P21 的外螺纹接头型式选定为 F1A 型,则必须在 C12 和 P21 之间加装一个阀座,参照零件 P21。

e 阀杆长度参照零件 R11。

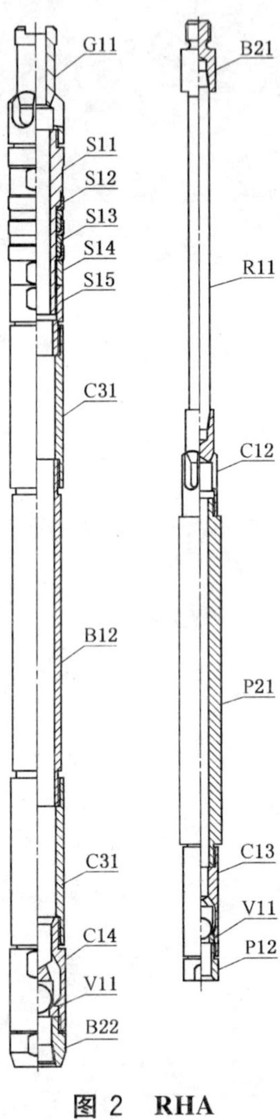

图 2 RHA

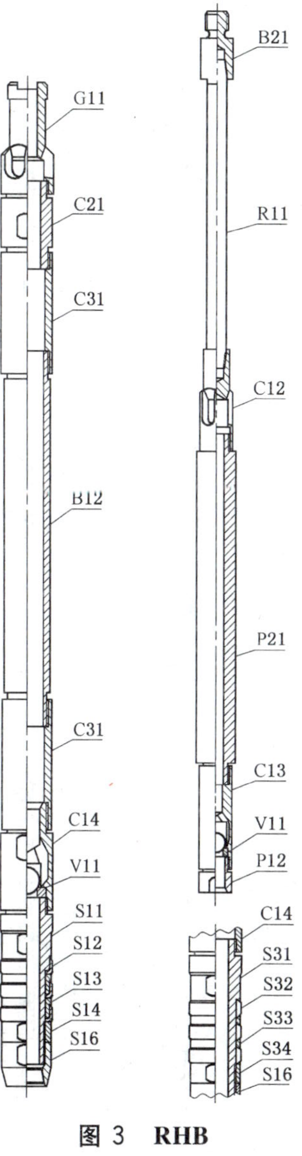

图 3 RHB

表 3 RHB 定筒式、厚壁筒、底部固定杆式泵(见图 3)

(1)	(2)	(3)	(4)	(5)	(6)	(7)	(8)
		标准抽油泵规格					
		1.900×1¹⁄₁₆ (48.3×27.0)	2⅜×1¹⁄₁₆ (60.3×27.0)	2⅜×1¼ (60.3×31.8)	2⅞×1½ (73.0×38.1)	2⅞×1¾ (73.0×44.5)	3½×2¼ (88.9×57.2)
		抽油泵代号					
		15—106 RHBC[a,b,c]	20—106 RHBC[a,b,c]	20—125 RHBC[a,b,c]	25—150 RHBC[a,b,c]	25—175 RHBC[a,b,c]	30—225 RHBC[a,b,c]
符号	名称	件号					
B12	厚壁泵筒	B12—106[a]	B12—106[a]	B12—125[a]	B12—150[a]	B12—175[a]	B12—225[a]
B21	阀杆异径接头	B21—15	B21—20	B21—20	B21—25	B21—25	B21—30
C12	柱塞上部阀罩	C12—106	C12—106	C12—125	C12—150—25	C12—175	C12—225
C13	外螺纹柱塞闭式阀罩	C13—106	C13—106	C13—125	C13—150	C13—175	C13—225
C14	泵筒闭式阀罩	C14—15	C14—20	C14—20	C14—25	C14—25	C14—30
C21	泵筒上部接头	C21—15	C21—20	C21—20	C21—25	C21—25	C21—30
C31	加长接箍	C31—106—15[c]	C31—106[c]	C31—125[c]	C31—150[c]	C31—175[c]	C31—225[c]
G11	阀杆导向套	G11—15	G11—20	G11—20	G11—25	G11—25	G11—30
P12	阀座管塞	P12—106	P12—106	P12—125	P12—150	P12—175	P12—225
P21	整体式柱塞[d]	P21—106[b]	P21—106[b]	P21—125[b]	P21—150[b]	P21—175[b]	P21—225[b]
R11	阀杆	R11—20[e]	R11—20[e]	R11—20[e]	R11—25[e]	R11—25[e]	R11—30[e]
S11	支承皮碗芯轴(HR 型)	—	S11—20	S11—20	S11—25	S11—25	S11—30
S12	支承皮碗(HR 型)	—	S12—20	S12—20	S12—25	S12—25	S12—30
S13	支承皮碗座圈(HR 型)	—	S13—20	S13—20	S13—25	S13—25	S13—30
S14	支承皮碗压帽(HR 型)	—	S14—20	S14—20	S14—25	S14—25	S14—30
S16	支承皮碗异径接头	S16—15	S16—20	S16—20	S16—25	S16—25	S16—30
S31	支承皮碗芯轴(O 型)	S31—15	—	—	—	—	—
S32	支承皮碗(O 型)	S32—15	—	—	—	—	—
S33	支承皮碗座圈(O 型)	S33—15	—	—	—	—	—
S34	支承皮碗压帽(O 型)	S34—15	—	—	—	—	—
V11	阀球和阀座						
	游动阀	V11—106	V11—106	V11—125	V11—150	V11—175	V11—225
	固定阀	V11—150	V11—175	V11—175	V11—225	V11—225	V11—250

注：除抽油泵规格外，所有尺寸用毫米表示，括号内为相应的英寸。

a 规定泵筒长度，单位为米(英尺)，标准长度为：2.438 m(8 ft)～9.144 m(30 ft)，长度按每 0.610 m(2 ft)递增。

b 规定标称柱塞长度，单位为米(英尺)，配合间隙为百分之几毫米(千分之几英寸)。

c 规定加长接箍的总长度，单位为千分之几米(整英尺)。标准长度按每 0.152 m(½ ft)递增。

d 若柱塞 P21 的外螺纹接头型式选定为 F1A 型，则必须在 C12 和 P21 之间加装一个阀座，参照零件 P21。

e 阀杆长度参照零件 R11。

表 4 RWA 定筒式、薄壁筒、顶部固定杆式泵(见图 4)

(1)	(2)	(3)	(4)	(5)	(6)
		标准抽油泵规格			
		2⅜×1¼ (60.3×31.8)	2⅜×1½ (60.3×38.1)	2⅞×2 (73.0×50.8)	3½×2½ (88.9×63.5)
		抽油泵代号			
		20—125 RWAC[a,c]	25—150 RWAC[a,c]	25—200 RWAC[a,c]	30—250 RWAC[a,c]
符号	名称	件号			
B11	薄壁泵筒	B11—125[a]	B11—150[a]	B11—200[a]	B11—250[a]
B21	阀杆异径接头	B21—20	B21—20	B21—25	B21—30
B22	泵筒阀罩异径接头	B22—20	B22—20	B22—25	B22—30
C12	柱塞上部阀罩	C12—125	C12—150—20	C12—200	C12—250
C13	外螺纹柱塞闭式阀罩	C13—125	C13—150	C13—200	C13—250
C14	泵筒闭式阀罩	C14—20—125	C14—20	C14—25	C14—30
G11	阀杆导向套	G11—20	G11—20	G11—25	G11—30
P12	阀座管塞	P12—125	P12—150	P12—200	P12—250
P21	整体式柱塞[b]	P21—125[c]	P21—150[c]	P21—200[c]	P21—250[c]
R11	阀杆	R11—20[d]	R11—20[d]	R11—25[d]	R11—30[d]
S11	支承皮碗芯轴(HR 型)	S11—20	S11—20	S11—25	S11—30
S12	支承皮碗(HR 型)	S12—20	S12—20	S12—25	S12—30
S13	支承皮碗座圈(HR 型)	S13—20	S13—20	S13—25	S13—30
S14	支承皮碗压帽(HR 型)	S14—20	S14—20	S14—25	S14—30
S15	支承皮碗异径接头	S15—20—125	S15—20	S15—25	S15—30
V11	阀球和阀座				
	游动阀	V11—125	V11—150	V11—200	V11—250
	固定阀	V11—175	V11—175	V11—225	V11—250

注：除抽油泵规格外，所有尺寸用毫米表示，括号内为相应的英寸。

a 规定泵筒长度，单位为米(英尺)，标准长度为：2.438 m(8 ft)～9.144 m(30 ft)，长度按每 0.610 m(2 ft)递增。

b 若柱塞 P21 的外螺纹接头型式选定为 F1A 型，则必须在 C12 和 P21 之间加装一个阀座，参照零件 P21。

c 规定标称柱塞长度，单位为英尺(米)，配合间隙为百分之几毫米(千分之几英寸)。

d 阀杆长度参照零件 R11。

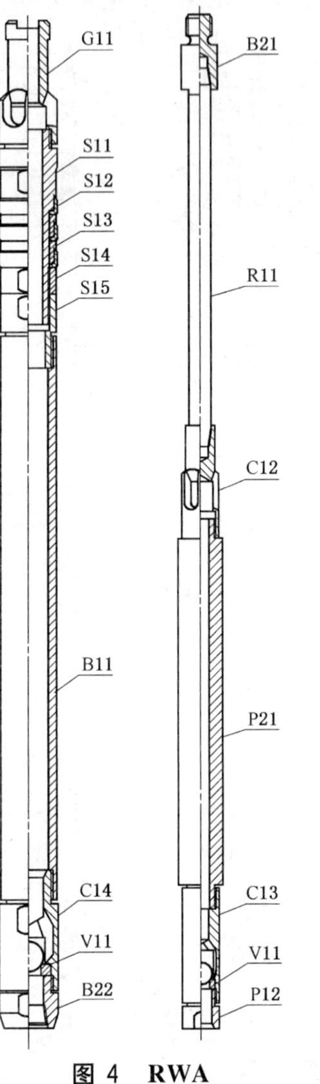

图 4 RWA

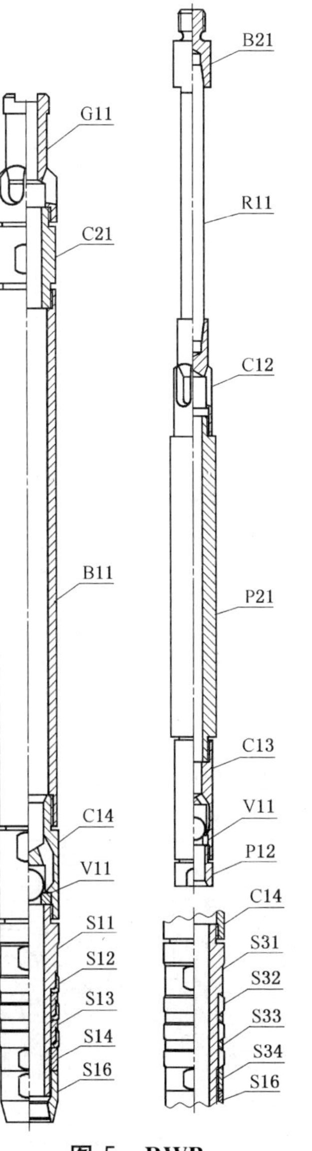

图 5 RWB

表 5 **RWB 定筒式、薄壁筒、底部固定杆式泵(见图 5)**

(1)	(2)	(3)	(4)	(5)	(6)	(7)
		标准抽油泵规格				
		$1.900\times1\frac{1}{4}$ (48.3×31.8)	$2\frac{3}{8}\times1\frac{1}{4}$ (60.3×31.8)	$2\frac{3}{8}\times1\frac{1}{2}$ (60.3×38.1)	$2\frac{7}{8}\times2$ (73.0×50.8)	$3\frac{1}{2}\times2\frac{1}{2}$ (88.9×63.5)
		抽油泵代号				
		15—125 RWBC[a,c]	20—125 RWBC[a,c]	20—150 RWBC[a,c]	25—200 RWBC[a,c]	30—250 RWBC[a,c]
符号	名称	件号				
B11	薄壁泵筒	B11—125[a]	B11—125[a]	B11—150[a]	B11—200[a]	B11—250[a]
B21	阀杆异径接头	B21—15	B21—20	B21—20	B21—25	B21—30
C12	柱塞上部阀罩	C12—125	C12—125	C12—150—20	C12—200	C12—250
C13	外螺纹柱塞闭式阀罩	C13—125	C13—125	C13—150	C13—200	C13—250
C14	泵筒闭式阀罩	C14—15	C14—20—125	C14—20	C14—25	C14—30
C21	泵筒上部接头	C21—15	C21—20—125	C21—20	C21—25	C21—30
G11	阀杆导向套	G11—15	G11—20	G11—20	G11—25	G11—30
P12	阀座管塞	P12—125	P12—125	P12—150	P12—200	P12—250
P21	整体式柱塞[b]	P21—125[c]	P21—125[c]	P21—150[c]	P21—200[c]	P21—250[c]
R11	阀杆	R11—20[d]	R11—20[d]	R11—20[d]	R11—25[d]	R11—30[d]
S11	支承皮碗芯轴(HR 型)	—	S11—20	S11—20	S11—25	S11—30
S12	支承皮碗(HR 型)	—	S12—20	S12—20	S12—25	S12—30
S13	支承皮碗座圈(HR 型)	—	S13—20	S13—20	S13—25	S13—30
S14	支承皮碗压帽(HR 型)	—	S14—20	S14—20	S14—25	S14—30
S16	支承皮碗异径接箍	S16—15	S16—20	S16—20	S16—25	S16—30
S31	支承皮碗芯轴(O 型)	S31—15	—	—	—	—
S32	支承皮碗(O 型)	S32—15	—	—	—	—
S33	支承碗座圈(O 型)	S33—15	—	—	—	—
S34	支承皮碗压帽(O 型)	S34—15	—	—	—	—
V11	阀球和阀座					
	游动阀	V11—125	V11—125	V11—150	V11—200	V11—250
	固定阀	V11—150	V11—175	V11—175	V11—225	V11—250

注：除抽油泵规格外，所有尺寸用毫米表示，括号内为相应的英寸。

a 规定泵筒长度，单位为米(英尺)，标准长度为:2.438 m(8 ft)～9.144 m(30 ft)，长度按每 0.610 m(2 ft)递增。

b 若柱塞 P21 的外螺纹接头型式选定为 F1A 型则必须在 C21 和 P21 之间加装一个阀座，参照零件 P21。

c 规定标称柱塞长度，单位为米(英尺)，配合间隙为百分之几毫米(千分之几英寸)。

d 阀杆长度参照零件 R11。

表 6 RWT 动筒式、薄壁筒、底部固定杆式泵(见图 6)

(1)	(2)	(3)	(4)	(5)	(6)	(7)
		标准抽油泵规格				
		1.900×1¼ (48.3×31.8)	2⅜×1¼ (60.3×31.8)	2⅜×1½ (60.3×38.1)	2⅞×2 (73.0×50.8)	3½×2½ (88.9×63.5)
		抽油泵代号				
		15—125 RWTC[a,b]	20—125 RWTC[a,b]	20—150 RWTC[a,b]	25—200 RWTC[a,b]	30—250 RWTC[a,b]
符号	名称	件号				
B11	薄壁泵筒	B11—125[a]	B11—125[a]	B11—150[a]	B11—200[a]	B11—250[a]
C11	上部开式阀罩	C11—15	C11—20	C11—20	C11—25	C11—30
C12	柱塞上部阀罩	C12—125	C12—125	C12—150—20	C12—200	C12—250
C21	泵筒上部接头	C21—15	C21—20—125	C21—20	C21—25	C21—30
C32	拉管上部接箍	C32—125	C32—125	C32—150	C32—200	C32—250
C33	拉管下部接箍	C33—125—15	C33—125	C33—150—20	C33—200	C33—225
P11	泵管管塞	P11—125—15	P11—125—15	P11—150—20	P11—200	P11—225
P21	整体式柱塞	P21—125[b]	P21—125[b]	P21—150[b]	P21—200[b]	P21—250[b]
S11	支承皮碗芯轴(HR 型)	—	S11—20	S11—20	S11—25	S11—30
S12	支承皮碗(HR 型)	—	S12—20	S12—20	S12—25	S12—30
S13	支承皮碗座圈(HR 型)	—	S13—20	S13—20	S13—25	S13—30
S14	支承皮碗压帽(HR 型)	—	S14—20	S14—20	S14—25	S14—30
S16	支承皮碗异径接箍	S16—15	S16—20	S16—20	S16—25	S16—30
S31	支承皮碗芯轴(O 型)	S31—15	—	—	—	—
S32	支承皮碗(O 型)	S32—15	—	—	—	—
S33	支承皮碗座圈(O 型)	S33—15	—	—	—	—
S34	支承皮碗压帽(O 型)	S34—15	—	—	—	—
T11	拉管	T11—125[c]	T11—125[c]	T11—150[c]	T11—200[c]	T11—225[c]
V11	阀球和阀座					
	游动阀	V11—150	V11—175	V11—175	V11—225	V11—250
	固定阀	V11—125	V11—125	V11—150	V11—200	V11—250

注：除抽油泵规格外，所有尺寸用毫米表示，括号内为相应的英寸。

a 规定泵筒长度，单位为米(英尺)，标准长度为：2.438 m(8 ft)～9.144 m(30 ft)，长度按每 0.610 m(2 ft)递增。

b 规定标称柱塞长度，单位为米(英尺)，配合间隙为百分之几毫米(千分之几英寸)。

c 阀杆长度参照零件 T11。

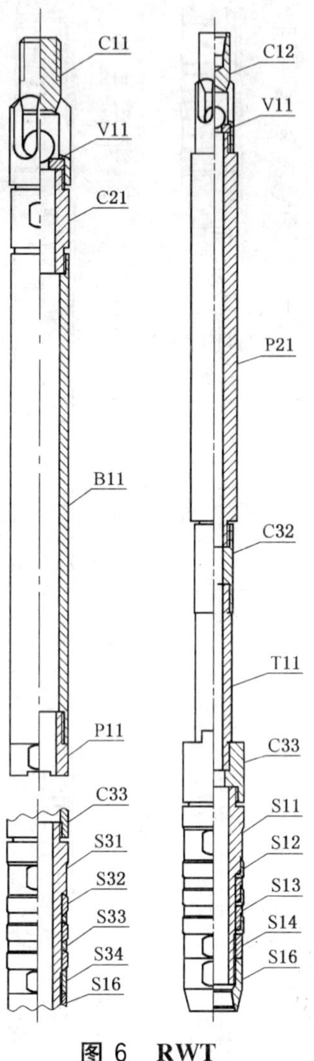

图 6 RWT

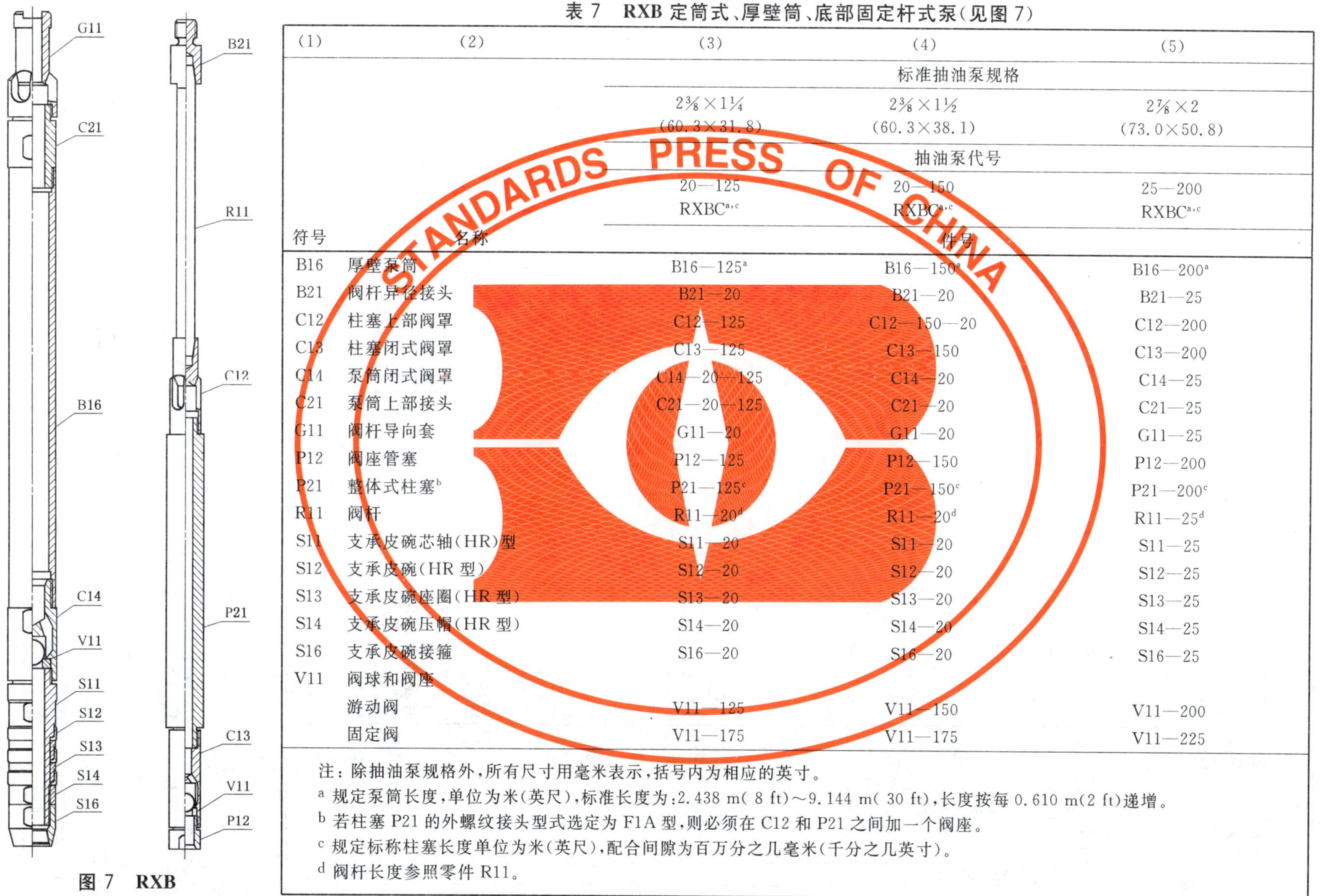

图 7　RXB

表 7　RXB 定筒式、厚壁筒、底部固定杆式泵(见图 7)

(1)	(2)	(3)	(4)	(5)
		标准抽油泵规格		
		$2\frac{3}{8}\times1\frac{1}{4}$ (60.3×31.8)	$2\frac{3}{8}\times1\frac{1}{2}$ (60.3×38.1)	$2\frac{7}{8}\times2$ (73.0×50.8)
		抽油泵代号		
		20—125 RXBC[a,c]	20—150 RXBC[a,c]	25—200 RXBC[a,c]
符号	名称	件号		
B16	厚壁泵筒	B16—125[a]	B16—150[a]	B16—200[a]
B21	阀杆异径接头	B21—20	B21—20	B21—25
C12	柱塞上部阀罩	C12—125	C12—150—20	C12—200
C13	柱塞闭式阀罩	C13—125	C13—150	C13—200
C14	泵筒闭式阀罩	C14—20—125	C14—20	C14—25
C21	泵筒上部接头	C21—20—125	C21—20	C21—25
G11	阀杆导向套	G11—20	G11—20	G11—25
P12	阀座管塞	P12—125	P12—150	P12—200
P21	整体式柱塞[b]	P21—125[c]	P21—150[c]	P21—200[c]
R11	阀杆	R11—20[d]	R11—20[d]	R11—25[d]
S11	支承皮碗芯轴(HR)型	S11—20	S11—20	S11—25
S12	支承皮碗(HR 型)	S12—20	S12—20	S12—25
S13	支承皮碗座圈(HR 型)	S13—20	S13—20	S13—25
S14	支承皮碗压帽(HR 型)	S14—20	S14—20	S14—25
S16	支承皮碗接箍	S16—20	S16—20	S16—25
V11	阀球和阀座			
	游动阀	V11—125	V11—150	V11—200
	固定阀	V11—175	V11—175	V11—225

注：除抽油泵规格外，所有尺寸用毫米表示，括号内为相应的英寸。

a 规定泵筒长度，单位为米(英尺)，标准长度为：2.438 m(8 ft)～9.144 m(30 ft)，长度按每 0.610 m(2 ft)递增。

b 若柱塞 P21 的外螺纹接头型式选定为 F1A 型，则必须在 C12 和 P21 之间加一个阀座。

c 规定标称柱塞长度单位为米(英尺)，配合间隙为百万分之几毫米(千分之几英寸)。

d 阀杆长度参照零件 R11。

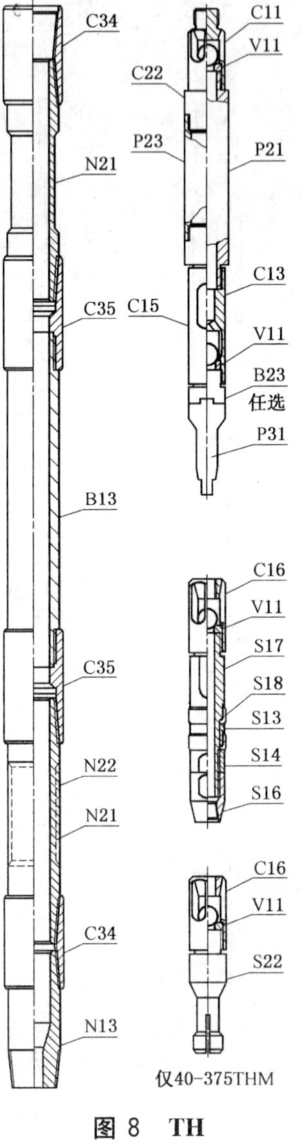

图 8　TH

表 8　TH 厚壁泵筒管式泵(见图 8)

(1)	(2)	(3)	(4)	(5)	(6)
		标准抽油泵规格			
		$2\frac{3}{8}\times1\frac{3}{4}$ (60.3×44.5)	$2\frac{7}{8}\times2\frac{1}{4}$ (73.0×57.2)	$3\frac{1}{2}\times2\frac{3}{4}$ (88.9×69.9)	$4\frac{1}{2}\times3\frac{3}{4}$ (114.3×95.3)
		抽油泵代号			
		20—175 THC[a,b,c]	25—225 THC[a,b,c]	30—275 THC[a,b,c]	40—375 THM[a,b,c,e]
符号	名称	件号			
B23	带拔出器的阀罩异径接头(任选)[d]	—	—	—	B23—40
B13	厚壁泵筒	B13—175[a]	B13—225[a]	B13—275[a]	B13—375[a]
C11	柱塞上部开式阀罩	C11—20	C11—25	C11—30	C11—40
C13	柱塞闭式阀罩	C13—175	C13—225	C13—275	C13—375
C16	固定阀罩	C16—175	C16—225	C16—275	C16—375
C34	油管接箍	C34—20	C34—25	C34—30	C34—40
C35	泵筒接箍	C35—20	C35—25	C35—30	C35—40
N12	机械支承接头	—	—	—	N12—40
N13	支承接头	N13—20	N13—25	N13—30	—
N21	上部加长短节	N21—20[c]	N21—25[c]	N21—30[c]	N21—40[c]
N22	下部加长短节	N22—20[c]	N22—25[c]	N22—30[c]	N22—40[c]
P21	整体式柱塞	P21—175[b]	P21—225[b]	P21—275[b]	P21—375[b]
P31	固定阀拔出器	P31—175	P31—225	P31—275	P31—375[e]
S13	支承皮碗座圈(HR 型)	S13—20	S13—25	S13—30	—
S14	支承皮碗压帽(HR 型)	S14—20	S14—25	S14—30	—
S16	支承皮碗接箍	S16—20	S16—25	S16—30	—
S17	支承皮碗芯轴(HR 型)	S17—20	S17—25	S17—30	—
S18	支承皮碗(HR 型)	S18—20	S18—25	S18—30	—
V11	阀球和阀座				
	游动阀	V11—175	V11—225	V11—250	V11—350
	固定阀	V11—175	V11—225	V11—250	V11—350
S22	机械底部锁紧支承总成	—	—	—	S22—40
	可选择的柱塞组件				
C15	内螺纹柱塞闭式阀罩	C15—175	C15—225	C15—275	C15—375
C22	内螺纹柱塞接头	C22—175	C22—225	C22—275	C22—375
P23	内螺纹柱塞	P23—175[b]	P23—225[b]	P23—275[b]	P23—375[b]

注：除抽油泵规格外，所有尺寸用毫米表示，括号内为相应的英寸。

a 规定泵筒长度，单位为米(英尺)，标准长度为：1.829 m(6 ft)～4.877 m(16 ft)，长度按每 0.305 m(1 ft)递增。5.486 m(18 ft)～9.144 m(30 ft)，长度按每 0.610 m(2 ft)递增。

b 规定标称柱塞长度，单位为米(英尺)，配合间隙为百分之几毫米(千分之几英寸)。

c 规定加长短节的总长度，单位为米(英尺)，标准长度 0.610 m(2 ft)和 0.914 m(3 ft)。

d 以 P31—275 拔出器代替 P31—375 拔出器仅适用于规格为 $4\frac{1}{2}\times3\frac{3}{4}$ 的抽油泵。

e 使用 B23—40 异径接头时，可选用 P31—275 拔出器。

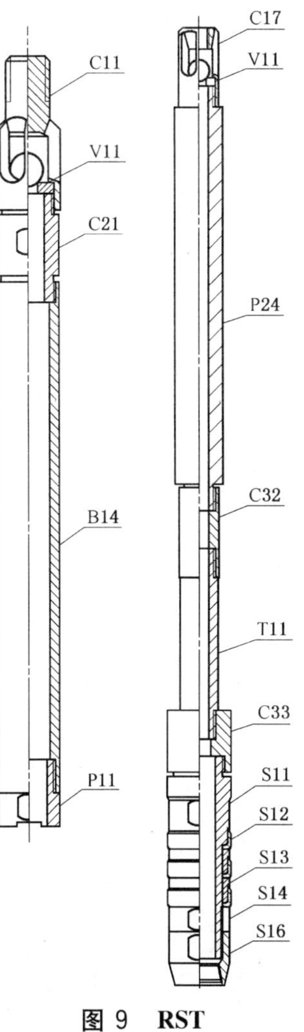

图 9 RST

表 9 RST 动筒式、薄壁筒、底部固定、软密封柱塞杆式泵(见图 9)

(1)	(2)	(3)	(4)	(5)	(6)
		标准抽油泵规格			
		2⅜×1¼ (60.3×31.8)	2⅜×1½ (60.3×38.1)	2⅞×2 (73.0×50.8)	3½×2½ (88.9×63.5)
		抽油泵代号			
		20—125 RSTC[a,b]	20—150 RSTC[a,b]	25—200 RSTC[a,b]	30—250 RSTC[a,b]
符号	名称	件号			
B14	软密封柱塞杆式泵泵筒	B14—125[a]	B14—150[a]	B14—200[a]	B14—250[a]
C11	柱塞上部开式阀罩	C11—20	C11—20	C11—25	C11—30
C17	柱塞上部阀罩	C17—125	C17—150	C17—200	C17—250
C21	泵筒上部接头	C21—20—125	C21—20	C21—25	C21—30
C32	拉管上部接箍	C32—125	C32—150	C32—200	C32—250
C33	拉管下部接箍	C33—125	C33—150—20	C33—200	C33—225
P11	泵管管塞	P11—125—15	P11—150—20	P11—200	P11—225
P24	软密封柱塞	P24—125[b]	P24—150[b]	P24—200[b]	P24—250[b]
S11	支承皮碗芯轴(HR 型)	S11—20	S11—20	S11—25	S11—30
S12	支承皮碗(HR 型)	S12—20	S12—20	S12—25	S12—30
S13	支承皮碗座圈(HR 型)	S13—20	S13—20	S13—25	S13—30
S14	支承皮碗压帽(HR 型)	S14—20	S14—20	S14—25	S14—30
S16	支承皮碗异径接箍	S16—20	S16—20	S16—25	S16—30
T11	拉管	T11—125[c]	T11—150[c]	T11—200[c]	T11—225[c]
V11	阀球和阀座				
	游动阀	V11—175	V11—175	V11—225	V11—250
	固定阀	V11—125	V11—150	V11—200	V11—250

注：除抽油泵规格外，所有尺寸用毫米表示，括号内为相应的英寸。

a 规定泵筒长度，单位为米(英尺)，标准长度为：2.438 m(8 ft)～9.144 m(30 ft)，长度按每 0.610 m(2 ft)递增。

b 规定标称柱塞长度，按最接近的千分之几米(整英尺或半英尺)圆整，并规定密封要求。P24 使用环状皮碗或组合皮碗，可由用户挑选。

c 拉管长度参照零件 T11。

6 抽油泵零件

6.1 抽油泵零件尺寸应符合表12～表67和图10～图63的要求。

6.2 抽油泵零件材料制造应符合第9章的要求。

6.3 表11主要零件编号系统提供了易于标识零件的系统方法，并用于订购具有互换性的零件。

6.4 为给零件设计提供自由，本标准仅规定了影响零件互换性的尺寸要求，零件上是否带扳手方可任选，但零件上有扳手方时，扳手的尺寸应符合表86的要求。

6.5 除另有规定，所有零件尺寸用毫米表示，括号内为相应的英寸。

6.6 除另有规定，各零件表面粗糙度最大值为 $Ra6.3\ \mu m$($Ra250\ \mu in$)。

6.7 本标准中未注明公差处，适用表10所列公差。

表10 未注公差尺寸的极限偏差

(1)	(2)	(3)
以英寸为单位的长度	×	±6.350 mm (0.250 in)
	×.×	±2.540 mm (0.100 in)
	×.××	±0.508 mm (0.020 in)
	×.×××	±0.127 mm (0.005 in)
以英尺为单位的长度	×	±38.1 mm (1.5 in)
	×.×	±38.1 mm (1.5 in)

表 11 主要零件编号系统

(1)	(2)	(3)	(4)	(5)	(6)	(7)	(8)	(9)	(10)	(11)	(12)	(13)	(14)	(15)
名称	泵径规格/mm(in)									油管规格/mm(in)				
	31.8(1¼)	38.1(1½)	44.5(1¾)	45.2(1 25/32)	50.8(2)	57.2(2¼)	63.5(2½)	69.9(2¾)	95.3(3¾)	48.3(1.900)	60.3(2⅜)	73.0(2⅞)	88.9(3½)	114.3(4½)
	125	150	175	178	200	225	250	275	375	15	20	25	30	40
B														
1. 泵筒														
1) 薄壁	B11—125[a]	B11—150[a]	—	—	B11—200[a]	—	B11—250[a]	—	—	—	—	—	—	—
2) 厚壁，杆式泵	B12—125[a]	B12—150[a]	B12—175[a]	—	—	B12—225[a]	—	—	—	—	—	—	—	—
3) 厚壁，管式泵	—	—	B13—175[a]	—	—	B13—225[a]	—	B13—275	B13—375	—	—	—	—	—
4) 薄壁，S. P.[e]	B14—125[a]	B14—150[a]	—	—	B14—200[a]	—	B14—250[a]	—	—	—	—	—	—	—
5) 厚壁，S. P.[e]	—	—	—	B15—178	—	B15—225	—	B15—275	—	—	—	—	—	—
6) 厚壁，杆式泵[e]	B16—125	B16—150	—	—	B16—200	—	—	—	—	—				
2. 异径接头														
1) 阀杆	—	—	—	—	—	—	—	—	—	B21—15	B21—20	B21—25	B21—30	—
2) 泵筒阀罩	—	—	—	—	—	—	—	—	—	B22—15	B22—20	B22—25	B22—30	—
3) 带拔出器的阀罩	—	—	—	—	—	—	—	—	—	—	—	—	—	B23—40
C														
1. 阀罩														
1) 上部开式	—	—	—	—	—	—	—	—	—	C11—15	C11—20	C11—25	C11—30	C11—40
2) 柱塞上部	C12—125	C12—150—20	C12—175	—	C12—200	C12—225	C12—250	—	—	—	—	—	—	—
	—	C12—150—25	—	—	—	—	—	—	—	—	—	—	—	—
3) 外螺纹柱塞闭式	C13—125	C13—150	C13—175	—	C13—200	C13—225	C13—250	C13—275	C13—375	—	—	—	—	—
4) 泵筒闭式	—	—	—	—	—	—	—	—	—	C14—15	C14—20	C14—25	C14—30	—
	—	—	—	—	—	—	—	—	—	—	C14—20—125	—	—	—
5) 内螺纹柱塞闭式	—	—	C15—175	—	—	C15—225	—	C15—275	—	—	—	—	—	—
6) 固定阀	—	—	C16—175	—	—	C16—225	—	C16—275	C16—375	—	—	—	—	—
7) 柱塞上部 S. P.[e]	C17—125	C17—150	—	—	C17—200	—	C17—250	—	—	—	—	—	—	—
2. 接头														
1) 泵筒上部	—	—	—	—	—	—	—	—	—	C21—15	C21—20	C21—25	C21—30	—
	—	—	—	—	—	—	—	—	—	—	C21—20—125	—	—	—
2) 内螺纹柱塞	—	—	C22—175	—	—	C22—225	—	C22—275	C22—375	—	—	—	—	—
3. 接箍														
1) 加长	C31—125[c]	C31—150[c]	C31—175[c]	—	—	C31—225[c]	—	—	—	—	—	—	—	—
	—	—	—	—	—	—	—	—	—	—	—	—	—	—
2) 拉管上部	C32—125	C32—150	C32—175	—	C32—200	C32—225	C32—250	—	—	—	—	—	—	—
3) 拉管下部	C33—125	C33—150—20	C33—175	—	C33—200	C33—225	—	—	—	—	—	—	—	—

表 11（续）

(1)	(2)	(3)	(4)	(5)	(6)	(7)	(8)	(9)	(10)	(11)	(12)	(13)	(14)	(15)
名称	泵径规格/mm(in)									油管规格/mm(in)				
	31.8($1\frac{1}{4}$)	38.1($1\frac{1}{2}$)	44.5($1\frac{3}{4}$)	45.2($1\frac{25}{32}$)	50.8(2)	57.2($2\frac{1}{4}$)	63.5($2\frac{1}{2}$)	69.9($2\frac{3}{4}$)	95.3($3\frac{3}{4}$)	48.3(1.900)	60.3($2\frac{3}{8}$)	73.0($2\frac{7}{8}$)	88.9($3\frac{1}{2}$)	114.3($4\frac{1}{2}$)
	125	150	175	178	200	225	250	275	375	15	20	25	30	40
	C33—125—15	C33—150—25	—	—	—	—	—	—	—	—	—	—	—	—
4）油管	—	—	—	—	—	—	—	—	—	C34—15	C34—20	C34—25	C34—30	C34—40
5）泵筒	—	—	—	—	—	—	—	—	—	—	C35—20	C35—25	C35—30	C35—40
6）泵筒下部 S.P.[e]	—	—	—	—	—	—	—	—	—	—	C36—20	C36—25	C36—30	—
7）泵筒 S.P.[e]	—	—	—	—	—	—	—	—	—	—	C37—20	C37—25	C37—30	—
G														
1. 导向套														
1）阀杆	—	—	—	—	—	—	—	—	—	G11—15	G11—20	G11—25	G11—30	—
N														
1. 支承接头														
1）皮碗型(杆式泵)	—	—	—	—	—	—	—	—	—	N11—15	N11—20	N11—25	N11—30	—
2）机械底部锁紧	—	—	—	—	—	—	—	—	—	N12—15	N12—20	N12—25	N12—30	N12—40
3）皮碗型(管式泵)	—	—	—	—	—	—	—	—	—	—	N13—20	N13—25	N13—30	—
4）机械顶部锁紧	—	—	—	—	—	—	—	—	—	—	N14—20	N14—25	N14—30	—
2. 加长短节														
1）上部	—	—	—	—	—	—	—	—	—	—	N21—20[c]	N21—25[c]	N21—30[c]	N21—40[c]
2）下部	—	—	—	—	—	—	—	—	—	—	N22—20[c]	N22—25[c]	N22—30[c]	N22—40[c]
P														
1. 管塞														
1）泵管	P11—125	P11—150—20	P11—175	—	P11—200	P11—225	—	—	—	—	—	—	—	—
	P11—125—15	P11—150—25	—	—	—	—	—	—	—	—	—	—	—	—
2）阀座	P12—125	P12—150	P12—175	—	P12—200	P12—225	P12—250	—	—	—	—	—	—	—
2. 柱塞														
1）外螺纹整体式	P21—125[b]	P21—150[b]	P21—175[b]	—	P21—200[b]	P21—225[b]	P21—250[b]	P21—275[b]	P21—375[b]	—	—	—	—	—
2）外螺纹组合式	P22—125[b]	P22—150[b]	P22—175[b]	—	P22—200[b]	P22—225[b]	P22—250[b]	P22—275[b]	—	—	—	—	—	—
3）内螺纹整体式	—	—	P23—175[b]	—	—	P23—225[b]	—	P23—275[b]	P23—375[b]	—	—	—	—	—
4）软密封	P24—125[b]	P24—150[b]	—	P24—178[b]	P24—200[b]	P24—225[b]	P24—250[b]	P24—275[b]	—	—	—	—	—	—
3. 拔出器														
1）固定阀	—	—	P31—175	—	—	P31—225	—	P31—275	P31—375	—	—	—	—	—
R														
1. 杆														
1）阀杆	—	—	—	—	—	—	—	—	—	—	R11—20[d]	R11—25[d]	R11—30[d]	—

表 11（续）

(1)	(2)	(3)	(4)	(5)	(6)	(7)	(8)	(9)	(10)	(11)	(12)	(13)	(14)	(15)
名称	泵径规格/mm(in)									油管规格/mm(in)				
	31.8(1¼)	38.1(1½)	44.5(1¾)	45.2(1 25/32)	50.8(2)	57.2(2¼)	63.5(2½)	69.9(2¾)	95.3(3¾)	48.3(1.900)	60.3(2⅜)	73.0(2⅞)	88.9(3½)	114.3(4½)
	125	150	175	178	200	225	250	275	375	15	20	25	30	40
S														
1. 支承皮碗(HR)总成														
1) 芯轴，杆式泵	—	—	—	—	—	—	—	—	—	—	S11—20	S11—25	S11—30	—
2) 皮碗，杆式泵	—	—	—	—	—	—	—	—	—	—	S12—20	S12—25	S12—30	—
3) 座圈	—	—	—	—	—	—	—	—	—	—	S13—20	S13—25	S13—30	—
4) 压帽	—	—	—	—	—	—	—	—	—	—	S14—20	S14—25	S14—30	—
5) 异径接头	—	—	—	—	—	—	—	—	—	S15—15	S15—20	S15—25	S15—30	—
	—	—	—	—	—	—	—	—	—	—	S15—20—125	—	—	—
6) 底部接箍	—	—	—	—	—	—	—	—	—	S16—15	S16—20	S16—25	S16—30	—
7) 芯轴，管式泵	—	—	—	—	—	—	—	—	—	—	S17—20	S17—25	S17—30	—
8) 皮碗，管式泵	—	—	—	—	—	—	—	—		—	S18—20	S18—25	S18—30	—
9) 皮碗，S.P.[e]	—		—	—	—	—	—	—	—	—	—	S19—25	S19—30	—
2. 机械式支承总成														
1) 顶部锁紧	—	—	—	—	—	—	—	—	—	—	S21—20	S21—25	S21—30	—
	—	—	—	—	—	—	—	—	—	—	S21—20—125	—	—	—
2) 底部锁紧	—	—	—	—	—	—	—	—	—	S22—15	S22—20	S22—25	S22—30	S22—40
3. 皮碗式(O型)支承总成														
1) 芯轴	—	—	—	—	—	—	—	—	—	S31—15	—	—	—	—
2) 皮碗	—	—	—	—	—	—	—	—	—	S32—15	—	—	—	—
3) 座圈	—	—	—	—	—	—	—	—	—	S33—15	—	—	—	—
4) 压帽	—	—	—	—	—	—	—	—	—	S34—15	—	—	—	—
T														
1. 管														
1) 拉管	T11—125[d]	T11—150[d]	T11—175[d]	—	T11—200[d]	T11—225[d]	—	—	—	—	—	—	—	—
V														
1. 阀														
1) 球和座	V11—125	V11—150	V11—175	—	V11—200	V11—225	V11—250	V11—250	V11—350	—	—	—	—	—

a 泵筒长度。

b 柱塞长度。

c 加长短节或接箍的长度。

d 阀杆或拉管的长度。

e S.P.——软密封柱塞泵。

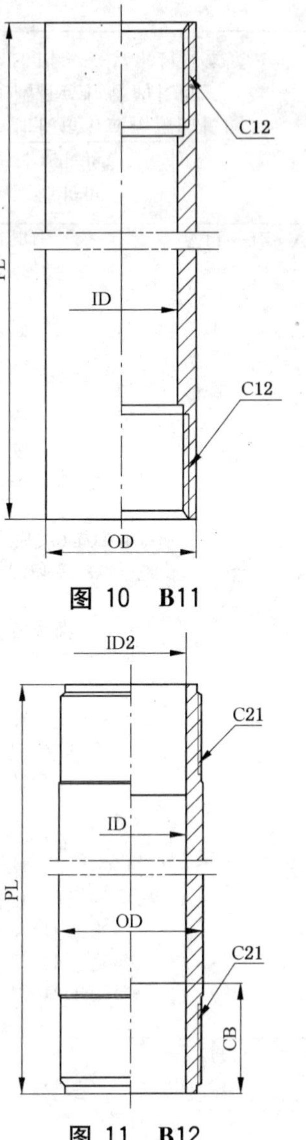

图 10　B11

图 11　B12

表 12　B11 薄壁泵筒(见图 10)

(1)	(2)	(3)	(4)	(5)
尺寸	件号			
符号	B11—125[a]	B11—150[a]	B11—200[a]	B11—250[a]
C12	33.858—16(1.333 0—16)	39.954—16(1.573 0—16)	53.010—16(2.087 0—16)	65.354—16(2.573 0—16)
$ID^{+0.05}_{0}(^{+0.002}_{0})^{b}$	31.75(1.250)	38.10(1.500)	50.80(2.000)	63.50(2.500)
OD±0.25(±0.010)	38.10(1.500)	44.45(1.750)	57.15(2.250)	69.85(2.750)
PL±6.35[a](±0.250)				

注：所有尺寸用毫米表示，括号内为相应的英寸。

a 规定泵筒长度(PL)，单位为米(英尺)，标准长度为：2.438 m(8 ft)～9.144 m(30 ft)，长度按每 0.610 m(2 ft)递增。

b 距泵筒端面 203.2 mm(8 in)内长度上的内径公差为+0.076/−0.000(+0.003/−0.000)。

表 13　B12 厚壁泵筒(杆式泵)(见图 11)

(1)	(2)	(3)	(4)	(5)	(6)
尺寸	件号				
符号	B12—106[a]	B12—125[a]	B12—150[a]	B12—175[a]	B12—225[a]
C21	33.338—16 (1.312 5—16)	39.954—16 (1.573 0—16)	47.625—16 (1.875 0—16)	53.010—16 (2.087 0—16)	65.354—16 (2.573 0—16)
$CB^{+25.4}_{-19.05}(^{+1.000}_{-0.750})$	38.10(1.500)	38.10(1.500)	38.10(1.500)	38.10(1.500)	38.10(1.500)
$ID^{+0.05}_{0}(^{+0.002}_{0})^{b}$	26.99(1.062 5)	31.75(1.250)	38.10(1.500)	44.45(1.750)	57.15(2.250)
$ID_2\ ^{+1.57}_{-0.38}(^{+0.062}_{-0.015})$	27.64(1.088)	32.39(1.275)	38.74(1.525)	45.09(1.775)	57.79(2.275)
OD max/min	36.52/33.27 (1.438/1.310)	44.70/40.64 (1.760/1.600)	57.40/46.99 (2.260/1.850)	57.40/53.34 (2.260/2.100)	70.10/66.04 (2.760/2.600)
PL±6.35[a](±0.250)					

注：所有尺寸用毫米表示，括号内为相应的英寸。

a 规定泵筒长度(PL)，单位为米(英尺)，标准长度为：2.438 m(8 ft)～9.144 m(30 ft)，长度按每 0.610 m(2 ft)递增。

b 距泵筒端面 203.2 mm(8 in)内长度上的内径公差为+0.076/−0.000(+0.003/−0.000)。

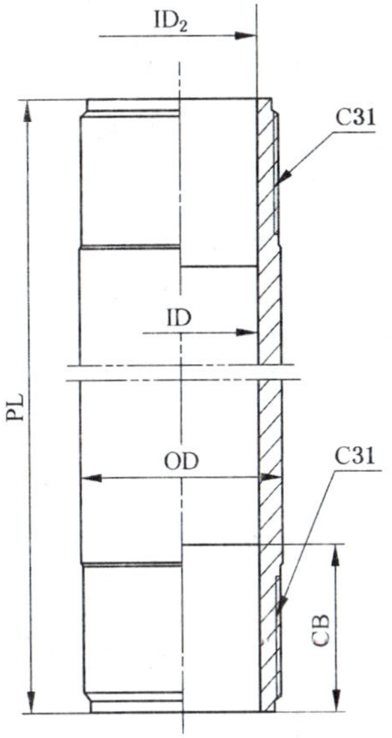

图 12 B13

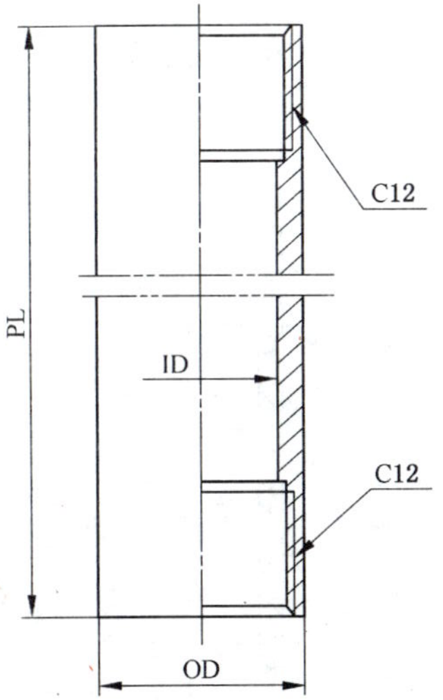

图 13 B14

表 14 B13 厚壁泵筒(管式泵)(见图 12)

(1)	(2)	(3)	(4)	(5)
尺寸	件号			
符号	B13—175[a]	B13—225[a]	B13—275[a]	B13—375[a]
C31	56.845—11½	69.545—11½	82.245—11½	107.645—11½
	(2.238 0—11½)	(2.738 0—11½)	(3.238 0—11½)	(4.238 0—11½)
ID$^{+0.05}_{0}$ ($^{+0.002}_{0}$)[b]	44.45(1.750)	57.15(2.250 0)	69.85(2.750 0)	95.25(3.750)
OD max/min	57.40/56.64	70.10/69.34	82.80/82.04	108.20/107.44
PL±6.35(±0.250)	(2.260/2.230)	(2.760/2.730)	(3.260/3.230)	(4.260/4.230)
CB$^{+25.4}_{-19.05}$ ($^{+1.000}_{-0.750}$)	38.10(1.500)	38.10(1.500)	38.10(1.500)	57.15(2.250)
ID_2 $^{+1.57}_{-0.38}$ ($^{+0.062}_{-0.015}$)	45.09(1.775)	57.79(2.275)	70.49(2.775)	95.89(3.775)

注：所有尺寸用毫米表示，括号内为相应的英寸。

a 规定泵筒长度(PL)，单位为米(英尺)，标准长度为：2.438 m(8 ft)～9.144 m(30 ft)，长度按每 0.610 m(2 ft)递增。

b 距泵筒端面 203.2 mm(8 in)内长度上的内径公差为+0.076/−0.000(+0.003/−0.000)。

表 15 B14 薄壁泵筒(软密封杆式泵)(见图 13)

(1)	(2)	(3)	(4)	(5)
尺寸	件号			
符号	B14—125[a]	B14—150[a]	B14—200[a]	B14—250[a]
C12	33.858—16(1.333 0—16)	39.954—16(1.573 0—16)	53.010—16(2.087 0—16)	65.354—16(2.573 0—16)
ID$^{+0.16}_{-0.06}$ ($^{+0.006\ 2}_{-0.002\ 2}$)[b]	31.75(1.250)	38.10(1.500)	50.80(2.000)	63.50(2.500)
OD±0.25(±0.010)	38.10(1.500)	44.45(1.750)	57.15(2.250)	69.85(2.750)
PL±6.35(±0.250)[a]				

注：所有尺寸用毫米表示，括号内为相应的英寸。

a 规定泵筒长度(PL)，单位为米(英尺)，标准长度为：2.438 m(8 ft)～9.144 m(30 ft)，长度按每 0.610 m(2 ft)递增。

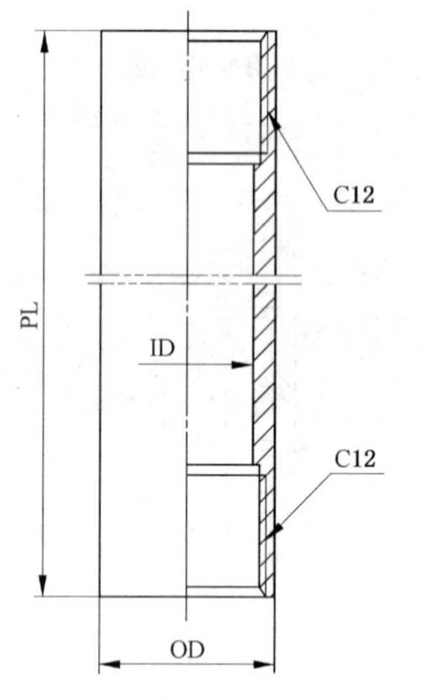

图 14 B16

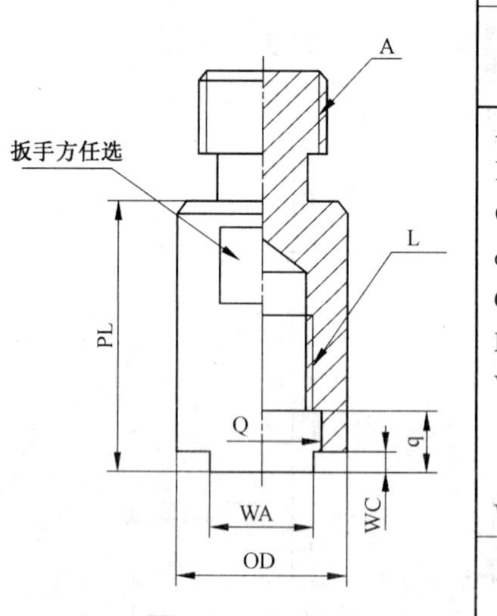

图 15 B21

表 16 B16 厚壁泵筒(杆式泵)(见图 14)

(1)	(2)	(3)	(4)
尺寸	件号		
符号	B16—125[a]	B16—150[a]	B16—200[a]
C12	33.858—16(1.333 0—16)	39.954—16(1.573 0—16)	53.010—16(2.087 0—16)
$ID^{+0.05}_{0}$ $(^{+0.002}_{0})$[b]	31.75(1.250)	38.10(1.500)	50.80(2.000)
OD±0.25(±0.010)	41.27(1.625)或 44.45(1.750)	47.62(1.875)	58.72(2.312)
PL±6.35 (±0.250)[a]			

注：所有尺寸用毫米表示，括号内为相应的英寸。

a 规定泵筒长度(PL)，单位为米(英尺)，标准长度为：2.438 m(8 ft)～9.144 m(30 ft)，长度按每 0.610 m(2 ft)递增。

b 距泵筒端面 203.2 mm(8 in)内长度上的内径公差为+0.076/−0.000(+0.003/−0.000)。

表 17 B21 阀杆异径接头(见图 15)

(1)	(2)	(3)	(4)	(5)
尺寸	件号			
符号	B21—15	B21—20	B21—25	B21—30
A[a]	15.9(⅝)	19.1(¾)	19.1(¾)	19.1(¾)
L nom[b]	9.5(⅜)	9.5(⅜)	12.7(½)	19.1(¾)
$Q^{+0.08}_{0}$ $(^{+0.003}_{0})$	17.53(0.690)	17.53(0.690)	22.28(0.877)	27.05(1.065)
q±0.79(±0.031)	19.1(0.750)	19.1(0.750)	19.1(0.750)	19.1(0.750)
$OD^{+0.79}_{-0.25}$ $(^{+0.031}_{-0.010})$	31.8(1¼)	38.1(1½)	41.3(1⅝)	41.3(1⅝)
PL±25.40(±1.000)	69.85(2.750)	69.85(2.750)	69.85(2.750)	69.85(2.750)
WA	14.27(0.562) +0.00/−0.79 (+0.000/−0.031)	17.48(0.688) ±0.79(±0.031)	19.05(0.750) ±0.79(±0.031)	22.23(0.875) ±0.79(±0.031)
$WC^{+1.57}_{0}$ $(^{+0.062}_{0})$	6.35(0.250)	6.35(0.250)	6.35(0.250)	6.35(0.250)

注：所有尺寸用毫米表示，括号内为相应的英寸。

a 抽油杆螺纹参照 SY/T 5029。

b 修正了的管线管螺纹参照表 82。

nom——标称尺寸。

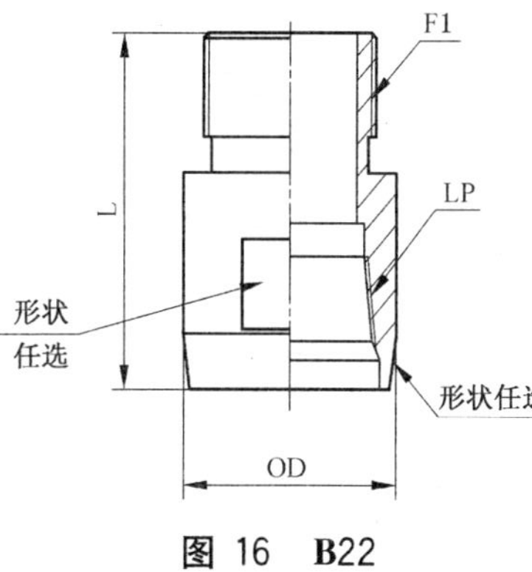

图 16 B22

表 18 B22 泵筒阀罩异径接头(见图 16)

(1)	(2)	(3)	(4)	(5)
尺寸 符号	件号			
	B22—15	B22—20	B22—25	B22—30
F1	31.750—14	37.348—14	45.781—14	53.581—11½
	(1.250 0—14)	(1.470 4—14)	(1.802 4—14)	(2.109 5—11½)
LP[a]	19.1(¾ nom)	25.4(1 nom)	31.8(1¼ nom)	38.1(1½ nom)
OD max/min	36.53/34.93	44.45/41.28	57.15/53.98	69.85/65.10
	(1.438/1.375)	(1.750/1.625)	(2.250/2.125)	(2.750/2.563)
L±25.40(±1.000)	57.15(2.250)	63.5(2.500)	69.85(2.750)	76.20(3.000)

注：所有尺寸用毫米表示，括号内为相应的英寸。

[a] 管线管螺纹细节参照 GB/T 9253.2。

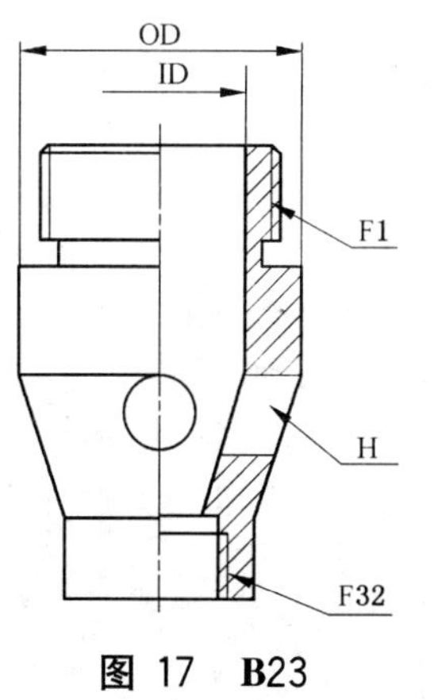

图 17 B23

表 19 B23 带拔出器的阀罩异径接头(见图 17)

(1)	(2)
尺寸 符号	件号
	B23—40
F1	80.556—11½(3.171 5— 11½)
F32	53.581—11½(2.109 5— 11½)
OD	92.08±0.79(3.625±0.031)
ID	44.45±0.79(1.750±0.031)
H	28.58±0.79(1.125±0.031)

注：所有尺寸用毫米表示，括号内为相应的英寸。

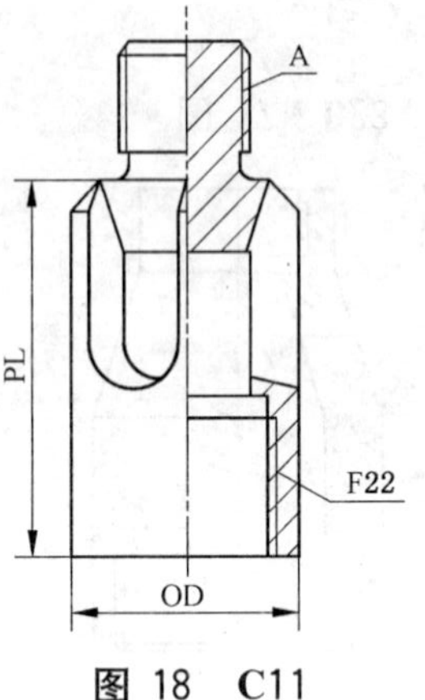

图 18 C11

表 20 C11 上部开式阀罩(见图 18)

(1)	(2)	(3)	(4)	(5)	(6)
尺寸 符号	件号				
	C11—15	C11—20	C11—25	C11—30	C11—40
A[a]	15.9(5/8)	19.1(3/4)	19.1(3/4)	19.1(3/4)	25.4(1)
F22	31.750—14 (1.250 0—14)	37.348—14 (1.470 4—14)	45.781—14 (1.802 4—14)	53.581—11½ (2.109 5—11½)	80.556—11½ (3.171 5—11½)
OD±0.79(±0.031)	36.53(1.438)	42.88(1.688)	55.58(2.188)	66.68(2.625)	92.08(3.625)
PL±25.40(±1.000)	76.20(3.000)	88.90(3.500)	101.60(4.000)	114.30(4.500)	146.05(5.750)

注 1：所有尺寸用毫米表示，括号内为相应的英寸。

注 2：球室的尺寸和形状应保证阀球有足够的间隙和流体通道。

[a] 抽油杆螺纹参照 SY/T 5029。

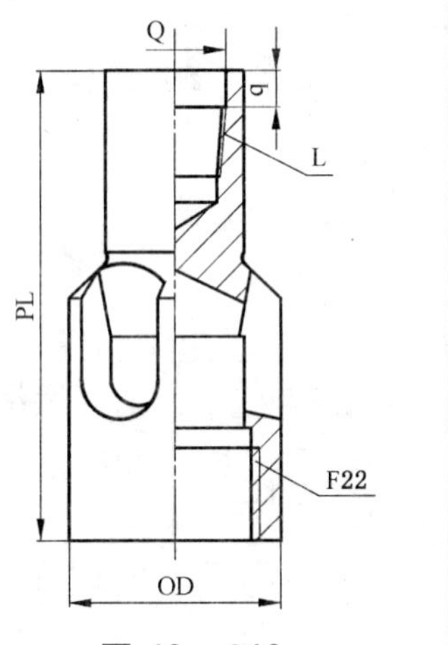

图 19 C12

表 21 C12 柱塞上部阀罩(见图 19)

(1)	(2)	(3)	(4)	(5)	(6)	(7)	(8)	(9)
尺寸 符号	件号							
	C12—106	C12—125	C12—150—20	C12—150—25	C12—175	C12—200	C12—225	C12—250
F22	22.22—14 (0.875 0—14)	25.400—14 (1.000 0—14)	31.750—14 (1.250 0—14)	31.750—14 (1.250 0—14)	37.348—14 (1.470 4—14)	39.634—14 (1.560 4—14)	45.781—14 (1.802 4—14)	53.581—11½ (2.109 5—11½)
L nom[a]	9.5(3/8)	9.5(3/8)	9.5(3/8)	12.7(1/2)	12.7(1/2)	12.7(1/2)	19.1(3/4)	19.1(3/4)
$Q^{+0.08}_{0}$ ($^{+0.003}_{0}$)	17.53(0.690)	17.53(0.690)	17.53(0.690)	22.28(0.877)	22.28(0.877)	22.28(0.877)	27.05(1.065)	27.05(1.065)
q±0.79(±0.031)	19.1(3/4)	19.1(3/4)	19.1(3/4)	19.1(3/4)	19.1(3/4)	19.1(3/4)	19.1(3/4)	19.1(3/4)
PL±0.79(±0.031)	114.3(4½)	114.3(4½)	127.0(5)	127.0(5)	136.5(5⅜)	136.5(5⅜)	155.6(6⅛)	161.9(6⅜)
OD±0.79(±0.031)	26.31±0.127 (1.036±0.005)	30.48(1.200)	36.83(1.450)	36.83(1.450)	43.18(1.700)	49.53(1.950)	55.88(2.200)	62.23(2.450)

注 1：所有尺寸用毫米表示，括号内为相应的英寸。

注 2：球室的尺寸和形状应保证阀球具有足够的间隙和流体通道。

注 3：阀罩的顶部可以减小(如图所示)或者不减少，由制造厂自定。但是，如果顶部减少，它的尺寸必须能容许自由进入泵筒上部接头(C21)和顶部固定支承皮碗接头(S15)。

[a] 修正了的管线管螺纹参照表 82。

nom——标称尺寸。

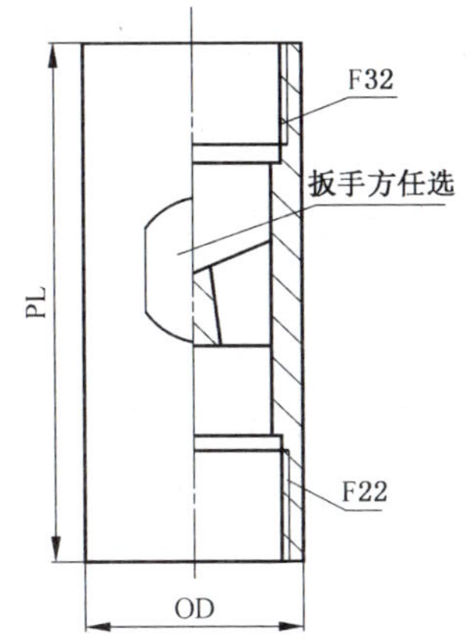

表 22 C13 外螺纹柱塞闭式阀罩(见图 20)

(1)	(2)	(3)	(4)	(5)	(6)	(7)	(8)	(9)	(10)
尺寸 符号	件号								
	C13—106	C13—125	C13—150	C13—175	C13—200	C13—225	C13—250	C13—275	C13—375
F22	22.22—14 (0.875 0—14)	25.400—14 (1.000 0—14)	31.750—14 (1.250 0—14)	37.348—14 (1.470 4—14)	39.634—14 (1.560 4—14)	45.781—14 (1.802 4—14)	53.581—11½ (2.109 5—11½)	53.581—11½ (2.109 5—11½)	80.556—11½ (3.171 5—11½)
F32	22.22—14 (0.875 0—14)	25.400—14 (1.000 0—14)	31.750—14 (1.250 0—14)	37.348—14 (1.470 4—14)	39.634—14 (1.560 4—14)	45.781—14 (1.802 4—14)	53.581—11½ (2.109 5—11½)	53.581—11½ (2.109 5—11½)	80.556—11½ (3.171 5—11½)
PL±1.57 (±0.062)	88.9(3½)	88.9(3½)	104.8(4⅛)	120.7(4¾)	127.0(5)	133.4(5¼)	139.7(5½)	139.7(5½)	203.2(8.000)
OD±0.79 (±0.031)	26.31±0.127 (1.036±0.005)	30.48(1.200 0)	36.83(1.450)	43.18(1.700)	49.53(1.950)	55.88(2.200)	62.23(2.450)	67.31(2.650)	92.71(3.650)

注 1：所有尺寸用毫米表示，括号内为相应的英寸。

注 2：球室的尺寸和构造应保证阀球具有足够的间隙和流体通道。

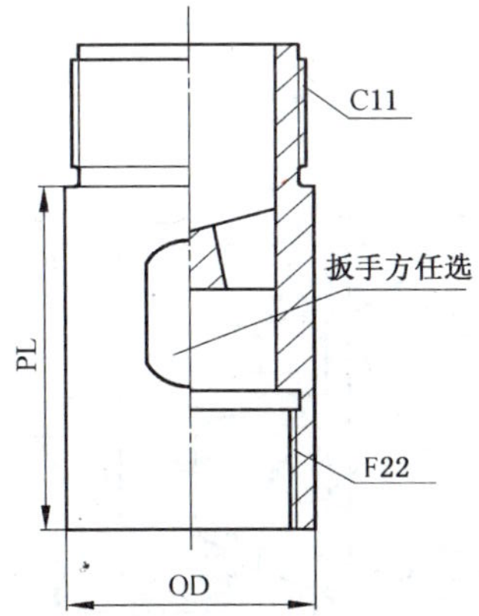

表 23 C14 泵筒闭式阀罩(见图 21)

(1)	(2)	(3)	(4)	(5)	(6)
尺寸 符号	件号				
	C14—15	C14—20—125	C14—20	C14—25	C14—30
C11	33.858—16 (1.333 0—16)	33.858—16 (1.333 0—16)	39.954—16 (1.573 0—16)	53.010—16 (2.087 0—16)	65.354—16 (2.573 0—16)
F22	31.750—14 (1.250 0—14)	37.348—14 (1.470 4—14)	37.348—14 (1.470 4—14)	45.781—14 (1.802 4—14)	53.581—11½ (2.109 5—11½)
OD±0.254 (±0.010)	36.58(1.440)	44.45(1.750)	44.45(1.750)	57.15(2.250)	69.85(2.750)
PL±25.4 (±1.000)	95.25(3.750)	95.25(3.750)	95.25(3.750)	101.60(4.000)	114.30(4.500)

注 1：全部尺寸用毫米表示，括号内为相应的英寸。

注 2：球室的尺寸和形状应保证阀球具有足够的间隙和足够的流体通道。

F32
扳手方任选
F22
PL
OD

图 20 C13

C11
扳手方任选
F22
PL
OD

图 21 C14

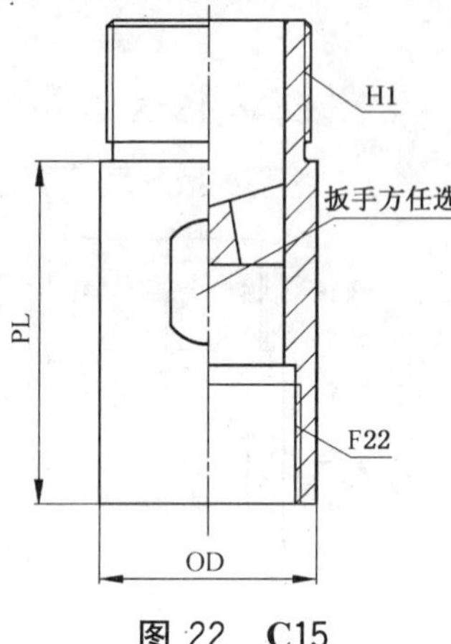

图 22 C15

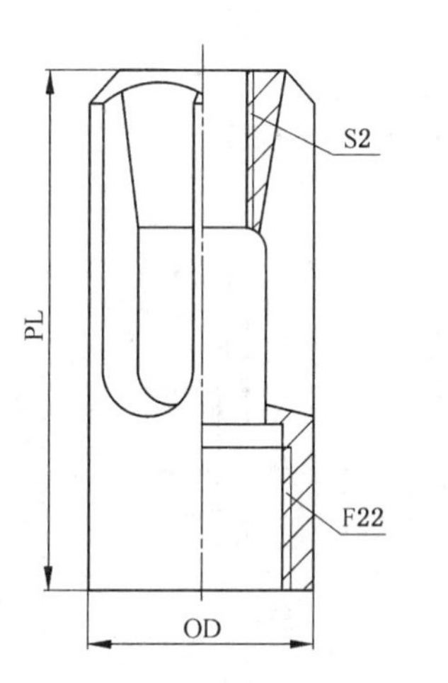

图 23 C16

表 24 C15 内螺纹柱塞闭式阀罩(见图 22)

(1)	(2)	(3)	(4)	(5)
尺寸	件号			
符号	C15—175	C15—225	C15—275	C15—375
H1	38.313—14	50.455—14	60.338—11½	85.916—11½
	(1.508 4—14)	(1.986 4—14)	(2.375 5—11½)	(3.382 5—11½)
F22	37.348—14	45.781—14	53.581—11½	80.556—11½
	(1.470 4—14)	(1.802 4—14)	(2.109 5—11½)	(3.171 5—11½)
OD±0.79(±0.031)	43.18(1.700)	55.88(2.200)	67.31(2.650)	92.71(3.650)
PL±25.40(±1.000)	120.65(4.750)	133.35(5.250)	133.35(5.250)	158.75(6.250)

注 1：所有尺寸用毫米表示，括号内为相应的英寸。

注 2：球室的尺寸和形状应保证阀球具有足够的间隙和足够的流体通道。

表 25 C16 固定阀阀罩(见图 23)

(1)	(2)	(3)	(4)	(5)
尺寸	件号			
符号	C16—175	C16—225	C16—275	C16—375
F22	37.348—14	45.781—14	53.581—11½	80.556—11½
	(1.470 4—14)	(1.802 4—14)	(2.109 5—11½)	(3.171 5—11½)
S2[a]	19.050—10	19.050—10	19.050—10	19.050—10
	(0.750—10)	(0.750—10)	(0.750—10)	(0.750—10)
OD	42.37±0.51	55.07±0.51	68.28/66.04	94.23/91.44
	(1.668±0.020)	(2.168±0.020)	(2.688/2.600)	(3.710/3.600)
PL±25.40(±1.000)	95.25(3.750)	101.60(4.000)	114.30(4.500)	158.75(6.250)

注 1：所有尺寸用毫米表示，括号内为相应的英寸。

注 2：球室的尺寸和形状应保证阀球具有足够的间隙和足够的流体通道。

[a] 螺纹尺寸参照表 85。

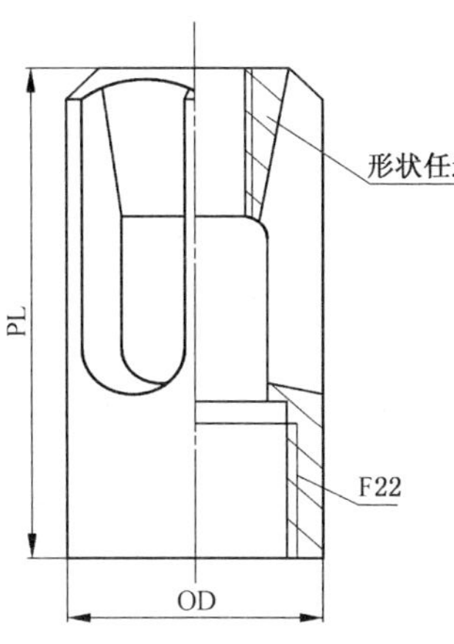

图 24　C17

表 26　C17 柱塞上部阀罩(见图 24)

(1)	(2)	(3)	(4)	(5)
尺寸 符号	件号			
	C17—125	C17—150	C17—200	C17—250
F22	25.400—14 (1.000 0—14)	31.750—14 (1.250 0—14)	39.634—14 (1.560 4—14)	53.581—11½ (2.109 5—11½)
OD±0.79(±0.031)	30.48(1.200)	36.83(1.450)	49.53(1.950)	62.23(2.450)
PL±0.79(±0.031)	66.7(2⅝)	69.9(2¾)	85.7(3⅜)	108.0(4¼)

注：所有尺寸用毫米表示，括号内为相应的英寸。

图 25　C21

表 27　C21 泵筒上部接头(见图 25)

(1)	(2)	(3)	(4)	(5)	(6)
尺寸 符号	件号				
	C21—15	C21—20—125	C21—20	C21—25	C21—30
C11	33.858—16 (1.333 0—16)	33.858—16 (1.333 0—16)	39.954—16 (1.573 0—16)	53.010—16 (2.087 0—16)	65.354—16 (2.573 0—16)
F1	31.750—14 (1.250 0—14)	37.348—14 (1.470 4—14)	37.348—14 (1.470 4—14)	45.781—14 (1.802 4—14)	53.581—11½ (2.109 5—11½)
ID	23.83±0.38 (0.938±0.015)	25.40±1.58 (1.000±0.062)	25.40±1.58 (1.000±0.062)	31.75±1.58 (1.250±0.062)	38.10±1.58 (1.500±0.062)
OD±0.25(±0.010)	36.58(1.440)	44.45(1.750)	44.45(1.750)	57.15(2.250)	69.85(2.750)
PL±0.79(±0.031)	63.5(2½)	63.5(2½)	63.5(2½)	76.2(3)	76.2(3)

注：所有尺寸用毫米表示，括号内为相应的英寸。

图 26　C22

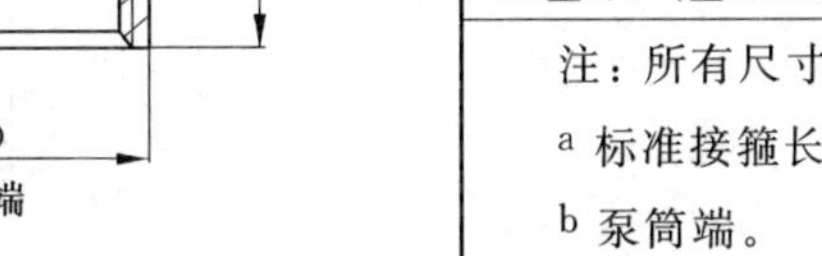

图 27　C31

表 28　C22 内螺纹柱塞接头(见图 26)

(1)	(2)	(3)	(4)	(5)
尺寸	件号			
符号	C22—175	C22—225	C22—275	C22—375
F1	37.348—14	45.781—14	53.581—11½	80.556—11½
	(1.470 4—14)	(1.802 4—14)	(2.109 5—11½)	(3.171 5—11½)
H1	38.313—14	50.455—14	60.338—11½	85.916—11½
	(1.508 4—14)	(1.986 4—14)	(2.375 5—11½)	(3.382 5—11½)
ID	25.40±1.57	31.75±1.57	38.10±1.57	58.73±6.35
	(1.000±0.062)	(1.250±0.062)	(1.500±0.062)	(2.312±0.250)
OD±0.79(±0.031)	43.18(1.700)	55.88(2.200)	67.31(2.650)	92.71(3.650)
PL±12.70(±0.500)	38.10(1.500)	38.10(1.500)	38.10(1.500)	44.45(1.750)

注：所有尺寸用毫米表示,括号内为相应的英寸。

表 29　C31 加长接箍(见图 27)

(1)	(2)	(3)	(4)	(5)	(6)	(7)
尺寸	件号					
符号	C31—106—15[a]	C31—106[a]	C31—125[a]	C31—150[a]	C31—175[a]	C31—225[a]
C22[b]	33.338—16	33.338—16	39.954—16	47.625—16	53.010—16	65.354—16
	(1.312 5—16)	(1.312 5—16)	(1.573 0—16)	(1.875 0—16)	(2.087 0—16)	(2.573 0—16)
C22[c]	33.858—16	39.954—16	39.954—16	53.010—16	53.010—16	65.354—16
	(1.333 0—16)	(1.573 0—16)	(1.573 0—16)	(2.087 0—16)	(2.087 0—16)	(2.573 0—16)
ID±0.79(±0.031)	27.76 min(1.093)min	27.76 min(1.093)min	33.32(1.312)	40.46(1.593)	46.02(1.812)	58.72(2.312)
$OD^{+0.25}_{-0.76}(^{+0.010}_{-0.030})$	36.83 max(1.450)max	44.70 max(1.760)max	44.45(1.750)	57.15(2.250)	57.15(2.250)	69.85(2.750)
PL±6.35(±0.250)[a]	规定长度(PL)/mm(in)					

注：所有尺寸用毫米表示,括号内为相应的英寸。

a 标准接箍长度为:152.4 mm(6 in),304.8 mm(12 in),457.2 mm(18 in),609.6 mm(24 in),914.4 mm(36 in)等。

b 泵筒端。

c 尾端。

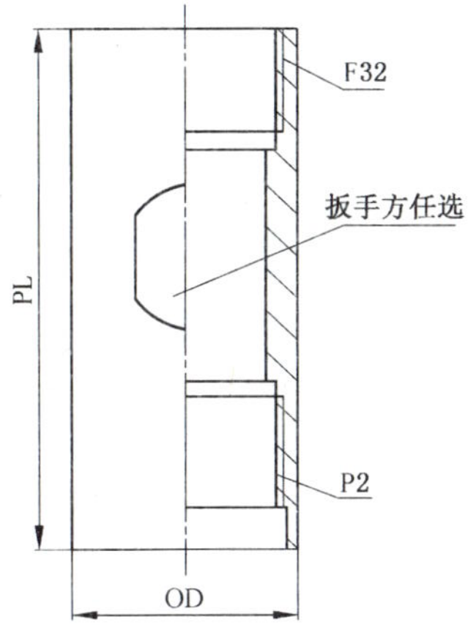

图 28 C32

图 29 C33

表 30 C32 拉管上部接箍(见图 28)

(1)	(2)	(3)	(4)	(5)	(6)	(7)
尺寸	件号					
符号	C32—125	C32—150	C32—175	C32—200	C32—225	C32—250
F32	25.400—14 (1.000 0—14)	31.750—14 (1.250 0—14)	37.348—14 (1.470 4—14)	39.634—14 (1.560 4—14)	45.781—14 (1.802 4—14)	53.581—$11\frac{1}{2}$ (2.109 5—$11\frac{1}{2}$)
P2	23.813—16 (0.937 5—16)	28.575—16 (1.125 0—16)	33.338—16 (1.312 5—16)	38.100—16 (1.500 0—16)	47.625—16 (1.875 0—16)	47.625—16 (1.875 0—16)
OD±0.79(±0.031)	30.48(1.200)	36.83(1.450)	43.18(1.700)	49.53(1.950)	55.88(2.200)	62.23(2.450)
PL±0.79(±0.031)	101.6(4)	101.6(4)	106.4($4\frac{3}{16}$)	111.1($4\frac{3}{8}$)	136.5($5\frac{3}{8}$)	136.5($5\frac{3}{8}$)

注：所有尺寸用毫米表示,括号内为相应的英寸。

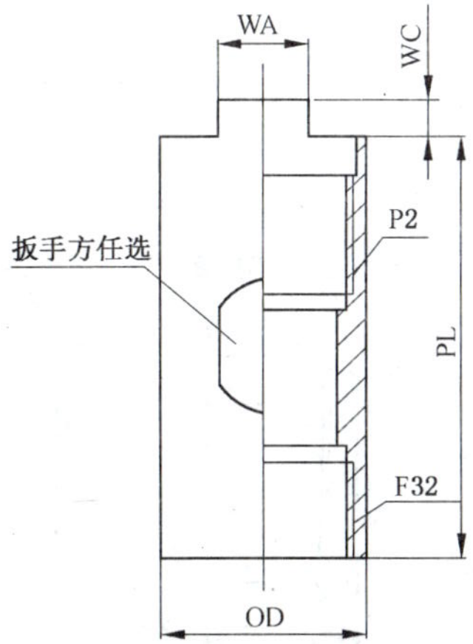

表 31 C33 拉管下部接箍(见图 29)

(1)	(2)	(3)	(4)	(5)	(6)	(7)	(8)
尺寸	件号						
符号	C33—125—15	C33—125	C33—150—20	C33—150—25	C33—175	C33—200	C33—225[a]
F32	31.750—14 (1.250 0—14)	37.348—14 (1.470 4—14)	37.348—14 (1.470 4—14)	45.781—14 (1.802 4—14)	45.781—14 (1.802 4—14)	45.781—14 (1.802 4—14)	53.581—$11\frac{1}{2}$ (2.109 5—$11\frac{1}{2}$)
P2	23.813—16 (0.937 5—16)	23.813—16 (0.937 5—16)	28.575—16 (1.125 0—16)	28.575—16 (1.125 0—16)	33.338—16 (1.312 5—16)	38.100—16 (1.500 0—16)	47.625—16 (1.875 0—16)
WA±0.79(±0.031)	17.48(0.688)	17.48(0.688)	17.48(0.688)	19.05(0.750)	19.05(0.750)	19.05(0.750)	22.23(0.875)
WC(+1.57/−0.00) (+0.062/−0.000)	6.35(0.250)	6.35(0.250)	6.35(0.250)	6.35(0.250)	6.35(0.250)	6.35(0.250)	6.35(0.250)
OD	36.58±0.25 (1.440±0.010)	44.45±1.58 (1.750±0.062)	44.45±1.58 (1.750±0.062)	55.88±1.58 (2.200±0.062)	55.88±1.58 (2.200±0.062)	55.88±3.18 (2.200±0.125)	68.58±3.18 (2.700±0.125)
PL±12.70(±0.500)	73.03(2.875)	73.03(2.875)	76.20 (3.000)	79.38(3.125)	82.55(3.250)	82.55(3.250)	88.90(3.500)

注：所有尺寸用毫米表示,括号内为相应的英寸。

[a] 用于泵径 57.2 mm($2\frac{1}{4}$ in)和 63.5 mm($2\frac{1}{2}$ in)的泵上。

表 32 C34 油管接箍(见图 30)

(1)	(2)	(3)	(4)	(5)	(6)
尺寸	件号				
符号	C34—15[b]	C34—20	C34—25	C34—30	C34—40
油管螺纹[a]	1.900 UP TBG (1.900—10 IJ)	2⅜ UP TBG (2⅜—8 EU)	2⅞ UP TBG (2⅞—8 EU)	3½ UP TBG (3½—8 EU)	4½ UP TBG (4½—8 EU)

注 1：所有尺寸用毫米表示，括号内为相应的英寸。

注 2：油管尺寸参照 SY/T 6194。

[a] 油管螺纹参照 GB/T 9253.2。

[b] C34—15 油管接箍的外径(OD)应为 53.6 mm(2.11 in)。

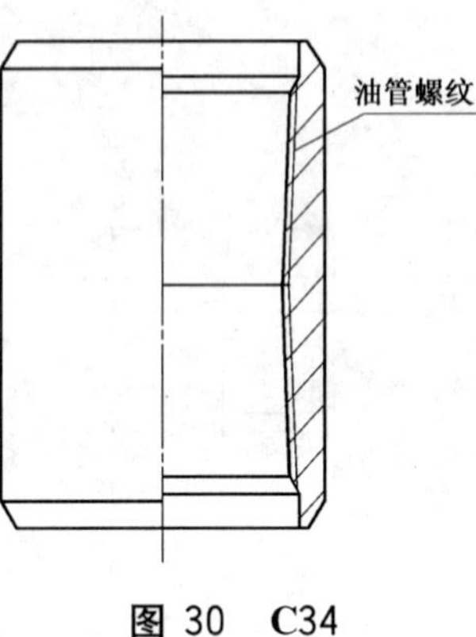

图 30 C34

表 33 C35 泵筒接箍(见图 31)

(1)	(2)	(3)	(4)	(5)
尺寸	件号			
符号	D35—20	C35—25	C35—30	C35—40
油管螺纹[a]	2⅜ UP TBG(2⅜—8 EU)	2⅞ UP TBG(2⅞—8 EU)	3½ UP TBG(3½—8 EU)	4½ UP TBG(4½—8 EU)
C32	56.845—11½ (2.238 0—11½)	69.545—11½ (2.738 0—11½)	82.245—11½ (3.238 0—11½)	107.645—11½ (4.238 0—11½)
ID±0.79(±0.031)	46.81(1.843)	59.51(2.343)	72.21(2.843)	97.61(3.843)
OD±1.57(±0.062)	76.2(3)	92.1(3⅝)	114.3(4½)	141.30(5 9/16)
PL±25.40(±1.000)	127.00(5.000)	133.35(5.250)	139.70(5.500)	165.10(6.500)

注 1：所有尺寸用毫米表示，括号内为相应的英寸。

注 2：油管螺纹用我国表示法，括号内为英制表示法。

[a] 油管螺纹参照 GB/T 9253.2。

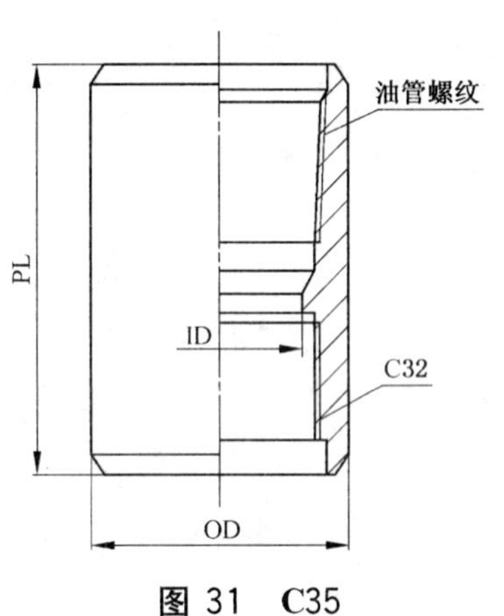

图 31 C35

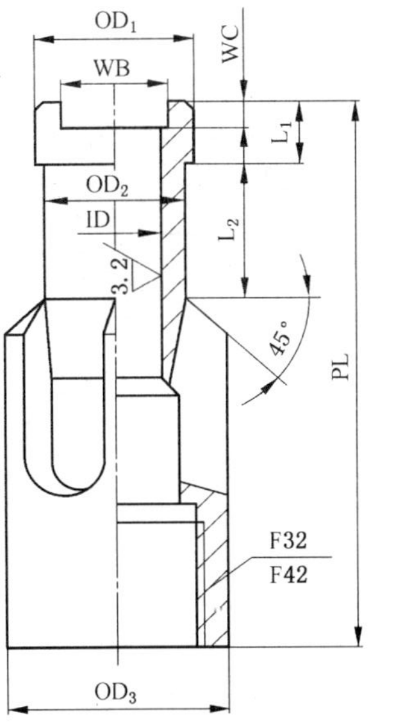

图 32 G11

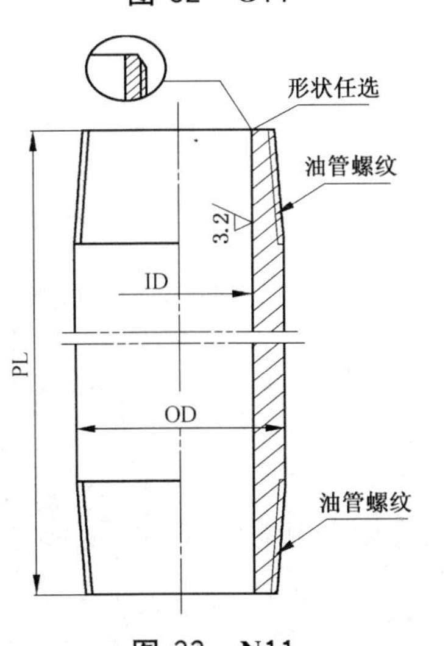

图 33 N11

表 34 G11 阀杆导向套(见图 32)

(1)	(2)	(3)	(4)	(5)
尺寸	件号			
符号	G11—15	G11—20	G11—25	G11—30
F32,F42	31.750—14	37.348—14	45.781—14	53.581—11½
	(1.250 0—14)	(1.470 4—14)	(1.802 4—14)	(2.109 5—11½)
ID±1.57(±0.062)	19.46(0.766)	19.46(0.766)	24.21(0.953)	28.98(1.141)
L_1±0.79(±0.031)	19.1(¾)	19.1(¾)	19.1(¾)	19.1(¾)
$L_2{}^{+1.57}_{0}$($^{+0.062}_{0}$)	54.0(2⅛)	54.0(2⅛)	60.3(2⅜)	63.5(2½)
OD_1±0.13(±0.005)	31.75(1.250)	38.10(1.500)	41.28(1.625)	41.28(1.625)
$OD_2{}^{0}_{-0.79}$($^{0}_{-0.031}$)	28.6(1⅛)	34.9(1⅜)	38.1(1½)	38.1(1½)
OD_3±0.79(±0.031)	38.10(1.500)	44.45(1.750)	57.15(2.250)	69.85(2.750)
$WB^{+1.57}_{0}$($^{+0.062}_{0}$)	15.88(0.625)	20.62(0.812)	25.40(1.000)	25.40(1.000)
$WC^{+1.57}_{0}$($^{+0.062}_{0}$)	6.35(0.250)	6.35(0.250)	6.35(0.250)	6.35(0.250)
PL±0.79(±0.031)	139.7(5½)	139.7(5½)	152.4(6)	158.8(6¼)

注:所有尺寸用毫米表示,括号内为相应的英寸。

表 35 N11 皮碗支承接头(杆式泵)(见图 33)

(1)	(2)	(3)	(4)	(5)
尺寸	件号			
符号	N11—15	N11—20	N11—25	N11—30
油管螺纹[a]	1.900 UP TBG[b]	2⅜ UP TBG	2⅞ UP TBG	3½ UP TBG
	(1.900—10 IJ)	(2⅜—8 EU)	(2⅞—8 EU)	(3½—8 EU)
$ID^{+0.25}_{0}$($^{+0.010}_{0}$)	37.08(1.460)	45.21(1.780)	57.91(2.280)	70.61(2.780)
PL min	152.4(6)	152.4(6)	152.4(6)	152.4(6)
$OD^{+1.57}_{-0.38}$($^{+0.062}_{-0.015}$)	53.19(2.094)	65.89(2.594)	78.59(3.094)	95.25(3.750)

注 1:所有尺寸用毫米表示,括号内为相应的英寸。

注 2:油管螺纹用我国表示法,括号内为英制表示法。

a 油管细纹参照 GB/T 9253.2。

b 上部连接可以为 1.900 UP TBG (1.900—10 IJ) 内螺纹,这样就无需用 C34—15 接箍。

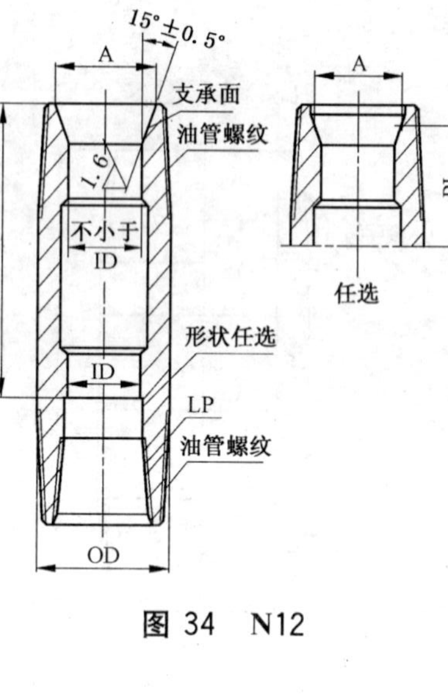

图 34 N12

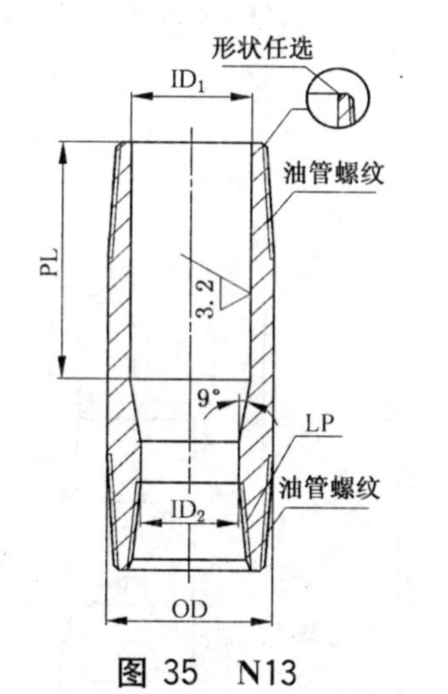

图 35 N13

表 36 N12 机械底部锁紧支承接头(见图 34)

(1)	(2)	(3)	(4)	(5)	(6)
尺寸	件号				
符号	N12—15	N12—20	N12—25	N12—30	N12—40
油管螺纹[a]	1.900 UP TBG[c] (1.900—10 IJ)	2⅜ UP TBG (2⅜—8 EU)	2⅞ UP TBG (2⅞—8 EU)	3½ UP TBG (3½—8 EU)	4½ UP TBG (4½—8 EU)
A±0.13(±0.005)	37.47(1.475)	42.88(1.688)	55.58(2.188)	68.28(2.688)	93.68(3.688)
ID±0.13(±0.005)	28.58(1.125)	34.93(1.375)	44.45(1.750)	57.15(2.250)	76.20(3.000)
$PL_{-0.41}^{0}(_{-0.016}^{0})$	92.86(3.656)	110.54(4.352)	129.59(5.102)	156.57(6.164)	157.18(6.188)
LP nom[b]	25.4(1)	38.1(1½)	50.8(2)	63.5(2½)	76.2(3)
$OD_{-0.38}^{+1.57}(_{-0.015}^{+0.062})$	53.19(2.094)	65.89(2.594)	78.59(3.094)	95.25(3.750)	120.65(4.750)

注 1：所有尺寸用毫米表示，括号内为相应的英寸。
注 2：油管螺纹用我国表示法，括号内为英制表示法。
[a] 油管螺纹参照 GB/T 9253.2。
[b] 管线管螺纹参照 GB/T 9253.2。
[c] 上部连接可以为 1.900 UP TBG (1.900—10 IJ)内螺纹，这样就无需用 C34—15 接箍。
nom——标称尺寸。

表 37 N13 双皮碗支承接头(管式泵)(见图 35)

(1)	(2)	(3)	(4)
尺寸	件号		
符号	N13—20	N13—25	N13—30
油管螺纹[a]	2⅜ UP TBG (2⅜—8 EU)	2⅞ UP TBG (2⅞—8 EU)	3½ UP TBG (3½—8 EU)
$ID_1{}_{0}^{+0.25}(_{0}^{+0.01})$	43.43(1.710)	56.13(2.210)	68.83(2.710)
$ID_2{}_{0}^{+1.02}(_{0}^{+0.04})$	34.82(1.371)	46.53(1.832)	54.76(2.156)
PL±9.5(±3/8)	133.4(5¼)	146.1(5¾)	152.4(6)
$OD_{-0.38}^{+1.57}(_{-0.015}^{+0.062})$	65.89(2.594)	78.59(3.094)	95.25(3.750)
LP nom[b]	38.1(1½)	50.8(2)	50.8(2)

注 1：所有尺寸用毫米表示，括号内为相应的英寸。
注 2：油管螺纹用我国表示法，括号内为英制表示法。
[a] 油管螺纹参照 GB/T 9253.2。
[b] 管线管螺纹参照 GB/T 9253.2。
nom——标称尺寸。

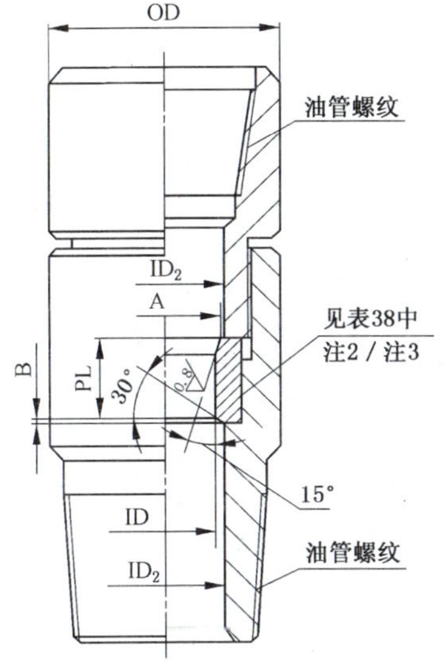

图 36 N14

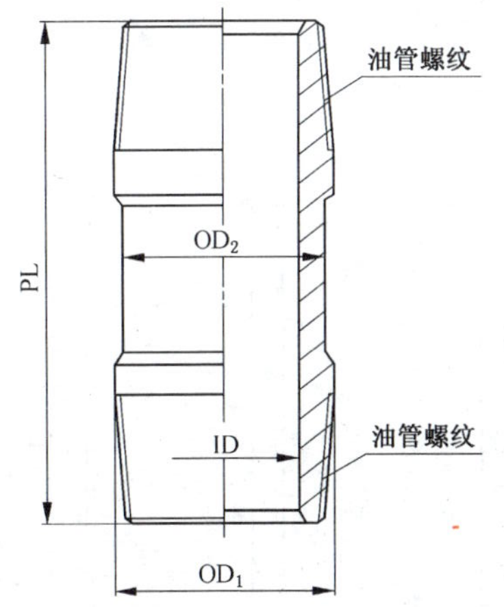

表 38 N14 机械顶部锁紧支承接头（见图 36）

(1)	(2)	(3)	(4)
尺寸 符号	件号 N14—20	N14—25	N14—30
油管螺纹[a]	2⅜ UP TBG (2⅜—8 EU)	2⅞ UP TBG (2⅞—8 EU)	3½ UP TBG (3½—8 EU)
A±0.05(±0.002)	47.63(1.875)	59.54(2.344)	72.24(2.844)
B±0.13(±0.005)	0.76(0.030)	0.76(0.030)	0.76(0.030)
$ID^{+0.25}_{0}$ $(^{+0.01}_{0})$	45.21(1.780)	57.91(2.280)	70.61(2.780)
ID_2 $^{+4.19}_{0}$ $(^{+0.165}_{0})$	48.29(1.902)	59.69(2.350)	72.82(2.867)
$PL^{0}_{-0.13}$ $(^{0}_{-0.005})$	24.71(0.973)	23.32(0.918)	23.32(0.918)
OD±1.57(±0.062)	76.2(3)	92.1(3⅝)	114.3(4½)

注 1：所有尺寸用毫米表示，括号内为相应的英寸。

注 2：油管螺纹用我国表示法，括号内为英制表示法。

注 3：心部硬度范围为 HRC40-58。

注 4：这三个零件在制造厂商之间不能互换，注意为了保证合适的安装应该安装一个支撑密封圈。

a 油管螺纹参照 GB/T 9253.2。

图 37 N21

表 39 N21 上部加长短节（见图 37）

(1)	(2)	(3)	(4)	(5)
尺寸 符号	件号 N21—20	N21—25	N21—30	N21—40
油管螺纹[a]	2⅜ UP TBG (2⅜—8 EU)	2⅞ UP TBG (2⅞—8 EU)	3½ UP TBG (3½—8 EU)	4½ UP TBG (4½—8 EU)
$ID^{+4.19}_{0}$ $(^{+0.165}_{0})$	48.31(1.902)	59.69(2.350)	72.82(2.867)	97.41(3.835)
OD_1 $^{+1.57}_{-0.38}$ $(^{+0.062}_{-0.015})$	65.89(2.594)	78.59(3.094)	95.25(3.750)	120.65(4.750)
OD_2±0.79(±0.031)	60.3(2⅜)	73.0(2⅞)	88.9(3½)	114.30(4.500)
PL±12.70(±0.500)	609.6,914.4 (24,36)	609.6,914.4 (24,36)	609.6,914.4 (24,36)	609.6,914.4 (24,36)

注 1：所有尺寸用毫米表示，括号内为相应的英寸。

注 2：油管螺纹用我国表示法，括号内为英制表示法。

a 油管螺纹参照 GB/T 9253.2。

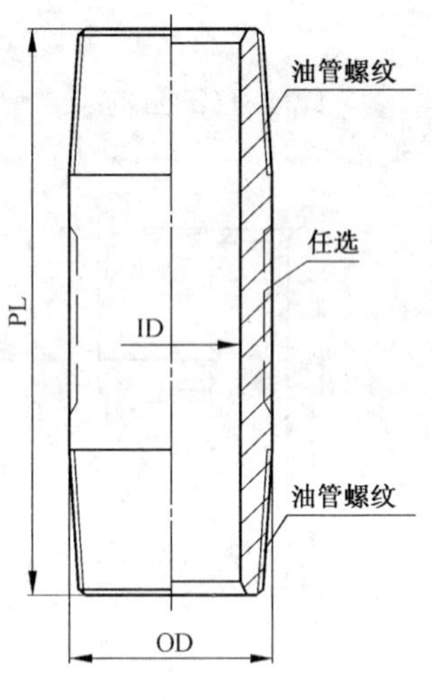

图 38 N22

表 40 N22 下部加长短节(见图 38)

(1)	(2)	(3)	(4)	(5)
尺寸	件号			
符号	N22—20	N22—25	N22—30	N22—40
油管螺纹[a]	2⅜ UP TBG (2⅜—8 EU)	2⅞ UP TBG (2⅞—8 EU)	3½ UP TBG (3½—8 EU)	4½ UP TBG (4½—8 EU)
$ID^{+4.19}_{0}(^{+0.165}_{0})$	48.31(1.902)	59.69(2.350)	72.82(2.867)	97.41(3.835)
$OD^{+1.57}_{-0.38}(^{+0.062}_{-0.015})$	65.89(2.594)	78.59(3.094)	95.25(3.750)	120.65(4.750)
PL±12.7(±0.500)	609.6,914.4 (24,36)	609.6,914.4 (24,36)	609.6,914.4 (24,36)	609.6,914.4 (24,36)

注 1：所有尺寸用毫米表示，括号内为相应的英寸。

注 2：油管螺纹用我国表示法，括号内为英制表示法。

[a] 油管螺纹参照 GB/T 9253.2。

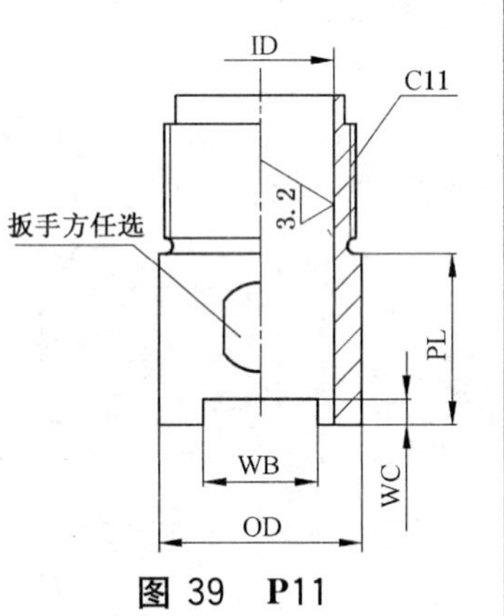

图 39 P11

表 41 P11 泵管管塞(见图 39)

(1)	(2)	(3)	(4)	(5)	(6)	(7)	(8)
尺寸	件号						
符号	P11—125—15	P11—125	P11—150—20	P11—150—25	P11—175	P11—200	P11—225[a]
C11	33.858—16 (1.333 0—16)	39.954—16 (1.573 0—16)	39.954—16 (1.573 0—16)	53.010—16 (2.087 0—16)	53.010—16 (2.087 0—16)	53.010—16 (2.087 0—16)	65.354—16 (2.573—16)
$ID^{+0.79}_{0}(^{+0.031}_{0})$	25.40(1.000)	25.40(1.000)	30.18(1.188)	30.18(1.188)	34.93(1.375)	39.67(1.562)	49.20(1.937)
OD±0.79(±0.031)	38.1(1½)	44.45(1¾)	44.45(1¾)	57.15(2¼)	57.15(2¼)	57.15(2¼)	69.85(2¾)
PL±0.79(±0.031)	34.9(1⅜)	34.9(1⅜)	34.9(1⅜)	34.9(1⅜)	34.9(1⅜)	34.9(1⅜)	34.9(1⅜)
$WB^{+1.57}_{0}(^{+0.062}_{0})$	20.62(0.812)	20.62(0.812)	20.62(0.812)	25.40(1.000)	25.40(1.000)	25.40(1.000)	25.40(1.000)
$WC^{+0.79}_{0}(^{+0.031}_{0})$	6.35(0.250)	6.35(0.250)	6.35(0.250)	6.35(0.250)	6.35(0.250)	6.35(0.250)	6.35(0.250)

注：所有尺寸用毫米表示，括号内为相应的英寸。

[a] 用于泵径 57.2 mm(2¼ in)和 63.5 mm(2½ in)。

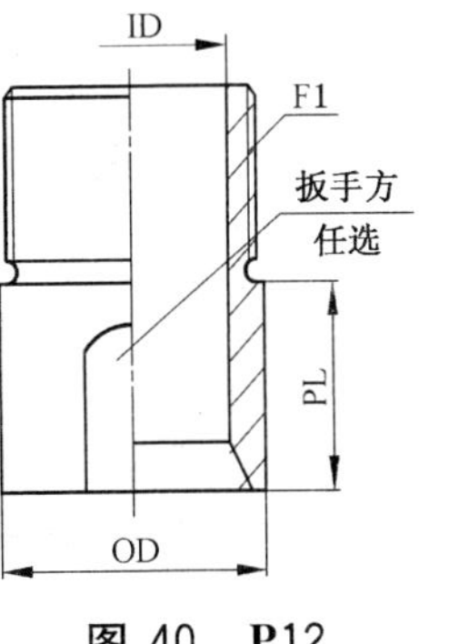

图 40　P12

表 42　P12 阀座管塞(见图 40)

(1)	(2)	(3)	(4)	(5)	(6)	(7)	(8)
尺寸	件号						
符号	P12—106	P12—125	P12—150	P12—175	P12—200	P12—225	P12—250
F1	22.225—14	25.400—14	31.750—14	37.348—14	39.634—14	45.781—14	53.581—$11\frac{1}{2}$
	(0.875—14)	(1.000—14)	(1.250—14)	(1.470 4—14)	(1.560 4—14)	(1.802 4—14)	(2.109 5—$11\frac{1}{2}$)
OD±0.79(±0.031)	25.40(1)	30.16($1\frac{3}{16}$)	36.51($1\frac{7}{16}$)	42.86($1\frac{11}{16}$)	49.21($1\frac{15}{16}$)	55.56($2\frac{3}{16}$)	61.91($2\frac{7}{16}$)
ID±1.57(±0.062)	14.27	15.88	22.23	25.40	$25.40^{+2.36}_{-1.57}$	$31.75^{+2.36}_{-1.57}$	1.500
	(0.562)	(0.625)	(0.875)	(1.000)	($1.000^{+0.093}_{-0.062}$)	($1.250^{+0.093}_{-0.062}$)	(38.10)
PL±0.79(±0.031)	25.40(1)	25.40(1)	25.40(1)	25.40(1)	25.40(1)	25.40(1)	25.40(1)
注：所有尺寸用毫米表示，括号内为相应的英寸。							

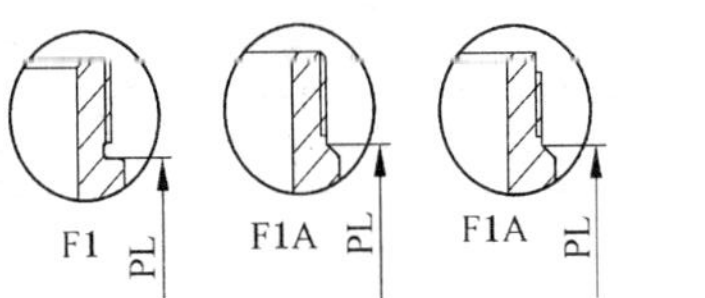

表 43　P21 外螺纹整体式柱塞(见图 41)

(1)	(2)	(3)	(4)	(5)	(6)	(7)	(8)	(9)	(10)
尺寸	件号								
符号	P21—106	P21—125	P21—150	P21—175	P21—200	P21—225	P21—250	P21—275	P21—375
F1	22.22—14	25.400—14	31.750—14	37.348—14	39.634—14	45.781—14	53.581—$11\frac{1}{2}$	53.581—$11\frac{1}{2}$	80.556—$11\frac{1}{2}$
	(0.875 0—14)	(1.000—14)	(1.250 0—14)	(1.470 4—14)	(1.560 4—14)	(1.802 4—14)	(2.109 5—$11\frac{1}{2}$)	(2.109 5—$11\frac{1}{2}$)	(3.171 5—$11\frac{1}{2}$)
OD[a]	26.99	31.75	38.10	44.45	50.80	57.15	63.50	69.85	95.25
	(1.062 5)	(1.250 0)	(1.500 0)	(1.750 0)	(2.000)	(2.250 0)	(2.500 0)	(2.750 0)	(3.750 0)
SL	规定密封长度，按整英尺数增加，最短为 0.610 m(2 ft)。								
PL	密封长度加 76.2 mm(3 in)。								
OA	PL 加两倍的 F_1 螺纹长度。								

注 1：所有尺寸用毫米表示，括号内为相应的英寸。

注 2：在密封长度上测量柱塞直线度为每英尺打表总读数不大于 0.03 mm(0.001 in)，在 2.134 m(7 ft)或更长的柱塞上测量直线度打表总读数最大值为 0.18 mm(0.007 in)。

[a] 外径应为基本尺寸减去规定的配合间隙，其公差为+0.000/−0.013(+0.000/−0.000 5)。

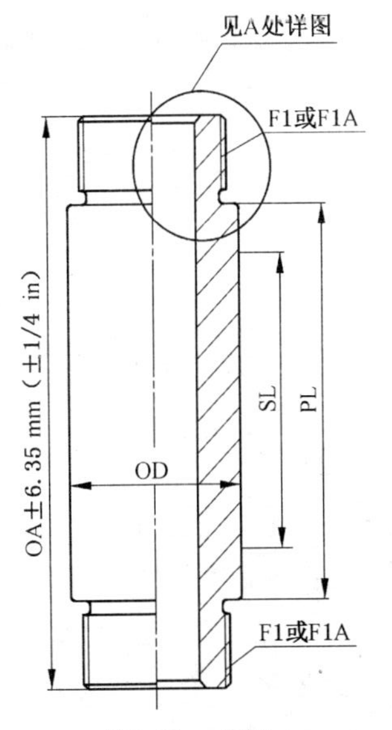

图 41　P21

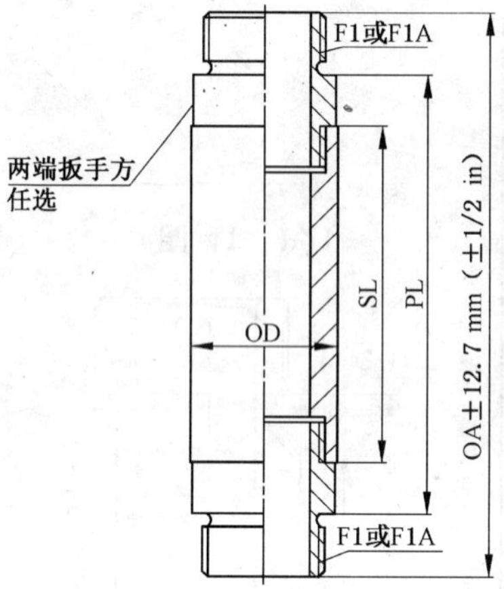

图 42 P22

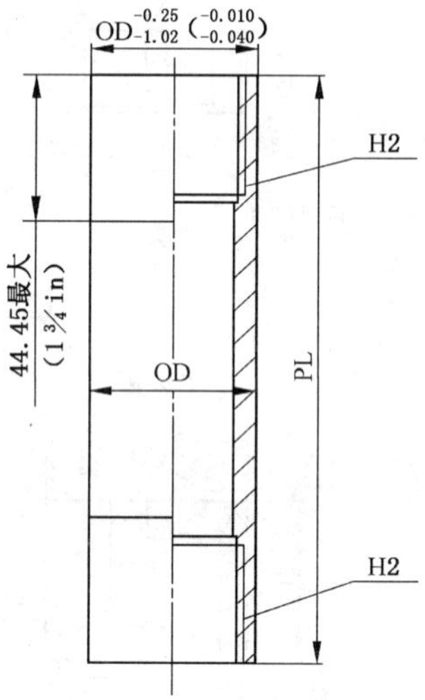

图 43 P23

表 44 P22 组合式柱塞(见图 42)

(1)	(2)	(3)	(4)	(5)	(6)	(7)	(8)
尺寸	件号						
符号	P22—125	P22—150	P22—175	P22—200	P22—225	P22—250	P22—275
F1	25.400—14 (1.000—14)	31.750—14 (1.250 0—14)	37.348—14 (1.470 4—14)	39.634—14 (1.560 4—14)	45.781—14 (1.802 4—14)	53.581—11½ (2.109 5—11½)	53.581—11½ (2.109 5—11½)
OD[a]	31.75(1.250 0)	38.10(1.500 0)	44.45(1.750 0)	50.80(2.000)	57.15(2.250 0)	63.50(2.500 0)	69.85(2.750 0)
SL	规定密封长度,按整英尺数增加,最短为 0.610 m(2 ft)。						
PL	密封长度加 76.2 mm(3 in)。						
OA	PL 加两倍的 F1 螺纹长度。						

注 1：所有尺寸用毫米表示,括号内为相应的英寸。

注 2：柱塞组装结构由制造者自定,但必须是金属制品,并能与整体式柱塞同样使用。

注 3：在密封长度上测量柱塞直线度为每英尺打表总读数不大于 0.03 mm(0.001 in),在 2.134 m(7 ft)或更长的柱塞上测量直线度打表总读数最大值为 0.18 mm(0.007 in)。

[a] 外径应为基本尺寸减去规定的配合间隙,其公差为+0.000/−0.013(+0.000 0/−0.000 5)。

表 45 P23 内螺纹柱塞(管式泵)(见图 43)

(1)	(2)	(3)	(4)	(5)
尺寸	件号			
符号	P23—175	P23—225	P23—275	P23—375
H2	38.313—14(1.508 4—14)	50.455—14(1.986 4—14)	60.338—11½(2.375 5—11½)	85.916—11½(3.382 5—11½)
OD[a]	44.45(1.750 0)	57.15(2.250 0)	69.85(2.750 0)	95.25(3.750 0)
PL	规定标称长度,以米(整英尺)计			

注 1：所有尺寸用毫米表示,括号内为相应的英寸。

注 2：在密封长度上测量柱塞直线度为每英尺打表总读数不大于 0.03 mm(0.001 in),在 2.137 m(7 ft)或更长的柱塞上测量直线度打表总读数最大值为 0.18 mm(0.007 in)。

注 3：圆间隙具有可选性,即使用必须依据表中所示尺寸。

[a] 外径应为基本尺寸,或基本尺寸减 1.02 mm(0.040 in)数值减规定的配合间隙,其公差为+0.000/−0.013(+0.000 0/−0.000 5)。

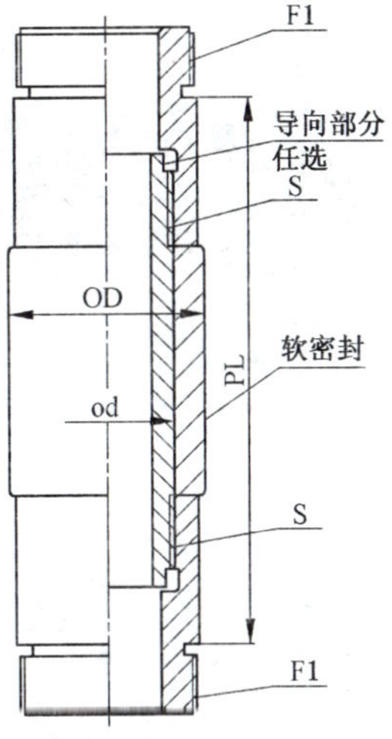

图 44　P24

表 46　P24 软密封柱塞(见图 44)

(1)	(2)	(3)	(4)	(5)	(6)	(7)	(8)
尺寸	件号						
符号	P24—125	P24—150	P24—178	P24—200	P24—225	P24—250	P24—275
F1	25.400—14 (1.000—14)	31.750—14 (1.250 0—14)	37.348—14 (1.470 4—14)	39.634—14 (1.560 4—14)	45.781—14 (1.802 4—14)	53.581—11½ (2.109 5—11½)	53.581—11½ (2.109 5—11½)
OD nom	31.8(1¼)	38.1(1½)	45.2(1$^{25}/_{32}$)	50.8(2)	57.2(2¼)	63.5(2½)	69.9(2¾)
S[a]	19.050—16 (0.750 0—16)	22.225—14 (0.875 0—14)	30.211—14 (1.189 4—14)	34.925—14 (1.375 0—14)	39.634—14 (1.560 4—14)	44.450—14 (1.750 0—14)	50.889—11½ (2.003 5—11½)
od$_{-0.13}^{\ 0}$($_{-0.005}^{\ 0}$)	19.05(0.750)	22.23(0.875)	30.15(1.187)	34.93(1.375)	39.67(1.562)	44.45(1.750)	50.80(2.000)
PL	规定标称柱塞长度按米(英尺)计,圆整到小数点后一位。 实际间距长度(PL)应为标称长度加 76.2 mm(3 in)。						

	实际间距长度			
标称长度(NL)	0.610(2)	0.914(3)	1.219(4)	等
间距长度(PL)	685.8(27)	990.6(39)	1 295.4(51)	等

注 1：所有尺寸用毫米表示,括号内为相应的英寸。

注 2：软密封柱塞密封的结构和设计还没有标准化。根据制造商的样本确定密封件的尺寸,形式及数量。

[a] 螺纹尺寸参照表 85。

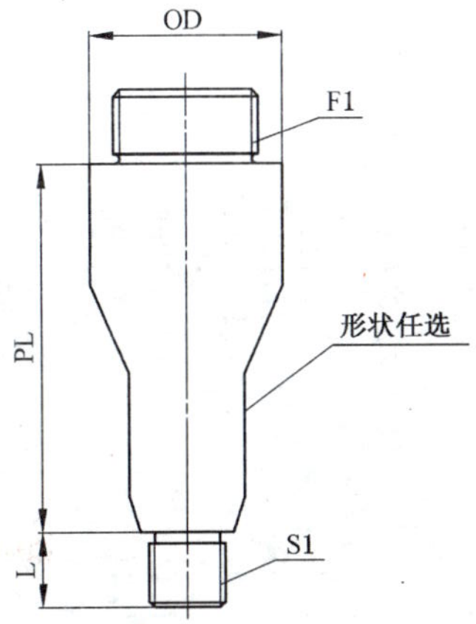

图 45　P31

表 47　P31 固定阀拔出器(见图 45)

(1)	(2)	(3)	(4)	(5)
尺寸	件号			
符号	P31—175	P31—225	P31—275	P31—375
F1	37.348—14 (1.470 4—14)	45.781—14 (1.802 4—14)	53.581—11½ (2.109 5—11½)	80.556—11½ (3.171 5—11½)
S1[a]	19.050—10 (0.750—10)	19.050—10 (0.750—10)	19.050—10 (0.750—10)	19.050—10 (0.750—10)
PL±50.80(±2.000)	139.70(5.500)	152.40(6.000)	177.80(7.000)	228.60(9.000)
L max/min	23.83/15.88 (0.938/0.625)	23.83/15.88 (0.938/0.625)	23.83/15.88 (0.938/0.625)	23.83/15.88 (0.938/0.625)
OD±0.79(±0.031)	42.88(1.688)	55.58(2.188)	66.68(2.625)	92.71(3.65) +0.79/−7.92 (+0.031/−0.312)

注：所有尺寸用毫米表示,括号内为相应的英寸。

[a] 螺纹尺寸参照表 85。

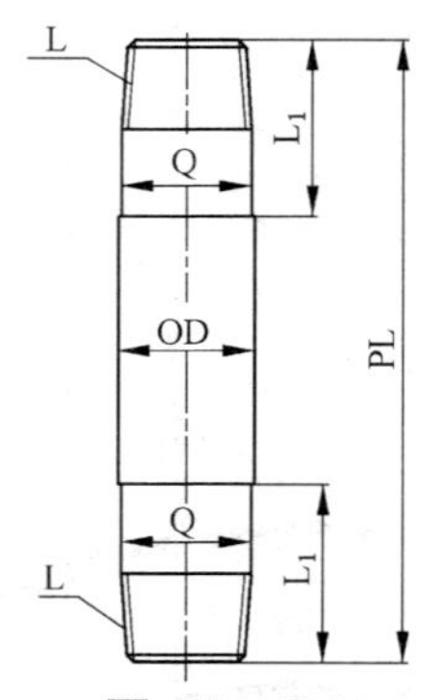

图 46 R11

表 48 R11 阀杆(见图 46)

(1)	(2)	(3)	(4)
尺寸符号	件号		
	R11—20	R11—25	R11—30
L nom[a]	9.5(3/8)	12.7(1/2)	19.1(3/4)
L_1 $^{+38.1}_{-1.57}$ ($^{+1.500}_{-0.062}$)	44.5(1 3/4)	50.8(2)	50.8(2)
Q$^{0}_{-0.13}$ ($^{0}_{-0.005}$)	17.48(0.688)	22.23(0.875)	27.00(1.063)
OD$^{0}_{-0.13}$ ($^{0}_{-0.005}$)	17.5(11/16)	22.2(7/8)	27.0(1 1/16)
PL±3.18(±0.125)	规定长度(PL)/m(in),见表 49		
注:所有尺寸用毫米表示,括号内为相应的英寸。 [a] 管线管螺纹细节参照表 82。			

表 49 阀杆长度(PL)

(1)	(2)	(3)	(4)	(5)
标称泵筒长度[a]减标称柱塞长度 m(ft)	用在外径为 48.3 mm(1.900 in),60.3 mm(2 3/8 in)和 73.0 mm(2 7/8 in)油管内工作的泵件		用在外径为 88.9 mm (3 1/2 in)油管内工作的泵件	
	顶部固定 m(in)	底部固定 m(in)	顶部固定 m(in)	底部固定 m(in)
0.305(1)	0.330(13)	0.178(7)	0.305(12)	0.152(6)
0.610(2)	0.635(25)	0.483(19)	0.610(24)	0.457(18)
0.914(3)	0.940(37)	0.787(31)	0.914(36)	0.762(30)
1.219(4)	1.245(49)	1.092(43)	1.219(48)	1.067(42)
1.524(5)	1.549(61)	1.397(55)	1.524(60)	1.372(54)
1.829(6)	1.854(73)	1.702(67)	1.829(72)	1.676(66)
2.134(7)	2.159(85)	2.007(79)	2.134(84)	1.981(78)
2.438(8)	2.464(97)	2.311(91)	2.438(96)	2.286(90)
2.743(9)	2.769(109)	2.616(103)	2.743(108)	2.591(102)
3.048(10)	3.073(121)	2.921(115)	3.048(120)	2.896(114)
3.353(11)	3.378(133)	3.226(127)	3.353(132)	3.200(126)
3.658(12)	3.683(145)	3.531(139)	3.658(144)	3.505(138)
3.962(13)	3.988(157)	3.835(151)	3.962(156)	3.810(150)
4.267(14)	4.293(169)	4.140(163)	4.267(168)	4.115(162)
4.572(15)	4.597(181)	4.445(175)	4.572(180)	4.420(174)
4.877(16)	4.902(193)	4.750(187)	4.877(192)	4.724(186)
5.182(17)	5.207(205)	5.055(199)	5.182(204)	5.029(198)
5.486(18)	5.512(217)	5.359(211)	5.486(216)	5.334(210)
5.791(19)	5.817(229)	5.664(223)	5.791(228)	5.639(222)
6.096(20)	6.121(241)	5.969(235)	6.096(240)	5.944(234)
6.401(21)	6.426(253)	6.274(247)	6.401(252)	6.248(246)
6.706(22)	6.731(265)	6.579(259)	6.706(264)	6.553(258)
7.010(23)	7.036(277)	6.883(271)	7.010(276)	6.858(270)
7.315(24)	7.341(289)	7.188(283)	7.315(288)	7.163(282)
7.620(25)	7.645(301)	7.493(295)	7.620(300)	7.468(294)

表 49（续）

(1)	(2)	(3)	(4)	(5)
标称泵筒长度减标称柱塞长度[a] m(ft)	用在外径为 48.3 mm(1.900 in)，60.3 mm(2⅜ in)和73.0 mm(2⅞ in)油管内工作的泵件		用在外径为 88.9 mm(3½ in)油管内工作的泵件	
	顶部固定 m(in)	底部固定 m(in)	顶部固定 m(in)	底部固定 m(in)
7.925(26)	7.950(313)	7.800(307)	7.925(312)	7.772(306)
8.230(27)	8.255(325)	8.103(319)	8.230(324)	8.077(318)
8.534(28)	8.560(337)	8.407(331)	8.534(336)	8.382(330)
8.839(29)	8.865(349)	8.712(343)	8.839(348)	8.687(342)
9.144(30)	9.169(361)	9.017(355)	9.144(360)	8.992(354)

[a] 包括在厚壁筒上的加长短节。

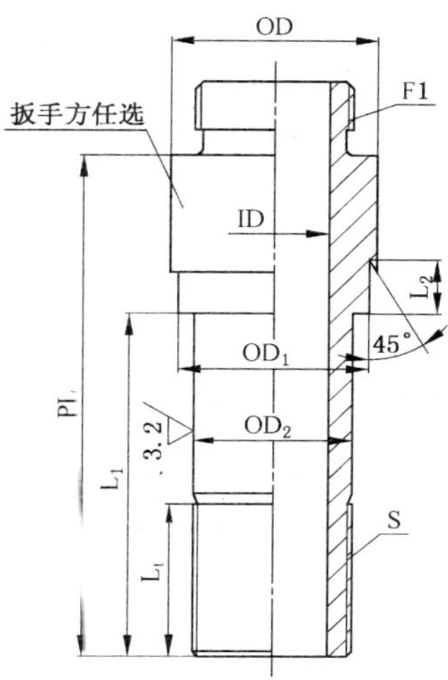

图 47 S11

表 50 S11 支承皮碗芯轴(HR 型)(杆式泵及组件)(见图 47)

(1)	(2)	(3)	(4)
尺寸符号	件号		
	S11—20	S11—25	S11—30
F1	37.348—14	45.781—14	53.581—11½
	(1.470 4—14)	(1.802 4—14)	(2.109 5—11½)
S	30.211—14	39.634—14	50.889—11½
	(1.189 4—14)	(1.560 4—14)	(2.003 5—11½)
PL±1.57(±0.062)	193.7(7⅝)	206.4(8⅛)	206.4(8⅛)
ID min	22.2(⅞)	30.2(1³⁄₁₆)	36.5(1⁷⁄₁₆)
OD max	48.29(1.901)	59.54(2.344)	72.24(2.844)
min	46.74(1.840)	59.18(2.330)	71.88(2.830)
OD_1 $^{0}_{-0.41}$ ($^{0}_{-0.016}$)	35.71(1.406)	46.84(1.844)	59.54(2.344)
OD_2 $^{0}_{-0.25}$ ($^{0}_{-0.010}$)	30.15(1.187)	39.67(1.562)	50.80(2.000)
L_1±1.57(±0.062)	111.1(4⅜)	123.8(4⅞)	127.0(5)
L_2 $^{+0.41}_{0}$ ($^{+0.016}_{0}$)	17.07(0.672)	17.86(0.703)	17.86(0.703)
L_t min	57.2(2¼)	60.3(2⅜)	60.3(2⅜)

注：所有尺寸用毫米表示，括号内为相应的英寸。

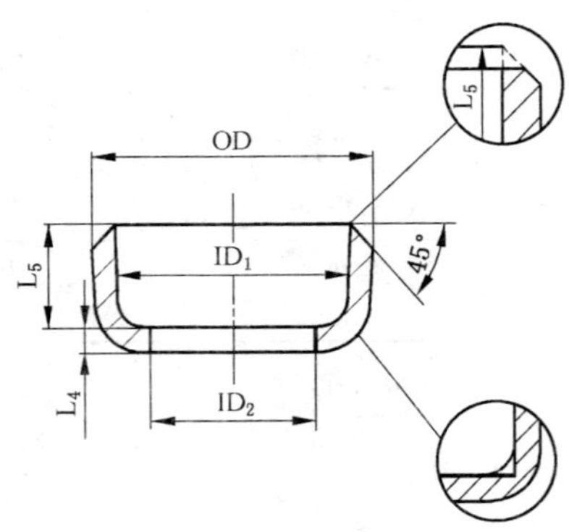

图 48　S12

表 51　S12 支承皮碗(HR 型)(杆式泵)(见图 48)

(1)	(2)	(3)	(4)
尺寸	件号		
符号	S12—20	S12—25	S12—30
$ID_1{}^{+0.41}_{0}(^{+0.016}_{0})$	35.84(1.411)	46.99(1.850)	59.69(2.350)
$ID_2{}^{+0.13}_{0}(^{+0.005}_{0})$	30.15(1.187)	39.67(1.562)	50.80(2.000)
OD±0.13(±0.005)	45.72(1.800)	58.67(2.310)	71.37(2.810)
行业代号	$1\frac{25}{32}$+30	$2\frac{1}{4}$+70	$2\frac{3}{4}$+70
$L_4{}^{+0.76}_{-0.38}(^{+0.030}_{-0.015})$	4.19(0.165)	4.70(0.185)	4.70(0.185)
$L_5{}^{0}_{-0.41}(^{0}_{-0.016})$	16.66(0.656)	17.48(0.688)	17.48(0.688)
注：所有尺寸用毫米表示，括号内为相应的英寸。			

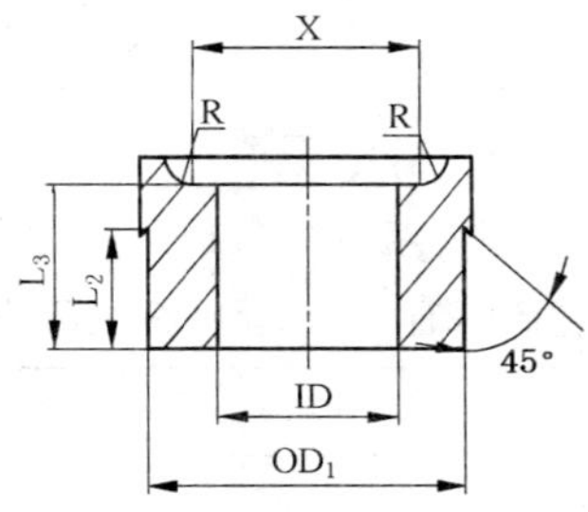

图 49　S13

表 52　S13 支承皮碗座圈(HR 型)(见图 49)

(1)	(2)	(3)	(4)
尺寸	件号		
符号	S13—20	S13—25	S13—30
$ID^{+0.15}_{0}(^{+0.006}_{0})$	30.28(1.192)	39.80(1.567)	50.93(2.005)
$OD_1{}^{0}_{-0.41}(^{0}_{-0.016})$	35.71(1.406)	46.84(1.844)	59.54(2.344)
$L_2{}^{+0.41}_{0}(^{+0.016}_{0})$	17.07(0.672)	17.86(0.703)	17.86(0.703)
$L_3{}^{+0.41}_{0}(^{+0.016}_{0})$	23.83(0.938)	28.17(1.109)	29.36(1.156)
R±0.25(±0.010)	6.35(0.250)	7.14(0.281)	7.14(0.281)
X±0.25(±0.010)	31.75(1.250)	42.88(1.688)	55.58(2.188)
注：所有尺寸用毫米表示，括号内为相应的英寸。			

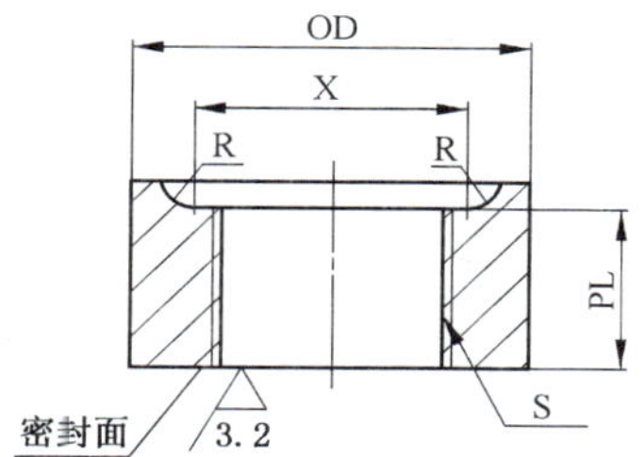

图 50 S14

表 53 S14 支承皮碗压帽(HR 型)(见图 50)

(1)	(2)	(3)	(4)
尺寸 符号	件号		
	S14—20	S14—25	S14—30
S	30.211—14 (1.189 4—14)	39.634—14 (1.560 4—14)	50.889—11½ (2.003 5—11½)
PL±0.79(±0.031)	25.4(1)	28.6(1⅛)	31.8(1¼)
R±0.25(±0.010)	6.35(0.250)	7.14(0.281)	7.14(0.281)
X±0.25(±0.010)	31.75(1.250)	42.88(1.688)	55.58(2.188)
OD+0.25/−0.79 (+0.010/−0.031)	42.87(1¹¹⁄₁₆)	55.57(2³⁄₁₆)	66.67(2⅝)
注:所有尺寸用毫米表示,括号内为相应的英寸。			

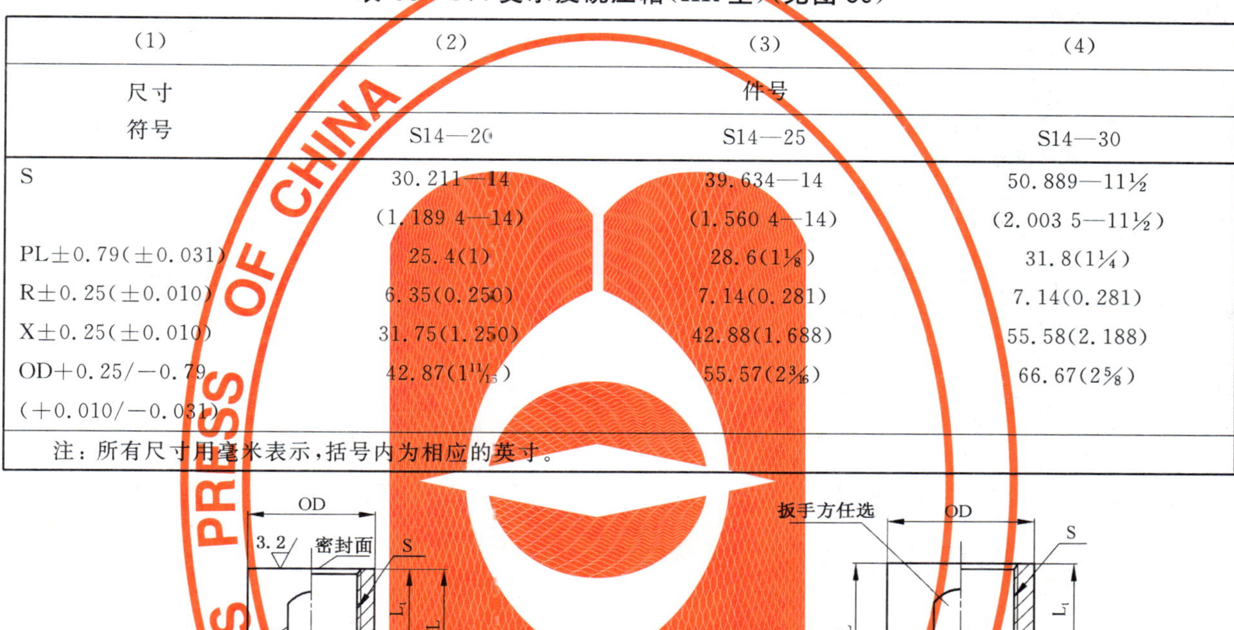

图 51 S15　　图 52 S16

表 54 S15 顶部固定支承皮碗异径接头(见图 51)

(1)	(2)	(3)	(4)	(5)
尺寸 符号	件号			
	S15—20—125	S15—20	S15—25	S15—30
C11	33.858—16 (1.333 0—16)	39.954—16 (1.573 0—16)	53.010—16 (2.087 0—16)	65.354—16 (2.573 0—16)
S	30.211—14 (1.189 4—14)	30.211—14 (1.189 4—14)	39.634—14 (1.560 4—14)	50.889—11½ (2.003 5—11½)
L_t min	28.6(1⅛)	28.6(1⅛)	31.8(1¼)	31.8(1¼)
ID±1.59(±¹⁄₁₆)	25.40(1)	25.40(1)	31.75(1¼)	38.10(1½)
OD±0.78(±¹⁄₃₂)	44.45(1¾)	44.45(1¾)	57.15(2¼)	69.85(2¾)
PL±0.79(±0.031)	47.6(1⅞)	47.6(1⅞)	50.8(2)	50.8(2)
注:所有尺寸用毫米表示,括号内为相应的英寸。				

表 55　S16 底部固定支承皮碗异径接箍(见图 52)

(1)	(2)	(3)	(4)	(5)
尺寸符号	件号			
	S16—15	S16—20	S16—25	S16—30
S	30.211—14 (1.189 4—14)	30.211—14 (1.189 4—14)	39.634—14 (1.560 4—14)	50.889—11½ (2.003 5—11½)
LP nom	19.05(¾)	1	1¼	1½
L_t min	28.6(1⅛)	28.6(1⅛)	31.8(1¼)	31.8(1¼)
OD+0.25/−0.79 (+0.010/−0.031)	36.52(1$\frac{7}{16}$)	42.87(1$\frac{11}{16}$)	55.57(2$\frac{3}{16}$)	66.67(2⅝)
PL±1.57(±0.062)	44.45(1¾)	55.6(2$\frac{3}{16}$)	57.2(2¼)	49.2(1$\frac{15}{16}$)
注 1：所有尺寸用毫米表示，括号内为相应的英寸。 注 2：管线管螺纹参照 GB/T 9253.2。 nom——标称尺寸。				

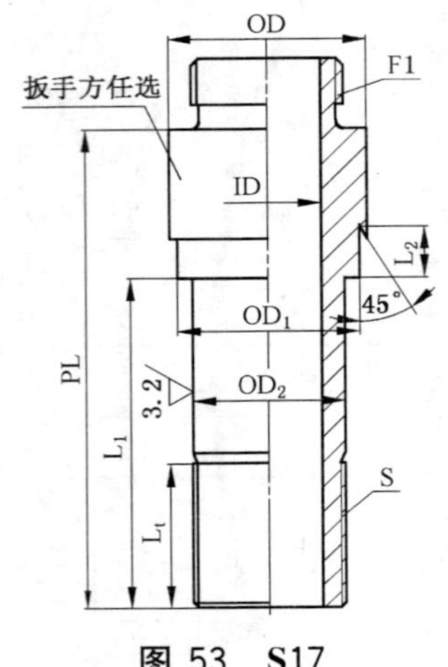

图 53　S17

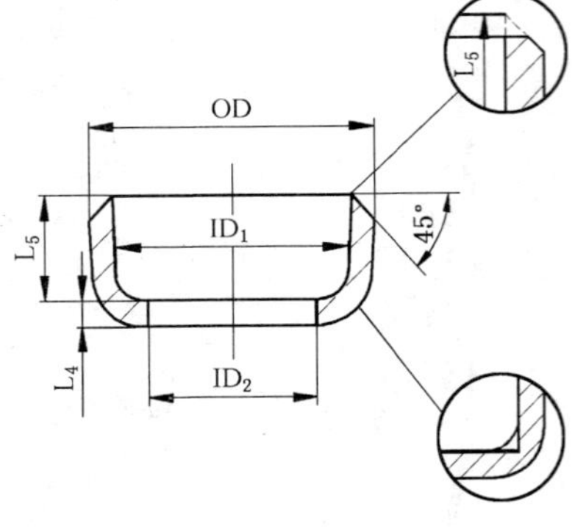

图 54　S18

表 56　S17 支承皮碗芯轴(HR 型)(管式泵)(见图 53)

(1)	(2)	(3)	(4)
尺寸符号	件号		
	S17—20	S17—25	S17—30
F1	37.348—14 (1.470 4—14)	45.781—14 (1.802 4—14)	53.581—11½ (2.109 5—11½)
S	30.211—14 (1.189 4—14)	39.634—14 (1.560 4—14)	50.889—11½ (2.003 5—11½)
PL±1.57(±0.062)	165.1(6½)	173.0(6$\frac{13}{16}$)	173.0(6$\frac{13}{16}$)
ID min	22.2(⅞)	30.2(1$\frac{3}{16}$)	36.5(1$\frac{7}{16}$)
OD max	42.9(1$\frac{11}{16}$)	55.6(2$\frac{3}{16}$)	68.3(2$\frac{11}{16}$)
$OD_1{}_{-0.41}^{\ 0}$ $({}_{-0.016}^{\ 0})$	35.71(1.406)	46.84(1.844)	59.54(2.344)
$OD_2{}_{-0.25}^{\ 0}$ $({}_{-0.010}^{\ 0})$	30.15(1.187)	39.67(1.562)	50.80(2.000)
L_1 ±0.79(±0.031)	84.1(3$\frac{5}{16}$)	88.9(3½)	92.1(3⅝)
$L_2{}_{0}^{+0.41}$ $({}_{0}^{+0.016})$	17.07(0.672)	17.86(0.703)	17.86(0.703)
L_t min	57.2(2¼)	60.3(2⅜)	60.3(2⅜)
注：所有尺寸用毫米表示，括号内为相应的英寸。			

表 57　S18 支承皮碗(HR 型)(管式泵)(见图 54)

(1)	(2)	(3)	(4)
尺寸 符号	件号		
	S18—20	S18—25	S18—30
$ID_1{}^{+0.41}_{0}(^{+0.016}_{0})$	35.84(1.411)	46.99(1.850)	59.69(2.350)
$ID_2{}^{+0.13}_{0}(^{+0.005}_{0})$	30.15(1.187)	39.67(1.562)	50.80(2.000)
$OD^{a}\pm0.13(\pm0.005)$	43.94(1.730)	56.64(2.230)	69.34(2.730)
$L_4{}^{+0.76}_{-0.38}(^{+0.030}_{-0.015})$	4.19(0.165)	4.70(0.185)	4.70(0.185)
$L_5{}^{0}_{-0.41}(^{0}_{-0.016})$	16.66(0.656)	17.48(0.688)	17.48(0.688)

注：所有尺寸用毫米表示，括号内为相应的英寸。

[a] 除另有规定，按本标准供给皮碗外径公差为＋0.76 mm(＋0.030 in)。

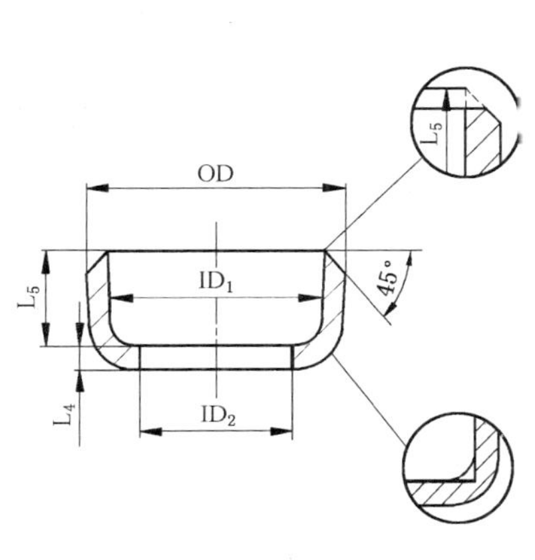

图 55　S19

图 56　S21

表 58　S19 支承皮碗(HR 型)(软密封管式泵)(见图 55)

(1)	(2)	(3)
尺寸 符号	件号	
	S19—25	S19—30
$ID_1{}^{+0.41}_{0}(^{+0.016}_{0})$	46.99(1.850)	59.69(2.350)
$ID_2{}^{+0.13}_{0}(^{+0.005}_{0})$	39.67(1.562)	50.80(2.000)
$OD^{a}\pm0.13(\pm0.005)$	57.66(2.270)	70.36(2.770)
$L_4{}^{+0.76}_{-0.38}(^{+0.030}_{-0.015})$	4.70(0.185)	4.70(0.185)
$L_5{}^{0}_{-0.41}(^{0}_{-0.016})$	17.48(0.688)	17.48(0.688)

注：所有尺寸用毫米表示，括号内为相应的英寸。

[a] 除另有规定，按本标准供给皮碗外径公差为＋0.76 mm(＋0.030 in)。

表 59　S21 机械顶部锁紧支承总成(见图 56)

(1)	(2)	(3)	(4)	(5)
尺寸符号	件号			
	S21—20—125	S21—20	S21—25	S21—30
C11	33.858—16	39.954—16	53.010—16	65.354—16
	(1.333 0—16)	(1.573 0—16)	(2.087 0—16)	(2.573 0—16)
F1	37.348—14	37.348—14	45.781—14	53.581—11½
	(1.470 4—14)	(1.470 4—14)	(1.802 4—14)	(2.109 5—11½)
$A_{-0.13}^{0}(_{-0.005}^{0})$	47.63(1.875)	47.63(1.875)	59.54(2.344)	72.24(2.844)
ID±1.59(±1/16)	25.40(1.000)	25.40(1.000)	31.75(1.250)	38.10(1.500)
$PL_{1}{}_{0}^{+0.51}(_{0}^{+0.020})$	23.65(0.931)	23.65(0.931)	22.53(0.887)	22.53(0.887)
PL±1.57(±0.062)	215.9(8½)	215.9(8½)	228.6(9)	228.6(9)
D±0.79(±0.031)	45.21(1.780)	45.21(1.780)	57.91(2.280)	70.61(2.780)
注：所有尺寸用毫米表示，括号内为相应的英寸。				

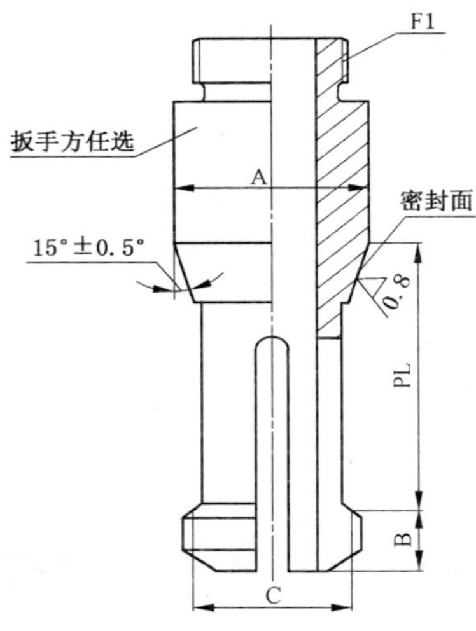

图 57　S22

表 60　S22 机械底部锁紧支承总成(见图 57)

(1)	(2)	(3)	(4)	(5)	(6)
尺寸符号	件号				
	S22—15	S22—20	S22—25	S22—30	S22—40
F1	31.750—14	37.348—14	45.781—14	53.581—11½	80.556—11½
	(1.250 0—14)	(1.470 4—14)	(1.802 4—14)	(2.109 5—11½)	(3.171 5—11½)
$A_{-0.25}^{0}(_{-0.010}^{0})$	37.47(1.475)	42.88(1.688)	55.58(2.188)	68.28(2.688)	92.86(3.656)
B±6.35(±0.250)	25.40(1.000)	25.40(1.000)	28.58(1.125)	31.75(1.250)	31.75(1.250)
$PL_{-0.41}^{0}(_{-0.016}^{0})$	92.86(3.656)	110.54(4.352)	129.59(5.102)	156.57(6.164)	157.18(6.188)
C±0.79(±0.031)	28.58(1.125)	34.93(1.375)	44.45(1.750)	57.15(2.250)	76.20(3.000)
注：所有尺寸用毫米表示，括号内为相应的英寸。					

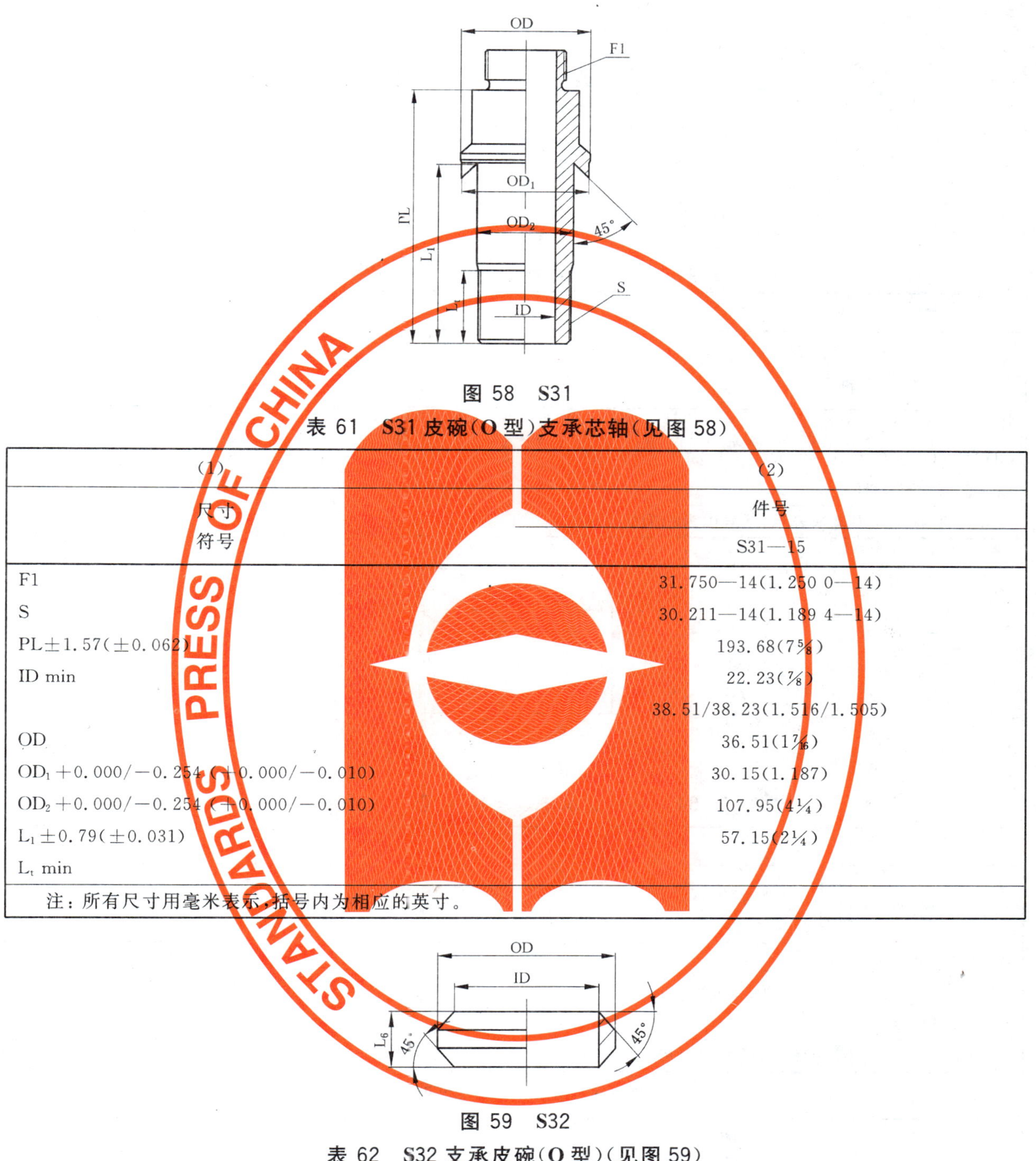

图 58　S31

表 61　S31 皮碗(O 型)支承芯轴(见图 58)

(1)	(2)
尺寸 符号	件号 S31—15
F1	31.750—14(1.250 0—14)
S	30.211—14(1.189 4—14)
PL±1.57(±0.062)	193.68(7⅝)
ID min	22.23(⅞)
	38.51/38.23(1.516/1.505)
OD	36.51(1 7/16)
OD_1 +0.000/−0.254(+0.000/−0.010)	30.15(1.187)
OD_2 +0.000/−0.254(+0.000/−0.010)	107.95(4¼)
L_1 ±0.79(±0.031)	57.15(2¼)
L_t min	
注：所有尺寸用毫米表示，括号内为相应的英寸。	

图 59　S32

表 62　S32 支承皮碗(O 型)(见图 59)

(1)	(2)
尺寸 符号	件号 S32—15
ID+0.254/0(+0.010/0)	30.18(1.188)
OD±0.13(±0.005)	37.85(1.490)
L_6 ±0.79(±0.031)	15.88(0.625)
注：所有尺寸用毫米表示，括号内为相应的英寸。	

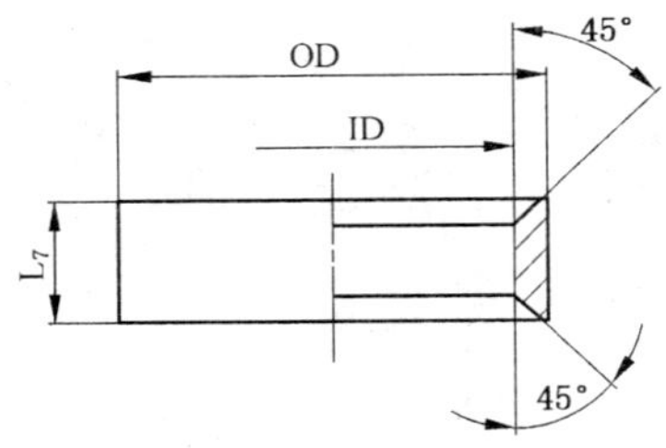

图 60　S33

表 63　S33 支承皮碗座圈(O 型)(见图 60)

(1)	(2)
尺寸 符号	件号 S33—15
ID±0.254(±0.010)	30.48(1.200)
OD+0.000/−0.254(+0.000/−0.010)	36.51(1 7/16)
L_7±0.79(±0.031)	9.53(3/8)
注：所有尺寸用毫米表示，括号内为相应的英寸。	

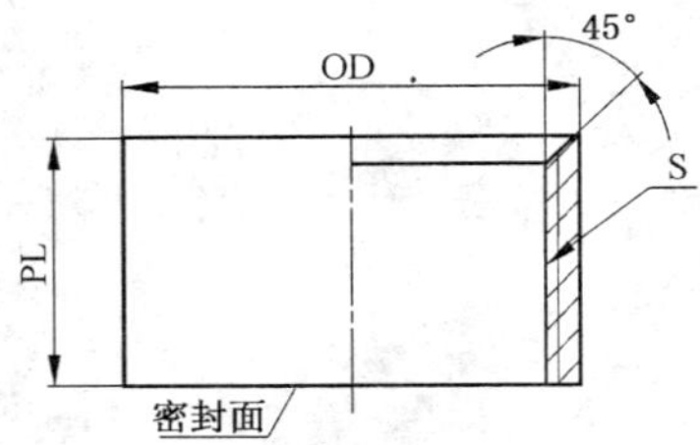

图 61　S34

表 64　S34 支承皮碗压帽(O 型)(见图 61)

(1)	(2)
尺寸 符号	件号 S31—15
S±0.254(±0.010)	30.211—14(1.189 4—14)
OD+0.000/−0.254(+0.000/−0.010)	36.51(1 7/16)
PL±0.79(±0.031)	25.4(1)
注：所有尺寸用毫米表示，括号内为相应的英寸。	

表 65　T11 拉管(见图 62)

(1)	(2)	(3)	(4)	(5)	(6)
尺寸 符号	件号				
	T11—125	T11—150	T11—175	T11—200	T11—225[a]
P1	23.813—16	28.575—16	33.338—16	38.100—16	47.625—16
OD+0.25/−0.23	(0.937 5—16)	(1.125 0—16)	(1.312 5—16)	(1.500 0—16)	(1.875 0—16)
(+0.010/−0.009)	23.8(15/16)	28.6(1 1/8)	33.3(1 5/16)	38.1(1 1/2)	47.6(1 7/8)
PL±3.18(±0.125)	规定长度(PL)作为实际长度，米(英尺)，参照表 66。				
注：所有尺寸用毫米表示，括号内为相应的英寸。 a 用于泵径 57.2 mm(2 1/4 in)和 63.5 mm(2 1/2 in)的泵。					

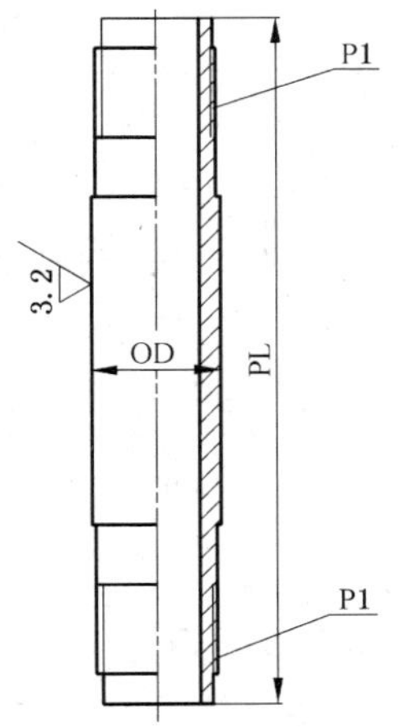

图 62　T11

表 66　拉管长度(PL)

(1)	(2)	(3)	(4)
标称泵筒长度[a]减去标称柱塞长度 m(ft)	实际长度		
	用于泵径为 31.8 mm (1¼ in)的泵 m(in)	用于泵径为 38.1 mm(1½ in)，44.5 mm(1¾ in)和 50.8 mm(2 in)的泵 m(in)	用于泵径为 57.2 mm(2¼ in)和 63.5 mm(2½ in)的泵 m(in)
0.305(1)	—	—	—
0.610(2)	0.381(15)	0.356(14)	0.305(12)
0.914(3)	0.686(27)	0.660(26)	0.610(24)
1.219(4)	0.991(39)	0.965(38)	0.914(36)
1.524(5)	1.295(51)	1.270(50)	1.219(48)
1.829(6)	1.600(63)	1.575(62)	1.524(60)
2.134(7)	1.905(75)	1.880(74)	1.829(72)
2.438(8)	2.210(87)	2.184(86)	2.134(84)
2.743(9)	2.515(99)	2.489(98)	2.438(96)
3.048(10)	2.819(111)	2.794(110)	2.743(108)
3.353(11)	3.124(123)	3.099(122)	3.048(120)
3.658(12)	3.429(135)	3.404(134)	3.353(132)
3.962(13)	3.734(147)	3.708(146)	3.658(144)
4.267(14)	4.039(159)	4.013(158)	3.962(156)
4.572(15)	4.343(171)	4.318(170)	4.267(168)
4.877(16)	4.648(183)	4.623(182)	4.572(180)
5.182(17)	4.953(195)	4.928(194)	4.877(192)
5.486(18)	5.258(207)	5.232(206)	5.182(204)
5.791(19)	5.563(219)	5.537(218)	5.486(216)
6.096(20)	5.867(231)	5.842(230)	5.791(228)
6.401(21)	6.172(243)	6.147(242)	6.096(240)
6.706(22)	6.477(255)	6.452(254)	6.401(252)
7.010(23)	6.782(267)	6.756(266)	6.706(264)
7.315(24)	7.087(279)	7.061(278)	7.010(276)
7.620(25)	7.391(291)	7.366(290)	7.315(288)
7.925(26)	7.696(303)	7.671(302)	7.620(300)
8.230(27)	8.001(315)	7.976(314)	7.925(312)
8.534(28)	8.306(327)	8.280(326)	8.230(324)
8.839(29)	8.611(339)	8.585(338)	8.534(336)
9.144(30)	8.915(351)	8.890(350)	8.839(348)

[a] 包括在厚壁筒上的加长短节。

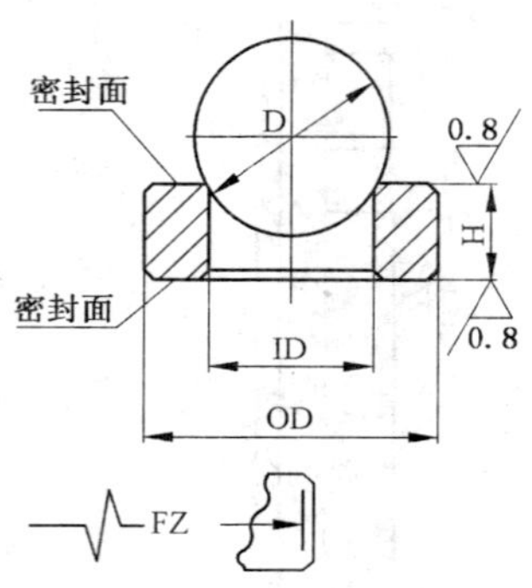

密封面结构和45°倒角或
圆角由制造厂任选。

图 63 V11

表 67 V11 阀球和阀座(见图 63)

(1)	(2)	(3)	(4)	(5)	(6)	(7)	(8)	(9)
尺寸	件号							
符号	V11—106	V11—125	V11—150	V11—175	V11—200	V11—225	V11—250	V11—375
D 见注 3	15.88(0.625)	19.05(0.750)	23.83(0.938)	28.58(1.125)	31.75(1.250)	34.93(1.375)	42.88(1.688)	57.15(2.250)
$H^{+0.51}_{-0.25}(^{+0.020}_{-0.010})$	12.70(0.500)	12.70(0.500)	12.70(0.500)	12.70(0.500)	12.70(0.500)	12.70(0.500)	12.70(0.500)	19.05(0.750)
$FZ^{0}_{-0.78}(^{0}_{-0.031})$	19.48(0.767)	22.66(0.892)	28.22(1.111)	33.81(1.331)	36.09(1.421)	41.43(1.631)	48.79(1.921)	74.93(2.950)
$OD^{0}_{-0.13}(^{0}_{-0.005})$	20.14(0.793)	23.32(0.918)	29.67(1.168)	35.26(1.388)	37.54(1.478)	43.69(1.720)	51.05(2.010)	78.03(3.072)
ID±1.27 (±0.05)	11.68(0.460)	13.97(0.550)	17.02(0.670)	20.96(0.825)	24.38(0.960)	26.92(1.060)	33.27(1.310)	43.18/47.75 (1.700/1.880)

注 1：所有尺寸用毫米表示，括号内为相应的英寸。

注 2：API 阀球和阀座，用在 F22 的内螺纹中。

注 3：对阀球的附加要求：圆度最大误差 0.003 mm(0.000 1 in)，表面粗糙度最大为 *Ra*0.13 μm(*Ra*5 μin)，阀球的外径公差：对于所有直径小于 2 in 的阀球的外径公差为±0.025 mm(0.001 in)，对于所有直径大于或等于 2 in 的阀球的外径公差为±0.050 mm(0.002 in)。

7 测量、试验和校验

7.1 设备

7.1.1 总则

制造厂商应按原设备生产厂的检测标准定期对测量、试验及检测本标准所包括的产品仪器进行确认、控制、检定，并进行必要的调整，以保证该仪器精度满足本标准的要求。

7.1.1.1 本标准范围之内的尺寸测量值应就近圆整(四舍五入)到规定的小数点进制。

7.1.1.2 定义：“100%检验”就是对一批次产品每一个零件进行检验。

7.1.2 检定

7.1.2.1 用于检定工作量规和测量仪器的计量标准器(如螺纹线规、量规)应由一认证代理机构，或与认证代理机构有隶属关系的机构每年至少进行一次检查，并得到认可。标准规应由一认证代理机构，或与认证代理机构有隶属关系的机构每两年至少进行一次检查批准。

7.1.2.2 工作量规(如螺纹量规)根据认证过的计量标准器，按规定程序每月至少应进行一次检定。

7.1.2.3 测量仪器(如千分尺)，根据认证过的计量标准器，按规定程序每 6 个月至少应进行一次检定。

7.1.2.4 按照规定的程序，试验仪器每年至少应进行一次检定。

7.1.2.5 压力表或传感器至少应精确到全量程范围的 3%，这些仪器应当用校对仪器或静重试验计在全量程范围的25%、50%、75%处,按规定的程序每年至少进行一次检定。

7.2 人员

进行目测检查的人员应按照GB/T 9445的规定每年检查一次视力。

7.3 检验和试验

7.3.1 零件

7.3.1.1 材料试验报告或鉴定合格证是材料符合要求的证据。

7.3.1.2 应对零部件在尺寸上是否符合本标准、制造厂家的图纸和书面规范的要求进行检验、试验。

7.3.1.3 零件尺寸检验频率应根据表68的随机一次抽样方案。抽样方案符合GB/T 2828.1的要求,一般检验水平Ⅰ,接收质量限(AQL)为4.0%。

表68 抽样程序

(1)	(2)	(3)	(4)
批量	抽样数量	批合格判定件数	批不合格判定件数[a]
2~8	2	0	1
9~15	2	0	1
16~25	3	0	1
26~50	5	0	1
51~90	5	0	1
91~150	8	1	2
151~280	13	1	2
281~500	20	2	3
501~1 200	32	3	4
1 201~3 200	50	5	6
3 201~10 000	80	7	8
10 001~35 000	125	10	11

注:摘自GB/T 2828.1—2003。一般检验水平Ⅰ,接收质量限(AQL)为4.0%。

[a] 被拒绝的零件应进行100%检查验收。

7.3.2 泵筒

泵筒还应进行下列检查:

7.3.2.1 泵筒的内表面的粗糙度应100%进行目测检验。

7.3.2.2 泵筒内径的密封面应使用专用的仪器进行检验,以确保在整个泵筒长度内维持给定的间隙。专用的仪器应当是气动量仪或三点式机械量仪。

7.3.2.3 除软密封泵筒外,泵筒内径应当用一根直径$(D-0.025)_{-0.013}^{\ 0}$ mm,长度大于或等于1.219 m(4 ft)的通径柱塞100%进行通径检验,D为泵筒标称直径。

7.3.2.4 泵筒的涂层、镀层或表面硬化层的硬度和厚度都应按生产厂家的工艺或无损试验程序进行控制,完工产品的表面涂层、镀层或表面硬化层硬度和厚度符合第9章的要求。

7.3.3 柱塞

柱塞还应进行下列检查:

7.3.3.1 柱塞外表面的粗糙度应100%地进行目测检验。

7.3.3.2 柱塞外径的密封面应使用专用的仪器进行检验,用这种方法确保在整个柱塞长度内维持给定的间隙。专用仪器测量应达到0.013 mm(0.000 5 in)。

7.3.3.3 柱塞涂层或镀层的硬度和厚度应按照生产厂家的工艺或无损试验程序进行控制。完工产品的表面涂层或镀层的硬度及厚度符合第9章的要求。

7.3.4 阀球和阀座总成

阀球和阀座还应进行下列检查:

7.3.4.1 阀球和阀座总成应在干燥密封面处进行100%真空试验，在最小真空度64.32 kPa (19 in Hg)[1]，在真空源隔离后，至少3 s无泄漏。

7.3.4.2 阀球的硬度应由抽油泵制造厂商提供原生产厂家同批次产品的合格证加以证明。

7.3.5 抽油泵总成

7.3.5.1 第5章所述的泵总成依照抽油泵生产厂的书面工艺程序进行总装及功能试验，功能试验宜符合附录B和附录C。

7.3.5.2 验收试验至少要证明抽油泵的冲程合适，阀动作灵活。

7.3.5.3 柱塞放入泵筒内，往复拉动和转动时应轻快灵活，无阻滞。

8 标志

8.1 产品标志

符合此标准要求的零件和总成至少应作如下标志：

8.1.1 零件和组件标志

a) 制造厂商名称或商标；

b) GB/T 18607；

c) 制造厂商的零件号；

d) 材料标识代号符合第9章的要求；

e) 制造日期(月/年)。

示例：一根内径为31.75 mm(1¼ in)的薄壁铜制泵筒(B11—125)，铜基表面镀铬，2006年4月制造。

制造厂商名称或商标	标准号	制造厂商的零件号	材料标识代号	生产日期
××××	GB/T 18607	××××	A2	0406

8.1.2 整台泵标志

总装成的泵至少应作如下标志：

a) 制造厂商名称或商标；

b) GB/T 18607；

c) 泵的代号符合第3章的要求；

d) 装配日期(月/年)。

示例：一台泵径为31.8 mm(1¼ in)的薄壁泵筒定筒式底部固定杆式泵，泵筒长6 m(20 ft)，柱塞长1.2 m(4 ft)，2006年5月装配。

制造厂商名称或商标	标准号	泵的代号	装配日期
××××	GB/T 18607	20—125RWBC6—1.2	0506

8.2 标志方法

除阀球(V11)，支承皮碗(S32)和支承皮碗座圈(S33)外，其他所有产品都应通过锤击或蚀刻的方法将完整的标志永久性地刻制在产品上，阀球(V11)，支承皮碗(S32)和支承皮碗座圈(S33)可用不损伤产品表面的方法作标志，即用模板印刷、贴标签、挂标签或其他易看清字迹的方法作标志，这些标志应附在发运产品上，保证不脱落。

9 材料

表69～表77列出了泵零件的材料要求。

---

1) 指标准大气压下的实测值。

表 69　电镀泵筒材料

标识代号	说明	内表面要求	基体心部硬度	基体材料	最小屈服强度 MPa(kbf/in^2)
A1	钢上镀铬	最小厚度 0.076 mm(0.003 in) HV_{100} 900～1 160	55 HRA～62 HRA	普通碳素钢	413(60)
A2	铜上镀铬	最小厚度 0.076 mm(0.003 in) HV_{100} 900～1 160	80 HRB～100 HRB	抗腐蚀海军黄铜	345(50)
A3	4/6 铬钢上镀络	最小厚度 0.076 mm(0.003 in) HV_{100} 900～1 160	55 HRA～62 HRA	4%～6%铬钢	483(70)
A4	镍铜合金上镀铬	最小厚度 0.076 mm(0.003 in) HV_{100} 900～1 160	55 HRA～62 HRA	镍铜合金	379(55)
A5	低合金钢上镀铬	最小厚度 0.076 mm(0.003 in) HV_{100} 900～1 160	55 HRA～62 HRA	低合金钢	345(50)
A6	钢上镀厚铬	最小厚度 0.152 mm(0.006 in) HV_{100} 900～1 160	55 HRA～62 HRA	普通碳素钢	413(60)
E1	钢上镀镍碳化合物	最小厚度 0.033 mm(0.001 3 in)	55 HRA～62 HRA	普通碳素钢	413(60)
E2	低合金钢上镀镍碳化合物	最小厚度 0.033 mm(0.001 3 in)	55 HRA～62 HRA	低合金钢	345(50)
E3	铜上镀镍碳化合物	最小厚度 0.033 mm(0.001 3 in)	80 HRB～100 HRB	抗腐蚀海军黄铜	345(50)
E4	铜上镀镍碳化合物	最小厚度 0.076 mm(0.003 in)	55 HRA～62 HRA	普通碳素钢	413(60)
E5	4/6 铬上镀镍碳化合物	最小厚度 0.076 mm(0.003 in)	55 HRA～62 HRA	4%～6%铬钢	483(70)
注：表中的厚度是指单边厚度。					

表 70　表面硬化泵筒材料

标识代号	说明	内表面要求	基体心部硬度	基体材料	最小屈服强度 MPa(kbf/in^2)
B1	碳氮共渗钢	单边距表面 0.127 mm(0.005 in)最小硬度 690 努普；距表面 0.254 mm (0.010 in)最小硬度 466 努普	最大值 23 HRC	普通碳素钢	413(60)
B2	渗碳钢	单边距表面 0.127 mm(0.005 in)最小硬度 690 努普；距表面 0.254 mm (0.010 in)最小硬度 466 努普	最大值 23 HRC	普通碳素钢	413(60)
B3	4/6 铬钢上碳氮共渗	单边距表面 0.127 mm(0.005 in)最小硬度 690 努普；距表面 0.254 mm (0.010 in)最小硬度 466 努普	最大值 23 HRC	4%～6%铬钢	483(70)
B5	低合金钢氮化	单边距表面 0.127 mm(0.005 in)最小硬度 690 努普；距表面 0.254 mm (0.010 in)最小硬度 466 努普	最大值 23 HRC	低合金钢	345(50)
B6	表面感应淬火	单边距表面 0.127 mm(0.005 in)最小硬度 690 努普；距表面 0.254 mm (0.010 in)最小硬度 466 努普	最大值 23 HRC	普通碳素钢	413(60)
B7	碳氮共渗钢	单边距表面 0.127 mm(0.005 in)最小硬度 510 努普；距表面 0.254 mm (0.010 in)最小硬度 351 努普	最大值 23 HRC	普通碳素钢	413(60)
注：努普硬度试验参考载荷是 500 g。					

表 71 非硬化的泵筒材料

标识代号	说明	内表面要求	基体心部硬度	基体材料	最小屈服强度 MPa(kbf/in²)
D1	非硬化处理的钢	涂油	55 HRA～62 HRA	普通碳素钢	413(60)
D2	黄铜	涂油	80 HRB～100 HRB	抗腐蚀海军黄铜	345(50)
D3	镍铜合金	涂油	55 HRA～62 HRA	镍铜合金	379(55)
D4	非硬化的低合金钢	涂油	55 HRA～62 HRA	低合金钢	345(50)

表 72 抽油泵阀球阀座材料

标识代号	说　明	硬　度		材　料
A1	不锈钢	球	58 HRC～65 HRC	6Cr18Mo—9Cr18Mo 不锈钢
		座	52 HRC～56 HRC	
B1	钴合金铸件	球	56 HRC～63 HRC	钴、铬和钨合金
		座	50 HRC～56 HRC	
B2	钴合金，粉末冶金	球	53 HRC～60 HRC	钴、铬和钨合金
		座	51 HRC～57 HRC	
C1	碳化钨	球	88 HRA～89 HRA	以钴作粘合剂的钨
		座	88 HRA～89.5 HRA	
C2	镍碳化合物	球	89 HRA～90.5 HRA	以镍作粘合剂的钨
		座	87.5 HRA～89 HRA	
C3	钛碳化合物	球	89 HRA～90.5 HRA	以钴作粘合剂的钨和钛碳化合物
		座	89 HRA～90.5 HRA	

表 73 抽油泵阀罩材料

标识代号	说　明	硬　度	材　料	最小屈服强度 MPa(kbf/in²)
A1	钢	55 HRA～62 HRA	45 钢	345(50)
A2	低合金钢	55 HRA～62 HRA	低合金钢	345(50)
A3	低合金钢	55 HRA～62 HRA	镍铬钼钢	345(50)
A4	镍/铜合金	55 HRA～62 HRA	镍/铜合金	345(50)
A5	黄铜	43 HRA～55 HRA	易切削黄铜	275(40)
A6	不锈钢	46 HRA～62 HRA	奥氏体不锈钢 1Cr18Ni9Ti	241(35)

表 74 拉管、阀杆和配件的材料

标识代号	说　明	硬　度	材　料	最小屈服强度 MPa(kbf/in²)
A1	钢	55 HRA～62 HRA	45 钢	345(50)
A2	低合金钢	55 HRA～62 HRA	低合金钢	345(50)
A3	低合金钢	55 HRA～62 HRA	镍铬钼钢	345(50)
A4	镍/铜合金	55 H[illegible]62 HRA	镍/铜合金	345(50)
A5	黄铜	43 HR[illegible]55 HRA	易切削黄铜	275(40)
A6	不锈钢	46 HRA～62 HRA	奥氏体不锈钢 1Cr18Ni9Ti	241(35)

表 75 支承皮碗材料

标识代号	说明	硬度	材料
A1	支承皮碗	肖氏硬度 D65/92	尼龙
A2	支承皮碗	依照制造厂商的要求	合成材料

表 76 金属喷涂(焊)柱塞材料

标识代号	说明	内表面要求	基体心部硬度	基体材料	最小屈服强度 MPa(kbf/in²)
B1	喷涂(焊)金属	最小厚度 0.203 mm(0.008 in) 最小硬度 HV_{200} 484	44 HRA～62 HRA	45 钢	275(40)
B2	喷涂(焊)金属	最小厚度 0.203 mm(0.008 in) 最小硬度 HV_{200} 595	44 HRA～62 HRA	45 钢	275(40)
B3	带镍铜合金接头的喷焊金属	最小厚度 0.203 mm(0.008 in) 最小硬度 HV_{200} 595	44 HRA～62 HRA	45 钢	275(40)
B4	带镀镍外螺纹接头的喷涂金属	最小厚度 0.203 mm(0.008 in) 最小硬度 HV_{200} 484 端接头镀镍最小厚度 0.033(0.001 3 in)	44 HRA～62 HRA	45 钢	275(40)

表 77 镀铬柱塞材料

标识代号	说明	外表面要求	基体心部硬度	基体材料	最小屈服强度 MPa(kbf/in²)
A1	镀铬	最小厚度 0.152 mm(0.006 in) HV_{100} 832～1 160	55 HRA～62 HRA	45 钢	345(50)
A2	双倍镀铬	最小厚度 0.305 mm(0.012 in) HV_{100} 832～1 160	55 HRA～62 HRA	45 钢	345(50)

10 螺纹连接

本章包括抽油泵零配件上使用的螺纹连接和所有圆柱螺纹，螺纹连接尺寸应符合表 78～表 86 的要求，螺纹结构应符合图 64～图 71 的要求。

单位为毫米(英寸)

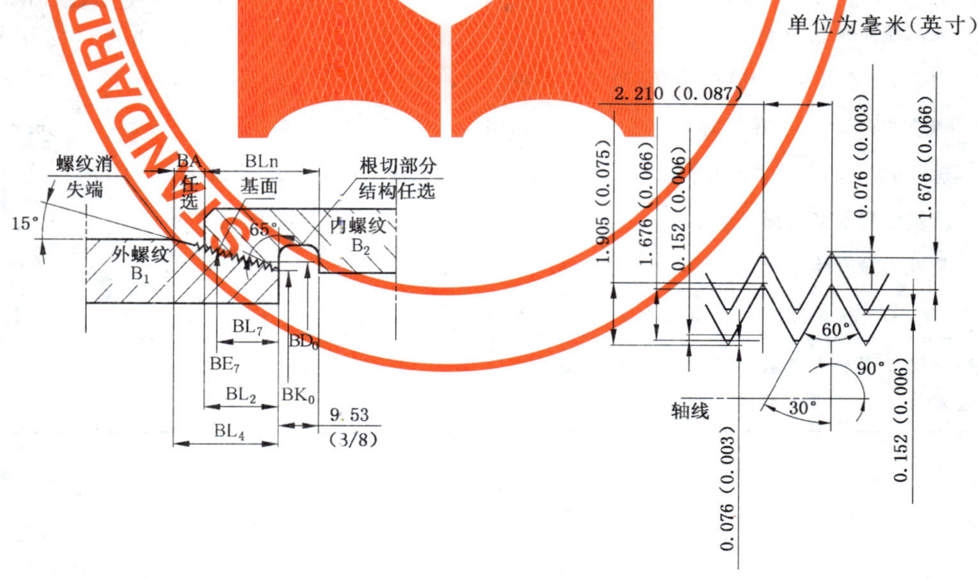

图 64 产品螺纹

单位为毫米(英寸)

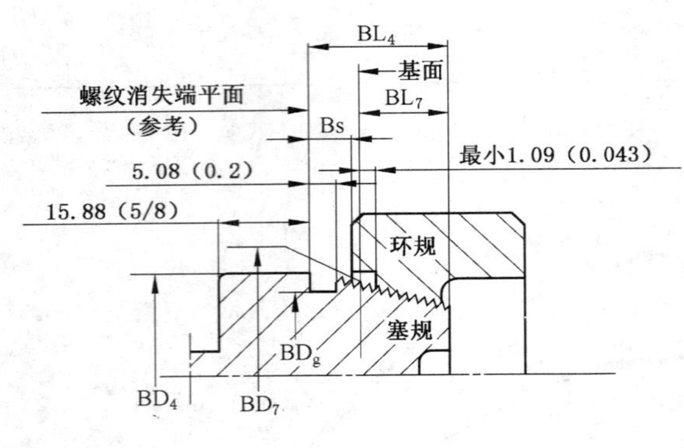

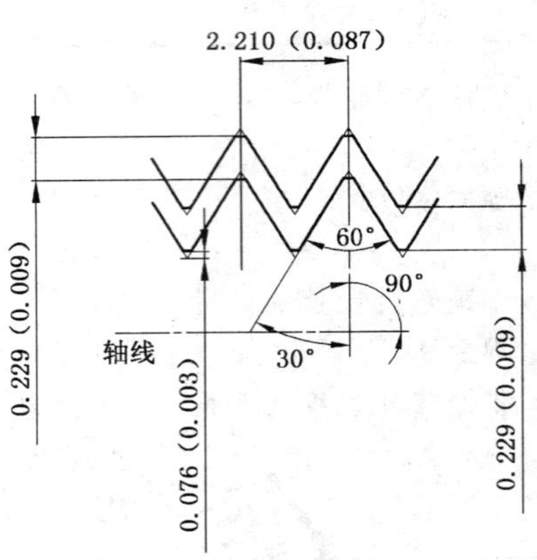

图 65　量规螺纹

表 78　量规螺纹

(1)	(2)	(3)	(4)	(5)
尺寸符号	定　义	螺纹尺寸		
		178—11½	225—11½	275—11½
BD_g	螺纹塞规退刀槽直径	52.07(2.050)	64.77(2.550)	77.47(3.050)
BD_0	泵筒端面的螺纹大径	56.228(2.213 7)	67.785(2.668 7)	80.49(3.168 7)
BD_4	螺纹塞规圆柱面直径	57.15(2.250)	69.85(2.750)	82.55(3.250)
BD_7	螺纹塞规基面上的螺纹大径	56.854(2.238 35)	69.554(2.738 35)	82.254(3.238 35)
BE_7	基面上的螺纹中径	55.383(2.180 43)	68.083(2.680 43)	80.783(3.180 43)
BK_0	泵筒端面螺纹小径	52.87(2.081 5)	64.43(2.536 5)	77.13(3.036 5)
BL_n	内螺纹的总长度(包括应力退刀槽)	47.63(1.875)	47.63(1.875)	47.63(1.875)
BL_2	螺纹的有效长度(在泵筒上)	28.61(1.126 2)	35.27(1.388 5)	35.27(1.388 5)
BL_4	螺纹的总长(到消失端)	34.93(1.375)	41.28(1.625)	41.28(1.625)
BL_7	从基面到泵筒端面长度	23.88(0.940 2)	30.23(1.190 2)	30.23(1.190 2)
BS	量规的紧密距	7.620(0.300)	7.620(0.300)	7.620(0.300)
	包括螺纹锥体锥度/[mm/m(in/ft)]	31.3(⅜)	62.5(¾)	62.5(¾)

注 1：所有尺寸用毫米表示，括号内为相应的英寸。

注 2：公差与 API 管线管螺纹及量规相同，具体参照 GB/T 9253.2。

单位为毫米(英寸)

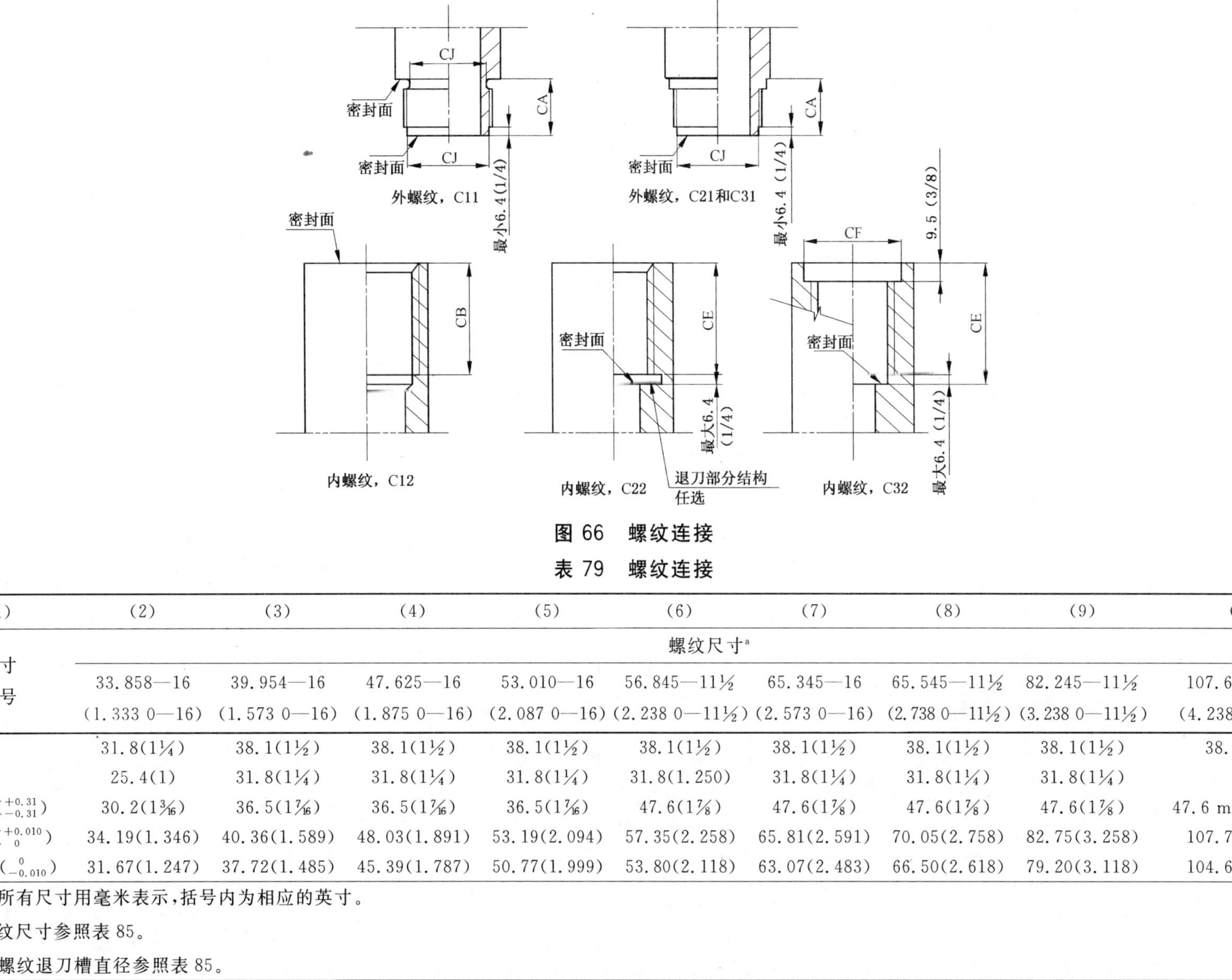

图 66 螺纹连接

表 79 螺纹连接

(1)	(2)	(3)	(4)	(5)	(6)	(7)	(8)	(9)	(10)
尺寸 符号	螺纹尺寸[a]								
	33.858—16 (1.333 0—16)	39.954—16 (1.573 0—16)	47.625—16 (1.875 0—16)	53.010—16 (2.087 0—16)	56.845—11½ (2.238 0—11½)	65.345—16 (2.573 0—16)	65.545—11½ (2.738 0—11½)	82.245—11½ (3.238 0—11½)	107.645—11½ (4.238 0—11½)
CA min	31.8(1¼)	38.1(1½)	38.1(1½)	38.1(1½)	38.1(1½)	38.1(1½)	38.1(1½)	38.1(1½)	38.1(1½)
CB min	25.4(1)	31.8(1¼)	31.8(1¼)	31.8(1¼)	31.8(1.250)	31.8(1¼)	31.8(1¼)	31.8(1¼)	—
$CE^{+0.79}_{-0.79}(^{+0.31}_{-0.31})$	30.2(1³⁄₁₆)	36.5(1⁷⁄₁₆)	36.5(1⁷⁄₁₆)	36.5(1⁷⁄₁₆)	47.6(1⅞)	47.6(1⅞)	47.6(1⅞)	47.6(1⅞)	47.6 min(1⅞)min
$CF^{+0.25}_{0}(^{+0.010}_{0})$	34.19(1.346)	40.36(1.589)	48.03(1.891)	53.19(2.094)	57.35(2.258)	65.81(2.591)	70.05(2.758)	82.75(3.258)	107.77(4.243)
$CJ^{b}\,{}^{0}_{-0.25}(^{0}_{-0.010})$	31.67(1.247)	37.72(1.485)	45.39(1.787)	50.77(1.999)	53.80(2.118)	63.07(2.483)	66.50(2.618)	79.20(3.118)	104.60(4.118)

注：所有尺寸用毫米表示，括号内为相应的英寸。

a 螺纹尺寸参照表 85。

b 外螺纹退刀槽直径参照表 85。

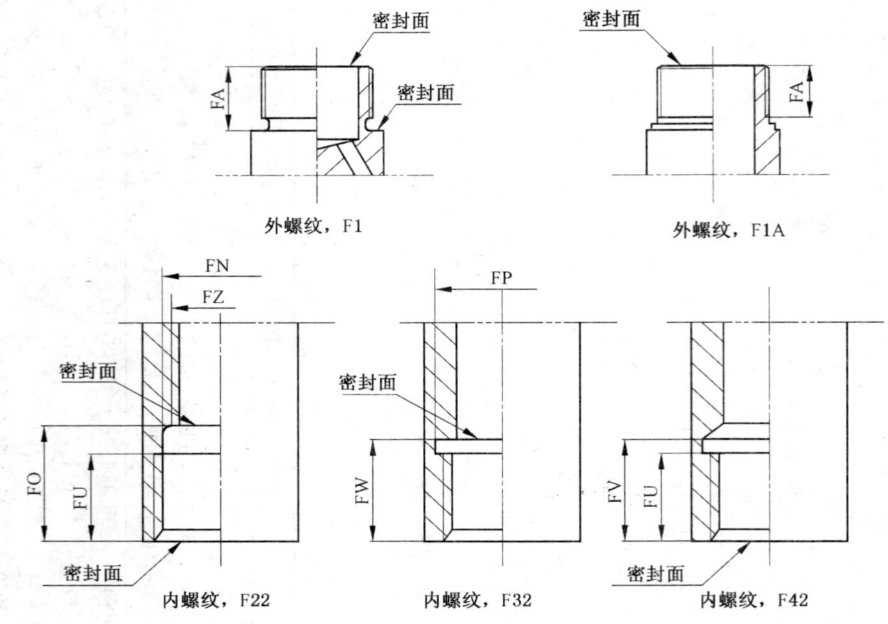

图 67 螺纹连接

表 80 螺纹连接

(1)	(2)	(3)	(4)	(5)	(6)	(7)	(8)
尺寸代号	螺纹尺寸[a]						
	25.400—14 (1.000 0—14)	31.750—14 (1.250 0—14)	37.348—14 (1.470 4—14)	39.634—14 (1.560 4—14)	45.781—14 (1.802 4—14)	53.581—11½ (2.109 5—11½)	80.556—11½ (3.171 5—11½)
FA	19.05(0.750) ±0.41(±0.016)	19.05(0.750) ±0.41(±0.016)	20.62(0.812) ±0.41(±0.016)	22.23(0.875) ±0.41(±0.016)	22.23(0.875) ±0.41(±0.016)	23.83(0.938) ±0.41(±0.016)	28.58(1.125) ±0.41(±0.016)
FN	23.437(0.922 7) $^{+0.216}_{0}$ ($^{+0.008\,5}_{0}$)	29.787(1.170 27) $^{+0.196}_{0}$ ($^{+0.007\,7}_{0}$)	35.385(1.393 1) $^{+0.196}_{0}$ ($^{+0.007\,7}_{0}$)	37.671(1.483 1) $^{+0.196}_{0}$ ($^{+0.0077}_{0}$	43.818(1.725 1) $^{+0.196}_{0}$ ($^{+0.007\,7}_{0}$)	51.191(2.015 4) $^{+0.239}_{0}$ ($^{+0.009\,4}_{0}$)	78.156(3.077 0) $^{+0.239}_{0}$ ($^{+0.009\,4}_{0}$)
FO	28.58(1.125) ±0.41(±0.016)	28.58(1.125) ±0.41(±0.016)	30.18(1.188) ±0.41(±0.016)	31.75(1.250) ±0.41(±0.016)	31.75(1.250) ±0.41(±0.016)	33.32(1.312) ±0.41(±0.016)	44.45(1.750) ±0.41(±0.016)
FU min	19.46(0.766)	19.46(0.766)	21.03(0.828)	22.61(0.890)	22.61(0.890)	24.21(0.953)	30.18(1.188)
max	22.23(0.875)	22.23(0.875)	23.83(0.938)	25.40(1.000)	25.40(1.000)	26.97(1.062)	33.32(1.312)
FV min	23.83(0.938)	23.83(0.938)	25.40(1.000)	26.97(1.062)	26.97(1.062)	28.58(1.125)	34.93(1.375)
max	25.40(1.000)	25.40(1.000)	28.58(1.125)	30.18(1.188)	30.18(1.188)	31.73(1.250)	41.28(1.625)
FW min	15.88(0.625)	15.88(0.625)	17.48(0.688)	19.05(0.750)	19.05(0.750)	20.62(0.812)	25.40(1.000)
max	17.48(0.688)	17.48(0.688)	19.05(0.750)	20.62(0.812)	20.62(0.812)	22.23(0.875)	26.97(1.062)
FZ min	22.66(0.892)	28.22(1.111)	33.81(1.331)	36.09(1.421)	41.43(1.631)	48.79(1.921)	74.93(2.950)
max	23.42(0.922)	29.77(1.172)	35.38(1.393)	37.67(1.483)	43.82(1.725)	51.18(2.015)	78.16(3.077)
FP min	22.86(0.900)	29.21(1.150)	34.80(1.370)	37.08(1.460)	43.18(1.700)	50.29(1.980)	77.47(3.050)
max	25.91(1.020)	32.26(1.270)	37.72(1.485)	40.13(1.580)	46.23(1.820)	54.10(2.130)	81.15(3.195)

注：所有尺寸用毫米表示，括号内为相应的英寸。

[a] 螺纹尺寸参照表 85。

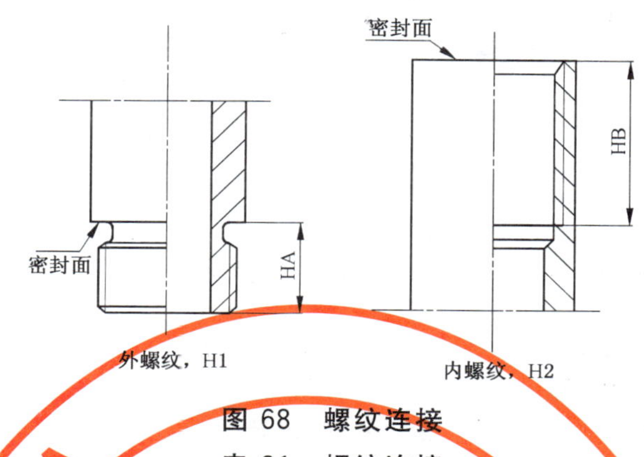

图 68 螺纹连接

表 81 螺纹连接

(1)	(2)	(3)	(4)	(5)
尺寸代号	螺纹尺寸[a]			
	38.313—14 (1.508 4—14)	50.455—14 (1.986 4—14)	60.338—11½ (2.375 5—11½)	85.916—11½ (3.382 5—11½)
HA	22.23±0.79 (0.875±0.031)	23.83±0.79 (0.938±0.031)	25.40±0.79 (1.000±0.031)	31.75±0.79 (1.250±0.031)
HB	23.83 min (0.938 min)	25.40 min (1.000 min)	26.97 min (1.062 min)	33.32 min (1.312 min)

注：所有尺寸用毫米表示，括号内为相应的英寸。

[a] 螺纹尺寸参照表 85。

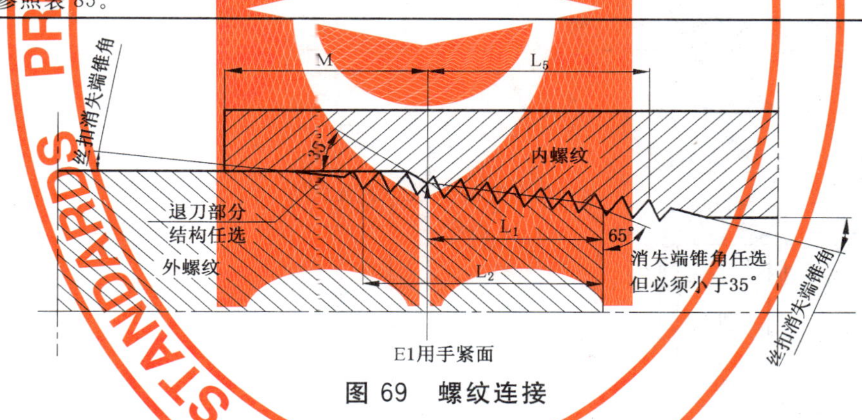

图 69 螺纹连接

表 82 螺纹连接(修正了的 API 管线管螺纹)

(1)		(2)	(3)	(4)
尺寸代号		螺纹尺寸[a](名义尺寸)		
		⅜	½	¾
E_1	手上紧面上的中径	15.926(0.627 01)	19.772(0.778 43)	25.117(0.988 87)
L_1	杆端面到手上紧面的长度	10.34(0.407)	13.56(0.534)	14.05(0.553)
L_2	外螺纹的有效长度	14.595(0.574 6)	18.997(0.747 9)	19.301(0.759 9)
L_5	内螺纹的最小有效长度	17.419(0.685 8)	22.624(0.890 7)	22.929(0.902 7)
M	端面到手紧面的长度	20.147(0.793 2)	20.803(0.819 0)	20.803(0.819 0)
TPI	每英寸牙数	18	14	14

注 1：所有尺寸用毫米表示，括号内为相应的英寸。

注 2：所有规格尺寸的锥度均为 62.5 mm/m(0.0625 in/ft)。

注 3：和标准的 API 管线管螺纹相比，这种连接在外、内螺纹件的小端均加了三牙，所以这种连接是一种修正了的 API 管线管螺纹牙型。

[a] 公差和其他参照 GB/T 9253.2。

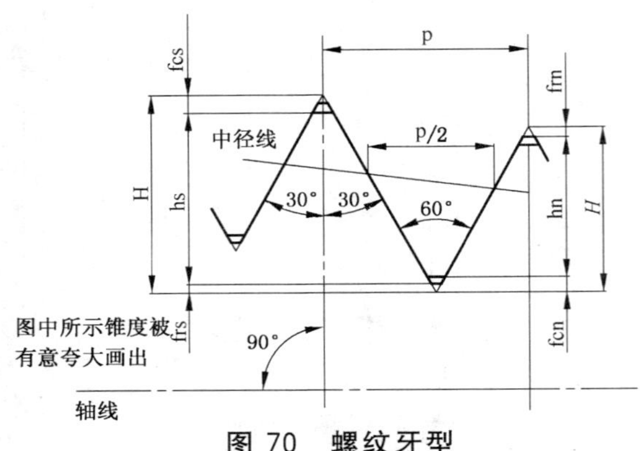

图 70 螺纹牙型

表 83 螺纹牙型高度尺寸

(1)	(2)	(3)
螺纹要素	每英寸 18 牙 p=1.412(0.055 6)	每英寸 14 牙 p=1.814(0.071 4)
H=0.866 p	1.222(0.048 1)	1.571(0.061 9)
hs=hn=0.760 p	1.072(0.042 2)	1.379(0.054 3)
frs=frn=0.033 p	0.047(0.001 8)	0.060(0.002 4)
fcs=fcn=0.073 p	0.103(0.004 1)	0.132(0.005 2)
注：所有尺寸用毫米表示，括号内为相应的英寸。		

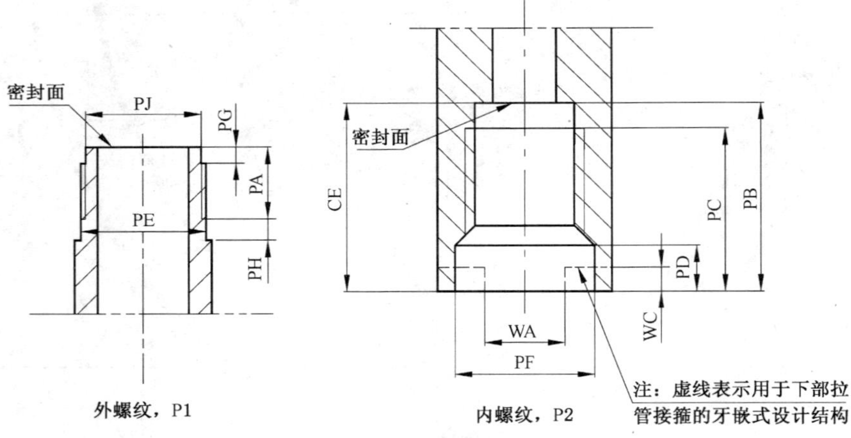

图 71 螺纹连接

表 84 螺纹连接

(1)	(2)	(3)	(4)	(5)	(6)
尺寸 代号	螺纹尺寸[a]				
	23.813—16 (0.937 5—16)	28.575—16 (1.125 0—16)	33.338—16 (1.312 5—16)	38.100—16 (1.500 0—16)	47.625—16 (1.875 0—16)
PA min	25.40(1.000)	28.58(1.125)	31.75(1.250)	34.93(1.375)	41.28(1.625)
PB max	42.88(1.688)	46.02(1.812)	49.23(1.938)	52.37(2.062)	58.72(2.312)
PC min	38.10(1.500)	41.28(1.625)	44.45(1.750)	47.63(1.875)	53.98(2.125)
PD min	19.05(0.750)	19.05(0.750)	19.05(0.750)	19.05(0.750)	19.05(0.750)
$PE_{-0.13}^{0}$ ($_{-0.005}^{0}$)	23.85(0.939)	28.63(1.127)	33.38(1.314)	38.15(1.502)	47.68(1.877)
$PF_{0}^{+0.13}$ ($_{0}^{+0.005}$)	23.85(0.939)	28.63(1.127)	33.38(1.314)	38.15(1.502)	47.68(1.877)
PG min	6.35(0.250)	6.35(0.250)	6.35(0.250)	6.35(0.250)	6.35(0.250)
PH min	19.05(0.750)	19.05(0.750)	19.05(0.750)	19.05(0.750)	19.05(0.750)
PJ[b]					
WA max	17.48(0.688)	17.48(0.688)	19.05(0.750)	19.05(0.750)	22.23(0.875)
WC min	6.35(0.250)	6.35(0.250)	6.35(0.250)	6.35(0.250)	6.35(0.250)

注：所有尺寸用毫米表示，括号内为相应的英寸。

a 螺纹尺寸参阅表 85。

b 外螺纹退刀槽直径参阅表 85。

表 85 用于 API 抽油泵及其零配件的所有圆柱螺纹的详细尺寸

（美国国家专用螺纹，三级配合精度，注释的除外）

(1)	(2)	(3)	(4)	(5)	(6)	(7)	(8)	(9)	(10)
基本	每英寸	外螺纹尺寸			内螺纹尺寸			应力退刀槽直径[e]	
大径	牙数	大径	中径	小径[a]max	小径	中径	大径[a]min	外螺纹 max	内螺纹 min
0.750 0(19.050)[b]	10	0.750 0(19.050) $^{0}_{-0.012\,8}$($^{0}_{-0.325}$)	0.685 0(17.399) $^{0}_{-0.004\,5}$($^{0}_{-0.114}$)	0.6273(15.933)	0.641 7(16.299) $^{+0.013\,6}_{0}$($^{+0.345}_{0}$)	0.685 0(17.399) $^{+0.004\,5}_{0}$($^{+0.114}_{0}$)	0.750 0(19.050)	0.615(15.62)	0.769(19.53)
0.750 0(19.050)[c]	16	0.750 0(19.050) $^{0}_{-0.009\,0}$($^{0}_{-0.229}$)	0.709 4(18.019) $^{0}_{-0.003\,2}$($^{0}_{-0.081}$)	0.673 3(17.102)	0.682 3(17.330) $^{+0.008\,0}_{0}$($^{+0.203}_{0}$)	0.709 4(18.019) $^{+0.003\,2}_{0}$($^{+0.081}_{0}$)	0.750 0(19.050)	0.665(16.89)	0.763(19.38)
0.875 0(22.225)[c]	14	0.875 0(22.225) $^{0}_{-0.009\,8}$($^{0}_{-0.249}$)	0.828 6(21.046) $^{0}_{-0.003\,6}$($^{0}_{-0.091}$)	0.787 4(20.000)	0.797 7(20.262) $^{+0.008\,5}_{0}$($^{+0.216}_{0}$)	0.828 6(21.046) $^{+0.003\,6}_{0}$($^{+0.091}_{0}$)	0.875 0(22.225)	0.778(19.76)	0.889(22.58)
0.937 5(23.813)	16	0.937 5(23.813) $^{0}_{-0.009\,0}$($^{0}_{-0.229}$)	0.896 9(22.781) $^{0}_{-0.003\,6}$($^{0}_{-0.091}$)	0.860 8(21.864)	0.869 8(22.093) $^{+0.006\,8}_{0}$($^{+0.173}_{0}$)	0.896 9(22.781) $^{+0.003\,6}_{0}$($^{+0.091}_{0}$)	0.937 5(23.813)	0.852(21.64)	0.951(24.16)
1.000 0(25.400)	14	1.000 0(25.400) $^{0}_{-0.009\,8}$($^{0}_{-0.249}$)	0.953 6(24.221) $^{0}_{-0.003\,6}$($^{0}_{-0.091}$)	0.912 4(23.175)	0.922 7(23.437) $^{+0.008\,5}_{0}$($^{+0.216}_{0}$)	0.953 6(24.221) $^{+0.003\,6}_{0}$($^{+0.091}_{0}$)	1.000 0(25.400)	0.903(22.94)	1.014(25.76)
1.125 0(28.575)	16	1.125 0(28.575) $^{0}_{-0.009\,0}$($^{0}_{-0.229}$)	1.084 4(27.544) $^{0}_{-0.004\,0}$($^{0}_{-0.102}$)	1.048 3(26.627)	1.057 3(26.855) $^{+0.006\,8}_{0}$($^{+0.173}_{0}$)	1.084 4(27.544) $^{+0.004\,0}_{0}$($^{+0.102}_{0}$)	1.125 0(28.575)	1.039(26.39)	1.138(28.91)
1.189 4(30.211)	14	1.187 0(30.150) $^{0}_{-0.010\,0}$($^{0}_{-0.254}$)	1.143 0(29.032) $^{0}_{-0.004\,0}$($^{0}_{-0.102}$)	1.101 8(27.986)	1.112 1(28.247) $^{+0.007\,7}_{0}$($^{+0.196}_{0}$)	1.143 0(29.032) $^{+0.004\,0}_{0}$($^{+0.102}_{0}$)	1.189 4(30.211)	1.092(27.74)	1.204(30.58)
1.250 0(31.750)	14	1.250 0(31.750) $^{0}_{-0.009\,8}$($^{0}_{-0.249}$)	1.203 6(30.571) $^{0}_{-0.004\,0}$($^{0}_{-0.102}$)	1.162 4(29.525)	1.1727(29.787) $^{+0.007\,7}_{0}$($^{+0.196}_{0}$)	1.203 6(30.571) $^{+0.004\,0}_{0}$($^{+0.102}_{0}$)	1.250 0(31.750)	1.153(29.29)	1.265(32.13)
1.312 5(33.338)	16	1.312 5(33.338) $^{0}_{-0.009\,0}$($^{0}_{-0.229}$)	1.271 9(32.306) $^{0}_{-0.004\,0}$($^{0}_{-0.102}$)	1.235 8(31.389)	1.244 8(31.618) $^{+0.006\,8}_{0}$($^{+0.173}_{0}$)	1.271 9(32.306) $^{+0.004\,0}_{0}$($^{+0.102}_{0}$)	1.250 0(31.750)	1.227(31.17)	1.326(33.68)
1.333 0(33.858)	16	1.333 0(33.858) $^{0}_{-0.009\,0}$($^{0}_{-0.229}$)	1.292 4(32.827) $^{0}_{-0.004\,0}$($^{0}_{-0.102}$)	1.256 3(31.910)	1.265 3(32.139) $^{+0.006\,8}_{0}$($^{+0.173}_{0}$)	1.292 4(32.827) $^{+0.004\,0}_{0}$($^{+0.102}_{0}$)	1.312 5(33.338)	1.247(31.67)	1.346(34.19)
1.375 0(34.925)	14	1.375 0(34.925) $^{0}_{-0.009\,8}$($^{0}_{-0.249}$)	1.328 6(33.746) $^{0}_{-0.004\,0}$($^{0}_{-0.102}$)	1.287 4(32.700)	1.297 7(32.962) $^{+0.007\,7}_{0}$($^{+0.196}_{0}$)	1.328 6(33.746) $^{+0.004\,0}_{0}$($^{+0.102}_{0}$)	1.375 0(34.925)	1.278(32.46)	1.390(35.31)
1.470 4(37.348)	14	1.470 4(37.348) $^{0}_{-0.009\,8}$($^{0}_{-0.249}$)	1.424 0(36.170) $^{0}_{-0.004\,0}$($^{0}_{-0.102}$)	1.382 8(35.123)	1.393 1(35.358) $^{+0.007\,7}_{0}$($^{+0.196}_{0}$)	1.424 0(36.170) $^{+0.004\,0}_{0}$($^{+0.102}_{0}$)	1.470 4(37.348)	1.373(34.87)	1.484(37.69)
1.500 0(38.100)	16	1.500 0(38.100) $^{0}_{-0.009\,0}$($^{0}_{-0.229}$)	1.459 4(37.069) $^{0}_{-0.004\,0}$($^{0}_{-0.102}$)	1.423 3(36.125)	1.432 3(36.380) $^{+0.006\,8}_{0}$($^{+0.173}_{0}$)	1.459 4(37.069) $^{+0.004\,0}_{0}$($^{+0.102}_{0}$)	1.500 0(38.100)	1.414(35.92)	1.513(38.43)

表 85（续）

(1)	(2)	(3)	(4)	(5)	(6)	(7)	(8)	(9)	(10)
基本大径	每英寸牙数	外螺纹尺寸			内螺纹尺寸			应力退刀槽直径[e]	
		大径	中径	小径[a] max	小径	中径	大径[a] min	外螺纹 max	内螺纹 min
1.508 4(38.313)	14	1.508 4(38.313) ${}^{0}_{-0.0098}$(${}^{0}_{-0.249}$)	1.462 0(37.135) ${}^{0}_{-0.0062}$(${}^{0}_{-0.157}$)	1.420 8(36.088)	1.431 1(36.350) ${}^{+0.0077}_{0}$(${}^{+0.196}_{0}$)	1.462 0(37.135) ${}^{+0.0062}_{0}$(${}^{+0.157}_{0}$)	1.508 4(38.313)	1.409(35.79)	1.525(38.74)
1.560 4(39.634)	14	1.560 4(39.634) ${}^{0}_{-0.0098}$(${}^{0}_{-0.249}$)	1.514 0(38.456) ${}^{0}_{-0.0062}$(${}^{0}_{-0.157}$)	1.472 8(37.409)	1.483 1(37.671) ${}^{+0.0077}_{0}$(${}^{+0.196}_{0}$)	1.514 0(38.456) ${}^{+0.0062}_{0}$(${}^{+0.157}_{0}$)	1.560 4(39.634)	1.461(37.11)	1.577(40.06)
1.573 0(39.954)	16	1.573 0(39.954) ${}^{0}_{-0.0090}$(${}^{0}_{-0.229}$)	1.532 4(38.923) ${}^{0}_{-0.0061}$(${}^{0}_{-0.155}$)	1.496 3(38.006)	1.505 3(38.235) ${}^{+0.0068}_{0}$(${}^{+0.173}_{0}$)	1.532 4(38.923) ${}^{+0.0061}_{0}$(${}^{+0.155}_{0}$)	1.573 0(39.954)	1.485(37.72)	1.589(40.36)
1.750 0(44.450)	14	1.750 0(44.450) ${}^{0}_{-0.0098}$(${}^{0}_{-0.249}$)	1.703 6(43.271) ${}^{0}_{-0.0062}$(${}^{0}_{-0.157}$)	1.662 4(42.225)	1.672 7(42.487) ${}^{+0.0077}_{0}$(${}^{+0.196}_{0}$)	1.703 6(43.271) ${}^{+0.0062}_{0}$(${}^{+0.157}_{0}$)	1.750 0(44.450)	1.651(41.94)	1.767(44.88)
1.802 4(45.781)	14	1.802 4(45.781) ${}^{0}_{-0.0098}$(${}^{0}_{-0.249}$)	1.756 0(44.602) ${}^{0}_{-0.0062}$(${}^{0}_{-0.157}$)	1.714 8(43.556)	1.725 1(43.818) ${}^{+0.0077}_{0}$(${}^{+0.196}_{0}$)	1.756 0(44.602) ${}^{+0.0062}_{0}$(${}^{+0.157}_{0}$)	1.802 4(45.781)	1.703(43.26)	1.819(46.20)
1.875 0(47.625)	16	1.875 0(47.625) ${}^{0}_{-0.0090}$(${}^{0}_{-0.229}$)	1.834 4(46.594) ${}^{0}_{-0.0061}$(${}^{0}_{-0.155}$)	1.798 3(45.677)	1.807 3(45.905) ${}^{+0.0068}_{0}$(${}^{+0.173}_{0}$)	1.834 4(46.594) ${}^{+0.0061}_{0}$(${}^{+0.155}_{0}$)	1.875 0(47.625)	1.787(45.39)	1.819(48.03)
1.986 4(50.455)	14	1.986 4(50.455) ${}^{0}_{-0.0098}$(${}^{0}_{-0.249}$)	1.940 0(49.276) ${}^{0}_{-0.0062}$(${}^{0}_{-0.157}$)	1.898 8(48.230)	1.909 1(48.491) ${}^{+0.0077}_{0}$(${}^{+0.196}_{0}$)	1.940 0(49.276) ${}^{+0.0062}_{0}$(${}^{+0.157}_{0}$)	1.986 4(50.455)	1.887(47.93)	2.003(50.88)
2.003 5(50.889)	11½	2.000 0(50.800)[d] 0 (0)	1.947 0(49.454) 0 (0)	1.896 8(48.179)	1.909 4(48.499) +0.009 4(+0.239)	1.947 0(49.454) +0.009 2(+0.234)	2.003 5(50.889)	1.881(47.78)	2.026(51.46)
2.087 0(53.010)	16	2.087 0(53.010) ${}^{0}_{-0.0090}$(${}^{0}_{-0.229}$)	2.046 4(51.979) ${}^{0}_{-0.0067}$(${}^{0}_{-0.170}$)	2.010 3(51.062)	2.019 3(51.290) ${}^{+0.0068}_{0}$(${}^{+0.173}_{0}$)	2.046 4(51.979) ${}^{+0.0067}_{0}$(${}^{+0.170}_{0}$)	2.087 0(53.010)	1.999(50.77)	2.094(53.19)
2.109 5(53.581)	11½	2.109 5(53.581) ${}^{0}_{-0.0115}$(${}^{0}_{-0.292}$)	2.053 0(52.146) ${}^{0}_{-0.0069}$(${}^{0}_{-0.175}$)	2.002 8(50.871)	2.015 4(51.191) ${}^{+0.0094}_{0}$(${}^{+0.239}_{0}$)	2.053 0(52.146) ${}^{+0.0069}_{0}$(${}^{+0.175}_{0}$)	2.109 5(53.581)	1.989(50.25)	2.129(54.08)
2.238 0(56.845)	11½	2.238 0(56.845) ${}^{0}_{-0.0115}$(${}^{0}_{-0.292}$)	2.181 5(55.410) ${}^{0}_{-0.0069}$(${}^{0}_{-0.175}$)	2.131 3(54.135)	2.143 9(54.455) ${}^{+0.0094}_{0}$(${}^{+0.239}_{0}$)	2.181 5(55.410) ${}^{+0.0069}_{0}$(${}^{+0.175}_{0}$)	2.238 0(56.845)	2.118(53.80)	2.258(57.35)
2.375 5(60.338)	11½	2.375 5(60.338) ${}^{0}_{-0.0115}$(${}^{0}_{-0.292}$)	2.319 0(58.903) ${}^{0}_{-0.0069}$(${}^{0}_{-0.175}$)	2.268 8(57.628)	2.281 4(57.948) ${}^{+0.0094}_{0}$(${}^{+0.239}_{0}$)	2.319 0(58.903) ${}^{+0.0069}_{0}$(${}^{+0.175}_{0}$)	2.375 5(60.338)	2.255(57.28)	2.395(60.83)
2.562 5(65.088)	11½	2.562 5(65.088) ${}^{0}_{-0.0115}$(${}^{0}_{-0.292}$)	2.506 0(63.652) ${}^{0}_{-0.0092}$(${}^{0}_{-0.234}$)	2.455 8(62.377)	2.468 4(62.697) ${}^{+0.0094}_{0}$(${}^{+0.239}_{0}$)	2.506 0(63.652) ${}^{+0.0092}_{0}$(${}^{+0.234}_{0}$)	2.562 5(65.088)	2.440(61.98)	2.585(65.66)

表 85(续)

(1)	(2)	(3)	(4)	(5)	(6)	(7)	(8)	(9)	(10)
基本	每英寸	外螺纹尺寸			内螺纹尺寸			应力退刀槽直径[e]	
大径	牙数	大径	中径	小径[a] max	小径	中径	大径[a] min	外螺纹 max	内螺纹 min
2.573 0(65.354)	16	2.573 0(65.354) $^{0}_{-0.009\,0}$($^{0}_{-0.229}$)	2.532 4(64.323) $^{0}_{-0.009\,0}$($^{0}_{-0.229}$)	2.496 3(63.406)	2.505 3(63.635) $^{+0.006\,8}_{0}$($^{+0.173}_{0}$)	2.532 4(64.323) $^{+0.009\,0}_{0}$($^{+0.229}_{0}$)	2.573 0(65.354)	2.483(63.07)	2.591(65.81)
2.738 0(69.545)	11½	2.738 0(69.545) $^{0}_{-0.011\,5}$($^{0}_{-0.292}$)	2.681 5(68.110) $^{0}_{-0.006\,9}$($^{0}_{-0.175}$)	2.631 3(66.835)	2.643 9(67.155) $^{+0.009\,4}_{0}$($^{+0.239}_{0}$)	2.681 5(68.110) $^{+0.006\,9}_{0}$($^{+0.175}_{0}$)	2.738 0(69.545)	2.618(66.50)	2.758(70.05)
3.171 5(80.556)	11½	3.171 5(80.556) $^{0}_{-0.011\,5}$($^{0}_{-0.292}$)	3.115 0(79.121) $^{0}_{-0.009\,9}$($^{0}_{-0.251}$)	3.064 8(77.846)	3.077 4(78.166) $^{+0.009\,4}_{0}$($^{+0.239}_{0}$)	3.115 0(79.121) $^{+0.009\,9}_{0}$($^{+0.251}_{0}$)	3.171 5(80.556)	3.052(77.52)	3.192(81.08)
3.187 5(80.963)	11½	3.187 5(80.963) $^{0}_{-0.011\,5}$($^{0}_{-0.292}$)	3.131 0(79.527) $^{0}_{-0.009\,9}$($^{0}_{-0.251}$)	3.080 8(78.252)	3.093 4(78.572) $^{+0.009\,4}_{0}$($^{+0.239}_{0}$)	3.131 0(79.527) $^{+0.009\,9}_{0}$($^{+0.251}_{0}$)	3.187 5(80.963)	3.064(77.83)	3.210(81.53)
3.238 0(82.245)	11½	3.238 0(82.245) $^{0}_{-0.011\,5}$($^{0}_{-0.292}$)	3.181 5(80.810) $^{0}_{-0.006\,9}$($^{0}_{-0.175}$)	3.131 3(79.535)	3.143 9(79.855) $^{+0.009\,4}_{0}$($^{+0.239}_{0}$)	3.181 5(80.810) $^{+0.006\,9}_{0}$($^{+0.175}_{0}$)	3.238 0(82.245)	3.118(79.20)	3.258(82.75)
3.382 5(85.916)	11½	3.382 5(85.916) $^{0}_{-0.011\,5}$($^{0}_{-0.292}$)	3.326 0(84.480) $^{0}_{-0.009\,9}$($^{0}_{-0.251}$)	3.275 8(83.205)	3.288 4(83.525) $^{+0.009\,4}_{0}$($^{+0.239}_{0}$)	3.326 0(84.480) $^{+0.009\,9}_{0}$($^{+0.251}_{0}$)	3.382 5(85.916)	3.263(82.88)	3.403(86.44)
3.687 5(93.663)	11½	3.687 5(93.663) $^{0}_{-0.011\,5}$($^{0}_{-0.292}$)	3.631 0(92.227) $^{0}_{-0.009\,9}$($^{0}_{-0.251}$)	3.580 8(90.952)	3.593 4(91.272) $^{+0.009\,4}_{0}$($^{+0.239}_{0}$)	3.631 0(92.227) $^{+0.009\,9}_{0}$($^{+0.251}_{0}$)	3.687 5(93.663)	3.564(90.53)	3.710(94.23)
4.238 0(107.645)	11½	4.238 0(107.645) $^{0}_{-0.011\,5}$($^{0}_{-0.292}$)	4.181 5(106.210) $^{0}_{-0.009\,9}$($^{0}_{-0.251}$)	4.131 3(104.935)	4.143 9(105.255) $^{+0.009\,4}_{0}$($^{+0.239}_{0}$)	4.181 5(106.210) $^{+0.009\,9}_{0}$($^{+0.251}_{0}$)	4.238(107.645)	4.118(104.60)	4.258(108.15)

注 1：所有尺寸用毫米表示，括号内为相应的英寸。

注 2：采用与美国标准局手册 H28 一致的统一标准螺纹是可以接受的，而且不会影响产品的互换性或强度。

a 因为这些尺寸不测量而且不影响互换性，所以未给出公差。

b 出自美国国家粗牙螺纹系列，三级配合精度。

c 出自美国国家细牙螺纹系列，三级配合精度。

d 为了适应支承芯轴的 OD_2 尺寸，外螺纹大径可与标准不一致。

e 除在本标准别的地方另有说明外，推荐采用所列应力退刀槽直径。应力分散槽的最大和最小直径是在未考虑制造方法或螺纹与应力退刀槽的同心度的情况下给出的，每个制造厂应调整这些数值。并根据本厂较好的实践、设备和加工方法来制订适用的公差值。

表 86 扳手方尺寸

(1)	(2)	(3)	(4)	(5)	(6)	(7)	(8)	(9)
尺寸	尺寸标志							
	125	150	175[b]	200	225[b]	250	275[b]	375[b]
平面之间的距离	26.97(1.062) $^{0}_{-0.41}$($^{0}_{-0.016}$)	33.32(1.312) $^{0}_{-0.64}$($^{0}_{-0.025}$)	38.10(1.500) $^{0}_{-0.64}$($^{0}_{-0.025}$)	42.88(1.688) $^{0}_{-0.64}$($^{0}_{-0.025}$)	50.80(2.000) $^{0}_{-0.64}$($^{0}_{-0.025}$)	55.58(2.188) $^{0}_{-0.79}$($^{0}_{-0.031}$)	60.33(2.375) $^{0}_{-0.79}$($^{0}_{-0.031}$)	85.73(3.375) $^{0}_{-0.79}$($^{0}_{-0.031}$)
平面的最小长度[a]	17.48(0.688)	20.62(0.812)	23.83(0.938)	23.83(0.938)	28.58(1.125)	28.58(1.125)	30.18(1.188)	31.75(1.250)

注：所有尺寸用毫米表示，括号内为相应的英寸。

a 这里规定的扳手平面的最小长度指的是不包括任何圆角或倒角在内的平面实际长度，在不可能加工出扳手平面全长的情况下，平面至少有一端应延长到零件的端头，即允许标准厚度的扳手钳住。

b 泵径规格代号为 175、225、275 和 375 的扳手平面尺寸，也可应用于管径代号为 20、25、30 和 40 的油管上。

附　录　A
（资料性附录）
金属柱塞与泵筒的配合间隙

单位为毫米

间隙代号	泵筒内径及其极限偏差	金属柱塞			泵筒与金属柱塞配合间隙范围
		直径	尺寸分档	极限偏差	
1	$D^{+0.051}_{0}$	d—0.025	1	$d^{0}_{-0.013}$	0.025～0.088
2		d—0.050	2		0.050～0.113
3		d—0.075	3		0.075～0.138
4		d—0.100	4		0.100～0.163
5		d—0.125	5		0.125～0.188
注：D、d 指泵筒与金属柱塞的标称直径。					

附　录　B
（资料性附录）
泵总成密封性能试验压力推荐值

经组装后的抽油泵泵筒上端接试压接头，另一端接被检抽油泵的固定阀，在不低于下表中规定的压力下保压 3 min，压力降不得超过 0.5 MPa。

标称直径/mm			27	31.8	38.1	44.5	45.2	50.8	57.2	63.5	69.9	82.6	95.3
抽油泵型式	杆式泵	试验压力/MPa	32	30	28	23	—	20	18	16	—	—	—
	管式泵		32	30	28	23	23	—	18	—	16	16	16

附 录 C
（资料性附录）
配合间隙最大漏失量推荐值

经密封性能试验合格的抽油泵，泵筒内放入选配好的柱塞，一端接试压接头，另一端旋入专用接头，置泵于水平位置，在不低于 10 MPa 的压力下测漏失量，其漏失量值应不超过下表所列数值。

标称直径/mm	试验压力/MPa	间隙代号				
		1	2	3	4	5
		最大漏失量/(mL/min)				
27.0	10	170	350	645	1 060	1 620
31.8		200	415	760	1 245	1 910
38.1		235	500	910	1 495	2 290
44.5		275	580	1 060	1 745	2 670
45.2		280	590	1 075	1 770	2 715
50.8		315	665	1 210	1 990	3 050
57.2		355	745	1 360	2 240	3 435
63.5		390	830	1 510	2 490	3 810
69.9		550	1 170	2 140	3 530	5 410
82.6		650	1 380	2 530	4 170	6 390
95.3		750	1 600	2 920	4 810	7 380

注 1：密封试验和漏失量试验介质均选用 10 号轻柴油，在 20 ℃温度时运动黏度 3 mm^2/s～8 mm^2/s，柱塞长度为 1.2 m。

注 2：配合间隙最大漏失量不能作为判定泵配合间隙的最终依据。

ICS 21.200
J 17

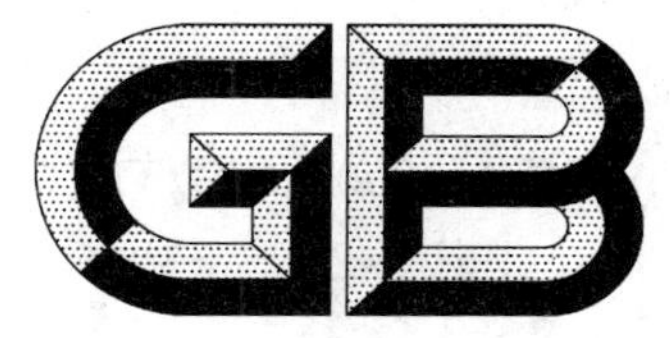

中华人民共和国国家标准化指导性技术文件

GB/Z 18620.1—2008/ISO/TR 10064-1:1992
代替 GB/Z 18620.1—2002

圆柱齿轮 检验实施规范 第1部分:轮齿同侧齿面的检验

Cylindrical gears—Code of inspection practice—Part 1:Inspection of corresponding flanks of gear teeth

(ISO/TR 10064-1:1992,IDT)

2008-03-31 发布

中华人民共和国国家质量监督检验检疫总局
中国国家标准化管理委员会 发布

前　言

GB/Z 18620《圆柱齿轮　检验实施规范》包括下列四部分：

——第1部分：轮齿同侧齿面的检验；

——第2部分：径向综合偏差、径向跳动、齿厚和侧隙的检验；

——第3部分：齿轮坯、轴中心距和轴线平行度的检验；

——第4部分：表面结构和轮齿接触斑点的检验。

本部分是GB/Z 18620的第1部分。

本部分等同采用ISO/TR 10064-1:1992《圆柱齿轮　检验实施规范　第1部分：轮齿同侧齿面的检验》(英文版)。

本部分等同翻译ISO/TR 10064-1:1992。为便于使用，本部分作了下列编辑性修改：

——按照汉语习惯对一些编排格式进行了修改；

——用小数点“.”代替作为小数点的“,”；

——对ISO/TR 10064-1:1992引用的其他国际标准中，有被等同采用为我国标准的，用我国标准代替对应的国际标准，未被等同采用为我国标准的直接引用国际标准。

本部分是对GB/Z 18620.1—2002《圆柱齿轮　检验实施规范　第1部分：轮齿同侧齿面的检验》的修订。与GB/Z 18620.1—2002相比，主要内容修改如下：

——对部分术语作了修改，如“s齿距组齿距数”改为“s扇形区齿距数……”，“k跨齿距数”改为“K相继齿距数……”；

——按照ISO/TR 10064-2:1996原文，在5.6中增加了检测仪器进行校准的要求。

——为了与ISO/TR 10064-2:1996保持一致，将表1改为图4。

本部分由中国机械工业联合会提出。

本部分由全国齿轮标准化技术委员会归口。

本部分起草单位：郑州机械研究所、机械科学研究总院。

本部分主要起草人：张元国、明翠新、张民安、历始忠、王长路、王琦、杨星原、陈爱闽、林太军、许洪基。

本部分所代替标准的历次版本发布情况为：

——GB/Z 18620.1—2002。

ISO 前言

ISO(国际标准化组织)是由各国标准化团体(ISO成员团体)组成的世界性的联合会。制定国际标准的工作通常由ISO的技术委员会完成,各成员团体若对某技术委员会已确立的标准项目感兴趣,均有权参加该委员会的工作。与ISO保持联系的各国际组织(官方的或非官方的)也可参加有关工作。在电工技术标准化方面,ISO与国际电工委员会(IEC)保持密切合作关系。

技术委员会的主要任务是制定国际标准,但是在特殊情况下,技术委员会可以建议发布下列类型之一的技术报告(TR):

——第1种类型 当经过反复努力仍未获得为发布一个国际标准所需要的支持;

——第2种类型 当该项目尚处于技术发展中,或者由于种种原因,只有在将来而不是目前有可能同意成为国际标准;

——第3种类型 当一个技术委员会收集到不同于正常发布的国际标准的资料(例如,适应当前的工艺水平)。

第1种类型和第2种类型的技术报告,在发布后的三年内进行复审,以确定他们能否转成国际标准。第3种类型的技术报告,不一定要复审,一直用到所提供的资料,不再认为有用或有效时为止。

ISO/TR 10064-1是属于第3种类型的技术报告,它是由ISO/TC 60齿轮技术委员会制定的。

这份报告提供了齿轮检验实施的说明和建议。

ISO/TR 10064在总标题"圆柱齿轮 检验实施规范"下,包括下列部分:

——第1部分:轮齿同侧齿面的检验;

——第2部分:径向综合偏差、径向跳动、齿厚和侧隙的检验。

ISO 引言

国际标准 ISO 1328:1975 除了包括轮齿要素偏差的定义和允许值外，还提供了适当的检验方面的建议。

在修订 ISO 1328:1975 的过程中，一致同意把齿轮检验方法方面的叙述和意见，应该提高到现代的技术水平，由于内容的增加以及其他考虑，决定将相关的段落作为一份第 3 种类型的技术报告，分册发布。于是，连同这个技术报告，制定第 2 章规范性引用文件所列的一系列文件。

圆柱齿轮　检验实施规范
第1部分:轮齿同侧齿面的检验

1　范围

本部分是渐开线圆柱齿轮同侧齿面的检验实施规范,即齿距、齿廓、螺旋线偏差和切向综合偏差的检验实施规范。

作为GB/T 10095.1的补充,它提供了齿轮检测方法和测量结果分析方面的建议。

许多使用的名词在GB/T 10095.1中解释,其他的在它们出现的地方或在第3章中解释。

2　规范性引用文件

下列文件中的条款通过GB/Z 18620的本部分的引用而成为本部分的条款。凡是注日期的引用文件,其随后所有的修改单(不包括勘误的内容)或修订版均不适用于本部分,然而,鼓励根据本部分达成协议的各方研究是否可使用这些文件的最新版本。凡是不注日期的引用文件,其最新版本适用于本部分。

GB/T 1356—2001　通用机械和重型机械用圆柱齿轮　标准基本齿条齿廓(idt ISO 53:1998)

GB/T 1357—1987　渐开线圆柱齿轮模数(neq ISO 54:1977)

GB/T 2821—2003　齿轮几何要素代号(ISO 701:1998,IDT)

GB/T 3374—1992　齿轮基本术语(neq ISO/R 1122-1:1983)

GB/T 10095.1—2008　圆柱齿轮　精度制　第1部分:轮齿同侧齿面偏差的定义和允许值(ISO 1328-1:1995,IDT)

GB/T 10095.2—2008　圆柱齿轮　精度制　第2部分:径向综合偏差与径向跳动的定义和允许值(ISO 1328-2:1997,IDT)

GB/Z 18620.2—2008　圆柱齿轮　检验实施规范　第2部分:径向综合偏差、径向跳动、齿厚和侧隙的检验(ISO/TR 10064-2:1996,IDT)

GB/Z 18620.3—2008　圆柱齿轮　检验实施规范　第3部分:齿轮坯、轴中心距和轴线平行度的检验(ISO/TR 10064-3:1996,IDT)

GB/Z 18620.4—2008　圆柱齿轮　检验实施规范　第4部分:表面结构和轮齿接触斑点的检验(ISO/TR 10064-4:1998,IDT)

3　符号和术语

3.1　齿轮参数

b	齿宽	mm
d	分度圆直径	mm
d_b	基圆直径	mm
m, m_n	法向模数	mm
m_t	端面模数	mm
p_n	法向齿距	mm
p_t	端面齿距	mm
P_b, p_{bn}	法向基圆齿距	mm
p_{bt}	端面基圆齿距	mm

S	扇形区齿距数	—
z	齿数	—
α, α_n	法向压力角	°
α_t	端面压力角	°
β	螺旋角	°
β_b	基圆螺旋角	°
ε_α	端面重合度	—
ε_β	纵向重合度	—
ε_γ	总重合度	—

3.2 齿轮的偏差

单项要素测量所用的偏差符号，用小写字母（如 f）加上相应的下标组成；而表示若干单项要素偏差组合的“累积”或“总”偏差所用的符号，采用大写字母（如 F）加上相应的下标组成。有些偏差量需要用代数符号表示，当尺寸大于设计值，偏差是正的；反之，是负值。

f_{db}[1]	基圆直径偏差	μm
f_{dbm}[1]	平均基圆直径偏差	μm
$f_e(f_{eL}, f_{eR})$	齿轮轴线和轮齿（或同侧齿面）轴心线间的偏心量	mm
$f_{f\alpha}$	齿廓形状偏差	μm
$f_{f\beta}$	螺旋线形状偏差	μm
$f_{H\alpha}$[1]	齿廓倾斜偏差	μm
$f_{H\alpha m}$[1]	平均齿廓倾斜偏差	μm
$f_{H\beta}$[1]	螺旋线倾斜偏差	μm
$f_{H\beta m}$[1]	平均螺旋线倾斜偏差	μm
f_i'	一齿切向综合偏差（与测量齿轮啮合）	μm
f_l'	切向综合偏差的长周期分量	μm
f_s'	切向综合偏差的短周期分量	μm
f'	一齿传动偏差（产品齿轮副）	μm
f_{pb}[1]	基圆齿距偏差	μm
f_{pbm}[1]	平均基圆齿距偏差	μm
f_{pbt}	端面基圆齿距偏差	μm
f_{ps}[1]	扇形区齿距偏差	μm
f_{pt}[1]	单个齿距偏差	μm
$f_{w\beta}$	波度（沿螺旋线）	μm
f_α[1]	压力角偏差（标准）	μm
f_{α_m}[1]	平均压力角偏差	μm
f_β[1]	螺旋角偏差	μm
f_{β_m}[1]	平均螺旋角偏差	μm
F_p	齿距累积总偏差	μm

1) 这些偏差项目可以是“+”（正）或“−”（负）。

F_{pk}[1)]	齿距累积偏差	μm
F_{pkS}[1)]	扇形区齿距累积偏差	μm
F_{pS}[1)]	扇形区齿距累积总偏差	μm
F_{i}'	切向综合总偏差(与测量齿轮啮合)	μm
F'	传动总偏差(产品齿轮副)	μm
F_{α}	齿廓总偏差	μm
F_{β}	螺旋线总偏差	μm

3.3 齿轮检验的名词

d_{beff}	有效基圆直径	mm
k	相继齿距数	—
l	左旋	—
r	右旋	—
C_{a}	齿顶修缘	mm
C_{f}	齿根修缘	mm
C_{α}	齿廓凸度	mm
C_{β}	轮齿鼓度	mm
$C_{\mathrm{I}}(C_{\mathrm{II}})$	在基准面(非基准面)的齿端修薄	mm
L	左齿面	—
L_{AE}	有效长度	mm
L_{AF}	可用长度	mm
L_{E}	至有效齿廓起始点的基圆切线长度	mm
L_{α}	齿廓计值范围	mm
L_{β}	螺旋线计值范围	mm
$N\cdots$	齿、齿距序数	—
R	右齿面	—
λ_{β}	波度曲线波长(螺旋方向)	mm
$\lambda_{\beta x}$	波度曲线轴向波长	mm
ξ	渐开线展开角	°
Ⅰ	基准面	—
Ⅱ	非基准面	—

4 齿轮的检验项目

各种轮齿要素的检验，需要多种测量操作。首先，必须保证在涉及齿轮旋转的所有测量中，齿轮实际工作的轴线应与测量过程中旋转轴线相重合。

在检验中，测量全部轮齿要素的偏差既不经济也没有必要，如单个齿距、齿距累积、齿廓、螺旋线、切向和径向综合偏差、径向跳动、表面粗糙度等，因为其中有些要素对于特定齿轮的功能并没有明显的影响。另外，有些测量项目可以代替另一些项目，例如切向综合偏差检验能代替齿距偏差检验，径向综合偏差检验能代替径向跳动检验。由于考虑到有这类情况，在ISO/TR 10063中按齿轮工作性能推荐了检验组和公差族。然而，应该强调，对于质量控制测量项目的减少，必须由供需双方协商确定。

5 偏差位置的识别

对于轮齿的测量，识别偏差的方便办法是表明其相应的位置，如右齿面、左齿面、齿距或它们的组合。

5.1 右齿面或左齿面

选定齿轮的一个端面作基准面，并用字母“Ⅰ”表示，另一个非基准面为“Ⅱ”。

对着基准面进行观察，看到齿和齿顶，则右齿面在右边，左齿面在左边(见图1、图2)。

右齿面和左齿面分别用字母“R”和“L”表示。

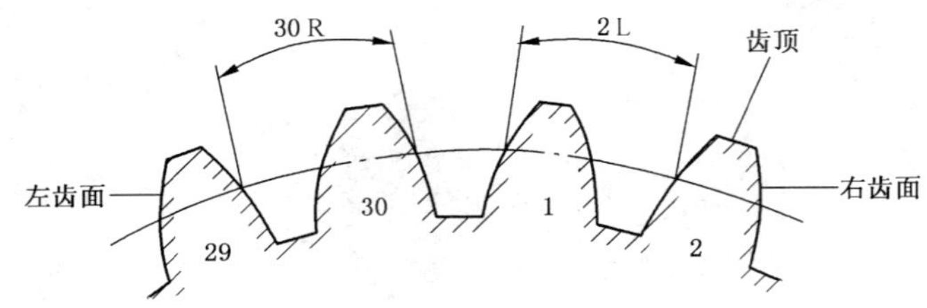

30R＝第30齿距，右齿面

2L＝第2齿距，左齿面

图1 外齿轮的标记和编号

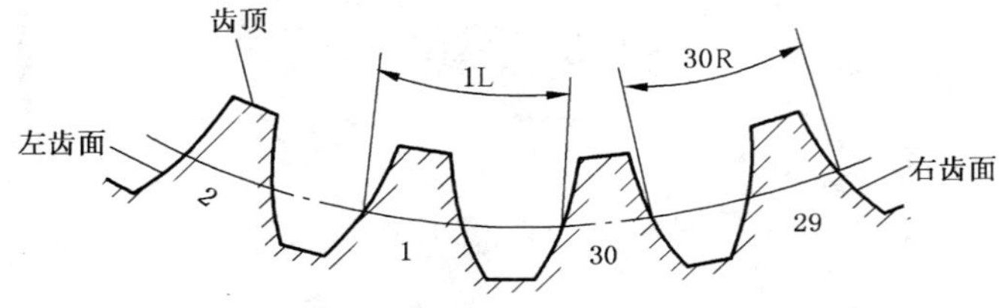

1L＝第1齿距，左齿面

30R＝第30齿距，右齿面

图2 内齿轮的标记和编号

5.2 斜齿轮的右旋或左旋

外齿或内齿斜齿轮的螺旋方向，用右旋或左旋表示，螺旋方向分别由字母“*r*”和“*l*”表示。从一面看，当增加与观察者的距离时，横断面显示连续的顺时针(逆时针)移动为右(左)旋齿轮。

5.3 齿与齿面的编号

对着齿轮的基准面看，以顺时针方向顺序地数齿数，齿数后写上字母R或L，表示它是右或左齿面，比如“齿面29L”。

5.4 齿距的编号

单个齿距的编号和下个齿的编号有关，第“*N*”齿距介于“*N*-1”齿和第“*N*”齿的同侧齿面之间，用字母R或L表示齿距是介于右齿面还是左齿面之间，例如“齿面2L”(见图1)。

5.5 相继齿距数“*k*”

偏差符号的下标“*k*”表示所要测量偏差的相邻齿距的个数，实践中，数字往往取代*k*，比如F_{p3}表示3个齿距的齿距累积偏差。

5.6 检验的规定

通常，测量应在邻近齿高的中部和(或)齿宽的中部进行，如果齿宽大于250 mm，则应增加两个齿廓测量部位，即在距齿宽每侧约15%的齿宽处测量，齿廓和螺旋线偏差应至少在3个以上均布位置上的同侧齿面上测量。

为了保证测量精度，检测仪器应定期采用经认可的标准块进行校准。

6 单个齿距偏差和齿距累积偏差的检验

6.1 概述

齿距偏差的检验包括实际值(角度值)测量或沿齿轮圆周上同侧齿面间距离的比较测量(见图3)，单个齿距测量示例见图4。

与检验法向、端面和齿距累积偏差不同，基圆齿距偏差是在沿基圆切平面上测量，因而与齿轮轴线无关。

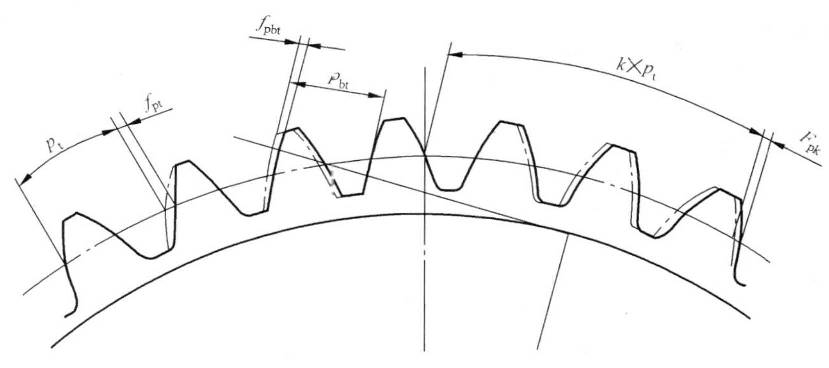

端面基圆齿距(p_{bt})

端面基圆齿距偏差(f_{pbt})

齿距累积($k\times p$，如图 $k=3$)

齿距累积偏差(F_{pk}，如图 $k=3$)

图3 齿距(p_t)，齿距偏差(f_{pt})

N	1	2	3	4	5	6	7	8	9	10	11	12	13	14	15	16	17	18
A	25	23	26	24	19	19	22	19	20	18	23	21	19	21	24	25	27	21
B	22.00																	
C	+3	+1	+4	+2	−3	−3	0	−3	−2	−4	+1	−1	−3	−1	+2	+3	+5	−1
D	+3	+4	+8	+10	+7	+4	+4	+1	−1	−5	−4	−5	−8	−9	−7	−4	+1	0

N——齿距序数；

A——用两测头的齿距比较仪测得的值；

B——所有 A 值的算术平均值；

C——单个齿距偏差 f_{pt}，表示为 A 的各个值与平均值 B 的差值；

D——由 $f_{pt}(C)$值依次连续累加而得的齿距累积偏差。图4涉及到第18齿和第1齿之间的各齿面，其说明见图5。

当用角度齿距测量方法时(即用一个触头的仪器)，在每个测量位置上，将实际测得的角度减去理论角度，再将此差值(弧度)乘以触头与齿面接触点的径向距离，即可得到 D 值。而 C 值则可由 N 号的齿面的 D 值减去 $N-1$ 号齿面的 D 值获得。

图4 单个齿距测量示例(表中数值系假设值，实际上整数值是很难遇到的)

一般地，对于有很多齿数的齿轮，F_p 和 F_{pS}的差别可以忽略不计。

6.2 单个齿距精度的检测

检测齿距精度最常用的装置，一种是有两个触头的齿距比较仪，另一种是只有一个测量触头的角度分度仪，对实施这两种检测方法分别在6.2.1和6.2.2中阐述。

不带旋转工作台的坐标测量机也可用来测量齿距和齿距偏差，所采用的有关相对运动与6.2.2中所述的原理基本相当(见图6)。

6.2.1 用齿距比较仪(两个触头)检测单个齿距

两个测头的位置,应在相对于齿轮轴线的同样半径上,并在同一横截面内,测头移动的方向要与测量圆相切。

因为很难得到半径距离的精确数值,所以齿距比较仪很少用于检测端面齿距的真实的数值。这种仪器最合适的用途是确定齿距偏差。

一些齿距比较仪装备了导向滑轨,使测头容易达到固定的径向深度,一般到轮齿中部的附近(图7),被测的齿轮慢慢地转动,绕着轴心连续地或间歇地转动,而导向滑轨上的测头在测量部位来回移动。

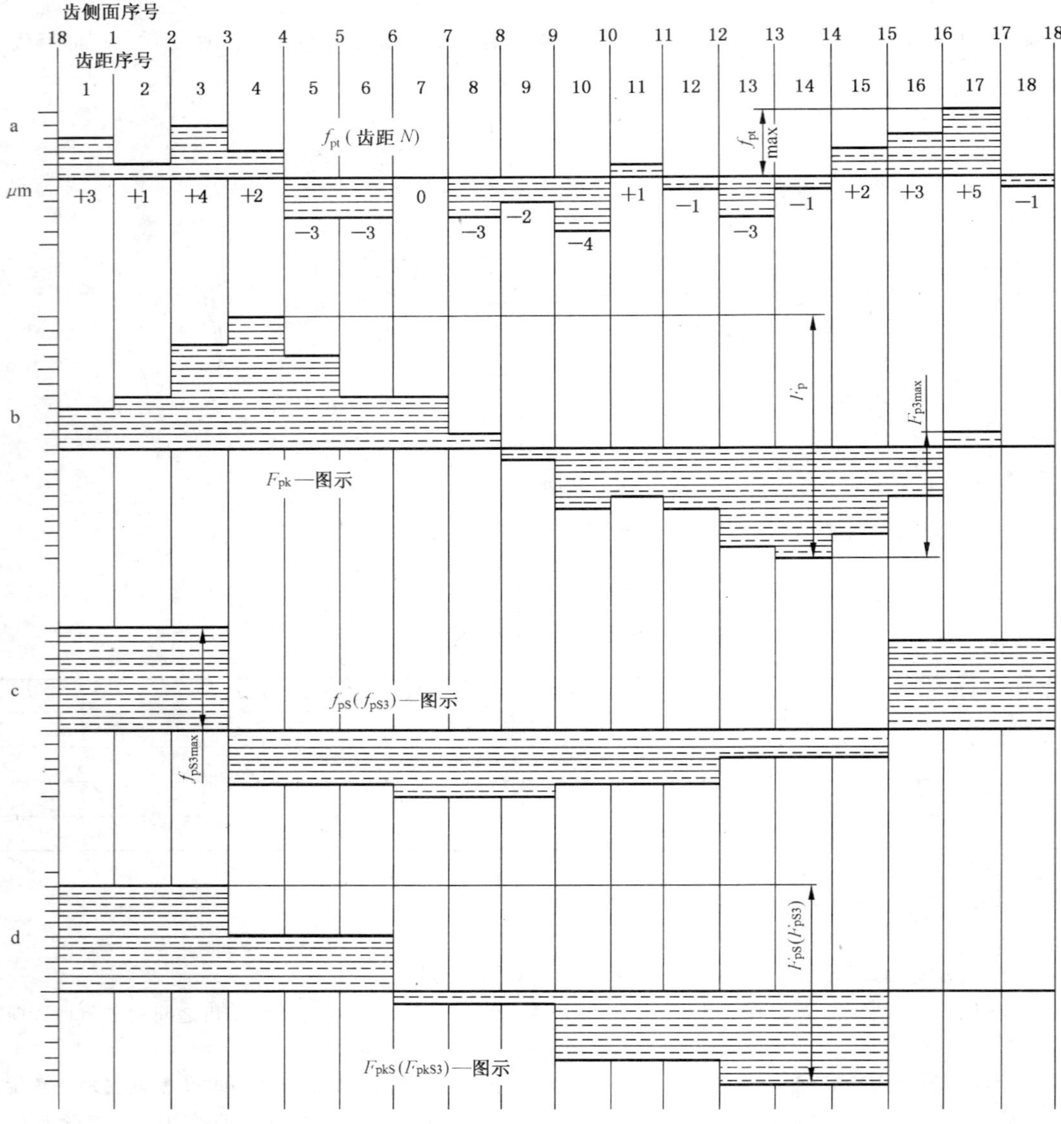

a 单个齿距偏差 f_{pt},$f_{pmax}=+5\mu m$,在齿距 17。

b 齿距累积偏差 F_{pk},相对于齿面 18,F_{pkmax} = 齿距累积总偏差 $F_p=19$ μm 在齿面 4 和 14 之间,$F_{p3max}=10$ μm 在齿面 14 和 17 之间。

c 扇形区齿距偏差 f_{pS},在每组扇形区齿数 $S=3$ 个齿距上测量,$f_{pS3max}=8$ μm,在齿面 18 和 3 之间。

d 扇形区齿距累积偏差 F_{pk3},是由 $S=3$ 扇形区齿距偏差(c)累加而得,全扇形区齿距累积偏差 $F_{pS}=F_{pS3}=15$ μm,在齿面 3 和 15 之间。

图 5 图 4 示例齿轮($z=18$)的齿距偏差的图解说明

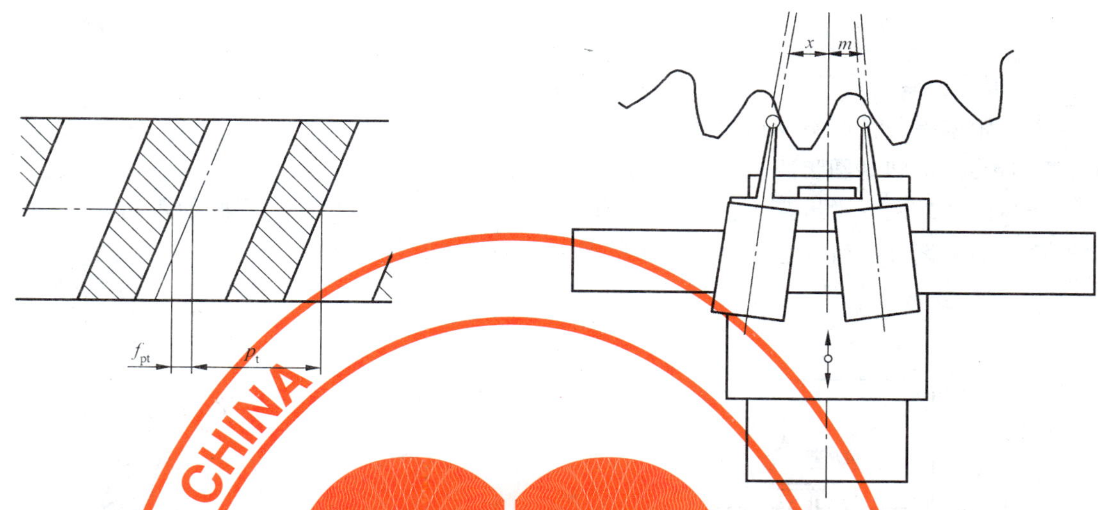

图 6　端面齿距 p_t 和单个齿距偏差 f_{pt}

图 7　使用齿距比较仪测量齿距偏差

6.2.2　**用角度转位法(一个触头)检测单个齿距**

检测过程涉及分度转位器的使用,其精确度必须和齿轮直径协调,如图 8 所示。

对每个齿面,测量头在预先设定要检测的部位上径向来回移动,就可测得偏离理论位置的位置偏差,相对于所选定的基准齿面或零齿面,这个测得的数据代表了相关齿面的位置偏差,这样记录的数据曲线应显示出齿轮在圆周上的齿距累积偏差(F_{pk})。

第 N 个齿面的位置偏差减去第 $N-1$ 个的,就是每个单个齿距偏差,负值要表示出来。

6.3　**用齿距比较仪检测法向齿距精度**

图 9 表示法向齿距和法向齿距偏差 f_{pn}。

检测时,当只有检验"法向"齿距偏差的便携式比较仪,而没有其他适当的仪器时,只得用法向齿距偏差测量来代替端面齿距偏差的测量。如图 10 介绍的仪器,齿轮的齿顶圆用来定位,它必须和齿轮轴线有足够的同心度,其他用于同样用途的比较仪器有不同的定位方法,而不用齿顶面作为定位面。

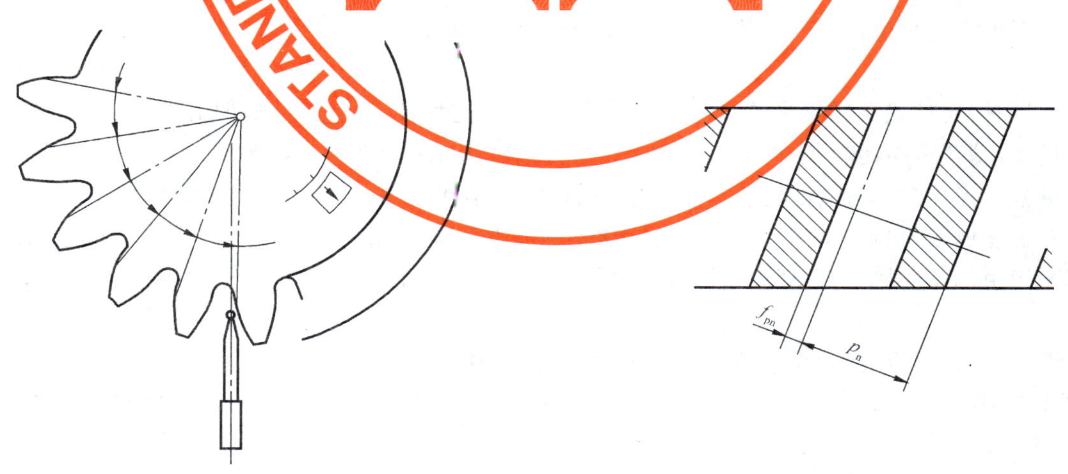

图 8　用角度转位法检测齿距

图 9　法向齿距 p_n 和法向齿距偏差 f_{pn}(法向截面)

因为标准 GB/T 10095.1 中的公差值指的是端面齿距,所以在和公差比较前,法向齿距偏差测量值需转换为端面数值。

它们的关系如下：

$$f_{pt} = \frac{f_{pn}}{\cos\beta} \qquad \cdots\cdots(1)$$

或者，可将公差值乘以 $\cos\beta$，这样做所需的计算量往往比较少。

法向齿距偏差测量值不能加起来作齿距累积偏差。

6.4 基圆齿距 p_b 和基圆齿距偏差 f_{pb} 的测量

一个齿轮的端面基圆齿距是公法线上的两个相邻同侧齿面的端面齿廓间的距离，它也就是位于相邻的同侧齿面上渐开线齿廓起点之间的基圆圆周上的弧长(见图 11)。

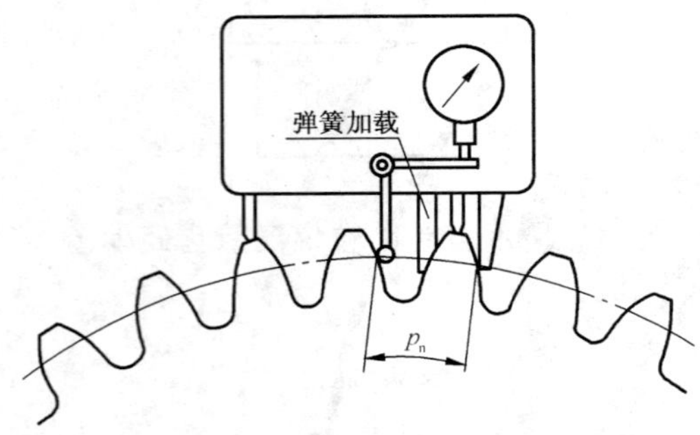

图 10　在直齿轮上用于检测法向齿距偏差的便携式齿距比较仪

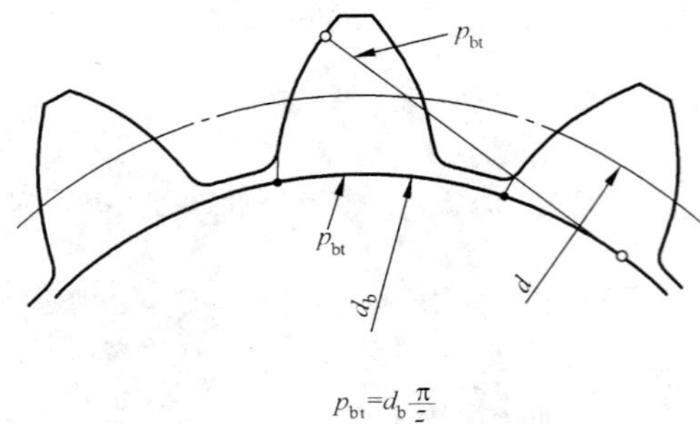

图 11　端面基圆齿距 p_{bt}

法向与端面基圆齿距之间有如下关系：

$$p_{bn} = p_{bt}\cos\beta_b \qquad \cdots\cdots(2)$$

相啮合的齿轮各齿之间有效载荷的分配，要求两个齿轮的基圆齿距精度能得到充分的控制，在两个齿轮要求能互换时，这点就显得尤其重要。在这种情况下，一个重要的测量目标，就是确定用于与其他齿轮的平均基圆齿距相比较的该个齿轮的平均基圆齿距。

法向基圆齿距的理论值是法向模数和法向压力角的函数，即：

$$p_{bn} = m\pi\cos\alpha_n \qquad \cdots\cdots(3)$$

通常，我们用便携式比较仪来测量法向基圆齿距偏差，这种仪器的使用原理如图 12 所示，借助于一组合适的量规，基圆齿距比较仪在标定后也能直接用来测量与理论基圆齿距的偏差。

在测量基圆齿距时，必需保证比较仪的触头的接触点不在齿廓或螺旋线的修形区域内。

当没有合适的齿廓检查仪器可用时，测得的基圆齿距偏差可用作推断压力角偏差 f_α 的基础，因为测得的基圆齿距偏差受到齿距偏差和齿廓形状偏差的影响，这种方法只有在这两种偏差很小时才能使用。

在计算近似的平均压力角偏差或其他偏差时，应该用基圆齿距的平均值。

平均法向基圆齿距偏差 f_{pbm}，平均基圆直径偏差 f_{dbm}、平均压力角偏差 $f_{\alpha m}$ 和有效基圆直径 d_{beff} 有以下关系：

$$f_{dbm} = \frac{zf_{pbm}}{\pi\cos\beta_b} \qquad \cdots\cdots(4)$$

$$f_{\alpha m} \approx -\frac{f_{pbm}}{\pi m\sin\alpha} \qquad \cdots\cdots(5)$$

$$d_{\mathrm{beff}} = d_{\mathrm{b}} + \frac{z f_{\mathrm{pbm}}}{\pi \cos\beta} \qquad \cdots\cdots (6)$$

6.5 齿距累积偏差 F_{pk} 和 F_p 的确定

齿距累积偏差是这样确定的，即对任何指定数目的端面单个齿距偏差（见图 5 中[b]）作代数相加，单个齿距偏差的测定见 6.2.1。

用 6.2.2 阐述角度转位法可直接测得齿距累积偏差值。

6.5.1 齿距累积总偏差 F_p 的确定

按照定义，齿距累积总偏差是指一个齿轮的任意扇形部分同侧齿面间的最大齿距累积偏差，其数值等于齿距累积偏差曲线的最高和最低点之间的距离，见图 5 中[b]。

6.5.2 扇形区的齿距累积偏差检测

当齿轮的齿数很多，用比较仪作单个齿距校验法测量时，由于很多个测量的不精确性叠加起来而形成很大的误差。每次测量中不精确性的来源之一，是很难保证后触头与前一次测量时前触头所占位置完全重合。

如果用对扇形区的齿距进行检验，则上述的不正确性可以减少，为此建议当齿轮超过 60 个齿时，最好改用扇形区测量，图 13 表示齿距数为 4 的扇形区测量原理，即齿距号 1～4，下一个要测的扇形区包含齿距号 5～8，此时位于右侧的后触头将与 4 号齿齿面接触，此接触点为上一次测量时位于左侧的前触头所占的位置，6.2.1 所述的注意要点同样适用于扇形区齿距测量。

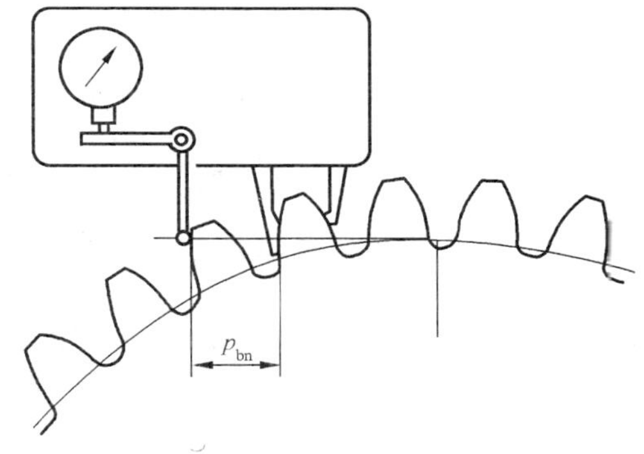

图 12 测量基圆齿距的便携式比较仪测直齿轮

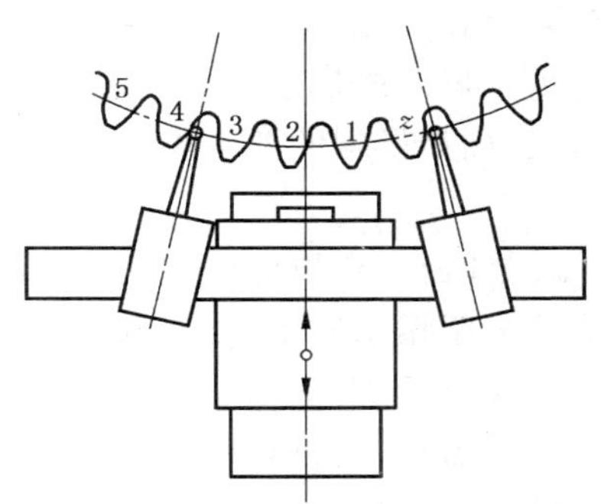

图 13 扇形区齿距测量原理

在选择扇形区包含齿距数 S 时，必须符合以下两点：

a) 扇形区的弦长应适合所用的齿距比较仪的量程；

b) 测得的点数应足够用来绘制出一条可接受的累积偏差曲线。

图 14 中所提供的公式和曲线可指导选择合适的齿距数。

如果可能，z/S 应取整数，但是，如 z/S 不是整数时，扇形区齿距偏差测量的扇形区齿数应取大于 z/S 的整数，此时当测量到最后一个跨齿距时，其中包含的一部分齿距是在第一个扇形区齿距测量时已经包含了的。

例：$z=239$，$m=8$，这样 $S=5$

故扇形个数至少等于 239:5＝47.8，取扇形个数为 48 个，则测量重叠的齿距为 5×48－239＝1 个齿距。

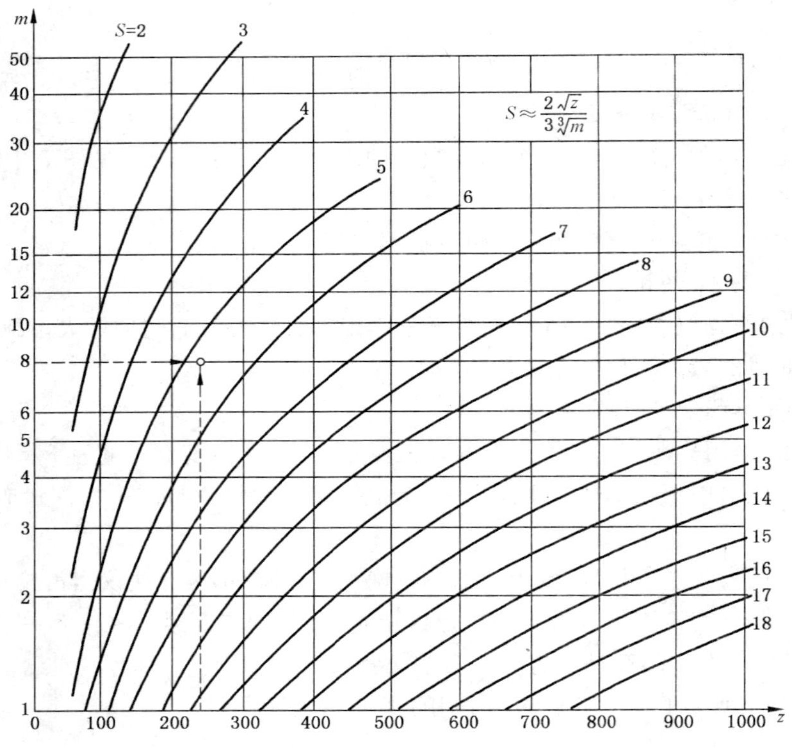

图 14 扇形区齿距测量时扇形区齿距数(*S*)的选择

6.5.3 扇形区齿距测量结果的评定

扇形区齿距偏差的代数和建立起来的曲线，常常不能反映齿距累积总偏差，认识这一点是很重要的，因为扇形区内最极端的单个齿距偏差的影响，原来会影响齿距累积总偏差的数值，但却在扇形区内被抵消了。

这样，如果任何一个数值非常接近于给定的公差极限，则最小、最大和重叠区内的单个齿距偏差应该融入扇形区齿距累积偏差曲线中，以保证齿距累积总偏差更加精确。

用数字取代符号 F_{ps} 和 F_{pks} 的下标，表示扇形区齿距累积偏差可带来很大方便，用这种方法，就可以表示出有关的弧长或扇形区齿距数，例如，F_{p24s4} 表示在 $S=4$(每区齿距数)跨齿测量下，$k=24$ 齿距弧长内的扇形区齿距累积偏差。

6.5.4 齿距累积偏差 F_{pk} 的必要性

如果在较少的齿距数上的齿距累积偏差过大时，在实际工作中将产生很大的加速度力，这在高速齿轮传动中更应重视，因为可能产生很大的动载荷，因而有必要规定较少齿距范围内的累积公差。

图 15 中分别表示了两个齿轮的齿距累积偏差曲线，从两曲线中可看出其齿距累积总偏差是一样的，但少数齿距的最大齿距累积偏差有着明显的差别，如曲线 a)和 b)中 k 个齿距所示，按照规定的公差值，曲线 a)中 F_{p4} 的偏差是可以通过的，而在曲线 b)中 F_{p4} 的偏差是不能接受的。

给定数目的 k 个齿距上的最大齿距累积偏差 F_{pk} 可由 F_{pk} 图导出，即依次从齿轮的每个齿面出发取圆弧长度($k\times p_t$)，实际上其最大值也可在少数跨齿距测量中得到。

现看图 5 例子上提供的数据，当 $k=3$，第 15，16 和 17 齿距的单个齿距偏差的总和，表明了三个齿距最大齿距累积偏差为 10 μm。

区别 F_{pk} 值的位置的一个简便方法是，在圆括号中列出有关的齿距序数，例如，上面的例子可按下列表示：

$$F_{p3}(15\cdots17)=10\ \mu m$$

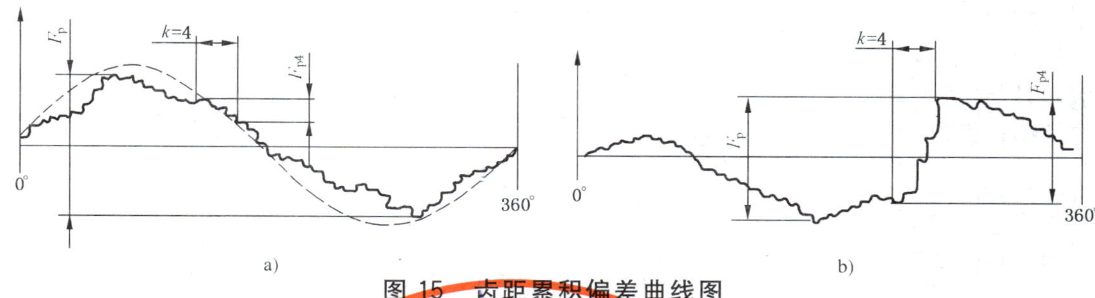

a) b)

图 15 齿距累积偏差曲线图

6.6 关于齿距偏差测量和对其结果评价的一些说明

单测杆和比较仪测杆末端通常是球形，每个测杆轴心线应与从齿轮轴心线到测杆和齿面接触点这一径向线平行且成一直线(图 7、图 8 和图 13)。

对于所有齿距偏差的测量方法，除了用基圆齿距比较仪测量基圆齿距偏差外，其径向和轴向跳动的值都应很小，以致可以忽略不计。然而，如果待检齿轮的轴心线偏离检测仪器回转的轴心线，而计量装置的位置又按后者的轴心线固定时，则双倍振幅等于两倍偏心量的正弦分量，要加入到齿轮齿距累积偏差的真实曲线上去。

由于上面提到的偏离(偏心量 f_e)所形成的正弦曲线，构成齿距累积偏差图[图 15a)]的一部分，是从仅仅一组同侧齿面得到的。其相位将不同于由左侧和右侧齿面综合得到的径向跳动曲线，它的双倍波幅等于 $2f_e$，波幅也可能不同。

由齿距累积偏差值或切向综合偏差值的测量得到偏心量的数值，涉及右侧或左侧齿面的，最好用 f_{eR} 和 f_{eL} 分别表示。

7 齿廓偏差的检验

按定义，齿廓偏差是在端平面上垂直于齿廓的偏差值，然而，偏差也可在齿面的法向测量，然后把测得的数值除以 $\cos\beta_b$，经这样的换算后再与公差值比较。

7.1 齿廓图

齿廓图包括齿廓迹线，它是由齿轮齿廓检验设备在纸上或其他适当的介质上画出来的齿廓偏差曲线，齿廓迹线如偏离了直线，其偏离量即表示与被检齿轮的基圆所展成的渐开线齿廓的偏差。

齿廓修形也表现为偏离了渐开线，但就“设计齿廓”而言这种情况不能作为偏差来对待。

沿齿廓图上任何一点，有关的可与一个半径、一个基圆切线长度和一个渐开线滚动展开角相联系。

图 16 是一个齿廓的示例以及其与相应齿廓迹线的关系和有关的术语。关于齿廓迹线术语的详细定义和概念在 GB/T 10095.1 中叙述。

齿廓计值范围 L_α 等于在有效长度 L_{AE} 中从其顶端或倒棱处减去 8%，这样做是为了在评定时排除在切削过程中非有意的多切掉的顶部，而这样做并不损害齿轮的功能，在评价齿廓总偏差(F_α)和齿廓形状偏差($f_{f\alpha}$)时，在这 8% 区域内如有超出设计齿廓的材料，从而增加其偏差量时必须计算进去，而在这区域内如多切去材料而形成的偏差值，其公差可予增大。

7.2 齿廓图的评定

为了齿轮质量分等，只需检验齿廓总偏差 F_α 即可，见 GB/T 10095.1。

然而，为了某些目的，分别确定“齿廓倾斜偏差”$f_{H\alpha}$和“齿廓形状偏差” $f_{f\alpha}$也是有用处的。为此，需要在齿廓图上加上“平均齿廓迹线”如图 16 所示，参见 GB/T 10095.1 中图 2a)、图 2b)、图 2c)。关于 $f_{f\alpha}$和 $f_{H\alpha}$允许值，作为指导性资料在 GB/T 10095.1 附录 B 中给出。

从齿面法向上测得齿廓偏差，如果检测仪器未转换成端面值时，则其结果应除以 $\cos\beta_b$ 转换为端面齿廓法线上的相应值，然后将获得的数据同端面齿廓法向偏差的规定公差值比较。

7.3 $f_{H\alpha}$和 f_α 的代数符合

如图 16 所示，在图形中平均齿廓迹线若向齿顶 A 侧升高，则齿廓倾斜偏差称为正，则相应的压力角偏差称为负。在图 17 中表示了由于安装于齿轮加工机床上有偏心而造成的正倾斜及负倾斜。

如一对相啮合齿轮，其齿廓图中的倾斜相等并且符号相同，则其偏差就相互抵消，这一规律对外齿轮和内齿轮都适用。

7.4 压力角偏差 f_α

齿廓线如在齿顶端凸出，表示其压力角减小。

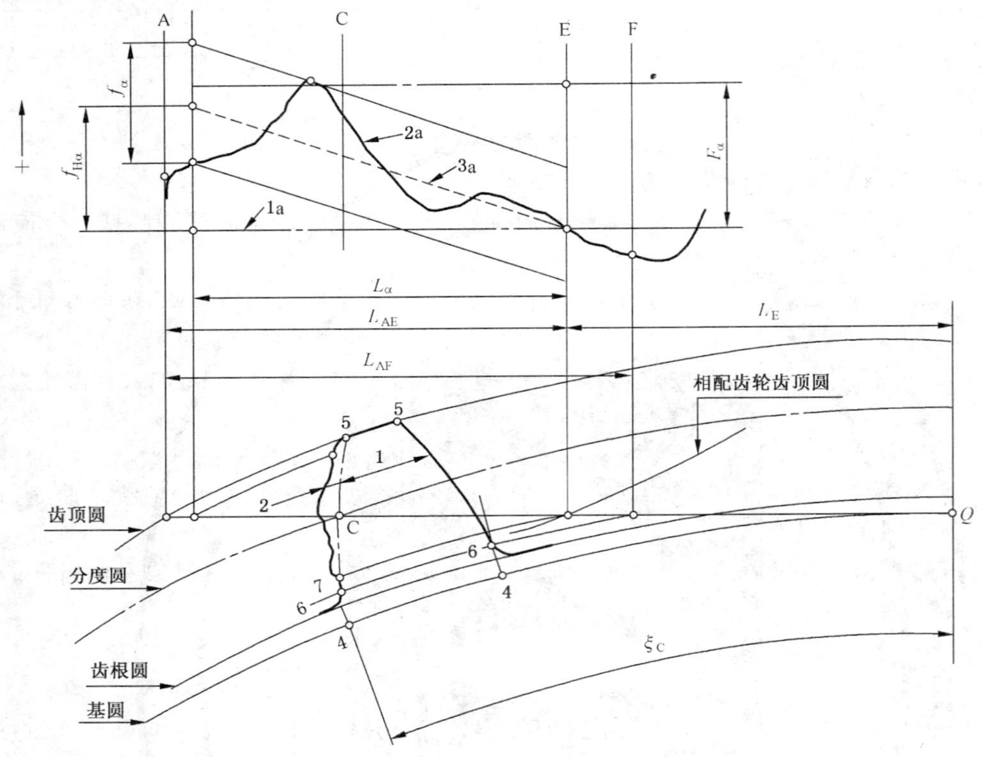

1——设计齿廓；
2——实际齿廓；
3——平均齿廓；
1a——设计齿廓迹线；
2a——实际齿廓迹线；
3a——平均齿廓迹线；
4——渐开线起始点；
5——齿顶点；
5-6——可用齿廓；
5-7——有效齿廓；
C-Q——C 点基圆切线长度；
ξ_C——C 点渐开线展开角；
Q——滚动的起点(端面基圆切线的切点)；
A——轮齿齿顶或倒角的起点；
C——设计齿廓在分度圆上的一点；
E——有效齿廓起始点；
F——可用齿廓起始点；
L_{AF}——可用长度；
L_{AE}——有效长度；
L_α——齿廓计值范围；
L_E——到有效齿廓的起点基圆切线长度；
F_α——齿廓总偏差；
$f_{f\alpha}$——齿廓形状偏差；
$f_{H\alpha}$——齿廓倾斜偏差。

图 16 齿轮齿廓和齿廓示意图

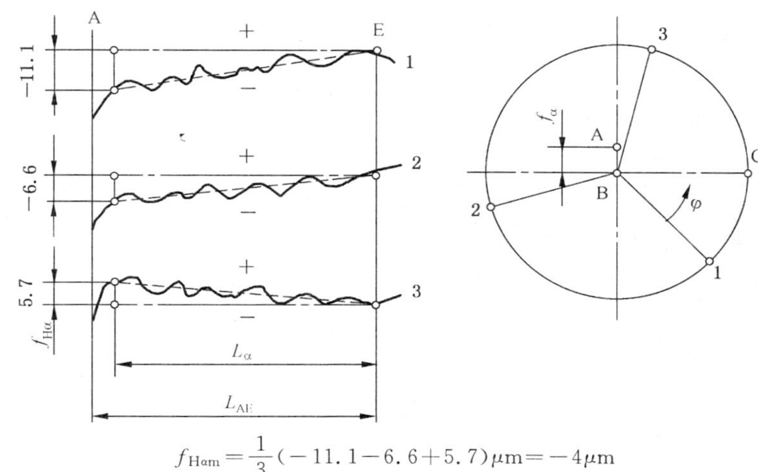

$$f_{H\alpha m}=\frac{1}{3}(-11.1-6.6+5.7)\mu m=-4\mu m$$

A——机床的旋转轴线相对于齿轮的旋转轴线；

B——检验仪器及齿轮的旋转轴线；

C——刀具或齿廓测量触头的位置；

1,2,3——齿廓测量位置(在 45°,165°,285°)以及相应的齿廓迹线。

图 17 平均齿廓倾斜偏差 $f_{H\alpha m}$

齿廓倾斜偏差可按下列公式换算为压力角偏差 f_α

按弧度

$$f_\alpha=-\frac{f_{H\alpha}}{(L_\alpha\tan\alpha_t)\times 10^3} \qquad (7)$$

按圆弧秒

$$f_\alpha=-\frac{206.26f_{H\alpha}}{L_\alpha\tan\alpha_t} \qquad (8)$$

式中：

$f_{H\alpha}$——齿廓倾斜偏差，单位为微米(μm)，

L_α——齿廓记值范围，单位为毫米(mm)。

对于外齿轮、内齿轮都为：

当 $f_{H\alpha}>0$，则 $f_{db}>0$ 及 $f_\alpha<0$。

7.5 平均齿廓倾斜偏差 $f_{H\alpha m}$

单个齿廓的倾斜偏差可能是由于制造或检验时安装不准确形成的偏心所造成，但是，这种偏差沿着齿轮圆周是变化的，对于同侧齿面的平均齿廓倾斜偏差，这种变化就相互抵消掉了。

图 17 中，举例表示了偏心对齿廓倾斜的影响，以及平均齿廓偏差的确定。

往往需要计算出同侧齿面齿廓倾斜偏差的平均值，以用来确定采取什么步骤来纠正机床上装夹时产生的误差。

在实际应用中，取沿齿轮圆周均布的几个同侧齿面计算其齿廓倾斜偏差算术平均值即可。

取两个在直径上相对位置的同侧齿面，从其齿廓迹线上可以得到适用的平均值，然而，如齿廓倾斜偏差沿齿轮圆周变化时，则必须至少取三个均布同侧齿面的齿廓线，否则偏差不一定能被发现。

7.6 基圆直径偏差 f_{db}、平均基圆直径偏差 f_{dbm} 和有效基圆直径 d_{beff}

基圆直径偏差 $f_{db}=d_{beff}-d_b$ 直接与齿廓倾斜偏差 $f_{H\alpha}$ 有关，其关系式如下：

$$f_{db}=f_{H\alpha}\frac{d_b}{L_\alpha} \qquad (9)$$

这样，当"平均齿廓倾斜偏差"(见 7.5)确定之后，平均基圆直径偏差和有效基圆直径可按下列公式计算：

$$f_{dbm} = f_{H\alpha m}\frac{d_b}{L_\alpha} \qquad \cdots\cdots (10)$$

$$d_{beff} = d_b\left(1 + \frac{f_{H\alpha m}}{L_\alpha}\right) \qquad \cdots\cdots (11)$$

7.7 齿廓公差带

一个方便的检验方法是检验齿廓迹线是否位于规定的公差带之内。

很多公差带的规定，其形状大体上像字母“K”(图 18)，即众所周知的“K”形图。

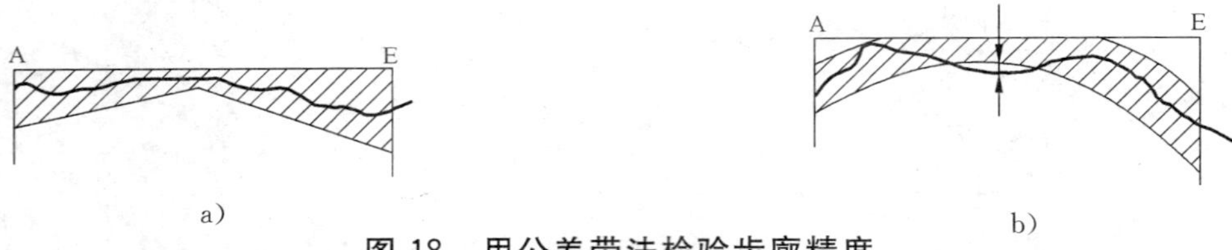

图 18 用公差带法检验齿廓精度

这种图的应用如图 18 所示，其中图 18a)所示齿廓迹线落在公差带之内，而在图 18b)则没有达到。

如果需要的话，也可综合应用两种齿廓精度评定方法(即用某一质量等级的标准公差和用公差带法)，如图 19 中的例子所示。

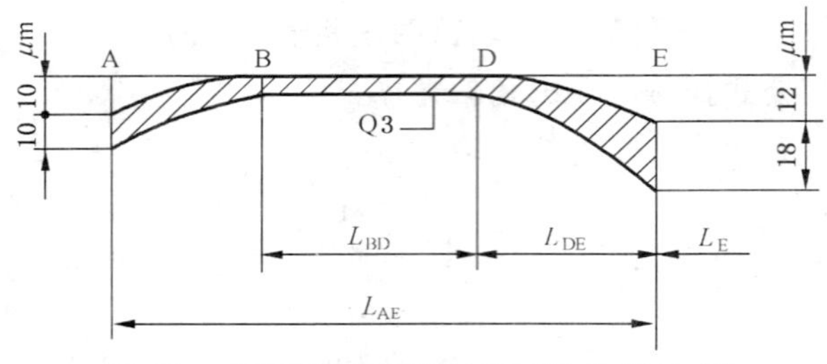

图 19 不同齿廓区段用不同公差实例

7.8 齿廓凸度 C_α

在有些应用中，适当的齿廓修形涉及顶部和根部，修削使轮齿从中间开始逐渐向顶部和根部形成弓形，如图 20 所示。

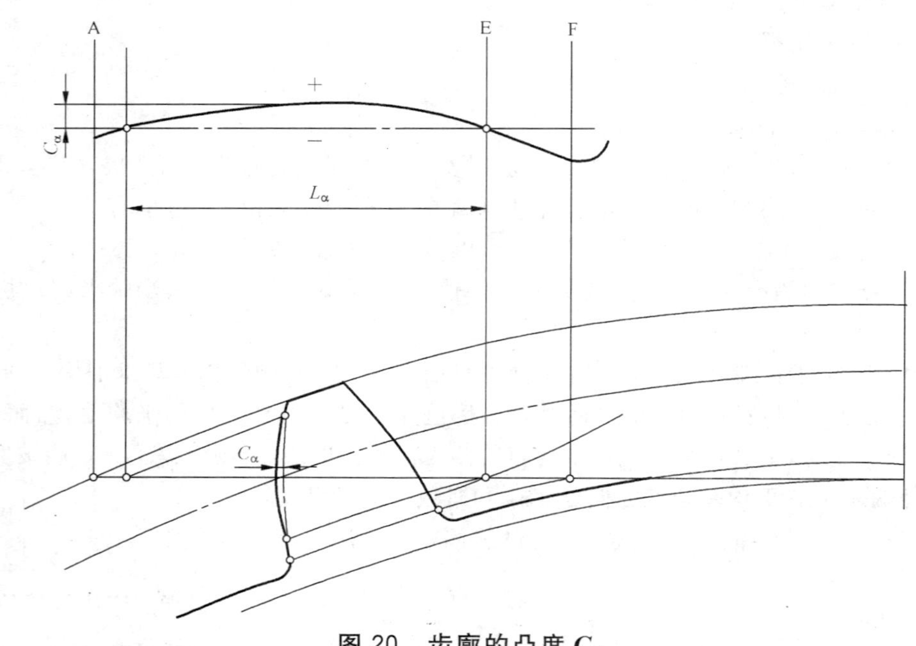

图 20 齿廓的凸度 C_α

渐开线曲率增加的高度可用下面方法确定：

在线图中，用一条直线将齿廓迹线与计值范围(L_α)两端的交点连起来，如图 21 所示，在这条直线与另一条和它平行且相切平均曲线间的距离(在记录偏差的方向测量)，就等于该齿廓的凸度(C_α)。

有意做成的凸形齿所产生的齿廓线图，其设计齿廓和平均齿廓迹线通常为呈抛物线。

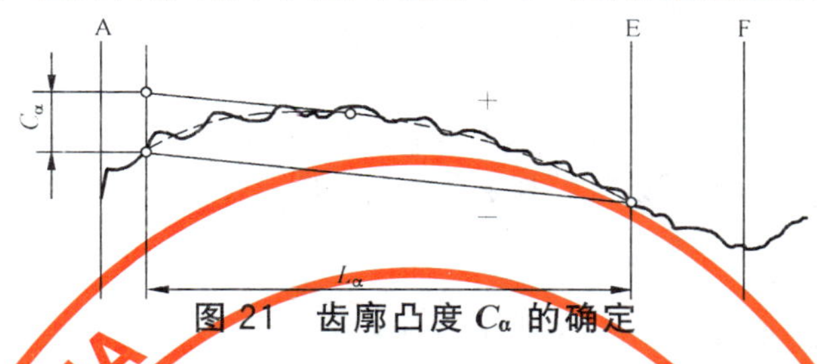

图 21 齿廓凸度 C_α 的确定

8 螺旋线偏差的检验

按定义，螺旋线偏差是在端面基圆切线方向测量的实际螺旋线与设计螺旋线之间的差值，如果偏差是在齿面的法向测量，则应除以 $\cos\beta_b$ 换算成端面的偏差量，然后才能与公差极限值比较。

8.1 螺旋线图

螺旋线图包括螺旋线迹线，它是由螺旋线检验设备在纸上或其他适当的介质上画出来的曲线，此曲线如偏离了直线，其偏离量即表示实际的螺旋线与不修形螺旋线的偏差。

设计者所采用的螺旋线修形，也表现为同直线的偏离，但这种情况不能作为"设计螺旋线"的偏差来对待。见 GB/T 10095.1—2008 中 3.3.1.3。

有时用放大迹线长度来表示较小齿宽，或缩小表示较大的齿宽。"迹线长度"见 GB/T 10095.1—2008 中 3.3.1.1。

关于右和左螺旋线，可分别用字母"r"、"l"作为标记或下标。

在图 22 一个典型的螺旋线图例中，可看到设计螺旋线未修形时齿面的螺旋线偏差，如果"设计螺旋线"是鼓形，齿端减薄或别的修形时，则其迹线应为适当形状的曲线。

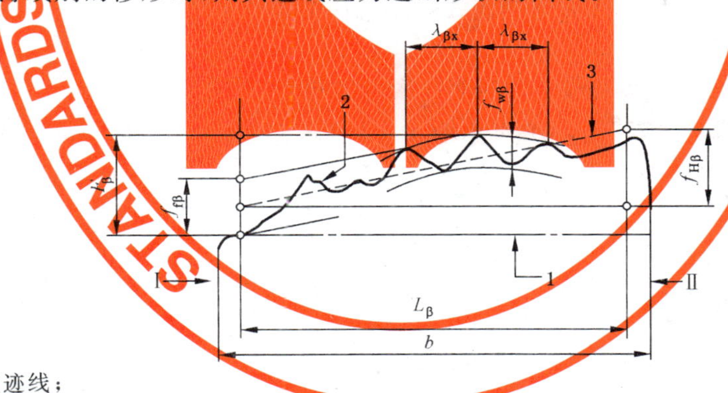

1——设计螺旋线迹线；

2——实际螺旋线迹线；

3——平均螺旋线迹线；

b——齿宽或两端倒角之间的距离；

L_β——螺旋线计值范围；

F_β——螺旋线总偏差；

$f_{f\beta}$——螺旋线形状偏差；

$f_{H\beta}$——螺旋线倾斜偏差；

$\lambda_{\beta x}$——波度曲线轴向波长；

$f_{w\beta}$——波长曲线波高；

Ⅰ——基准面；

Ⅱ——非基准面。

图 22 螺旋线图示例

有关螺旋线迹线的详细术语、定义和概念,已在GB/T 10095.1叙述。

螺旋线计值范围 L_β 等于迹线长度两端各减去5%的迹线长度,但减去量不超过1个模数(1m),所以要提出此减去量是为了有些机加工的条件所引起的,非有意的少量端部减薄不计入偏差量的评定中去,在评定螺旋线总偏差(F_β)和螺旋线形状偏差($f_{f\beta}$)时,若在5%区域内有多余的材料,则增加的偏差必须考虑进去,而在这区域内如多切去金属而形成的偏差值,其公差可予增大。

8.2 螺旋线图的评定

对于齿轮质量分等只需检验"螺旋线总偏差"F_β 即可,见GB/T 10095.1。

然而,为了某些目的,分别确定"螺旋线倾斜偏差"$f_{H\beta}$和"螺旋线形状偏差"$f_{f\beta}$也是有用处的,为此,需要在螺旋线图上加上"平均螺旋线迹线",如图22。关于 $f_{f\beta}$ 和 $f_{H\beta}$ 公差值,作为指导性资料在GB/T 10095.1—2008附录B中给出。

从齿面法向上测得螺旋线偏差,如果未由检测仪器转换成端面值时,则其结果应除以 $\cos\beta_b$ 转换为端面齿廓法线上的相应值,如此所得值可以作为端面齿廓法向计量的偏差与给定的公差比较。

8.3 用检测轴向齿距来确定螺旋线倾斜偏差

如不可能得到螺旋线图时,例如很大的齿轮不可能在测量机上测量时,则用轴向齿距仪的量值来确定"螺旋线倾斜偏差"$f_{H\beta}$。

这类仪器主要包括一个精密的水准仪和两个球形针头,两个球的间距要调整到近似为轴向齿距的整数倍,两个球放入轮齿齿槽间,使其连心线大致与齿轮轴线平行,然后调整水准仪到零点,记录下沿齿轮其他位置上偏离零的相对斜度,这样确定的斜度,连同针头间的距离,可以用来计算出齿面的平均螺旋线倾斜偏差,这个方法的测量精度是不太高的。

如果这种测量是在齿轮圆周三个以上均布的位置进行的,此时端面齿距偏差对测量结果的影响趋于抵消,从而可以计算出与齿轮轴线无关的近似平均"螺旋线倾斜偏差"。

另外,只要所有齿面没有严重的齿廓偏差,也没有修成鼓形,则左侧和右侧齿面的平均"螺旋线倾斜偏差"都可确定。

这种测量方法不论齿轮处于什么姿态都是有效的。

应用这种方法必要的条件是:齿宽必须大于一个轴向齿距。

8.4 $f_{H\beta}$ 和 f_β 的代数符号

螺旋线倾斜偏差 $f_{H\beta}$和螺旋角偏差 f_β 应有一个代数符号,使之完整。

当螺旋角较设计的螺旋角大时,偏差为正($f_{H\beta}>0$ 和 $f_\beta>0$),反之较设计的螺旋角小时,则偏差为负。

直齿圆柱齿轮的螺旋线偏差如果不等于零,则不用代数符号表示,而改用注脚"r"和"l"表示,即分别代表右旋或左旋的偏差。

如果一个齿轮与其相啮合的齿轮,其齿面的螺旋线倾斜偏差 $f_{H\beta}$和 f_β 大小相等,代数符号一致,则其偏差是相互抵消的。

8.5 平均螺旋线倾斜偏差 $f_{H\beta m}$和平均螺旋角偏差 $f_{\beta m}$

如果在加工一个齿轮时,齿轮的轴线偏离了切齿机床的轴线或两轴线相交,则该齿轮轮齿的螺旋线倾斜偏差沿着齿轮的圆周是变化的,见图23。

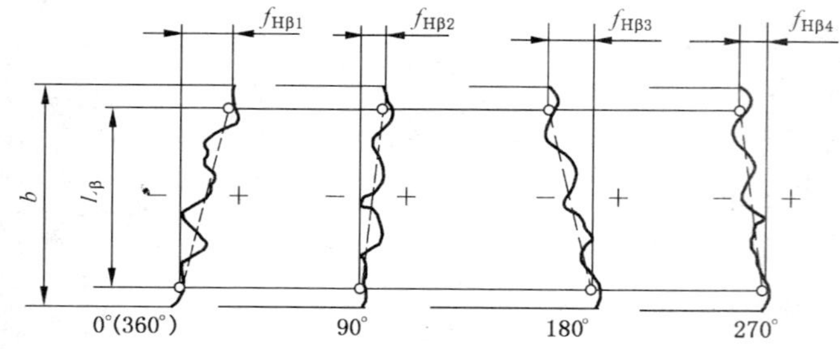

图23 有偏心或摆动的齿轮圆周上四个均布齿面的螺旋线倾斜偏差的迹线

即使其偏差是在规定的公差范围内，也必须注意这种缺陷有可能引起齿轮在工作时产生振动，因而要采取措施以避免再出现此种情况。

为了纠正加工机床上的安装或为了与相啮齿轮相匹配，需根据在齿轮圆周三个以上均布齿面所测得的若干个偏差来计算其平均螺旋线倾斜偏差。

$$f_{H\beta m} = \frac{1}{n}(f_{H\beta 1} + f_{H\beta 2} + \Lambda + f_{H\beta n}) \quad \cdots\cdots (12)$$

取在直径上对置的同侧位置的齿面，从其螺旋线图上可以获得适用的平均值，然而，如螺旋线倾斜偏差沿齿轮圆周变化时，则必须至少取三个均布齿面的迹线，否则其偏差不一定能被发现。

8.6 螺旋线公差带

检测螺旋线精度的一个简便方法，是看迹线是否在给定公差带内。

这个方法实质上和“齿廓公差带”是相同的(见 7.7)。

8.7 轮齿的鼓度 C_β

在线图中，未修整齿面的螺旋线迹线是用一条直线来表示，而鼓形齿的齿面其相应的迹线是弓形曲线，在线图中，鼓形齿齿面的设计螺旋线和平均螺旋线迹线通常是抛物线(见图 24)。

轮齿鼓度 C_β 的评定步骤，与 7.8 中阐述的齿廓凸度 C_α 是类似的。

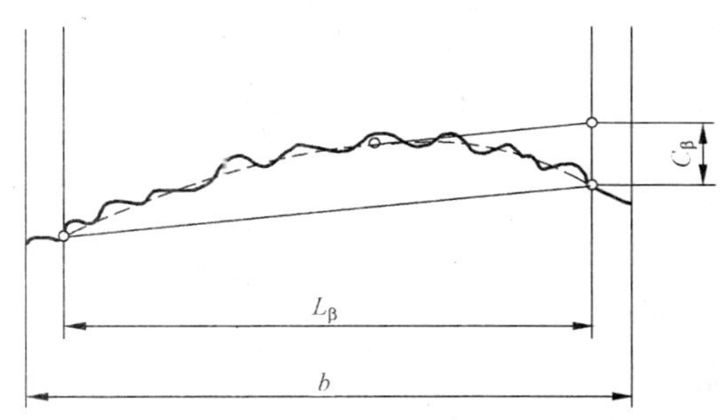

图 24 轮齿的鼓度 C_β

8.8 波度

波度是螺旋线形状偏差，具有不变的波长和基本不变的高度，切齿机床传动链元件的扰动是导致出现波度通常的主要原因，特别是：

a) 刀架进给丝杠的扰动；

b) 分度蜗轮传动中蜗杆的扰动。

由于原因 a)所造成的波度的波长，在沿螺旋线方向测量时，等于进给丝杠的螺距除以 $\cos\beta$。

由于原因 b)所造成的波度，其波长为：

$$\lambda_\beta = \frac{d\pi}{z_M \sin\beta} \quad \cdots\cdots (13)$$

由于原因 b)所造成的波度，其波数(按影到端面上计数)等于主分度蜗轮的齿数 z_M。这可能造成在噪声谱中那部分刺耳的单纯音，其频率相当于被测齿轮的旋转速度(转数)乘以 z_M。

图 25 说明了在螺旋线检测仪器上装置波度测量附件的应用方法，这将在下面讨论。

在检测原因 a)或 b)造成的波度曲线时，计算出相关的波长，把附件的球形定位脚放在奇数个波长的间距上，随后使定位脚沿螺旋线滑动，波度的数值由位于定位脚中间的测头显示出来。

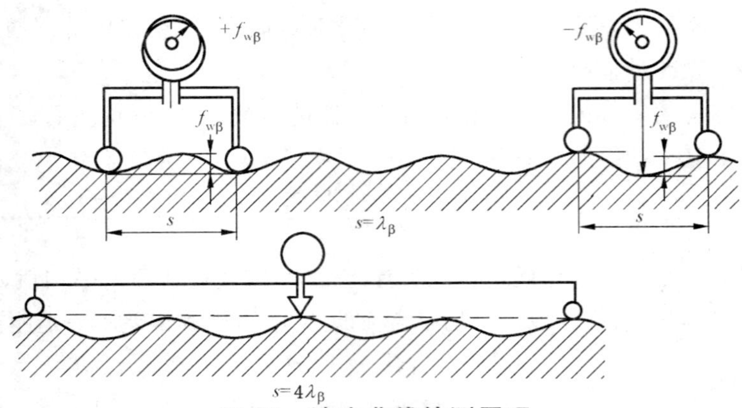

图 25 波度曲线检测原理

图 25 中可看到，当测头接触波峰而后又接触波谷时，就如图显示的那样，测头的位移等于两倍波高，这个特点提高了仪器的灵敏度，测量结果以图的形式绘制出来。

需要注意的是，若定位脚的间距为偶数个波长时(图 25，$s=4\lambda_\beta$)，波度就显示不出来了。

9 切向综合偏差的检验

9.1 概述

为进行切向综合偏差的检测，两个齿轮其中一个可以是测量齿轮，以适当的中心距相啮合并旋转，在只有一组同侧齿面相接触的情况下使之旋转直到获得一整圈的偏差曲线图。

作切向综合偏差检测时，需施加很轻的负载和很低的角速度，以保证齿面间的接触所产生的记录曲线，反映出一对齿轮轮齿要素偏差的综合影响(即齿廓、螺旋线和齿距)。

下列几种组合都可用于检测：

a) 一个产品齿轮和一个测量齿轮；

b) 一对相配的产品齿轮；

c) 两个以上齿轮相啮合的齿轮轮系。

关于 a)种情况，以产品齿轮转一周后，即产生适用的记录，但必须注意，测量齿轮的精度将影响检测的结果，如测量齿轮的精度比被检验的产品齿轮的精度至少高 4 级时，则测量齿轮的不精确性可忽略不计，但如果测量齿轮的质量达不到比被检齿轮高 4 个等级时，则测量齿轮的不精确性必须考虑进去。

切向综合总偏差(F_i')是当被检齿轮旋转一整圈后，实际的和理论的圆周位移(在分度圆上)的最大差值。

一齿切向综合偏差(f_i')是指一个齿距位移间的切向综合偏差。

关于 b)种情况，涉及两个产品齿轮所产生的偏差(F'和 f')，称为“齿轮副的传动偏差”。为了完全确定完整的偏差谱图，必须继续旋转，直至两个产品齿轮的旋转数分别等于另一个相配齿轮齿数被齿轮副两个齿数的最大公因数除所得的数，用这种方法确定的旋转数符合齿轮副的完整啮合周期。形成的偏差曲线图反映出齿轮副中两个齿轮的轮齿要素的各分量，如果要检测出单个齿轮的轮齿偏差，必须对数据作适当的处理(见 9.3.3.2)。

如果有适当的试验台，重载齿轮的切向综合偏差也可用类似方法检验，但在这种情况下，记录下来的偏差受到轮齿受载变形，啮合刚度变化以及由于旋转速度而产生冲击和轮齿的几何形状不完善等因素的影响，故 GB/T 10095.1 不适用于这类检测。

关于 c)是齿轮传动运动学的评定，这种检测不属于 GB/T 10095 的应用范围。

9.2 产品齿轮与测量齿轮副的检测

9.2.1 直齿圆柱齿轮

切向综合偏差的记录图，包括齿轮和测量齿轮啮合作完整圈旋转数的长周期成分，和加在其上的各齿相继啮合的短周期成分。

图 26 是切向综合偏差的记录曲线，它是在与测量齿轮啮合时，16 个齿的产品齿轮转一转所形成的。

图 26 中注明了切向综合总偏差 F_i'，最大一齿切向综合偏差 f_i' 以及齿廓成分“a”和单个齿距成分“b”。

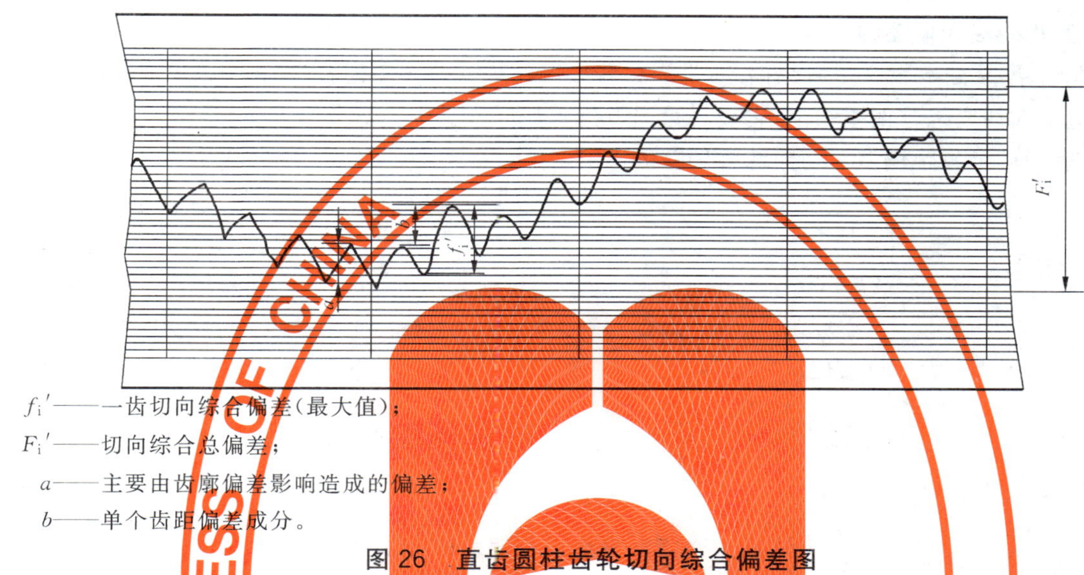

f_i'——一齿切向综合偏差(最大值)；

F_i'——切向综合总偏差；

a——主要由齿廓偏差影响造成的偏差；

b——单个齿距偏差成分。

图 26 直齿圆柱齿轮切向综合偏差图

9.2.1.1 直齿轮齿廓偏差的影响

在切向综合偏差检测中，如果所用的测量齿轮是完全精确的，这就意味着切向综合偏差图上所表示的只是产品齿轮的轮齿各要素的偏差的综合。

图 27 所示意的是相当于三种不同齿廓的产品齿轮与测量齿轮相啮合产生的三个齿啮合周期的切向综合偏差记录图，第一个表示无修形也无误差，第二个则表示自齿高中部开始到有效齿廓两端逐渐修形，而第三个则表示有“倾斜偏差”。

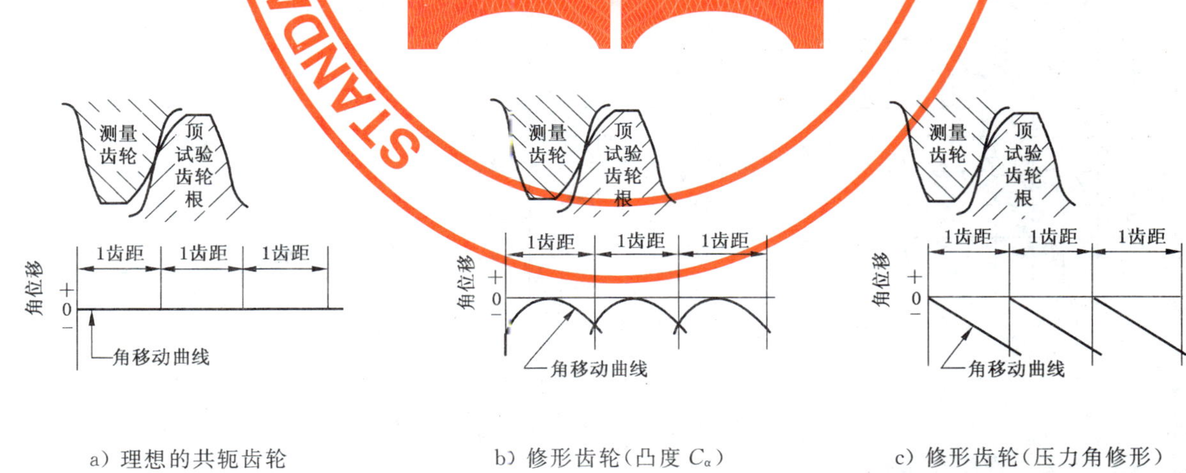

a) 理想的共轭齿轮　　b) 修形齿轮(凸度 C_α)　　c) 修形齿轮(压力角修形)

图 27 直齿轮齿廓偏差的影响

图 27a)表示为被测齿轮和测量齿轮两者均为无误差、无修形的齿轮时，得到一条直线形图。

图 27b)中，记录图表示齿顶和齿根修形，形成整个齿廓为凸形(C_α)，从被动产品齿轮的齿顶开始进入啮合时起，偏差值逐渐增加到零(接近齿高中部时)，然后是逐渐减少的趋势，一直到轮齿啮合结束。

图 27c)中,图中所示三角形的成分,表示产品齿轮的接触由齿顶逐渐移到有效齿廓起点时,切向综合偏差逐渐从零变为一个负值,在这一点时,接触突然转移到下一个齿,从而产生一个突变为正的各齿相等的切向综合偏差。

必须记住:记录下来的切向综合偏差线图并不仅仅反映检验少数几个齿的齿廓偏差的影响,而且受到产品齿轮轮齿工作齿面上任何凸出物接触的影响。

9.2.1.2 直齿轮齿距偏差的影响

如果在齿距 N 处产生一个齿距偏差,是当旋转接触过程从 $N-1$ 齿转移到 N 齿时,一个局部的切向分量将显示在切向综合偏差图上,它表现为图上齿廓展成分量中一个分量的位移。

图 28 表示单个齿距偏差对切向综合偏差的影响。

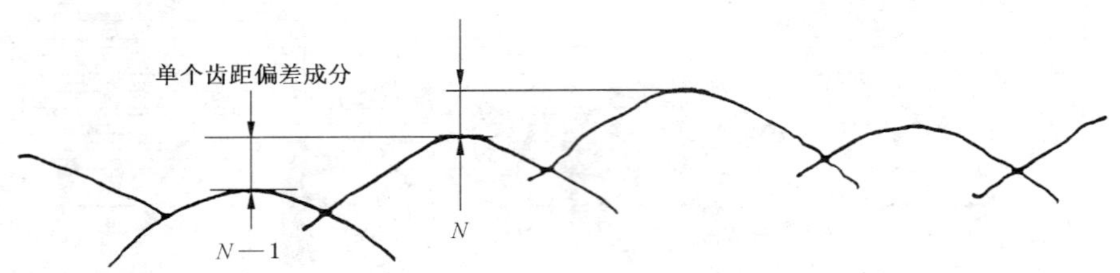

图 28 直齿轮单个齿距偏差的影响

当各齿通过啮合时,单个齿距偏差在切向综合位移圆弧上有累积作用。这种影响在切向综合偏差图上看得很清楚,这样,可确定齿距累积偏差值(比如 $k=2,3,\cdots$),即在适当数量的齿距间测顶点切线的纵坐标。图 29 中表示了单个齿距偏差、单个齿距和齿廓组合偏差以及近似的齿距累积总偏差。

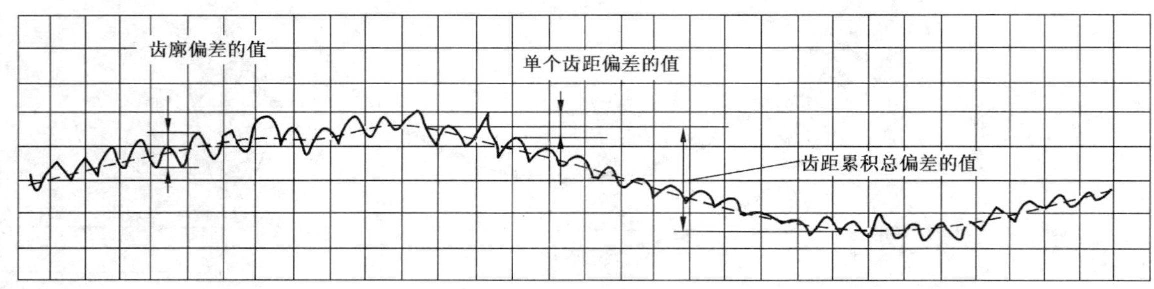

图 29 直齿轮的切向综合偏差及其各成分

9.2.1.3 直齿轮螺旋线偏差的影响

螺旋线偏差其大小和符号对一个齿轮的每一个齿都一样时,意味着相啮合时有一致的局部接触区,因此,切向综合偏差不会受什么影响。

如果沿一个产品齿轮一圈上各齿的螺旋线偏差的大小和符号均改变时,则切向综合偏差将受到影响,螺旋线偏差大小的改变将影响切向综合偏差。

如果在这种情况下,啮合相对的两端点的齿廓偏差也不相同,则切向综合偏差图上的齿廓(一齿综合)成分也将受到影响。

9.2.1.4 直齿轮重合度的影响

由一对"测量齿轮与产品齿轮"啮合所得出的切向综合偏差图,是由代表大部分齿廓偏差的一系列相继的曲线组成的,如图 30 所示。在齿轮进入啮合到脱开的整个周期中,切向综合偏差与"两对齿—单对齿—两对齿"啮合段的相位间的关系,在图中已清楚地表明,很容易看出:当重合度 ε_α 等于 1 时,可实现最长的单对齿啮合线,随着重合度的增加,单对齿啮合长度就相应减小,而当重合度等于或大于 2 时单对齿啮合段就不存在了。

为了获得尽可能多的有用数据,测量齿轮的轮齿高应做得尽可能地深(在有足够齿顶宽的条件下),这样一来,就可以在加大中心距的情况下进行检测,使其重合度为 1;还可以进行这样检测,将中心距调整到使其实际运行的工作齿面都能显示出来。

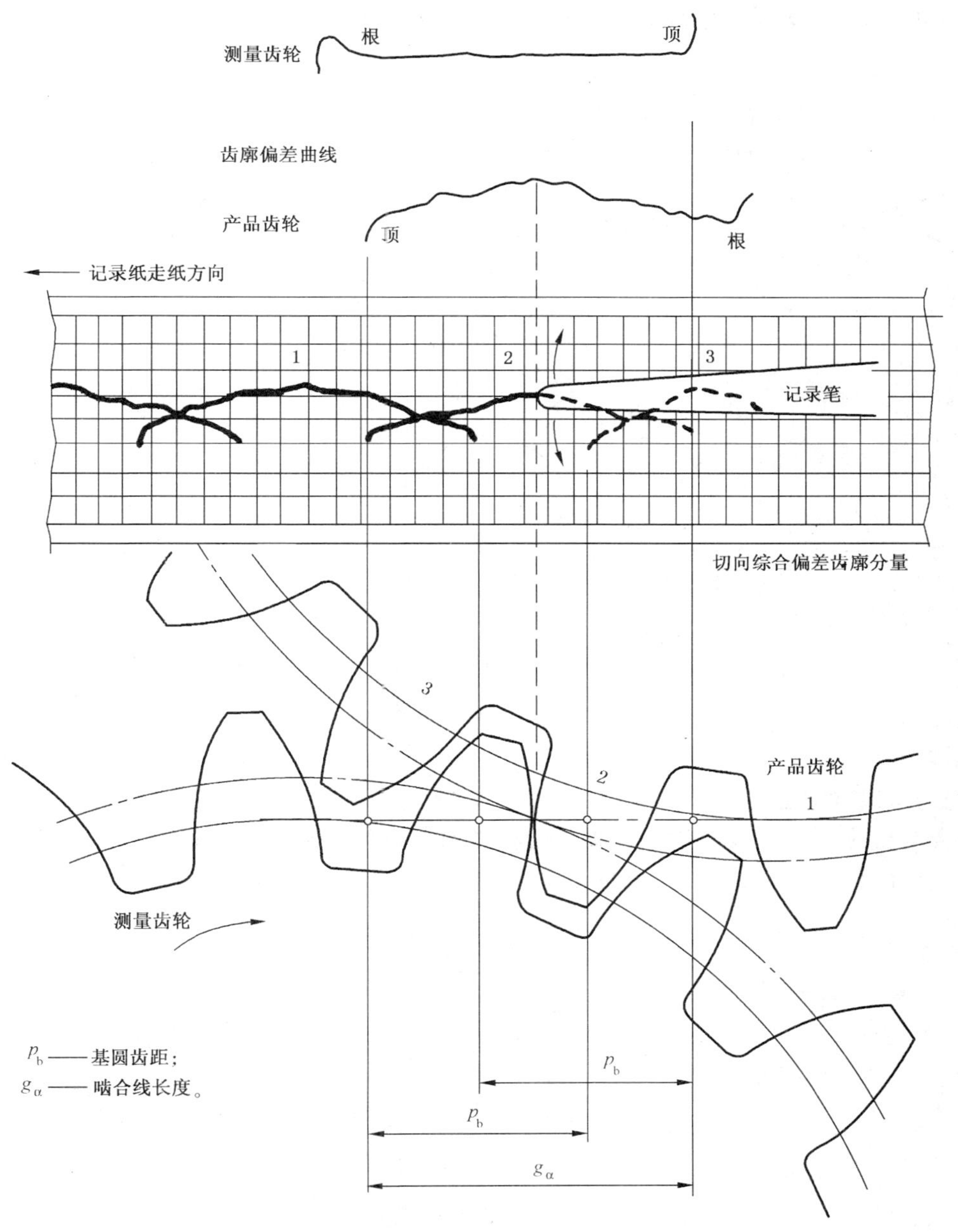

图 30 (直齿轮)切向综合偏差图上齿间接触转移对齿廓分量的影响

9.2.2 斜齿轮

当总重合度 ε_γ 小于 2 时，斜齿轮的啮合情况与重合度 ε_α 小于 2 的直齿轮是相类似的，在这种情况下，上面关于直齿轮的说明对斜齿轮同样适用。

在通常情况下，斜齿轮的总重合度 ε_γ 常常超过 2，这时，表示齿廓偏差的短周期成分将变得某种程度平滑，这是由于有两对以上的齿同时啮合之故。

图 31 所示线图中，情况“a”为斜齿轮而“b”则为直齿轮，显示出两种情况下重叠齿影响的差别。

当评定切向综合偏差检测的结果时，必须十分小心，这是因为这种测试的结果，可能与考虑理论重合度及假定斜齿轮的齿廓和齿宽上均是理想的接触时所获得的结果大不一样。

为了适应齿轮轴、箱体和轮齿在载荷下的变形而进行的齿廓和螺旋线的修形（齿顶削薄、鼓形等）将对切向综合偏差有影响。

在满负载时，工作齿面上的接触斑点即使是均匀分布的，在轻载下进行切向综合偏差检测时，就不见得是这种情况了，此时齿面上接触斑点也可能是局部的。这种情况说明，检测时的重合度比理论计算的要小得多。

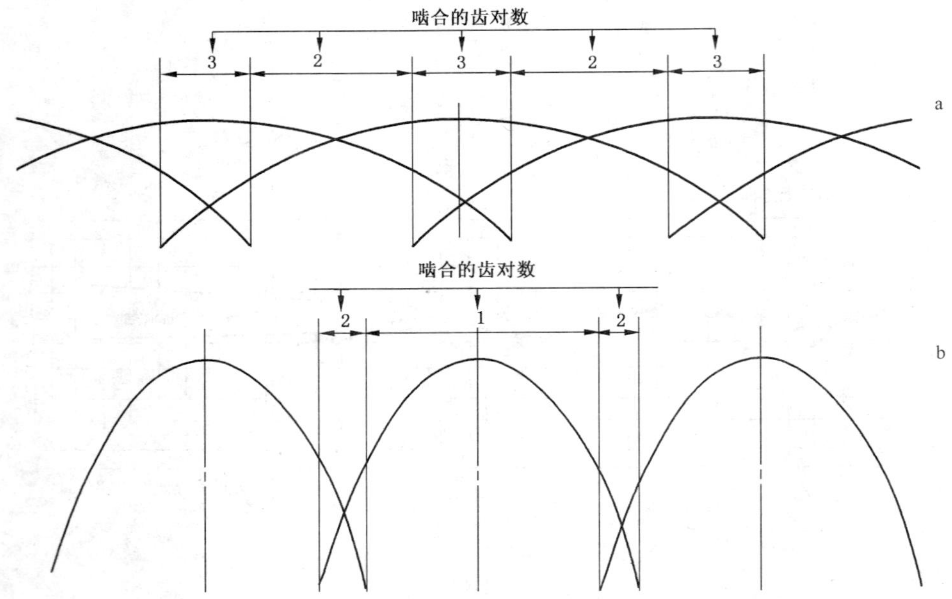

图 31 重合度的影响

9.3 应用举例

9.3.1 缺陷的识别和定位

切向综合偏差的检测，可帮助我们方便地辨认影响传动质量的偏差并找到其部位。例如从图 32 很容易看出一个轮齿有缺陷。而且往往有可能就地作出纠正措施。在这种情况下，调整的效果可以很快得到验证。

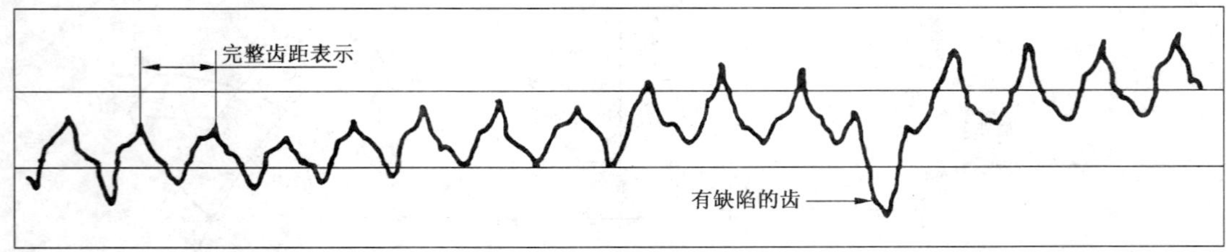

图 32 部分切向综合偏差图实例解释

9.3.2 齿轮的选配啮合

在一些特定的情况下，两相配齿轮的齿数相等或成整倍数，而且不要求互换时，可采用特殊的步骤以实现最优的工作性能。得到最优啮合效果的办法是:将齿轮转动一个90°的相位使之重新啮合,以便初步找到哪个象限时其切向综合偏差为最小。在此基础上,再将齿轮的相位转动一个比90°小的角度,最后找出最优的啮合相位。

在图33中表示出一对齿轮(左侧和右侧)在不同相位啮合时的线图。

从图中可以很明显地看到左齿面和右齿面的切向综合偏差图是不一样的,因此,对一个双向转动都要求高传动精度的齿轮副,要选择一个中间的啮合相位,以获得最佳的折中效果。

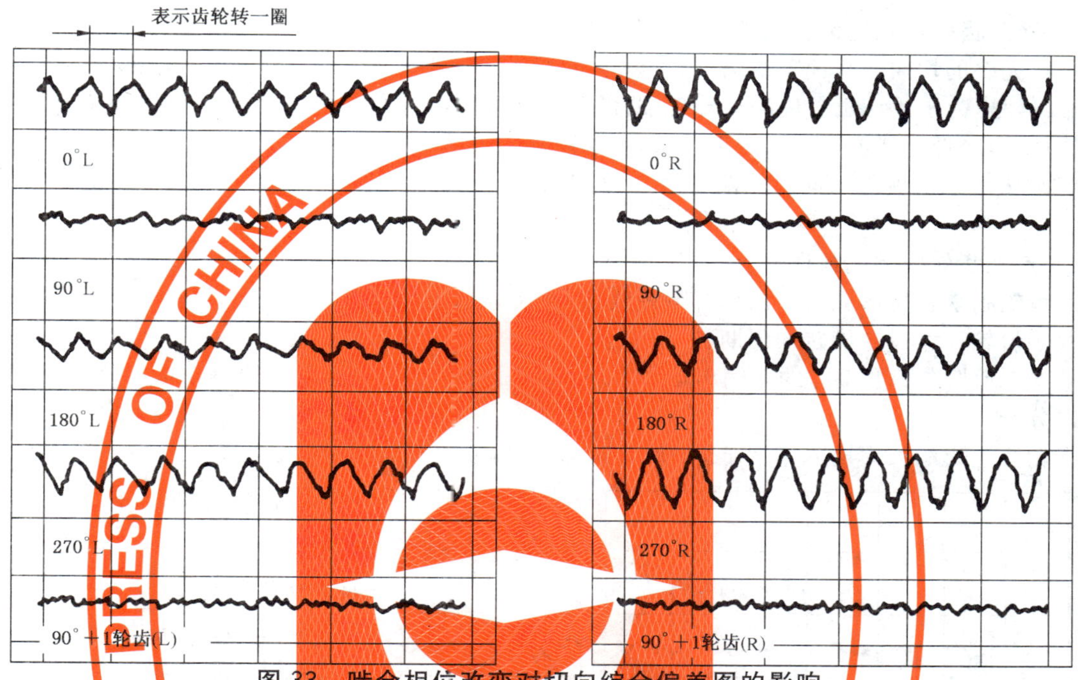

图33 啮合相位改变对切向综合偏差图的影响

9.3.3 切向综合偏差数据的识别分析

9.2提供了切向综合偏差图的数据识别的资料,当用一个测量齿轮形成切向综合偏差图时,产品齿轮只需旋转一圈。如果两个产品齿轮啮合时,就需旋转若干圈来形成足够的切向综合偏差图。

使用仪器处理数据,可分离和记录切向综合偏差的长周期和短周期成分,可使重要数值的识别和定位相对地容易。

重要的是记住,在滤掉长周期分量后,一齿切向综合偏差 f_i'[图34a)]实际上变小了,这样真正的最大偏差 f_i' 就未必能在经滤波后的短周期分量的曲线[图34c)]中表示出来。

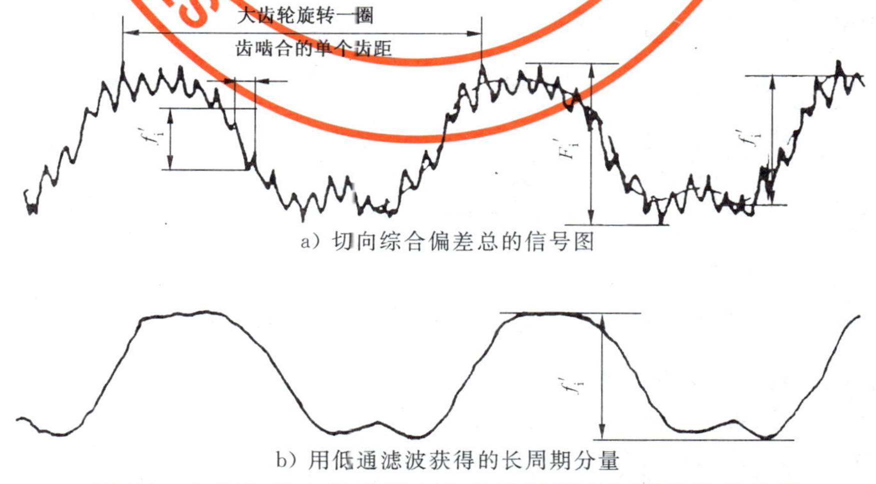

图34 在切向综合偏差图上分析长周期和短周期偏差分量

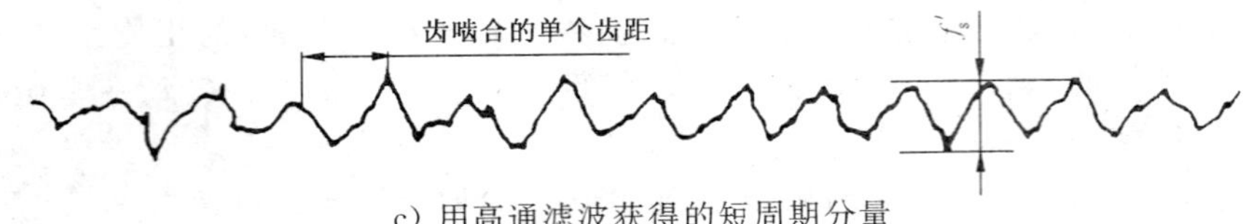

c）用高通滤波获得的短周期分量

图 34（续）

9.3.3.1 产品齿轮与测量齿轮测试数据的分析

从一幅完整的切向综合偏差线图中，可以很方便地识别出切向综合总偏差 F_i' 和最大一齿切向综合偏差 f_i'。但是，为了辨认出长周期成分 f_i' 的最大值和重要的短周期分量 f_s'，需要用一个滤波系统来处理数据信号，经低通滤波得出长周期分量，而经高通滤波得出短周期分量。

图 34a）表示未滤波的切向综合偏差信号，图 34b）和图 34c）分别表示经上述处理后的长周期和短周期分量。

9.3.3.2 产品齿轮副测试数据分析

产品齿轮副啮合所形成的切向综合偏差线图，通常显示出一系列的周期性偏差，相应于逐齿啮合的循环以及小齿轮和大齿轮旋转的周期。

图 35[c] 表示切向综合偏差的全输出信号，经仔细选择的高通、低通和带通等滤波处理后，信号的各成分可以分开。

小齿轮所生成的长周期分量示于图 35[b]，切向综合偏差短周期分量示于图 35[a]。

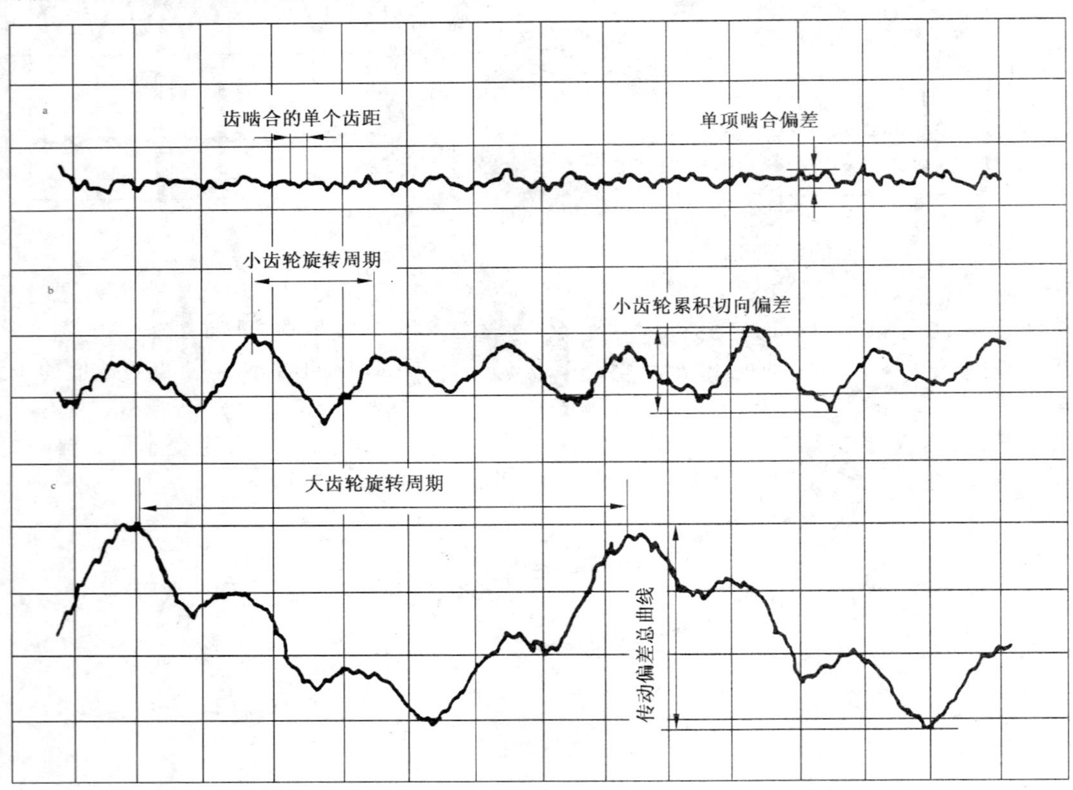

图 35 切向综合偏差图的分析，信号滤波的结果

9.3.3.3 用快速富氏转换(FFT)法作数据分析

测试装置输出的信号，可直接接到一台适当的频谱分析仪作 FFT 分析。

图 36 中的线图表示一幅完整的切向综合偏差线图，以及 FFT 分析所得的结果。

这种方式的分析是有效的，通过它可获得有关大小齿轮的各种缺陷的信息，包括切向综合偏差的长

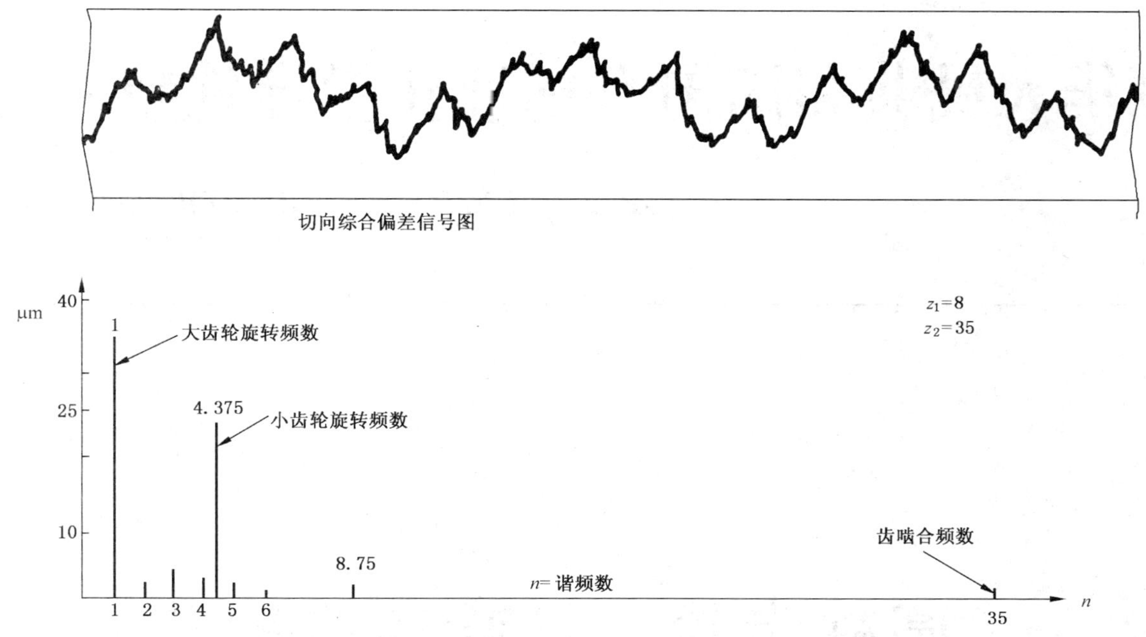

图 36 一对产品齿轮检测获得的切向综合偏差的富氏分析结果

周期和短周期分量。

在作富氏分析时，为了得到充分和精确的结果，应该提供两个齿轮旋转整转数的信号。

图 36 所示为 FFT 分析所得的各主要成分的频谱图，横坐标是谐波数“n”，即相对于大齿轮的旋转频率。对各频率，必须记住齿轮噪声和振动频谱，可包括在轮齿啮合频率中一个或多个低谐和高谐的重要成分。

在本例子中，包括大齿轮 8 转中发出的信号，该齿轮有 35 个齿，这样总的轮齿啮合循环等于 280。

ICS 21.200
J 17

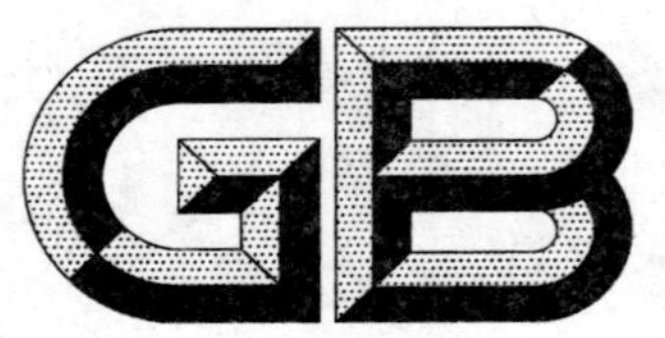

中华人民共和国国家标准化指导性技术文件

GB/Z 18620.2—2008/ISO/TR 10064-2:1996
代替 GB/Z 18620.2—2002

圆柱齿轮　检验实施规范
第2部分:径向综合偏差、径向跳动、齿厚和侧隙的检验

Cylindrical gears—Code of inspection practice—
Part 2: Inspection related to radial composite deviations, runout, tooth thickness and backlash

(ISO/TR 10064-2:1996,IDT)

2008-03-31 发布

中华人民共和国国家质量监督检验检疫总局
中国国家标准化管理委员会　发布

前言

GB/Z 18620《圆柱齿轮　检验实施规范》包括下列四部分：

——第1部分：轮齿同侧齿面的检验；

——第2部分：径向综合偏差、径向跳动、齿厚和侧隙的检验；

——第3部分：齿轮坯、轴中心距和轴线平行度的检验；

——第4部分：表面结构和轮齿接触斑点的检验。

本部分是GB/Z 18620的第2部分。

本部分等同采用ISO/TR 10064-2:1996《圆柱齿轮　检验实施规范　第2部分：径向综合偏差、径向跳动、齿厚和侧隙的检验》(英文版)。

本部分等同翻译ISO/TR 10064-2:1996。为便于使用，本部分作了下列编辑性修改：

——按照汉语习惯对一些编排格式进行了修改；

——用小数点“.”代替作为小数点的“,”。

——对ISO/TR 10064-2:1996引用的其他国际标准中，有被等同采用为我国标准的，用我国标准代替对应的国际标准，未被等同采用为我国标准的直接引用国际标准。

本部分是对GB/Z 18620.2—2002《圆柱齿轮　检验实施规范　第2部分：径向综合偏差、径向跳动、齿厚和侧隙的检验》的修订。与GB/Z 18620.2—2002相比，主要内容修改如下：

——对部分术语作了修改，如“跨距”改为“公法线长度”，“公称齿厚 s_n”改为“法向齿厚 s_n”。

本部分的附录A是资料性附录。

本部分由中国机械工业联合会提出。

本部分由全国齿轮标准化技术委员会归口。

本部分起草单位：郑州机械研究所、机械科学研究总院。

本部分主要起草人：张元国、明翠新、张民安、历始忠、王长路、王琦、杨星原、陈爱闽、林太军、许洪基。

本部分所代替标准的历次版本发布情况为：

——GB/Z 18620.2—2002。

ISO 前言

ISO(国际标准化组织)是由各国标准化团体(ISO 成员团体)组成的世界性的联合会,制定国际标准的工作通常由 ISO 的技术委员会完成,各成员团体若对某技术委员会已确立的标准项目感兴趣,均有权参加该委员会的工作,与 ISO 保持联系的各国际组织(官方的或非官方的)也可参加有关工作。在电工技术标准化方面,ISO 与国际电工委员会(IEC)保持密切合作关系。

技术委员会的主要任务是制定国际标准,但是在特殊情况下,技术委员会可以建议发布下列类型之一的技术报告(TR):

——第 1 种类型 当经过反复努力仍未获得为发布一个国际标准所需要的支持;

——第 2 种类型 当该项目尚处于技术发展中,或者由于种种原因,只有在将来而不是目前有可能同意成为国际标准;

——第 3 种类型 当一个技术委员会收集到不同于正常发布的国际标准的资料(例如,适应当前的工艺水平)。

第 1 种类型和第 2 种类型的技术报告,在发布后的三年内应进行复审,以确定它们能否转成国际标准。第 3 种类型的技术报告,不一定要复审,一直用到所提供的资料,不再认为有用或有效时为止。

ISO/TR 10064-2 是属于第 3 种类型的技术报告,它是由 ISO/TC 60 齿轮技术委员会制定的。

ISO 1328:1975 除了包括定义和轮齿要素的偏差和允许值外,还提供了相关的检验方法方面的意见。

在修订 ISO 1328:1975 的过程中,一致同意把齿轮检验方法方面的描述和意见,应该提高到现代的技术水平。由于内容的增加以及其他考虑,技术委员会决定将相关的段落作为第 3 种类型的技术报告,分册发布。同时还决定,除了本技术报告外,在第 2 章中所列的引用标准以及附录 B 中所列的文献等一系列文件,应该作为指导性资料。

ISO/TR 10064,在总标题"圆柱齿轮　检验实施规范"下,包括下列部分:

——第 1 部分:轮齿同侧齿面的检验;

——第 2 部分:径向综合偏差、径向跳动、齿厚和侧隙的检验;

——第 3 部分:齿轮坯、轴中心距和轴线平行度的检验;

——第 4 部分:表面结构和轮齿接触斑点的检验。

圆柱齿轮　检验实施规范 第2部分：径向综合偏差、径向跳动、齿厚和侧隙的检验

1　范围

本部分是渐开线圆柱齿轮的径向综合偏差、径向跳动、齿厚和侧隙的检验实施规范，即涉及双面接触的测量。

本部分提供了齿轮检验方法和测量结果的分析，补充了GB/T 10095.2，其大部分所用的名词，已在GB/T 10095.2中给出了定义。

附录A提供了齿轮啮合时选择齿厚公差和最小侧隙的方法，包括最小侧隙的建议数值。

2　规范性引用文件

下列文件中的条款通过GB/Z 18620的本部分的引用而成为本部分的条款。凡是注日期的引用文件，其随后所有的修改单(不包括勘误的内容)或修订版均不适用于本部分，然而，鼓励根据本部分达成协议的各方研究是否可使用这些文件的最新版本。凡是不注日期的引用文件，其最新版本适用于本部分。

GB/T 1356—2001　通用机械和重型机械用圆柱齿轮　标准基本齿条齿廓(idt ISO 53:1998)

GB/T 1357—1987　渐开线圆柱齿轮模数(neq ISO 54:1977)

GB/T 10095.1—2008　圆柱齿轮　精度制　第1部分：轮齿同侧齿面偏差的定义和允许值(ISO 1328-1:1995,IDT)

GB/T 10095.2—2008　圆柱齿轮　精度制　第2部分：径向综合偏差与径向跳动的定义和允许值(ISO 1328-2:1997,IDT)

GB/Z 18620.1—2008　圆柱齿轮　检验实施规范　第1部分：轮齿同侧齿面的检验(ISO/TR 10064-1:1992,IDT)

GB/Z 18620.3—2008　圆柱齿轮　检验实施规范　第3部分：齿轮坯、轴中心距和轴线平行度的检验(ISO/TR 10064-3:1996,IDT)

3　符号、相关项目和定义

3.1　小写字母符号

a	中心距	mm
b	齿宽	mm
d	分度圆直径	mm
d_b	基圆直径	mm
d_a	顶圆直径	mm
d_w	节圆直径	mm
f_e	偏心量	mm
f_i'	一齿径向综合偏差	μm
h_a	齿顶高	mm
h_e	分度圆弦齿高	mm

m_n	法向模数	mm
s_n	法向齿厚	mm
s_{nc}	法向弦齿厚	mm
x	齿廓变位系数	—
z	齿数	—

3.2 大写字母符号

D_M	测量用的球(圆柱)的直径	mm
D_{Mthe}	测量用的球(圆柱)的理论直径	mm
E_{sni}	齿厚允许的下偏差	mm
E_{sns}	齿厚允许的上偏差	mm
F_i''	径向综合总偏差	μm
F_r	径向跳动	μm
F_r''	综合测试得到的径向跳动	μm
M_d	跨球或圆柱(销)尺寸	mm
W_k	公法线长度	mm

3.3 希腊字母符号

α_{Mt}	端面压力角	°
α_n	法向压力角	°
β	螺旋角	°
δ	棱柱(砧)半角	°
ε_β	纵向重合度	—
η	齿槽半角	°
ψ	齿厚半角	°

3.4 下角标志符号

0	工具
1	小齿轮
2	大齿轮
3	测量齿轮
b	基础
t	端面
w	工作
y	任意(给定)直径

3.5 定义

3.5.1 关于综合偏差的定义

一个部件的“基准轴线”是借助于基准面来定义的，在多数情况下，内孔的轴线可用相匹配的工作芯轴的轴线来代表(见 GB/T 18620.3)。

在径向综合偏差中“轮齿的几何轴线”是指该轴线当用于测量时，在齿轮旋转一整圈后将获得最小的均方根综合总偏差。

3.5.2 关于齿厚的定义

在分度圆柱上法向平面的“法向齿厚 s_n”是指齿厚理论值，该齿厚与具有理论齿厚的相配齿轮在理论中心距之下的啮合是无侧隙的。公称齿厚可用式(1)、式(2)计算：

对外齿轮：

$$s_n = m_n\left(\frac{\pi}{2} + 2\tan\alpha_n x\right) \quad \cdots\cdots(1)$$

对内齿轮：

$$s_n = m_n\left(\frac{\pi}{2} - 2\tan\alpha_n x\right) \quad \cdots\cdots(2)$$

对斜齿轮，s_n 值应在法向平面内测量。

齿厚的“最大和最小极限”s_{ns} 和 s_{ni} 是指齿厚的两个极端的允许尺寸，齿厚的实际尺寸应该位于这两个极端尺寸之间(含极端尺寸)，见图 1。

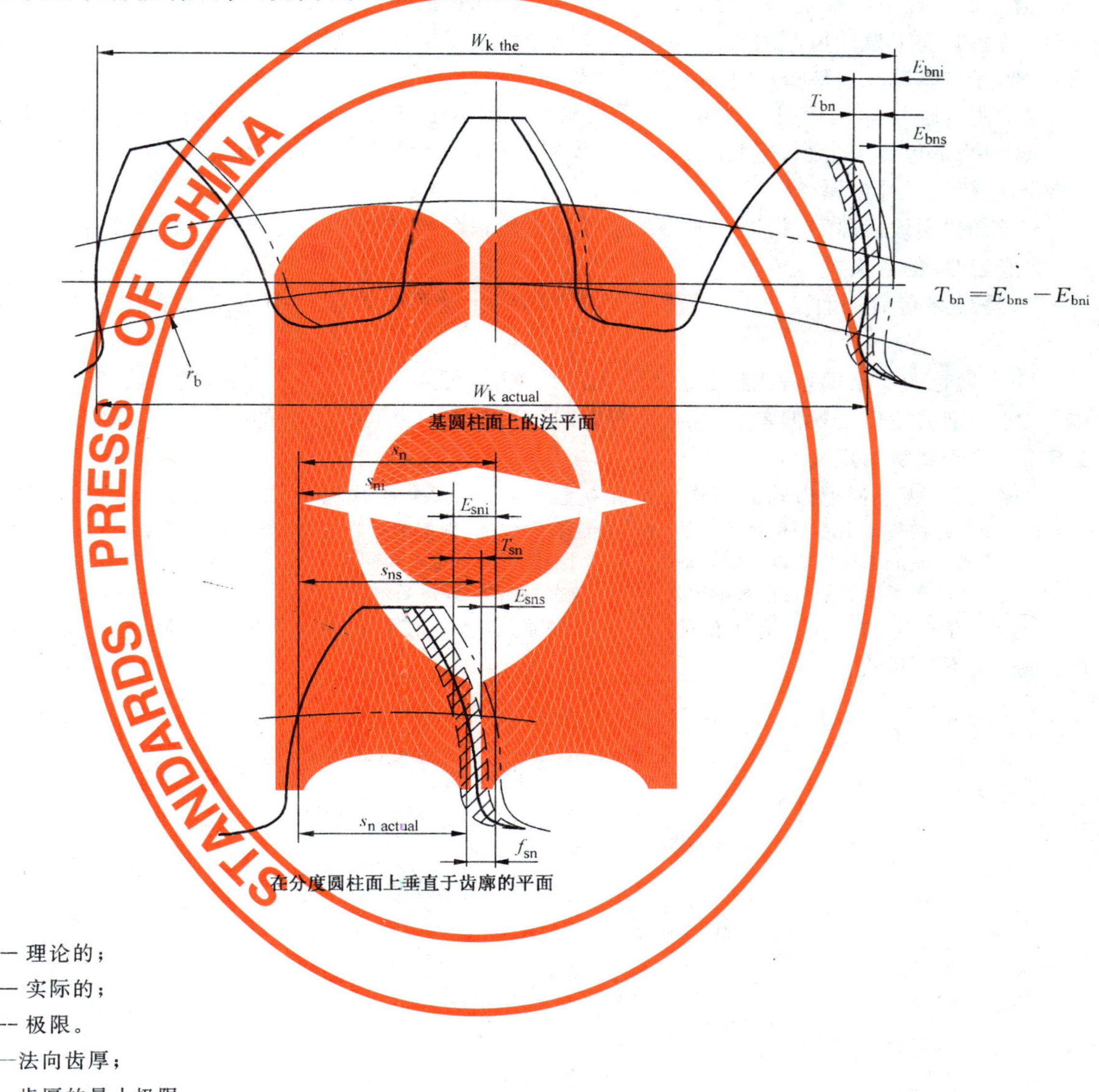

—·—理论的；

——实际的；

----极限。

s_n——法向齿厚；

s_{ni}——齿厚的最小极限；

s_{ns}——齿厚的最大极限；

$s_{n\ actual}$——实际齿厚；

E_{sni}——齿厚允许的下偏差；

E_{sns}——齿厚允许的上偏差；

f_{sn}——齿厚偏差；

T_{sn}——齿厚公差；

$T_{sn}=E_{sns}-E_{sni}$。

图 1 公法线长度和齿厚的允许偏差

齿厚上偏差和下偏差(E_{sns}和E_{sni})统称齿厚的极限偏差。见式(3)、式(4)和图1。

$$E_{sns} = s_{ns} - s_n \quad \cdots\cdots (3)$$

$$E_{sni} = s_{ni} - s_n \quad \cdots\cdots (4)$$

“齿厚公差”T_{sn}是指齿厚上偏差与下偏差之差：

$$T_{sn} = E_{sns} - E_{sni} \quad \cdots\cdots (5)$$

齿厚的设计值的确定，要考虑齿轮的几何形状、轮齿的强度、安装和侧隙等工程因素，在给定的应用条件下，如何确定设计齿厚的方法，不属于本指导性技术文件的范围之内。

“实际齿厚”$s_{nactual}$是指通过测量确定的齿厚。

“功能齿厚”s_{func}是指用经标定的测量齿轮在径向综合(双面)啮合测试所得到的最大齿厚值。

这种测量包含了齿廓、螺旋线、齿距等要素偏差的综合影响，类似于最大实体状态的概念，见6.5，它绝不可超过设计齿厚。

齿轮的“实效齿厚”是指测量所得的齿厚加上轮齿各要素偏差及安装所产生的综合影响的量，类似于“功能齿厚”的含义。

这是最终包容条件，它包含了所有的影响因素，这些影响因素确定最大实体状态时，必须予以考虑。

相配齿轮的要素偏差，在啮合的不同角度位置时，可能产生叠加的影响，也可能产生相互抵消的影响，想把个别的轮齿要素偏差从“实效齿厚”中区分出来，是不可能做到的。

3.5.3 关于侧隙的定义

“侧隙”是两个相配齿轮的工作齿面相接触时，在两个非工作齿面之间所形成的间隙，如图2所示。

注：图2是按最紧中心距位置绘制的，如中心距有所增加，则侧隙也将增大，最大实效齿厚(最小侧隙)由于轮齿各要素偏差的综合影响以及安装的影响，与测量齿厚的量是不相同的，类似于功能齿厚，这是最终包容条件，它包含了所有影响因素，这些影响因素在确定最大实体状态时，必须予以考虑。

通常，在稳定的工作状态下的侧隙(工作侧隙)与齿轮在静态条件下安装于箱体内所测得的侧隙(装配侧隙)是不相同的(小于装配侧隙)。

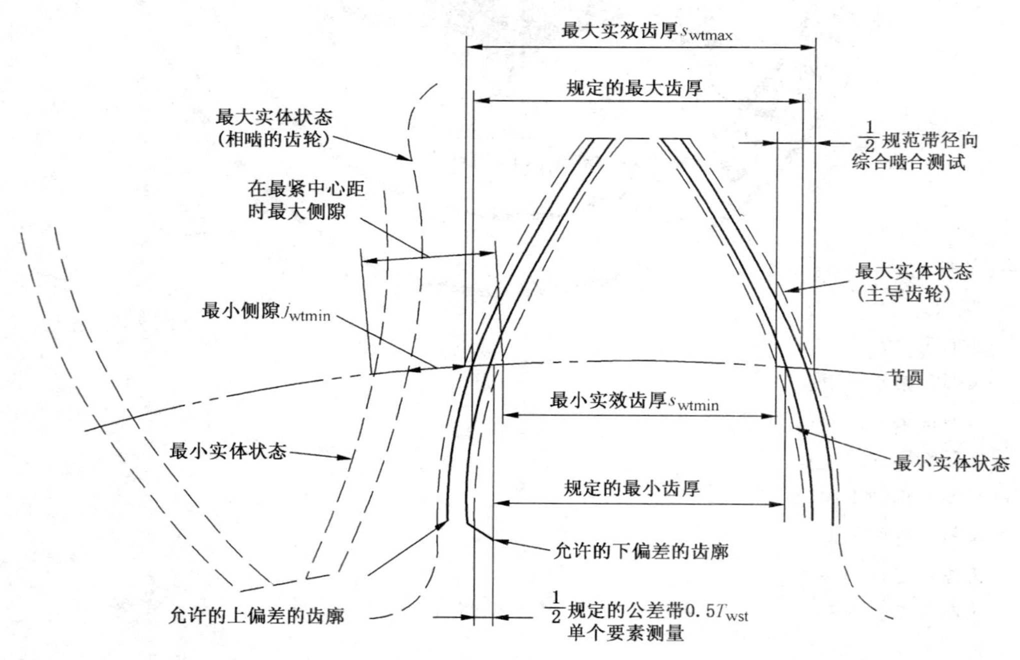

图2 端平面上齿厚

“圆周侧隙”j_{wt}(图 3)是当固定两相啮合齿轮中的一个,另一个齿轮所能转过的节圆弧长的最大值。

“法向侧隙”j_{bn}(图 3)是当两个齿轮的工作齿面互相接触时,其非工作齿面之间的最短距离。它与圆周侧隙 j_{wt} 的关系,按式(6)表示:

$$j_{bn} = j_{wt}\cos\alpha_{wt}\cos\beta_b \qquad (6)$$

“径向侧隙”j_r(图 3)将两个相配齿轮的中心距缩小,直到左侧和右侧齿面都接触时,这个缩小的量为径向侧隙:

$$j_r = \frac{j_{wt}}{2\tan\alpha_{wt}} \qquad (7)$$

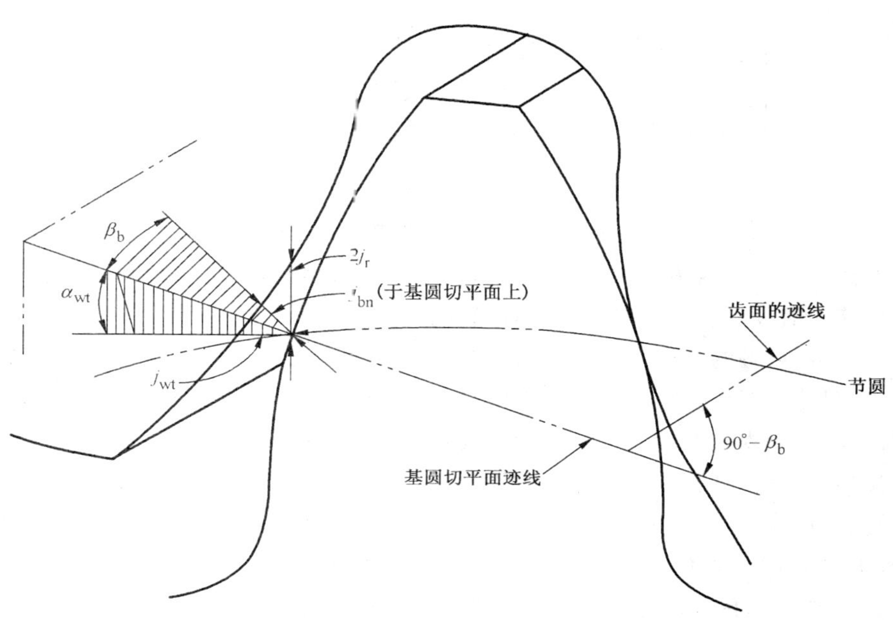

图 3 圆周侧隙 j_{wt}、法向侧隙 j_{bn} 与径向侧隙 j_r 之间的关系

“最小侧隙”j_{wtmin} 是节圆上的最小圆周侧隙,即当具有最大允许实效齿厚的轮齿与也具有最大允许实效齿厚相配轮齿相啮合时,在静态条件下在最紧允许中心距时的圆周侧隙(图 2)。

所谓最紧中心距,对外齿轮来说是指最小的工作中心距,而对内齿轮来说是指最大的工作中心距。

“最大侧隙”j_{wtmax} 是节圆上的最大圆周侧隙,即当具有最小允许实效齿厚的轮齿与也具有最小允许实效齿厚相配轮齿相啮合时,在静态条件下在最松允许中心距时的圆周侧隙(图 2)。

4 径向综合偏差的测量

4.1 测量原理

径向综合偏差检测时,所用的装置上能安放一对齿轮,其中一个齿轮装在固定的轴上,另一个齿轮则装在带有滑道的轴上,该滑道带一弹簧装置,从而使两个齿轮在径向能紧密地啮合(见图 4)。在旋转过程中测量出中心距的变动量,如果需要的话,可将中心距变动曲线图展现出来。

对于大多数检测目的,要用一个测量齿轮对产品齿轮作此项检测。测量齿轮需要做得很精确,以达到其对径向综合偏差的影响可忽略不计,在此情况下,当一个产品齿轮旋转一整周后,就能展现出一个可接受的记录来。

被检测齿轮径向综合总偏差 F_i'' 等于齿轮旋转一整周中最大的中心距变动量,它可以从记录下来的线图上确定。一齿径向综合偏差 f_i'' 等于齿轮转过一个齿距角时其中心距的变动量(见图 5)。

GB/T 10095.2 中所给出的公差值,适用于与一个测量齿轮所进行的此项测量。

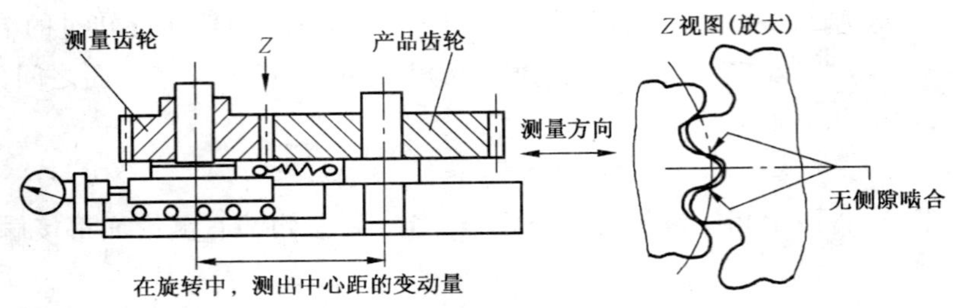

图 4　测量径向综合偏差的原理

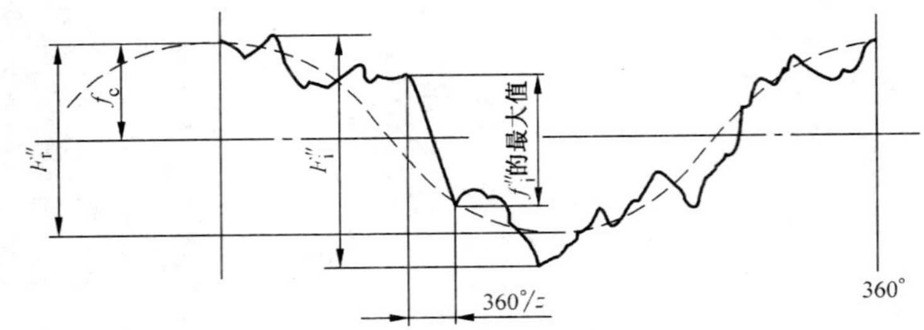

图 5　径向综合偏差曲线图

必须十分重视测量齿轮的精度和设计，特别是它与产品齿轮啮合的压力角，会影响测量的结果，测量齿轮应该有足够的啮合深度，使其能与产品齿轮的整个有效齿廓相接触，但不应与非有效部分或根部相接触，避免产生这种接触的办法是将测量齿轮的齿厚增厚到足以补偿产品齿轮的侧隙允差。

当用此方法对精密齿轮作质量评级时，对所用的测量齿轮的精度和测量步骤，应由供需双方协商一致。

对直齿圆柱齿轮，所规定的公差值可以用来确定精度等级，但当用于斜齿轮时，其测量齿轮的齿宽应该设计得使其与产品齿轮的 $\varepsilon_{\beta test}$ 等于或小于 0.5。测量齿轮的设计应由供需双方协商一致，纵向重合度 $\varepsilon_{\beta test}$ 可影响斜齿轮的径向综合测量的结果。齿廓偏差的影响，对直齿轮而言，将是很明显的，但对斜齿轮而言，由于多个齿和对角接触线的存在，将会被隐蔽起来。

齿轮旋转一整周记录下的曲线图，接近于正弦形状（幅值为 f_e），表示齿轮的偏心量 f_e。图 5 中表示出如何在此曲线图上绘制出正弦曲线来。齿轮的偏心量是指轮齿的几何轴线与基准轴线（即孔或轴）间的偏移。

4.2　径向综合偏差数据的应用

径向综合偏差包含了右侧和左侧齿面综合偏差的成分，故而，想确定同侧齿面的单项偏差是不可能的。径向综合偏差的测量可迅速提供关于生产用的机床、工具或产品齿轮装夹而导致的质量缺陷方面的信息，此法主要用于大批量生产的齿轮以及小模数齿轮的检测。

每转过一个齿距所发生的一齿综合偏差，有助于揭示齿廓偏差（常为齿廓倾斜偏差）。一个很大的个别的一齿综合偏差，表示有一个大的齿距偏差或受损伤的轮齿（见图 6）。

对产品齿轮的装夹和检测方法作适当的校准后，此测量过程还可用来确定产品齿轮最小侧隙啮合的中心距，见 GB/Z 18620.3 关于轴中心距和轴线平行度的推荐意见，另外，这个步骤对检测需要以最小侧隙运行的齿轮也是有用的，因为功能齿厚的范围可以很容易地从径向综合偏差上得到。

为了确定精度等级：

a)　对直齿轮，产品齿轮要用一个测量齿轮进行检测，该测量齿轮能够与有效齿廓 100% 的接触。参见 GB/T 10095.2—2008 中 5.5，在 GB/T 10095.2 中给出的径向综合总偏差及一齿径向综合偏差的公差值用以确定直齿轮精度等级。必须强调，因为两侧齿面的同时起作用，双面啮合检测得到的精度等级不能直接与用单项要素检测所得到的精度等级相关联。

b)　对斜齿轮，虽然 GB/T 10095.2 中的公差是对直齿轮而言的，但如果采购方和供方都同意，也可用于评定斜齿轮，此时与齿轮相啮合时的重合度 $\varepsilon_{\beta test}$ 应符合 4.1 要求。

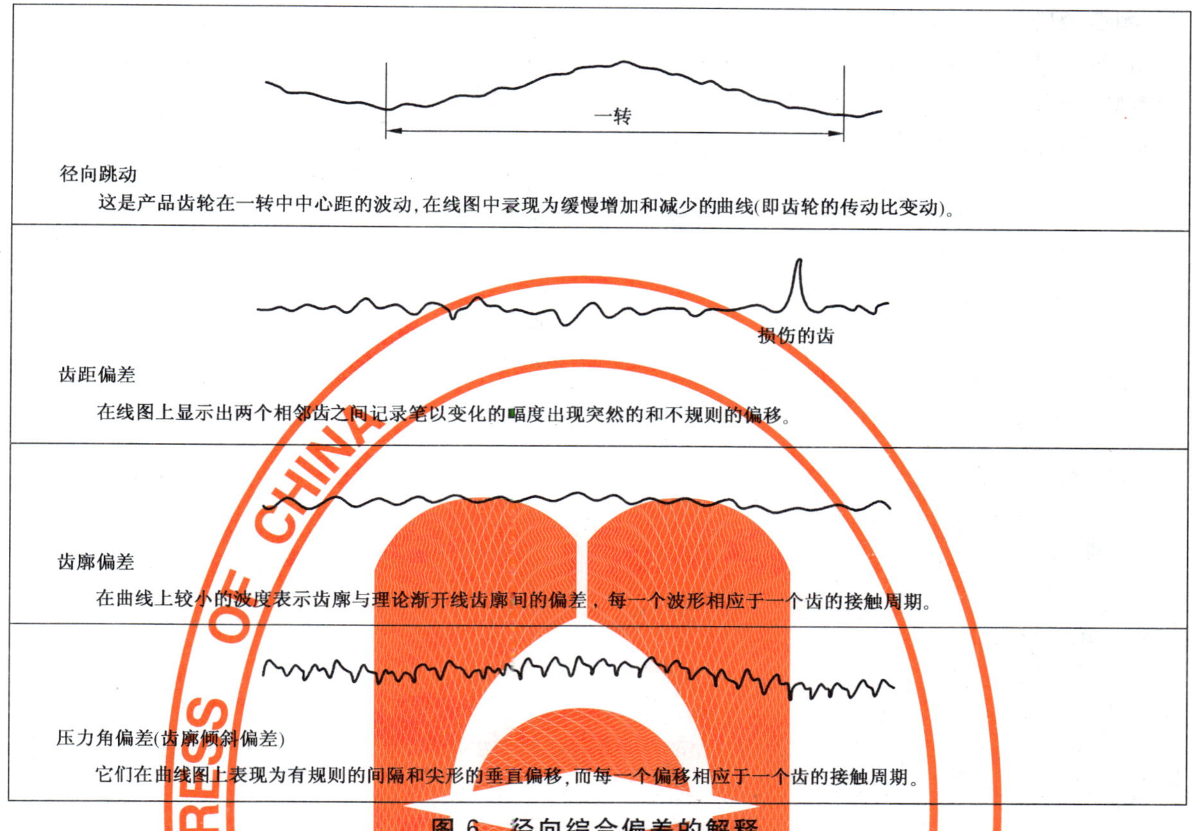

图 6 径向综合偏差的解释

5 径向跳动的测量、偏心量的确定

5.1 测量原理

轮齿的径向跳动 F_r 是指一个适当的测头(球、砧、圆柱或棱柱体)在齿轮旋转时逐齿地放置于每个齿槽中，相对于齿轮的基准轴线的最大和最小径向位置之差(见图 7)。

如果用球、圆柱或砧在齿槽中与齿的两侧都接触，则可应用 GB/T 10095.2—2008 中附录 B 所列的公差表。在有些情况下，要用一个骑架来与齿的两侧接触，公差表不是想要用于这种情况。

球的直径应选择得其能接触到齿槽的中间部位，并应置于齿宽的中央(见 6.3 球直径的计算)。

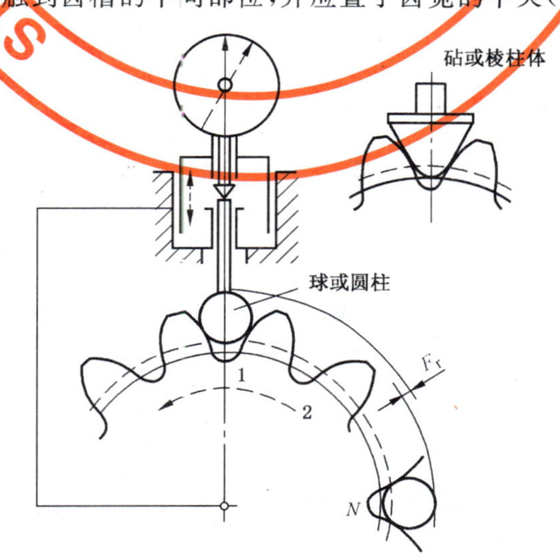

图 7 测量径向跳动的原理

5.2 测量径向跳动用砧的尺寸

砧的尺寸应选择得使其在齿槽中大致在分度圆的位置接触齿面，棱柱的半角 δ_{yt} 可以用下面的近似方法来确定，此处 δ_{yt}、α_{yt} 和 η_{yt} 为在测量圆上接触的各角（见图 8）。

砧应在直径为 d_y 的测量圆处于齿宽的中央与齿面接触。

$$\delta_{yt}=\alpha_{yt}+\eta_{yt} \tag{8}$$

$$\cos\alpha_{yt}=\frac{d\cos\alpha_t}{d_y} \tag{9}$$

$$\tan\alpha_t=\frac{\tan\alpha_n}{\cos\beta} \tag{10}$$

$$d_y=d+2m_n x \tag{11}$$

$$\eta_{yt}=\frac{180}{\pi}\left(\frac{\pi}{z}-\frac{s_{yt}}{d_y}\right) \tag{12}$$

对外齿轮：

$$s_t=\frac{m_n}{\cos\beta}\left(\frac{\pi}{2}+2\tan\alpha_n x\right)$$

对内齿轮：

$$s_t=\frac{m_n}{\cos\beta}\left(\frac{\pi}{2}-2\tan\alpha_n x\right) \tag{13}$$

对外齿轮：

$$s_{yt}=d_y\left(\frac{s_t}{d}+\mathrm{inv}\alpha_t-\mathrm{inv}\alpha_{yt}\right)$$

对内齿轮：

$$s_{yt}=d_y\left(\frac{s_t}{d}-\mathrm{inv}\alpha_t+\mathrm{inv}\alpha_{yt}\right) \tag{14}$$

$$\tan\beta_y=\frac{d_y}{d}\tan\beta \tag{15}$$

$$\tan\delta_{yn}=\tan\delta_{yt}\cos\beta_y \tag{16}$$

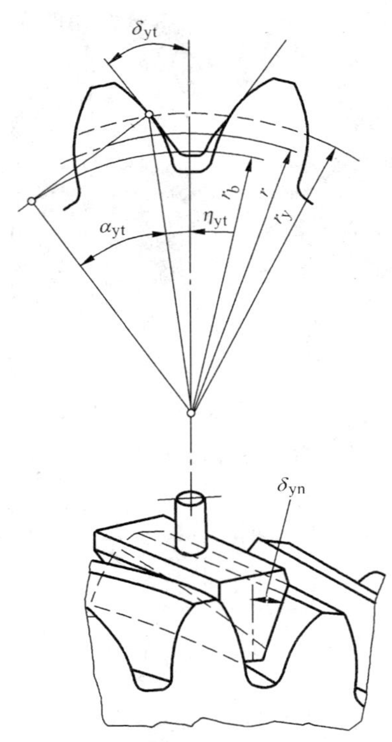

图 8 测量径向跳动用砧的尺寸

5.3 测量径向跳动

此测量方法简单易行，允许有很宽广的范围去选择测量设备和自动化程度，下面就使用的几种方法作简要的描述。

5.3.1 测量时产品齿轮间歇地转动定位。一种简单的方法即用手工对齿轮作间歇性地转动，此法常用于小型齿轮。被置于逐个齿槽中的测头，须调整得与测量的直线相一致，然后记录下逐个齿槽相对于一基准零位的径向位置偏差。当转动定位和对中受转位装置的影响时，测量仪器必须有足够的侧向移动以抵消由于齿距和螺旋线偏差造成的对中影响。侧向移动的自由度是为保证测量头和齿两侧相接触所必须的。

多坐标数字控制(CNC)测量机也可用于这种测量方法，CNC 的测量结果将受到测头接触点处螺旋角的影响。

5.3.2 测量时产品齿轮作连续旋转。砧形测头与齿槽两侧相接触，在齿轮旋转时也跟着一起移动，经历一个预先设定的弧长，径向偏差可以在弧长的最高点测量，也可以在沿弧长移动过程中在其他设定的点上测量。这是测量大型齿轮径向跳动的一种实用的方法。这种测量可以在测量机或展成切齿机床上进行，不过应注意在测量时，必须保证齿轮的基准轴线与机器的旋转轴线为同心，而且其弧长应足够以显示其最大偏差。

5.3.3 从径向综合偏差得到径向跳动的近似值。从径向综合检测中可以近似地得出径向跳动为 $2f_e$ (见 4.1)，此检测过程是把产品齿轮在齿轮滚动夹具上与一个测量齿轮相啮合，在旋转一周后观察其中心距变动量(见图 4 和图 5)。两个齿轮在紧密相啮情况下一起滚动，其中一个齿轮具有可移动的中心并由弹簧或重锤加载，读数即包括基准(测量)齿轮的变化，也包括被测齿轮的偏差。这些都应在判断被测齿轮是否合格时予以考虑的。为了区别以径向综合偏差所确定的径向跳动与用一个球或圆柱所测得的 F_r 的不同，前者采用符号 F''_r 来表示之。

5.3.4 用坐标测量机测量。当应用坐标测量机时，径向跳动与齿距可同时进行测量，下面介绍两个方法。

a) 两个齿面接触的测量法。将具有适当直径的球体测头在齿槽间移动，直到实现两个齿面接触时为止，按照所用装置的不同及齿轮参数，测量可以用一旋转工作台进行，也可以不用旋转工作台，可借助于一个平行轴测头，也可以用星形测头。当采用星形测头时，由于接触条件的需要，必须用 8 星形测头，见图 9。

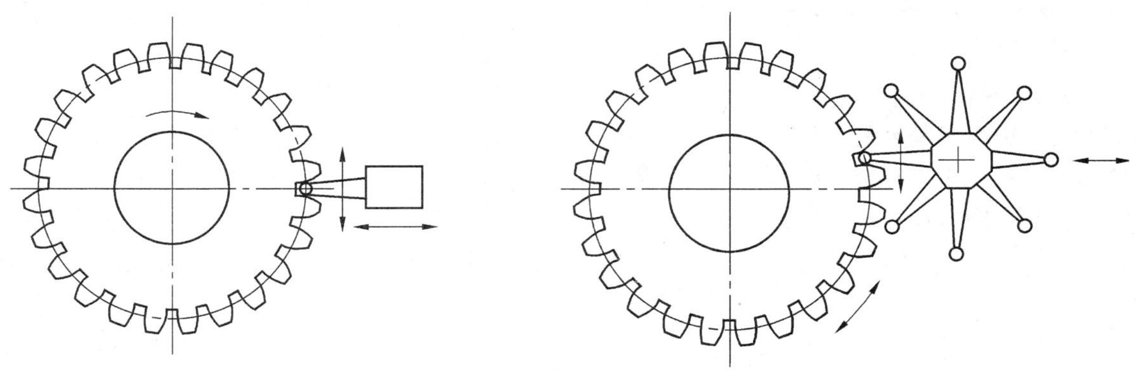

a) 用旋转工作台(4 轴)与平行轴测头作径向跳动测试　　b) 不用旋转工作台(3 轴)与 8 星形测头作径向跳动测试

图 9 用坐标测量机测量径向跳动

注：如果应用一个标准直径的测头，每个齿槽的径向跳动偏差需根据图纸给出的直径重新计算。考虑齿槽中相同的齿距偏差，记录下来的径向跳动偏差却与所用的球体直径有关。由于在接触点处齿廓角的变动，一个较小的测头比一个大的测头具有更高的灵敏度，并得到较大的偏差。

b) 一个齿面接触的测量法。将一个具有较小直径的测头在齿槽内移动，左侧和右侧齿面均在测量圆处测量。用此种测量法，计算出球体的位置，其直径如 6.3 中所给定的。按所用装置及齿轮的参数，此测量可以在旋转工作台或不用旋转工作台进行，也可用一个平行轴测头或一个 8 星形测头来进行。

5.4 测量结果的评价

5.4.1 径向跳动 F_r

径向跳动 F_r 是以齿轮轴线为基准，其值等于径向偏差的最大和最小值的代数差，这里径向偏差是按5.3测得的。它大体上是由两倍偏心量 f_e 组成，另外再添加上齿轮的齿距和齿廓偏差的影响（见图10）。

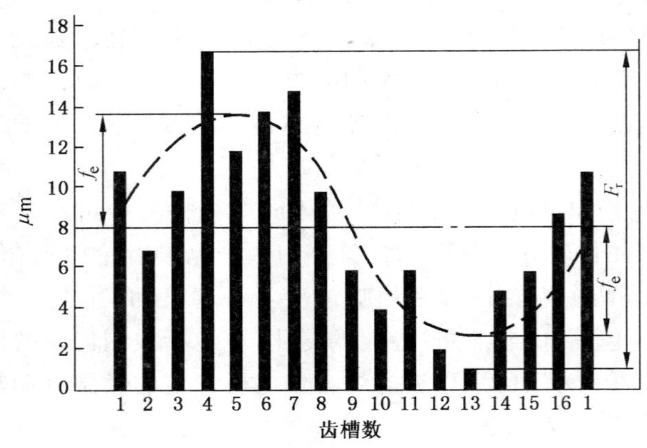

图10 一个16齿的齿轮的径向跳动曲线图

5.4.2 偏心量 f_e

图10表示测量径向跳动的曲线图。曲线的正弦成分可用手工粗略地画出来或可用最小二乘法计算出来，它表示（在测量的平面上）轮齿相对于基准轴线的偏心量为 f_e（见图10）。

5.5 测量径向跳动的用处

对于需要在极小侧隙下运行的齿轮及用于测量径向综合偏差的测量齿轮来说，控制齿轮的径向跳动是十分重要的。

当齿轮的径向综合偏差被测量时，并不需要上面所述的那样测量径向跳动。很明显，单侧齿面偏差，例如齿距或齿廓偏差是不可能用测量径向跳动的值来获得的。例如，有两个精度等级非常不同的齿轮（按GB/T 10095.1衡量），可能有相同的径向跳动值，这是因为一个齿轮与相配对齿轮，只是在右侧或左侧齿面上接触，而径向跳动值则受右侧和左侧两齿面同时接触的影响，两侧齿面的偏差对于径向跳动值可能有相互抵消的影响，测量径向跳动所能获得的信息的程度，主要取决于切削过程中的知识和加工机床的特性。

然而，用某一种方法生产出来的第一批齿轮，为了掌握它是否符合所规定的精度等级需进行详细检测，以后，按此法接下去生产出来的齿轮有什么变化，就可用测量径向综合偏差来发现，而不必再重复进行详细检测。

5.6 径向跳动和齿距偏差之间的关系

当一个别处都很精确的齿轮却具有一个偏心的轴孔，其偏心量为 f_e，如图11所示。它如围绕其孔的轴线旋转，则产生的径向跳动 F_r 大约等于 $2f_e$，偏心量导致沿齿轮圆周单个齿距偏差的最大值为 $f_{ptmax}=2f_e[\sin(180°/z)]/\cos\alpha_{yMt}$，其累积的齿距偏差也具有正弦的形状，其最大值为 $F_{pmax}=2f_e/\cos\alpha_{yMt}$，如图11所示。最大齿距累积偏差和“径向跳动”之间的角度约为90°，在左侧齿面，此角度的近似值 $90°+\alpha_t$，而在右侧齿面则为 $90°-\alpha_t$，由偏心造成的径向跳动，产生侧隙变化，由于齿距偏差而会产生加速度和减速度。

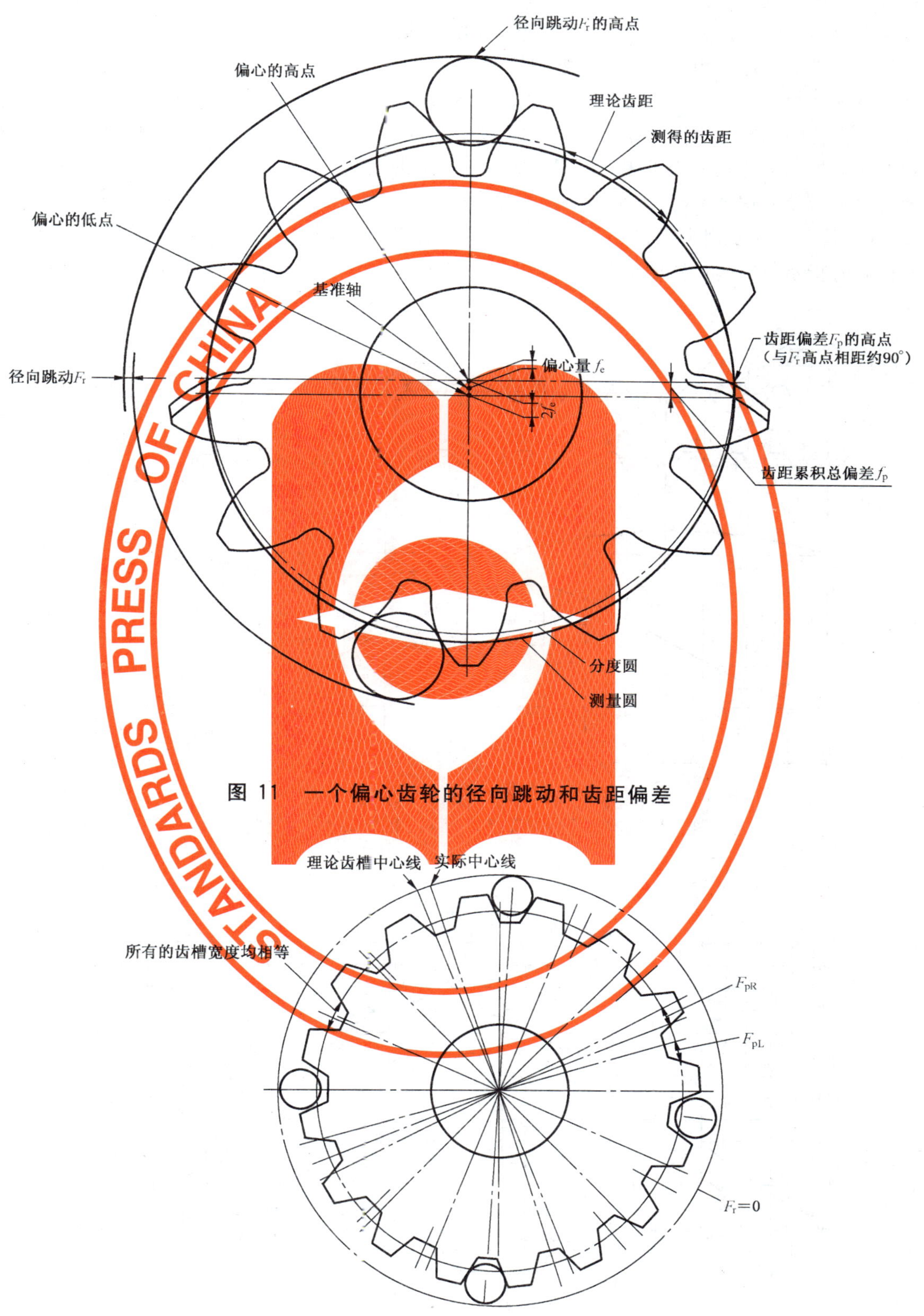

图 11　一个偏心齿轮的径向跳动和齿距偏差

图 12　齿轮无径向跳动，但有明显的齿距和齿距累积偏差（所有的齿槽宽度相等）

不过，当测量出的径向跳动很小或没有径向跳动时，这种情况不能说明不存在齿距偏差。切齿加工时，如果采用单齿分度，很可能切出如图 12 所示的齿轮，此齿轮的所有齿槽均相等，从而没有径向跳动，但却存在着很明显的齿距和齿距累积偏差。图 13 用曲线图表示此情况，图 14 表示一个实际齿轮，它只有很小的径向跳动而却有相当大的齿距累积偏差。

这种情况发生于双面加工法，例如成形磨削或展成磨削（这两种方法都在磨削齿槽时采用单齿分度），磨削时齿轮的轴孔与机床工作台的轴是同心的，而分度机构产生一个正弦形齿距累积偏差，这个齿距累积偏差的根源可能是由于机床分度蜗轮的偏心造成的。

为了揭示齿轮的这种情况，可采用一种改进的径向跳动检测法，如图 15 中所示应用一个"骑架"作为测头，这种检测法能发现齿距偏差的理由，是因为在这里齿距偏差导致齿厚偏差。故当"骑架"接触两侧齿面检测时指示出径向位置的变化。

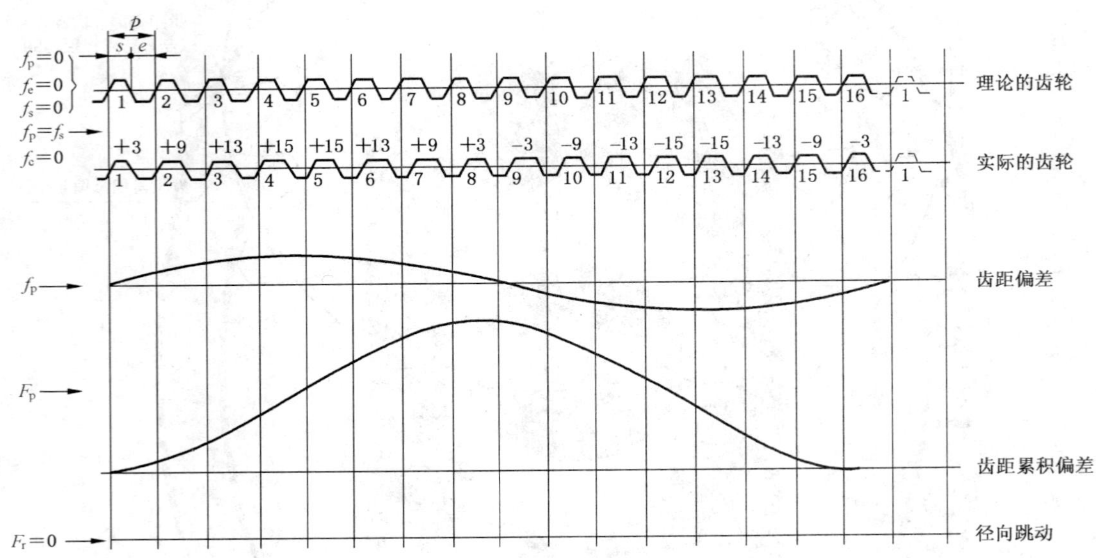

图 13 齿轮具有齿距和齿距累积偏差但无径向跳动

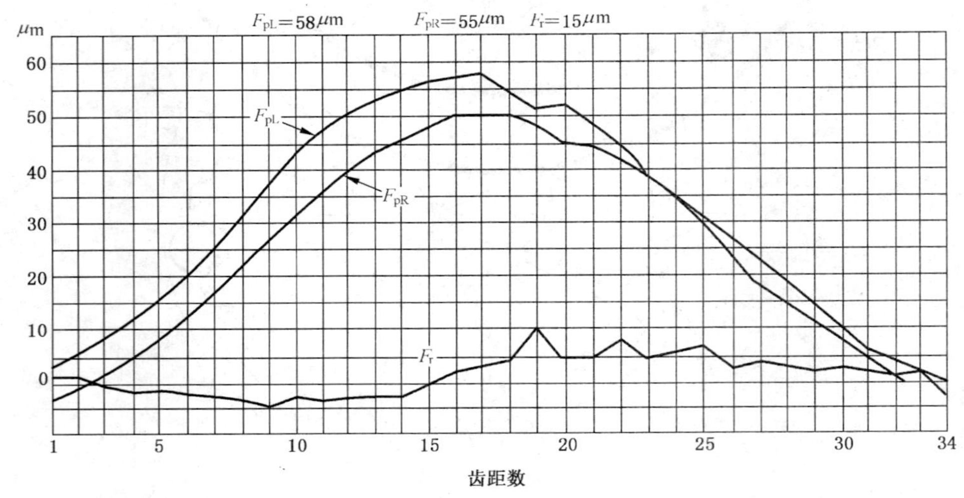

图 14 实际齿轮只有很小的径向跳动，但有明显的齿距累积偏差

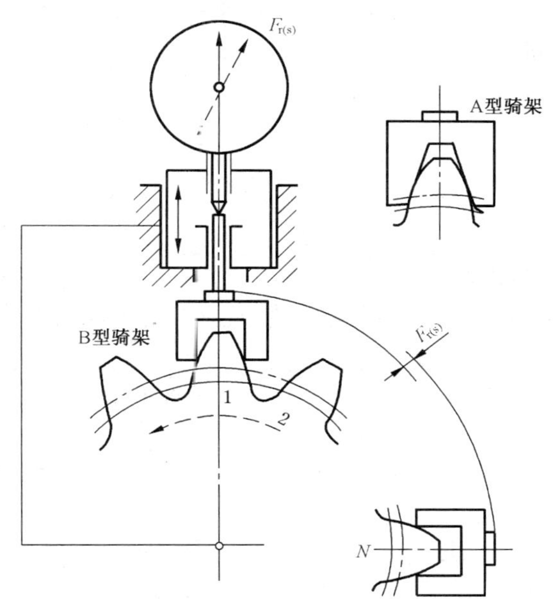

图 15　当所有齿槽宽度相等，而存在齿距偏差时，用骑架进行径向跳动测量

6　齿厚、公法线长度和跨球(圆柱)尺寸的测量

测得的齿厚常被用来评价整个齿的尺寸或一个给定齿轮的全部齿的尺寸。它可根据测头接触点间或两条很短的接触线间距离的少数几次测量来计值，这些接触点的状态和位置是由测量法的类型(公法线、球、圆柱或轮齿卡尺)以及单个要素偏差的影响来确定的。习惯上常假设整个齿轮依靠一次或两次测量来表明其特性。

控制相配齿轮的齿厚是十分重要的，以保证它们在规定的侧隙下运行。在有些情况下，由于齿顶高的变位，要在分度圆直径 d 处测量齿厚不太容易，故而用一个计算式给出在任何直径 d_y 处的齿厚 s，见图 16，推荐选取 $d_y=d+2m_nx$。

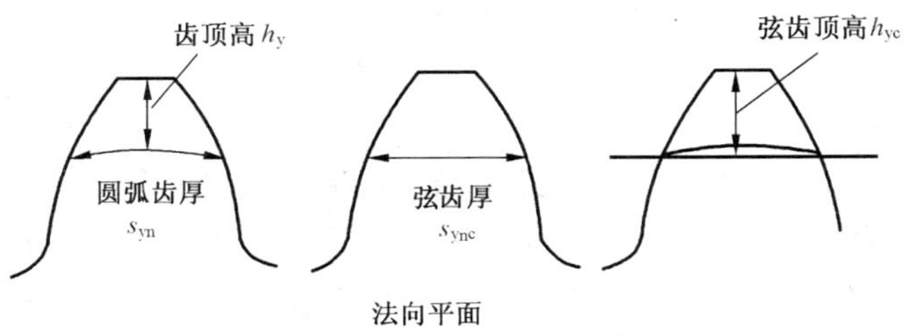

图 16　齿顶高和弦齿厚

6.1　齿厚的测量

用齿厚游标卡尺测齿厚。

$$s_{yn}=s_{yt}\cos\beta y \qquad (17)$$

$$s_{ync}=d_{yn}\sin\left(\frac{s_{yn}}{d_{yn}}\frac{180}{\pi}\right) \qquad (18)$$

β_y 见 5.2。

$$d_{yn}=d_y-d+\frac{d}{\cos^2\beta_b} \qquad (19)$$

$$\sin\beta_b = \sin\beta\cos\alpha_n \qquad (20)$$

对外齿轮，s_{yt}按式(14)求得。

$$h_{yc} = h_y + \frac{d_{yn}}{2}\left[1 - \cos\left(\frac{s_{yn}}{d_{yn}} \cdot \frac{180}{\pi}\right)\right] \qquad (21)$$

$$h_y = \frac{d_a - d_y}{2} \qquad (22)$$

式中：

齿厚游标卡尺不能用于测量内齿轮。

侧隙的允许偏差没有包括在 s_{ync}齿厚的公称值内，应从公称值减去上偏差 E_{syns}和下偏差 E_{syni}。

$$E_{syn}\binom{s}{i} = E_{sn}\binom{s}{i}\frac{\cos\alpha_n}{\cos\alpha_{yn}} \qquad (23)$$

式中 E_{sns}和 E_{sni}见 7.2。

$$\tan\alpha_{yn} = \tan\alpha_{yt}\cos\beta_y \qquad (24)$$

式中 α_{yt}见 5.2，实际的齿厚应该是：

$$(S_{ync} + E_{syni}) \leqslant S_{yncactuol} \leqslant (S_{yne} + E_{syns}) \qquad (25)$$

E_{syni}和 E_{syns}应有正负号。

用齿厚游标卡尺测量弦齿厚的优点，是可以用一个手持的量具进行测量。携带方便和使用简便是其主要优点，见图 17。

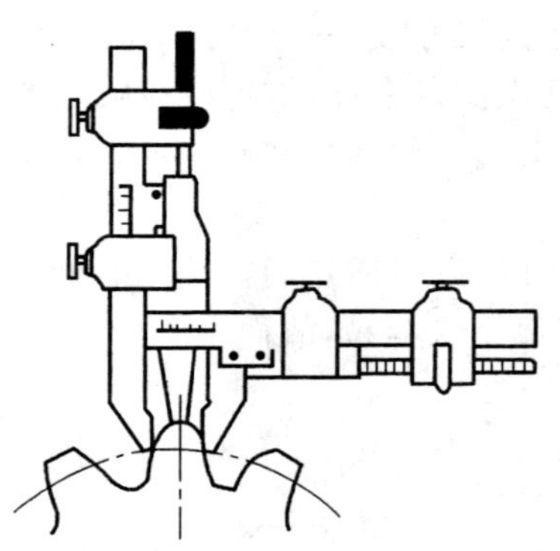

图 17　用齿厚游标卡尺测量弦齿厚

测量弦齿厚也有其局限性，由于齿厚卡尺的两个测量腿与齿面只是在其顶尖角处接触而不是在其平面接触，故测量必须要由有经验的操作者进行。另一点是，由于齿顶圆柱面的精确度和同心度的不确定性，以及测量标尺分辨率很差，使测量不甚可靠。如果可能的话，应采用更可靠的公轮齿跨距、圆柱销或球测量法来代替此法。

6.2　公法线长度的测量

W_k 的长度是在基圆柱切平面上跨 k 个齿(对外齿轮)或 k 个齿槽(对内齿轮)在接触到一个齿的右齿面和另一个齿的左齿面的两个平行平面之间测得的距离。这个距离在两个齿廓间沿所有法线都是常数(见图 18 和图 19)。

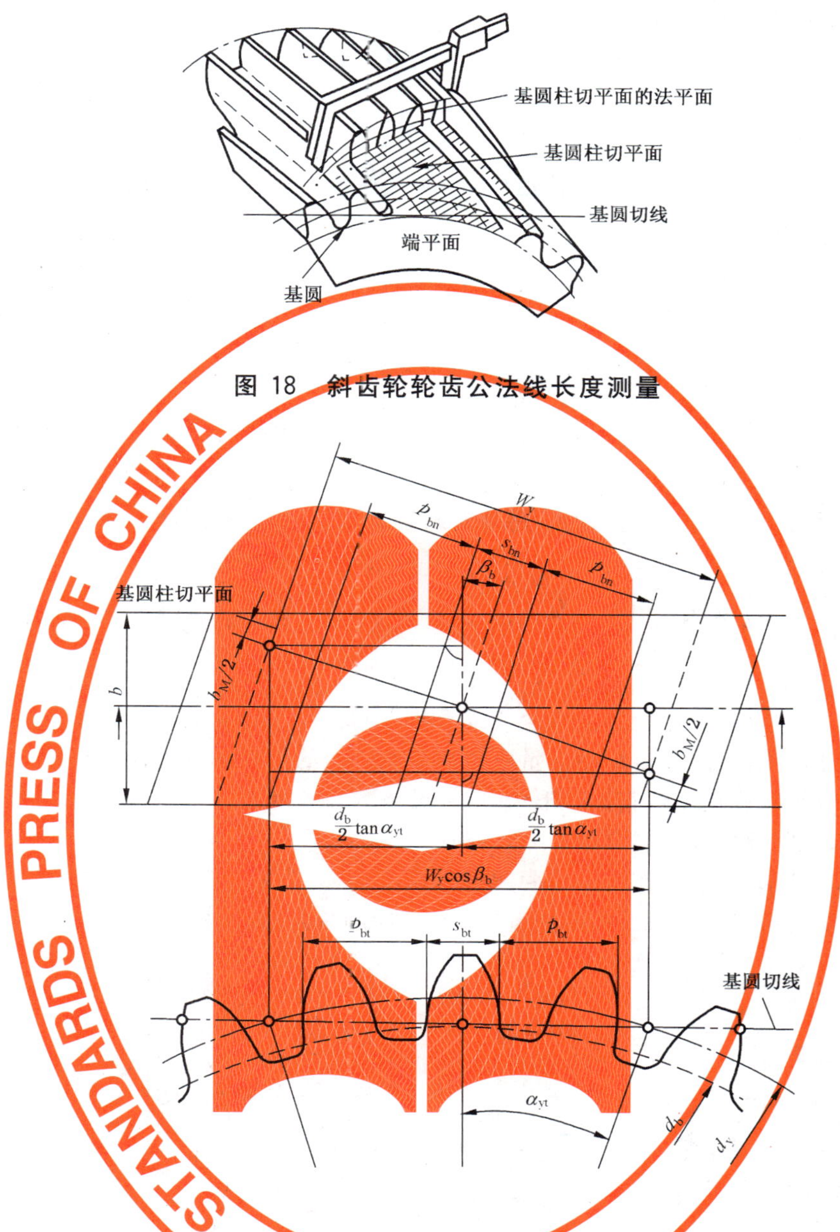

图 18 斜齿轮轮齿公法线长度测量

图 19 在基圆柱切平面上的轮齿公法线长度测量的极限尺寸

在外齿轮的实际测量时，按规定作出的两内侧平行平面就是度量表面，以测量它们之间的距离。

度量表面间所跨的齿数 k 应这样来选择，即其接触线大体上位于齿高的中间，可按下面的方法来计算(圆整到最近的整数)：

$$k=\frac{W_y-s_{bn}}{\pi m_n\cos\alpha_n}+1=\frac{W_y-s_{bn}}{p_{bn}}+1 \qquad (26)$$

式中：

$$W_y=\frac{d_b\tan\alpha_{yt}}{\cos\beta_b} \qquad (27)$$

式中 β_b 见式(20)。

$$s_{bn}=m_n\cos\alpha_n\left(\frac{\pi}{2}+z\text{inv}\alpha_t+2\tan\alpha_n x\right) \qquad (28)$$

式中 α_{yt} 和 α_t 见式(9)和式(10)。

公法线长度尺寸由下列公式给出：

$$W_k = m_n \cos\alpha_n [(k-0.5)\pi + z\,\mathrm{inv}\alpha_t + 2\tan\alpha_n x] \qquad \cdots\cdots(29)$$

或

$$W_k = (k-1)P_{bn} + s_{bn} \qquad \cdots\cdots(30)$$

侧隙的允许偏差没有包括在 W_k 的公称值内，应从公称值减去公法线长度的上偏差 E_{bns} 和下偏差 E_{bni} 的值（见图 1），而对内齿轮则应增大。

$$E_{bn\binom{s}{i}} = E_{sn\binom{s}{i}} \cos\alpha_n \qquad \cdots\cdots(31)$$

a) 对外齿轮：

$$W_k + E_{bni} \leqslant W_{kactual} \leqslant W_k + E_{bns} \qquad \cdots\cdots(32)$$

b) 对内齿轮：

$$W_k - E_{bni} \leqslant W_{kactual} \leqslant W_k - E_{bns} \qquad \cdots\cdots(33)$$

E_{bni} 和 E_{bns} 应有适当的正负号。

轮齿跨距测量对内斜齿轮是不适当的。另外对斜齿轮而言，轮齿跨距测量受齿轮齿宽的限制，只有满足下式条件时才可能：

$$b > W_k \sin\beta_b + b_M \cos\beta_b \text{，这里 } b_M = 5 \text{ 或 } b_M = \frac{m_n}{4} \qquad \cdots\cdots(34)$$

或使

$$b > 1.015 W_k \sin\beta_b \qquad \cdots\cdots(35)$$

如果有齿廓或螺旋线修形，轮齿跨距测量应该在未经修形的齿面部分进行。对斜齿鼓形齿，斜齿公法线中的法向齿厚应予以修正。对直齿鼓形齿，应在鼓形的顶点测量。

6.3 用测定跨球（圆柱）尺寸来控制齿厚

当斜齿轮的齿宽太窄，不允许作轮齿跨距测量时，可以用间接地检测齿厚的方法，即把两个球或圆柱（销子）置于尽可能在直径上相对的齿槽内（图 20），然后测量跨球（圆柱）尺寸。

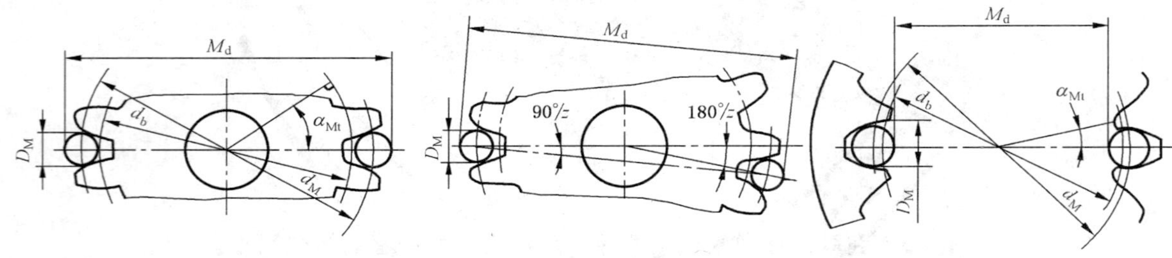

图 20 直齿轮的跨球（圆柱）尺寸 M_d

6.3.1 球或圆柱的尺寸 D_M

a) 对外齿轮：

$$D_{Mthe} = \frac{d_y \sin\eta_{yt}}{\cos(\alpha_{yt} + \eta_{yt})} \cos\beta_b \qquad \cdots\cdots(36)$$

b) 对内齿轮：

$$D_{Mthe} = \frac{d_y \sin\eta_{yt}}{\cos(\alpha_{yt} - \eta_{yt})} \cos\beta_b \qquad \cdots\cdots(37)$$

关于 α_{yt}、d_y、η_{yt} 和 β_b 见式(9)、式(11)、式(12)和式(20)。

D_M 应根据优先数系 R40 选择较计算值大一点的直径，或选自可提供给齿轮制造者的标准圆柱销尺寸表，例如表 1。参见图 21。

表 1　标准圆柱销的直径

单位为毫米

2	2.25	2.5	2.75	3	3.25	3.5	3.75	4	4.25	4.5	5	5.25
5.5	6	6.5	7	7.5	8	9	10	10.5	11	12	14	15
16	18	20	22	25	28	30	35	40	45	50	—	—

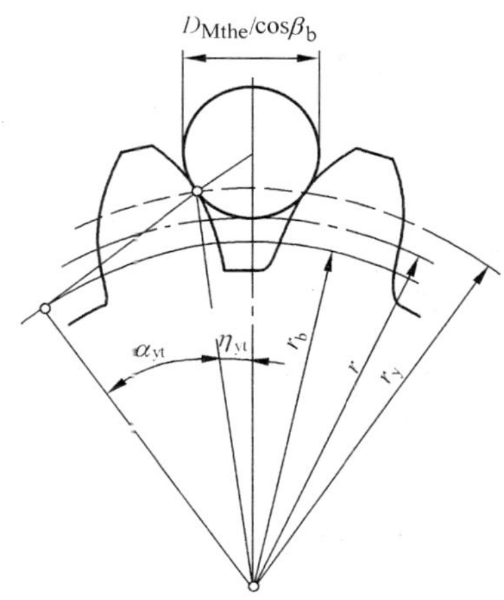

图 21　球的尺寸

6.3.2　跨球(圆柱)尺寸 M_d

a)　偶数齿的外齿轮：

$$M_d = \frac{m_n z \cos\alpha_t}{\cos\beta \cos\alpha_{Mt}} + D_M \quad \cdots\cdots (38)$$

b)　奇数齿的外齿轮：

$$M_d = \frac{m_n z \cos\alpha_t}{\cos\beta \cos\alpha_{Mt}} \cos\left(\frac{90}{z}\right) + D_M \quad \cdots\cdots (39)$$

式中：

$$\mathrm{inv}\alpha_{Mt} = \mathrm{inv}\alpha_t + \frac{D_M}{m_n z \cos\alpha_n} + \frac{2\tan\alpha_n x}{z} - \frac{\pi}{2z} \quad \cdots\cdots (40)$$

c)　偶数齿的内齿轮：

$$M_c = \frac{m_n z \cos\alpha_t}{\cos\beta \cos\alpha_{Mt}} - D_M \quad \cdots\cdots (41)$$

d) 奇数齿的内齿轮：

$$M_d = \frac{m_n z \cos\alpha_t}{\cos\beta \cos\alpha_{Mt}} \cos\left(\frac{90}{z}\right) - D_M \quad \cdots\cdots (42)$$

式中：

$$\mathrm{inv}\alpha_{Mt} = \mathrm{inv}\alpha_t - \frac{D_M}{m_n z \cos\alpha_n} - \frac{2\tan\alpha_n x}{z} + \frac{\pi}{2z} \quad \cdots\cdots (43)$$

6.3.3　计入侧隙允许偏差的跨球(圆柱)尺寸测量

M_d 的公称值中不包括侧隙的允许偏差，应从公称值减去上偏差 E_{yns} 和下偏差 E_{yni}，E_{yns} 和 E_{yni} 由下列方程式转换(7.2)。

偶数齿时：

$$E_{yn\binom{s}{i}} \approx E_{sn\binom{s}{i}} \frac{\cos\alpha_t}{\sin\alpha_{Mt} \cos\beta_b} \quad \cdots\cdots (44)$$

奇数齿时：

$$E_{yn\binom{s}{i}} \approx E_{sn\binom{s}{i}} \frac{\cos\alpha_t}{\sin\alpha_{Mt} \cos\beta_b} \cos\left(\frac{90}{z}\right) \quad \cdots\cdots (45)$$

因而,跨球(圆柱)尺寸应为:

a) 对外齿轮:

$$M_d + E_{yni} \leqslant M_{dactual} \leqslant M_d + E_{yns} \quad \cdots\cdots(46)$$

b) 对内齿轮:

$$M_d - E_{yns} \leqslant M_{dactual} \leqslant M_d - E_{yni} \quad \cdots\cdots(47)$$

E_{yni}和E_{yns}应有正负号。

对于内斜齿轮,只能用球测量。常用球形测头内径千分表来测量,测得端平面上两个置于直径两端的齿槽中球之间的最小尺寸,这是真实的尺寸,当测量奇数齿的斜齿轮时,需要考虑用适当的方法使球定位于端平面上。

6.4 用径向综合检测作齿厚测量

用径向综合检测测量齿厚有其优点,测得的是功能齿厚,包括齿的所有偏差的影响。如果工件的尺寸允许,所需工装也适用,则径向综合检测,即半径方向的测量,是检测齿厚的最好的方法。径向综合检测在一次操作中对产品齿轮的每一个齿都进行了检测,比用其他方法进行多次测量要快得多。

然而,这个方法仅适用于中型和小型齿轮,因为中心距大于 500 mm 的测试仪器是很稀少的,在特定情况下,可以在切削机床上进行测试。

应特别注意被测齿轮的安装面,以保证所进行的测试,能代表齿轮实际运行时的安装情况。对内齿轮需要用专用的仪器或附件。

测量仪器必须经过仔细标定,特别是对小模数和高精度的齿轮。

6.5 径向综合啮合测试的计算

下面的方法适用于外齿轮。

必须校核测量齿轮的尺寸,以使其与产品齿轮作正确的啮合,并保证其接触能达到齿顶附近及真实的渐开线的直径处而不产生干涉。

测量齿轮通常在其上标记着检测半径,所谓检测半径,是指在此半径处测量齿轮与标准齿轮相啮合,该标准齿轮在分度圆直径 d_2 处的齿厚为:

$$s_{t2} = \frac{\pi d_2}{2z_2} \quad \cdots\cdots(48)$$

对非标准尺寸的直齿轮,常常需要特殊的测量齿轮。斜齿轮通常也需要特殊的测量齿轮。

测量齿轮应该做得非常精确,因为测量齿轮的任何偏差,将在检测结果中添加到产品齿轮的偏差上去。

6.5.1 最大检测半径

最大检测半径是以最大实效齿厚为基础计算的。计算方法中假设测量齿轮的误差是极小的,不会影响检测的结果。这就需要一个十分精确的测量齿轮,特别是在测量精密齿轮时。

如果两个齿轮是紧密相啮合,它们在工作节圆上齿厚之和等于在此圆上的齿距(圆弧上度量的),另外,两个齿轮的工作节圆直径与其齿数成正比。这些关系加上齿厚基本方程式就得联立方程式,从它们可得到工作的端面压力角。

$$\mathrm{inv}\alpha_{wt3} = \frac{s_{bt2} + s_{bt3} - p_{bt}}{d_{b2} + d_{b3}} \quad \cdots\cdots(49)$$

式中:

s_{bt2}——产品齿轮的最大端面基圆齿厚,单位为毫米(mm);

s_{bt3}——测量齿轮的端面基圆齿厚,单位为毫米(mm);

d_{b2}——产品齿轮的基圆直径,单位为毫米(mm);

d_{b3}——测量齿轮的基圆直径,单位为毫米(mm);

α_{wt3}——紧密啮合时端面工作压力角,单位为度(°);

p_{bt}——端面基圆齿距,单位为毫米(mm)。

α_{wt3}也可用下式计算:

$$\mathrm{inv}\alpha_{wt3} = \left[\frac{\frac{s_{n2}+s_{n3}}{m_n}-\pi}{z_2+z_3}\right]+\mathrm{inv}\alpha_t \quad\cdots\cdots(50)$$

式中：

s_{n2}——产品齿轮在分度圆直径处的法向齿厚，单位为毫米(mm)；

s_{n3}——测量齿轮在分度圆直径处的法向齿厚，单位为毫米(mm)；

z_2——产品齿轮的齿数；

z_3——测量齿轮的齿数。

产品齿轮在分度圆上的最大齿厚的尺寸，等于公称齿厚减去齿厚上偏差。

所有的测量均在端平面上进行。

最大中心距值 a_{max}(mm)可由下式计算：

$$a_{max} = \frac{m_n\cos\alpha_n}{2\cos\beta_b\cos\alpha_{wt3}}(z_2+z_3) \quad\cdots\cdots(51)$$

最大检测半径 r_{2max} 是：

$$r_{2max} = a_{max} - r_3 \quad\cdots\cdots(52)$$

式中：

r_3——测量齿轮检测半径，单位为毫米(mm)。

6.5.2 最小检测半径

图 22 表明一个典型的径向综合啮合检测的图，"最大齿轮迹线"表示一个齿轮，它有一个最大实效齿厚 s_{wtmax} 的齿，对于径向综合啮合测试或检测中心距的公差带，必须包括由径向综合总公差加上齿厚公差的全部偏差。两个组成部分都随产品齿轮的尺寸和精度不同而变化。

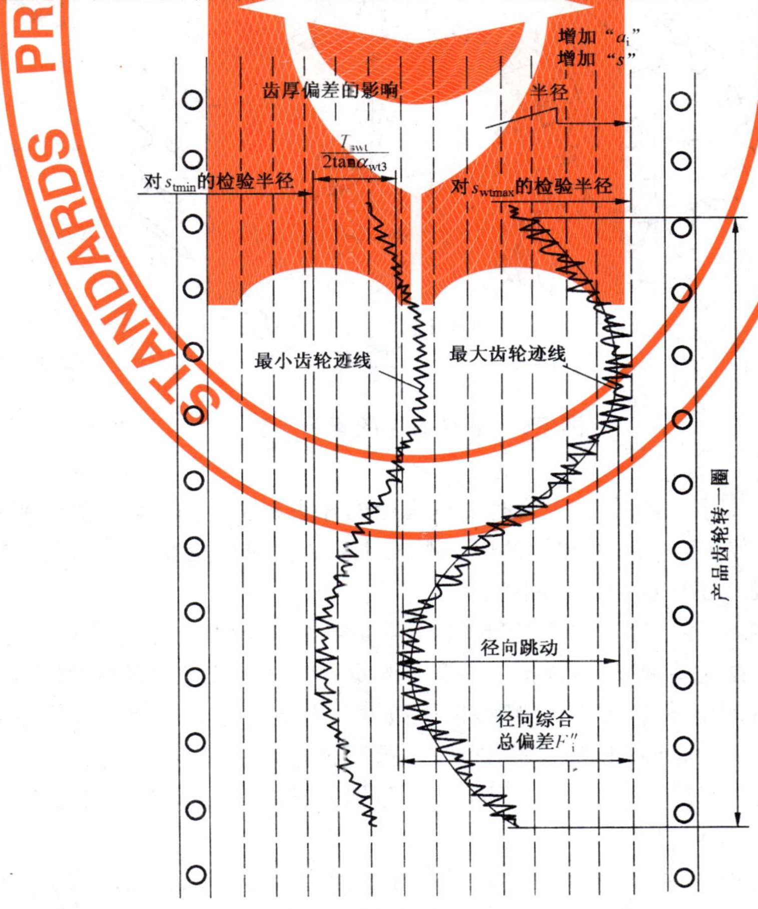

图 22 径向综合啮合检测测量齿厚

在下面求 a_{min} 的公式中，用 α_{wt3} 作为最小压力角是一个近似的方法，如果需要更为精确的结果，可用式(49)或式(50)和 a_{min} 重新计算，取得最后的数值。

$$a_{min} = a_{max} - F_i'' - \frac{T_{swt}}{2\tan\alpha_{wt3}} \quad \cdots\cdots(53)$$

式中：

a_{min}——最小中心距；

T_{swt}——与测量齿轮啮合的工作节圆直径处的端面齿厚公差。

$$r_{2min} = a_{min} r_3 \quad \cdots\cdots(54)$$

$$T_{swt} = \frac{T_{sn}}{\cos\beta}\frac{d_w}{d} \quad \cdots\cdots(55)$$

7 齿轮的公差和配合

7.1 概述

装配好的齿轮是相匹配的产品，为了保证它们无障碍地运转，需要适当的侧隙配合。决定配合的齿轮副要素有(图 23)：

s_1——小齿轮的齿厚；

s_2——大齿轮的齿厚；

a——箱体的轴中心距。

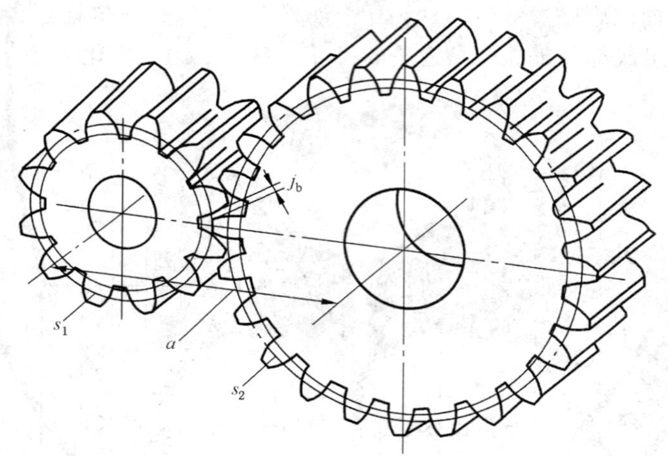

图 23 齿轮轮齿的配合

除了上述这些要素的尺寸外，齿轮的配合也受到齿轮的开头和位置偏差以及轴线平行度的影响。

小齿轮和大齿轮的齿厚(实际)尺寸和轴的中心距尺寸加上相应齿轮要素的偏差，确定了齿轮轮齿的侧隙 j，即在工作直径处非工作齿面间的间隙。

通常，最大侧隙并不影响传递运动的性能和平稳性，同时，实效齿厚偏差也不是在选择齿轮的精度等级时的主要考虑因素。在这些情况下，选择齿厚及其测量方法并非关键，可以用最方便的方法。在很多应用场合，允许用较宽的齿厚公差或工作侧隙，这样做不会影响齿轮的性能和承载能力，却可以获得较经济的制造成本。除非十分必要，不应该采用很紧的齿厚公差，因为这对于制造成本有很大的影响。当最大侧隙必须严格控制的情况下，对各影响因素必须仔细地研究，有关齿轮的精度等级、中心距公差和测量方法，必须仔细地予以规定。

很可能需要规定一个更为精密的精度等级，以便保持最大侧隙在要求的极限范围之内。

最小工作侧隙不应当成为零或负值。由于工作侧隙是由装配侧隙和工作状态确定的，它们包括挠度、安装误差、轴承的径向跳动、温度以及其他未知因素的影响，因而必须区别开：

——装配侧隙，和

——工作侧隙。

侧隙不是一个固定值，由于制造公差和工作状态等原因，它在不同的轮齿位置上是变动的。

本指导性技术文件只限于有关装配侧獠和齿厚。有关轴中心距和轴线平行度的测量，包含在GB/Z 18620.3中。

齿轮诸要素的形状和位置偏差，包含在GB/T 10095.1和GB/T 10095.2中。

关于适当的检测方法方面的意见，已在第6章中提出，关于计算工作侧隙的导则，在附录A中给出。

7.2 齿厚公差

轮齿的给定尺寸公差的影响，取决于装配。另外，尺寸的测量取决于所用的方法及轮齿的几何偏差，如在GB/T 10095.1和GB/Z 18620.1中所论述的。为了确定这些影响，计算应在端平面上进行，因为最终的齿轮传动运动和侧隙，常常是在圆周上测得的值。

齿厚与侧隙的给定值，是由设计人员按其使用情况选定的，在分度圆上垂直于齿线方向来规定和测量其值，可能是方便的。

7.2.1 齿厚上偏差 E_{sns}

齿厚上偏差取决于分度圆直径和允许差，其选择大体上与轮齿精度无关。

7.2.2 齿厚下偏差 E_{sni}

齿厚下偏差是综合了齿厚上偏差及齿厚公差后获得的，由于上、下偏差都使齿厚减薄，从齿厚上偏差中应减去公差值。

$$E_{sni} = E_{sns} - T_{sn} \qquad (56)$$

E_{sni}和E_{sns}应有正负号。

注意：

$$T_{sn} = T_{st}\cos\beta \qquad (57)$$

7.2.3 法向齿厚公差 T_{sn}

法向齿厚公差的选择，基本上与轮齿的精度无关，它主要应由制造设备来控制。如果出于工作运行的原因必须控制最大侧隙时，就必须用附录A中所提供的方法进行计算。必须注意太小的齿厚公差对制造成本和保持轮齿的精度方面是不利的，因为它们在制造过程不必要地限制了校正的可能性。

附 录 A
（资料性附录）
侧隙和齿厚公差

A.1 目的

本附录对选择齿轮的齿厚公差和最小侧隙提供一个合理的方法。一对相啮齿轮，利用最小侧隙、齿厚公差、中心距公差及轮齿的精度公差，还提供一个计算其最大期望侧隙的方法。本附录还包括推荐的最小侧隙值。

A.2 侧隙

在一对装配好的齿轮副中，侧隙 j 是相啮齿轮齿间的间隙，它是在节圆上齿槽宽度超过相啮合的轮齿齿厚的量。侧隙可以在法向平面上或沿啮合线（见图 A.1）测量，但是它是在端平面上或啮合平面（基圆切平面）上计算和规定的。

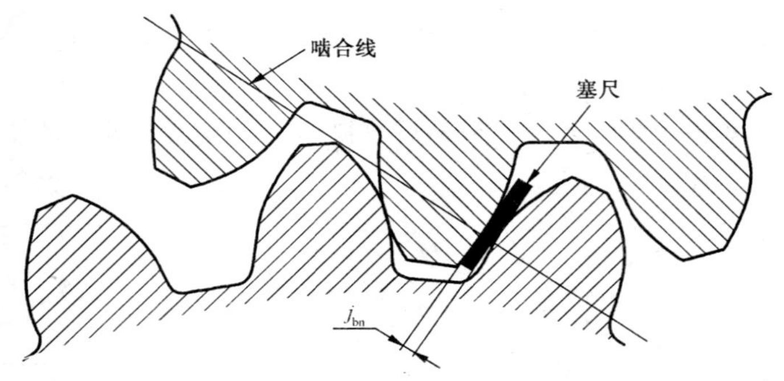

图 A.1 用塞尺测量侧隙（法向平面）

单个齿轮并没有侧隙，它只有齿厚，相啮齿的侧隙是由一对齿轮运行时的中心距以及每个齿轮的实效齿厚所控制。

所有相啮的齿轮必定要有些侧隙。必须要保证非工作齿面不会相互接触，在一个已定的啮合中，侧隙在运行中由于受速度、温度、负载等的变动而变化。在静态可测量的条件下，必须有足够的侧隙，以保证在带负载运行于最不利的工作条件下仍有足够的侧隙。

侧隙需要的量与齿轮的大小、精度、安装和应用情况有关。

A.3 最大齿厚

齿轮的最大齿厚是这样确定的。即假定齿轮在最小中心距时与一个理想的相配齿轮啮合，能存在所需的最小侧隙。齿厚偏差使最大齿厚或从其最大值减小，从而增加了侧隙。

对于 $x=0$ 的齿轮，理论齿厚或公称齿厚通常等于分度圆上的齿距的一半。除非有专门的规定，一个未装配的齿轮其实际最大齿厚常常比理论值要小，因为制造者常常以减小齿厚来实现侧隙。

A.4 最小侧隙

最小侧隙 j_{bnmin} 是当一个齿轮的齿以最大允许实效齿厚与一个也具有最大允许实效齿厚的相配齿在最紧的允许中心距相啮合时，在静态条件下存在的最小允许侧隙。这是设计者所提供的传统“允许侧隙”，以防备下列所述情况：

a） 箱体、轴和轴承的偏斜；

b) 由于箱体的偏差和轴承的间隙导致齿轮轴线的不对准；

c) 由于箱体的偏差和轴承的间隙导致齿轮轴线的歪斜；

d) 安装误差，例如轴的偏心；

e) 轴承径向跳动；

f) 温度影响（箱体与齿轮零件的温度差、中心距和材料差异所致）；

g) 旋转零件的离心胀大；

h) 其他因素，例如由于润滑剂的允许污染以及非金属齿轮材料的溶胀。

如果上述因素均能很好地控制，则最小侧隙值可以很小，每一个因素均可用分析其公差来进行估计，然后可计算出最小的要求量，在估计最小期望要求值时，也需要判断和经验，因为在最坏情况时的公差，不大可能都叠加起来。

表 A.1 列出了对工业传动装置推荐的最小侧隙，这传动装置是用黑色金属齿轮和黑色金属的箱体制造的，工作时节圆线速度小于 15 m/s，其箱体、轴和轴承都采用常用的商业制造公差。

表 A.1 对于中、大模数齿轮最小侧隙 j_{bnmin} 的推荐数据 单位为毫米

m_n	最小中心距 a_i					
	50	100	200	400	800	1 600
1.5	0.09	0.11	—	—	—	
2	0.10	0.12	0.15	—	—	—
3	0.12	0.14	0.17	0.24	—	—
5	—	0.18	0.21	0.28	—	—
8	—	0.24	0.27	0.34	0.47	—
12	—	—	0.35	0.42	0.55	—
18	—	—	—	0.54	0.67	0.94

表 A.1 中的数值，也可用公式 A.1 进行计算：

$$j_{bnmin} = \frac{2}{3}(0.06 + 0.000\,5a_i + 0.03m_n) \quad \text{(A.1)}$$

注意：a_i 必须是一个绝对值。

$$j_{bn} = |(E_{sns1} + E_{sns2})|\cos\alpha_n \quad \text{(A.2)}$$

如果 E_{sns1} 和 E_{sns2} 相等，则 $j_{bn} = 2E_{sns}\cos\alpha_n$，小齿轮和大齿轮的切削深度和根部间隙相等，且重合度为最大。

A.5 齿厚测量中的规定

对于任何检测方法所规定的最大齿厚必须减小，以便确保径向跳动及其他切齿时变化对检测结果的影响，不致增加最大实效齿厚，规定的最小齿厚也必须减小，以便使所选择的齿厚公差能实现经济的齿轮制造，且不会被来源于精度等级的其他公差所耗尽。

A.6 最大侧隙

一对齿轮副中的最大侧隙 j_{bnmax}，是齿厚公差、中心距变动和轮齿几何形状变异的影响之和。理论的最大侧隙发生于两个理想的齿轮按最小齿厚的规定制成，且在最松的允许中心距条件下啮合。最大侧隙中心距对外齿轮是指最大的，对内齿轮是指最小的。

最大理论侧隙也可发生于当两个齿轮都按最小实效齿厚 s_{wtmin} 制成，且运行于最大侧隙中心距条件下碰在一起时。在实践中，那种情况不大可能发生。

s_{wtmin}值的计算方法如下：

$$s_{wtmin} = s_{wt} - E_{sni}\frac{\cos\alpha_n}{\cos\beta_b}\frac{1}{\cos\alpha_{wt}} - 2F''_i\tan\alpha_{wt} \quad \cdots\cdots(A.3)$$

$$j_{wtmax} = p_{wt} - s_{wtmin1} - s_{wtmin2} - (a_{max} - a_{min})2\tan\alpha_{wt} \quad \cdots\cdots(A.4)$$

式中：

s_{wt}——在工作直径处的理论端面齿厚；

p_{wt}——工作节圆的齿距。

在工作直径处侧隙的值，可以按下面方法转换成塞尺测得的侧隙j_{bn}：

$$p_{wt} = \frac{2\pi a_{min}}{z_1 + z_2} \quad \cdots\cdots(A.5)$$

$$j_{bn} = j_{wt}\cos\alpha_{wt}\cos\beta_b \quad \cdots\cdots(A.6)$$

$$j_{bn} = j_{wn}\cos\alpha_n \quad \cdots\cdots(A.7)$$

最大期望侧隙是j_{bnmax}及轮齿的单个要素和中心距变动的统计分布的函数。由于制造上的原因而造成轮齿的任何偏差将减少最大期望侧隙，需要用经验和判断来估计一个合理的数值。

如果必须控制最大侧隙的话，应该对最大侧隙的每个要素作仔细的分析，然后选择一个精度等级，以求按需要去限制轮齿的偏差。

对于一个装配好的齿轮传动装置，特别是多级传动，如果用最大侧隙作为验收合格准则时，其最大合格值必须很小心地选择，以求总成的每个部分都能有合理的制造公差。

参 考 文 献

[1] ISO 701:1998 International gear notation—Symbols for geometrical data.

[2] ISO 1122:1998 Glossary of gears—Geometrical definitions.

[3] ISO/TR 10063 Cylindrical gears—Function groups, test groups, tolerance families (in the state of preparation).

[4] ISO/TR 10064-4:1998 Cylindrical gears—Recommendations relative to surface roughness and tooth contact pattern checking (in the state of preparation).

ICS 21.200
J 17

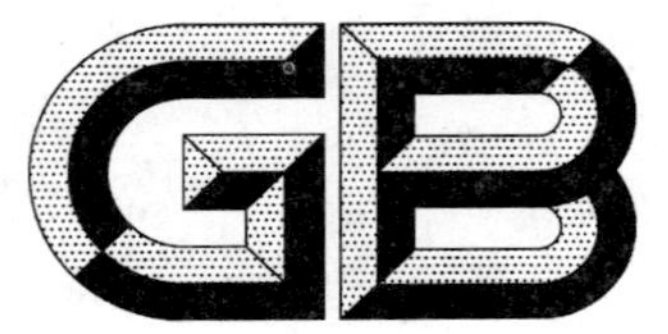

中华人民共和国国家标准化指导性技术文件

GB/Z 18620.3—2008/ISO/TR 10064-3:1996
代替 GB/Z 18620.3—2002

圆柱齿轮 检验实施规范 第3部分：齿轮坯、轴中心距和轴线平行度的检验

Cylindrical gears—Code of inspection practice—Part 3: Recommendations relative to gear blanks, shaft centre distance and parallelism of axes

(ISO/TR 10064-3:1996,IDT)

2008-03-31 发布

中华人民共和国国家质量监督检验检疫总局
中国国家标准化管理委员会 发布

前　言

GB/Z 18620《圆柱齿轮　检验实施规范》包括下列四部分：

——第 1 部分：轮齿同侧齿面的检验；

——第 2 部分：径向综合偏差、径向跳动、齿厚和侧隙的检验；

——第 3 部分：齿轮坯、轴中心距和轴线平行度的检验；

——第 4 部分：表面结构和轮齿接触斑点的检验。

本部分是 GB/Z 18620 的第 3 部分。

本部分等同采用 ISO/TR 10064-3:1996《圆柱齿轮　检验实施规范　第 3 部分：齿轮坯、轴中心距和轴线平行度的推荐文件》(英文版)。

本部分等同翻译 ISO/TR 10064-3:1996。为便于使用，本部分作了下列编辑性修改：

——按照汉语习惯对一些编排格式进行了修改；

——用小数点“.”代替作为小数点的“,”；

——对 ISO/TR 10064-3:1996 引用的其他国际标准中，有被等同采用为我国标准的，用我国标准代替对应的国际标准，未被等同采用为我国标准的直接引用国际标准。

本部分是对 GB/Z 18620.3—2002《圆柱齿轮　检验实施规范　第 3 部分：齿轮坯、轴中心距和轴线平行度》的修订。与 GB/Z 18620.3—2002 相比，主要内容修改如下：

——对部分条款的文字表述作了修改。

本部分由中国机械工业联合会提出。

本部分由全国齿轮标准化技术委员会归口。

本部分起草单位：郑州机械研究所、机械科学研究总院。

本部分主要起草人：张元国、明翠新、张民安、历始忠、王长路、王琦、杨星原、陈爱闻、林太军、许洪基。

本部分所代替标准的历次版本发布情况为：

——GB/Z 18620.3—2002。

ISO 前言

ISO(国际标准化组织)是由各国标准化团体(ISO 成员团体)组成的世界性的联合会,制定国际标准的工作通常由 ISO 的技术委员会完成,各成员团体若对某技术委员会已确立的标准项目感兴趣,均有权参加该委员会的工作,与 ISO 保持联系的各国际组织(官方的或非官方的)也可参加有关工作。在电工技术标准化方面,ISO 与国际电工委员会(IEC)保持密切合作关系。

技术委员会的主要任务是制定国际标准,但是在特殊情况下,技术委员会可以建议发布下列类型之一的技术报告(TR):

——第 1 种类型　当经过反复努力仍未获得为发布一个国际标准所需要的支持;

——第 2 种类型　当该项目尚处于技术发展中,或者由于种种原因,只有在将来而不是目前有可能同意成为国际标准;

——第 3 种类型　技术委员会收集到不同于正常发布的国际标准的资料(例如,适应当前的工艺水平)。

第 1 种类型和第 2 种类型的技术报告,在发布后的三年内应进行复审,以确定它们能否转成国际标准;第 3 种类型的技术报告,不一定要复审,一直用到所提供的资料不再认为有用或有效时为止。

ISO/TR 10064-3 是属于第 3 种类型的技术报告,它是由 ISO/TC 60 齿轮技术委员会制定的。

ISO 1328:1975 除了包括定义和轮齿要素的偏差和允许值外,还提供了相关的检验方法方面的意见。

在修订 ISO 1328:1975 的过程中,一致同意把齿轮检验方法方面的描述和意见,应该提高到现代的技术水平。由于内容的增加以及其他考虑,技术委员会决定将相关的段落作为第 3 种类型的技术报告,分册发布。同时还决定,除了本技术报告外,在第 2 章中所列的规范性引用文件以及附录 B 中所列的文献等一系列文件,应该作为指导性资料。

ISO/TR 10064,在总标题“圆柱齿轮　检验实施规范”下包括下列部分:

——第 1 部分:轮齿同侧齿面的实验;

——第 2 部分:径向综合偏差、径向跳动、齿厚和侧隙的检验;

——第 3 部分:齿轮坯、轴中心距和轴线平行度的检验;

——第 4 部分:表面结构和轮齿接触斑点的检验。

圆柱齿轮　检验实施规范 第3部分:齿轮坯、轴中心距和轴线平行度的检验

1　范围

本部分对齿轮坯、中心距的尺寸偏差和轴线平行度提供了推荐数值。

本部分中所列的数值不应认为是严格的质量准则,而是对钢制或铁制的齿轮在商订相互的协议时,作为一个指导。

2　规范性引用文件

下列文件中的条款通过GB/Z 18620的本部分的引用而成为本部分的条款。凡是注日期的引用文件,其随后所有的修改单(不包括勘误的内容)或修订版均不适用于本部分,然而,鼓励根据本部分达成协议的各方研究是否可使用这些文件的最新版本。凡是不注日期的引用文件,其最新版本适用于本部分。

GB/T 1356—2001　通用机械和重型机械用圆柱齿轮　标准基本齿条齿廓(idt ISO 53:1998)

GB/T 1357—1987　渐开线圆柱齿轮模数(neq ISO 54:1977)

GB/T 1800.1—1997　极限与配合　基础　第1部分:词汇(neq ISO 286-1:1988)

GB/T 10095.1—2008　圆柱齿轮　精度制　第1部分:轮齿同侧齿面偏差的定义和允许值(ISO 1328-1:1995, IDT)

GB/T 10095.2—2008　圆柱齿轮　精度制　第2部分:径向综合偏差与径向跳动的定义和允许值(ISO 1328-2:1997, IDT)

3　符号和定义

3.1　符号

单项要素测量所用的偏差符号,用小写字母(如 f)加上相应的下标组成;而表示若干单项要素偏差组合的"总"偏差所用的符号,采用大写字母(如 F)加上相应的下标组成。

a	中心距	mm
b	齿宽	mm
D_{d}	基准面直径	mm
D_{f}	安装面直径	mm
$f_{\Sigma\delta}$	轴线平面内的轴线平行度偏差	μm
$f_{\Sigma\beta}$	垂直平面上的轴线平行度偏差	μm
F_{β}	螺旋线总偏差	μm
F_{p}	齿距累积总偏差	μm
L	较大的轴承跨距	mm
n	公差链中的链节数	—

3.2 术语和定义

3.2.1 工作安装面

是用来安装齿轮的面。

3.2.2 工作轴线

是指齿轮在工作时绕其旋转的轴线，它是由工作安装面的中心确定的。工作轴线只有在考虑整个齿轮组件时才有意义。

3.2.3 基准面

是用来确定基准轴线的面。

3.2.4 基准轴线

是由基准面中心确定的。齿轮依此轴线来确定齿轮的细节，特别是确定齿距、齿廓和螺旋线的公差。

3.2.5 制造安装面

是齿轮制造或检测时用来安装齿轮的面。

4 齿轮坯的精度

本章论述基准轴线，用来确定它的基准面以及其他相关的基准面的选择并给予充分明确的规定。

有关齿轮轮齿精度（齿廓偏差、相邻齿距偏差等等）的参数的数值，只有明确其特定的旋转轴线时才有意义。当测量时齿轮围绕其旋转的轴如有改变，则这些参数测量值也将改变。因此在齿轮的图纸上必须把规定轮齿公差的基准轴线明确表示出来，事实上所有整个齿轮的几何形状均以其为准。

齿轮坯的尺寸偏差和齿轮箱体的尺寸偏差对于齿轮副的接触条件和运行状况有着极大的影响。由于在加工齿轮坯和箱体时保持较紧的公差，比加工高精度的轮齿要经济得多，因此应首先根据拥有的制造设备的条件，尽量使齿轮坯和箱体的制造公差保持最小值。这种办法，可使加工的齿轮有较松的公差，从而获得更为经济的整体设计。

4.1 基准轴线与工作轴线之间的关系

基准轴线是制造者（和检测者）用来对单个零件确定轮齿几何形状的轴线，设计者的责任是确保基准轴线得到足够清楚和精确的确定，从而保证齿轮相应于工作轴线的技术要求得以满足。

满足此要求的最常用的方法是确定基准轴线使其与工作轴线重合，即将安装面作为基准面。

然而，在一般情况下首先需确定一个基准轴线，然后将其他所有的轴线（包括工作轴线及可能还有一些制造轴线）用适当的公差与之相联系，在此情况下，公差链中所增加的链节的影响应该考虑进去。

4.2 确定基准轴线的方法

一个零件的基准轴线是用基准面来确定的，有三种基本方法实现它。

4.2.1 第1种方法：如图1所示，用两个“短的”圆柱或圆锥形基准面上设定的两个圆的圆心来确定轴线上的两个点。

4.2.2 第2种方法：如图2所示，用一个“长的”圆柱或圆锥形的面来同时确定轴线的位置和方向。孔的轴线可以用与之相匹配正确地装配的工作芯轴的轴线来代表。

4.2.3 第3种方法：如图3所示，轴线的位置用一个“短的”圆柱形基准面上的一个圆的圆心来确定，而其方向则用垂直于此轴线的一个基准端面来确定。

如果采用第1种或第3种方法，其圆柱或圆锥形基准面必须是轴向很短的，以保证它们自己不会单独确定另一条轴线。在第3种方法中，基准端面的直径应该越大越好。

在与小齿轮做成一体的轴上常常有一段需安装大齿轮的地方，此安装面的公差值必须选择得与大齿轮的质量要求相适应。

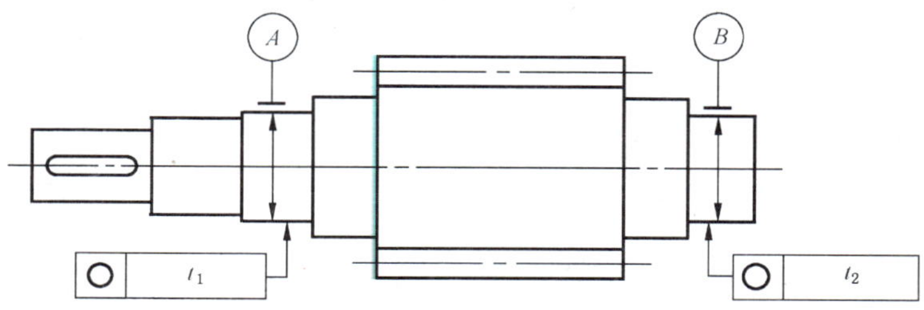

注：A 和 B 是预定的轴承安装表面。

图 1　用两个“短的”基准面确定基准轴线

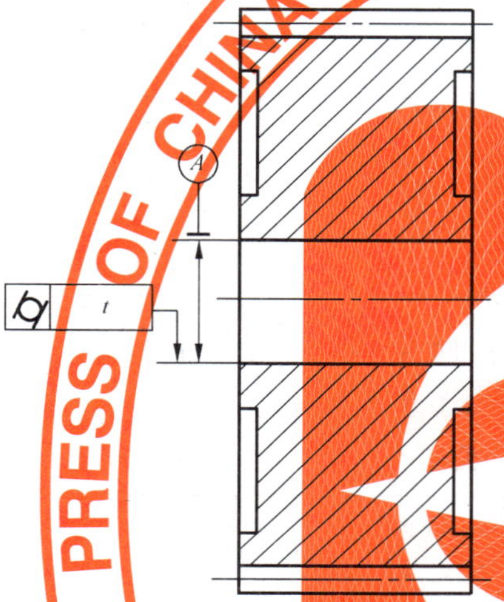

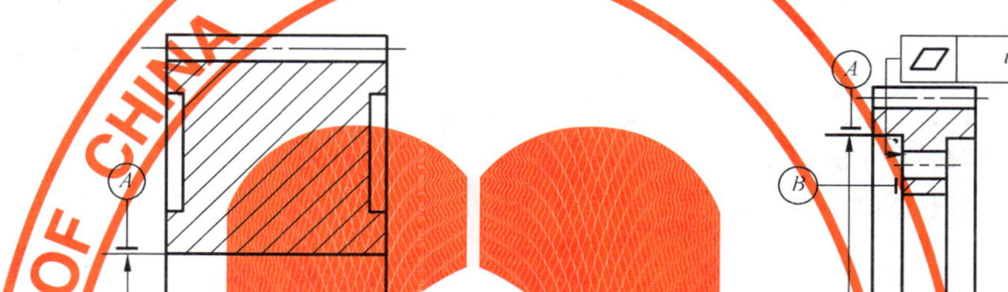

图 2　用一个“长的”基准面确定基准轴线

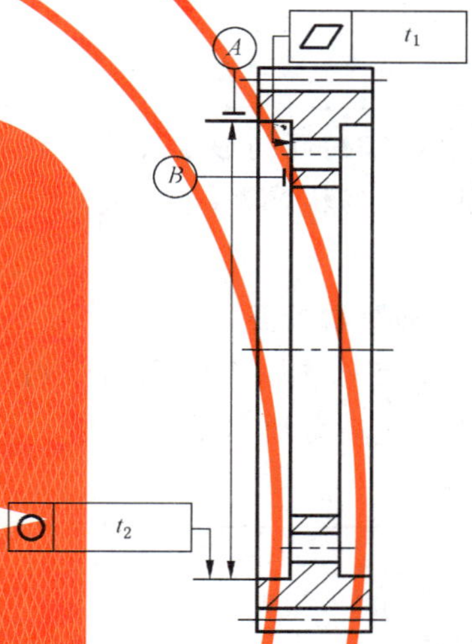

图 3　用一个圆柱面和一个端面确定基准轴线

4.3　中心孔的应用

对和轴做成一体的小齿轮在制造和检测时，最常用也是最满意的方法，是将该零件安装于两端的顶尖上。这样，两个中心孔就确定了它的基准轴线，齿轮公差及（轴承）安装面的公差均须相对于此轴线来确定（见图 4），而且很明显，安装面相对于中心孔的跳动公差必须规定得很紧（见 4.6）。

务必注意中心孔 60°接触角范围内应对准成一直线。

4.4　基准面的形状公差

基准面的要求精度取决于：

——规定的齿轮精度，基准面的极限值要规定得比单个轮齿的极限值紧得多；

——这些面的相对位置，一般来说，跨距占齿轮分度圆直径的比例越大，给定的公差可以越松。

这些面的精度要求，必须在零件图上规定。

所有基准面的形状公差不应大于表 1 中所规定的数值。公差应减至最小。

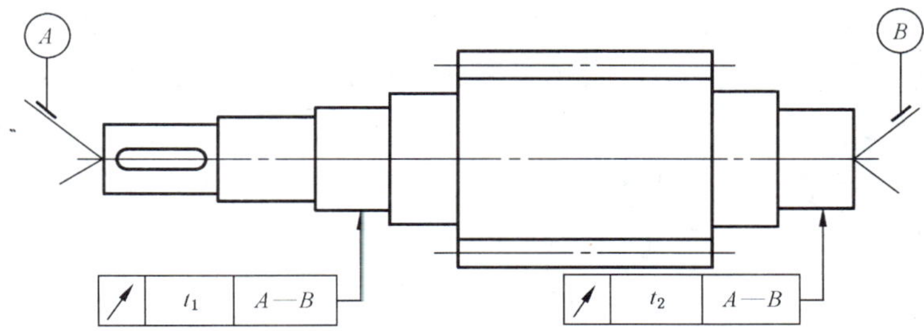

图 4　用中心孔确定基准轴线

表 1 基准面与安装面的形状公差

确定轴线的基准面	公差项目		
	圆度	圆柱度	平面度
两个“短的”圆柱或圆锥形基准面	$0.04(L/b)F_\beta$ 或 $0.1F_p$ 取两者中之小值		
一个“长的”圆柱或圆锥形基准面		$0.04(L/b)F_\beta$ 或 $0.1F_p$ 取两者中之小值	
一个短的圆柱面和一个端面	$0.06F_p$		$0.06(D_d/b)F_\beta$
注：齿轮坯的公差应减至能经济地制造的最小值。			

4.5 工作及制造安装面的形状公差

工作安装面的形状公差，不应大于表 1 中所给定的值数。如果用其他的制造安装面时，应采用同样的限制。

4.6 工作轴线的跳动公差

如果工作安装面被选择为基准面，则不涉及本条。当基准轴线与工作轴线不重合时，工作安装面相对于基准轴线的跳动必须在图样上予以控制。跳动公差不大于表 2 中规定的数值。

表 2 安装面的跳动公差

确定轴线的基准面	跳动量(总的指示幅度)	
	径向	轴向
仅指圆柱或圆锥形基准面	$0.15(L/b)F_\beta$ 或 $0.3\ F_p$ 取两者中之大值	
一个圆柱基准面和一个端面基准面	$0.3F_p$	$0.2(D_d/b)F_\beta$
注：齿轮坯的公差应减至能经济地制造的最小值。		

4.7 齿轮切削和检测时使用的安装面

在制造中，切削轮齿使其达到规定的公差，在检测时，测量其实际偏差使测量值有足够的精确度。重要的一点是在制造和检测过程中，齿轮的安装应使其实际旋转轴线与图样上规定的基准轴线相接近。

除非在制造和检测中用来安装齿轮的安装面就是基准面，否则这些安装面相对于基准轴线的位置要予以控制。表 2 中所给的数值可作为这些面的公差值。为了获得最高的精度，如在制造高质量齿轮时，将跳动“高点”的位置和数值标记在基准面的附近，在每一步找正时，重复其相当的跳动量。

在制造齿轮坯的严格过程控制中，使用精确的膨胀式芯轴并以齿轮坯的中心定位，使用一适当的夹具支承齿轮坯使其跳动量在限定的范围内，还要用高质量的齿轮加工机床，对于一批工件，在齿轮加工机床上只须对首件齿轮坯的位置进行检查。这个步骤是大批量加工齿轮时的典型步骤。

对于高精度齿轮，要设置专门的基准面(见图 5)。对于很高精度的齿轮(例如 GB/T 10095.1 的 4 级精度或更高)，齿轮加工前需装在轴上，在这种情况下，轴颈可用作基准面。

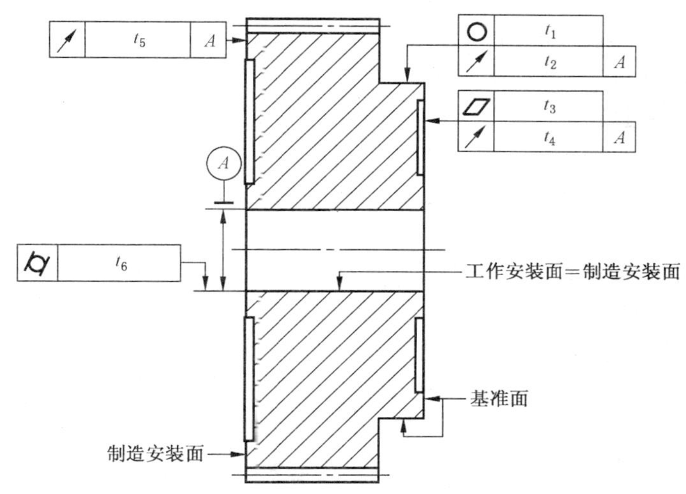

图5 高精度齿轮带有基准面

4.8 齿顶圆柱面

设计者应适当选择顶圆直径的公差以保证最小的设计重合度，同时又具有足够的顶隙。如果把齿顶圆柱面作为基准面，上述数值仍可用作尺寸公差，而其形状公差不应大于表1中的数值。

4.9 公差的组合

当工作轴线与基准轴线重合时，或可直接用工作轴线来规定公差时，可应用表2的公差。不是这种情形时，则两者之间存在着一公差链，此时就需要把表1和表2中的单项公差数值适当减小。减小的程度取决于该公差链的排列，一般大致与 n 的平方根成正比，其中 n 为公差链中的链节数。

对于很高精度的齿轮，通常需要先把齿轮装到轴上然后再精加工轮齿。如果做不到时，可将装配后的齿轮，在其基准面上测量跳动量，用此法来表明所要求的总的齿轮精度已经达到。这种测量不仅能发现由于所有工作安装面的综合跳动所导致的误差，而且还能发现由于装在轴上的任何轴承圈的跳动所导致的误差。

4.10 其他齿轮的安装面

在与小齿轮做成一体的轴上，常常有一段安装一个大齿轮。这时大齿轮安装面的公差在考虑大齿轮轮齿的质量要求后进行选择。常用的办法是根据已经确定的基准轴线规定允许的跳动量。

4.11 基准面

基准面是这样的(轴向和径向的)基准带，它们应加工得与齿轮坯的实际轴孔、轴颈和肩部完全同心(见图5)。

当安装在齿轮机床上精加工时，或安装在检测仪上时，以及最后在使用中安装时，用它们可以进行找正。对于更高精度的工件，基准面还须进行校验，对其跳动的高点，要标明其量值和位置。这个高点以及它的量值，在加工过程的每一步找正中均应复现出来，以保证很高精度齿轮的要求。

但是，很多齿轮是小批量生产的。在此情况下，装在齿轮加工机床上的齿轮的位置，在切削之前都必须校验，是校验每件齿轮坯还是部分校验，取决于齿轮制造者的经验。对于中等精度的齿轮，齿顶圆柱面的一部分可用来作为径向基准面，而轴向位置则可用齿轮切削时的安装面进行校验。

5 中心距和轴线的平行度

设计者应对中心距 a 和轴线的平行度两项偏差选择适当的公差。公差值的选择应按其使用要求能保证相啮合轮齿间的侧隙和齿长方向正确接触。提供在装配时调整轴承位置的设施，可能是达到高精度要求最为有效的技术措施。然而，在很多情况下，其成本之高昂很难令人接受。

5.1 中心距允许偏差

中心距公差是指设计者规定的允许偏差，公称中心距是在考虑了最小侧隙及两齿轮的齿顶和其相啮的非渐开线齿廓齿根部分的干涉后确定的。

在齿轮只是单向承载运转而不经常反转的情况下，最大侧隙的控制不是一个重要的考虑因素，此时中心距允许偏差主要取决于重合度的考虑。

在控制运动用的齿轮中，其侧隙必须控制。当轮齿上的负载常常反向时，对中心距的公差必须很仔细地考虑下列因素：

——轴、箱体和轴承的偏斜；

——由于箱体的偏差和轴承的间隙导致齿轮轴线的不一致；

——由于箱体的偏差和轴承的间隙导致齿轮轴线的错斜；

——安装误差；

——轴承跳动；

——温度的影响（随箱体和齿轮零件间的温差，中心距和材料不同而变化）；

——旋转件的离心伸胀；

——其他因素，例如润滑剂污染的允许程度及非金属齿轮材料的溶胀。

当确定影响侧隙偏差的所有尺寸的公差时，应该遵照 GB/Z 18620.2 中关于齿厚公差和侧隙的推荐内容。

高速传动装置中心距公差的选择，还有其他考虑，不在本部分的范围之内。

齿轮传动中，有一个齿轮带动若干个齿轮（或反过来）的情形，例如行星齿轮传动中有若干个行星轮，又如在全桥驱动车的分动器或动力输出齿轮，在此情况下，为了使所有的啮合得到适当的负荷分配并有正确的工作条件，需要限制中心距的允许偏差。这种条件，要求对工作和制造的限制条件作详细的研究，不属于本部分的范围。

5.2 轴线平行度公差

由于轴线平行度偏差的影响与其向量的方向有关，对“轴线平面内的偏差” $f_{\Sigma\delta}$ 和“垂直平面上的偏差” $f_{\Sigma\beta}$ 作了不同的规定（见图 6）。

“轴线平面内的偏差” $f_{\Sigma\delta}$ 是在两轴线的公共平面上测量的，这公共平面是用两轴承跨距中较长的一个 L 和另一根轴上的一个轴承来确定的，如果两个轴承的跨距相同，则用小齿轮轴和大齿轮轴的一个轴承。“垂直平面上的偏差” $f_{\Sigma\beta}$ 是在与轴线公共平面相垂直的“交错轴平面”上测量的。

每项平行度偏差是以与有关轴轴承间距离 L（“轴承中间距” L）相关连的值来表示的，见图 6。

轴线平面内的轴线偏差影响螺旋线啮合偏差，它的影响是工作压力角的正弦函数，而垂直平面上的轴线偏差的影响则是工作压力角的余弦函数。可见一定量的垂直平面上偏差导致的啮合偏差将比同样大小的平面内偏差导致的啮合偏差要大 2 倍～3 倍。因此，对这两种偏差要素要规定不同的最大推荐值。

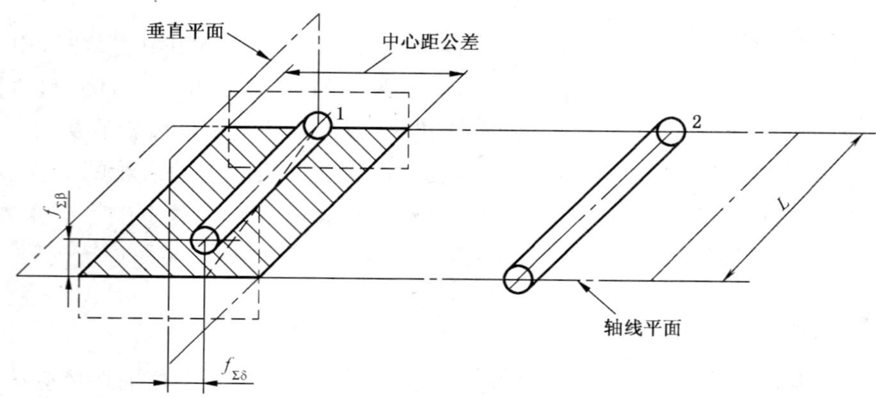

图 6　轴线平行度偏差

5.3 **轴线偏差的推荐最大值**

a) 垂直平面上偏差 $f_{\Sigma\beta}$ 的推荐最大值为：

$$f_{\Sigma\beta} = 0.5\left(\frac{L}{b}\right)F_{\beta} \quad \cdots\cdots(1)$$

b) 轴线平面内偏差 $f_{\Sigma\delta}$ 的推荐最大值为：

$$f_{\Sigma\delta} = 2f_{\Sigma\beta} \quad \cdots\cdots(2)$$

参考文献

[1] ISO 701:1998 International gear notation—Symbols for geometrical data.

[2] ISO 1101:1983 Technical drawings—Geometrical tolerancing—Tolerancing of form, orientation, location and runout—Generalities, definitions, symbols, indications on drawings.

[3] ISO 1122-1:1998 Glossary of gears terms—Part 1: Geometrical definitions.

[4] ISO 5459:1981 Technical drawings—Geometrical tolerancing—Datums and datum-systems for geometrical tolerances.

[5] ISO/TR 10064-1:1992 Cylindrical gears—Code of inspection practice—Part 1: Inspection of corresponding flanks of gear teeth.

[6] ISO/TR 10064-2:1996 Cylindrical gears—Code of inspection practice—Part 2: Inspection related to radial composite deviations, runout, tooth thickness and backlash.

[7] ISO/TR 10064-4:1998 Cylindrical gears—Code of inspection practice—Part 4: Recommendations relative to surface roughness and tooth contact pattern checking.

ICS 21.200
J 17

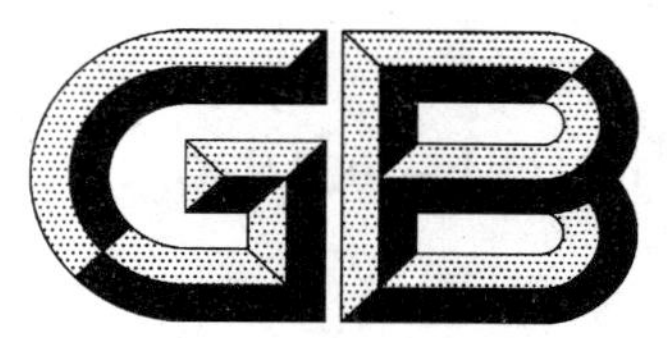

中华人民共和国国家标准化指导性技术文件

GB/Z 18620.4—2008/ISO/TR 10064-4:1998
代替 GB/Z 18620.4—2002

圆柱齿轮　检验实施规范
第4部分：表面结构和轮齿接触斑点的检验

Cylindrical gears—Code of inspection practice—Part 4: Recommendations relative to surface texture and tooth contact pattern checking

(ISO/TR 10064-4:1998, IDT)

2008-03-31 发布

中华人民共和国国家质量监督检验检疫总局
中国国家标准化管理委员会　发布

前　言

GB/Z 18620《圆柱齿轮　检验实施规范》包括下列四部分：

——第1部分：轮齿同侧齿面的检验；

——第2部分：径向综合偏差、径向跳动、齿厚和侧隙的检验；

——第3部分：齿轮坯、轴中心距和轴线平行度的检验；

——第4部分：表面结构和轮齿接触斑点的检验。

本部分是GB/Z 18620的第4部分。

本部分等同采用ISO/TR 10064-4:1998《圆柱齿轮　检验实施规范　第4部分：表面结构和轮齿接触斑点检验的推荐文件》(英文版)。

本部分等同翻译ISO/TR 10064-4:1998。为便于使用，本部分作了下列编辑性修改：

——按照汉语习惯对一些编排格式进行了修改；

——用小数点“.”代替作为小数点的“,”；

——对ISO/TR 10064-4:1998引用的其他国际标准中，有被等同采用为我国标准的，用我国标准代替对应的国际标准，未被等同采用为我国标准的直接引用国际标准。

本部分是对GB/Z 18620.4—2002《圆柱齿轮　检验实施规范　第4部分：表面结构和轮齿接触斑点的检验》的修订。与GB/Z 18620.4—2002相比，主要内容修改如下：

——对部分条款的文字表述作了修改。

本部分的附录A为资料性附录。

本部分由中国机械工业联合会提出。

本部分由全国齿轮标准化技术委员会归口。

本部分起草单位：郑州机械研究所、机械科学研究总院。

本部分主要起草人：张元国、明翠新、张民安、历始忠、王长路、王琦、杨星原、陈爱闽、林太军、许洪基。

本部分所代替标准的历次版本发布情况为：

——GB/Z 18620.4—2002。

ISO 前言

ISO(国际标准化组织)是由各国标准化团体(ISO 成员团体)组成的世界性的联合会,制定国际标准的工作通常由 ISO 的技术委员会完成,各成员团体若对某技术委员会已确立的标准项目感兴趣,均有权参加该委员会的工作,与 ISO 保持联系的各国际组织(官方的或非官方的)也可参加有关工作。在电工技术标准化方面,ISO 与国际电工委员会(IEC)保持密切合作关系。

技术委员会的主要任务是制定国际标准,但是在特殊情况下,技术委员会可以建议发布下列类型之一的技术报告(TR):

——第 1 种类型　当经过反复努力仍未获得为发布一个国际标准所需要的支持;

——第 2 种类型　当该项目尚处于技术发展中,或者由于种种原因,只有在将来而不是目前有可能同意成为国际标准;

——第 3 种类型　技术委员会收集的资料的种类不同于正常发布的国际标准(例如,工艺状况)。

第 1 种类型和第 2 种类型的技术报告,在发布后的三年内应进行复审,以确定它们能否转成国际标准;第 3 种类型的技术报告,不一定要复审,一直用到所提供的资料不再认为有用或有效时为止。

ISO/TR 10064-4 是属于第 3 种类型的技术报告,它是由 ISO/TC 60 齿轮技术委员会制定的。

ISO 10064 在总标题《圆柱齿轮　检验实施规范》下包括下列部分:

——第 1 部分:轮齿同侧齿面的实验;

——第 2 部分:径向综合偏差、径向跳动、齿厚和侧隙的检验;

——第 3 部分:齿轮坯、轴中心距和轴线平行度的检验;

——第 4 部分:表面结构和轮齿接触斑点的检验。

ISO 引言

在修订 ISO 1328:1975 的过程中,决定把表面结构和轮齿接触斑点检验的叙述和数值作为一份第3种类型的技术报告,分册发布。在第2章(规范性引用文件)所列的一系列文件连同本技术报告,已经制定,来代替 ISO 1328:1975。

圆柱齿轮　检验实施规范
第4部分:表面结构和轮齿接触斑点的检验

1　范围

本部分提供了关于齿轮齿面表面粗糙度和轮齿接触斑点检测方法的推荐文件。

本部分所提供的数值不应作为严格的精度判据,而作为共同协议的关于钢或铁制齿轮的指南来使用。

2　规范性引用文件

下列文件中的条款通过GB/Z 18620的本部分的引用而成为本部分的条款。凡是注日期的引用文件,其随后所有的修改单(不包括勘误的内容)或修订版均不适用于本部分,然而,鼓励根据本部分达成协议的各方研究是否可使用这些文件的最新版本。凡是不注日期的引用文件,其最新版本适用于本部分。

GB/T 131—2006　产品几何技术规范(GPS)技术产品文件中表面结构的表示法(ISO 1302:2002,IDT)

GB/T 1356—2001　通用机械和重型机械用圆柱齿轮　标准基本齿条齿廓(idt ISO 53:1998)

GB/T 3480—1997　渐开线圆柱齿轮承载能力计算方法(eqv ISO 6336:1996)

GB/T 3505—2000　产品几何技术规范　表面结构　轮廓法　表面结构的术语、定义及参数(eqv ISO 4287:1997)

GB/T 6062—2002　产品几何量技术规范(GPS)　表面结构　轮廓法　接触(触针)式仪器的标称特性(eqv ISO 3274:1996)

GB/T 10095.1—2008　圆柱齿轮　精度制　第1部分:轮齿同侧齿面偏差的定义和允许值(ISO 1328-1:1995,IDT)

GB/T 10095.2—2008　圆柱齿轮　精度制　第2部分:径向综合偏差与径向跳动的定义和允许值(ISO 1328-2:1997,IDT)

GB/T 10610—1998　产品几何技术规范　表面结构　轮廓法评定表面结构的规则和方法(eqv ISO 4288:1996)

GB/Z 6413.1—2003　圆柱齿轮、锥齿轮和准双曲面齿轮　胶合承载能力计算方法　第1部分:闪温法(ISO/TR 13989-1:2000,IDT)

GB/Z 6413.2—2003　圆柱齿轮、锥齿轮和准双曲面齿轮　胶合承载能力计算方法　第2部分:积分温度法(ISO/TR 13989-2:2000,IDT)

ISO 11562:1996　产品几何技术规范(GPS)　表面结构:轮廓方法　相位校正滤波器的计量特征

ISO 13565-1:1996　产品几何技术规范(GPS)　表面结构:轮廓方法　分层功能性质的表面　第1部分:滤波和一般测量条件

ISO 13565-2:1996　产品几何技术规范(GPS)　表面结构:轮廓方法　分层功能性质的表面　第2部分:使用等效直线的实体比率曲线的高度特征

3　符号和定义

3.1　符号

单项要素测量所用的偏差符号,用小写字母(如f)加上相应的下标组成;而表示若干项要素偏差组合的"总"偏差所用的符号,采用大写字母(如F)加上相应的下标组成。

$f_{w\beta}$	齿面波度的波幅	μm
b_{c1}	接触斑点的较大长度	%
b_{c2}	接触斑点的较小长度	%

h_{c1}	接触斑点的较大高度	%
h_{c2}	接触斑点的较小高度	%
l_r	粗糙度轮廓的取样长度	mm
l_n	评定长度(不注明规定 $l_n=5\times l_r$ 见 GB/T 3505—2000 中表 C2 和 GB/T 10610—1998 中 4.4)	mm
Mr	实体长度	%
Mr_1, Mr_2	实体(粗糙度核心轮廓)分段点	%
R_a	粗糙度轮廓的算术平均偏差	μm
R_k	粗糙度核心轮廓深度	μm
R_{pk}	减去的峰高	μm
R_{vk}	减去的谷深	μm
R_z	粗糙度轮廓的最大高度(见 GB/T 3505)	μm
$Z(x)$	纵坐标值	μm
λ	波长	mm
λ_c	截止波长(波纹度的截止短波长)	mm
λ_s	粗糙度的截止短波长	mm

3.2 术语和定义

3.2.1 通用术语和定义

3.2.1.1 表面加工纹理

表面主要加工痕迹的方向[见图 1a)]

注：表面加工纹理通常是由所用的加工方法决定的。

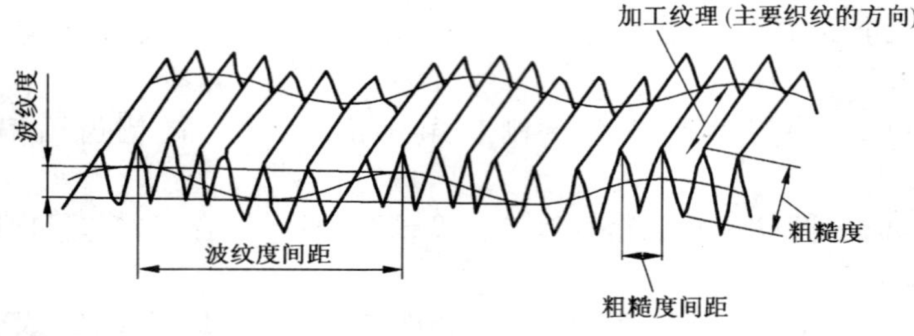

a) 表面特性和术语

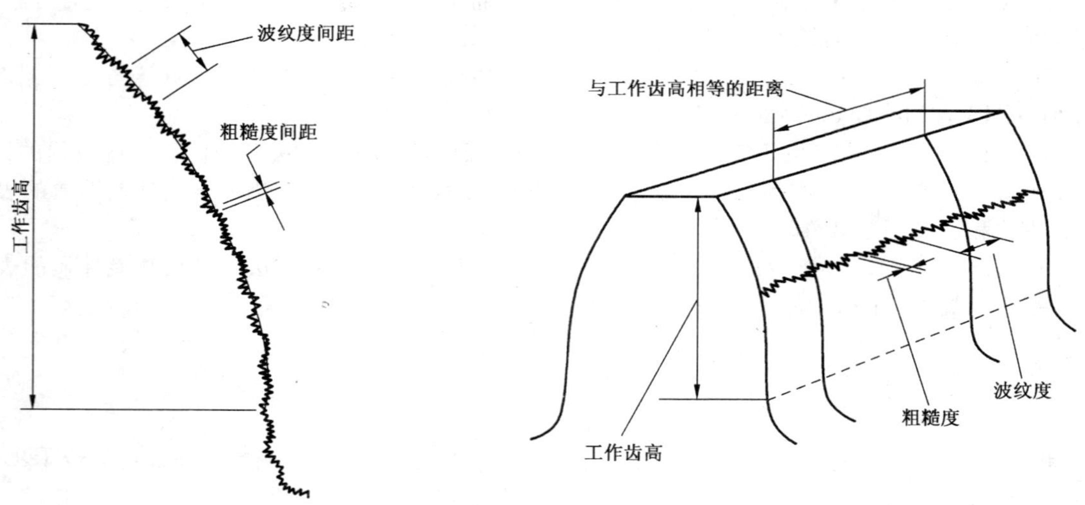

b) 轮齿的渐开线齿廓表面结构放大图

c) 轮齿的沿齿长轮廓表面结构放大图

图 1 波纹度

3.2.1.2 粗糙度

粗糙度轮廓的微观不平度(见3.2.2.1)。它是在加工过程中所形成的表面结构(微观几何形状特性)的一种组成成分,不包括波纹度和形状偏差。

3.2.1.3 波纹度

波纹度轮廓的不平度(见3.2.2.2)。它是表面形状特性的一种组成成分,粗糙度是叠加在它的上面的[见图1a)、图1b)、图1c)]。通常,加工的齿轮轮齿表面的波纹度间距显著大于粗糙度间距。

3.2.2 与评定表面轮廓有关的术语和定义

3.2.2.1 粗糙度轮廓

粗糙度轮廓的通过波段是由λ_c和λ_s轮廓滤波器限定的(见ISO 11562:1996第3章),见图1。

注1:粗糙度轮廓是评定粗糙度轮廓参数的基础。

注2:在ISO 11562:1996的3.2中给出了λ_c和λ_s之间的联系。

3.2.2.2 波纹度轮廓

波纹度轮廓是在用轮廓滤波器λ_c后留下的长波成分的周期性部分。

3.2.2.3 粗糙度轮廓的中线

粗糙度轮廓的中线是被轮廓滤波器λ_c所压缩后的长波轮廓成分(见ISO 11562:1996的3.2.1)。

注:粗糙度轮廓的中线是测量粗糙度轮廓纵坐标$Z(x)$的基准线,见图2。

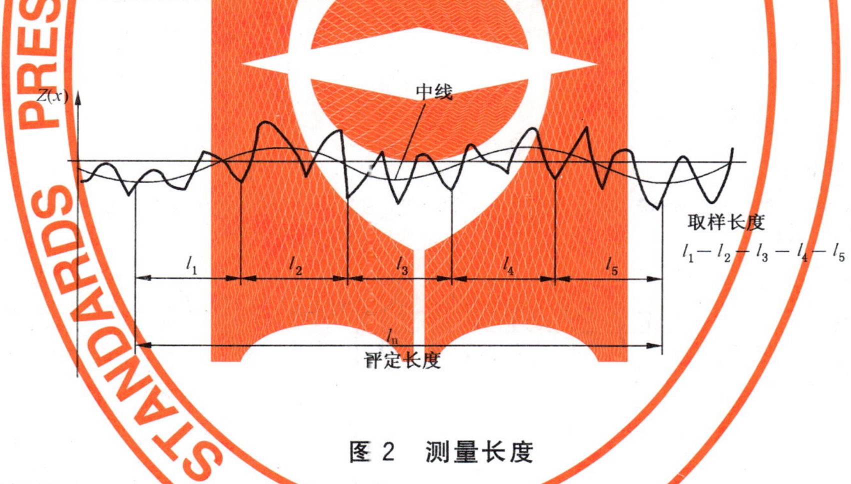

图2 测量长度

3.2.2.4 纵坐标值

所评定轮廓在任一位置x的高度。

3.2.2.5 粗糙度的取样长度 l_r

用于识别所评定轮廓不平度特性的x轴方向的长度。粗糙度的取样长度l_r在数值上同轮廓滤波器λ_c的特性波长相等(见GB/T 3505)。

3.2.2.6 评定长度 l_n

用于评定被测定轮廓的x轴方向的长度,评定长度可以包括一个或几个取样长度(见GB/T 3505—2000中4.4)。

3.2.2.7 轮廓滤波器的截止波长 λ_c

正弦波轮廓的波长,在这一波长的幅值的50%被轮廓滤波器通过(见ISO 11562)。

3.2.2.8 截止比

给定通过波段的长波截止波长与短波截止波长之比(见ISO 11562)。

3.2.3 与表面粗糙度参数有关的术语和定义

3.2.3.1 粗糙度轮廓的最大高度 R_z

在取样长度内最大的轮廓峰高 Z_p 与最大的轮廓谷深 Z_v 之和(见 GB/T 3505—2000 中 4.1.3 和图 8)。

注：通常这个参数是按五个连接的取样长度的最大高度的平均值来测定的，这评定长度就包含五个取样长度(见图 3)。

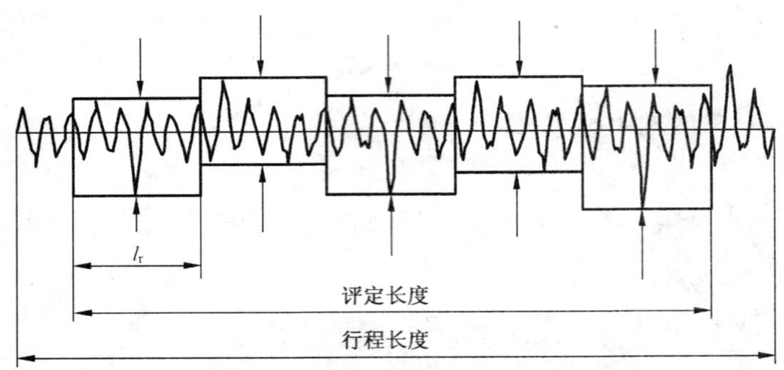

图 3 粗糙度轮廓的最大高度

3.2.3.2 粗糙度轮廓的算术平均偏差 R_a

在取样长度内纵坐标绝对值 $Z(x)$ 的绝对值的算术平均值(见 GB/T 3505—2000 中 4.2.1)。

$$R_a = \frac{1}{l_r}\int_0^{l_r} |Z(x)| \mathrm{d}x \qquad (1)$$

式中：

l_r——R_a 的取样长度；

$Z(x)$，Z_i——纵坐标值。

注：算术平均偏差 R_a 是按五个连接的取样长度组成的评定长度来确定的(见图 4 和 GB/T 10610)。

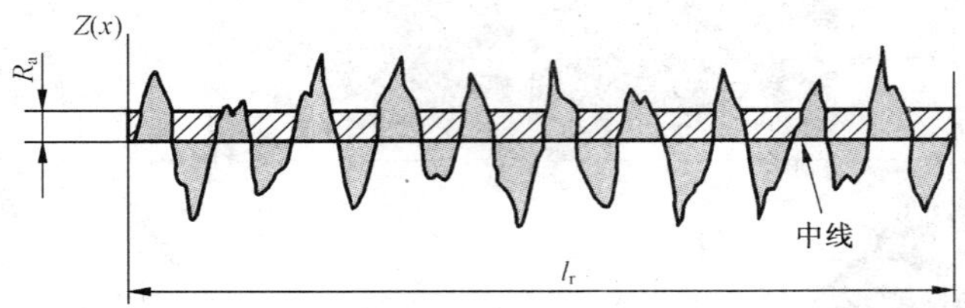

图 4 粗糙度轮廓的算术平均偏差 R_a

3.2.4 轮齿波度术语和定义

波度是齿面的周期性波纹度，波度的特殊形状有以下特征：

——表面加工纹理接近平行于(同相啮齿轮的)接触线；

——投影在节圆柱上(在回转平面内)的波纹数为整数，见图 5；

——它们是产生噪声的一个可能原因。

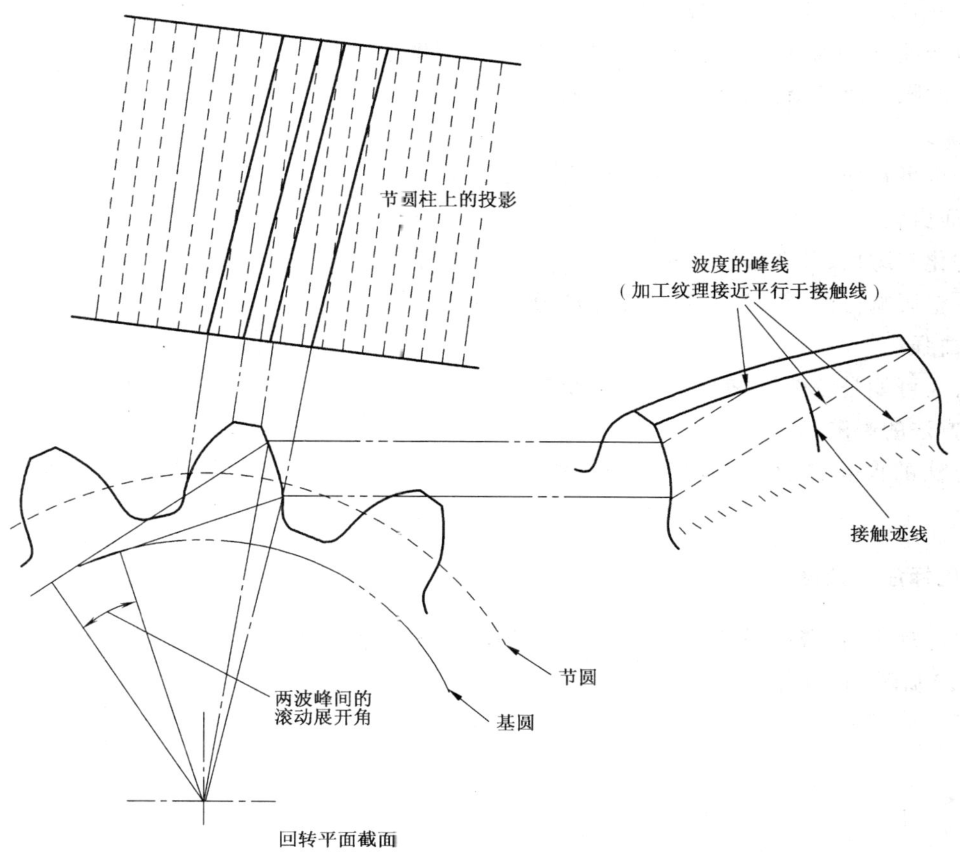

图5 斜齿轮的波度

4 表面结构

试验研究和使用经验表明，在表面结构等级和齿轮承载能力状况之间存在某种关系。GB/T 3480 叙述了表面粗糙度对轮齿点蚀和弯曲强度的影响，在 GB/Z 6413 中论述了粗糙度对胶合的影响。

同粗糙度一样，波纹度和表面结构的其他特征也会影响材料的表面抗疲劳能力，因此，当需要高标准的性能和可靠性时，要细心地记录未滤波的轮廓来反映轮齿表面结构。

在本指导性技术文件中没有推荐适用于特定用途的表面粗糙度、波纹度的等级和表面加工纹理的形状或类型，也未鉴别这种表面不平度的成因。

注意——要强调的是：在规定轮齿表面结构的特征极限值之前，齿轮设计者和齿轮工程师们应熟悉有关的国家标准和这方面的其他文献，参见笋 2 章的引用标准。

5 功能考虑

受表面结构影响的轮齿功能特性可以分为几类：

——传动精度（噪声和振动）；

——表面承载能力（如点蚀、胶合和磨损）；

——弯曲强度（齿根过渡曲面状况）。

5.1 传动精度

表面结构包含两个主要特征：粗糙度和波纹度。

表面波纹度或齿面波度会引起传动误差，这种影响依赖波纹的纹理相对于瞬时接触线和接触迹线的方向，如果波纹的纹理平行于瞬时接触线或接触区（垂直于接触迹线），齿轮啮合时会出现一个高音的刺耳声(高于啮合频率的古怪的谐波成分)。

在少数情况下,表面粗糙度会使齿轮噪声的特性产生差异(光滑的齿面与粗糙的比较),一般它对齿轮啮合频率的噪声及其谐波成分不产生影响。

5.2 承载能力

表面结构可在两个大致的方面影响轮齿耐久性:齿面劣化和轮齿折断。

5.2.1 齿面劣化

齿面劣化有磨损、胶合或擦伤和点蚀等。齿廓上的表面粗糙度和波纹度与此有关。表面结构、温度和润滑剂决定影响齿面耐久性的弹性流体动力(EHD)膜的厚度。

5.2.2 弯曲强度

轮齿折断可能是疲劳(高循环应力)的结果,表面结构是影响齿根过渡区应力的一个因素。

5.3 测量方法的影响

测量方法的仪器、定位、方向和分析(滤波器等)必须选择使其能体现轮齿的功能区域和接触迹线。

6 图样上应标注的数据

当用户已规定时,或当设计和运行要求必需时,在图样上应标出完工状态表面粗糙度的适当的数值。如图 6a)和图 6b)所示。

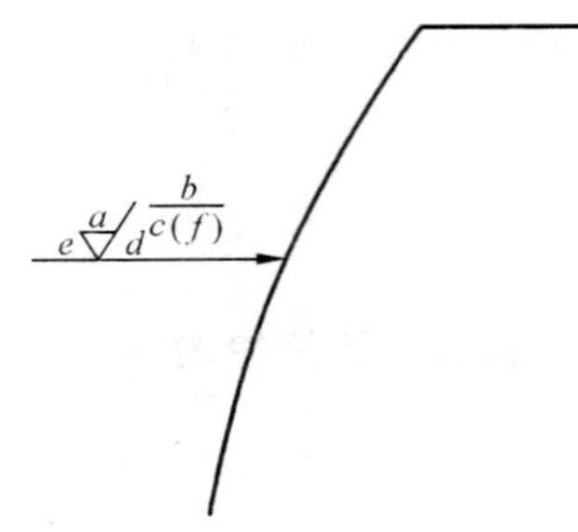

a——R_a 或 R_z;
b——加工方法、表面处理等;
c——取样长度;
d——加工纹理方向;
e——加工余量;
f——粗糙度的其他数值(括号内)。

a) 表面结构的符号

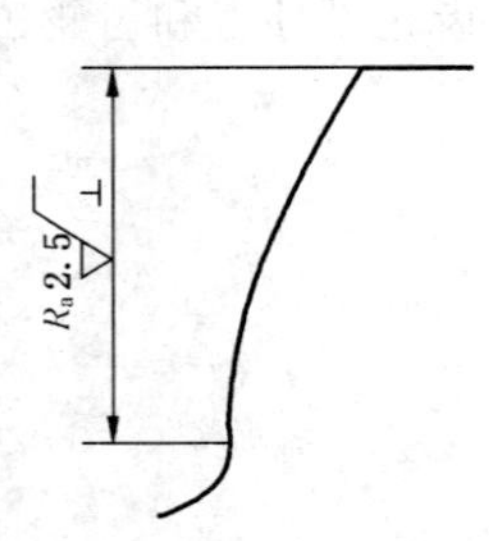

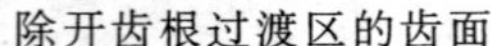

除开齿根过渡区的齿面

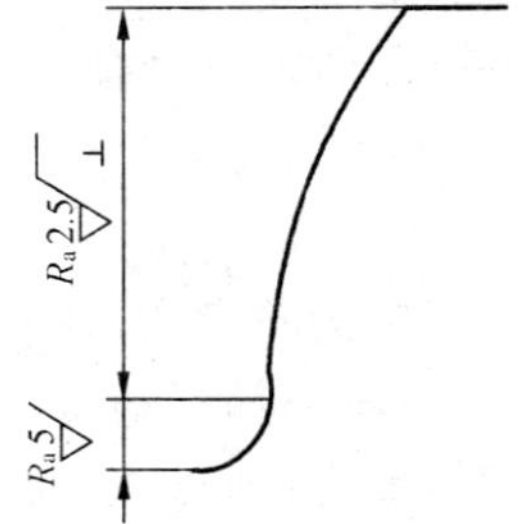

包括齿根过渡区的齿面

b) 粗糙度和表面加工纹理方向的符号

图 6 表面结构、粗糙度和表面加工纹理方向的符号

7 测量仪器

触针式测量仪器通常用来测量粗糙度，可采用以下几种类型的仪器来进行测量，不同的测量方法对测量不确定度的影响有不同的特性（见图7）。

a) 在被测表面上滑行的一个或一对导头的仪器（仪器有一平直的基准平面）；

b) 一个在具有名义表面形状的基准平面上滑行的导头；

c) 一个具有可调整的或可编程的与导头组合一起的基准线生成器，例如，可由一个坐标测量机来实现基准线；

d) 用一个无导头的传感器和一个具有较大测量范围的平直基准对形状、波纹度和粗糙度进行评定。

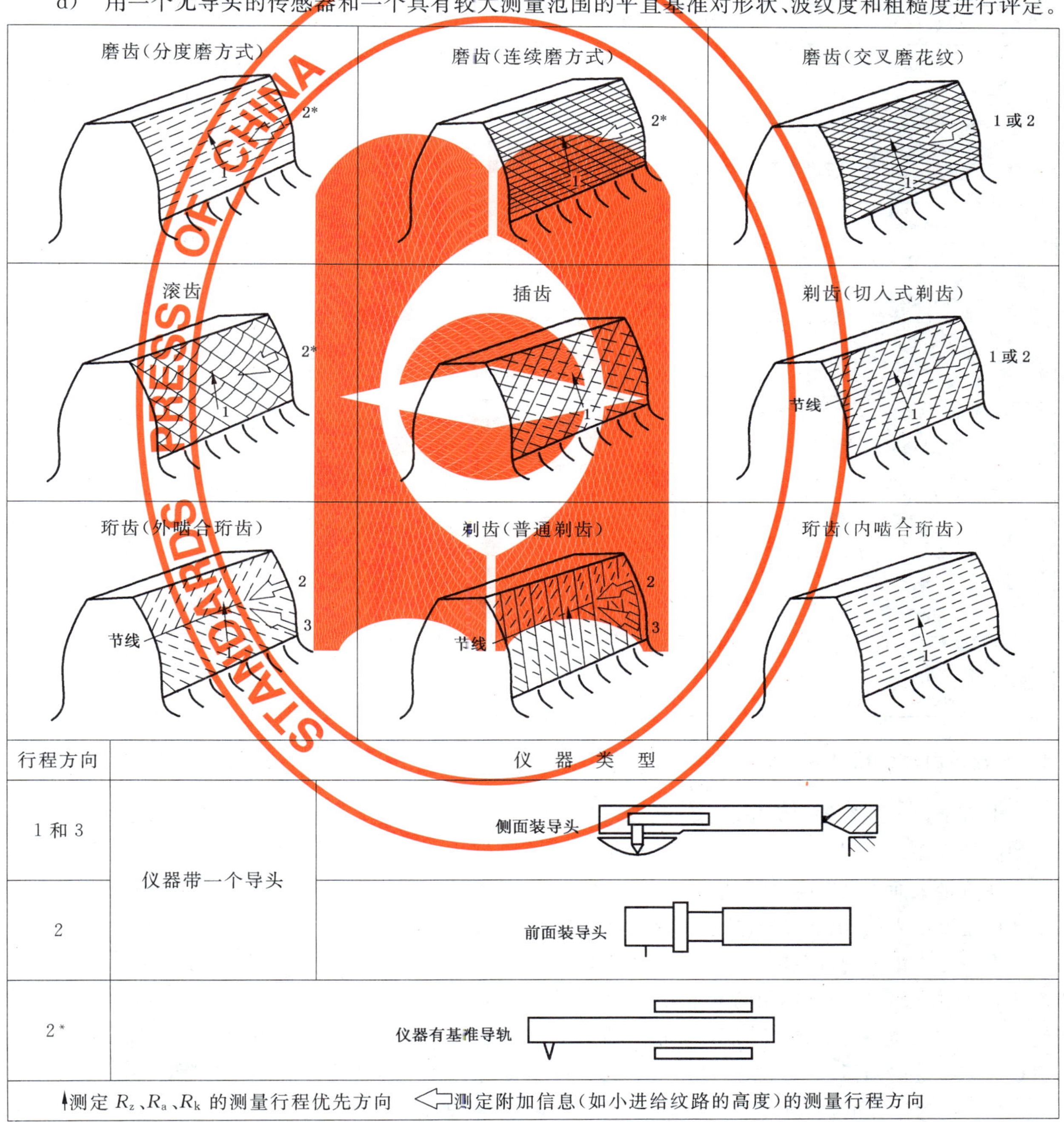

图7 仪器特性以及与制造方法相关的测量行程方向

根据国家标准，触针的针尖半径应为 2 μm 或 5 μm 或 10 μm，触针的圆锥角可为 60°或 90°。此外，有关仪器特性的详细资料见 GB/T 6062，在表面测量的报告中应注明针尖半径和触针角度。

在对粗糙度或波纹度进行测量时，需要用无导头传感器和一个被限定截止的滤波器，它压缩表面轮廓的长波成分或短波成分。测量仪器仅适用于某些特定的截止波长，表 1 给出了适当的截止波长的参考值。必须要认真选择合适的触针针尖半径、取样长度和截止滤波器，见 GB/T 6062、GB/T 10610 和 ISO 11562，否则测量中就会出现系统误差。

根据波纹度、加工纹理方向和测量仪器的影响的考虑，可能要选择一种不同的截止值。

表 1　滤波和截止波长

模数/mm	标准工作齿高/mm	标准截止波长/mm	工作齿高内的截止波数
1.5	3.0	0.250 0	12
2.0	4.0	0.250 0	16
2.5	5.0	0.250 0	20
3.0	6.0	0.250 0	24
4.0	8.0	0.800 0	10
5.0	10.0	0.800 0	12
6.0	12.0	0.800 0	15
7.0	14.0	0.800 0	17
8.0	16.0	0.800 0	20
9.0	18.0	0.800 0	22
10.0	20.0	0.800 0	25
11.0	22.0	0.800 0	27
12.0	24.0	0.800 0	30
16.0	32.0	2.500 0	13
20.0	40.0	2.500 0	16
25.0	50.0	2.500 0	20
50.0	100.0	8.000 0	12

8　齿轮齿面表面粗糙度的测量

本章论述了各参数的优先值、截止波长和评定长度，以及渐开线圆柱齿轮轮齿和齿根过渡区表面结构的测量方法。

在测量表面粗糙度时，触针的轨迹应与表面加工纹理的方向相垂直，见图 7 和图 8 中所示方向。测量还应垂直于表面，因此，触针应尽可能紧跟齿面的弯曲的变化。

在对轮齿齿根的过渡区表面粗糙度测量时，整个方向应与螺旋线正交，因此，需要使用一些特殊的方法，图 8 中表示了一种适用的测量方法，传感器的头部，在触针前面，有一半径为 r(小于齿根过渡曲线的半径 R)的导头，安装在一根可旋转的轴上，当该轴转过角度约 100°时，触针的针尖描绘出一条同齿根过渡区接近的圆弧。当齿根过渡区足够大，并且该装置仔细的定位时方可进行粗糙度测量。

注：导头直接作用于表面，应使半径 $r>50\lambda_c$，以避免因导头引起的测量不确定度。

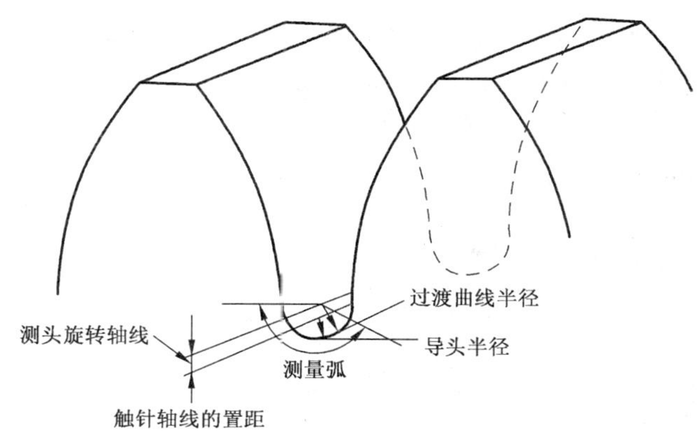

图 8 齿根过渡曲面粗糙度的测量

使用导头形式的测量仪器进行测量还有另一种办法，选择一种适当的注塑材料(如树脂等)制作一个相反的复制品。当对较小模数齿轮的齿根过渡部分的粗糙度进行测量时，这种方法是特别有用的。在使用这种方法时，应记住在评定过程中齿廓的记录曲线的凸凹是相反的。

8.1 评定测量结果

直接测得的粗糙度参数值，可直接与规定的允许值比较。

参数值通常是按沿齿廓取的几个接连的取样长度上的平均值确定的，但是应考虑到表面粗糙度会沿测量行程有规律地变化，因此，确定单个取样长度的粗糙度值，可能是有益的。为了改进测量数值的统计上的准确性，可从几个平行的测量迹线计算其算术平均值。

如不用相对于基准有关的导头测量轮廓可望获得最好的结果，这就是第 7 章中 b)和 d)所提到的那种设备情况。

参见第 7 章中粗糙度、波纹度、形状和形状偏差同时被评定的情况。

在此情况下，为了将粗糙度从轮廓的较长波长的组成中分离出来，在按 ISO 11562 和 GB/T 10610 用相位校正滤波器进行滤波之前，首先必须将名义的形状成分消除。

当齿轮齿廓太小，以致无法在 5 个接连的取样长度进行测量时，允许在分离的齿上取单个取样长度进行测量(见 GB/T 10610—1998 第 7 章)，但必须在参数符号后面附注取样长度的个数，例如：R_{z1}、R_{z3}。

为了避免使用滤波器时评定长度的部分损失，可以在没有标准滤波过程的情况下，在单个取样长度上评定粗糙度。图 9 说明为消除形状成分等。将(没有滤波器)轨迹轮廓细分为短的取样长度 l_1、l_2、l_3 等所产生的滤波效果。为了同标准方法的滤波结果相比较，取样长度应与截止值为 λ_c 同样值。

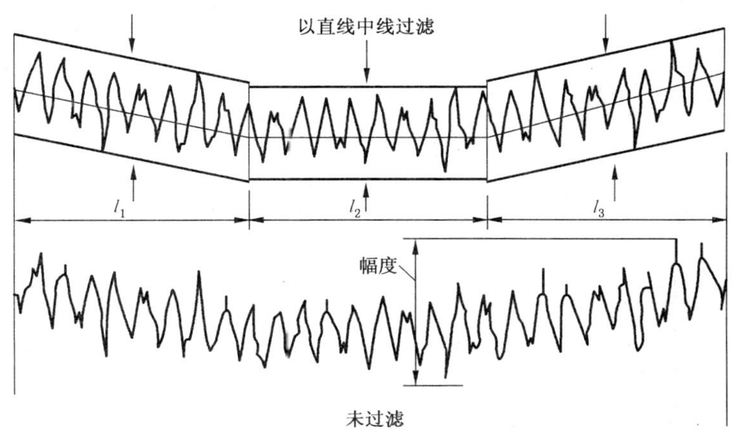

图 9 取样长度和滤波的影响

8.2 参数值

从参数得出的值应该与规定值进行比较，规定的参数值应优先从表 2 和表 3 中所给出的范围中选择，无论是 R_a 还是 R_z 均可作为一种判断依据，但是，两者不应在同一部分使用。

在 GB/T 10095.1 中规定的齿轮精度等级和表 2 和表 3 中粗糙度等级之间没有直接的关系。

注：在关于 R_a 和 R_z 的表中，相同的表面状况等级并不与特定的制造工艺对应，这一点尤其适用表中 1 级到 4 级的表列值。

表 2 算术平均偏差 R_a 的推荐极限值

单位为微米

等级	R_a		
	模数/mm		
	$m \leqslant 6$	$6 < m \leqslant 25$	$m > 25$
1		0.04	
2		0.08	
3		0.16	
4		0.32	
5	0.5	0.63	0.80
6	0.8	1.00	1.25
7	1.25	1.6	2.0
8	2.0	2.5	3.2
9	3.2	4.0	5.0
10	5.0	6.3	8.0
11	10.0	12.5	16
12	20	25	32

表 3 微观不平度十点高度 R_z 的推荐极限值

单位为微米

等级	R_z		
	模数/mm		
	$m \leqslant 6$	$6 < m \leqslant 25$	$m > 25$
1		0.25	
2		0.50	
3		1.0	
4		2.0	
5	3.2	4.0	5.0
6	5.0	6.3	8.0
7	8.0	10.0	12.5
8	12.5	16	20
9	20	25	32
10	32	40	50
11	63	80	100
12	125	160	200

8.3 粗糙度轮廓的实体比率曲线

本章的以下各条对与高应力接触表面相关的表面粗糙度的功能特性的各参数用实体比率曲线作了规定(见 GB/T 3505)。

对于高应力接触表面,将其形状偏差和波纹度偏差的规定极限值保持在一个很小值的范围内是很重要的。

这些参数描述了实体比率曲线的形状,从而说明粗糙度轮廓的高度和特性。首先要有一张全面有代表性的、无误差的,经过滤波的粗糙度轮廓图。才能进行下文中叙述的表面结构的评定过程。

8.3.1 实体比率曲线的有关术语

a) 截线:一条平行于中线切割粗糙度轮廓的线[见图 10a)];

b) 实体长度:截线所截位于轮廓峰内各段截线长度之和,用它与评定长度之比的百分数表示(见 GB/T 3505—2000 中 3.2.14 的轮廓的实体长度)。

8.3.2 实体比率曲线的结构

在粗糙度轮廓的实体比率曲线上每点的坐标:

a) 在 x 轴:用评定长度的百分数表示的五个接连的取样长度的实体长度;

b) 在 z 轴:粗糙度轮廓截线的纵坐标[见图 10a)]。

8.3.3 实体比率曲线的参数

a) 粗糙度核心轮廓:粗糙度核心轮廓是不包含有突出的峰点和深谷的粗糙度轮廓(见 ISO 13565-2:1996 中 3.1);

b) 核心粗糙度深度 R_k(μm):核心粗糙度深度是粗糙度核心轮廓的深度[图 10b)]见(ISO 13565-2:1996 中 3.1.1);

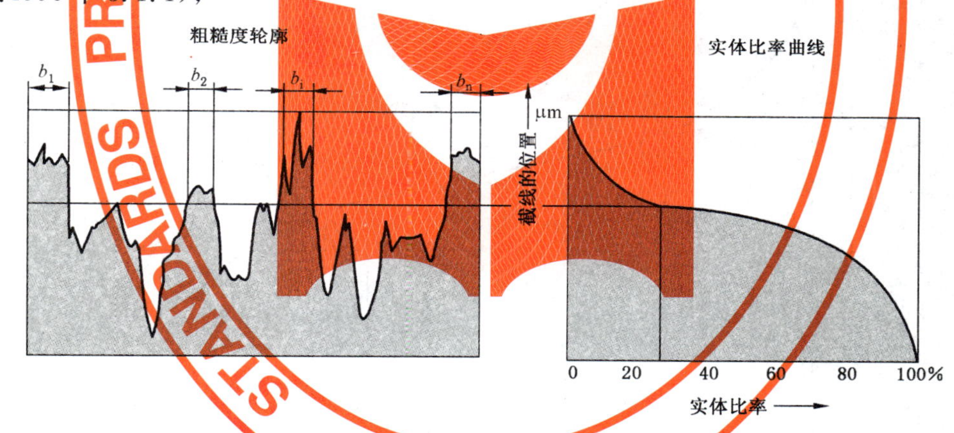

a) 粗糙度轮廓与实体比率曲线之间的关系

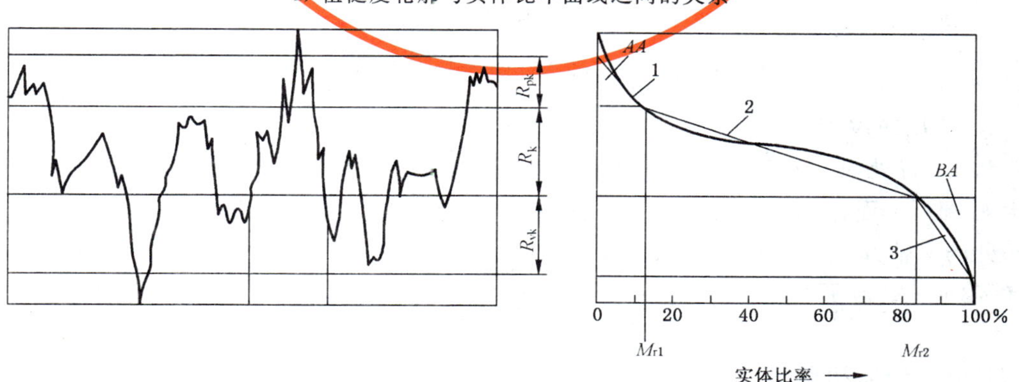

b) 实体比率曲线用 3 条直线来近似

图 10 按 ISO 13565-2 规定的实体比率曲线的特性值

c) 实体区段 M_{r1}(%):是为突峰从粗糙度核心轮廓分开的截线而确定的实体区段 M_{r1}(见 ISO 13565-2:1996中 3.1.2);

d) 实体区段 M_{r2}(%):是为深谷从粗糙度核心轮廓分开的截线而确定的实体区段 M_{r2}(见 ISO 13565-2:1996中 3.1.3);

e) 削减的峰高 R_{pk}(μm):是粗糙度核心轮廓之上的突出的峰的平均高度(见 ISO 13565-2:1996 中 3.2);

f) 削减的谷深 R_{vk}(μm):是穿过粗糙度核心轮廓的谷底的平均深度值(见 ISO 13565-2:1996 中 3.3)。

注:8.3.5 中的平均方法减少了界外值对 R_{pk}和 R_{vk}的影响。

8.3.4 实体比率曲线的测量条件

a) 实体比率曲线的测量仪器:使用触针式仪器来测定实体比率曲线的参数,此仪器用几何表面或基准线生成器对触针轨迹进行控制;

b) 测量方向:应选择给出粗糙度最大值的测量路程。

8.3.5 实体比率曲线的参数的确定

8.3.5.1 R_k、M_{r1}、M_{r2}的确定

在横坐标 M_{r1}和 M_{r2}之间取间距 40%的分段,贯穿实体比率曲线,画一条相对于 x 轴斜率最小的平均直线,见图 11。假如有两个或多个斜率相同的线段,则选定较接近曲线较高端的线段,此直线在 0%和 100%处两点纵坐标之间的差值等于 R_k。

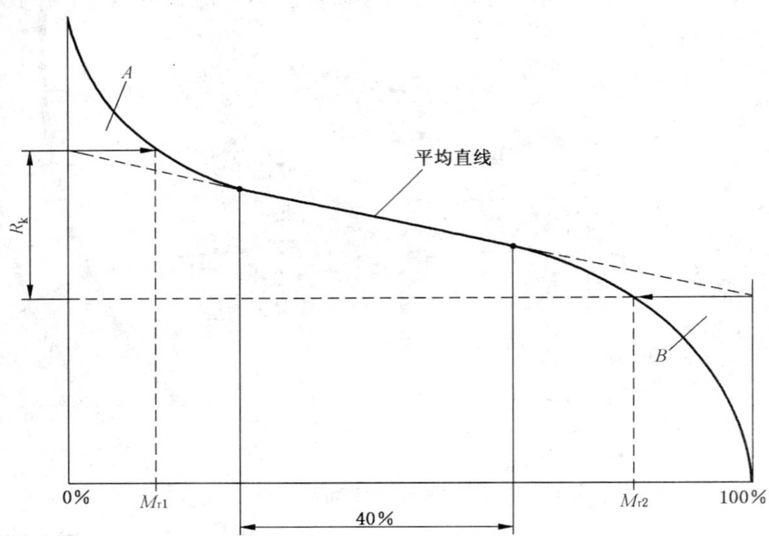

图 11 R_k、M_{r1}和 M_{r2}特性值的确定与测量

8.3.5.2 R_{pk}和 R_{vk}的确定

从 0%和 100%处的 z 轴上交点画切向粗糙度轮廓的横截线 A 和 B,见图 11 和图 12,确定线 A 以上的粗糙度轮廓所围面积 AA 和线 B 以下的谷部轮廓所围面积 BA。

在 0%处的 z 轴方向与在线段 c_1-a_1 以上构造出一个面积等于 AA 的直角三角形 $a_1b_1c_1$。

在 100%处同 z 轴平行的方向与在线段 c_2-a_2 以上构造出一个面积等于 BA 的直角三角形 $a_2b_2c_2$。

边长 c_1-b_1 与 R_{pk}相等,边长 c_2-b_2 与 R_{vk}相等。

对不同粗糙度轮廓的实体比率曲线的对比,说明了如何利用实体比率曲线来估计给定表面对表面损伤的相对抵抗能力。

8.3.6 **实体比率曲线的参数 R_k、R_{pk}、R_{vk} 的应用**

图 11 阐明 R_k 不能仅以轮廓深度值来表示，还要有实体比率的主要部分的斜率值。

实体比率曲线的斜率是十分重要的，它的值表明了在更深地进入核心轮廓时实体比率的增加趋势，因此 R_k 对表面的承载能力有重要意义。

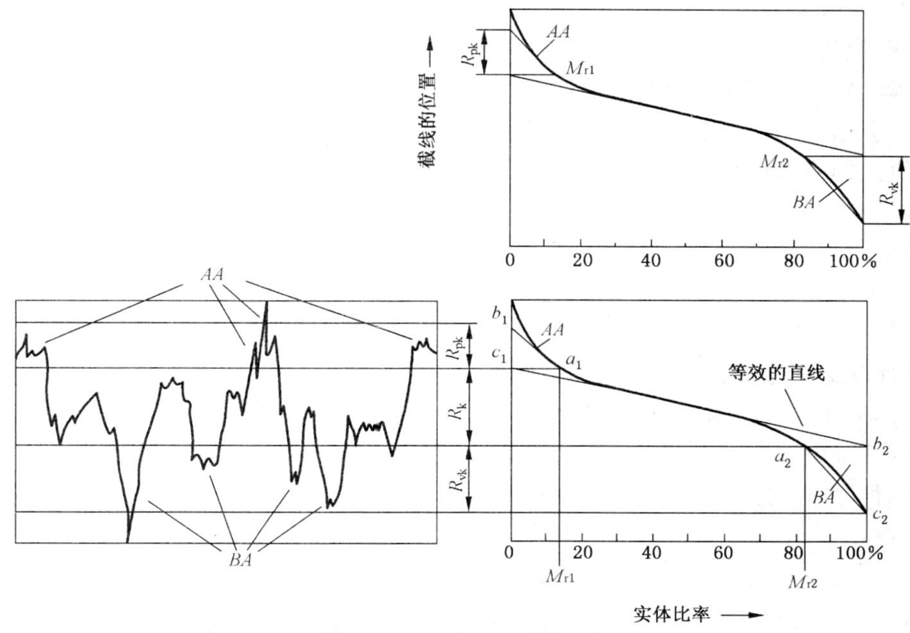

图 12 R_{pk} 和 R_{vk} 的测定

ISO 13565-2 借助于 3 条直线的参数描述了实体比率曲线的形状，它将轮廓总深度细分为：

——突峰区域（与初始运转状况有关，例如磨合和磨损）；

——核心区域（与承载能力、使用特性有关）；

——深谷区域（与润滑、保存油有关）。

图 13 说明把突出的峰和谷从核心轮廓中分离出来的方法。假如 R_k 等于 0 时[见图 13a)]，图中清楚地表明了峰和谷的明显分离。图 13b)表明了 R_k 值的扩展（向中间的直线两边），除去表面很突出的峰和谷，具有接近高斯分布的纵坐标。

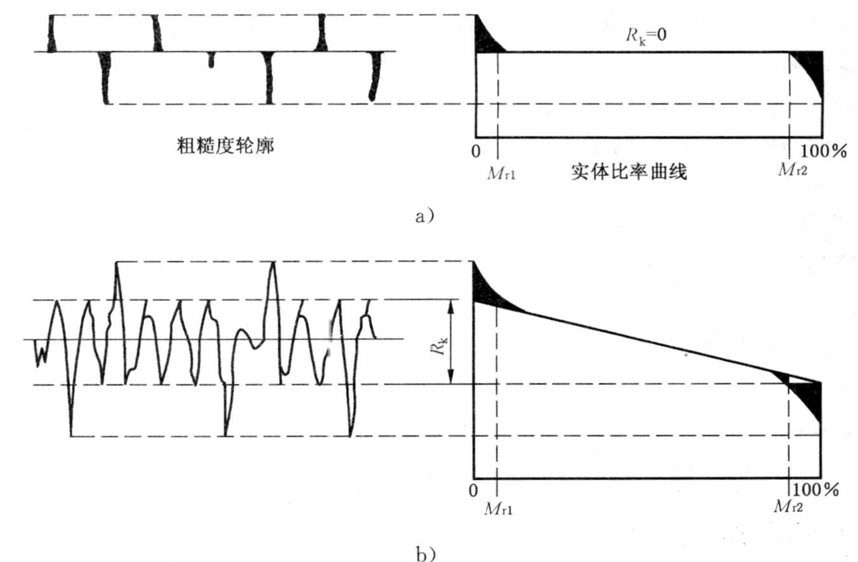

图 13 粗糙度核心区域对突峰和深谷的量值的影响及其特性

虽然计量学上确定实体比率曲线的参数，并不比确定齿轮的 R_a 和 R_z[1)]更困难，但实体比率曲线的参数所能提供的信息，对当前要使用来说研究得还不够充分。因此，目前还不能给出那些参数的推荐值。

9 轮齿接触斑点的检验

本章将对获得与分析接触斑点的方法进行解释，还给出对齿轮精度估计的指导。

检测产品齿轮副在其箱体内所产生的接触斑点，可以帮助我们对轮齿间载荷分布进行评估。

产品齿轮与测量齿轮的接触斑点，可用于装配后的齿轮的螺旋线和齿廓精度的评估。

轮齿接触斑点的检验也可参考附录 A。

9.1 检测条件

9.1.1 精度

产品齿轮与测量齿轮副轻载下的接触斑点，可以从安装在机架上的齿轮相啮合得到。为此，重要的是，齿轮轴线的不平行度，在等于产品齿轮齿宽的长度上的数值，尽可能在接近的位置上测定，不得超过 0.005 mm。同时也要保证测量齿轮的齿宽不小于产品齿轮的齿宽，通常这意味着对于斜齿轮需要一个专用的测量齿轮，对于大齿轮来说，这样的测量齿轮可以是一个特制的产品齿轮的样品，并保留它，便于作为备件替换损坏了的齿轮。

相配的产品齿轮副的接触斑点也可以在相啮合的机架上获得。

9.1.2 载荷分布

产品齿轮副在其箱体内的轻载接触斑点，有助于评估载荷的可能分布，在其检测过程中，齿轮的轴颈应当位于他们的工作位置，这可以通过对轴承轴颈加垫片调整来达到。

9.1.3 印痕涂料

适用的印痕涂料有：装配工的蓝色印痕涂料和其他专用涂料。应选择那些能确保油膜层厚度在 0.006 mm～0.012 mm的应用方法。

9.1.4 印痕涂料层厚度的标定

这对判明接触斑点的检查结果是很重要的，操作者掌握了稳定的工艺后，就可来确立印痕涂料层的厚度，在垂直于切平面的方向上以一个已知小角度移动齿轮的轴线，即在轴承座上加垫片并观察接触斑点的变化，这标定工作应该有规范地进行以确保印痕涂料、测试载荷和操作工人的技术都不改变。

9.1.5 测试载荷

用于获得轻载接触斑点所施加的载荷，应能恰好保证被测齿面保持稳定的接触。

9.1.6 记录测试结果

接触斑点通常以画草图、照片、录像记录下来，或用透明胶带覆盖在接触斑点上，再把粘住接触斑点的涂料的胶带撕下来，贴在优质的白卡片上。

9.2 操作者的培训

要完成以上操作的人员，应训练正确地操作，并定期检查他们的效果，以确保操作效能的一致性。

9.3 接触斑点的判断

接触斑点可以给出齿长方向配合不准确的程度，包括齿长方向的不准确配合和波纹度，也可以给出齿廓不准确性的程度，必须强调的是作出的任何结论都带有主观性，只能是近似的并且依赖于有关人员的经验。

9.3.1 与测量齿轮相啮的接触斑点

图 14～图 17 所示的是产品齿轮与测量齿轮对滚产生的典型的接触斑点示意图。

---

1) Beyer，Eckolt，Hillmann，Wittekopf 用扫描电子显微镜和触针式测量表面仪器研究轮齿齿面 PTB 报告 PTB-2（1987 年 11 月）。

图 14 典型的规范，接触近似为：齿宽 b 的 80% 有效齿面高度 h 的 70%，齿端修薄

图 15 齿长方向的配合正确，有齿廓偏差

图 16 波纹度

图 17 有螺旋线偏差、齿廓正确，有齿端修薄

图 18 接触斑点分布的示意图

9.3.2 齿轮精度和接触斑点

图 18 和表 4、表 5 给出了在齿轮装配后(空载)检测时，我们所预计的在齿轮精度等级和接触斑点分布之间关系的一般指示，必须记住实际的接触斑点不一定同图 18 中所示的一致，在啮合机架上所获得的齿轮检查结果应当是相似的。

注：图 18、表 4 和表 5 对齿廓和螺旋线修形的齿面是不适用的。

注意：这些表格试图描述那些从通过直接的测量，证明符合表列精度的齿轮副中获得的最好接触斑点，不要把它理解为证明齿轮精度等级的可替代方法。

表 4　斜齿轮装配后的接触斑点

精度等级按 GB/T 10095	b_{c1} 占齿宽的百分比	h_{c1} 占有效齿面高度的百分比	b_{c2} 占齿宽的百分比	h_{c2} 占有效齿面高度的百分比
4 级及更高	50%	50%	40%	30%
5 和 6	45%	40%	35%	20%
7 和 8	35%	40%	35%	20%
9～12	25%	40%	25%	20%

表 5　直齿轮装配后的接触斑点

精度等级按 GB/T 10095	b_{c1} 占齿宽的百分比	h_{c1} 占有效齿面高度的百分比	b_{c2} 占齿宽的百分比	h_{c2} 占有效齿面高度的百分比
4 级及更高	50%	70%	40%	50%
5 和 6	45%	50%	35%	30%
7 和 8	35%	50%	35%	30%
9～12	25%	50%	25%	30%

附　录　A
（资料性附录）
用接触斑点控制齿轮轮齿的齿长方向配合精度

A.1　目的

本附录叙述用接触斑点来规定和控制齿轮轮齿的齿长方向配合精度。

论述接触斑点的两种产生办法：

——静态方法，通过软涂层的转移；

——动态方法，通过硬涂层的磨损。

A.2　应用

A.2.1　典型用途

用接触斑点作定量和定性控制齿轮的齿长方向配合精度的方法，经常用于以下场合：大齿轮不能装在现成的检查仪上及工作现场没有检查仪可用。其优点是：

——测试工具的便于携带；

——可以测试其他方法不能测试的大型和复杂的表面；

——测试简易和快捷；

——如果通过适当的标定，测试结果具有可再现性；

——对装配状况的敏感性，例如轴承配合不良和齿轮箱变形；

——可以探测微小的齿长方向配合误差和系统误差的能力，例如齿面波度，这在导程和齿廓检测曲线图里并不表现；

——能够评定轮齿的配合性，包括大齿轮和小齿轮的叠加或累积偏差的作用，这在导程和齿廓检测曲线图里并不表现；

——能评定整个齿面，而不是单单一条表示齿廓或齿长方向配合的曲线。

A.2.2　特定应用领域

一些使用接触斑点测试方式的例子：

——船舰用大型齿轮；

——高速齿轮；

——船舰和高速齿轮箱的现场组装；

——起重机、提升机、桥、微波天线等的开式末级传动齿轮的装配；

——圆锥齿轮；

——航天齿轮。

A.2.3　使用方法

静态方法：通过小齿轮和大齿轮之间一层薄薄的涂层转移来完成，不加载荷，一般用手转动。

动态方法：需要可控制的递增适当的载荷并按设计规定的运转速度来完成。

A.3　使用说明

A.3.1　静态方法

接触斑点检测，使一个齿轮的齿上的规定厚度的印痕涂料转移到相配齿轮的齿上。将接触斑点检测的结果与规定的斑点作比较。这规定斑点是分析想要的无载荷接触状况得出的，或按类似齿轮副的经验得出的。这技术与精密仪器和精密机床的接触表面的手工配合或刮研相类似。

A.3.2 动态方法

接触斑点是靠受载区域的啮合齿面涂层被磨掉来显示的，观察和记录随着载荷增加短期转动后的斑点。典型载荷递增量为5%、25%、50%、75%和100%，用所得到的接触斑点进行比较，以保证在规定工作条件下，观察到轮齿逐渐发展的接触面积达到设计的接触面大小。

A.4 测试器具和材料

a) 清洗剂。

b) 印痕的涂料：
- ——红丹；
- ——专用涂料；
- ——基础颜料和油的混合物：
- ——普鲁士蓝软膏；
- ——染料渗透显示剂，喷雾器包装的白色粉剂，作为裂纹探伤检测渗透显示剂套件之一（有销售）；
- ——划线用蓝油。

c) 记录手段：
- ——照相；
- ——和轮齿一样大小的透明胶带和白纸；
- ——画草图。

d) 标定用量具：
- ——精密垫片或塞尺；
- ——千分表。

A.5 静态方法

A.5.1 测试

A.5.1.1 轴线的校正

当没有现成的齿轮箱体可用或齿轮在车间测试，以便以后在现场装配，车间使用试验台架和转动夹具把齿轮定位在正确的相互位置上。必须保证齿轮轴线在同一平面上并且相互平行，即使0.000 10 rad微小的轴线对准误差，对测试结果的再现性将产生有害影响。典型的测试程序，是把一个精密直尺横置于齿轮轴上，将精密块垫于直径较小的轴和直尺之间，以补偿轴半径之差。把精密的水平仪放在精密直尺的上面，然后调整齿轮轴的高度，直至精密直尺水平为止。在每对支承轴颈中间重复这个操作程序，用精密测量来检测支撑所测齿轮的两轴之间的中心距和轴线平行度。在作接触试验的车间常能找到带易调整支承座的转动夹具（啮合台架）。

如果在未装配的齿轮箱内做接触试验时，则必须先保证齿轮箱以尽量高的精度放置水平，以避免齿轮轴线的不对准，齿轮轴线偏移使接触斑点测试结果受到影响，其影响的程度与在转动夹具内测试是一样的。

当装配后齿轮箱重新做接触测试，其接触斑点如果和调好水平而未装配齿轮箱的测试结果有差别，这反映出安装时由于箱体变形而引起齿轮轴线产生了歪斜。

A.5.1.2 测试程序

将准备测试的齿轮用清洗剂彻底清洗，清除任何污染和残油。然后将小齿轮的三个或更多轮齿上涂一层薄的印痕涂料，使用硬毛刷操作，可以将普通25 mm宽度油漆刷子的硬毛修剪成大约10 mm长度，做成一把合适刷子。涂层要薄而均匀，没有必要除掉所有的毛刷痕迹，因为测试时这些痕迹会被抹平，涂层厚度应该在5 μm～15 μm之间（见A.5.2标定）。

小齿轮的轮齿涂完后应盖起来，以免过于溅散，并在大齿轮的和跟小齿轮涂了料的齿啮合的轮齿上喷一层薄薄的显像液膜。喷显像液是为了消除齿面反光，以便观察接触斑点的试验结果，而不要制作一层会影响接触斑点真实性的厚膜。

完成涂料涂刷后，操作者转动小齿轮，使其涂有涂料的轮齿和大齿轮相啮合，由助手在大齿轮上施加一个足够反力矩以保证接触，然后把齿轮反转回到原来位置，在轮齿的背面做上记号，以便对接触斑点进行观察。这个操作程序至少要在大齿轮三个等距离的位置上重复地做，以显示由于摆动或其他周期性误差所产生接触斑点的变异。

A.5.1.3 记录结果

得到的接触斑点要用照相、画草图或透明胶带记录下来。一步成像照相和透明胶带纸是最常用的方法。使用胶带时把透明胶带小心压在接触区域上，然后再小心地把它撕取下来，贴在白纸上，这样接触斑点就被保存在胶带和白纸之间。接触斑点还可用黑白或彩色的静电复印来复制，胶带上应编号，以指明使用了哪个轮齿，接触斑点上注明方向，齿的哪一侧齿面，哪是齿顶，哪是齿根。

接触斑点的记录纸带可随现场装配的齿轮备件一起提供。与现场装配后的测试接触斑点作比较，验证装配是否正确。

A.5.2 标定

为了使测试结果有意义和可再现性，印痕涂料层的厚度必须控制且前后一致。

印痕涂料层厚度可以很容易地通过以下任意一种技术测定。

A.5.2.1 作为接触试验的一部分，小心地抬起小齿轮轴的一端轴承，其抬高量应足以使小齿轮的轴倾斜 0.000 10 rad，记录下接触斑点，并使轴承在正常(水平)位置时在同一轮齿上重复试验，涂层厚度由接触斑点的飘移量和角度来确定。举例，如果轴倾斜为 0.000 10 rad 时，接触斑点的长度是 50 mm，当轴平行时，接触斑点的长度为 100 mm，则涂层厚度应为 0.010 mm。

A.5.2.2 另一个类似的考证操作员技术的方法是，用一块标准平板和精密直尺，在直尺的边上涂以印痕涂料，然后将直尺一端落在平板上，另一端放在平板上已知厚度的垫片上，则涂层厚度等于垫片厚度乘以接触斑点长度和直尺长度的比值。

A.5.2.3 应该进行标定试验并作为测试试验记录的一部分，印痕涂层厚度取决于操作者的技巧和技术，如果是一个正规操作接触斑点的操作人员，则不必对其每一次试验的技术进行重新标定。可随时使用以上标定方法标定涂层厚度并记录其结果作为评判试验或审查用。

A.6 动态方法

A.6.1 试验程序

每次试验前，都要把待测试的轮齿用清洗液彻底洗净，以除去任何污染和残油，将小齿轮和大齿轮至少三个以上的轮齿喷上划线用蓝油，产生的膜应光滑和薄。千万不能造成过厚的膜，所以，每次做完试验，应彻底用清洗液洗净任何残留在轮齿上的蓝油、污垢或油。

当轮齿被涂层后，给齿轮副一个载荷增量作短时间运行，然后停止，将其接触斑点记录下来，彻底清洗干净轮齿后在下一个载荷增量下重复运行以上程序。整个操作过程应至少在三个不同载荷上重复进行。

A.6.2 记录结果

接触斑点的结果应照相或画草图加以记录。

参 考 文 献

[1] ISO 54:1996 Cylindrical gears for general engineering and heavy engineering—Modules.

[2] ISO 286-1:1988 ISO system of limits and fits—Part 1:Bases of tolerances, deviations and fits.

[3] ISO 701:1996 International gear notation—Symbols for geometrical data.

[4] ISO 1122-1:1998 Vocabulary of gear terms—Part 1:Definitions related to geometry.

[5] ISO 6336-2:1996 Calculation of load capacity of spur and helical gears—Part 2:Calculation of surface durability (pitting).

[6] ISO 6336-3:1996 Calculation of load capacity of spur and helical gears—Part 3:Calculation of tooth bending strength.

[7] ISO/TR 10064-1:1996 Cylindrical gears—Code of inspection practice—Part 1:Inspection of orresponding flanks of gear teeth.

[8] ISO/TR 10064-2:1996 Cylindrical gears—Code of inspection practice—Part 2:Inspection related to radial composite deviations, runout, tooth thickness and backlash.

[9] ISO/TR 10064-3:1996 Cylindeical gears—Code of inspection practice—Recommendations relative to gear blanks, shaft center distance and parallelism of axes.

[10] ISO/TR 13989-1:2000 Gears—Calculation of scuffing load capacity of cylindrical, bevel and hypoid gears—Part 1:Flash temperature method.

[11] ISO/TR 13989-2:2000 Gears—Calculation of scuffing load capacity of cylindrical, bevel and hypoid gears—Part 2:Integral temperature method.

[12] ANSI/AGMA 2000-A88 Gear Classification and Inspection Handbook—Tolerance and measuring methods for unassembled spur and helical gears, reaffirmed 1992, Appendix D.

[13] Beyer, Eckolt, Hillmann, Wittekopf, Investigation of gear tooth flanks using scanning electron microscopy and stylus type surface measuring instruments. PTB report PTB-F-2 (November 1987).

ICS 67.140.10
X 55

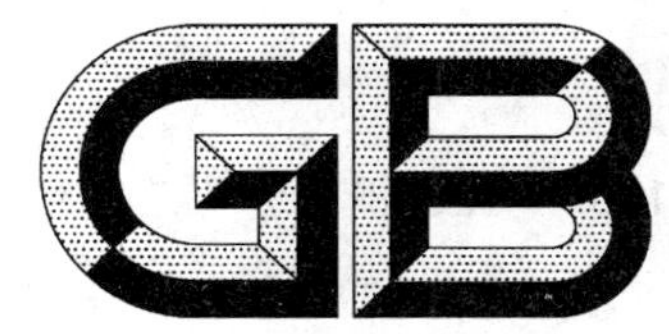

中华人民共和国国家标准

GB/T 18650—2008
代替 GB 18650—2002

地理标志产品　龙井茶

Product of geographical indication—Longjing tea

2008-07-15 发布　　　　2008-10-01 实施

中华人民共和国国家质量监督检验检疫总局
中国国家标准化管理委员会　发布

前言

本标准根据国家质量监督检验检疫总局颁布的2005第78号令《地理标志产品保护规定》及GB/T 17924《地理标志产品标准通用要求》制定。

本标准代替GB 18650—2002《原产地域产品　龙井茶》。

本标准与GB 18650—2002相比主要变化如下：

——标准属性由强制性国家标准改为推荐性国家标准；

——根据国家质量监督检验检疫总局颁布的《地理标志产品保护规定》，将标准名称改为《地理标志产品　龙井茶》；

——质量安全指标采用GB 2762《食品中污染物限量》、GB 2763《食品中农药最大残留限量》的相关规定；

——加工技术中增加“机械加工应符合龙井茶加工工艺要求”；

——删除了“注：碎末茶为推荐指标”内容。

本标准的附录A为规范性附录。

本标准由全国原产地域产品标准化工作组提出并归口。

本标准起草单位：浙江省农业厅经济作物管理局、农业部茶叶质量监督检验测试中心、浙江省供销合作总社、浙江大学、杭州西湖龙井茶商会、新昌县名茶协会。

本标准主要起草人：毛祖法、陆德彪、刘新、王金贤、龚淑英、戚国伟、赵玉汀、王春霞。

本标准所代替标准的历次版本发布情况为：

——GB 18650—2002。

地理标志产品　龙井茶

1　范围

本标准规定了龙井茶的地理标志产品保护范围、术语和定义、自然环境和生产、要求、试验方法、检验规则及标志、标签、包装、运输、贮存。

本标准适用于国家质量监督检验检疫行政主管部门根据《地理标志产品保护规定》批准保护的龙井茶。

2　规范性引用文件

下列文件中的条款通过本标准的引用而成为本标准的条款。凡是注日期的引用文件，其随后所有的修改单(不包括勘误的内容)或修订版均不适用于本标准，然而，鼓励根据本标准达成协议的各方研究是否可使用这些文件的最新版本。凡是不注日期的引用文件，其最新版本适用于本标准。

GB/T 191　包装储运图示标志(GB/T 191—2008,ISO 780:1997,MOD)

GB 2762　食品中污染物限量

GB 2763　食品中农药最大残留限量

GB 4285　农药安全使用标准

GB 7718　预包装食品标签通则

GB/T 8302　茶　取样

GB/T 8304　茶　水分测定(GB/T 8304—2002,eqv ISO 1573:1980)

GB/T 8305　茶　水浸出物测定(GB/T 8305—2002,eqv ISO 9768:1994)

GB/T 8306　茶　总灰分测定(GB/T 8306—2002,eqv ISO 1575:1987)

GB/T 8311　茶　粉末和碎茶含量测定

GB/T 8321(所有部分)　农药合理使用准则

NY/T 787　茶叶感官评审通用方法

SB/T 10035　茶叶销售包装通用技术条件

国家质量监督检验检疫总局令[2005]第75号　《定量包装商品计量监督管理办法》

国家质量监督检验检疫总局公告[2005]第151号　《中华人民共和国地理标志保护产品专用标志》

3　术语和定义

下列术语和定义适用于本标准。

3.1

龙井茶　Longjing tea

在本标准第4章范围内采摘的符合5.2.1茶树品种要求的茶树鲜叶，按照传统工艺在地理标志产品保护范围内加工而成，具有“色绿、香郁、味醇、形美”的扁形绿茶。

4　地理标志产品保护范围

龙井茶地理标志产品保护范围限于国家质量监督检验检疫行政主管部门根据《地理标志产品保护规定》批准的范围，即杭州市西湖区(西湖风景名胜区)现辖行政区域为西湖产区；杭州市萧山、滨江、余杭、富阳、临安、桐庐、建德、淳安等县(市、区)现辖行政区域为钱塘产区；绍兴市绍兴、越城、新昌、嵊州、诸暨等县(市、区)现辖行政区域以及上虞、磐安、东阳、天台等县(市)现辖部分乡镇区域为越州产区。

龙井茶地理标志产品保护范围见附录 A。

5 自然环境与生产

5.1 自然环境

5.1.1 龙井茶产区地处钱塘江、曹娥江流域的山地、丘陵间。温暖多雨，空气湿润。

5.1.2 茶园土壤多为红黄壤及其变种，pH4.3～6.5。

5.1.3 茶园环境符合国家环境保护的有关规定。

5.2 栽培技术

5.2.1 茶树品种

应选用龙井群体、龙井 43、龙井长叶、迎霜、鸠坑种等经审(认)定的适宜加工龙井茶的茶树良种。

5.2.2 茶园耕作

5.2.2.1 浅耕：在茶树生长季节进行，深度 10 cm～15 cm。

5.2.2.2 深耕：在秋季茶园停止采摘后进行，深度 20 cm～30 cm。

5.2.3 茶园施肥

5.2.3.1 施肥时期：春茶前施催芽肥，一般在 2 月中下旬进行；夏茶前追肥，一般在春茶结束后的 4 月下旬至 5 月中旬进行；秋茶前追肥，一般在 6 月下旬至 9 月中旬分期进行；秋冬季施基肥，一般在 10 月至 11 月上旬结合深耕进行。

5.2.3.2 肥料种类：基肥以有机肥与磷、钾肥为主，追肥以无机氮肥为主。

5.2.3.3 施肥配比：一般按氮∶磷∶钾为 3∶1∶1 比例配施。

5.2.4 农药的使用

使用农药应严格遵循 GB 4285、GB/T 8321(所有部分)的规定。

5.3 鲜叶

5.3.1 鲜叶采摘

5.3.1.1 开采要求：当茶树蓬面每平方米有 10 个～15 个茶芽符合鲜叶质量要求时即可开采。

5.3.1.2 间隔时间：春茶每日或隔日采，夏茶和秋茶间隔期可适当延长。

5.3.1.3 采摘方法：分批分次，提手采摘，不得掐采、捋采、抓采和带老叶杂物采摘。

5.3.2 鲜叶质量

芽叶完整，色泽鲜绿，匀净。用于同批次加工的鲜叶，其嫩度、匀度、净度、新鲜度应基本一致。鲜叶质量分为特级、一级、二级、三级、四级，应符合表 1 的要求。低于四级的以及劣变鲜叶不得用于加工龙井茶。

表 1 茶鲜叶质量分级要求

等 级	要 求
特 级	一芽一叶初展，芽叶夹角度小，芽长于叶，芽叶匀齐肥壮，芽叶长度不超过 2.5 cm
一 级	一芽一叶至一芽二叶初展，以一芽一叶为主，一芽二叶初展在 10%以下，芽稍长于叶，芽叶完整、匀净，芽叶长度不超过 3 cm
二 级	一芽一叶至一芽二叶，一芽二叶在 30%以下，芽与叶长度基本相等，芽叶完整，芽叶长度不超过 3.5 cm
三 级	一芽二叶至一芽三叶初展，以一芽二叶为主，一芽三叶不超过 30%，叶长于芽，芽叶完整，芽叶长度不超过 4 cm
四 级	一芽二叶至一芽三叶，一芽三叶不超过 50%，叶长于芽，有部分嫩的对夹叶，长度不超过 4.5 cm

5.3.3 鲜叶运输、贮存

5.3.3.1 应使用透气良好的篮篓盛装鲜叶，运输工具应清洁卫生，运输时不得日晒雨淋，不得与有异味、有毒物品混运。

5.3.3.2 鲜叶采摘后应及时运到加工场所。

5.3.3.3 盛装、运输、贮存鲜叶，应轻放、轻翻，不得加压。

5.4 加工

5.4.1 加工器具：可选用传统炒茶灶、电热炒茶锅和其他加工机械。

5.4.2 加工工艺：鲜叶摊放、青锅、摊凉回潮、辉锅。

5.4.3 加工技术：手工加工采用“抓、抖、搭、榻、捺、推、扣、甩、磨、压”等传统手法，机械加工应符合龙井茶加工工艺要求。

6 要求

6.1 分级

按感官品质分为：特级、一级、二级、三级、四级、五级。

6.2 感官品质

各级龙井茶感官品质应符合表2的要求。

表2 各级龙井茶的感官品质要求

项目	特级	一级	二级	三级	四级	五级
外形	扁平光润、挺直尖削；嫩绿鲜润；匀整重实；匀净	扁平光滑尚润、挺直；嫩绿尚鲜润；匀整有锋；洁净	扁平挺直，尚光滑；绿润；匀整；尚洁净	扁平、尚光滑，尚挺直；尚绿润；尚匀整；尚洁净	扁平，稍有宽扁条；绿稍深；尚匀；稍有青黄片	尚扁平，有宽扁条；深绿较暗；尚整；有青壳碎片
香气	清香持久	清香尚持久	清香	尚清香	纯正	平和
滋味	鲜醇甘爽	鲜醇爽口	尚鲜	尚醇	尚醇	尚纯正
汤色	嫩绿明亮、清澈	嫩绿明亮	绿明亮	尚绿明亮	黄绿明亮	黄绿
叶底	芽叶细嫩成朵，匀齐，嫩绿明亮	细嫩成朵，嫩绿明亮	尚细嫩成朵，绿明亮	尚成朵，有嫩单片，浅绿尚明亮	尚嫩匀稍有青张，尚绿明	尚嫩欠匀，稍有青张，绿稍深
其他要求	无霉变，无劣变，无污染，无异味					
	产品洁净，不得着色，不得夹杂非茶类物质，不含任何添加剂					

6.3 理化指标

理化指标应符合表3的规定。

表3 理化指标

项目		特级、一级、二级	三级、四级、五级
水分/%	≤	6.5	7.0
总灰分/%	≤	6.5	7.0
水浸出物/%	≥	36.0	
粉末和碎茶/%	≤	1.0	

6.4 质量安全指标

6.4.1 污染物限量指标应符合GB 2762的规定。

6.4.2 农药残留限量指标应符合GB 2763的规定。

6.5 净含量

定量包装规格由企业自定，净含量负偏差应符合《定量包装商品计量监督管理办法》(国家质量监督检验检疫总局令[2005]第75号)的规定。

7 试验方法

7.1 感官品质

按NY/T 787的规定执行。

7.2 理化指标

7.2.1 水分

按GB/T 8304的规定执行。

7.2.2 粉末和碎茶

按GB/T 8311的规定执行。

7.2.3 总灰分

按GB/T 8306的规定执行。

7.2.4 水浸出物

按GB/T 8305的规定执行。

7.3 质量安全指标

按GB 2762和GB 2763的规定执行。

7.4 净含量

按《定量包装商品计量监督管理办法》(国家质量监督检验检疫总局令[2005]第75号)的规定执行。

8 检验规则

8.1 组批

在生产加工过程中形成的独立数量的产品为一批(唛),同批(唛)产品的品质规格和包装应一致。

8.2 抽样

按GB/T 8302的规定执行。

8.3 交收(出厂)检验

8.3.1 每批产品交收(出厂)前,生产单位应进行检验,检验合格并附有合格证的产品方可交收(出厂)。

8.3.2 交收(出厂)检验内容为感官品质、水分、净含量、粉末和碎茶及包装标签。

8.4 型式检验

8.4.1 有下列情形之一者应进行型式检验:

a) 正常生产情况下每年进行一次;

b) 因人为或自然因素使原材料或生产环境发生较大变化时;

c) 质量监督机构或主管部门提出型式检验要求时。

8.4.2 型式检验项目为本标准第6章规定的全部项目。

8.5 判定规则

8.5.1 检验结果全部符合本标准规定技术要求的产品,则判该批产品为合格。

8.5.2 凡劣变、有污染、霉变、有添加剂或质量安全指标中有一项不符合本标准要求,则判定该批产品不合格。

8.5.3 感官指标其他项目、理化指标和净含量任一项目不符合本标准要求时,可用留存样对不符合的项目进行复检。若留存样检验结果符合本标准要求,则判定该批产品合格。若留存样检验结果有任何一个项目不符合本标准要求,则判定该批产品不合格。

9 标志、标签、包装、运输、贮存

9.1 标志

9.1.1 获得批准的企业，可在其产品包装上使用龙井茶地理标志产品专用标志，并标示龙井茶产区名称。标志应符合国家质量监督检验检疫总局公告 2005 年第 151 号的要求。

9.1.2 产品的包装储运图示标志应符合 GB/T 191 的规定。

9.2 标签

龙井茶销售的包装标签应符合 GB 7718 的规定。

9.3 包装

容器和材料应符合 SB/T 10035 的规定。

9.4 运输

运输工具应清洁、干燥、无异味、无污染；运输时应防潮、防雨、防曝晒；装卸时应轻放轻卸，严禁与有毒、有异气味、易污染的物品混装、混运。

9.5 贮存

成品应贮存在清洁、干燥、阴凉、无异味的专用仓库内(用生石灰收灰或冷藏)，库房温度以 5 ℃左右为宜，避免阳光直射与高温潮湿存放。

附　录　A
（规范性附录）
龙井茶地理标志产品保护范围图

龙井茶地理标志产品保护范围见图 A.1。

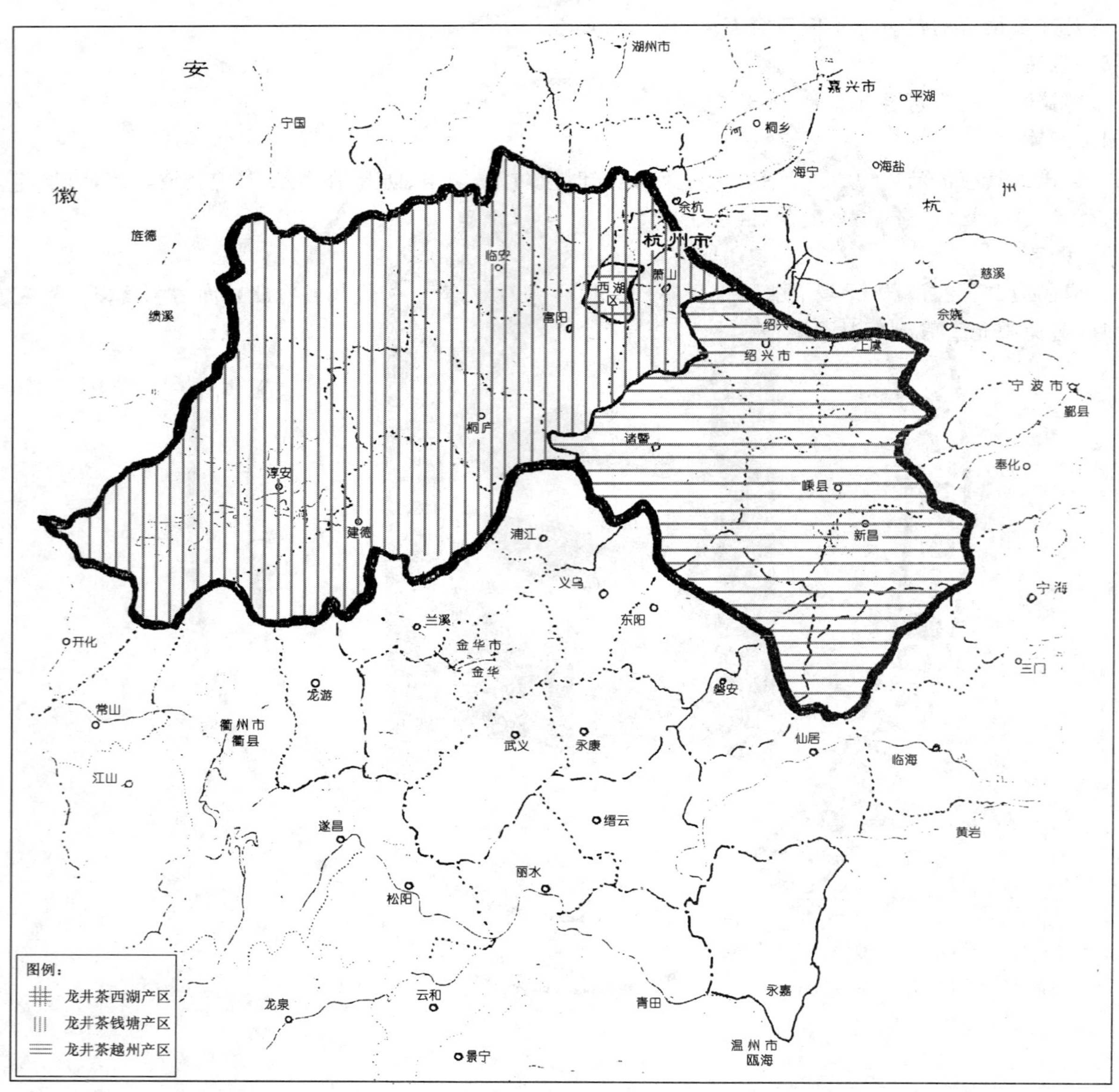

图 A.1　龙井茶地理标志产品保护范围图

ICS 65.150
B 50

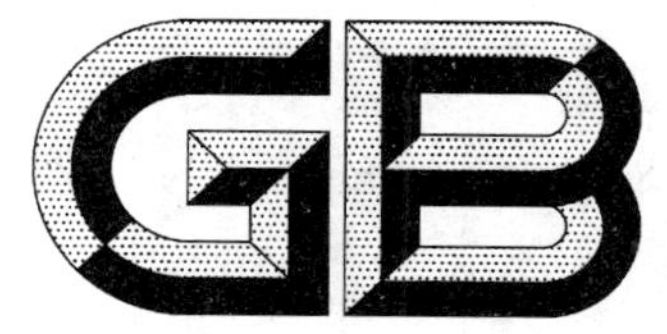

中华人民共和国国家标准

GB/T 18654.1—2008
代替 GB/T 18654.1—2002

养殖鱼类种质检验
第1部分：检验规则

Inspection of germplasm for cultured fishes—
Part 1: Inspection rule

2008-07-31 发布　　　　2008-11-01 实施

中华人民共和国国家质量监督检验检疫总局
中国国家标准化管理委员会　发布

前　言

GB/T 18654《养殖鱼类种质检验》分为下列部分：

——第1部分：检验规则；
——第2部分：抽样方法；
——第3部分：性状测定；
——第4部分：年龄与生长的测定；
——第5部分：食性分析；
——第6部分：繁殖性能的测定；
——第7部分：生态特性分析；
——第8部分：耗氧率与临界窒息点的测定；
——第9部分：含肉率测定；
——第10部分：肌肉营养成分的测定；
——第11部分：肌肉中主要氨基酸含量的测定；
——第12部分：染色体组型分析；
——第13部分：同工酶电泳分析；
——第14部分：DNA含量的测定；
——第15部分：RAPD分析；
……

本部分为GB/T 18654的第1部分。

本部分代替GB/T 18654.1—2002《养殖鱼类种质检验　第1部分：检验规则》。

本部分与GB/T 18654.1—2002相比主要变化如下：

——第3章对文字进行了调整和修改；
——合并4.1"鉴定检验项目"和4.2"质量一致性检验项目"两条，删去表1"亲鱼和苗种的检验项目"；
——6.3综合检验报告的内容改为引用农业部文"农市发[2005]21号"；
——修改表2中不合格品的表述方式；删去脚注a及内容。

本部分由中华人民共和国农业部提出。

本部分由全国水产标准化技术委员会淡水养殖分技术委员会归口。

本部分起草单位：中国水产科学研究院长江水产研究所。

本部分主要起草人：周瑞琼、邹世平、方耀林。

本部分所代替标准的历次版本发布情况为：

——GB/T 18654.1—2002。

养殖鱼类种质检验
第1部分：检验规则

1 范围

GB/T 18654的本部分规定了养殖鱼类种质检验的分类、各类检验所包含的检验项目、检验结果的判定和复检规则。

本部分适用于养殖鱼类种质检验。自然种群鱼类种质检验可参照执行。

2 规范性引用文件

下列文件中的条款通过GB/T 18654的本部分的引用而成为本部分的条款。凡是注日期的引用文件，其随后所有的修改单(不包括勘误的内容)或修订版均不适用于本部分，然而，鼓励根据本部分达成协议的各方研究是否可使用这些文件的最新版本。凡是不注日期的引用文件，其最新版本适用于本部分。

GB/T 18654.2 养殖鱼类种质检验 第2部分：抽样方法

农市发[2005]21号 关于印发《农业部产品质量监督检验测试机构基本条件》和《农业部产品质量监督检验测试机构审查认可评审细则》的通知

3 检验分类

根据我国水产养殖业科研和生产的实际情况，养殖鱼类种质检验分为鉴定检验和质量一致性检验。

3.1 鉴定检验

鉴定检验是对鱼类种质标准中所规定的所有特性进行检验。

3.2 质量一致性检验

质量一致性检验是对鱼类种质标准中规定的关键指标和重要特性进行检验。

质量一致性检验一般适用于下列情况：

——正常生产的原、良种场进行周期性检验；

——新引进的鱼类的初始检验；

——用作繁殖的亲本检验；

——供需双方协议或有要求时。

4 检验项目

鱼类种质标准中规定的项目或根据供需双方的协议要求进行检验。

5 抽样方法与样本量

抽样方法及所需的样本量按GB/T 18654.2的规定执行。

6 判定规则

6.1 被检样品个体的判定

将被检样品个体检验结果与该种鱼种质标准逐项进行比较，判定为合格和不合格两类。

各检验项目检测结果的判定见表1。

表 1 被检样品个体检测结果的判定

检验项目		合格	不合格
外部形态特征	外形	符合标准规定	有明显差异
	可数性状	符合标准规定	不符合标准规定
	可量性状	符合标准规定	有明显差异
内部构造特征	鳔	符合标准规定	不符合标准规定
	脊椎骨数	符合标准规定	有明显差异
	腹膜颜色	符合标准规定	不符合标准规定
	下咽齿和齿式	符合标准规定	不符合标准规定
生长与繁殖	性成熟年龄	符合标准规定	有明显差异
	生长性能	符合标准规定	有明显差异
	繁殖性能	符合标准规定	有明显差异
细胞遗传学特性	染色体数	符合标准规定	不符合标准规定
生化遗传学特性	同工酶电泳图谱	符合标准规定	有明显差异
分子遗传学特性	DNA 含量	符合标准规定	有明显差异
	RAPD 分析	符合标准规定	有明显差异
	mtDNA 分析	符合标准规定	有明显差异
	微卫星分析	符合标准规定	有明显差异
注：表中空栏为检验时增加的项目。			

6.2 **被检样本综合判定**

被检样品个体检验结果汇总、分析后，作出综合判定，即判定为合格或不合格，并计算出合格率，写出检验报告。

6.3 **检验报告**

检验报告的内容及格式按农市发[2005]21 号文规定执行。

7 复检规则

由于检验工作或样本本身的原因而发生检验差错或失败、委托单位对检验结果提出异议，要求复检时，应进行复检。

复检有两种情形：

——除需活体样本进行检验的项目和染色体组型分析项目外，其他项目中单项或多项检验项目有差错或异议时，仅进行差错或异议项目的复检。此情形的复检，可采用原来检验时所抽取的保存备用样品进行检验，以复检结果为准。

——需活体样品进行复检或整体检验失败时进行的复检。此类复检，应按 GB/T 18654.2 的规定，重新加倍抽样，进行复检，以复检结果为准。

ICS 65.150
B 50

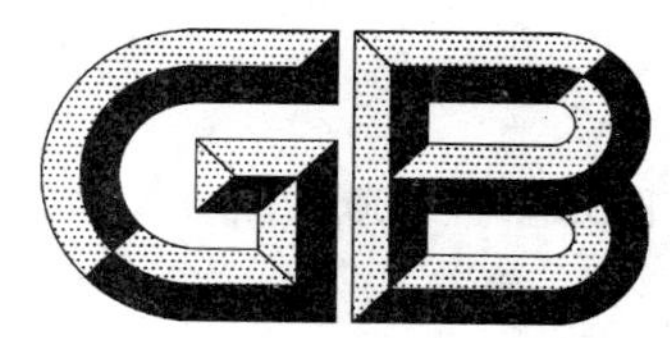

中华人民共和国国家标准

GB/T 18654.2—2008
代替 GB/T 18654.2—2002

养殖鱼类种质检验
第2部分:抽样方法

Inspection of germplasm for cultured fishes—
Part 2:Sampling method

2008-07-31 发布 2008-11-01 实施

中华人民共和国国家质量监督检验检疫总局
中国国家标准化管理委员会 发布

前　　言

GB/T 18654《养殖鱼类种质检验》分为下列部分：

——第 1 部分：检验规则；

——第 2 部分：抽样方法；

——第 3 部分：性状测定；

——第 4 部分：年龄与生长的测定；

——第 5 部分：食性分析；

——第 6 部分：繁殖性能的测定；

——第 7 部分：生态特性分析；

——第 8 部分：耗氧率与临界窒息点的测定；

——第 9 部分：含肉率测定；

——第 10 部分：肌肉营养成分的测定；

——第 11 部分：肌肉中主要氨基酸含量的测定；

——第 12 部分：染色体组型分析；

——第 13 部分：同工酶电泳分析；

——第 14 部分：DNA 含量的测定；

——第 15 部分：RAPD 分析；

……

本部分为 GB/T 18654 的第 2 部分。

本部分代替 GB/T 18654.2—2002《养殖鱼类种质检验　第 2 部分：抽样方法》。

本部分与 GB/T 18654.2—2002 相比主要变化如下：

——删除了第 3 章中的“解剖盘”，“鳞片或耳石袋”改为“鳞片袋或耳石袋”，“抽样记录纸”改为“抽样记录单(或卡)”；

——标准正文中“检验样品”、“被检样品”、“样品数量”等改为“检验样本”、“被检样本”、“样本量”；

——在第 4 章总则中删去“样品应具有代表性”，增加“抽样由检测机构实施执行”；

——删去 4.3.2 检验鱼种里的“也可四分之一池拉网”，句末增加“待检鱼种数量应大于抽样量的 10 倍。”；检验鱼苗的句末增加“待检鱼苗数量应大于抽样量的 100 倍。”；

——4.4 标题由“小水体中抽样”改为“网箱、水泥池或水族箱中抽样”，条下文字内容作相应调整和更改；句末增加“待检样品的总量应大于抽样量的 5 倍。”；

——删去 6.1 大体型亲本中的牙鲆和东方鲀；“鲟”改为“中华鲟”；

——删去 6.1 中最后一条关于国外引进种样本数量的规定的列项；

——第 7 章“样品运输与保存”改为“样品保存”。

本部分由中华人民共和国农业部提出。

本部分由全国水产标准化技术委员会淡水养殖分技术委员会归口。

本部分起草单位：中国水产科学研究院长江水产研究所。

本部分主要起草人：周瑞琼、方耀林、邹世平。

本部分所代替标准的历次版本发布情况为：

——GB/T 18654.2—2002。

养殖鱼类种质检验
第2部分：抽样方法

1 范围

GB/T 18654的本部分规定了养殖鱼类种质检验抽样的常用工具、器械与用品、抽样方法、样本量、运输与保存。

本部分适用于养殖鱼类种质检验样本的抽样。

2 规范性引用文件

下列文件中的条款通过GB/T 18654的本部分的引用而成为本部分的条款。凡是注日期的引用文件，其随后所有的修改单(不包括勘误的内容)或修订版均不适用于本部分，然而，鼓励根据本部分达成协议的各方研究是否可使用这些文件的最新版本。凡是不注日期的引用文件，其最新版本适用于本部分。

GB/T 18654.1 养殖鱼类种质检验 第1部分：检验规则

3 工具、器械与用品

抽样常用工具、器械与用品有：

——渔网(鱼苗网、鱼种网、亲鱼网和抄网)；

——网箱；

——亲鱼夹；

——鱼桶；

——解剖器械；

——纱布；

——吸水纸；

——样品管；

——鳞片袋或耳石袋；

——固定药液；

——标签纸；

——抽样记录单(或卡)。

特殊试验项目取样所需的用具见该项目的检验方法。

4 抽样规则

4.1 总则

按GB/T 18654.1中检验类型和被检对象的规定，确定抽样方案。抽样的总原则应随机抽样，不得择优或择劣抽样。抽样由有资质的检测机构实施执行。

4.2 大水体中抽样

在湖泊、水库、江河、海域等大水体中抽取养殖鱼类的检验样本，应从不同的区域和网次中随机抽样，作为被检样本。

4.3 鱼池中抽样

4.3.1 随机确定抽检鱼池。

4.3.2 按检验对象,一般采用下列方法:

——检验亲鱼:用亲鱼网全池拉网,也可半池拉网。在网中随机抽样,分别用亲鱼夹夹住,暂留在原池中或移至网箱中,作为被检样本。

——检验鱼种:用鱼种网全池拉网或半池拉网。在网中用抄网随机捞取样品,置于网箱或鱼桶中,作为被检样本。待检鱼种数量应大于抽样量的10倍。

——检验鱼苗:用鱼苗网在鱼池一角拉网,也可用抄网多点捞取样品,置于鱼桶中,作为被检样本。待检鱼苗数量应大于抽样量的100倍。

4.4 网箱、水泥池或水族箱中抽样

在面积小于100 m^2 的网箱、水泥池或水族箱中抽样,一般用抄网随机捞取,作为被检样本。待抽样样品的总量应大于抽样量的5倍。

4.5 装箱的活鱼产品的抽样

对于包装运输的活鱼产品抽样,也应随机指定箱号及数量,开箱抽样。对于采用鱼篓、鱼桶等运输的活鱼产品的抽样按4.4规定执行。

4.6 其他

特殊检测项目的抽样,按鱼类种质标准中规定的方法执行。

5 取样程序

除耗氧率、临界窒息点测定,以及染色体组型分析项目外,其他检测项目的样本可从生物学性状测定后的样本中随机取样。

6 样本量

6.1 形态性状测定的样本量

鉴定检验的样本量不得少于30尾。

大体型(如青鱼、草鱼等)亲本的样本量不得少于10尾。

珍稀鱼类(如中华鲟、胭脂鱼等),视具体情况,酌情确定抽样数量。

6.2 其他检验项目样本量

其他检验项目的样本量分别按各类试验项目的标准规定执行。

7 样本保存

按各检测项目的标准规定执行。

活体样本不保存。

ICS 65.150
B 50

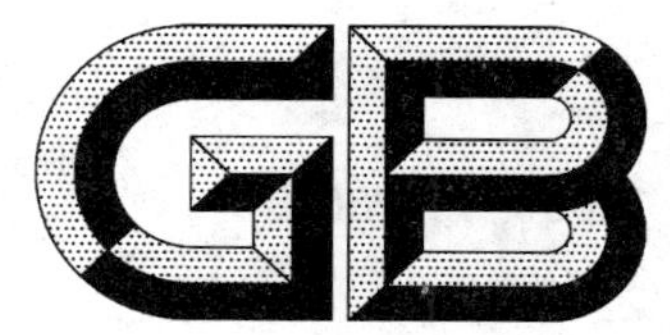

中华人民共和国国家标准

GB/T 18654.3—2008
代替 GB/T 18654.3—2002

养殖鱼类种质检验
第3部分：性状测定

Inspection of germplasm for cultured fishes—
Part 3: Measurement of characters

2008-07-31 发布　　　　2008-11-01 实施

中华人民共和国国家质量监督检验检疫总局
中国国家标准化管理委员会　发布

前　言

GB/T 18654《养殖鱼类种质检验》分为下列部分：

——第1部分：检验规则；

——第2部分：抽样方法；

——第3部分：性状测定；

——第4部分：年龄与生长的测定；

——第5部分：食性分析；

——第6部分：繁殖性能的测定；

——第7部分：生态特性分析；

——第8部分：耗氧率与临界窒息点的测定；

——第9部分：含肉率测定；

——第10部分：肌肉营养成分的测定；

——第11部分：肌肉中主要氨基酸含量的测定；

——第12部分：染色体组型分析；

——第13部分：同工酶电泳分析；

——第14部分：DNA含量的测定；

——第15部分：RAPD分析；

……

本部分为GB/T 18654的第3部分。

本部分代替GB/T 18654.3—2002《养殖鱼类种质检验　第3部分：性状测定》。

本部分与GB/T 18654.3—2002相比主要变化如下：

——对图1、图2进行了必要的修改；

——图2中增加了鲆鲽类的外形测量示意图；

——在第3章中增加了眼后头长；

——对第4章的一些名称进行了更改；

——在表1中增加了空行与空列；

——在6.4中增加了"鳔"项。

本部分的附录A为规范性附录。

本部分由中华人民共和国农业部提出。

本部分由全国水产标准化技术委员会淡水养殖分技术委员会归口。

本部分起草单位：中国水产科学研究院长江水产研究所。

本部分主要起草人：邹世平、方耀林、周瑞琼。

本部分所代替标准的历次版本发布情况为：

——GB/T 18654.3—2002。

养殖鱼类种质检验
第3部分：性状测定

1 范围

GB/T 18654 的本部分规定了主要养殖鱼类形态、可量性状和可数性状测定的通用方法。

本部分适用于养殖鱼类性状测定。自然种群鱼类性状测定可参照执行。

2 规范性引用文件

下列文件中的条款通过 GB/T 18654 的本部分的引用而成为本部分的条款。凡是注日期的引用文件，其随后所有的修改单(不包括勘误的内容)或修订版均不适用于本部分，然而，鼓励根据本部分达成协议的各方研究是否可使用这些文件的最新版本。凡是不注日期的引用文件，其最新版本适用于本部分。

GB/T 18654.1 养殖鱼类种质检验 第1部分：检验规则

GB/T 18654.2 养殖鱼类种质检验 第2部分：抽样方法

3 术语和定义

下列术语和定义适用于 GB/T 18654 的本部分。

3.1

体轴 body axis

以鱼体的特定部位作出的三条互相垂直的几何轴线称鱼体体轴，即头尾轴、背腹轴和左右轴。常见的鲤科鱼类体轴示意图见图1。

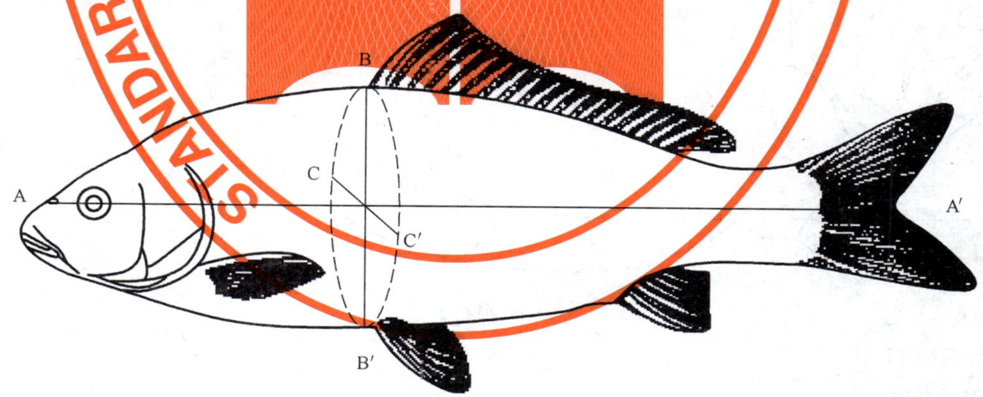

AA′——头尾轴；

BB′——背腹轴；

CC′——左右轴。

图1 鲤科鱼类体轴示意图

3.2

全长 total length

个体的总长度，即由鱼体吻端至尾鳍末端(与头尾轴平行)的距离(见图2中的AI)。

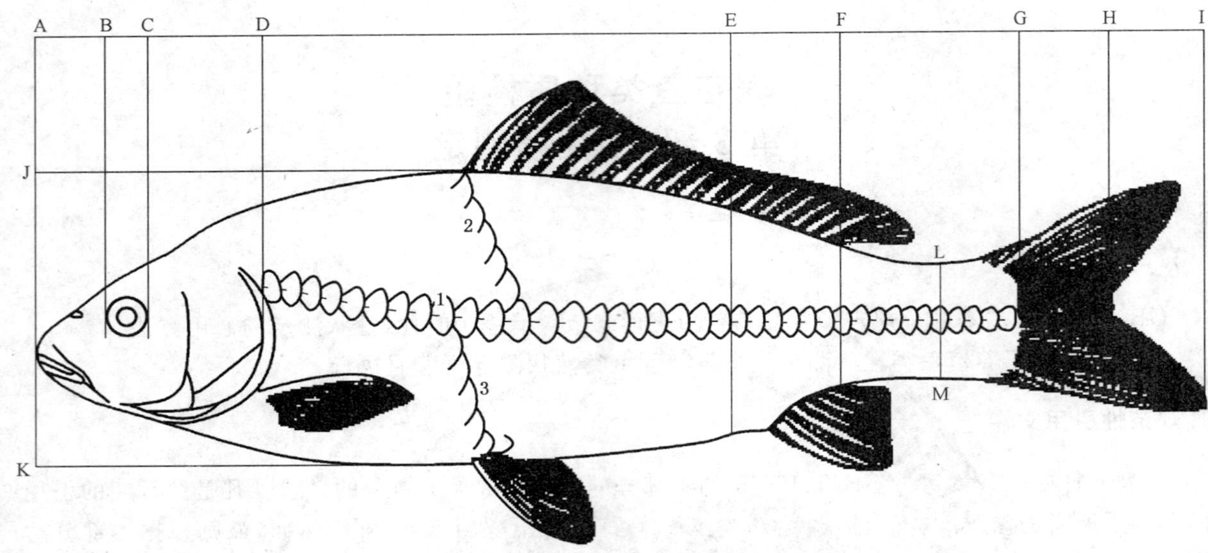

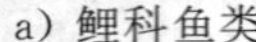
a）鲤科鱼类

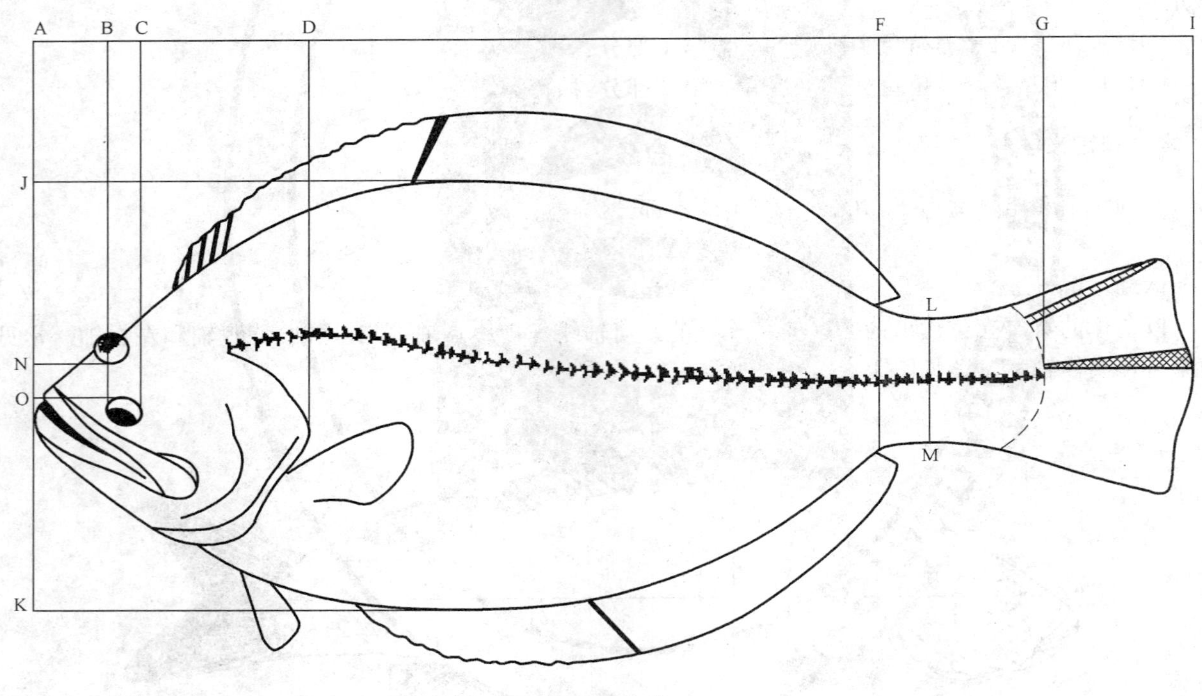

b）鲆鲽鱼类

1——侧线鳞；

2——侧线上鳞；

3——侧线下鳞；

AI——全长；

AG——体长；

AH——叉长；

AD——头长；

AB——吻长；

BC——眼径；

NO——眼间距；

CD——眼后头长；

JK——体高；

AE——肛前体长；

FG——尾柄长；

LM——尾柄高。

图2 鱼体外形测量示意图

3.3

体长　body length;standard length

鱼体吻端至最后一枚脊椎骨末端(与头尾轴平行)的距离(见图 2 中的 AG)。在具体测量中,对于有鳞鱼类,以吻端至侧线鳞(或纵列鳞)最后一个鳞片末端(与头尾轴平行)的距离为测量体长;对于无鳞鱼类,以吻端至最后一枚脊椎骨末端(与头尾轴平行)的距离为测量体长,最后一枚脊椎骨的具体位置通常以其尾部的折痕为标志。

3.4

叉长　fork length

吻端至尾叉最深点(与头尾轴平行)的距离(见图 2 中的 AH)。

3.5

头长　head length

吻端至鳃盖骨后缘(与头尾轴平行)的距离(见图 2 中的 AD)。

3.6

吻长　snout length

吻端至眼眶前缘(与头尾轴平行)的距离(见图 2 中的 AB)。

3.7

眼径　eye diameter

与头尾轴平行的眼眶内径(见图 2 中的 BC)。

3.8

眼后头长　head length after eye

眼眶后缘至鳃盖骨后缘(与头尾轴平行)的距离(见图 2 中的 CD)。

3.9

眼间距　interorbital width

左右两眼眶上缘间的直线距离(见图 2 中的 NO)。

3.10

体高　body depth

鱼体的最大高度,通常以背部最高隆起处至腹缘(与背腹轴平行)的距离(见图 2 中的 JK)。

3.11

肛前体长　preanal body length

吻端至肛门后缘(与头尾轴平行)的距离(见图 2 中的 AE)。

3.12

尾柄长　caudal peduncle length

臀鳍基部后端至尾鳍基部最后一枚椎骨末端(与头尾轴平行)的距离(见图 2 中的 FG)。

3.13

尾柄高　caudal peduncle depth

与背腹轴平行的尾柄最小高度(见图 2 中的 LM)。

4　测量器材

所有计量器具应经计量检定部门检定,并在检定有效期内使用。

4.1　长度计量器具

4.1.1　量鱼板:精度 1 mm。

4.1.2　直尺:精度 1 mm。

4.1.3　三角尺:精度 1 mm。

4.1.4 卡尺:精度0.02 mm。

4.1.5 卡规。

4.2 力学计量器具

4.2.1 天平:精度为0.1 g。

4.2.2 电子秤:精度为10 g。

4.2.3 杆秤:精度为50 g。

4.3 其他器材

4.3.1 X射线透视仪。

4.3.2 解剖镜。

4.3.3 解剖器械。

5 抽样

按GB/T 18654.2的规定执行。

6 测定步骤

6.1 形态观察

肉眼观察鱼体形态、色泽、斑纹与斑块等外形特征,准确描述,做好记录。

6.2 可量性状测定

6.2.1 放置量鱼板

量鱼板应放置在平稳的水平台面上。

6.2.2 放置鱼体

鱼体应平侧放在量鱼板上,鱼口闭合,鳍条自然展开,吻端触及量鱼板的前端垂直挡板,并使鱼体头尾轴与量鱼板背侧垂直挡板平行。

6.2.3 测定量值

测量时应动作迅速,准确测量,一一读出各测定量值,做好记录。

6.2.4 计算可量性状比例值

根据6.2.3测定的数据,计算每一尾鱼可量性状的比例值。可量性状比例项目见表1。

表1 个体可量性状比例值

项目		全长/体长	体长/体高	体长/头长	头长/吻长	头长/眼径	头长/眼间距	体长/尾柄长	尾柄长/尾柄高	
序号	1									
	2									
	…									
	30									
平均值										
变动范围										

注:表中空行或空列为检验时可以增加的项目。

6.3 体重测量

6.3.1 鱼体体重

迅速吸去鱼体表面附带的水滴,根据鱼体大小选用适用感量的量具称重。

6.3.2 鱼体净重

除去鱼体全部内脏及血液后，称重。

6.4 可数性状测定

按被检鱼类种质标准规定执行，通常有以下项目：

——鳃耙：计数左侧第一鳃弓外侧的鳃耙数。

——下咽齿：计数左右下咽齿排列的行数及每行的齿数，用齿式表示（见附录 A）。

——鳍条：计数各鳍的鳍条数，用鳍式表示（见附录 A）。

——侧线鳞：计数侧线鳞数、侧线上鳞数和侧线下鳞数（如图 2 中的 1、2、3 所示），用鳞式表示（见附录 A）。对于侧线鳞特殊的鱼类，应按各种鱼类种质标准的规定执行。

——脊椎骨：用 X 射线透视仪或解剖观察并计数鱼体的脊椎骨数。

——鳔：计数鳔的室数。

7 结果判定

7.1 个体测定结果的判定

按 GB/T 18654.1 的规定执行。

判定中有三种情形：

——所有测定指标符合标准规定，判定为合格；

——形态性状、可量性状符合或与标准规定无明显差异，而可数性状不符合标准规定或与标准规定有显著差异的，则应判定为不合格；

——可数性状符合标准规定，而形态性状、可量性状不符合标准规定或与标准规定有明显差异时，则应认真分析，结合其他指标综合判定。

7.2 样品群体的判定

按 7.1 的判定结果，计算出被检样品合格品的百分比，用百分数表示。

附　录　A
（规范性附录）
齿式、鳍式和鳞式的示例

A.1　齿式

示例：

1·1·3/3·1·1

式中：

1·1·3——左咽骨上有3行齿，外侧第一行有1枚齿，第二行有1枚齿，第三行有3枚齿；

3·1·1——右咽骨上有3行齿，外侧第一行有3枚齿，第二行有1枚齿，第三行有1枚齿。

A.2　鳍式

A.2.1　符号、代号：

D——背鳍；

A——臀鳍；

P——胸鳍；

V——腹鳍；

C——尾鳍。

鳍棘数目用大写罗马数字表示。

不分枝鳍条数目用小写罗马数字表示。

分枝鳍条数目用阿拉伯数字表示。

A.2.2　示例：

D. Ⅲ-iii-7～9

式中：

D——背鳍；

Ⅲ——鳍棘3条；

iii——不分枝鳍条3条；

7～9——分枝鳍条7～9条。

A.2.3　分枝鳍条通常按其基部未分叉时计数。

A.3　鳞式

示例：

$39\,\frac{6\sim8}{4\sim6—\mathrm{V}}46$　或　$39\,\frac{6\sim8}{4\sim6—\mathrm{A}}46$

式中：

39～46——侧线鳞数；

6～8——侧线上鳞数；

4～6—V(A)——侧线下鳞数。

注：侧线下鳞数目是从腹鳍起点（鲤形目等腹鳍腹位鱼）或臀鳍起点（鲈形目等腹鳍胸位鱼）斜数到接触侧线的鳞片数。当从腹鳍起点开始数，则在侧线下鳞数目后加上“—V”；如从臀鳍起点开始数，则在侧线下鳞数目后加上“—A”符号。

ICS 65.150
B 50

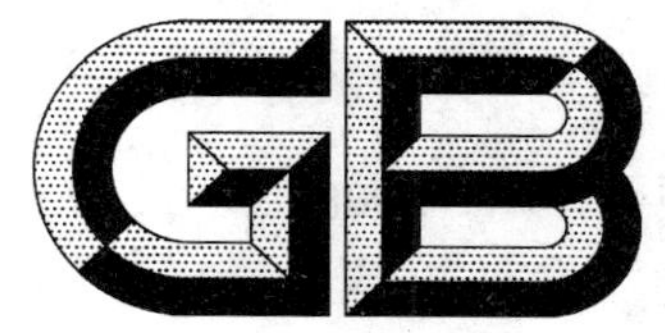

中华人民共和国国家标准

GB/T 18654.4—2008

养殖鱼类种质检验
第4部分：年龄与生长的测定

Inspection of germplasm for cultured fishes—
Part 4: Determination of age and growth

2008-08-01 发布　　2008-11-01 实施

中华人民共和国国家质量监督检验检疫总局
中国国家标准化管理委员会　发布

前　言

GB/T 18654《养殖鱼类种质检验》分为下列部分：

——第1部分：检验规则；

——第2部分：抽样方法；

——第3部分：性状测定；

——第4部分：年龄与生长的测定；

——第5部分：食性分析；

——第6部分：繁殖性能的测定；

——第7部分：生态特性分析；

——第8部分：耗氧率与临界窒息点的测定；

——第9部分：含肉率测定；

——第10部分：肌肉营养成分的测定；

——第11部分：肌肉中主要氨基酸含量的测定；

——第12部分：染色体组型分析；

——第13部分：同工酶电泳分析；

——第14部分：DNA含量的测定；

——第15部分：RAPD分析；

……

本部分为GB/T 18654的第4部分。

本部分的附录A、附录B为规范性附录。

本部分由中华人民共和国农业部提出。

本部分由全国水产标准化技术委员会淡水养殖分技术委员会归口。

本部分起草单位：上海水产大学、中国水产科学研究院长江水产研究所。

本部分主要起草人：李思发、赵金良、徐忠法、蔡完其、邹曙明。

养殖鱼类种质检验
第4部分:年龄与生长的测定

1 范围

GB/T 18654的本部分规定了鱼类年龄与生长测定用的器材、抽样、操作步骤和结果判定。

本部分适用于常见淡、海水养殖鱼类。

2 规范性引用文件

下列文件中的条款通过GB/T 18654的本部分的引用而成为本部分的条款。凡是注日期的引用文件,其随后所有的修改单(不包括勘误的内容)或修订版均不适用于本部分,然而,鼓励根据本部分达成协议的各方研究是否可使用这些文件的最新版本。凡是不注日期的引用文件,其最新版本适用于本部分。

GB/T 18654.1—2008　养殖鱼类种质检验　第1部分:检验规则

GB/T 18654.2　养殖鱼类种质检验　第2部分:抽样方法

3 测量器材

3.1 计量器具

所有计量器具均应经计量检定部门检定,并在检定有效期内使用。

3.1.1 游标卡尺:读数值0.1 mm。

3.1.2 量鱼板:读数值1 mm。

3.1.3 电子天平:感量为0.1 g。

3.1.4 杆秤:感量为50 g。

3.2 其他器材

3.2.1 投影仪。

3.2.2 解剖镜。

3.2.3 显微镜。

3.2.4 目测微尺。

3.2.5 培养皿。

3.2.6 锉刀。

3.2.7 油石。

3.2.8 镊子。

3.2.9 载玻片。

3.2.10 胶布。

3.2.11 标签纸。

3.2.12 鳞片袋。

3.2.13 氢氧化钾(KOH)。

3.2.14 酒精。

3.2.15 甘油。

3.2.16 二甲苯。

3.2.17 加拿大树胶。

4 抽样

试验鱼抽样按 GB/T 18654.2 的规定执行。

5 操作步骤

5.1 体长、体重测定

测量体长、称量体重。

5.2 年龄鉴定

5.2.1 鳞片法

5.2.1.1 通常选取鱼体侧线上方、背鳍下方中央处完整的鳞片 5 片～10 片。编号，鳞片袋中保存。

5.2.1.2 取出保存在鳞片袋中的鳞片，放在培养皿中，用水洗净。

5.2.1.3 将鳞片按其在鱼体上的位置夹在两个载玻片的中央，贴上标签，两端用胶布带封好。

5.2.1.4 用低倍显微镜或解剖镜或投影仪观察鳞片的年轮(见图 1、图 2)，鉴定年龄。

示例 1：青鱼鳞片上的年轮，见图 1。

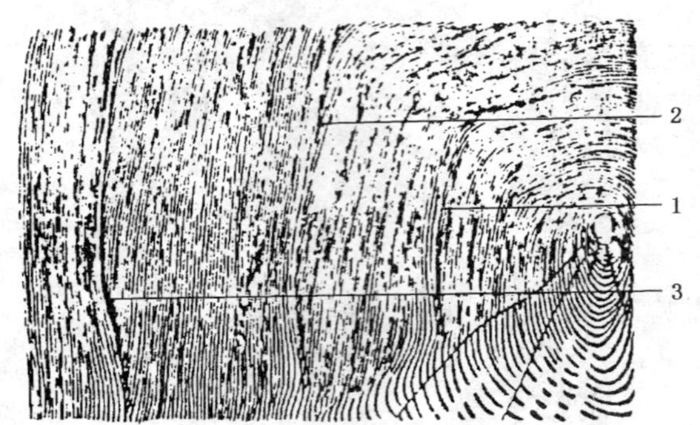

1——第一个年轮；
2——第二个年轮；
3——第三个年轮。

图 1 青鱼鳞片上的年轮

示例 2：黑线鳕鳞片上的年轮，见图 2。

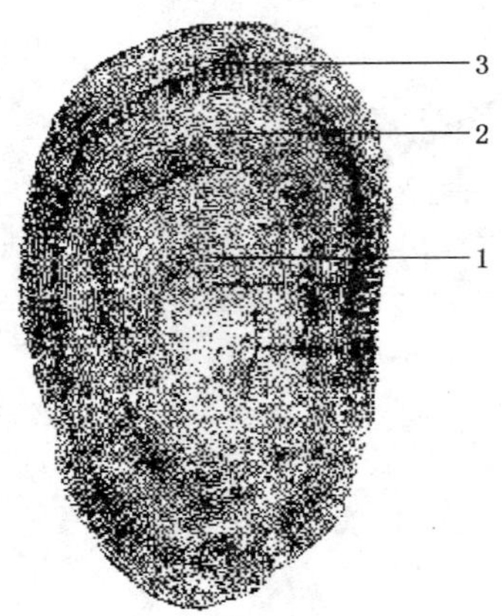

1——第一个年轮；
2——第二个年轮；
3——第三个年轮。

图 2 黑线鳕鳞片上的年轮

5.2.1.5 年轮标志主要有切割型和疏密型两种，典型的年轮环片清晰、完整、连续且两侧对称。

5.2.1.6 副轮、幼轮及生殖轮不得作为年轮鉴别年龄。

5.2.2 **耳石法**

5.2.2.1 劈开鱼头，在脑的后端两侧，用镊子取出耳石。

5.2.2.2 小的耳石，直接放入二甲苯中观察；大的或不透明的耳石，沿耳石的纵轴或横轴用锉刀将耳石锉薄至耳石中心，再在质地较细的油石上磨成厚度为 0.3 mm 左右的薄片，装于载玻片上浸以甘油，观察耳石上的轮纹(见图 3)，鉴定年龄。

示例：大黄鱼耳石横切面上的轮纹，见图 3。

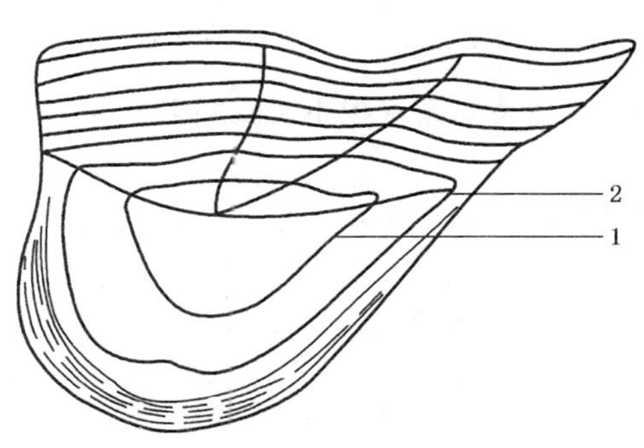

1——第一个年轮；

2——第二个年轮。

图 3 大黄鱼耳石横切面的轮纹

5.2.3 **脊椎骨法**

取出鱼的椎骨，逐一进行视检，选择轮纹较清晰的十余节。在 2% 氢氧化钾溶液中浸泡 1 d～2 d，放入酒精中脱脂后，用放大镜观察椎体斜凹面上的轮纹(见图 4)，鉴定年龄。

示例：脊椎骨上的轮纹，见图 4。

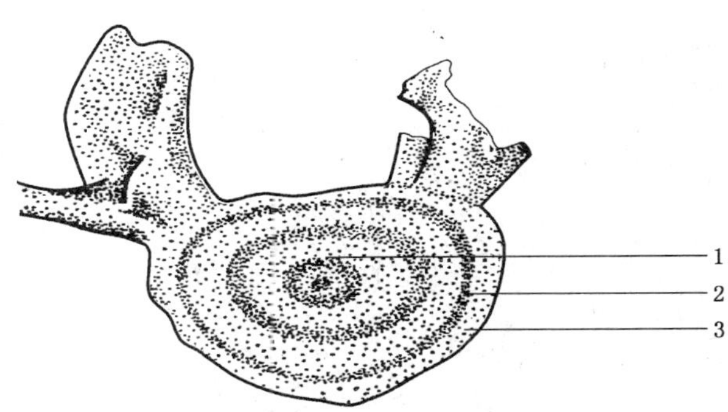

1——第一个年轮；

2——第二个年轮；

3——第三个年轮。

图 4 脊椎骨上的轮纹

5.2.4 **鳍条法**

将整个鳍条从关节臼中分离出来，离鳍条基部截下 2 mm 左右的薄片，用细锉刀仔细锉磨成 0.3 mm左右的透明切片为止。再用二甲苯处理，并把透明的切片用加拿大树胶固定在载玻片上，用低倍显微镜或解剖镜观察年轮(见图 5)，鉴定年龄。

示例：草鱼胸鳍末根不分支鳍条断面的轮纹，见图 5。

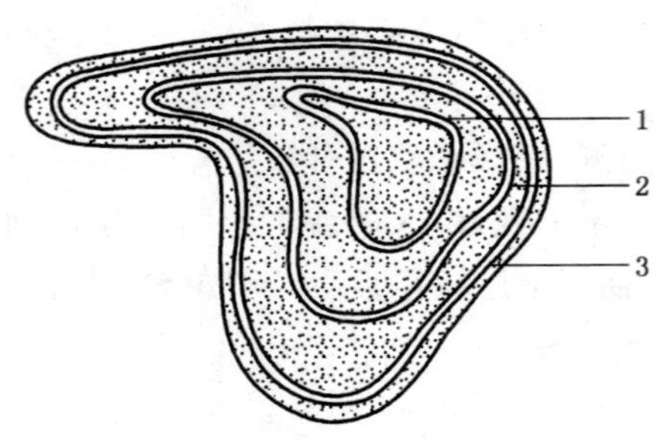

1——第一个年轮；
2——第二个年轮；
3——第三个年轮。

图 5　草鱼胸鳍末根不分支鳍条断面的轮纹

5.2.5　**年龄的确定**

根据年轮标志和观察到的年轮数目，确定年龄。仅有若干初始环片而无年轮的，标为 0^+（1 龄）；有一个年轮，其外方还有环片的，标为 1^+（2 龄）；有两个年轮，其外方还有环片的，标为 2^+（3 龄）；依次 3^+（4 龄）等。若年轮恰在鳞片边缘，即刚刚形成年轮而外方无环片的，标为 1（1 龄）；依次为 2（2 龄）、3（3 龄）等。

5.3　**生长**

5.3.1　**直接测定法**

对已知年龄的鱼，在一定的时间内直接测定其体长、体重。

5.3.2　**退算法**

由于鱼体长的生长与鳞片（耳石、脊椎骨、鳍条）上相应轮径的宽度生长成正相关的特性，可用退算法求出鱼类以往各龄的生长情况。根据这一原则，测量沿生长轴方向鳞片（耳石、脊椎骨、鳍条）各年轮的轮径和外径。使用解剖镜时，可将目测微尺放在目镜中并调整到所测定鳞片（耳石、脊椎骨、鳍条）的生长轴线处，记录从中心到各年轮的格数（r），以及到边缘的格数（R），见图 6。如用投影仪观察，可直接用直尺在屏幕上测量并记录。

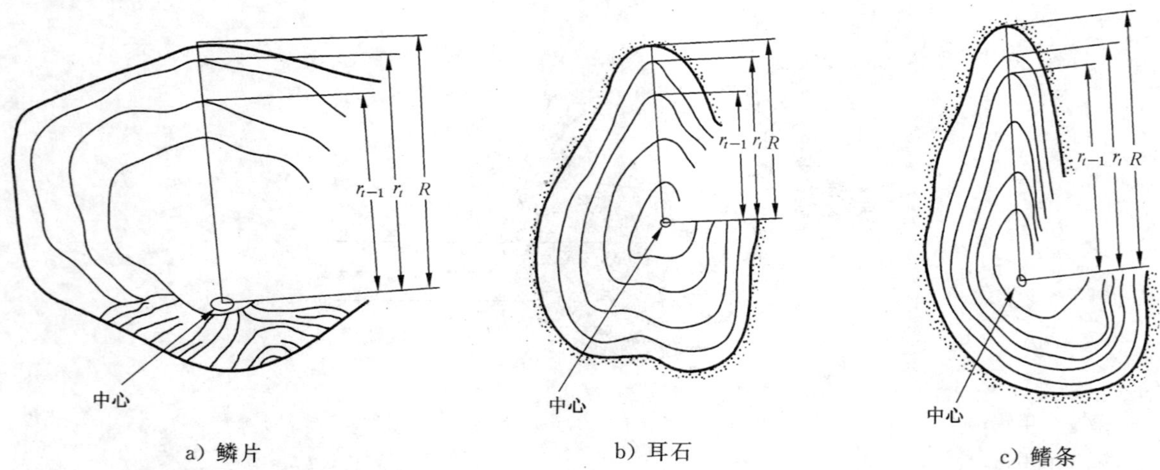

图 6　鳞片、耳石、鳍条边缘增长示意图

根据体长与鳞长关系，退算各龄体长，按式(1)计算：

$$L_t = \frac{r_t}{R}L \qquad \cdots\cdots(1)$$

式中：

L_t—— t 年龄鱼的体长，单位为厘米（cm）；

r_t—— t 年龄鱼的鳞片(耳石、脊椎骨、鳍条)外径在目测微尺所占的格数；

L——鱼体体长，单位为厘米(cm)；

R——鳞片(耳石、脊椎骨、鳍条)外径在目测微尺所占的的格数。

5.3.3 **肥满度**

肥满度以肥满度系数表示，按式(2)计算：

$$K = \frac{W}{L^3} \times 100 \qquad \cdots\cdots (2)$$

式中：

K——肥满度系数；

W——鱼体去内脏体重，单位为克(g)；

L——鱼体体长，单位为厘米(cm)。

5.3.4 **体长与体重关系**

体长与体重的关系按式(3)计算：

$$W = a \times L^b \qquad \cdots\cdots (3)$$

式中：

W——鱼体体重，单位为克(g)；

a——常数；

L——鱼体体长，单位为厘米(cm)；

b——指数。

式(3)中值 a、b 的计算公式见附录 A。

5.3.5 **生长方程**

根据实测不同年龄鱼的体长和体重，或退算的体长和体重建立生长方程，按式(4)和式(5)计算：

$$L_t = L_\infty(1 - e^{-K(t-t_0)}) \qquad \cdots\cdots (4)$$

$$W_t = W_\infty(1 - e^{-K(t-t_0)})^3 \qquad \cdots\cdots (5)$$

式中：

L_t——t 年龄鱼的体长，单位为厘米(cm)；

W_t——t 年龄鱼的体重，单位为克(g)；

L_∞——最大年龄时的鱼体体长，单位为厘米(cm)；

W_∞——最大年龄时的鱼体体重，单位为克(g)；

e——自然对数的底；

K——生长速度参数；

t——鱼的年龄，单位为龄；

t_0——鱼的理论生长起始的年龄，单位为龄。

式(4)和式(5)中的生长速度参数 K 值的求法见附录 B。

6 结果判定

6.1 个体测定结果的判定

按 GB/T 18654.1—2008 中 6.1 的规定执行。

将所有测定结果逐一与标准对照，凡符合标准规定的判定为合格；凡不符合标准，或与标准规定有显著差异的判定为不合格。

6.2 样品群体的判定

根据 6.1 的判定结果，计算出被检样品中合格品的百分比，用百分数表示。

附 录 A
（规范性附录）
参数 *a*、*b* 的计算公式

参数 a、b 分别按式(A.1)、式(A.2)计算：

$$\lg a=\frac{\sum\lg W\cdot\sum(\lg L)^2-\sum\lg L\sum(\lg L\cdot\lg W)}{n\sum(\lg L)^2-(\sum\lg L)^2} \qquad \text{(A.1)}$$

$$b=\frac{n\sum(\lg L\cdot\lg W)-\sum\lg L\cdot\sum\lg W}{n\sum(\lg L)^2-(\sum\lg L)^2} \qquad \text{(A.2)}$$

式中：

L——鱼体体长，单位为厘米(cm)；

W——鱼体体重，单位为克(g)；

n——测定样本数。

附　录　B
（规范性附录）
生长速度参数 K 值的求法

生长速度参数 K 值按式(B.1)计算：

$$K=-\ln\frac{n\sum L_t\cdot L_{t+1}-\sum L_t\sum L_{t+1}}{n\sum L_t^2-(\sum L_t)^2}\quad\cdots\cdots\cdots(B.1)$$

式中：

L_t——t 年龄时的鱼体体长，单位为厘米(cm)；

L_{t+1}——$t+1$ 年龄时的鱼体体长，单位为厘米(cm)；

n——测定样本数。

ICS 65.150
B 50

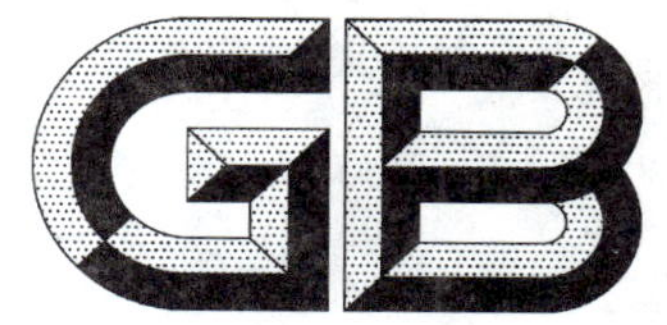

中华人民共和国国家标准

GB/T 18654.5—2008

养殖鱼类种质检验 第5部分:食性分析

Inspection of germplasm for cultured fishes—Part 5:Analysis of feeding habits

2008-08-01 发布 2008-11-01 实施

中华人民共和国国家质量监督检验检疫总局
中国国家标准化管理委员会 发布

前　　言

GB/T 18654《养殖鱼类种质检验》分为下列部分：

——第1部分：检验规则；
——第2部分：抽样方法；
——第3部分：性状测定；
——第4部分：年龄与生长的测定；
——第5部分：食性分析；
——第6部分：繁殖性能的测定；
——第7部分：生态特性分析；
——第8部分：耗氧率与临界窒息点的测定；
——第9部分：含肉率测定；
——第10部分：肌肉营养成分的测定；
——第11部分：肌肉中主要氨基酸含量的测定；
——第12部分：染色体组型分析；
——第13部分：同工酶电泳分析；
——第14部分：DNA含量的测定；
——第15部分：RAPD分析；
……

本部分为GB/T 18654的第5部分。

本部分由中华人民共和国农业部提出。

本部分由全国水产标准化技术委员会淡水养殖分技术委员会归口。

本部分起草单位：上海水产大学、中国水产科学研究院长江水产研究所。

本部分主要起草人：李思发、赵金良、徐忠法、蔡完其、邹曙明。

养殖鱼类种质检验
第5部分：食性分析

1 范围

GB/T 18654 的本部分规定了鱼类食性分析的测量器材、抽样、操作步骤和结果判定。

本部分适用于常见淡、海水养殖鱼类。

2 规范性引用文件

下列文件中的条款通过 GB/T 18654 的本部分的引用而成为本部分的条款。凡是注日期的引用文件，其随后所有的修改单（不包括勘误的内容）或修订版均不适用于本部分，然而，鼓励根据本部分达成协议的各方研究是否可使用这些文件的最新版本。凡是不注日期的引用文件，其最新版本适用于本部分。

GB/T 18654.1—2008 养殖鱼类种质检验 第1部分：检验规则

GB/T 18654.2 养殖鱼类种质检验 第2部分：抽样方法

GB/T 18654.4—2008 养殖鱼类种质检验 第4部分：年龄与生长的测定

3 测量器材

3.1 计量器具

所有计量器具均应经计量检定部门检定，并在检定有效期内使用。

3.1.1 量鱼板：读数值 1 mm。

3.1.2 游标卡尺：读数值 0.1 mm。

3.1.3 电子天平：感量为 0.1 g。

3.2 其他器材

3.2.1 解剖镜或显微镜。

3.2.2 解剖盘。

3.2.3 培养皿。

3.2.4 剪刀。

3.2.5 镊子。

3.2.6 滴管。

3.2.7 载玻片。

3.2.8 盖玻片。

3.2.9 小玻瓶。

3.2.10 吸水纸。

4 抽样

4.1 试验鱼抽样按 GB/T 18654.2 的规定执行。

4.2 每个年龄组样本在 10 尾以上。

5 操作步骤

5.1 体长、体重测定

测量体长，称量体重。

5.2 年龄鉴定

按 GB/T 18654.4—2008 中 5.2 的规定执行。

5.3 食物的定性检查

解剖鱼体，取出胃中或肠前段的内含物。以大型生物为食物的鱼类一般可用肉眼直接辨别，鉴定到种；以微小生物为食物的鱼类可鉴定到大类，将称重后食物团置于一小瓶中，加适量清水，再用吸管吸出食物，放在载玻片上，然后置于解剖镜或显微镜下检查。对已部分消化的食物，根据其残留的骨片、附肢、甲、壳、鳞片等逐一鉴别。

5.4 食物的定量检查

对杂食性或浮游生物食性鱼类，消化道中各种(类)食物的量可用"＋"的多少粗略地表达："＋＋＋"代表多，"＋＋"代表中等，"＋"代表少，"0"代表无。

对肉食性鱼类，称食物总重，并对各种(类)食物分别记数称重。消化道中所有食物的饱满度指数(B)和某种(类)食物的饱满度分指数(B_t)分别按式(1)和式(2)计算：

$$B=\frac{\sum m_x}{m_0}\times 100 \qquad (1)$$

$$B_t=\frac{m_x}{m_0}\times 100 \qquad (2)$$

式中：

B——饱满度指数，%；

m_x——消化道中某一种食物 x 的质量，单位为克(g)；

m_0——去内脏体重，单位为克(g)；

B_t——饱满度分指数，%。

5.5 食物组成

统计消化道中各种动、植物种类，得到该种鱼类的食物组成，出现频率按式(3)计算：

$$P=\frac{n_x}{N}\times 100 \qquad (3)$$

式中：

P——出现频率，%；

n_x——某种(类)食物 x 在被解剖的消化道中的出现次数；

N——解剖的含食物消化道总数。

5.6 食性类型

根据以上统计结果，判断该种鱼的食性类型：

——以鱼类、或以无脊椎动物、或以浮游动物等动物作为主要食物的鱼类判为肉食性；

——以高等植物、或以浮游植物、或以着生(或附生)藻类等植物作为主要食物的鱼类判为草食性；

——食物组成较广，随机地以动物、或以植物作为主要食物的鱼类判为杂食性；

——以底部动、植物的有机碎屑和部分腐植质作为主要食物的鱼类判为碎屑食性。

6 结果判定

6.1 个体测定结果的判定

按 GB/T 18654.1—2008 中 6.1 的规定执行。

将所有测定结果逐一与标准对照，凡符合标准规定的判定为合格；凡不符合标准的判定为不合格，或者作为判定疑点，结合其他指标作综合判定。

6.2 样品群体的判定

根据 6.1 的判定结果，计算出被检样品中合格品的百分率。

ICS 65.150
B 50

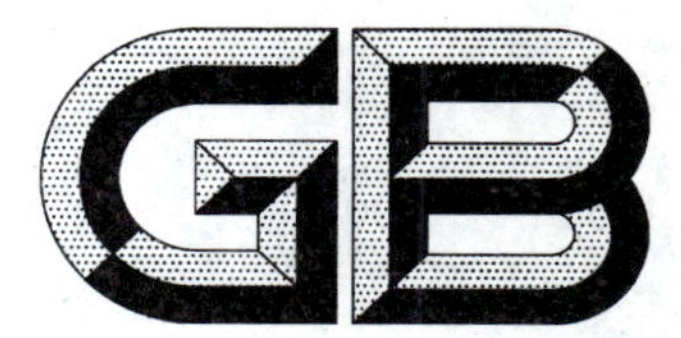

中华人民共和国国家标准

GB/T 18654.6—2008

养殖鱼类种质检验 第6部分：繁殖性能的测定

Inspection of germplasm for cultured fishes—
Part 6: Determination of fecundity

2008-08-01 发布　　　　2008-11-01 实施

中华人民共和国国家质量监督检验检疫总局
中国国家标准化管理委员会　发布

前　言

GB/T 18654《养殖鱼类种质检验》分为下列部分：

——第1部分：检验规则；

——第2部分：抽样方法；

——第3部分：性状测定；

——第4部分：年龄与生长的测定；

——第5部分：食性分析；

——第6部分：繁殖性能的测定；

——第7部分：生态特性分析；

——第8部分：耗氧率与临界窒息点的测定；

——第9部分：含肉率测定；

——第10部分：肌肉营养成分的测定；

——第11部分：肌肉中主要氨基酸含量的测定；

——第12部分：染色体组型分析；

——第13部分：同工酶电泳分析；

——第14部分：DNA含量的测定；

——第15部分：RAPD分析；

……

本部分为GB/T 18654的第6部分。

本部分由中华人民共和国农业部提出。

本部分由全国水产标准化技术委员会淡水养殖分技术委员会归口。

本部分起草单位：上海水产大学、中国水产科学研究院长江水产研究所。

本部分主要起草人：李思发、赵金良、徐忠法、蔡完其、邹曙明。

养殖鱼类种质检验
第6部分：繁殖性能的测定

1 范围

GB/T 18654的本部分规定了鱼类怀卵量测定的测量器材、抽样、分析步骤和结果判定。

本部分适用于常见淡、海水养殖鱼类。

2 规范性引用文件

下列文件中的条款通过GB/T 18654的本部分的引用而成为本部分的条款。凡是注日期的引用文件，其随后所有的修改单(不包括勘误的内容)或修订版均不适用于本部分，然而，鼓励根据本部分达成协议的各方研究是否可使用这些文件的最新版本。凡是不注日期的引用文件，其最新版本适用于本部分。

GB/T 18654.1—2008 养殖鱼类种质检验 第1部分：检验规则

GB/T 18654.2 养殖鱼类种质检验 第2部分：抽样方法

GB/T 18654.4—2008 养殖鱼类种质检验 第4部分：年龄与生长的测定

3 术语和定义

下列术语和定义适用于GB/T 18654的本部分。

3.1

绝对怀卵量 absolute brood amount

在一个繁殖季节里，雌鱼卵巢(Ⅳ期)中所含开始沉积卵黄的卵粒数。

3.2

相对怀卵量 relative brood amount

在一个繁殖季节里，雌鱼单位体重所含的卵粒数。

3.3

实际产卵量 reality brood amount

在一个繁殖季节里，雌鱼实际产出的卵粒数。

4 测量器材

4.1 计量器具

所有计量器具均应经计量检定部门检定，并在检定有效期内使用。

4.1.1 量鱼板：读数值1 mm。

4.1.2 电子天平：感量为0.1 g。

4.1.3 杆秤：感量为50 g。

4.2 其他器具

4.2.1 解剖镜。

4.2.2 培养皿。

4.2.3 镊子。

4.2.4 计数器。

5 抽样

5.1 试验鱼抽样按 GB/T 18654.2 的规定执行。

5.2 每个年龄组样本在 10 尾以上。

6 操作步骤

6.1 亲鱼体长、体重测定

于繁殖季节测量成熟亲鱼的体长、称量体重。

6.2 亲鱼年龄鉴定

年龄鉴定按 GB/T 18654.4—2008 中 5.2 的规定执行。

6.3 繁殖力测定

6.3.1 怀卵量测定

于繁殖季节，对临产卵前雌鱼进行活体解剖，取出性成熟的卵巢(Ⅳ期)，称重后，在卵巢组织前、中、后部各取 1.0 g 左右试样，用 5%福尔马林固定，在解剖镜下计数开始沉积卵黄的卵粒数，平行两次，求得试样的平均卵粒数(即为卵密度，粒/卵巢重)，以卵密度乘以卵巢重，即得卵巢中所含的全部卵粒数。雌鱼的绝对怀卵量(G)和相对怀卵量(g)分别按式(1)和式(2)计算：

$$G = m(n_1/2m_{样1} + n_2/2m_{样2}) \qquad \cdots\cdots(1)$$

$$g = \frac{G}{W} \qquad \cdots\cdots(2)$$

式中：

G——绝对怀卵量，单位为粒；

m——卵巢的重量，单位为克(g)；

n_1——试样 1 的卵粒数，单位为粒；

$m_{样1}$——试样 1 的重量，单位为克(g)；

n_2——试样 2 的卵粒数，单位为粒；

$m_{样2}$——试样 2 的重量，单位为克(g)；

g——相对怀卵量，单位为粒/克(粒/g)；

W——鱼总体重，单位为克(g)。

6.3.2 产卵量测定

用天平或杆秤称产卵前、后雌亲鱼(适用于一次产空的鱼类)的体重，前后两次称量之差即为产卵的重量。用电子天平称刚产出的卵 1.0 g，在解剖镜下计数，平行两次，平均值为卵密度(粒/g)。产卵量按式(3)计算：

$$G = (W_1 - W_2)(n_1/2m_{样1} + n_2/2m_{样2}) \qquad \cdots\cdots(3)$$

式中：

G——产卵量，单位为粒；

W_1——产卵前鱼体重，单位为克(g)；

W_2——产卵后鱼体重，单位为克(g)；

n_1——试样 1 的卵粒数，单位为粒；

$m_{样1}$——试样 1 的重量，单位为克(g)；

n_2——试样 2 的卵粒数，单位为粒；

$m_{样2}$——试样 2 的重量，单位为克(g)。

7 结果判定

7.1 个体测定结果的判定

按 GB/T 18654.1—2008 中 6.1 的规定执行。

将所有测定结果逐一与标准对照，凡符合标准规定的判定为合格；凡不符合标准，或与标准规定有显著差异的判定为不合格。不同年龄亲鱼的繁殖力不同，判定时应注意年龄的影响。

7.2 样品群体的判定

根据 7.1 的判定结果，计算出被检样品中合格品的百分率。

ICS 65.150
B 50

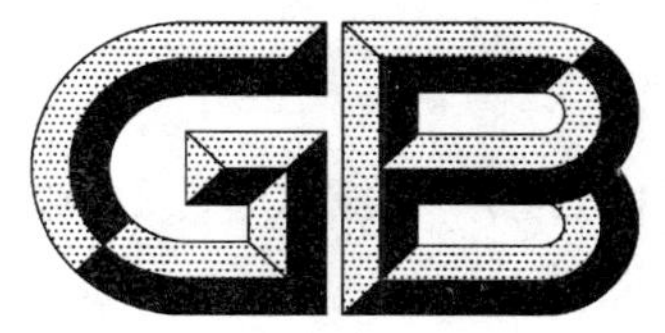

中华人民共和国国家标准

GB/T 18654.7—2008

养殖鱼类种质检验
第7部分:生态特性分析

Inspection of germplasm for cultured fishes—
Part 7: Analysis of ecological characteristics

2008-08-01 发布 2008-11-01 实施

中华人民共和国国家质量监督检验检疫总局
中国国家标准化管理委员会 发布

前　言

GB/T 18654《养殖鱼类种质检验》分为下列部分：

——第1部分：检验规则；

——第2部分：抽样方法；

——第3部分：性状测定；

——第4部分：年龄与生长的测定；

——第5部分：食性分析；

——第6部分：繁殖性能的测定；

——第7部分：生态特性分析；

——第8部分：耗氧率与临界窒息点的测定；

——第9部分：含肉率测定；

——第10部分：肌肉营养成分的测定；

——第11部分：肌肉中主要氨基酸含量的测定；

——第12部分：染色体组型分析；

——第13部分：同工酶电泳分析；

——第14部分：DNA含量的测定；

——第15部分：RAPD分析；

……

本部分为GB/T 18654的第7部分。

本部分由中华人民共和国农业部提出。

本部分由全国水产标准化技术委员会淡水养殖分技术委员会归口。

本部分起草单位：上海水产大学、中国水产科学研究院长江水产研究所。

本部分主要起草人：李思发、赵金良、徐忠法、蔡完其、邹曙明。

养殖鱼类种质检验
第7部分:生态特性分析

1 范围

GB/T 18654的本部分规定了鱼类生态特性分析的步骤和结果判定。

本部分适用于常见淡、海水养殖鱼类。

2 引用标准

下列文件中的条款通过GB/T 18654的本部分的引用而成为本部分的条款。凡是注日期的引用文件,其随后所有的修改单(不包括勘误的内容)或修订版均不适用于本部分,然而,鼓励根据本部分达成协议的各方研究是否可使用这些文件的最新版本。凡是不注日期的引用文件,其最新版本适用于本部分。

GB/T 18654.1—2008 养殖鱼类种质检验 第1部分:检验规则

GB/T 18654.2 养殖鱼类种质检验 第2部分:抽样方法

GB/T 18654.4—2008 养殖鱼类种质检验 第4部分:年龄与生长的测定

GB/T 18654.5 养殖鱼类种质检验 第5部分:食性分析

GB/T 18654.6 养殖鱼类种质检验 第6部分:繁殖性能的测定

GB/T 18654.8 养殖鱼类种质检验 第8部分:耗氧率与临界窒息点的测定

3 生态特性分析

3.1 抽样

抽样按GB/T 18654.2的规定执行。

3.2 非生物环境

3.2.1 温度

根据检验鱼正常摄食、生长及繁殖对温度的要求,进行判定。

3.2.1.1 适于在较高水温中(25 ℃以上)生活的鱼类判为热带性鱼类。

3.2.1.2 适于在水温15 ℃~30 ℃中生活的鱼类判为温水性鱼类。

3.2.1.3 适于在较低水温中(15 ℃以下)生活的鱼类判为冷水性鱼类。

3.2.2 盐度

根据检验鱼正常生活对盐度的要求,进行判定。

3.2.2.1 适于在盐度17以上的水体中生活的鱼类判为海水鱼类。

3.2.2.2 适于在盐度0.5~17的水体中生活的鱼类判为半咸水鱼类。

3.2.2.3 适于在盐度0.5以下的水体中生活的鱼类判为淡水鱼类。

3.2.2.4 对盐度的适应性有阶段性,大部分时间在淡水或海水中生活,而只有生殖时期才进入海水或淡水短期停留的鱼类判为河-海洄游性鱼类。

3.2.2.5 大部分时间在河口附近的海区周期性移动的河口性鱼类判为广盐性鱼类。

3.2.3 耗氧率

鱼类的耗氧量、耗氧率按GB/T 18654.8的规定执行。

3.2.4 pH值

水体pH值可用pH计直接测定。

3.3 生活习性和分布

根据检验鱼的自然分布、洄游性质、洄游距离和栖息水体的特点，进行判定。

3.3.1 因摄食、产卵、越冬洄游等生命活动的需要，进行长距离移栖或河海之间规律性运动的鱼类判为洄游性鱼类。

3.3.2 因摄食、产卵、越冬洄游等生命活动的需要，在不同淡水水体之间的移栖或江河上下游之间规律性运动的鱼类判为半洄性游鱼类。

3.3.3 终生生活在水体环境变化不大的水体中，摄食、产卵、越冬等生命周期活动都在较小的范围内进行，没有明显的洄游移栖运动的鱼类判为定居性鱼类。

3.4 年龄生长

3.4.1 年龄鉴定按 GB/T 18654.4—2008 中 5.2 的规定执行。

3.4.2 生长按 GB/T 18654.4—2008 中 5.3 的规定执行。

3.5 繁殖与发育

3.5.1 繁殖亲鱼的年龄鉴定

按 GB/T 18654.4—2008 中 5.2 的规定执行。

3.5.2 繁殖亲鱼的怀卵量

按 GB/T 18654.6 的规定执行。

3.5.3 生殖群体

统计生殖群体中剩余群体、补充群体的组成比例、年龄组成和雌雄性别比例。

3.5.4 生殖季节

判定为春夏产卵型、秋冬产卵型或全年产卵型。

3.5.5 产卵次数

3.5.5.1 在一个繁殖季节，鱼类卵巢中的卵细胞同步成熟、一次排出的鱼类判为一次产卵型。

3.5.5.2 在一个繁殖季节，鱼类卵巢中的卵细胞不同步成熟、分批排出的鱼类判为分批产卵型。

3.5.6 卵的性质

3.5.6.1 卵的密度小于繁殖环境中的水，卵黄上有一个大油球或较多油粒，漂浮在水面上的判为浮性卵。

3.5.6.2 卵产出后即吸水膨胀，出现较大的卵周隙，但密度仍大于繁殖环境中的水，借助水流可翻动，使卵悬浮在水层中漂流的卵判为漂流性卵，或半浮性卵。

3.5.6.3 卵密度大于繁殖环境中的水，卵周隙小，产出后沉于水底的卵判为沉性卵。

3.5.6.4 卵的密度大于繁殖环境中的水，卵膜外层遇水后具有粘性，可粘附于其他物体，不沉入水底的判为粘性卵。

3.5.7 产卵生态类型

3.5.7.1 产卵于水层中，卵在水层中漂浮发育的判为敞水性产卵型。

3.5.7.2 产卵于水草（藻）上，卵附着水草（藻）上的判为喜草（藻）产卵型。

3.5.7.3 产卵于沉水石块及其他基质上或石砾之间的判为喜石砾产卵型。

3.5.7.4 产卵于贝类等其他软体动物体外套膜内的判为喜贝产卵型。

3.5.8 产卵条件

测定产卵、排精活动所需的水温、水流、水的混浊度、盐度、光照、附着物等。

3.5.9 护幼

产卵于专门建筑的巢窝内或含于亲体口内，卵子发育和幼体阶段有亲体保护。

3.6 摄食

3.6.1 摄食方式：根据摄食行为，判为掠食性、滤食性、刮食性或吮吸食性。

3.6.2 食性分析：食物组成类型按 GB/T 18654.5 的规定执行。

3.6.3 食性类型:根据食性分析,判为草食性、肉食性、杂食性或碎屑食性。

3.6.4 食性转变:依发育阶段、季节、栖息地等分析。

3.6.5 营养阶段:根据营养来源,判为内源性营养阶段、混合性营养阶段或外源性营养阶段。

4 结果判断

4.1 个体测定结果的判定

按 GB/T 18654.1—2008 中 6.1 的规定执行。

将所有测定结果逐一与标准对照,凡符合标准规定的判定为合格;凡不符合标准的判定为不合格,或者作为判定疑点,结合其他指标作综合判定。

4.2 样品群体的判定

根据 4.1 的判定结果,计算出被检样品合格品的百分率。

ICS 65.150
B 50

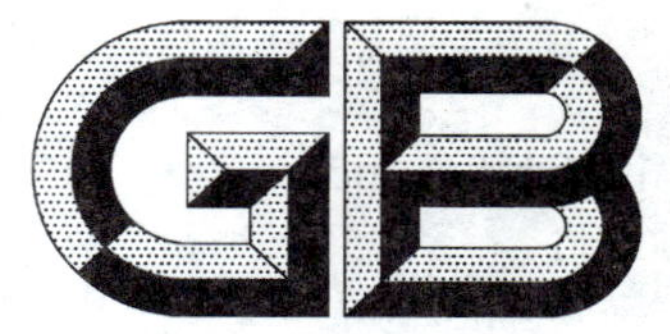

中华人民共和国国家标准

GB/T 18654.8—2008
代替 GB/T 18654.8—2002

养殖鱼类种质检验
第8部分：耗氧率与临界窒息点的测定

Inspection of germplasm for cultured fishes—
Part 8: Determination oxygen consuming rate and critical stifling point

2008-07-31 发布　　2008-11-01 实施

中华人民共和国国家质量监督检验检疫总局
中国国家标准化管理委员会　发布

前　言

GB/T 18654《养殖鱼类种质检验》分为下列部分：

——第1部分：检验规则；

——第2部分：抽样方法；

——第3部分：性状测定；

——第4部分：年龄与生长的测定；

——第5部分：食性分析；

——第6部分：繁殖性能的测定；

——第7部分：生态特性分析；

——第8部分：耗氧率与临界窒息点的测定；

——第9部分：含肉率测定；

——第10部分：肌肉营养成分的测定；

——第11部分：肌肉中主要氨基酸含量的测定；

——第12部分：染色体组型分析；

——第13部分：同工酶电泳分析；

——第14部分：DNA含量的测定；

——第15部分：RAPD分析；

……

本部分为GB/T 18654的第8部分。

本部分代替GB/T 18654.8—2002《养殖鱼类种质检验　第8部分：耗氧率与临界窒息点的测定》。

本部分与GB/T 18654.8—2002相比主要变化如下：

——3.1与3.2的定义中增加了“在一定温度条件下”的重要限制条件；

——在6.2.1中规定了试验鱼的尾数；

——在6.2.2中规定了试验鱼与水的重量比率；

——在6.2.6与6.3.4中，把原来规定的二次测定改为三次测定。

本部分的附录A为资料性附录。

本部分由中华人民共和国农业部提出。

本部分由全国水产标准化技术委员会淡水养殖分技术委员会归口。

本部分起草单位：中国水产科学研究院长江水产研究所。

本部分主要起草人：邹世平、周瑞琼、方耀林。

本部分所代替标准的历次版本发布情况为：

——GB/T 18654.8—2002。

养殖鱼类种质检验 第8部分:耗氧率与临界窒息点的测定

1 范围

GB/T 18654的本部分规定了养殖鱼类耗氧率与临界窒息点的定义、测定装置、环境条件和测定步骤,以及测定结果的计算方法。

本部分适用于养殖鱼类耗氧率与临界窒息点的测定。其他水生动物耗氧率与临界窒息点的测定可参照执行。

2 规范性引用文件

下列文件中的条款通过GB/T 18654的本部分的引用而成为本部分的条款。凡是注日期的引用文件,其随后所有的修改单(不包括勘误的内容)或修订版均不适用于本部分,然而,鼓励根据本部分达成协议的各方研究是否可使用这些文件的最新版本。凡是不注日期的引用文件,其最新版本适用于本部分。

GB/T 7489 水质 溶解氧的测定 碘量法

GB 11607 渔业水质标准

GB/T 18654.2 养殖鱼类种质检验 第2部分:抽样方法

3 术语和定义

下列术语和定义适用于GB/T 18654的本部分。

3.1

耗氧率 oxygen-consuming rate

在一定温度条件下,单位体重的试验鱼单位时间内在水中自然状态下所消耗的溶解氧量,以mg/(kg·h)表示。

3.2

临界窒息点 critical stifling point

在一定温度条件下,鱼在其生活的水体中,因溶解氧减少,而致使其失去平衡、昏迷,濒临死亡时,该水体的溶解氧值为该种鱼的临界窒息点,以mg/L表示。

4 试剂、仪器与设备

4.1 试剂与仪器

按GB/T 7489的规定执行。

4.2 试验装置

试验装置见图1。

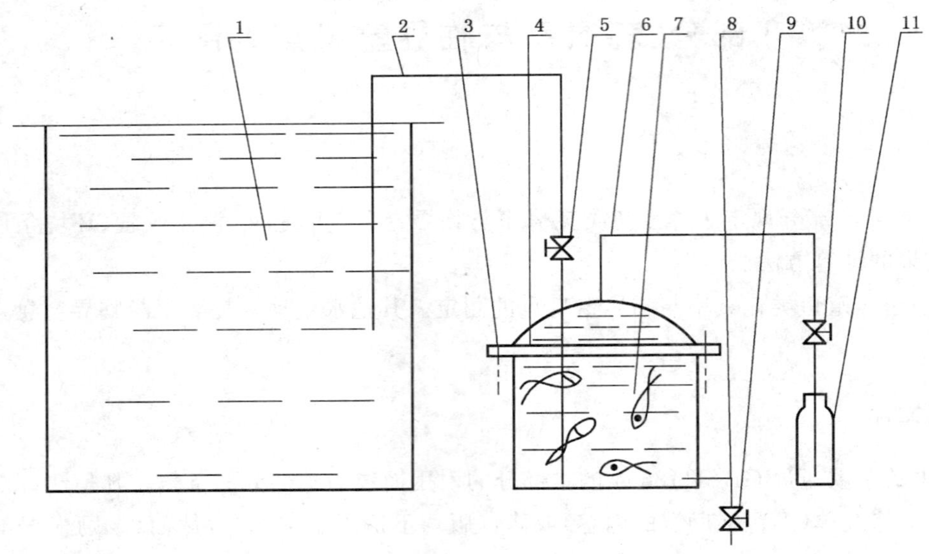

1——蓄水池；
2——进水管；
3——固紧螺栓；
4——密封垫圈；
5——进水阀门；
6——出水管；
7——呼吸室；
8——排水管；
9——排水阀门；
10——出水阀门；
11——水样瓶。

图1 试验装置示意图

4.3 呼吸室

呼吸室自制。一般采用透明密封的有机玻璃水族箱(上面有盖,中间垫橡皮密封圈,用螺栓与水箱固紧密封)。呼吸室的容量一般为 20 L～200 L。

5 环境条件

5.1 试验应在室内进行,环境安静,弱光照明,避免阳光照射。

5.2 试验用水:淡水鱼类宜用经曝气的自来水或井水;海水鱼类宜用沙滤海水，其水质应符合 GB 11607 的规定。试验用水溶解氧含量应不低于 7 mg/L,并保持稳定。

5.3 试验过程中,水温、气温、水的 pH 值和流量应保持稳定。

6 测定步骤

6.1 试验鱼的抽样

按 GB/T 18654.2 的规定执行。

6.2　**耗氧率的测定**

6.2.1　试验鱼的选择。试验鱼应规格基本一致，体重个体差异应控制在±5%以内。体质健康、生长良好，无病、无伤、无畸形。试验鱼取10尾左右为宜。

6.2.2　呼吸室的选择。根据试验鱼的大小，选定呼吸室的容量。试验鱼与水的重量比率为1∶20左右。

6.2.3　试验鱼先放在具有充气、循环水的水族箱中暂养2 d～3 d，在正式测定前应停食1 d。

6.2.4　呼吸室应清洁，试验装置应密封。关闭排水阀门，开启进水阀门进水，待呼吸室内水加至盖平时，关闭进水阀门，将试验鱼放入呼吸室内，加盖，封闭，再开启进、出水阀门缓慢进水，排尽呼吸室内空气，调节进、出水阀门，控制流量。流量的大小以呼吸室内试验鱼正常活动为宜。

6.2.5　试验鱼在呼吸室内适应1 h～2 h，待试验鱼处于自然平静状态时，开始计时。每隔1 h或2 h测定出水流量，同时分别取进、出水的水样250 mL各三份，立即按GB/T 7489规定的方法测定溶解氧。连续测定24 h，做好记录。耗氧率测定记录表参见附录A。

6.2.6　同样试验应重复两次，三次测定结果的误差应小于0.1 mg/L。

6.3　**临界窒息点的测定**

6.3.1　试验鱼应符合6.2.1规定。

6.3.2　利用图1试验装置，按6.2.4程序，在呼吸室中放入试验鱼，加盖、封闭、进水，排尽呼吸室内空气后，试验鱼在呼吸室内适应1 h～2 h，待试验鱼处于自然平静状态时，关闭全部阀门。

6.3.3　观察呼吸室内试验鱼的活动情况，当出现50%的试验鱼失去平衡、昏迷或濒临死亡时，打开进、排水阀门，取呼吸室内水样三份，按GB/T 7489规定的方法测定水中溶解氧量。

6.3.4　同样试验应重复两次，三次测定结果的误差不得大于0.1 mg/L。

7　测定结果的计算

7.1　耗氧率的计算

试验鱼每一次实测耗氧量为每一次进、出水的含氧量之差，按式(1)计算。

$$q=(q'-q'')V \qquad \cdots\cdots(1)$$

式中：

q——每一次实测耗氧量，单位为毫克(mg)；

q'——每一次进入水水样的含氧量，单位为毫克每升(mg/L)；

q''——每一次流出水水样的含氧量，单位为毫克每升(mg/L)；

V——每一次间隔时间流经呼吸室水的体积，单位为升(L)。

整个试验过程中，试验鱼总耗氧量为各次实测耗氧量之和，即式(2)：

$$Q=q_1+q_2+\cdots\cdots+q_i \qquad \cdots\cdots(2)$$

式中：

Q——整个试验过程中，试验鱼总耗氧量，单位为毫克(mg)；

q_1——第一次实测耗氧量，单位为毫克(mg)；

q_2——第二次实测耗氧量，单位为毫克(mg)；

q_i——第i次实测耗氧量，单位为毫克(mg)。

试验鱼的耗氧率按式(3)计算：

$$f=\frac{Q}{24W} \qquad \cdots\cdots(3)$$

式中：

f——耗氧率，单位为毫克每千克小时[mg/(kg·h)]；

24——连续测试 24 h，单位为小时(h)；

W——试验鱼总体重，单位为千克(kg)。

7.2 临界窒息点计算

当50%的实验鱼失去平衡、昏迷或濒临死亡时，单位水体含氧量的实测值即为临界窒息点。

附　录　A
（资料性附录）
耗氧率测定记录表

试验鱼名称：　　　　　　　　　　　水　源：

尾　　　数：　　　　　　　　　　　日　期：　　　年　　月　　日

总　体　重：　　　　　　　　　　　测定人：　　　　　　　　记录人：

序　号	取样时间	气温/℃	水温/℃	pH 值	盐　度	流　量/(L/h)	进水含氧量/(mg/L)	出水含氧量/(mg/L)	耗氧量/mg

ICS 65.150
B 50

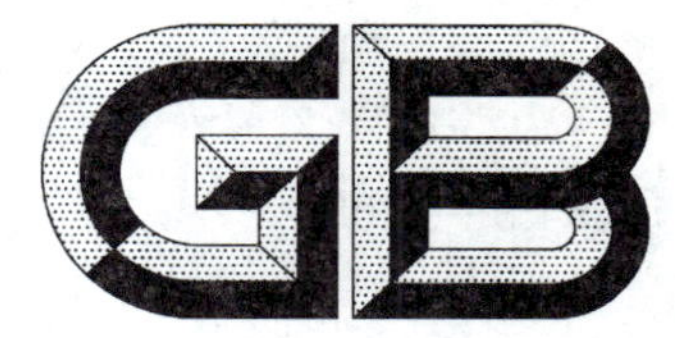

中华人民共和国国家标准

GB/T 18654.9—2008
代替 GB/T 18654.9—2002

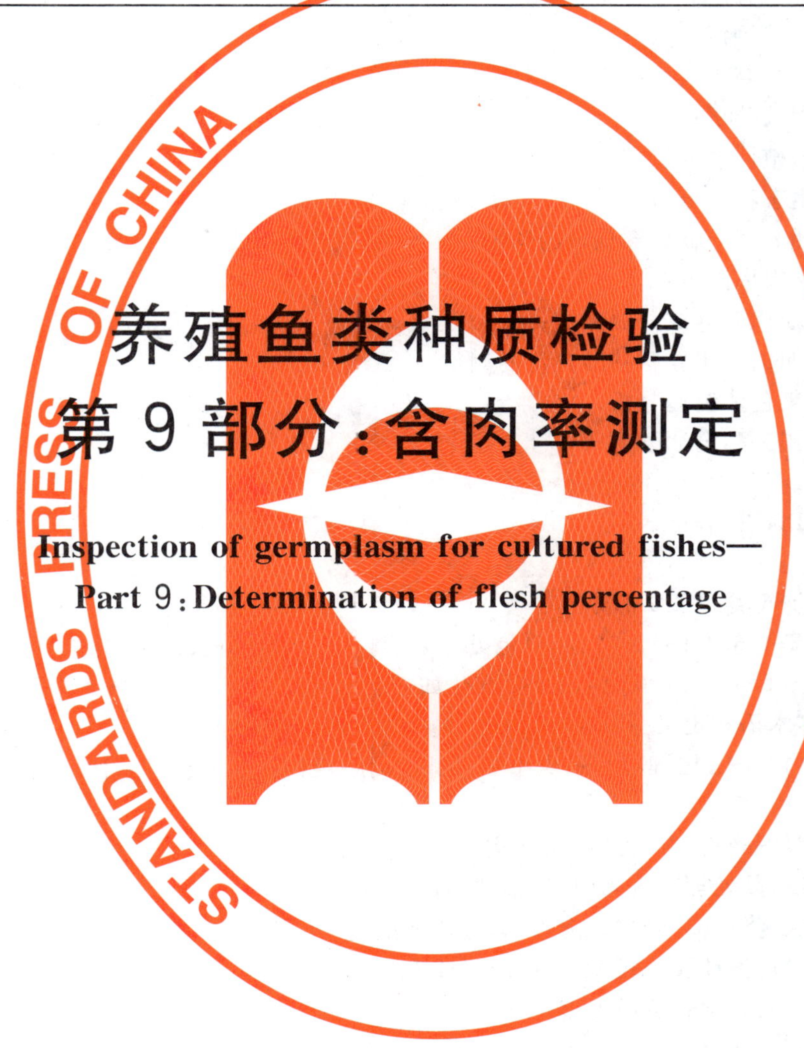

养殖鱼类种质检验 第9部分：含肉率测定

Inspection of germplasm for cultured fishes—Part 9:Determination of flesh percentage

2008-07-31 发布　　　　2008-11-01 实施

中华人民共和国国家质量监督检验检疫总局
中国国家标准化管理委员会 发布

前　言

GB/T 18654《养殖鱼类种质检验》分为下列部分：

——第1部分：检验规则；

——第2部分：抽样方法；

——第3部分：性状测定；

——第4部分：年龄与生长的测定；

——第5部分：食性分析；

——第6部分：繁殖性能的测定；

——第7部分：生态特性分析；

——第8部分：耗氧率与临界窒息点的测定；

——第9部分：含肉率测定；

——第10部分：肌肉营养成分的测定；

——第11部分：肌肉中主要氨基酸含量的测定；

——第12部分：染色体组型分析；

——第13部分：同工酶电泳分析；

——第14部分：DNA含量的测定；

——第15部分：RAPD分析；

……

本部分为GB/T 18654的第9部分。

本部分代替GB/T 18654.9—2002《养殖鱼类种质检验　第9部分：含肉率测定》。

本部分与GB/T 18654.9—2002相比主要变化如下：

——删去第3章“术语和定义”；

——样品抽样数由“5～7尾”改为“不少于10尾”，“同一规格、性未成熟”个体改为“达到商品规格”个体；

——标签标明里“样品特性”改为“样品规格”；

——删除第6章“样品处理”，将其内容并入“测定方法”章；

——修改测定方法，将原标准中“鱼肉重”为熟鱼肉重改为用减量法所得的生鱼肉重；

——修改含肉率平均值计算公式，增加标准差计算公式。

本部分由中华人民共和国农业部提出。

本部分由全国水产标准化技术委员会淡水养殖分技术委员会归口。

本部分起草单位：中国水产科学研究院长江水产研究所。

本部分主要起草人：周瑞琼、方耀林、邹世平。

本部分所代替标准的历次版本发布情况为：

——GB/T 18654.9—2002。

养殖鱼类种质检验
第9部分:含肉率测定

1 范围

GB/T 18654的本部分规定了测定鱼类含肉率的仪器与设备、取样、试样处理、测定程序与测定结果的计算。

本部分适用于鱼类含肉率的测定。

2 规范性引用文件

下列文件中的条款通过GB/T 18654的本部分的引用而成为本部分的条款。凡是注日期的引用文件,其随后所有的修改单(不包括勘误的内容)或修订版均不适用于本部分,然而,鼓励根据本部分达成协议的各方研究是否可使用这些文件的最新版本。凡是不注日期的引用文件,其最新版本适用于本部分。

GB/T 18654.2 养殖鱼类种质检验 第2部分:抽样方法

GB/T 18654.3 养殖鱼类种质检验 第3部分:性状测定

3 仪器与设备

3.1 鱼类解剖用具。

3.2 蒸锅。

3.3 天平或电子秤:感量为0.1 g。

4 取样

4.1 样品取样

按GB/T 18654.2规定随机抽取不少于10尾达到商品规格的同龄个体作为样品。

4.2 取样时间(季节)

一般为生长季节后期。

4.3 样品报告单

抽取样品时应填写样品报告单,内容包括:

a) 鱼类名称;

b) 生产场名;

c) 鱼的年龄;

d) 取样地点(池塘或网箱编号);

e) 样品数量;

f) 样品编号;

g) 取样日期(年、月、日);

h) 备注(填写取样时的异常情况、影响取样的环境及饲料使用情况等);

i) 取样人签名;

j) 被取样单位负责人签名。

4.4 封条与标签

样品送到实验室前应用聚乙烯塑料袋包装,贴上封条与标签,封条需双方签名,标签上标明以下内容：

a) 样品名称；

b) 取样地点(池塘或网箱编号)；

c) 取样日期；

d) 样品编号；

e) 样品规格。

4.5 样品的运输与贮存

样品取定后尽快送实验室；运输时间较长时，样品鱼应冷藏或加冰保鲜，样品到实验室后应尽快处理，或置于0 ℃～4 ℃冰箱中作短暂贮存，不得影响分析结果。

5 测定方法

按GB/T 18654.3的方法称量样品体重和测量全长、体长，去除样品鱼鳞片、内脏、鳃、皮、血液后称重即为净重(W_1)，之后放在蒸锅内隔水蒸至肉与骨骼能完全分离，取出稍冷后去除肌肉等可食部分，洗净骨骼和鳍条，滤纸吸干后称重，净重(W_1)减去骨骼重即为鱼肉重(W_2)。

6 计算方法

含肉率按式(1)计算。

$$R=\frac{W_2}{W_1}\times 100 \qquad \cdots\cdots(1)$$

式中：

R——含肉率，%；

W_2——鱼肉重，单位为克(g)；

W_1——净重，单位为克(g)。

测定结果以样品含肉率的平均值($\bar{R}$)和标准差(δ)表示。平均值按式(2)计算。

$$\bar{R}=\frac{1}{n}\sum_{i=1}^{n}R_i \qquad \cdots\cdots(2)$$

式中：

$\bar{R}$——样品平均含肉率，%；

n——检测样品的总尾数；

R_i——第i尾鱼实测含肉率，%。

标准差按式(3)计算。

$$\delta=\frac{1}{n-1}\sum_{i=1}^{n}(R_i-\bar{R})^2 \qquad \cdots\cdots(3)$$

式中：

δ——标准差；

n——检测样品的总尾数；

R_i——第i尾鱼实测含肉率，%；

$\bar{R}$——样品平均含肉率，%。

ICS 65.150
B 50

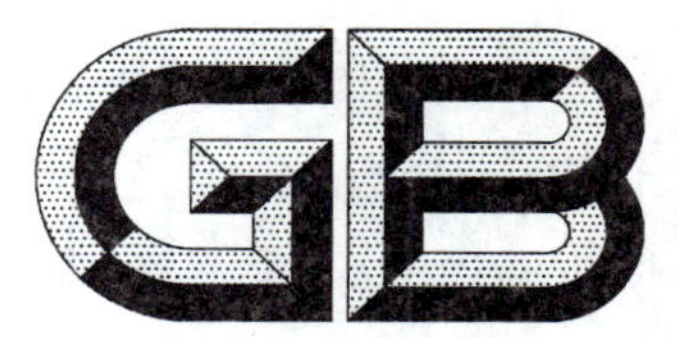

中华人民共和国国家标准

GB/T 18654.10—2008
代替 GB/T 18654.10—2002

养殖鱼类种质检验 第10部分：肌肉营养成分的测定

Inspection of germplasm for cultured fishes—
Part 10: Determination on nutrient content of muscle

2008-07-31 发布　　　　2008-11-01 实施

中华人民共和国国家质量监督检验检疫总局
中国国家标准化管理委员会　发布

前　　言

GB/T 18654《养殖鱼类种质检验》分为下列部分：

——第1部分：检验规则；

——第2部分：抽样方法；

——第3部分：性状测定；

——第4部分：年龄与生长的测定；

——第5部分：食性分析；

——第6部分：繁殖性能的测定；

——第7部分：生态特性分析；

——第8部分：耗氧率与临界窒息点的测定；

——第9部分：含肉率测定；

——第10部分：肌肉营养成分的测定；

——第11部分：肌肉中主要氨基酸含量的测定；

——第12部分：染色体组型分析；

——第13部分：同工酶电泳分析；

——第14部分：DNA含量的测定；

——第15部分：RAPD分析；

……

本部分为GB/T 18654的第10部分。

本部分代替GB/T 18654.10—2002《养殖鱼类种质检验　第10部分：肌肉营养成分的测定》。

本部分与GB/T 18654.10—2002相比主要变化如下：

——修改了引用标准及仪器与设备；

——样品鱼取样数由“5～7尾”改为“不少于10尾”，鱼肉采取总量“不得少于300 g”改为“不得少于100 g”；

——删去“样品鱼报告单”、“称量”和“测量”三条；

——删除图1，修改与之对应的文字；

——修改无氮浸出物的计算；

——增加脂肪酸的测定。

本部分由中华人民共和国农业部提出。

本部分由全国水产标准化技术委员会淡水养殖分技术委员会归口。

本部分起草单位：中国水产科学研究院长江水产研究所。

本部分主要起草人：周瑞琼、方耀林、邹世平。

本部分所代替标准的历次版本发布情况为：

——GB/T 18654.10—2002。

养殖鱼类种质检验
第10部分:肌肉营养成分的测定

1 范围

GB/T 18654 的本部分规定了鱼体肌肉营养成分测定的取样、样品处理、测定方法与结果计算。

本部分适用于鱼类肌肉营养成分的测定。

2 规范性引用文件

下列文件中的条款通过 GB/T 18654 的本部分的引用而成为本部分的条款。凡是注日期的引用文件,其随后所有的修改单(不包括勘误的内容)或修订版均不适用于本部分,然而,鼓励根据本部分达成协议的各方研究是否可使用这些文件的最新版本。凡是不注日期的引用文件,其最新版本适用于本部分。

GB/T 5009.3 食品中水分的测定

GB/T 5009.4 食品中灰分的测定

GB/T 5009.5 食品中蛋白质的测定

GB/T 5009.6 食品中脂肪的测定

GB/T 9695.2 肉与肉制品 脂肪酸测定

GB/T 18654.2 养殖鱼类种质检验 第2部分:抽样方法

GB/T 18654.9 养殖鱼类种质检验 第9部分:含肉率测定

3 仪器与设备

3.1 鱼类解剖用具及实验室常规设备。

3.2 电子天平(感量为 1 mg、0.1 g)。

3.3 其他仪器与设备按 GB/T 5009.3、GB/T 5009.4、GB/T 5009.5、GB/T 5009.6 和 GB/T 9695.2 的规定。

3.4 量鱼板、尺(精度为 1 mm)。

4 取样

4.1 样品鱼取样

按 GB/T 18654.2 随机抽取不少于 10 尾达到商品规格的同龄个体作为样品鱼。对于小个体的样品鱼,应适当增加样本数量。特殊情况下的样本数量按 GB/T 18654.2 的规定执行。

4.2 封条与标签

按 GB/T 18654.9 规定执行。

4.3 样本的运输与贮存

按 GB/T 18654.9 规定执行。

5 样品处理

5.1 一般取半边鱼肉作为试样。沿着脊椎骨一边将半边鱼肉剥下,并除去鳞片、鱼皮及鱼刺(包括肌间刺),即为待测试样。

5.2　体重在500 g以上的大个体样品鱼，按5.1取下半边鱼肉后，将其分成前、中、后三段，在每一段中取等量鱼肉试样，三份试样混合后总量不得少于100 g。对于鲽形目等非对称鱼类，应在鱼体两面等量采取鱼肉试样。

5.3　体重在10 g以下的小个体样品鱼，则去除其头、尾、鳍和内脏，即为待测试样，其检测结果应在检验报告中加以说明。

6　测定方法与结果计算

6.1　水分含量测定

按GB/T 5009.3的规定测定。

6.2　蛋白质含量测定

按GB/T 5009.5的规定测定。

6.3　脂肪含量测定

按GB/T 5009.6的规定测定。

6.4　灰分含量测定

按GB/T 5009.4的规定测定。

6.5　脂肪酸测定

按GB/T 9695.2的规定测定。

6.6　无氮浸出物的计算

无氮浸出物通过计算求得。无氮浸出物的百分数等于1减去水分、蛋白质、脂肪和灰分的百分数。

ICS 65.150
B 50

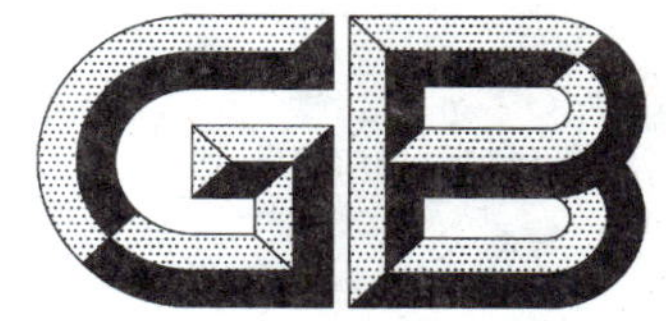

中华人民共和国国家标准

GB/T 18654.11—2008

养殖鱼类种质检验 第11部分：肌肉中主要氨基酸含量的测定

Inspection of germplasm for cultured fishes—
Part 11: Determination of amino acids content in muscle

2008-06-27 发布　　　　2008-10-01 实施

中华人民共和国国家质量监督检验检疫总局
中国国家标准化管理委员会　发布

前　言

GB/T 18654《养殖鱼类种质检验》分为下列部分：

——第1部分：检验规则；

——第2部分：抽样方法；

——第3部分：性状测定；

——第4部分：年龄与生长的测定；

——第5部分：食性分析；

——第6部分：繁殖性能的测定；

——第7部分：生态特性分析；

——第8部分：耗氧率与临界窒息点的测定；

——第9部分：含肉率测定；

——第10部分：肌肉营养成分的测定；

——第11部分：肌肉中主要氨基酸含量的测定；

——第12部分：染色体组型分析；

——第13部分：同工酶电泳分析；

——第14部分：DNA含量的测定；

——第15部分：RAPD分析；

……

本部分为GB/T 18654的第11部分。

本部分由中华人民共和国农业部提出。

本部分由全国水产标准化技术委员会淡水养殖分技术委员会归口。

本部分起草单位：上海水产大学、中国水产科学研究院长江水产研究所。

本部分主要起草人：李思发、赵金良、徐忠法、蔡完其、邹曙明。

养殖鱼类种质检验 第11部分:肌肉中主要氨基酸含量的测定

1 范围

GB/T 18654 的本部分规定了鱼类肌肉中主要氨基酸含量测定的试剂与材料、仪器和设备、抽样、分析步骤和结果判定。

本部分适用于鱼类肌肉中主要氨基酸含量的测定,不适用于色氨酸含量的测定。

2 规范性引用文件

下列文件中的条款通过 GB/T 18654 的本部分的引用而成为本部分的条款。凡是注日期的引用文件,其随后所有的修改单(不包括勘误的内容)或修订版均不适用于本部分,然而,鼓励根据本部分达成协议的各方研究是否可使用这些文件的最新版本。凡是不注日期的引用文件,其最新版本适用于本部分。

GB/T 14769 食品中水分的测定方法

GB/T 18654.1—2002 养殖鱼类种质检验 第1部分:检验规则

GB/T 18654.2 养殖鱼类种质检验 第2部分:抽样方法

GB/T 18654.9—2002 养殖鱼类种质检验 第9部分:含肉率测定

GB/T 18654.10—2002 养殖鱼类种质检验 第10部分:肌肉营养成分的测定

3 试剂和材料

除非另有说明,在分析中仅使用确认为分析纯的试剂和蒸馏水或去离子水或相当纯度的水。

3.1 柠檬酸三钠。

3.2 盐酸(HCl)。

3.3 硫代双乙醇。

3.4 苯酚。

3.5 pH2.2 柠檬酸缓冲液:柠檬酸三钠 19.6 g,用水溶解后,加入盐酸 16.5 mL、25%硫代双乙醇 5 mL、苯酚 1 g,最后定容至 1 000 mL。

3.6 冷冻剂(液氮或干冰加丙酮)。

3.7 聚乙烯塑料袋。

3.8 标签。

4 仪器和设备

4.1 分析天平:感量为 0.000 1 g。

4.2 氨基酸自动分析仪。

4.3 粉碎机。

4.4 分样筛:孔径为 0.25 mm,常温干燥。

4.5 喷灯。

4.6 真空泵。

4.7 恒温干燥箱。

4.8 水解管(球形或圆底试管，容量 15 mL～20 mL)。

4.9 浓缩器(可控温、减压)或真空干燥器。

4.10 磨口瓶。

4.11 25 mL 容量瓶。

5 抽样

5.1 试验鱼抽样按 GB/T 18654.2 的规定执行。

5.2 样品数目为同一种类同龄鱼 5 尾～7 尾。

6 分析步骤

6.1 采样

6.1.1 样品鱼报告单

样品鱼报告单按 GB/T 18654.9—2002 中 5.3 的规定执行。

6.1.2 封条和标签

试样鱼送至实验室前应用聚乙烯塑料袋包装，贴上封条与标签，标签内容按 GB/T 18654.9—2002 中 5.4 的规定执行。

6.1.3 试样鱼的运输与贮存

按 GB/T 18654.9—2002 中 5.5 的规定执行。

6.2 试样处理

6.2.1 称重

按 GB/T 18654.10—2002 中 5.1 的规定执行。

6.2.2 全长、体长测量

按 GB/T 18654.10—2002 中 5.2 的规定执行。

6.2.3 鱼肉采取

按 GB/T 18654.10—2002 中 5.3 的规定执行。

6.2.4 鱼肉绞碎

将所采的鱼肉样品用绞肉机反复绞碎三次，混合均匀。

6.2.5 试样制备

将样品放在 50 ℃～60 ℃恒温干燥箱中干燥至恒重，干燥皿中冷却至常温后在粉碎机中碾碎，全部通过孔径为 0.25 mm 的分样筛，充分混匀后装入磨口瓶中备用。

6.3 氨基酸测定

6.3.1 称取样品 30 mg 左右，置于水解管中。同时称取另一份样品，按 GB/T 14769 的规定测定其水分含量。

6.3.2 在水解管中加入 6 mol/L 盐酸 10 mL，在距管口 2 cm 左右处，用喷灯灼烧并拉一细颈。再将管子放入冷冻剂(液氮或干冰加丙酮)中，冷却至溶液呈固体后取出，接在真空泵抽气管上，使减压至 7 Pa 后封口。将封好口的水解管放在 110 ℃±1 ℃的恒温干燥箱内，水解 22 h～24 h 后取出冷却。打开水解管，将水解液转移到 25 mL 容量瓶内，定容后过滤，吸取滤液 1 mL，置于浓缩器(45 ℃～50 ℃)或真空干燥器内真空干燥，残留物用 1 mL～2 mL 去离子水溶解后蒸干，如此反复进行 1 次～2 次，最后加入 pH 2.2 缓冲液溶解，供氨基酸自动分析仪测定。

6.3.3 氨基酸含量按式(1)计算：

$$X=\frac{A}{m\times(1-H)}\times10^{-6}\times25\times100 \qquad \cdots\cdots(1)$$

式中：

X——某种氨基酸残基，%；

A——每毫升水解液中的某种氨基酸含量，单位为毫克(mg)；

m——样品的质量，单位为毫克(mg)；

H——样品的水分含量，%。

7 结果判定

7.1 个体测定结果的判定

按 GB/T 18654.1—2002 中 6.1 的规定执行。

将所有测定结果逐一与标准对照，凡符合标准规定的判定为合格；凡不符合标准或与标准规定有显著差异的判定为不合格。

7.2 样品群体的判定

根据 7.1 的判定结果，计算出被检样品中合格品的百分率。

ICS 65.150
B 50

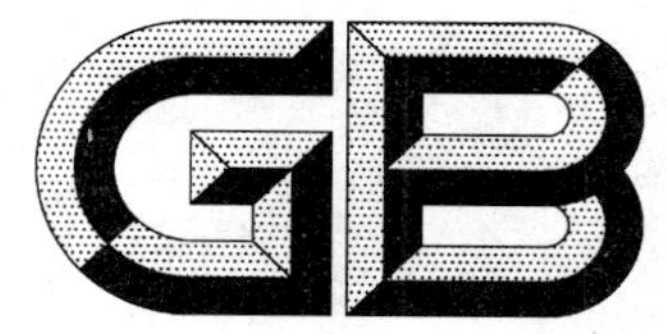

中华人民共和国国家标准

GB/T 18654.12—2008
代替 GB/T 18654.12—2002

养殖鱼类种质检验
第12部分：染色体组型分析

Inspection of germplasm for cultured fishes—
Part 12: Method for the karyotype analysis

2008-07-31 发布　　2008-11-01 实施

中华人民共和国国家质量监督检验检疫总局
中国国家标准化管理委员会　发布

前　言

GB/T 18654《养殖鱼类种质检验》分为下列部分：

——第1部分：检验规则；

——第2部分：抽样方法；

——第3部分：性状测定；

——第4部分：年龄与生长的测定；

——第5部分：食性分析；

——第6部分：繁殖性能的测定；

——第7部分：生态特性分析；

——第8部分：耗氧率与临界窒息点的测定；

——第9部分：含肉率测定；

——第10部分：肌肉营养成分的测定；

——第11部分：肌肉中主要氨基酸含量的测定；

——第12部分：染色体组型分析；

——第13部分：同工酶电泳分析；

——第14部分：DNA含量的测定；

——第15部分：RAPD分析；

……

本部分为GB/T 18654的第12部分。

本部分代替GB/T 18654.12—2002《养殖鱼类种质检验　第12部分：染色体组型分析》。

本部分与GB/T 18654.12—2002相比主要变化如下：

——增加了数码照相等先进技术；

——对7.2.9中的低渗时间进行了调整修订；对5.4中碳酸氢钠($NaHCO_3$)的浓度做了补充说明；对3.6、7.2.4、7.2.12、7.3.2和8.3中描述的部分操作方法予以修改补充；对第6章中仪器设备予以补充完善；

——对第3章至第8章中的部分实验描述修改准确，对部分文字描述予以更正；

——对附录A.3.4和A.3.5中部分文字描述予以修订，增加B.2.1数码显微照相内容。

本部分的附录A和附录B为资料性附录。

本部分由中华人民共和国农业部提出。

本部分由全国水产标准化技术委员会淡水养殖分技术委员会归口。

本部分起草单位：中国水产科学研究院长江水产研究所。

本部分主要起草人：方耀林、周瑞琼、邹世平。

本部分所代替标准的历次版本发布情况为：

——GB/T 18654.12—2002。

养殖鱼类种质检验
第12部分:染色体组型分析

1 范围

GB/T 18654的本部分规定了鱼类染色体组型分析的原理、试剂和材料、仪器和设备、玻片标本的制备和组型分析。

本部分适用于养殖鱼类染色体组型分析,对于自然种群鱼类及其他水生动物亦可参照执行。

2 规范性引用文件

下列文件中的条款通过GB/T 18654的本部分的引用而成为本部分的条款。凡是注日期的引用文件,其随后所有的修改单(不包括勘误的内容)或修订版均不适用于本部分,然而,鼓励根据本部分达成协议的各方研究是否可使用这些文件的最新版本。凡是不注日期的引用文件,其最新版本适用于本部分。

GB/T 18654.2 养殖鱼类种质检验 第2部分:抽样方法

3 术语和定义

下列术语和定义适用于GB/T 18654的本部分。

3.1

体细胞体外培养法 somatic cell culture in vitro

通过无菌操作,获取鱼的肾脏组织细胞或血细胞,在体外培养过程中,加入细胞分裂刺激物,刺激淋巴细胞大量进入分裂状态。然后,加入适当浓度的秋水仙素,使细胞分裂被阻抑在分裂中期,而获得鱼类细胞染色体中期分裂相。

3.2

体细胞体内培养法 somatic cell culture in vivo

通过向鱼体内注射细胞分裂刺激物,刺激淋巴细胞大量进入分裂状态。取出头肾组织在生理盐水中将其充分撕碎,再加入适当浓度的秋水仙素。

3.3

体细胞直接法 direct method of somatic cells

将小鱼浸泡在适当浓度的秋水仙素溶液中,使其分裂旺盛的鳃丝上皮细胞被阻抑在分裂中期,而获得鱼类细胞染色体中期分裂相。

3.4

胚胎细胞直接法 direct method of embryo cells

选用发育正常的囊胚期或原肠期早期胚胎,将其细胞吹打分散后,加入适当浓度的秋水仙素,将细胞阻抑在分裂中期,获得鱼类细胞染色体中期分裂相。

3.5

空气干燥法 air-drying technique

将收集的细胞经过低渗、固定、滴片,然后斜放静置,待其自然干燥。

3.6

火焰干燥法 flame-drying technique

将收集的细胞经过低渗、固定、滴片,然后立即将玻片置于酒精灯的火焰上均匀烘烤(以玻片上刚出现蓝色火焰为宜),或直接将玻片置于火焰上滴片。

3.7

臂比　arm ratio

染色体的长臂长度与短臂长度之比。

3.8

相对长度　relative length

每条染色体长度与单倍体组染色体总长度之比,以百分值或千分值表示。

4　原理

使用细胞分裂刺激物刺激鱼类淋巴细胞分裂,或者直接收集细胞分裂旺盛的鳃丝上皮细胞、胚胎细胞。然后利用秋水仙素破坏纺锤丝,使细胞分裂阻抑在分裂中期,再经低渗、固定、滴片和染色,最后进行镜检分析。

5　试剂和材料

5.1　肝素溶液:在无菌状态下,用灭菌蒸馏水配制浓度为500 IU/mL 的肝素溶液。

5.2　小牛或胎牛血清。

5.3　青霉素、链霉素和卡那霉素。

5.4　培养基:TC-199、RPMI-1640 或 EaglesMEM,培养基应高压灭菌。

培养液配制方法:上述培养基和小牛或胚牛血清的体积比为 4∶1,每毫升培养液含青霉素、链霉素、卡那霉素分别为100 IU、100 mg 和 50 IU,用无菌水配制 0.1 mol/L 碳酸氢钠($NaHCO_3$)溶液,调至pH7.2。

5.5　植物血球凝集素(PHA)溶液,根据厂家推荐剂量,用无菌生理盐水配制。

5.6　生理盐水:0.75%～0.85%的氯化钠(NaCl)溶液,应高压灭菌。

5.7　秋水仙素溶液:浓度为 20 μg/mL～40 μg/mL。

5.8　甲醇。

5.9　冰乙酸。

5.10　固定液:甲醇和冰乙酸混合液(体积比为 3∶1),现用现配。

5.11　低渗溶液:0.037 5 mol/L 氯化钾(KCl)溶液。

5.12　吉姆萨(Giemsa)原液:0.5 g Giemsa 粉、甘油 33 mL,在研钵内用少量甘油与 Giemsa 粉混合,研磨至无颗粒时,再将剩余甘油倒入,在 56 ℃条件下保温 2 h 后,加入 33 mL 甲醇,保存于棕色瓶内。

5.13　磷酸缓冲液(PBS):浓度为 0.2 mol/L,配制方法见表 1。

表 1　不同 pH 值的 PBS 配方

单位为毫升

pH 值	A 液[0.2 mol/L 磷酸氢二钠(Na_2HPO_4)]	B 液[0.2 mol/L 磷酸二氢钠(NaH_2PO_4)]
6.8	49.0	51.0
7.0	61.0	39.0
7.2	72.0	28.0
7.4	81.0	19.0

6　仪器和设备

6.1　无菌室或超净工作台。

6.2　恒温培养箱或二氧化碳培养箱。

6.3　离心机。

6.4 天平(感量 0.000 1 g)。

6.5 显微镜(带显微摄影)。

6.6 照相机、15°黑白胶卷、4 号相纸和整套暗室设备;或数码相机和生物图像分析系统。

6.7 游标卡尺(精度 0.01 mm)。

6.8 控温电热板。

6.9 解剖工具一套。

6.10 注射器及针头。

6.11 移液器 10 μL～200 μL。

6.12 细口吸管、吸管、5 mL～10 mL 离心管、冰冻及干热载玻片。

6.13 25 mL 培养瓶或青、链霉素小瓶,瓶塞等。

6.14 酒精灯。

6.15 碘酒或酒精棉球。

6.16 血球计数板。

7 玻片标本的制备

7.1 抽样

样品鱼的抽样按 GB/T 18654.2 的规定执行。

7.2 体细胞体外培养法

体细胞体外培养法常采用肾组织细胞培养和血细胞培养。本部分仅规定了肾组织细胞培养的操作步骤,血细胞培养的操作步骤参见附录 A。

7.2.1 将试样鱼鳃血管剪断,尽量放血。刮去鱼体一侧的鳞片,尤其是解剖部位需刮干净。

7.2.2 把鱼放在超净工作台上或无菌室内,铺上消毒纱布,用碘酒和酒精棉球依次消毒已去鳞的部位。

7.2.3 吸取 3 mL～5 mL 培养液置于青霉素瓶中。

7.2.4 打开试样鱼腹腔,取肾组织。

7.2.5 用镊子夹取适量肾组织(最好是头肾),放入盛有培养液的青霉素瓶中,将组织块用镊子撕碎,轻轻搅动,然后静置 3 min～5 min,待未撕碎的组织块沉淀。用刻度吸管吸取上部细胞悬液,移入培养瓶内,再加入适量的培养液,使每瓶为 4 mL 或 5 mL。细胞的密度可根据目测浊度进行粗略调整。

7.2.6 用注射器滴加 PHA,一般每 5 mL 培养液加 0.1 mL～0.2 mL。盖上胶塞,轻轻摇匀。

7.2.7 将已接种的培养瓶平放在恒温培养箱或二氧化碳培养箱(此时需拧松瓶塞)内。培养温度一般为 18 ℃～28 ℃,时间 1 d～5 d。其间,细胞一般分裂 1 次～4 次。可根据具体情况选用合适的培养温度和时间。每天需将培养瓶轻轻摇动 1 次～2 次。

7.2.8 收集细胞:在收集细胞前 1.5 h～4 h(少数鱼类可提前),用移液器加入秋水仙素溶液,使其终浓度为 0.1 μg /mL～0.5 μg /mL。收集细胞时,先摇动培养瓶,待细胞悬浮,然后将其倒入离心管,再用少量生理盐水将培养瓶内残留细胞洗出,再倒进离心管。

7.2.9 低渗:将收集有细胞的离心管以 700 r/min～1 000 r/min 离心 5 min。然后轻轻吸除上清液,约留 0.5 mL 细胞沉淀。加入 4 mL 低渗溶液,用吸管吹打均匀,室温或 37 ℃条件下静置 20 min～50 min。再加入 0.5 mL～1 mL 现配固定液,吹打均匀,以 700 r/min～1 000 r/min 离心 5 min。

7.2.10 固定:先吸除上清液,加入少许固定液,吹打均匀,再加入 2 mL～3 mL 固定液,静置 20 min,按 7.2.9 规定离心。再重复固定,必要时可重复固定三次。

7.2.11 滴片:吸除上清液,加适量现配固定液,将细胞吹打均匀。吸取细胞悬液在约 45°倾斜的冰冻玻片上滴 2 滴～3 滴,并轻轻吹动,使细胞铺散开。然后将铺散细胞的玻片斜放静置,待其自然干燥,此为空气干燥法。有时为使染色体分散更好,可采用火焰干燥法。

7.2.12 染色:用磷酸盐缓冲液(pH7.2)将 Giemsa 原液按 9∶1 稀释,配成工作液(现用现配)。取一块干净的玻璃，以略小于玻片长度为间距放置干净玻片作架，将待染的玻片置于染色的容器内，将染液加入，染色 10 min～20 min 后取出，用自来水冲洗玻片背面以去除染液，干燥后即可用于观察分析。

7.3 体细胞体内培养法

7.3.1 往样品鱼腹腔注射 PHA 溶液，剂量按厂家推荐剂量使用。然后继续饲养 6 h～120 h。

7.3.2 处死鱼前 2 h～6 h，按 1 μg/g 鱼体重腹腔注射秋水仙素溶液。剪断鳃血管，尽量放血，取出肾脏组织，放入盛有 3 mL～5 mL 生理盐水的青霉素瓶中。将组织块撕碎，用吸管轻轻吹打，静置 3 min～5 min，待未碎的组织块沉淀，用吸管吸取细胞悬液，加入离心管中。

或者不注射秋水仙素，而是先将肾组织取出，撕碎，放入盛有培养液的青霉素瓶中，加入秋水仙素溶液（使培养液中秋水仙素终浓度为 0.1 μg /mL～0.5 μg /mL），于 25℃静置 2 h～3 h。然后用镊子轻轻振荡，待稍沉淀后，用吸管吸出上层细胞悬液，加入离心管中。

7.3.3 低渗、固定、滴片、染色分别按 7.2.9～7.2.12 的规定执行。

7.4 体细胞直接法

此法适用于难以取肾的小鱼。

7.4.1 将试样鱼放入含有浓度为 0.01%秋水仙素溶液的容器中浸泡 6 h 左右。

7.4.2 放血杀鱼，小心把鳃片剪下，将鳃丝放入低渗液中低渗 20 min～30 min。

7.4.3 低渗的鳃丝放入甲醇：冰乙酸为 9：1 的固定液中浸泡处理 7 min～10 min，再转入 100%的冰乙酸中浸泡处理 1 min～2 min。

7.4.4 卡诺氏固定液固定 2 次～3 次，每次 1 h。最后一次可放在常温或冰箱中固定 1 h～15 h。

7.4.5 滴片前，将固定过的鳃丝放入 50%的冰乙酸中，用镊子夹住鳃丝轻轻振动，使细胞从鳃丝上脱落，丢弃鳃弓鳃丝，液体则为细胞悬液。

7.4.6 将细胞悬液滴到控温电热板上 50 ℃～60 ℃的干净玻片上，5 min 后吸弃多余液体。

7.4.7 染色按 7.2.12 的规定执行。

7.5 胚胎细胞直接法

7.5.1 用大口径吸管挑选发育正常的囊胚期或原肠期早期胚胎。

7.5.2 浮性卵，则用口径稍大于胚胎的小口吸管吸破卵膜，再将胚胎细胞吸入离心管中。粘性卵，则用铲形镊子将卵膜挤破，用吸管将胚胎细胞吸入离心管中。

7.5.3 用吸管把胚胎细胞吹打散开，补加生理盐水至 4 mL～5 mL，再加入秋水仙素溶液，秋水仙素终浓度为 10 μg /mL～50 μg /mL。静置 15 min～60 min。

7.5.4 低渗按 7.2.9 规定执行。

7.5.5 固定、滴片、染色分别按 7.2.10～7.2.12 规定执行。

8 组型分析

8.1 染色体数的确定

在油镜下选取 50 个～100 个分散良好，形态清晰，数目完整的分裂相，计数每个分裂相的染色体数目，找出染色体数目的众数，并计算众数所占百分比，据此确定鱼的染色体数。

8.2 染色体分组和臂数的计算

8.2.1 鱼类染色体分组一般按臂比将染色体分为四组：

a) 中部着丝粒染色体 m 组，臂比为 1.00～1.70；

b) 亚中部着丝粒染色体 sm 组，臂比为 1.71～3.00；

c) 亚端部着丝粒染色体 st 组，臂比为 3.01～7.00；

d) 端部着丝粒染色体 t 组，臂比为 7.01～∞。

8.2.2 染色体臂数（NF）的计数：中部和亚中部着丝粒染色体的臂数计为 2，亚端部和端部着丝粒染色体的臂数计为 1。

8.3 染色体分组方法

在油镜下选取 10 个～15 个数目完整，分散良好，长度适当（正中期），着丝粒清楚，两条染色单体适度分开，形态清晰的分裂相进行显微摄影。显微摄影的有关事项参见附录 B。在照片上用游标卡尺测量每条染色体的长臂和短臂长度，按 8.2.1 的规定将染色体分组，并按 8.2.2 的规定确定染色体臂数，得出核型公式，然后计算出核型指数，包括臂比和相对长度。选取其中形态最好，最有代表性的一个分裂相，分别剪下各条染色体，按臂比和相对长度，大小配对，并按 m、sm、st 和 t 组顺序排列，每组内染色体按相对长度从大到小排列、贴好，然后拍照，得到染色体组型图谱，该图谱须标明长度比例标尺。

8.4 核型公式

根据对一百个以上的中期分裂相染色体测量分组等分析的结果，就可确定该种鱼类的染色体数目，染色体分组情况，染色体臂数和染色体的相对长度。这一结果的表达式称为核型公式。

示例：某鱼的核型公式为 $2n=48$，26 m+14 sm+8 st，NF=88。

8.5 其他形态特征的观察

除计数和分组外，还需观察染色体的其他形态特征，如有无异形染色体对、次缢痕、随体等，并计入结果。

附 录 A
（资料性附录）
血细胞培养法

A.1 环境条件

试验操作在无菌室或超净工作台上进行。

A.2 取样

无菌采血，尾静（动）脉采血或心脏采血均可。

A.3 淋巴细胞培养

A.3.1 用注射器沿离心管壁滴加肝素溶液，湿润管壁，每支离心管加 0.1 mL～0.3 mL。

A.3.2 将取有无菌血液的注射器针头取下，弃去最初的 2 滴～3 滴血，把其余的血液滴入上述离心管（勿将血泡沫滴入），盖上胶塞。4 ℃冰箱中静置 2 h 左右，待血液分层，或者将上述装好血液的离心管以 300 r/min 离心 3 min～5 min，使其沉淀分离，留上清液。

A.3.3 用刻度吸管移取 3 mL～5 mL 培养液于培养瓶中，加入淋巴细胞，再添加适量培养液调整细胞密度为 5×10^5个/mL～10×10^5个/mL。

A.3.4 用注射器滴加 PHA，每 5 mL 培养液加入 PHA 溶液 0.1 mL～0.2 mL，轻轻吹打，使培养液和细胞混匀，再用刻度吸管分装，每瓶 5 mL，盖上瓶盖。

A.3.5 将已接种的培养瓶平放在恒温培养箱或二氧化碳培养箱（此时应尽量保持无菌状态并拧松瓶盖）内，培养温度依鱼的种类不同而有所不同，一般为 18 ℃～28 ℃，时间 1 d～5 d，每天需将培养瓶轻轻摇动 1 次～2 次。

A.4 微量全血培养

A.4.1 用刻度吸管把适量培养液移入培养瓶内，再用注射器滴加 PHA 至（0.1～0.2）mL/5 mL 培养液，混匀后分装，25 mL 培养瓶每瓶 4.7 mL～4.9 mL；青霉素、链霉素瓶可酌情少装。

A.4.2 把抽取有无菌血液的注射器针头取下，排掉最初 1 滴～2 滴血液，25 mL 培养瓶每瓶滴加 0.1 mL～0.3 mL 血液，盖上瓶盖，摇匀。

A.4.3 培养按 A.3.5 的规定执行。

A.5 收集细胞、低渗、固定、滴片、染色

分别按 7.2.8～7.2.12 规定执行。

附　录　B
（资料性附录）
显微摄影的有关事项

B.1　显微镜的调节

B.1.1　把 10×物镜旋入光路中，调节双目镜筒使两目镜间距离符合使用者两眼间距离，再调节调焦取景目镜光度视力调节环至调焦标志成像清晰；然后用粗细调焦钮把标本的像调焦清晰，确定染色体目标，在 20×物镜下进一步确定位置，在 100×油镜调清晰后拍照。

B.1.2　聚光镜调中，关小视场光栅，升降聚光镜使所得到的多边形的视场光栅像清晰，再用聚光镜上的调中旋钮将视场光栅调至视野中央，开大视场光栅后进一步调中至与视野圆周内接，继续开大光栅至视野外切，即稍大于视野。

B.1.3　将孔径光栅开至与物镜的数值孔径（N.A）相应位置：一般情况下，聚光镜的孔径光栅应比物镜的孔径光栅小三分之一左右，才能获得最好质量的像。调换物镜时孔径光栅也应相应调整（聚光镜与物镜数值孔径的匹配是显微摄影的关键操作）。

B.1.4　再把标本精确调焦后即可准备拍摄。

B.2　照相

B.2.1　数码显微照相，用照片纸打印染色体核型图，根据 8.2 确定染色体组型。

B.2.2　光学显微照相后，选用 21°黑白感光片、15°左右的胶卷和 4 号相纸洗像。

ICS 65.150
B 50

中华人民共和国国家标准

GB/T 18654.13—2008

养殖鱼类种质检验 第13部分：同工酶电泳分析

Inspection of germplasm for cultured fishes—Part 13: Analysis of isozyme electrophoresis

2008-06-27 发布　　2008-10-01 实施

中华人民共和国国家质量监督检验检疫总局
中国国家标准化管理委员会　发布

前　言

GB/T 18654《养殖鱼类种质检验》分为下列部分:

——第1部分:检验规则;

——第2部分:抽样方法;

——第3部分:性状测定;

——第4部分:年龄与生长的测定;

——第5部分:食性分析;

——第6部分:繁殖性能的测定;

——第7部分:生态特性分析;

——第8部分:耗氧率与临界窒息点的测定;

——第9部分:含肉率测定;

——第10部分:肌肉营养成分的测定;

——第11部分:肌肉中主要氨基酸含量的测定;

——第12部分:染色体组型分析;

——第13部分:同工酶电泳分析;

——第14部分:DNA含量的测定;

——第15部分:RAPD分析;

……

本部分为GB/T 18654的第13部分。

本部分的附录A为规范性附录。

本部分由中华人民共和国农业部提出。

本部分由全国水产标准化技术委员会淡水养殖分技术委员会归口。

本部分起草单位:上海水产大学、中国水产科学研究院长江水产研究所。

本部分主要起草人:李思发、赵金良、徐忠法、蔡完其、邹曙明。

养殖鱼类种质检验
第13部分:同工酶电泳分析

1 范围

GB/T 18654的本部分规定了鱼类同工酶聚丙烯酰胺凝胶水平电泳分析的试剂与材料、仪器和设备、抽样、分析步骤和结果判定。

本部分适用于鱼类同工酶电泳分析。

2 规范性引用文件

下列文件中的条款通过GB/T 18654的本部分的引用而成为本部分的条款。凡是注日期的引用文件,其随后所有的修改单(不包括勘误的内容)或修订版均不适用于本部分,然而,鼓励根据本部分达成协议的各方研究是否可使用这些文件的最新版本。凡是不注日期的引用文件,其最新版本适用于本部分。

GB/T 18654.1—2002 养殖鱼类种质检验 第1部分:检验规则

GB/T 18654.2 养殖鱼类种质检验 第2部分:抽样方法

3 原理

同工酶为该酶基因产物的表现型,根据其所带电荷的不同和分子大小、形状的不同,在电场和凝胶中出现各同工酶组分不同的迁移率,经催化、染色、扫描,根据酶带迁移距离、数目及吸收强度进行分析比较,判定鱼类物种、种群的遗传特性。

4 试剂和材料

除非另有说明,在分析中仅使用确认为分析纯的试剂和蒸馏水或去离子水或相当纯度的水。

4.1 丙烯酰胺(Arc)。

4.2 N',N'-亚甲基双丙烯酰胺或甲叉双丙烯酰胺(Bis)。

4.3 四甲基乙二胺(TEMED)。

4.4 过硫酸胺。

4.5 三羟甲基氨基甲烷(Tris)。

4.6 柠檬酸。

4.7 乙二胺四乙酸(EDTA)。

4.8 硼酸。

4.9 L-组氨酸。

4.10 乳酸。

4.11 DL-苹果酸。

4.12 α-磷酸甘油钠。

4.13 磷酸氢二钠(Na_2HPO_4)。

4.14 二个结晶水的磷酸二氢钠($NaH_2PO_4 \cdot 2H_2O$)。

4.15 辅酶Ⅰ(NAD)。

4.16 辅酶Ⅱ(NADP)。

4.17 吩嗪甲酯硫酸盐（PMS）。

4.18 氯化硝基四氮唑蓝(NBT)。

4.19 山梨醇。

4.20 DL-异柠檬酸三钠。

4.21 6-磷酸葡萄糖酸钠。

4.22 α-乙酸萘酯。

4.23 β-乙酸萘酯。

4.24 丙酮。

4.25 坚牢蓝 RR 盐。

4.26 氨基黑 10B。

4.27 95%乙醇。

4.28 盐酸(HCl)。

4.29 氢氧化钠(NaOH)。

4.30 固定液:3 份乙醇,加 1 份冰乙酸,加 1 份甘油,加 5 份蒸馏水,混合均匀。

4.31 TC 制胶缓冲液:三羟甲基氨基甲烷 3.028 5 g,用柠檬酸调至 pH8.0，蒸馏水定容至 1 L。

4.32 EBT 制胶缓冲液:三羟甲基氨基甲烷 5.451 3 g、EDTA 0.292 2 g,用硼酸调节至 pH8.6,蒸馏水定容至 1 L。

4.33 HC 制胶缓冲液:组氨酸 1.939 5 g、柠檬酸 21.014 g,用 5% NaOH 调至 pH8.2,蒸馏水定容至 1 L。

4.34 TC 电极缓冲液:三羟甲基氨基甲烷 48.65 g,用柠檬酸调 pH 至 8.0,蒸馏水稀释至 10 L。

4.35 EBT 电极制胶缓冲液:三羟甲基氨基甲烷 65.4 g、EDTA 3.51 g,用硼酸调至 pH8.6,蒸馏水稀释至 15 L。

4.36 HC 电极制胶缓冲液:组氨酸 1.939 5 g、柠檬酸 21.014 g,用 5% NaOH 调 pH 至 8.5,蒸馏水稀释至 10 L。

4.37 Arc. Bis 液:丙烯酰胺 98 g、N',N'-亚甲基双丙烯酰胺 2 g,用蒸馏水溶解并定容到 500 mL。

4.38 25% TEMED:TEMED 25 mL,加入 75 mL 蒸馏水。

4.39 100 mg/mL 过硫酸胺:过硫酸胺 0.1 g,溶解于 1 mL 蒸馏水中。

4.40 4%聚丙烯酰胺凝胶:Arc. Bis 液 13.2 mL、制胶缓冲液 14.7 mL、蒸馏水 37.5 mL、25% TEMED 0.3 mL、10%过硫酸胺 0.6 mL,混匀后,立即灌注到凝胶模具中,聚合反应结束后,取出凝胶,放在保湿盒内备用。

4.41 1.5 mol/L Tris-HCl(pH8.0):三羟甲基氨基甲烷 181.71 g,用 HCl 调至 pH8.0,蒸馏水稀释至 1 L。

4.42 1.5 mol/L Tris-HCl(pH9.5):三羟甲基氨基甲烷 181.71 g,用 HCl 调至 pH9.5,蒸馏水稀释至 1 L。

4.43 0.1 mol/L 磷酸缓冲液:$NaH_2PO_4 \cdot 2H_2O$ 51.6 g、Na_2HPO_4 14.2 g,蒸馏水溶解并定容至 1 L。

4.44 染色液:几种常见同工酶染色液的配制方法见附录 A。

5 仪器与设备

5.1 微量匀浆机:转速 4 000 r/min。

5.2 高速冷冻离心机:转速 15 000 r/min 以上,冷冻温度为 4 ℃。

5.3 多用电泳仪。

5.4 激光扫描仪。

5.5 pH 计:读数值 0.01。

5.6 微量加样注射器。

5.7 制胶模具。

5.8 染色缸。

5.9 低温冰箱:冰室温度在－30℃以下。

5.10 恒温培养箱。

5.11 分析天平:感量为 0.000 1 g。

5.12 电子天平:感量为 0.1 g。

5.13 照相机。

6 抽样

6.1 活体样品鱼的抽样

按 GB/T 18654.2 的规定执行,样品鱼数量为 30 尾以上。

6.2 取样

活体解剖样品鱼,按被检鱼类种质标准所规定的组织取 1 g～2 g 试样,放入编号的小塑料袋中;对于血液试样用注射器从鱼的尾动脉抽血,分离出血清。样品均需置于低温冰箱中保存备用。

7 分析步骤

7.1 分析样品的制备

取 0.3 g 样品,以 1 份试样加入 3 份体积的 0.3% NAD 液,于匀浆机中以 4 000 r/min 匀浆 2 min,粉碎组织。用吸管将匀浆后的样品移入指管中,在冷冻离心机中以 15 000 r/min 离心直至上清液澄清,以上操作均在 4 ℃低温下进行。

制备后样品于冰箱中暂存或直接电泳。

7.2 凝胶制备

凝胶制备按试剂和材料中 4.40 的规定执行。

7.3 电泳步骤

7.3.1 每次实验前,先打开多用恒温循环仪,冷却至 4 ℃左右。

7.3.2 预电泳:依酶的种类不同,采用相应的凝胶缓冲系统。并将预先制备的聚丙烯酰胺凝胶放在冷却板上,在 50 mA 电流下,电泳 30 min。

7.3.3 前电泳:预电泳结束后,用微量加样器在凝胶的点样槽中加入 8 μL 的分析样品,在 25 mA 电流下,电泳 10 min。

7.3.4 正式电泳:在适当的电压下恒压电泳,电泳时间依酶的种类而定。

7.4 染色、脱色和固定

7.4.1 染色:将电泳胶放入预先配制并在 37 ℃恒温箱中保温所需检测酶的染色液中染色。当酶带全部显示清晰时,停止染色。

7.4.2 脱色:在 2.5% 冰乙酸中脱色至凝胶背景清晰、透明。

7.4.3 固定:脱色后的电泳胶放入乙醇-冰乙酸-甘油-水的混合液中,其混合比例为 3∶1∶1∶5,固定数小时。

7.5 制干胶片

取与凝胶板大小适中的玻璃纸,浸泡湿润后,平铺在凝胶板上,排空气泡,四周向下包紧。在室温下自然风干,制成透明胶片,编号保存。

7.6 摄影、扫描

用近镜头对凝胶及其谱带照相,用激光扫描仪对电泳谱带进行扫描,计算同工酶各组分的相对含量。

7.7 结果分析

7.7.1 酶位点与等位基因分析：根据酶的结构组成和同工酶在组织中所表现的酶谱特征，确定每种同工酶的编码基因位点、多态位点的等位基因频率。

7.7.2 群体遗传异质性用多态座位比例(P)和平均杂合度(H)来度量，分别按式(1)和式(2)计算：

$$P = \frac{n_1}{n} \times 100 \qquad \cdots\cdots(1)$$

$$H = \sum(1 - \sum X_i^2)/n \qquad \cdots\cdots(2)$$

式中：

P——多态座位比例，%；

n_1——多态座位数；

n——所测基因总座位数；

H——平均杂合度；

X_i——等位基因 i 的频率。

8 结果判定

8.1 个体测定结果的判定

按 GB/T 18654.1—2002 中 6.1 的规定执行。

将所有测定结果逐一与标准对照，凡符合标准规定的判定为合格；凡不符合标准或与标准规定有显著差异的判定为不合格。

8.2 样品群体的判定

根据 8.1 的判定结果，计算出被检样品中合格品的百分率，用%表示。

附　录　A
（规范性附录）
几种常见同工酶的染色配制方法

表 A.1　几种常见同工酶的染色配制方法

同工酶	染色缓冲液	辅酶Ⅰ NAD/mg	辅酶Ⅱ NADP/mg	1 mg/mL NBT/mL	PMS/mg	其他试剂
醇脱氢酶 ADH	0.25 mol/L Tris-HCl pH8.0，140 mL	22	—	10.5	10.5	95%乙醇 4.5 mL
酯酶 EST	0.1 mol/L 磷酸缓冲液，150 mL	—	—	—	—	α-乙酸萘酯 20 mg β-乙酸萘酯 20 mg 丙酮 1 mL 坚牢蓝 RR 100 mg
甘油-3-磷酸脱氢酶 α-GPDH	0.25 mol/L Tris-HCl pH9.5，114 mL	45	—	21	10.5	1 mol/L 甘油磷酸钠 15 mL
山梨醇脱氢酶 SDH	0.25 mol/L Tris-HCl pH8.0，140 mL	22	—	10.5	10.5	山梨醇 3 g
异柠檬酸脱氢酶 IDH	1.5 mol/L Tris-HCl pH9.5，15 mL	—	10	30	10.5	异柠檬酸钠 400 mg $MgCl_2$ 150 mg 蒸馏水 105 mL
乳酸脱氢酶 LDH	1.5 mol/L Tris-HCl pH9.5，15 mL	30	—	30	10.5	1 mol/L 乳酸钠 10 mL 蒸馏水 95 mL
苹果酸脱氢酶 MDH	1.5 mol/L Tris-HCl pH9.5，15 mL	30	—	30	10.5	1 mol/L 苹果酸钠 15 mL 蒸馏水 90 mL
苹果酸酶 ME	1.5 mol/L Tris -HCl pH8.0，15 mL	—	40	30	10.5	1 mol/L 苹果酸钠 15 mL 蒸馏水 90 mL
6-磷酸葡萄糖脱氢酶 6-PGDH	0.25 mol/L Tris-HCl pH8.0，140 mL	—	15	10.5	10.5	6-磷酸葡萄糖酸钠 75 mg
超氧物歧化酶 SOD	0.5 mol/L Tris-HCl pH9.5，118 mL	40	—	31.5	31.5	—

ICS 65.150
B 50

中华人民共和国国家标准

GB/T 18654.14—2008

养殖鱼类种质检验
第14部分：DNA含量的测定

Inspection of germplasm for cultured fishes—
Part 14: Determination of DNA content

2008-06-27 发布　　　　2008-10-01 实施

中华人民共和国国家质量监督检验检疫总局
中国国家标准化管理委员会　发布

前　言

GB/T 18654《养殖鱼类种质检验》分为下列部分：

——第1部分：检验规则；

——第2部分：抽样方法；

——第3部分：性状测定；

——第4部分：年龄与生长的测定；

——第5部分：食性分析；

——第6部分：繁殖性能的测定；

——第7部分：生态特性分析；

——第8部分：耗氧率与临界窒息点的测定；

——第9部分：含肉率测定；

——第10部分：肌肉营养成分的测定；

——第11部分：肌肉中主要氨基酸含量的测定；

——第12部分：染色体组型分析；

——第13部分：同工酶电泳分析；

——第14部分：DNA含量的测定；

——第15部分：RAPD分析；

……

本部分为GB/T 18654的第14部分。

本部分由中华人民共和国农业部提出。

本部分由全国水产标准化技术委员会淡水养殖分技术委员会归口。

本部分起草单位：上海水产大学、中国水产科学研究院长江水产研究所。

本部分主要起草人：李思发、赵金良、徐忠法、蔡完其、邹曙明。

养殖鱼类种质检验
第 14 部分：DNA 含量的测定

1 范围

GB/T 18654 的本部分规定了鱼类脱氧核糖核酸（DNA）含量测定的试剂与材料、仪器和设备、抽样、分析步骤和结果判定。

本部分适用于常见淡水、海水养殖鱼类。

2 规范性引用文件

下列文件中的条款通过 GB/T 18654 的本部分的引用而成为本部分的条款。凡是注日期的引用文件，其随后所有的修改单（不包括勘误的内容）或修订版均不适用于本部分，然而，鼓励根据本部分达成协议的各方研究是否可使用这些文件的最新版本。凡是不注日期的引用文件，其最新版本适用于本部分。

GB/T 18654.1—2002 养殖鱼类种质检验 第 1 部分：检验规则

GB/T 18654.2 养殖鱼类种质检验 第 2 部分：抽样方法

3 试剂与材料

除非另有说明，在分析中仅使用确认为分析纯的试剂和蒸馏水或去离子水或相当纯度的水。

3.1 磷酸氢二钠（Na_2HPO_4）。

3.2 二个结晶水的磷酸二氢钠（$NaH_2PO_4 \cdot 2H_2O$）。

3.3 生理盐水：0.75%氯化钠（NaCl）溶液。

3.4 固定液：3 份甲醇加入 1 份冰乙酸，现配现用。

3.5 肝素溶液：浓度为 500 IU/mL。

3.6 胰酶：浓度为 5 mg/mL。

3.7 核糖核酸酶（RNase）：1 mg/mL。

3.8 碘化丙啶（PI）：浓度为 50 μg/mL。

3.9 0.1 mol/L 磷酸缓冲液（PBS）：Na_2HPO_4 12.35 g、$NaH_2PO_4 \cdot 2H_2O$ 20.3 g，蒸馏水定容至 1 L。

4 仪器和设备

4.1 离心机：转速为 5 000 r/min，常温。

4.2 流式细胞仪。

4.3 10 mL 离心管及试管架。

4.4 5 mL 试管及试管架。

4.5 吸管。

4.6 2 mL 注射器。

4.7 5 号针头。

4.8 锦纶筛网（或涤纶筛网）：规格为 80 孔/cm。

4.9 封口膜。

5 抽样

5.1 试验鱼抽样按 GB/T 18654.2 的规定执行。

5.2 样品数量达 10 尾以上。

5.3 用酒精棉球将鱼体尾部待采血部位擦试消毒，用装有少量肝素溶液的注射器在尾动(静)脉处取 0.2 mL～1.0 mL 血液为试样。另用注射器在小公鸡(*Gallus* sp.)翅静脉处取 2 mL 血液作对照用。

6 分析步骤

6.1 样品处理

6.1.1 采好的血样立即注入装有 5 mL 生理盐水或磷酸缓冲液的离心管中，用吸管反复吹吸洗涤。

6.1.2 500 r/min 离心 5 min，待血球沉淀后，用吸管将上清液及上层的白血球吸出。

6.1.3 加入生理盐水或 PBS 吹吸洗涤，离心 5 min，吸除上清液。

6.1.4 混匀剩余的上清液及血球，慢慢滴入 5 mL 固定液中固定，用封口膜封好待用。

6.2 染色

6.2.1 固定后的血样，包括鱼血样和对照鸡血样，800 r/min 离心 2 min，吸除上清液，用生理盐水或 PBS 制成细胞悬浮液，静止 1 h 以上。

6.2.2 800 r/min 离心 2min，吸除上清液。

6.2.3 每一血样加入 1.8 mL 胰酶液作用 10 min，再加入 1.5 mL RNase 溶液作用 10 min，最后加入 1.5 mL 碘化丙啶溶液染色 15 min 以上。

6.2.4 用规格为 80 孔/cm 的锦纶筛网(或涤纶筛网)过滤，并将细胞浓度调到 1×10^{8} 个/mL 左右备测。

6.3 对照血样及计算方法

6.3.1 用鸡红血球(2c＝2.3pg)做标准 DNA 对照，依各种鱼 DNA 含量的不同，可选择内定标或外定标。

6.3.2 用流式细胞仪进行测定，每血样测量 3 000 个细胞以上，用流式细胞仪的相关软件处理测得鱼红血球与对照鸡红血球的消光值。

6.3.3 血样的 DNA 含量按式(1)计算：

$$P = \frac{E_2}{E_1} \times 2.3 \qquad \cdots\cdots(1)$$

式中：

P——鱼血样中的 DNA 含量，单位为皮克(pg)；

E_2——鱼红血球消光值；

E_1——鸡红血球消光值。

7 结果判定

7.1 个体测定结果的判定

按 GB/T 18654.1—2002 中 6.1 的规定执行。

将所有测定结果逐一与标准对照，凡符合标准规定的判定为合格；凡与标准规定有显著差异或不符合标准的判定为不合格。

7.2 样品群体的判定

根据 7.1 的判定结果，计算出被检样品中合格品的百分率，用%表示。

ICS 65.150
B 50

中华人民共和国国家标准

GB/T 18654.15—2008

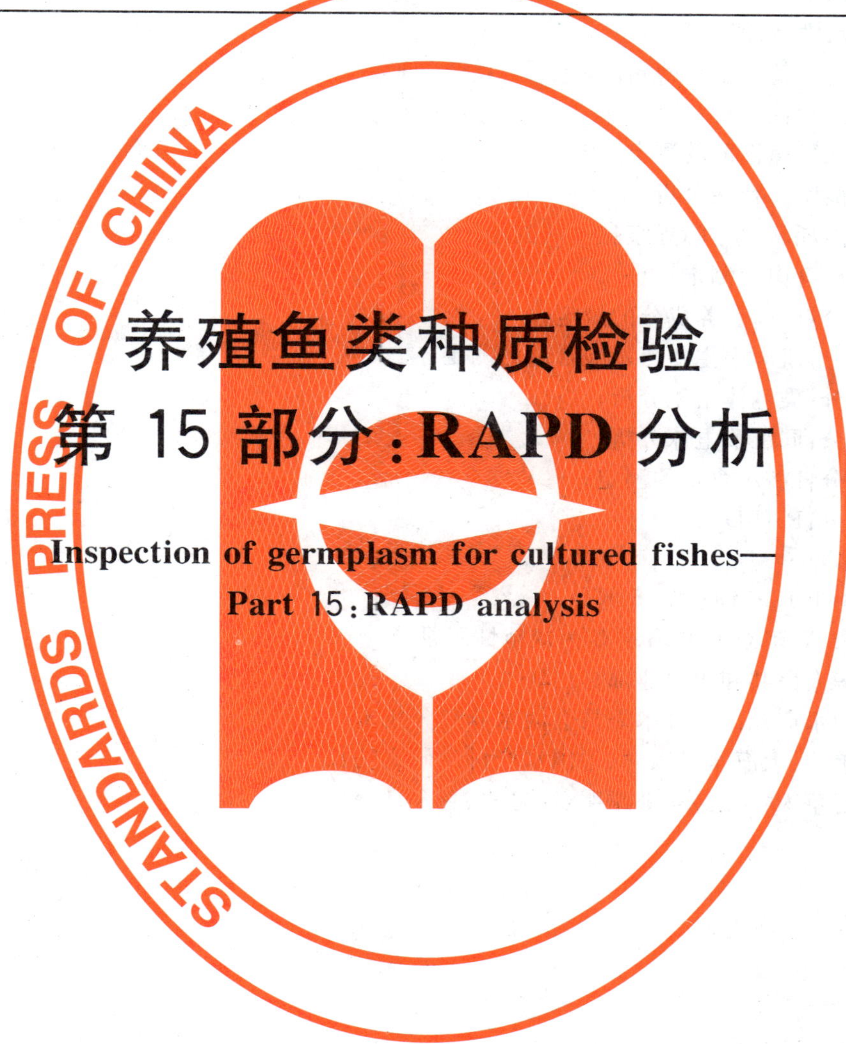

养殖鱼类种质检验
第 15 部分：RAPD 分析

Inspection of germplasm for cultured fishes—
Part 15：RAPD analysis

2008-06-27 发布　　　　2008-10-01 实施

中华人民共和国国家质量监督检验检疫总局
中国国家标准化管理委员会　发布

前　言

GB/T 18654《养殖鱼类种质检验》分为下列部分：

——第1部分：检验规则；

——第2部分：抽样方法；

——第3部分：性状测定；

——第4部分：年龄与生长的测定；

——第5部分：食性分析；

——第6部分：繁殖性能的测定；

——第7部分：生态特性分析；

——第8部分：耗氧率与临界窒息点的测定；

——第9部分：含肉率测定；

——第10部分：肌肉营养成分的测定；

——第11部分：肌肉中主要氨基酸含量的测定；

——第12部分：染色体组型分析；

——第13部分：同工酶电泳分析；

——第14部分：DNA含量的测定；

——第15部分：RAPD分析；

……

本部分为GB/T 18654的第15部分。

本部分的附录A、附录B和附录C为规范性附录。

本部分由中华人民共和国农业部提出。

本部分由全国水产标准化技术委员会淡水养殖分技术委员会归口。

本部分起草单位：上海水产大学、中国水产科学研究院长江水产研究所。

本部分主要起草人：李思发、邹曙明、徐忠法、赵金良、蔡完其。

养殖鱼类种质检验
第15部分:RAPD分析

1 范围

GB/T 18654的本部分规定了鱼类RAPD分析的试剂与材料、仪器和设备、抽样、分析步骤和结果判定。

本部分适用于常见淡水、海水养殖鱼类。

2 规范性引用文件

下列文件中的条款通过GB/T 18654的本部分的引用而成为本部分的条款。凡是注日期的引用文件,其随后所有的修改单(不包括勘误的内容)或修订版均不适用于本部分,然而,鼓励根据本部分达成协议的各方研究是否可使用这些文件的最新版本。凡是不注日期的引用文件,其最新版本适用于本部分。

GB/T 18654.1—2002 养殖鱼类种质检验 第1部分:检验规则

GB/T 18654.2 养殖鱼类种质检验 第2部分:抽样方法

3 原理

利用10碱基的随机寡核苷酸引物,对样品基因组的DNA进行PCR扩增,扩增产物进行电泳分离和溴化乙锭染色,根据谱带多态性比较分析,判定鱼类物种的遗传特性。

4 试剂与材料

除非另有说明,在分析中仅使用确认为分析纯的试剂和蒸馏水或去离子水或相当纯度的水。

4.1 三羟甲基氨基甲烷(Tris)。

4.2 氢氧化钠(NaOH)。

4.3 氯化钠(NaCl)。

4.4 十二烷基磺酸钠(SDS)。

4.5 氯化钾(KCl)。

4.6 氯化镁($MgCl_2$)。

4.7 乙二胺四乙酸二钠(EDTA)。

4.8 硼酸。

4.9 琼脂糖。

4.10 蔗糖。

4.11 明胶。

4.12 溴化乙锭(EB)。

4.13 蛋白酶K。

4.14 RNA酶A(无DNA酶活性)。

4.15 *Taq*酶。

4.16 DNA Marker。

4.17 石蜡油。

4.18 无水乙醇。

4.19 95%乙醇。

4.20 70%乙醇。

4.21 平衡酚。

4.22 三氯甲烷。

4.23 异戊醇。

4.24 浓盐酸。

4.25 Tris-HCl 缓冲液:配制方法见附录 A。

4.26 0.5 mol/L EDTA 溶液:配制方法见附录 A。

4.27 5 mol/L NaCl:配制方法见附录 A。

4.28 STE 缓冲液:配制方法见附录 A。

4.29 10% SDS 溶液:配制方法见附录 A。

4.30 20 mg/mL 蛋白酶 K 溶液:配制方法见附录 A。

4.31 25 mg/mL RNA 酶 A 溶液:配制方法见附录 A。

4.32 PCR 扩增缓冲液(10 ×):配制方法见附录 B。

4.33 TBE 电泳缓冲液(10×):配制方法见附录 C。

4.34 0.5 mg/mL 溴化乙锭溶液(1 000×):配制方法见附录 C。

4.35 加样缓冲液(6×):配制方法见附录 C。

4.36 溴酚蓝。

5 仪器和设备

5.1 PCR 扩增仪。

5.2 高速低温离心机。

5.3 电子天平,感量为 0.000 1 g。

5.4 紫外透射分析仪。

5.5 照相器材。

5.6 凝胶成像系统。

5.7 恒温水浴锅。

5.8 烘箱。

5.9 低温冰箱及普通冰箱。

5.10 0.5 μL～1 000 μL 取样器(1 套)。

5.11 样品混合器。

5.12 微波炉。

5.13 高压湿热灭菌锅。

5.14 紫外分光光度计。

5.15 0.2 mL 薄壁离心管(PCR 扩增用)。

5.16 1.5 mL 离心管。

5.17 解剖用具(镊子、剪刀、手术刀、搪瓷盘)。

5.18 陶瓷研钵。

5.19 玻璃组织匀浆器。

5.20 一次性手套。

5.21 水平电泳仪(1 套)。

5.22 凝胶灌制平台。

5.23 凝胶样品梳。

5.24 胶带。

5.25 直流电源。

6 抽样

6.1 试验鱼抽样按 GB/T 18654.2 的规定执行。

6.2 样品数量为 30 尾～50 尾。

6.3 取 0.1 g 肌肉、肝脏、鳍条等新鲜样品，于液氮、干冰及－30 ℃以下低温保存，或于 95%乙醇中保存。

7 分析步骤

7.1 基因组 DNA 的提取

取 0.1 g 样品，视保存方式而采用剪碎、液氮碾碎或匀浆器磨碎样品，放入 1.5 mL 离心管内，加入 400 μL STE 缓冲液。

再加入终浓度分别为 1%的 SDS 和 100 μg/mL～300 μg/mL 的蛋白酶 K，混匀后，56 ℃作用5 h～15 h。

混合液中加入等体积饱和酚，于样品混合器上缓慢转动 0.5 h～1 h，待充分混匀后，10 000*g* 离心 8 min，吸取上清液；加入等体积的混合液（酚、三氯甲烷、异戊醇三者之比为 25∶24∶1），缓慢转动 0.5 h，离心后吸取上清液；加入等体积的三氯甲烷，缓慢转动 5 min，离心后吸取上清液；加入等体积的异丙醇或 2 倍体积的无水乙醇，缓慢转动几分钟，产生絮状 DNA 沉淀，静置 5 min 后，低速（1 000*g*～1 500*g*）离心 5 min，获得 DNA 沉淀。DNA 沉淀用 70%的乙醇洗涤，干燥，加入 500 μL 无菌重蒸水或 TE 溶解，再加入 25 mg/mL 的 RNA 酶 A 溶液（无 DNA 酶活性）2 μL，于 37 ℃温育 1 h 后，置于 4 ℃冰箱保存备用。

使用紫外分光光度计或琼脂糖凝胶电泳检测样品的纯度与浓度。紫外分光光度计检测的 OD_{260}/OD_{280} 值应在 1.6～1.8 范围内，电泳检测显示 DNA 长度应大于 50 kb。DNA 样品的浓度约为100 ng/μL。

7.2 基因组 DNA 的 PCR 扩增

在 0.2 mL 薄壁管中加下列 PCR 反应混合液（反应总体积为 25 μL）：1.5 μL～3.0 μL PCR 扩增缓冲液，1 μL 2.5 mmol/L dNTP 混合液，1 μL～2 μL 5 μmol/L 引物，约 25 ng～150 ng 基因组 DNA，0.6 U～1 U *Taq* 酶。离心后，再加入约 30 μL 石腊油防止挥发。

离心后于 PCR 扩增仪上反应，循环程序为：第一个程序为 93 ℃～94 ℃ 变性 5 min，第二个程序为 93 ℃～94 ℃ 45 s，36 ℃ 45 s，72 ℃ 90 s，40 个～45 个循环后，72 ℃延伸 10 min。

扩增产物直接电泳或 4 ℃暂时保存（一般不超过 6 h）至电泳分析。

7.3 PCR 扩增样品的电泳分析

1.5% 琼脂糖凝胶的制备：称取适量琼脂糖（电泳级）置于三角瓶中，加入 TBE 电泳缓冲液混匀，在微波炉中加热熔化，需要时可加入溴化乙锭，制成 0.5 μg/mL EB 染色液的凝胶，冷却至 55 ℃，倒入已用胶带封好的凝胶灌制平台，插上样品梳。

待胶凝固后，从制胶平台上除去封带，拔出梳子，放入电泳槽中，TBE 缓冲液高出凝胶表面约 1 mm～5 mm。

取 10 μL PCR 扩增产物加适量的加样缓冲液，混匀，然后用移液器将样品加入样品孔中。DNA Marker 同时点在旁边的孔中。

接通电源，使 DNA 向阳极移动，在 1 V/cm～10 V/cm 的电压下进行电泳。

当加样缓冲液中的溴酚蓝迁移至足够分离 DNA 片段的距离时，关闭电源。

用 0.5 μg/mL 的 EB 染色 10 min～30 min 后在凝胶成像系统上记录(已加入 EB 染色液的凝胶可以直接在紫外透射仪上观察、照相)。

7.4 结果分析

7.4.1 种、亚种或地理群体 RAPD 遗传图谱的建立及寻找特征标记引物

选择条带清晰、重复性佳的引物(一般以 20 个以上引物为准),对每群体 30 个～50 个样本进行 PCR 扩增。建立该种、亚种或地理群体 RAPD 标准遗传图谱。并寻找出尽可能多的可以用来区分种间、亚种间、地理群体间的特征标记条带。

7.4.2 种、亚种或地理居群内的遗传相似度的计算

经电泳获得基因组遗传图谱,在同一电泳迁移位置上,有 DNA 扩增条带的计为 1,没有的计为 0。个体间遗传相似度(F)按式(1)计算:

$$F = \frac{2N_{xy}}{N_x + N_y} \qquad \cdots\cdots(1)$$

式中:

F——个体 x 和 y 间的遗传相似度;

N_{xy}——个体 x 和 y 共同拥有的带数;

N_x——个体 x 所具有的总带数;

N_y——个体 y 所具有的总带数。

种、亚种或地理居群内的平均遗传相似度通过对群体内各个体间的遗传相似度平均而求得。

8 结果判定

8.1 个体测定结果的判定

按 GB/T 18654.1—2002 中 6.1 的规定执行。

将所有测定结果逐一与该种、亚种或地理群体 RAPD 标准遗传图谱和特征标记条带进行对照,凡符合标准规定的判定为合格;凡不符合标准或与标准规定有显著差异的判定为不合格。

8.2 样品群体的判定

根据 8.1 的判定结果,计算出被检样品中合格品的百分率。

附 录 A
（规范性附录）
DNA 提取液的配制

A.1 1 mol/L Tris-HCl 缓冲液（需灭菌）

取 800 mL 重蒸水中溶解 121 g Tris 碱，用浓盐酸调至 pH8.0，混匀后加重蒸水至 1 L。

A.2 0.5 mol/L EDTA 溶液（需灭菌）

取 700 mL 重蒸水中溶解 186.1 g $Na_2EDTA \cdot 2H_2O$，用 10 mol/L NaOH 调至 pH8.0（约50 mL），补加重蒸水至 1 L。

A.3 5 mol/L NaCl（需灭菌）

取 1 000 mL 重蒸水中溶解 292 g NaCl。

A.4 STE 缓冲液

30 mmol/L Tris-HCl（pH8.0），200 mmol/L EDTA，50 mmol/L NaCl。

A.5 10% SDS 溶液

取 900 mL 重蒸水溶解 100 g 电泳级 SDS，加热至 68 ℃助溶，调节 pH 至 7.2，定容至 1 L，分装备用。

A.6 20 mg/mL 蛋白酶 K 溶液

蛋白酶 K 20 mg 溶解于 1 mL 无菌重蒸水中，分装后－20 ℃保存。

A.7 25 mg/mL RNA 酶 A 溶液

25 mg 无 DNA 酶活性的 RNA 酶 A 溶解于 1 mL 无菌重蒸水中，－20 ℃保存。

附 录 B
（规范性附录）
PCR 扩增缓冲液

PCR 扩增缓冲液：

100 mmol/L Tris-HCl(pH9.0)，500 mmol/L KCl，30.0 mmol/L $MgCl_2$，0.001%明胶。

附 录 C
（规范性附录）
电泳缓冲液

C.1 TBE 电泳缓冲液

108 g Tris，55 g 硼酸，40 mL 0.5 mol/L EDTA(pH8.0)。

C.2 0.5 mg/mL 溴化乙锭溶液

50 mg 溴化乙锭，100 mL 重蒸水。

C.3 加样缓冲液

0.25%溴酚蓝，40%(质量浓度)蔗糖水溶液。

ICS 29.140.30
K 71

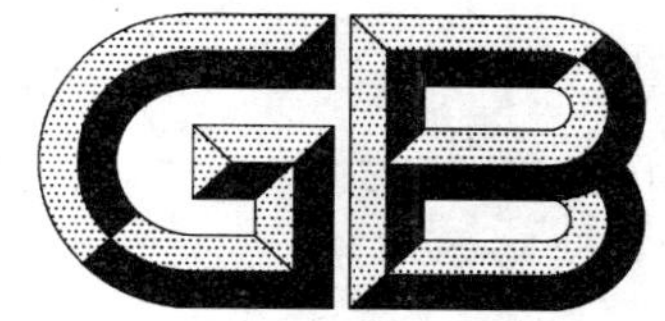

中华人民共和国国家标准

GB/T 18661—2008
代替 GB 18661—2002

金属卤化物灯(钪钠系列)

Metal-halide lamps(ScI_3-NaI series)

2008-04-29 发布　　2008-12-01 实施

中华人民共和国国家质量监督检验检疫总局
中国国家标准化管理委员会
发布

前　言

本标准技术内容对应于美国国家标准ANSI单端金属卤化物灯(ANSI_ANSLG C78.43:2007 For electric lamps:Single-ended metal halide lamps)和双端金属卤化物灯(ANSI C78.1381 70-Watt,M85 double-ended metal halide lamps;ANSI C78.1386 100-Watt,M91 double-ended metal halide lamps;ANSI C78.1385 150-Watt,M81 double-ended metal halide lamps;ANSI C78.1387:2001 For electric lamps:250-Watt,M80 double-ended metal halide lamps),与ANSI上述标准的一致性程度为非等效。

本标准根据ANSI上述新版标准重新起草。

本标准代替GB 18661—2002《单端金属卤化物灯(175 W～1 500 W钪钠系列)》。

本标准与GB 18661—2002的主要差异如下:

——将原先的条款强制性标准改为推荐性标准。

——GB 18661—2002以汇总表的形式给出了金属卤化物灯的各项规定,而本次对于该标准的修订,参照ANSI标准原文的格式,根据金属卤化物灯的功率规格,以独立的参数表的形式分别给出每个金属卤化物灯的各项参数要求,更加符合国际惯例。

——本标准中的产品范围由单端金属卤化物灯(175 W～1 500 W钪钠系列)更改为"金属卤化物灯(钪钠系列)",包括单端金属卤化物灯和双端金属卤化物灯。规格范围与GB 18661—2002相比,增加了ANSI已经纳入的50 W、70 W、100 W、150 W、175 W、250 W、320 W、350 W、400 W、750 W和1 000 W脉冲启动单端灯和360 W开关启动单端灯,以及70 W、100 W、150 W和250 W双端金属卤化物灯。本标准还增加了目前国内生产和使用比较广泛的IEC 61167《金属卤化物灯》中对应的70 W和150 W、灯头型号为G12的单端金属卤化物灯。

——本标准中金属卤化物灯的电弧管管体是由石英材料制成。

——本标准结合我国近年来金属卤化物灯的实际发展情况,参考国内主要金属卤化物灯生产厂家的企业标准、产品实际水平和实测数据,重新制定和修订了光参数、色参数和寿命等各项技术指标值。

本标准附录A和附录B为规范性附录。

本标准由中国轻工业联合会提出。

本标准由全国照明电器标准化技术委员会(SAC/TC 224)归口。

本标准主要起草单位:杭州菁蓝照明科技有限公司、佑昌(杭州)照明电器有限公司、欧司朗(中国)照明有限公司、上海亚明灯泡厂有限公司、飞利浦亚明照明有限公司、杭州汉光照明有限公司、江苏普罗斯电器有限公司、佛山市华全电气照明有限公司、上海罗曼电光源有限公司、湖州华氏照明有限公司、北京电光源研究所。

本标准主要起草人:吴永强、蔡建龙、张俊斌、关仕敬、李志君、武晓军、高学军、童睿、华鸣、吕鸿平、区志杨、孙建康、陆肖华、赵秀荣、江姗。

本标准所代替标准的历次版本发布情况为:

——GB 18661—2002。

金属卤化物灯(钪钠系列)

1 范围

本标准规定了适用于功率为50 W～1 500 W透明玻壳的钪钠系列单端和双端金属卤化物灯(以下简称灯)产品的型号、主要尺寸、基本参数、技术要求、试验方法、检验规则、标志、包装、运输和贮存。符合本标准和GB 19652的金属卤化物灯,当采用符合附录A要求的镇流器和触发器以及符合附录B要求时,在额定电源电压的92%～106%范围内,可以正常启动和燃点。

2 规范性引用文件

下列文件中的条款通过本标准的引用而成为本标准的条款。凡是注日期的引用文件,其随后所有的修改单(不包括勘误的内容)或修订版均不适用于本标准,然而,鼓励根据本标准达成协议的各方研究是否可使用这些文件的最新版本。凡是不注日期的引用文件,其最新版本适用于本标准。

GB/T 191 包装储运图示标志(GB/T 191—2008,ISO 780:1997,MOD)

GB/T 2423.10 电工电子产品环境试验 第2部分:试验方法 试验Fc和导则:振动(正弦)(GB/T 2423.10—2008,idt IEC 60068-2-6:1995)

GB/T 2828.1 计数抽样检验程序 第1部分:按接收质量限(AQL)检索的逐批检验抽样计划(GB/T 2828.1—2003,ISO 2859-1:1999,IDT)

GB/T 2829 周期检验计数抽样程序及表(适用于对过程稳定性的检验)

GB/T 2900.65 电工术语 照明(GB/T 2900.65—2004,IEC 60050-845:1987,MOD)

GB 7000.1 灯具一般安全要求与试验(GB 7000.1—2007,IEC 60598-1:2003,IDT)

GB/T 13434 放电灯(荧光灯除外)特性测量方法

GB/T 15042 灯用附件 放电灯(管形荧光灯除外)用镇流器 性能要求(GB/T 15042—2005,IEC 60923:2001,IDT)

GB 19510.2 灯的控制装置 第2部分:启动装置(辉光启动器除外)的特殊要求(GB 19510.2—2005,IEC 61347-2-1:2000,IDT)

GB 19510.10 灯的控制装置 第10部分:放电灯(荧光灯除外)用镇流器的特殊要求(GB 19510.10—2004,IEC 61347-2-9:2003,IDT)

GB 19652—2005 放电灯(荧光灯除外)安全要求(IEC 62035:1999,IDT)

GB/T 19655 灯用附件 启动装置(辉光启动器除外)性能要求(GB/T 19655—2005,IEC 60927:1996,IDT)

QB 2274 电光源产品的分类和型号命名方法

QB/T 2511 单端金属卤化物灯用LC顶峰超前式镇流器性能要求

3 术语和定义

GB/T 2900.65确立的以及下列术语和定义适用于本标准。

3.1

额定功率(一种型号灯的) rated power(of a type of lamp)

由制造商或销售商宣称的某一给定型号灯在规定条件下工作时的功率值。

单位:W

注:额定功率通常标明在灯上。

3.2

初始光通量　initial luminous flux

灯燃点至100 h时所测得的光通量值。

3.3

光效(灯的)　lumens efficacy(of a lamp)

灯发出的光通量与其所耗功率之比。

3.4

再启动电压　lamp re-ignition voltage

在稳定状态下的灯电压从上半周向下半周跃迁时的瞬间最大峰值(见图1)。

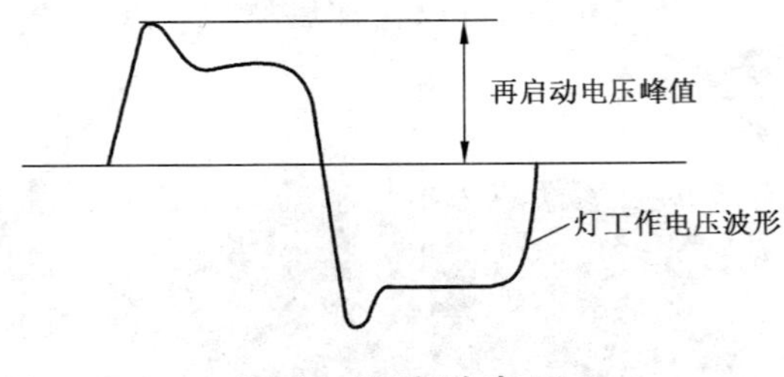

图1　再启动电压

3.5

再启动电压尖峰　lamp re-ignition voltage spike

灯在温升早期,在电流过零后瞬间由于电弧管内部化学作用出现一个在短暂时间内先上升后下降、宽度小于50 μs的电压尖峰(见图2)。

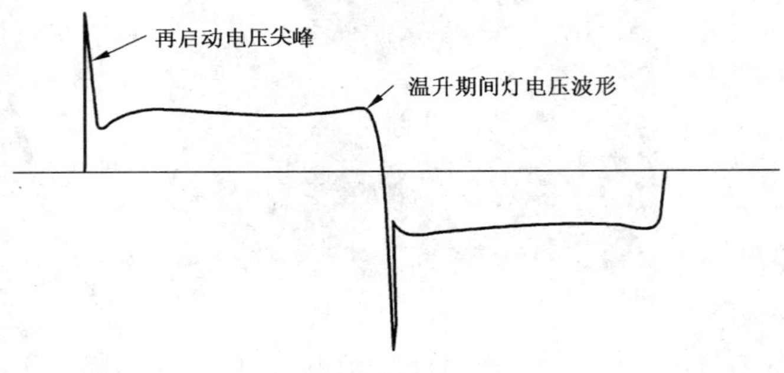

图2　再启动电压尖峰

3.6

光通维持率(灯的)　lumen maintenance(of a lamp)

灯在其寿命中一给定时间的光通量与其初始光通量之比,此期间灯在规定的条件下燃点。

注:此比率通常用百分比表示。

3.7

平均寿命　average life

灯的光通维持率达到本标准要求,并燃点至50%的灯寿终时的累计时间。

3.8

校准电流　calibration current

用来校准基准镇流器的电流值。

3.9

基准镇流器　reference ballast

为检验镇流器提供比较标准,为筛选基准灯及检验在标准化条件下正常生产的灯而设计的专用电感镇流器。

4 分类与命名

4.1 分类

a) 按灯头的数量分为单端(单灯头)和双端(双灯头);

b) 按色温分为 3 000 K、4 000 K 和 5 000 K 等;

c) 按玻壳形式分为 ED 型、BT 型、PAR 型、T 型和 TT 型等;

d) 按外玻壳材料分为普通型(外壳为硬料玻璃)和双石英型(外壳为石英管)。

4.2 规格系列

灯按功率分类,分为小功率(50 W～150 W)、中功率(175 W～400 W)和大功率(750 W～1 500 W)。

4.3 型号

灯的型号应符合 QB 2274 的规定。

4.3.1 型号表示规则

灯的型号由四部分组成:第一部分表示灯的代号(JLZ 代表普通型单端金属卤化物灯,JLS 代表双石英型双端或单端金属卤化物灯),第二部分表示灯的功率,第三部分表示钪钠系列,第四部分为补充部分,可采用色温(如 3 K、4 K 和 5 K 等,是用色温值除以 1 000 的数值加上大写字母 K 表示),也可采用启动类型(如开关启动可省略、脉冲启动用 PS 表示),也可采用灯头型号和/或采用玻壳型号(如 ED 型、BT 型、T 型、TT 型等)或其他信息,各制造商可自行选择和取舍,如果上述两种或者多种内容同时出现,中间用符号隔开。

4.3.2 型号示例

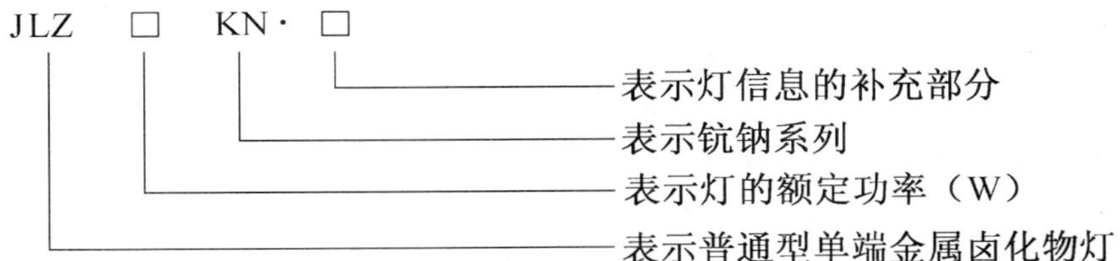

例:JLZ 175 KN • ED(175 W ED 型玻壳的钪钠系列单端金属卤化物灯)

JLZ 250 KN • PS(250 W 脉冲启动的钪钠系列单端金属卤化物灯)

JLS 150 KN • 3K(150 W 色温为 3 000 K、钪钠系列双石英金属卤化物灯)

JLS 70 KN • G12(70 W 灯头型号为 G12、钪钠系列单端双石英金属卤化物灯)

4.4 灯的规格、外形尺寸应符合图 3～图 10 及 9.2 相应规格灯的参数表的要求。

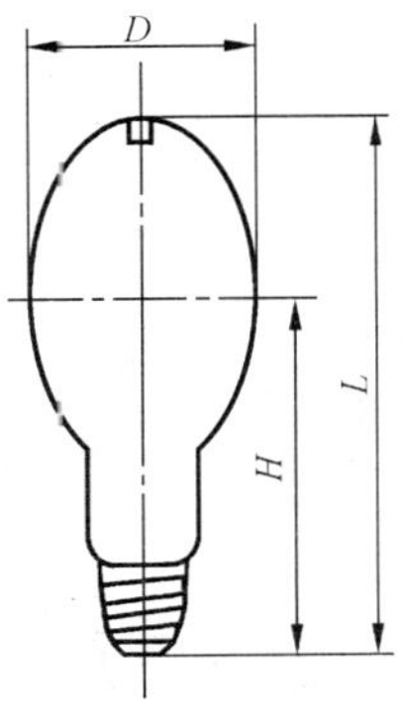

图 3 ED 型

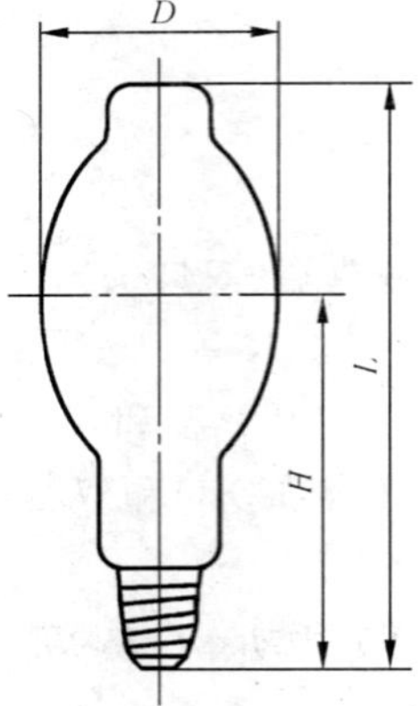

图 4　BT 型

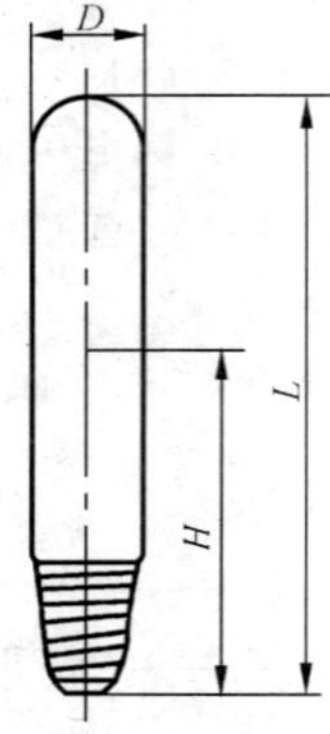

图 5　T 型

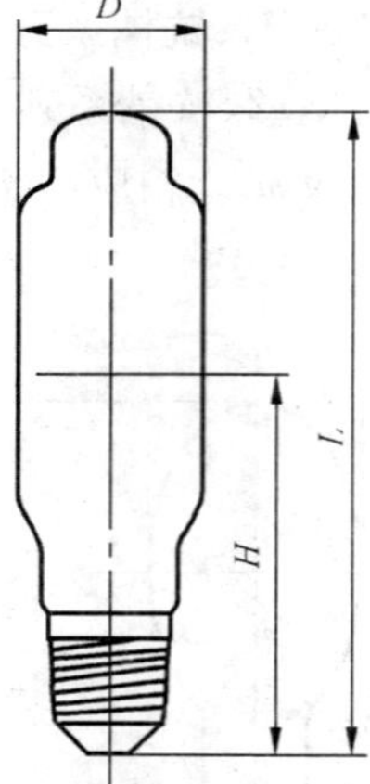

图 6　TT 型

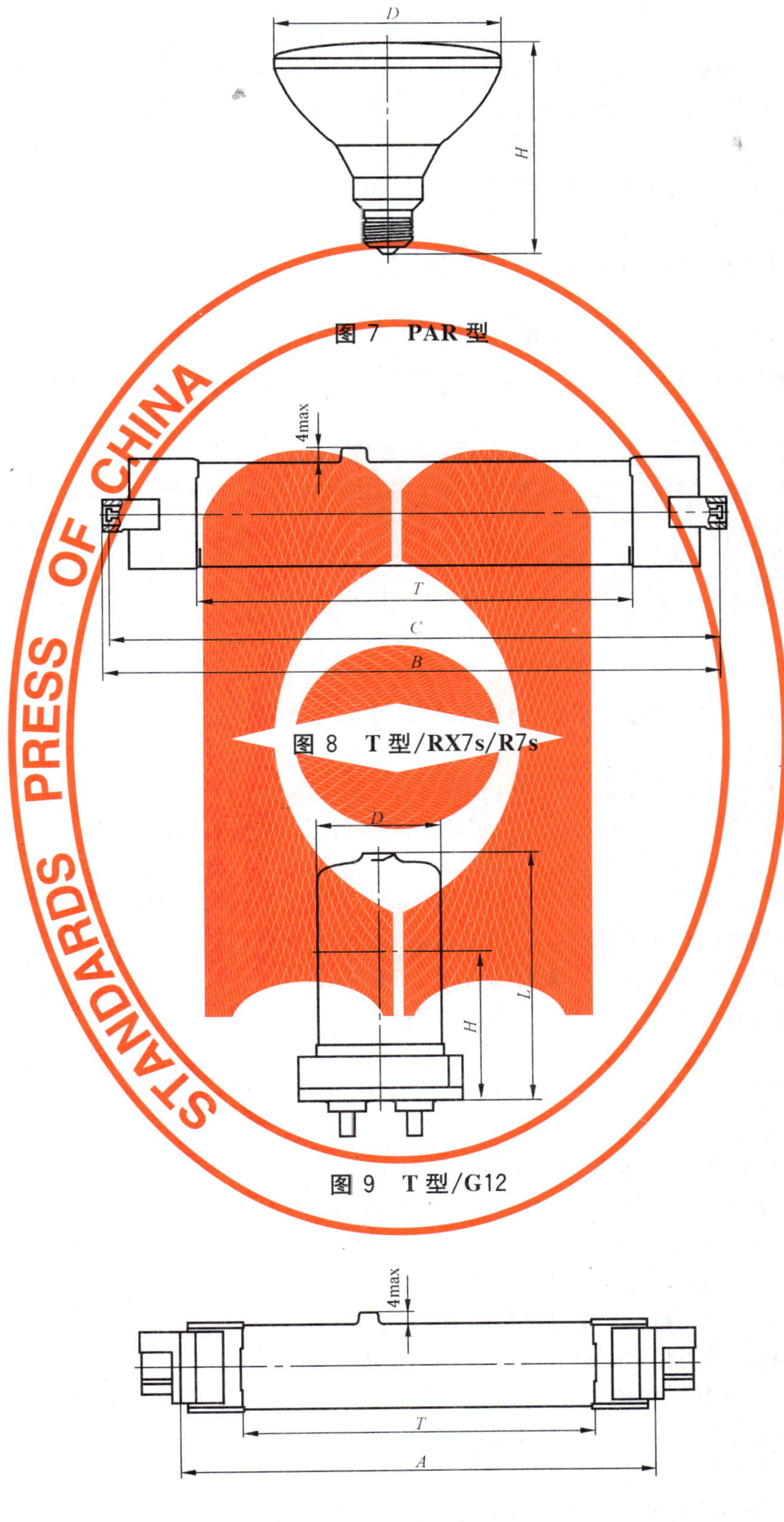

图 7 PAR 型

图 8 T 型/RX7s/R7s

图 9 T 型/G12

图 10 T 型/FC2

5 要求

5.1 灯燃点 100 h 后的端电压、初始光效应符合 9.2 中相应灯的参数表的要求，显色指数不低于参数表中规定值的 80%。灯的初始光通量可由制造商或销售商标称，但其实测值应不低于标称值的 90%。

5.2 灯的玻壳应洁净、透明，无影响使用的缺陷。

5.3 螺口灯的引出线与灯头焊接应牢固光滑，焊点不应明显破坏灯头的防锈层，且不应妨碍灯旋入相应型号的符合标准的灯座内。

5.4 灯头与电弧管应处在同一轴线上，电弧管内两电极尖端连线与灯头轴线的最大偏差(同轴度)应符合灯的参数表要求。

5.5 灯应具有完好的结构，不应有影响正常使用的装配上的缺陷。

5.6 灯应具有良好的耐振性能。经振动试验后，内部结构不应有松动、脱焊及损坏现象，并能正常启动和燃点。

5.7 在温升过程中灯的再启动电压尖峰应符合灯的参数表的要求。

5.8 在基准镇流器上测试灯在整个寿命期间的再启动电压应符合灯的参数表要求。

5.9 灯的启动电压和温升

5.9.1 灯在整个额定寿命期间的启动电压

在灯的参数表中规定的正弦开路测试电压及温度条件下，灯在规定的位置燃点时应在参数表中规定时间内启动。

5.9.2 灯的温升

任一裸灯在 A.2.4 规定的最小启动电流下，在灯参数表规定时间内，灯的电压应达到灯规定最小工作电压的 95%。

5.10 灯玻壳和灯头的最大允许温度应符合相应参数表的规定。

5.11 灯的平均寿命应符合相应参数表的规定，光通维持率应不低于相应参数表中规定值的 90%。

6 试验方法

6.1 除另有规定的外，所有试验都应在规定的正常大气条件下进行，即：温度 25℃±5℃、相对湿度小于 65%、无对流风的环境。试验时，若无特殊说明，灯应按规定燃点，其中 ED 型、BT 型和 PAR 型玻壳灯以及 G12 灯均为垂直燃点，灯头在上；T 型、TT 型玻壳普通型灯以及双端灯应水平燃点±5°，电弧管烧尖点垂直朝上。

6.2 灯的标志(8.1)，按照 GB 19652—2005 中 4.2.1 的方法进行检查；灯的外形尺寸(4.4)用通用量具进行测量。

6.3 灯的端电压、初始光效/初始光通量和显色指数等基本参数(5.1)应按 GB/T 13434 的规定进行测量。测量时使用基准镇流器，基准镇流器应符合 A.1 的要求。初始光效通过计算得出。

6.4 玻壳质量(5.2)用目视法检验。

6.5 引出线与灯头焊接质量(5.3)用目视法检验。

6.6 同轴度(5.4)用专用仪器或实样对比法检验。

6.7 灯的装配质量(5.5)用目测法和专用装置进行检验。

6.8 灯的振动试验(5.6)按 GB/T 2423.10 的规定进行。试验前样品外观检查应符合 5.2 要求，样品用刚性连接固定在振动台上，试验为定频试验，频率 10 Hz、振幅 1 mm(单振幅)，持续时间为在两个互相垂直的轴线上各振动 10 min。

6.9 灯的再启动电压尖峰(5.7)、灯的再启动电压(5.8)、灯的启动电压和温升要求(5.9)的试验方法按 GB/T 13434 的规定进行。

6.10 玻壳和灯头最高温度(5.10)的测量，按照 GB/T 13434 的规定方法进行。

6.11 灯的平均寿命和光通维持率试验(5.11)在额定电压下进行，采用工作镇流器(见附录A)和50 Hz交流电源，其电压波动应不大于±2%。寿命试验中，灯应按规定燃点。燃点时，电源每昼夜应关闭两次，每次不少于1 h。电源关闭的时间不计入燃点寿命内。在光通维持率试验中，因偶然机械损坏和错误燃点损坏的灯应不计算在试验结果内。试验进行到规定时间时再测量光通量，并计算光通维持率。

7 检验规则

7.1 为了检验灯是否符合本标准的规定，应由制造商对灯进行交收检验和例行检验。

7.2 交收检验

7.2.1 交收检验的灯是从合格的提交批中均匀抽取，检验按GB/T 2828.1的规定进行，其检验项目、检查水平及合格质量水平应符合表1的规定。

7.2.2 若交收检验不合格，则该批产品应由制造厂隔离后进行100%的检验。剔除不合格品后可再次提交验收。若再次提交批经检验后仍不合格，则应停止交收，此时，应分析原因，提出改进措施和处理该批产品的办法。

7.3 例行检验

7.3.1 例行检验周期应为每年一次。当灯的结构、工艺过程或材料的变更可能影响到灯的性能，或当灯生产中断了三个月以上又恢复生产时，都要进行例行检验。

7.3.2 例行检验的产品应按GB/T 2829的要求，从交收检验合格的灯中均匀的抽取。例行检验前，所有样本单位应按交收检验项进行100%检查。若发现不合格品，则以合格品替换，同时应分析原因，记入例行检验报告中，但不作为例行检验结果的鉴定依据。

7.3.3 例行检验的项目及判别水平应符合表2的规定

7.3.4 例行检验若不合格，则认为该批灯不合格，此时应分析原因，提出处理办法和采取有效措施后，方可恢复生产与验收。

表1 交收检验的项目及合格判定条件

<table>
<tr><th rowspan="2">序号</th><th rowspan="2">试验项目</th><th rowspan="2">技术要求</th><th rowspan="2">试验方法</th><th rowspan="2">检查水平</th><th colspan="2">AQL</th></tr>
<tr><th>单项要求</th><th>全部项要求</th></tr>
<tr><td>1</td><td>标志</td><td>8.1</td><td>6.2</td><td rowspan="4">S-2</td><td>2.5</td><td rowspan="6">6.5</td></tr>
<tr><td>2</td><td>玻壳质量</td><td>5.2</td><td>6.4</td><td rowspan="5">—</td></tr>
<tr><td>3</td><td>引出线与灯头的焊接牢固度</td><td>5.3</td><td>6.5</td></tr>
<tr><td>4</td><td>装配质量</td><td>5.5</td><td>6.7</td></tr>
<tr><td>5</td><td>灯主要尺寸</td><td>4.4</td><td>6.2</td><td rowspan="8">S-1</td></tr>
<tr><td>6</td><td>同轴度</td><td>5.4</td><td>6.6</td></tr>
<tr><td>7</td><td>端电压</td><td rowspan="3">5.1</td><td rowspan="3">6.3</td><td rowspan="6">4.0</td><td rowspan="6">—</td></tr>
<tr><td>8</td><td>初始光效/初始光通量</td></tr>
<tr><td>9</td><td>显色指数</td></tr>
<tr><td>9</td><td>再启动电压尖峰</td><td>5.7</td><td rowspan="3">6.9</td></tr>
<tr><td>10</td><td>启动电压(10±1)℃</td><td>5.9.1</td></tr>
<tr><td>11</td><td>温升要求</td><td>5.9.2</td></tr>
</table>

表 2 例行检验的项目与合格判定条件

<table>
<tr><th rowspan="2">序号</th><th rowspan="2">检 验 项 目</th><th rowspan="2">技术要求</th><th rowspan="2">试验方法</th><th rowspan="2">抽样方案</th><th rowspan="2">判别水平</th><th rowspan="2">RQL</th><th rowspan="2">n</th><th colspan="2">判定数值</th></tr>
<tr><th>Ac</th><th>Re</th></tr>
<tr><td>1</td><td>耐振性能</td><td>5.6</td><td>6.8</td><td rowspan="3">按 GB/T 2829
二次抽样方案</td><td rowspan="3">Ⅱ</td><td rowspan="3">65</td><td rowspan="3">3
3</td><td rowspan="3">0
1</td><td rowspan="3">2
2</td></tr>
<tr><td>2</td><td>玻壳及灯头最大允许温度</td><td>5.10</td><td>6.10</td></tr>
<tr><td>3</td><td>启动电压(−30±1)℃</td><td>5.9.1</td><td>6.9</td></tr>
<tr><td>4</td><td>光通维持率</td><td>5.11</td><td>6.11</td><td>按 GB/T 2829
一次抽样方案</td><td>Ⅱ</td><td>65</td><td>5</td><td>1</td><td>2</td></tr>
<tr><td>5</td><td>平均寿命</td><td>5.11</td><td>6.11</td><td colspan="6">每个规格不少于 3 个,按照定义判别</td></tr>
</table>

8 标志、包装、运输和贮存

8.1 在每个灯上应有下列清晰和牢固的标志。

a) 来源标志。可以是商标、制造商标志或销售商的名称等。

b) 灯的型号或功率及灯的有关光电特性。

c) 制造日期(年、季或月)。

8.2 灯的包装应牢固并具有良好的耐振性能。每只包装盒应附有产品说明书和合格证。

8.2.1 每个包装盒表面应注明:

a) 制造商商标及名称、地址;

b) 灯的名称和型号;

c) 灯头型号;

d) 产品标准号。

8.2.2 在外包装箱上,除应符合 8.2.1 的规定外,还应注明:

a) 灯数量;

b) 包装日期;

c) 符合 GB/T 191 规定的包装储运图示标志。

8.3 灯运输时,应防止挤压、雨雪淋湿和强烈的振动。

8.4 灯应贮存在相对湿度不超过 85%的干燥通风且没有腐蚀性气体的室内。

9 灯的参数表

9.1 灯参数表的编号方法

第一组数字表示本标准的编号,其前面标有字母 GB/T,即 GB/T 18661。

第二组数字表示相应灯规格代号。

第三组数字表示灯参数表的版次。未修订过的参数表,此号码为 1。参数表每次修订,则号码增加 1。

例如:灯的参数表 GB/T 18661-M57-1 已作修改,那么新的编号为 GB/T 18661-M57-2。

9.2 灯参数表清单和参数表

技术参数表活页号	额定功率	玻壳类型	灯头类型	启动类型
普通型单端金属卤化物灯(JLZ)				
GB/T 18661-M110-1	50 W	ED 型	E27	脉冲启动
GB/T 18661-M98-1	70 W	PAR 型、ED 型	E27	脉冲启动
GB/T 18661-M90-1	100 W	PAR 型、ED 型	E27	脉冲启动
GB/T 18661-M102-1	150 W	PAR 型、ED 型	E27	脉冲启动
GB/T 18661-M57-1	175 W	BT 型、ED 型、T 型	E27、E40	开关启动
GB/T 18661-M152-1	175 W	BT 型、ED 型、T 型	E40	脉冲启动
GB/T 18661-M58-1	250 W	BT 型、ED 型、T 型	E40	开关启动
GB/T 18661-M153-1	250 W	BT 型、ED 型、T 型	E40	脉冲启动
GB/T 18661-M154-1	320 W	BT 型、ED 型	E40	脉冲启动
GB/T 18661-M131-1	350 W	BT 型、ED 型	E40	脉冲启动
GB/T 18661-M165-1	360 W	BT 型、ED 型、T 型	E40	开关启动
GB/T 18661-M59-1	400 W	BT 型、ED 型、T 型	E40	开关启动
GB/T 18661-M155-1	400 W	BT 型、ED 型、T 型	E40	脉冲启动
GB/T 18661-M149-1	750 W	BT 型、ED 型	E40	脉冲启动
GB/T 18661-M47-1	1 000 W	BT 型、ED 型	E40	开关启动
GB/T 18661-M141-1	1 000 W	BT 型、ED 型、TT 型	E40	脉冲启动
GB/T 18661-M48-1	1 500 W	BT 型	E40	开关启动
双石英型双端和单端金属卤化物灯(JLS)				
GB/T 18661-M85-1	70 W	T20 截紫外石英玻壳	R7s	脉冲启动
GB/T 18661-M91-1	100 W	T20 截紫外石英玻壳	R7s	脉冲启动
GB/T 18661-M81-1	150 W	T24 截紫外石英玻壳	R7s	脉冲启动
GB/T 18661-M80-1	250 W	T25 截紫外石英玻壳	Fc2、Rx7s	脉冲启动
GB/T 18661-1055-1	70 W	T24 截紫外石英玻壳	G12	脉冲启动
GB/T 18661-1105-1	150 W	T24 截紫外石英玻壳	G12	脉冲启动

	50 W 单端金属卤化物灯	第 1 页

1 灯的尺寸和物理特性

玻壳类型	灯头型号	玻壳直径 D(max)/mm	总长度 L(max)/mm	光中心高度 H^*/mm	有效弧长*/mm	同轴度/(°)	工作位置限制	玻壳温度(max)/℃	灯头温度(max)/℃	图号
ED54	E27	56	141	88±3	4～11	3	任意	400	190	3

2 灯在温升期间的再启动电压尖峰

再启动电压尖峰/V		150(max)
镇流器特性参数	输入电压 /V	300
	镇流器短路电流 /A	0.77
	阻抗 /Ω	390

3 灯在稳定工作期间的再启动电压

再启动电压 /V	250(max)

4 灯的启动电压和温升

4.1 灯的启动电压：在下表中规定的最小开路测试电压和温度以及 A.2.3 规定的最小启动脉冲条件下，灯应在表中规定时间内启动。

温度/℃	最小开路电压/V		时间/s
	有效值	峰值	
10±1	198	280	10
−30±1			120

4.2 灯的温升

灯端电压达到最小灯工作电压的 95％时所需的时间 /min	2(max)

5 额定电压下配用基准镇流器时灯的电特性

	目标值	最大值	最小值
灯端电压 /V(r.m.s.)	85	95	75
电流* /A	0.68	—	—
功率* /W	50	—	—

6 额定电压下配用基准镇流器时灯的光特性和寿命参数

初始光效/(lm/W)			相关色温*/K	显色指数 Ra	2 000 h 光通维持率/％	平均寿命/h
1 级	2 级	3 级				
75	68	56	4 000	65	70	5 000

注：带“*”为参考值。

GB/T 18661-M110-1

	70 W 单端金属卤化物灯	第 1 页

1 灯的尺寸和物理特性

玻壳类型	灯头型号	玻壳直径 D(max)/mm	总长度 L(max)/mm	光中心高度 H^*/mm	有效弧长*/mm	同轴度/(°)	工作位置限制	玻壳温度(max)/℃	灯头温度(max)/℃	图号
ED54	E27	56	141	88±3	5.5～11.5	3	任意	400	190	3
PAR38		122		—	—			350		7

2 灯在温升期间的再启动电压尖峰

再启动电压尖峰/V		150(max)
镇流器特性参数	输入电压 /V	300
	镇流器短路电流 /A	1.28
	阻抗 /Ω	234

3 灯在稳定工作期间的再启动电压

再启动电压 /V	240(max)

4 灯的启动电压和温升

4.1 灯的启动电压：在下表中规定的最小开路测试电压和温度以及 A.2.3 规定的最小启动脉冲条件下，灯应在表中规定时间内启动。

温度/℃	最小开路电压/V		时间/s
	有效值	峰值	
10±1	198	280	10
−30±1			120

4.2 灯的温升

灯端电压达到最小灯工作电压的 95%时所需的时间 /min	2(max)

5 额定电压下配用基准镇流器时灯的电特性

	目标值	最大值	最小值
灯端电压 /V(r.m.s.)	85	100	75
电流* /A	0.9	—	—
功率* /W	70	—	—

6 额定电压下配用基准镇流器时灯的光特性和寿命参数

初始光效/(lm/W)			相关色温*/K	显色指数 Ra	2 000 h 光通维持率/%	平均寿命/h
1 级	2 级	3 级				
88	80	67	4 000	65	70	6 000

注：带“*”为参考值。

GB/T 18661-M98-1

	100 W 单端金属卤化物灯	第 1 页

1　灯的尺寸和物理特性

玻壳类型	灯头型号	玻壳直径 D(max)/mm	总长度 L(max)/mm	光中心高度 H^*/mm	有效弧长*/mm	同轴度/(°)	工作位置限制	玻壳温度(max)/℃	灯头温度(max)/℃	图号
ED54	E27	56	141	88±3	8.5～16.5	3	任意	400	190	3
PAR38		122		—	—	—		350		7

2　灯在温升期间的再启动电压尖峰

再启动电压尖峰/V	150(max)	
镇流器特性参数	输入电压　/V	300
	镇流器短路电流　/A	1.50
	阻抗　/Ω	200

3　灯在稳定工作期间的再启动电压

再启动电压　/V	240(max)

4　灯的启动电压和温升

4.1　灯的启动电压：在下表中规定的最小开路测试电压和温度以及 A.2.3 规定的最小启动脉冲条件下，灯应在表中规定时间内启动。

温度/℃	最小开路电压/V		时间/s
	有效值	峰值	
10±1	198	280	10
−30±1			120

4.2　灯的温升

灯端电压达到最小灯工作电压的 95%时所需的时间　/min	2(max)

5　额定电压下配用基准镇流器时灯的电特性

	目标值	最大值	最小值
灯端电压　/V(r.m.s.)	100	110	90
电流*　/A	1.1	—	—
功率*　/W	100	—	—

6　额定电压下配用基准镇流器时灯的光特性和寿命参数

初始光效/(lm/W)			相关色温*/K	显色指数 Ra	2 000 h 光通维持率/%	平均寿命/h
1 级	2 级	3 级				
93	85	72	4 000	65	70	6 000

注：带“*”为参考值。

GB/T 18661-M90-1

	150 W 单端金属卤化物灯	第 1 页

1 灯的尺寸和物理特性

玻壳类型	灯头型号	玻壳直径 D(max)/mm	总长度 L(max)/mm	光中心高度 H*/mm	有效弧长*/mm	同轴度/(°)	工作位置限制	玻壳温度(max)/℃	灯头温度(max)/℃	图号
ED54	E27	56	141	88±3	7.5～20.5	3	任意	400	190	3
PAR38		122		—	—	—		350		7

2 灯在温升期间的再启动电压尖峰

再启动电压尖峰/V		150(max)
镇流器特性参数	输入电压 /V	300
	镇流器短路电流 /A	2.5
	阻抗 /Ω	120

3 灯在稳定工作期间的再启动电压

再启动电压 /V	250(max)

4 灯的启动电压和温升

4.1 灯的启动电压：在下表中规定的最小开路测试电压和温度以及 A.2.3 规定的最小启动脉冲条件下，灯应在表中规定时间内启动。

温度/℃	最小开路电压/V		时间/s
	有效值	峰值	
10±1	198	280	10
−30±1			120

4.2 灯的温升

灯端电压达到最小灯工作电压的 95%时所需的时间 /min	2(max)

5 额定电压下配用基准镇流器时灯的电特性

	目标值	最大值	最小值
灯端电压 /V(r.m.s.)	95	105	85
电流* /A	1.8	—	—
功率* /W	150	—	—

6 额定电压下配用基准镇流器时灯的光特性和寿命参数

初始光效/(lm/W)			相关色温*/K	显色指数 Ra	2 000 h 光通维持率/%	平均寿命/h
1 级	2 级	3 级				
99	90	76	4 000	65	70	6 000

注：带“*”为参考值。

GB/T 18661-M102-1

	175 W 单端金属卤化物灯	第 1 页

1　灯的尺寸和物理特性

玻壳类型	灯头型号	玻壳直径 D(max)/mm	总长度 L(max)/mm	光中心高度 H*/mm	有效弧长*/mm	同轴度/(°)	工作位置限制	玻壳温度(max)/℃	灯头温度(max)/℃	图号
ED54	E27	56	141	88±3	21～29	3	任意	400	210	3
PAR38		122		—	—	—		350	190	7
ED90	E40	91	228	130±5	21～29	3		400	210	3
BT90			234							4

2　灯在温升期间的再启动电压尖峰

再启动电压尖峰/V			150(max)
镇流器特性参数	输入电压	/V	340
	镇流器短路电流	/A	1.9
	阻抗	/Ω	179

3　灯在稳定工作期间的再启动电压

再启动电压	/V	250(max)

4　灯的启动电压和温升

4.1　灯的启动电压：在下表中规定的最小开路测试电压和温度条件下，灯应在 2 min 内启动。

温度/℃	最小开路电压/V		备　注
	有效值	峰值	
10±1	350	495	0 h 灯
-30±1	382	540	燃点 100 h 灯

4.2　灯的温升

灯端电压达到最小灯工作电压的 95%时所需的时间	/min	10(max)

5　额定电压下配用基准镇流器时灯的电特性

		目标值	最大值	最小值
灯端电压	/V(r. m. s.)	132	147	117
电流*	/A	1.5	—	—
功率*	/W	175	—	—

6　额定电压下配用基准镇流器时灯的光特性和寿命参数

初始光效/(lm/W)			相关色温*/K	显色指数 Ra	2 000 h 光通维持率/%	平均寿命/h
1 级	2 级	3 级				
88	80	64	4 000	65	75	10 000

注：带“*”为参考值。

GB/T 18661-M57-1

	175 W 脉冲启动单端金属卤化物灯	第 1 页

1　灯的尺寸和物理特性

玻壳类型	灯头型号	玻壳直径 D(max)/mm	总长度 L(max)/mm	光中心高度 H^*/mm	有效弧长*/mm	同轴度/(°)	工作位置限制	玻壳温度(max)/℃	灯头温度(max)/℃	图号
T46	E40	48	209	132±5	20～30	3	任意	400	210	5
ED54	E27	56	141	88±3						3
ED90	E40	91	228	130±5						3
BT90			234							4

2　灯在温升期间的再启动电压尖峰

再启动电压尖峰/V		150(max)
镇流器特性参数	输入电压　/V	340
	镇流器短路电流　/A	1.9
	阻抗　/Ω	179

3　灯在稳定工作期间的再启动电压

再启动电压　/V	270(max)

4　灯的启动电压和温升

4.1　灯的启动电压：在下表中规定的最小开路测试电压和温度以及 A.2.3 规定的最小启动脉冲条件下，灯应在 2 min 内启动。

温度/℃	最小开路电压/V		备　注
	有效值	峰值	
10±1	198	280	0 h 灯
－30±1			燃点 100 h 灯

4.2　灯的温升

灯端电压达到最小灯工作电压的 95%时所需的时间　/min	10(max)

5　额定电压下配用基准镇流器时灯的电特性

	目标值	最大值	最小值
灯端电压　/V(r.m.s.)	132	147	117
电流*　/A	1.5	—	—
功率*　/W	175	—	—

6　额定电压下配用基准镇流器时灯的光特性和寿命参数

初始光效/(lm/W)			相关色温*/K	显色指数 Ra	2 000 h 光通维持率/%	平均寿命/h
1 级	2 级	3 级				
88	80	68	4 000	65	75	10 000

注 1：带“*”为参考值；

注 2：对于水平燃点的灯，其初始光效和光通维持率的额定值为垂直燃点时的 95%，平均寿命为 85%。

GB/T 18661-M152-1

	250 W 单端金属卤化物灯	第 1 页

1 灯的尺寸和物理特性

玻壳类型	灯头型号	玻壳直径 D(max)/mm	总长度 L(max)/mm	光中心高度 H*/mm	有效弧长*/mm	同轴度/(°)	工作位置限制	玻壳温度(max)/℃	灯头温度(max)/℃	图号
T46	E40	48	255	149±3	29.5~37.5	—	任意	400	210	5
ED90		91	228	130±5		3				3
BT90			234							4

2 灯在温升期间的再启动电压尖峰

再启动电压尖峰/V		150(max)
镇流器特性参数	输入电压 /V	340
	镇流器短路电流 /A	2.5
	阻抗 /Ω	136

3 灯在稳定工作期间的再启动电压

再启动电压 /V	250(max)

4 灯的启动电压和温升

4.1 灯的启动电压：在下表中规定的最小开路测试电压和温度条件下，灯应在 2 min 内启动。

温度/℃	最小开路电压/V		备　注
	有效值	峰值	
10±1	350	495	0 h 灯
−30±1	382	540	燃点 100 h 灯

4.2 灯的温升

灯端电压达到最小灯工作电压的 95%时所需的时间 /min	10(max)

5 额定电压下配用基准镇流器时灯的电特性

	目标值	最大值	最小值
灯端电压 /V(r. m. s.)	133	148	118
电流* /A	2.1	—	—
功率* /W	250	—	—

6 额定电压下配用基准镇流器时灯的光特性和寿命参数

初始光效/(lm/W)			相关色温*/K	显色指数 Ra	2 000 h 光通维持率/%	平均寿命/h
1 级	2 级	3 级				
90	82	70	4 000	65	75	10 000

注 1：带“*”为参考值；

注 2：对于水平燃点的灯，其初始光效和光通维持率为垂直燃点时的 95%，平均寿命为 85%。

	250 W 脉冲启动单端金属卤化物灯	第 1 页

1 灯的尺寸和物理特性

玻壳类型	灯头型号	玻壳直径 D(max)/mm	总长度 L(max)/mm	光中心高度 H^*/mm	有效弧长*/mm	同轴度/(°)	工作位置限制	玻壳温度(max)/℃	灯头温度(max)/℃	图号
T46	E40	48	255	149±3	28.5～38.5	—	任意	400	210	5
ED90		91	228	130±5		3				3
BT90			234							4

2 灯在温升期间的再启动电压尖峰

再启动电压尖峰/V		150(max)
镇流器特性参数	输入电压 /V	340
	镇流器短路电流 /A	2.5
	阻抗 /Ω	136

3 灯在稳定工作期间的再启动电压

再启动电压 /V	270(max)

4 灯的启动电压和温升

4.1 灯的启动电压:在下表中规定的最小开路测试电压和温度以及 A.2.3 规定的最小启动脉冲条件下,灯应在 2 min 内启动。

温度/℃	最小开路电压/V		备注
	有效值	峰值	
10±1	198	280	0 h 灯
−30±1			燃点 100 h 灯

4.2 灯的温升

灯端电压达到最小灯工作电压的 95%时所需的时间 /min	10(max)

5 额定电压下配用基准镇流器时灯的电特性

	目标值	最大值	最小值
灯端电压 /V(r.m.s.)	133	148	118
电流* /A	2.1	—	—
功率* /W	250	—	—

6 额定电压下配用基准镇流器时灯的光特性和寿命参数

初始光效/(lm/W)			相关色温*/K	显色指数 Ra	2 000 h 光通维持率/%	平均寿命/h
1 级	2 级	3 级				
96	88	75	4 000	65	75	10 000

注 1:带"*"为参考值;

注 2:对于水平燃点的灯,其初始光效和光通维持率为垂直燃点时的 95%,平均寿命为 85%。

GB/T 18661-M153-1

	320 W 脉冲启动单端金属卤化物灯	第 1 页

1 灯的尺寸和物理特性

玻壳类型	灯头型号	玻壳直径 D(max)/mm	总长度 L(max)/mm	光中心高度 H^*/mm	有效弧长*/mm	同轴度/(°)	工作位置限制	玻壳温度(max)/℃	灯头温度(max)/℃	图号
ED90	E40	91	228	130±5	24～38	3	任意	400	210	3
BT90			234							4

2 灯在温升期间的再启动电压尖峰

再启动电压尖峰/V		150(max)
镇流器特性参数	输入电压 /V	350
	镇流器短路电流 /A	3.89
	阻抗 /Ω	90

3 灯在稳定工作期间的再启动电压

再启动电压 /V	270(max)

4 灯的启动电压和温升

4.1 灯的启动电压：在下表中规定的最小开路测试电压和温度以及 A.2.3 规定的最小启动脉冲条件下，灯应在 2 min 内启动。

温度/℃	最小开路电压/V		备　注
	有效值	峰值	
10±1	198	280	0 h 灯
−30±1			燃点 100 h 灯

4.2 灯的温升

灯端电压达到最小灯工作电压的 95%时所需的时间 /min	10(max)

5 额定电压下配用基准镇流器时灯的电特性

	目标值	最大值	最小值
灯端电压 /V(r.m.s.)	135	150	120
电流* /A	2.63	—	—
功率* /W	320	—	—

6 额定电压下配用基准镇流器时灯的光特性和寿命参数

初始光效/(lm/W)			相关色温*/K	显色指数 Ra	2 000 h 光通维持率/%	平均寿命/h
1 级	2 级	3 级				
103	94	80	4 000	65	80	12 000

注：带“*”为参考值。

GB/T 18661-M154-1

	350 W 脉冲启动单端金属卤化物灯	第 1 页

1 灯的尺寸和物理特性

玻壳类型	灯头型号	玻壳直径 D(max)/mm	总长度 L(max)/mm	光中心高度 H* /mm	有效弧长* /mm	同轴度/(°)	工作位置限制	玻壳温度(max)/℃	灯头温度(max)/℃	图号
ED90	E40	91	228	130±5	32～42	3	任意	400	210	3
BT90			234							4
ED120		122	292	181±6						3
BT118										4

2 灯在温升期间的再启动电压尖峰

再启动电压尖峰/V		150(max)
镇流器特性参数	输入电压 /V	350
	镇流器短路电流 /A	3.4
	阻抗 /Ω	89.1

3 灯在稳定工作期间的再启动电压

再启动电压 /V	270(max)

4 灯的启动电压和温升

4.1 灯的启动电压:在下表中规定的最小开路测试电压和温度以及 A.2.3 规定的最小启动脉冲条件下,灯应在 2 min 内启动。

温度/℃	最小开路电压/V		备 注
	有效值	峰值	
10±1	198	280	0 h 灯
−30±1			燃点 100 h 灯

4.2 灯的温升

灯端电压达到最小灯工作电压的 95%时所需的时间 /min	10(max)

5 额定电压下配用基准镇流器时灯的电特性

	目标值	最大值	最小值
灯端电压 /V(r.m.s.)	135	150	120
电流* /A	2.8	—	—
功率* /W	350	—	—

6 额定电压下配用基准镇流器时灯的光特性和寿命参数

初始光效/(lm/W)			相关色温* /K	显色指数 Ra	2 000 h 光通维持率/%	平均寿命/h
1 级	2 级	3 级				
110	100	85	4 000	65	80	12 000

注:带“*”为参考值。

GB/T 18661-M131-1

	360 W 单端金属卤化物灯	第 1 页

1 灯的尺寸和物理特性

玻壳类型	灯头型号	玻壳直径 D(max)/mm	总长度 L(max)/mm	光中心高度 H*/mm	有效弧长*/mm	同轴度/(°)	工作位置限制	玻壳温度(max)/℃	灯头温度(max)/℃	图号
ED90	E40	91	228	130±5	30～40	3	任意	400	210	3
BT90			234							4
ED120		122	292	181±6						3
BT118										4

2 灯在温升期间的再启动电压尖峰

再启动电压尖峰/V		150(max)
镇流器特性参数	输入电压 /V	350
	镇流器短路电流 /A	4.0
	阻抗 /Ω	87.5

3 灯在稳定工作期间的再启动电压

再启动电压 /V	250(max)

4 灯的启动电压和温升

4.1 灯的启动电压:在下表中规定的最小开路测试电压和温度条件下,灯应在 2 min 内启动。

温度/℃	最小开路电压/V		备 注
	有效值	峰值	
10±1	350	495	0 h 灯
−30±1	382	540	燃点 100 h 灯

4.2 灯的温升

灯端电压达到最小灯工作电压的 95%时所需的时间 /min	10(max)

5 额定电压下配用基准镇流器时灯的电特性

	目标值	最大值	最小值
灯端电压 /V(r.m.s.)	120	130	110
电流* /A	3.25	—	—
功率* /W	360	—	—

6 额定电压下配用基准镇流器时灯的光特性和寿命参数

初始光效/(lm/W)			相关色温*/K	显色指数 Ra	2 000 h 光通维持率/%	平均寿命/h
1 级	2 级	3 级				
107	97	83	4 000	65	80	12 000

注:带“*”为参考值。

GB/T 18661-M165-1

	400 W 单端金属卤化物灯	第 1 页

1 灯的尺寸和物理特性

玻壳类型	灯头型号	玻壳直径 D(max)/mm	总长度 L(max)/mm	光中心高度 H*/mm	有效弧长*/mm	同轴度/(°)	工作位置限制	玻壳温度(max)/℃	灯头温度(max)/℃	图号
T46	E40	48	286	170±3	32～46	—	任意	430	210	5
ED90		91	228	130±5		3		400		3
BT90			234							4
ED120		122	292	181±6						3
BT118										4

2 灯在温升期间的再启动电压尖峰

再启动电压尖峰/V		150(max)
镇流器特性参数	输入电压 /V	350
	镇流器短路电流 /A	4.0
	阻抗 /Ω	87.5

3 灯在稳定工作期间的再启动电压

再启动电压 /V	250(max)

4 灯的启动电压和温升

4.1 灯的启动电压：在下表中规定的最小开路测试电压和温度条件下，灯应在 2 min 内启动。

温度/℃	最小开路电压/V		备 注
	有效值	峰值	
10±1	350	495	0 h 灯
−30±1	382	540	燃点 100 h 灯

4.2 灯的温升

灯端电压达到最小灯工作电压的 95%时所需的时间 /min	10(max)

5 额定电压下配用基准镇流器时灯的电特性

燃 点 位 置	垂直灯头在上			水 平		
	目标值	最大值	最小值	目标值	最大值	最小值
灯端电压 /V(r.m.s.)	135	150	120	133	148	118
灯电流* /A	3.25	—	—	3.25	—	—
灯功率* /W	400	—	—	400	—	—

6 额定电压下配用基准镇流器时灯的光特性和寿命参数

初始光效/(lm/W)			相关色温*/K	显色指数 Ra	2 000 h 光通维持率/%	平均寿命/h
1 级	2 级	3 级				
99	90	76	4 000	65	80	12 000

注 1：带“*”为参考值；

注 2：对于水平燃点的灯，其初始光效和光通维持率为垂直燃点时的 95%，平均寿命为 85%。

GB/T 18661-M59-1

	400 W 脉冲启动单端金属卤化物灯	第 1 页

1 灯的尺寸和物理特性

玻壳类型	灯头型号	玻壳直径 D(max)/mm	总长度 L(max)/mm	光中心高度 H*/mm	有效弧长*/mm	同轴度/(°)	工作位置限制	玻壳温度(max)/℃	灯头温度(max)/℃	图号
T46	E40	48	286	149±3	32～46	3	任意	430	210	5
ED90		91	228	130±5				400		3
BT90			234							4
ED120		122	292	180±6						3
BT118										4

2 灯在温升期间的再启动电压尖峰

再启动电压尖峰/V	150(max)	
镇流器特性参数	输入电压 /V	350
	镇流器短路电流 /A	4.0
	阻抗 /Ω	87.5

3 灯在稳定工作期间的再启动电压

再启动电压 /V	270(max)

4 灯的启动电压和温升

4.1 灯的启动电压:在下表中规定的最小开路测试电压和温度以及 A.2.3 规定的最小启动脉冲条件下,灯应在 2 min 内启动。

温度/℃	最小开路电压/V		备　注
	有效值	峰值	
10±1	198	280	0 h 灯
−30±1			燃点 100 h 灯

4.2 灯的温升

灯端电压达到最小灯工作电压的 95%时所需的时间 /min	10(max)

5 额定电压下配用基准镇流器时灯的电特性

燃　点　位　置	垂直灯头在上			水　　平		
	目标值	最大值	最小值	目标值	最大值	最小值
灯端电压 /V(r.m.s.)	135	150	120	133	148	118
灯电流* /A	3.25	—	—	3.25	—	—
灯功率* /W	400	—	—	400	—	—

6 额定电压下配用基准镇流器时灯的光特性和寿命参数

初始光效/(lm/W)			相关色温*/K	显色指数 Ra	2 000 h 光通维持率/%	平均寿命/h
1 级	2 级	3 级				
110	100	85	4 000	65	80	12 000

注 1:带"*"为参考值;

注 2:对于水平燃点的灯,其初始光效和光通维持率为垂直燃点时的 95%,平均寿命为 85%。

GB/T 18661-M155-1

	750 W 脉冲启动单端金属卤化物灯	第 1 页

1 灯的尺寸和物理特性

玻壳类型	灯头型号	玻壳直径 D(max)/mm	总长度 L(max)/mm	光中心高度 H*/mm	有效弧长*/mm	同轴度/(°)	工作位置限制	玻壳温度(max)/℃	灯头温度(max)/℃	图号
ED120	E40	122	292	180±6	55～67	3	任意	430	210	3
BT118										4

2 灯在温升期间的再启动电压尖峰

再启动电压尖峰/V		150(max)
镇流器特性参数	输入电压 /V	440
	镇流器短路电流 /A	5.1
	阻抗 /Ω	86.3

3 灯在稳定工作期间的再启动电压

再启动电压 /V	375(max)

4 灯的启动电压和温升

4.1 灯的启动电压：在下表中规定的最小开路测试电压和温度以及 A.2.3 规定的最小启动脉冲条件下，灯应在 2 min 内启动。

温度/℃	最小开路电压/V		备 注
	有效值	峰值	
10±1	330	467	0 h 灯
−30±1			燃点 100 h 灯

4.2 灯的温升

灯端电压达到最小灯工作电压的 95%时所需的时间 /min	10(max)

5 额定电压下配用基准镇流器时灯的电特性

燃 点 位 置	垂直灯头在上		
	目标值	最大值	最小值
灯端电压 /V(r.m.s.)	200	220	180
灯电流* /A	4.0	—	—
灯功率* /W	750	—	—

6 额定电压下配用基准镇流器时灯的光特性和寿命参数

初始光效/(lm/W)			相关色温*/K	显色指数 Ra	2 000 h 光通维持率/%	平均寿命/h
1 级	2 级	3 级				
102	93	79	4 000	65	80	12 000

注：带“*”为参考值。

GB/T 18661-M149-1

	1 000 W 单端金属卤化物灯	第 1 页

1 灯的尺寸和物理特性

玻壳类型	灯头型号	玻壳直径 D(max)/mm	总长度 L(max)/mm	光中心高度 H*/mm	有效弧长*/mm	同轴度/(°)	工作位置限制	玻壳温度(max)/℃	灯头温度(max)/℃	图号
ED120	E40	122	292	180±6	82～98	3	任意	430	210	3
BT118										4
BT180		182	396	244±6						4

2 灯在温升期间的再启动电压尖峰

再启动电压尖峰/V		250(max)
镇流器特性参数	输入电压 /V	440
	镇流器短路电流 /A	5.7
	阻抗 /Ω	77.4

3 灯在稳定工作期间的再启动电压

再启动电压 /V	470(max)

4 灯的启动电压和温升

4.1 灯的启动电压:在下表中规定的最小开路测试电压和温度条件下,灯应在 2 min 内启动。

温度/℃	最小开路电压/V		备 注
	有效值	峰值	
10±1	440	622	0 h 灯
−30±1	530	750	燃点 100 h 灯

4.2 灯的温升

灯端电压达到最小灯工作电压的 95%时所需的时间 /min	10(max)

5 额定电压下配用基准镇流器时灯的电特性

燃 点 位 置	垂直灯头在上			水 平		
	目标值	最大值	最小值	目标值	最大值	最小值
灯端电压 /V(r. m. s.)	263	288	238	255	280	230
灯电流* /A	4.1	—	—	4.2	—	—
灯功率* /W	1 000	—	—	1 000	—	—

6 额定电压下配用基准镇流器时灯的光特性和寿命参数

初始光效/(lm/W)			相关色温*/K	显色指数 Ra	2 000 h 光通维持率/%	平均寿命/h
1 级	2 级	3 级				
120	110	88	4 000	65	75	10 000

注:带“*”为参考值。

GB/T 18661-M47-1

	1 000 W 脉冲启动单端金属卤化物灯	第 1 页

1 灯的尺寸和物理特性

玻壳类型	灯头型号	玻壳直径 D(max)/mm	总长度 L(max)/mm	光中心高度 H^*/mm	有效弧长*/mm	同轴度/(°)	工作位置限制	玻壳温度(max)/℃	灯头温度(max)/℃	图号
ED120	E40	122	292	180±6	79～95	3	任意	430	210	3
BT118										4
TT76		80	338	210±6			水平			6

2 灯在温升期间的再启动电压尖峰

再启动电压尖峰/V			250(max)
镇流器特性参数	输入电压	/V	440
	镇流器短路电流	/A	5.7
	阻抗	/Ω	77.4

3 灯在稳定工作期间的再启动电压

再启动电压	/V	470(max)

4 灯的启动电压和温升

4.1 灯的启动电压:在下表中规定的最小开路测试电压和温度以及 A.2.3 规定的最小启动脉冲条件下,灯应在 2 min 内启动。

温度/℃	最小开路电压/V		备注
	有效值	峰值	
10±1	440	622	0 h 灯
−30±1	530	750	燃点 100 h 灯

4.2 灯的温升

灯端电压达到最小灯工作电压的 95%时所需的时间	/min	10(max)

5 额定电压下配用基准镇流器时灯的电特性

燃点位置		垂直灯头在上			水平		
		目标值	最大值	最小值	目标值	最大值	最小值
灯端电压	/V(r.m.s.)	233	288	238	255	280	230
灯电流*	/A	4.1	—	—	4.2	—	—
灯功率*	/W	1 000	—	—	1 000	—	—

6 额定电压下配用基准镇流器时灯的光特性和寿命参数

初始光效/(lm/W)			相关色温*/K	显色指数 Ra	2 000 h 光通维持率/%	平均寿命/h
1 级	2 级	3 级				
110	100	85	4 000	65	75	10 000

注:带"*"为参考值。

GB/T 18661-M141-1

	1 500 W 单端金属卤化物灯	第1页

1 灯的尺寸和物理特性

玻壳类型	灯头型号	玻壳直径 D(max)/mm	总长度 L(max)/mm	光中心高度 H*/mm	有效弧长*/mm	同轴度/(°)	工作位置限制	玻壳温度(max)/℃	灯头温度(max)/℃	图号
BT180	E40	182	396	244±6	82～98	3	任意	430	210	4

2 灯在温升期间的再启动电压尖峰

再启动电压尖峰/V			150(max)
镇流器特性参数	输入电压	/V	440
	镇流器短路电流	/A	7.6
	阻抗	/Ω	57.9

3 灯在稳定工作期间的再启动电压

再启动电压	/V	470(max)

4 灯的启动电压和温升

4.1 灯的启动电压：在下表中规定的最小开路测试电压和温度条件下，灯应在 2 min 内启动。

温度/℃	最小开路电压/V		备 注
	有效值	峰值	
10±1	440	622	0 h 灯
−30±1	530	750	燃点 100 h 灯

4.2 灯的温升

灯端电压达到最小灯工作电压的 95%时所需的时间	/min	10(max)

5 额定电压下配用基准镇流器时灯的电特性

燃 点 位 置		垂直灯头在上		
		目标值	最大值	最小值
灯端电压	/V(r. m. s.)	268	283	253
灯电流*	/A	6.2	—	—
灯功率*	/W	1 500	—	—

6 额定电压下配用基准镇流器时灯的光特性和寿命参数

初始光效/(lm/W)			相关色温*/K	显色指数 Ra	500 h 光通维持率/%	平均寿命/h
1 级	2 级	3 级				
110	103	87	4 000	65	75	3 000

注：带“＊”为参考值。

GB/T 18661-M48-1

	70 W 双端金属卤化物灯	第 1 页

1 灯的尺寸和物理特性

玻壳类型	灯头型号	玻壳直径(max)/mm	灯头至触点长度 *B*(max)/mm	触点间距 *C*/mm	有效弧长*/mm	管体长度 *T*(max)/mm	工作位置限制	玻壳温度(max)/℃	灯头温度(max)/℃	图号
T20	R7s Rx7s	21	117.6	114.2±1.6	7±3	73	水平±45°	500	280	8

2 灯在温升期间的再启动电压尖峰

再启动电压尖峰/V		200(max)
镇流器特性参数	输入电压 /V	220
	镇流器短路电流 /A	1.17
	阻抗 /Ω	188

3 灯在稳定工作期间的再启动电压

再启动电压 /V	240(max)

4 灯的启动电压和温升

4.1 灯的启动电压:在下表中规定的最小开路测试电压和温度以及 A.2.3 规定的最小启动脉冲条件下,灯应在 2 min 内启动。

温度/℃	最小开路电压/V		时间/s
	有效值	峰值	
10±1	198	280	30
−30±1			120

4.2 灯的温升

灯端电压达到最小灯工作电压的 95%时所需的时间 /min	5(max)

5 额定电压下配用基准镇流器时灯的电特性

	目标值	最大值	最小值
灯端电压 /V(r.m.s.)	90	100	80
电流* /A	0.98	—	—
功率* /W	75	—	—

6 额定电压下配用基准镇流器时灯的光特性和寿命参数

初始光效/(lm/W)			相关色温*/K	显色指数 Ra	2 000 h 光通维持率/%	平均寿命/h
1 级	2 级	3 级				
80	73	61	4 200	65	70	5 000

注:带“*”为参考值。

GB/T 18661-M85-1

	100 W 双端金属卤化物灯	第 1 页

1 灯的尺寸和物理特性

玻壳类型	灯头型号	玻壳直径(max)/mm	灯头至触点长度 B(max)/mm	触点间距 C/mm	有效弧长*/mm	管体长度 T(max)/mm	工作位置限制	玻壳温度(max)/℃	灯头温度(max)/℃	图号
T20	R7s Rx7s	21	117.6	114.2±1.6	14±3	73	水平±45°	500	280	8

2 灯在温升期间的再启动电压尖峰

再启动电压尖峰/V		200(max)
镇流器特性参数	输入电压 /V	300
	镇流器短路电流 /A	1.5
	阻抗 /Ω	200

3 灯在稳定工作期间的再启动电压

再启动电压 /V	待定(max)

4 灯的启动电压和温升

4.1 灯的启动电压：在下表中规定的最小开路测试电压和温度以及 A.2.3 规定的最小启动脉冲条件下，灯应在 2 min 内启动。

温度/℃	最小开路电压/V		时间/s
	有效值	峰值	
10±1	198	280	30
−30±1			120

4.2 灯的温升

灯端电压达到最小灯工作电压的 95%时所需的时间 /min	5(max)

5 额定电压下配用基准镇流器时灯的电特性

	目标值	最大值	最小值
灯端电压 /V(r.m.s.)	100	110	90
电流* /A	1.1	—	—
功率* /W	100	—	—

6 额定电压下配用基准镇流器时灯的光特性和寿命参数

初始光效/(lm/W)			相关色温*/K	显色指数 Ra	2 000 h 光通维持率/%	平均寿命/h
1 级	2 级	3 级				
93	85	72	4 200	65	70	5 000

注：带"*"为参考值。

GB/T 18661-M91-1

	150 W 双端金属卤化物灯	第 1 页

1　灯的尺寸和物理特性

玻壳类型	灯头型号	玻壳直径(max)/mm	灯头至触点长度 B(max)/mm	触点间距 C/mm	有效弧长*/mm	管体长度 T(max)/mm	工作位置限制	玻壳温度(max)/℃	灯头温度(max)/℃	图号
T24	R7s Rx7s	25	135.4	132.0±1.6	16.5±4.0	92	水平±45°	650	280	8

2　灯在温升期间的再启动电压尖峰

再启动电压尖峰/V			200(max)
镇流器特性参数	输入电压	/V	300
	镇流器短路电流	/A	2.5
	阻抗	/Ω	120

3　灯在稳定工作期间的再启动电压

再启动电压	/V	200(max)

4　灯的启动电压和温升

4.1　灯的启动电压：在下表中规定的最小开路测试电压和温度以及 A.2.3 规定的最小启动脉冲条件下，灯应在 2 min 内启动。

温度/℃	最小开路电压/V		时间/s
	有效值	峰值	
10±1	198	280	30
−30±1			120

4.2　灯的温升

灯端电压达到最小灯工作电压的 95%时所需的时间	/min	5(max)

5　额定电压下配用基准镇流器时灯的电特性

		目标值	最大值	最小值
灯端电压	/V(r.m.s.)	95	105	85
电流*	/A	1.80	—	—
功率*	/W	150	—	—

6　额定电压下配用基准镇流器时灯的光特性和寿命参数

初始光效/(lm/W)			相关色温*/K	显色指数 Ra	2 000 h 光通维持率/%	平均寿命/h
1 级	2 级	3 级				
91	83	71	4 200	65	70	5 000

注：带“*”为参考值。

GB/T 18661-M81-1

	250 W 双端金属卤化物灯	第 1 页

1 灯的尺寸和物理特性

玻壳类型	灯头型号	玻壳直径(max)/mm	两灯头基准面间距 A/mm	触点间距 C/mm	总长度*/mm	有效弧长*/mm	工作位置限制	玻壳温度(max)/℃	灯头温度(max)/℃	图号
T25	Fc2	27.5	139～140	—	163.7	27±3	水平±45°	650	300	10
	Rx7s		—	157.9±1.6						8

2 灯在温升期间的再启动电压尖峰

再启动电压尖峰/V		205(max)
镇流器特性参数	输入电压 /V	220
	镇流器短路电流 /A	3.0
	阻抗 /Ω	59

3 灯在稳定工作期间的再启动电压

再启动电压 /V	待定(max)

4 灯的启动电压和温升

4.1 灯的启动电压:在下表中规定的最小开路测试电压和温度以及 A.2.3 规定的最小启动脉冲条件下,灯应在 2 min 内启动。

温度/℃	最小开路电压/V		时间/s
	有效值	峰值	
10±1	198	280	30
−30±1			120

4.2 灯的温升

灯端电压达到最小灯工作电压的 95%时所需的时间 /min	5(max)

5 额定电压下配用基准镇流器时灯的电特性

	目标值	最大值	最小值
灯端电压 /V(r.m.s.)	100	110	85
电流* /A	3.0	—	—
功率* /W	250	—	—

6 额定电压下配用基准镇流器时灯的光特性和寿命参数

初始光效/(lm/W)			相关色温*/K	显色指数 Ra	2 000 h 光通维持率/%	平均寿命/h
1 级	2 级	3 级				
88	80	68	4 200	65	70	5 000

注:带"*"为参考值。

GB/T 18661-M80-1

	70 W G12 单端金属卤化物灯	第 1 页

1 灯的尺寸和物理特性

玻壳类型	灯头型号	玻壳直径 D(max)/mm	灯头端面至烧尖部长度 L(max)/mm	光中心长度 H*/mm	有效弧长*/mm	工作位置限制	玻壳温度(max)/℃	灯头温度(max)/℃	图号
T24	G12	26	90	56±2	7±3	任意	500	280	9

2 灯在温升期间的再启动电压尖峰

再启动电压尖峰/V		200(max)
镇流器特性参数	输入电压 /V	220
	镇流器短路电流 /A	1.17
	阻抗 /Ω	188

3 灯在稳定工作期间的再启动电压

再启动电压 /V	240(max)

4 灯的启动电压和温升

4.1 灯的启动电压:在下表中规定的最小开路测试电压和温度以及 A.2.3 规定的最小启动脉冲条件下,灯应在 2 min 内启动。

温度/℃	最小开路电压/V		时间/s
	有效值	峰值	
10±1	198	280	30
−30±1			120

4.2 灯的温升

灯端电压达到最小灯工作电压的 95%时所需的时间 /min	3(max)

5 额定电压下配用基准镇流器时灯的电特性

	目标值	最大值	最小值
灯端电压 /V(r.m.s.)	90	100	80
电流* /A	0.98	—	—
功率* /W	75	—	—

6 额定电压下配用基准镇流器时灯的光特性和寿命参数

初始光效/(lm/W)			相关色温*/K	显色指数 Ra	2 000 h 光通维持率/%	平均寿命/h
1 级	2 级	3 级				
80	73	61	4 200	65	70	5 000

注:带“*”为参考值。

GB/T 18661-1055-1

	150 W G12 单端金属卤化物灯	第 1 页

1 灯的尺寸和物理特性

玻壳类型	灯头型号	玻壳直径 D(max)/mm	灯头端面至烧尖部长度 L(max)/mm	光中心长度 H^{*}/mm	有效弧长*/mm	工作位置限制	玻壳温度(max)/℃	灯头温度(max)/℃	图号
T24	G12	26	100	56±2	16.5±4	任意	500	280	9

2 灯在温升期间的再启动电压尖峰

再启动电压尖峰/V	200(max)	
镇流器特性参数	输入电压 /V	300
	镇流器短路电流 /A	2.5
	阻抗 /Ω	120

3 灯在稳定工作期间的再启动电压

再启动电压 /V	200(max)

4 灯的启动电压和温升

4.1 灯的启动电压：在下表中规定的最小开路测试电压和温度以及 A.2.3 规定的最小启动脉冲条件下，灯应在 2 min 内启动。

温度/℃	最小开路电压/V		时间/s
	有效值	峰值	
10±1	198	280	30
−30±1			120

4.2 灯的温升

灯端电压达到最小灯工作电压的 95%时所需的时间 /min	3(max)

5 额定电压下配用基准镇流器时灯的电特性

	目标值	最大值	最小值
灯端电压 /V(r. m. s.)	95	105	85
电流* /A	1.82	—	—
功率* /W	146	—	—

6 额定电压下配用基准镇流器时灯的光特性和寿命参数

初始光效/(lm/W)			相关色温*/K	显色指数 Ra	2 000 h 光通维持率/%	平均寿命/h
1 级	2 级	3 级				
91	83	71	4 200	65	70	5 000

注：带“*”为参考值。

GB/T 18661-1105-1

附　录　A
（规范性附录）
基准镇流器、工作镇流器和触发器的要求

A.1　基准镇流器要求

A.1.1　基准镇流器的特性参数应符合表 A.1 的规定。

表 A.1　基准镇流器的特性参数

镇流器规格/W		输入电压/V	校准电流/A	(电压/电流)/Ω	频率/Hz	功率因数 cosϕ
50		220	0.58	272(1±0.5%)	50	0.075±0.005
70	JLZ		0.90	188(1±0.5%)		
	JLS		0.98	188(1±0.5%)		
100			1.10	157(1±0.5%)		
150			1.80	99(1±0.5%)		
175			1.50	100(1±0.5%)		
250	JLZ		2.10	71(1±0.5%)		
	JLS		3.00	60(1±0.5%)		
320			2.63	55(1±0.5%)		
350			2.8	52.7(1±0.5%)		
360			3.25	48.8(1±0.5%)		
400			3.25	45(1±0.5%)		
750		460	4.0	92(1±0.5%)		
1 000			4.10	79.0(1±0.5%)		
1 500			6.20	50.2(1±0.5%)		

A.1.2　基准镇流器的其他要求应符合 GB/T 15042 和 GB 19510.10 中的规定。

A.2　工作镇流器要求

为使灯能可靠启动并正常工作，金属卤化物灯配套用工作镇流器的性能和安全要求应符合 GB/T 15042、GB 19510.10 和 QB/T 2511 中的规定，其设计参数在其额定输入电压范围内应满足下列要求。

A.2.1　对滞后镇流器的要求

对于要求外触发器的脉冲启动灯对滞后式镇流器的设计要求在规定的最小开路测试电压、最小启动脉冲和指定的温度条件下，灯应在表 A.2 中规定时间内启动。

表 A.2　开路电压 OCV

功率/W		JLZ			JLS
		50～150	175～400	750	70～250
OCV 有效值/V		198		330	198
OCV 峰值/V		280		467	280
10℃±1℃	时间/s	10	120		30
−30℃±1℃	时间/s	120			
备注		0 h 灯在 10℃±1℃下启动概率不小于 98%，燃点 100 h 灯在−30℃±1℃下不小于 90%。			

启动脉冲要求见 A.2.3。

A.2.2 对超前顶峰式镇流器的要求

A.2.2.1 对于不要求外触发器的灯

超前顶峰式镇流器在 2 min 内启动和维持灯电弧的最小开路电压要求见表 A.3。

表 A.3 最小开路电压

功率/W		175	250	360、400	1 000	1 500
10℃±1℃	电压有效值/V	250[a]	270[a]	280[c]	340[e]	370[g]
	峰值系数	2.0	1.8	1.8	2.0	2.0
−30℃±1℃	电压有效值/V	280[b]	300[b]	295[d]	380[f]	410[h]
	峰值系数	2.0	1.8	1.8	2.0	2.0
备注		0 h 灯在 10℃±1℃下启动概率不小于 98%，燃点 100 h 灯在−30℃±1℃下不小于 90%。				

a 电压峰值系数每增加 0.1，开路电压有效值可减小 10 V，最低值为 230 V。

b 电压峰值系数每增加 0.1，开路电压有效值可减小 10 V，最低值为 260 V。

c 电压峰值系数每增加 0.1，开路电压有效值可减小 10 V，最低值为 240 V。

d 电压峰值系数每增加 0.1，开路电压有效值可减小 10 V，最低值为 275 V。

e 电压峰值系数每增加 0.1，开路电压有效值可减小 10 V，最低值为 320 V。

f 电压峰值系数每增加 0.1，开路电压有效值可减小 10 V，最低值为 360 V。

g 电压峰值系数每增加 0.1，开路电压有效值可减小 10 V，最低值为 350 V。

h 电压峰值系数每增加 0.1，开路电压有效值可减小 10 V，最低值为 390 V。

A.2.2.2 对于要求外触发器的灯

超前顶峰式镇流器在 2 min 内启动和维持脉冲启动灯电弧的最小开路电压要求见表 A.4。

表 A.4 最小开路电压 OCV

功率/W		175～400	750	1 000
10℃±1℃	OCV 有效值/V	254	330	340
	OCV 峰值/V	483	594	680
−30℃±1℃	OCV 有效值/V	254	330	380
	OCV 峰值/V	483	594	760
备注		0 h 灯在 10℃±1℃下启动概率不小于 98%，燃点 100 h 灯在−30℃±1℃下不小于 90%。		

A.2.2.3 电流波形特性

为了维持灯温升过程中正常工作，超前顶峰式镇流器的电流波形特性应符合表 A.5 的规定。

表 A.5 电流波形特性

规　格	最小电流梯度(di/dt)/(A/ms)	最大中断时间(*OT*)/ms	最大峰值电流/A	最大电流过冲量(*OS*)/mA
175 W	0.65	2.75	3.8	45
250 W	0.80		5.0	75
360 W、400 W	1.0		9.0	100
1 000 W	1.5	2.75	11.5	

表 A.5（续）

规格	最小电流梯度(di/dt)/(A/ms)	最大中断时间(OT)/ms	最大峰值电流/A	最大电流过冲量(OS)/mA
1 500 W	2.50	2.75	16.0	50
PS 175 W	—	2.3	3.8	45
PS 250 W			5.0	75
PS 320 W			7.0	80
PS 350 W			8.0	90
PS 400 W			9.0	100
PS 750 W		2.4	10.6	100
PS 1 000 W		2.5	11.5	100
双端 70 W	0.3	1.0	3.0	30

注 1：电流梯度是在过零点的 100 ms 之内测出的。

注 2：电流过冲量是在最大电源阻抗为 0.30 Ω 的条件下测出的。

A.2.2.4 最小维持电压

在温升和整个寿命期间，镇流器应在其能使灯可靠工作的最小额定输入电压下，满足表 A.6～表 A.12所示条件。

表 A.6 175 W 最小维持电压

电压单位为伏特

中断时间/ms	电流过零时电流梯度(di/dt)/(A/ms)					
	0.65	0.7	0.9	1.1	1.3	1.5
2.75	283	277	254	231	208	185
2.50	276	270	247	224	201	178
2.25	268	262	240	217	194	171
2.00	261	256	233	210	187	164
1.75	254	248	225	202	179	156
1.50	247	241	218	195	172	149

表 A.7 250 W 最小维持电压

电压单位为伏特

中断时间/ms	电流过零时电流梯度(di/dt)/(A/ms)					
	0.8	1.0	1.2	1.4	1.6	1.8
2.75	266	243	220	197	174	151
2.50	259	236	213	190	167	144
2.25	251	228	205	182	159	136
2.00	244	221	198	175	152	129
1.75	237	214	191	168	145	122
1.50	230	207	184	161	138	115

表 A.8 360 W、400 W 最小维持电压

电压单位为伏特

中断时间/ms	电流过零时电流梯度(di/dt)/(A/ms)						
	1.0	1.5	2.0	2.5	3.0	3.5	4.0
2.75	294	285	276	266	257	247	238
2.50	288	279	269	260	251	241	232
2.00	276	266	257	248	238	229	220
1.50	263	254	245	235	226	217	207
1.00	251	242	232	223	214	204	195
0.50	239	229	220	210	201	192	183

表 A.9 1 000 W、PS 1 000 W 最小维持电压

电压单位为伏特

中断时间/ms	电流过零时电流梯度(di/dt)/(A/ms)					
	1.5	2.0	3.0	4.0	5.0	6.0
2.5	344	338	333	328	323	318
2.0	328	326	321	316	311	306
1.5	315	312	307	302	297	292
1.0	299	295	290	288	283	278

表 A.10 1 500 W 最小维持电压

电压单位为伏特

中断时间/ms	电流过零时电流梯度(di/dt)/(A/ms)						
	2.5	3.0	3.5	4.0	4.5	5.0	5.5
2.75	447	397	357	324	297	275	258
2.50	436	386	346	313	286	264	247
2.25	425	375	335	302	275	253	236
2.00	414	364	324	291	264	242	225
1.75	403	353	313	280	253	231	214
1.50	392	342	302	269	242	220	203

表中给出的值可用公式(A.1)和(A.2)计算：

$$U_{ss} = C_1 + C_2(OT) - C_3(\mathrm{d}i/\mathrm{d}t) \quad (175\ \mathrm{W} \sim 1\ 000\ \mathrm{W}) \qquad \text{(A.1)}$$

$$U_{ss} = C_1 + C_2(OT) + C_3(\exp[-0.4\mathrm{d}i/\mathrm{d}t]) \quad (1\ 500\ \mathrm{W}) \qquad \text{(A.2)}$$

式中：

U_{ss}——最小维持电压，V(r.m.s.)；

OT——中断时间，ms；

$\mathrm{d}i/\mathrm{d}t$——电流过零时的电流梯度，A/ms；

C_1，C_2，C_3——常数。

不同功率的 C_1,C_2 及 C_3 常数见表 A.11。

表 A.11　C_1,C_2 及 C_3 常数表

灯功率/W	150、175	250	360、400	1 000、PS1 000	1 500
C_1	278	278	245	278	59
C_2	29	29	24.7	27.6	44
C_3	115	115	18.7	4.15	745

表 A.12　脉冲启动灯最小维持电压

规　格	最小维持电压/V
175 W～400 W	270
750 W	310

A.2.3　触发器要求

A.2.3.1　触发器应能使符合规定的启动试验要求的灯启动。对于触发器的技术参数要求见表 A.13。其他要求应符合 GB/T 19655 和 GB 19510.2 的技术要求。

A.2.3.2　对脉冲高度的测量应在灯座的两个终端上进行,测量时使灯座与正常电路连接,并将灯从灯座中取下,所测得的脉冲高度应符合相应灯的参数表中镇流器设计参数的要求。

A.2.3.3　在设计触发器时,应考虑到由电缆引起的脉冲衰减。镇流器标准中应规定与之相配的触发器要求。

表 A.13　触发器技术参数要求

<table>
<tr><td colspan="2" rowspan="3">规　格</td><td colspan="5">JLZ</td><td>JLS</td></tr>
<tr><td colspan="2">50 W～150 W</td><td rowspan="2">175 W～400 W</td><td rowspan="2">750 W</td><td rowspan="2">1 000 W</td><td rowspan="2">70 W～250 W</td></tr>
<tr><td>1</td><td>2</td></tr>
<tr><td colspan="2">最小脉冲高度/kV</td><td>3.0</td><td>3.0</td><td>3.0</td><td colspan="2">3.0</td><td>3.5</td></tr>
<tr><td colspan="2">最大脉冲高度/kV</td><td>4.0</td><td>4.0</td><td>4.0</td><td colspan="2">4.0</td><td>5.0</td></tr>
<tr><td colspan="2">最小脉冲宽度/(μs@ kV)</td><td>1.9 @ 2.7</td><td>1.0 @ 2.7</td><td>1.3 @ 2.7</td><td>1.5 @ 2.7</td><td>2.5 @ 2.7</td><td>2.0 @ 3.6</td></tr>
<tr><td colspan="2">每半周最小脉冲重复率</td><td>1 次</td><td>2 次</td><td>1 次</td><td>2 次</td><td>1 次</td><td>1 次</td></tr>
<tr><td rowspan="2">输出
脉冲位置
(电角度)</td><td>滞后式镇流器</td><td colspan="2">60°～90°
240°～270°</td><td colspan="3">64°～110°
244°～290°</td><td>60°～90°
240°～270°</td></tr>
<tr><td>超前式镇流器</td><td colspan="2">—</td><td colspan="3">OCV 达到峰值的 90%期间</td><td>—</td></tr>
</table>

A.2.4　启动电流要求

启动电流是在灯燃点 5 s～15 s 之后测得的,镇流器启动电流应符合表 A.14 要求。

表 A.14　启动电流(有效值)　　单位为安培

规　格	镇流器类型	最小值	最大值
JLZ50	滞后式	0.68	1.1
JLZ70		0.9	1.5
JLZ100		1.1	1.5
JLZ 150		1.8	3.0

表 A.14(续)

规　　格	镇流器类型	最小值	最大值
JLZ 175	滞后式 超前顶峰式	1.5	2.5
JLZ 175PS		1.5	2.3
JLZ 250		2.1	3.5
JLZ 250 PS		2.1	3.2
JLZ 320 PS		2.64	4.0
JLZ 350 PS		2.8	4.2
JLZ 360、JLZ 400、JLZ 400 PS		3.2	5.0
JLZ 750 PS	滞后式	4.2	7.0
	超前顶峰式		6.1
JLZ 1 000、JLZ 1 000 PS	滞后式	4.2	7.5
	超前顶峰式		6.5
JLZ 1 500	滞后式	6.2	10.4
	超前顶峰式		9.0
JLS 70	滞后式	0.98	1.96
JLS 100		1.1	1.5
JLS 150		1.8	3.2
JLS 250		3.00	5.2

A.2.5　电流峰值系数

在任何额定输入电压范围之内,基准灯在温升及工作期间其电流峰值系数均应不大于1.8。

A.2.6　灯两端的最大电压

镇流器输入到灯两端的电压应不超过表A.15的值。

表 A.15　灯两端的最大电压

灯类型	规　　格	输入电压/V		
		有效值	峰值	峰值脉冲
JLZ	50 W、70 W、100 W、150 W	305	548	4 000
	175 W、250 W、360 W、400 W	528	1 100	—
	1 000W、1 500 W	530	2 150	—
	PS:175 W、250 W、320 W、350 W、400 W	528	1 100	4 000
	PS:750	660	1 400	4 000
	PS:1 000 W	530	2 150	4 000
JLS	70 W、100 W、150 W、250 W	—	—	5 000

A.2.7　灯的工作功率

裸灯的工作功率是在温度为25℃±5℃、无对流风的环境中,在规定的燃点位置条件下与镇流器连接,在额定电源电压范围内进行测试。表A.16是灯燃点100 h的功率极限值。

表 A.16　灯的工作功率

单位为瓦特

灯功率		设计中心值	最小值	最大值
50		50	40	60
70	JLZ	70	56	84
	JLS	75	60	90
100		100	80	120
150		150	120	180
175		175	140	210
250		250	200	300
320		320	256	384
350		350	280	420
360		360	288	432
400		400	320	480
750		750	600	900
1 000		1 000	800	1 200
1 500		1 500	1 200	1 800
注：规定的功率极限是以灯电压、镇流器调整和线电压的标称公差分布为基础的。如果这些公差为最大且在同一方向上，所规定的功率极限会超出。				

功率极限值是依照灯的功率对诸如初始光通量、光通维持率、灯寿命、灯的温升等性能指标考虑后选择的。为了满足以上功率极限值的要求，处于100%额定输入电压的工作镇流器在使基准灯工作时，应使该灯的功率与该灯处于同一工作位置并使基准镇流器工作时的功率保持在±5%之内。同样，当该工作镇流器在其整个输入电压范围内使基准灯工作时，应使该灯的功率与该灯采用基准镇流器并处于其额定电压下工作的功率的误差保持在±15%以内。

附　录　B
（规范性附录）
有关灯具的设计资料

B.1　供给灯具设计的参数有必要作为检查灯具的标准，这样可确保符合本标准的灯泡在灯具内不会产生早期失效。这些检查内容不构成对灯泡的要求。

B.2　灯具影响灯端电压上升的限制值

表 B.1　灯端电压变化

功率/W	有效值/V
≤400	5
≥750	10

B.3　灯玻壳和灯头的温度限制

在灯玻壳和灯头的任一点上测得的温度应不超过灯的参数表中规定的最大值，这些极限值可能受到灯的材料的影响，但是，在通常情况下，如果灯具致使灯达到这些温度，则灯很可能超过表 B.1 所述灯端电压上升的限制值。

B.4　灯寿命结束时可能出现的情况

许多灯在其寿命结束时会产生一种危险的整流效应，这会导致镇流器、变压器或启动装置过载，应采取适当的保护措施来确保这种情况下的安全性。

B.5　为确保灯的热工作、紫外保护及非被动爆炸保护符合要求，灯具应按照灯的生产厂家在使用方面所提出的建议进行设计。

B.6　关于灯具的结构要求，见 GB 7000.1。

ICS 31.240
K 05

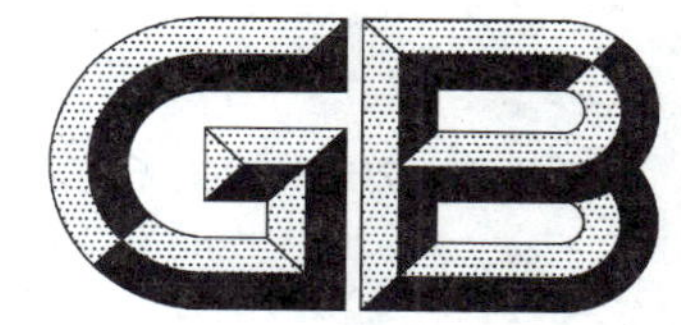

中华人民共和国国家标准

GB/T 18663.1—2008/IEC 61587-1:2007
代替 GB/T 18663.1—2002

电子设备机械结构　公制系列和英制系列的试验
第1部分:机柜、机架、插箱和机箱的气候、机械试验及安全要求

**Mechanical structures for electronic equipment—tests for IEC 60917 and IEC 60297—
Part 1:Climatic, mechanical tests and safety aspects for cabinets, racks, subracks and chassis**

(IEC 61587-1:2007,IDT)

2008-03-24 发布　　2008-10-01 实施

中华人民共和国国家质量监督检验检疫总局
中国国家标准化管理委员会　发布

前　言

GB/T 18663《电子设备机械结构　公制系列和英制系列的试验》是针对电子设备的机械结构(机柜、机架、插箱和机箱等)制定的一系列环境试验标准,目前包含以下3个部分:

——第1部分:机柜、机架、插箱和机箱的气候、机械试验及安全要求

——第2部分:机柜、机架的地震试验

——第3部分:机柜、机架和插箱的电磁屏蔽性能试验

本部分为GB/T 18663的第1部分。本部分可作为各类电工电子产品机械结构设计、试验及验收的依据。

本部分等同采用IEC 61587-1:2007《电子设备机械结构　IEC 60917和IEC 60297的试验　第1部分:机柜、机架、插箱和机箱的气候、机械试验及安全要求》(英文版)。

为便于使用,本部分作了下列编辑性修改:

a)　用小数点“.”代替作为小数点的“,”;

b)　删除了国际标准的前言。

本部分代替GB/T 18663.1—2002,与GB/T 18663.1—2002的差异主要在以下方面:

——工业大气试验中盐雾试验的A3等级中增加了一个扩展至146 h的试验周期;

——二氧化硫和硫化氢试验增加一个扩展范围至温度40℃,相对湿度80%;

——机柜和插箱的振动试验各等级的频率范围从原来的5 Hz～100 Hz扩展到2 Hz～200 Hz,位移振幅和加速度振幅都增加到原来的2倍;

——机柜和插箱的冲击试验的峰值加速度降低,其中DL4等级由300 m/s^2 改为40 m/s^2;DL5等级由500 m/s^2 改为100 m/s^2;DL6等级由500 m/s^2 改为250 m/s^2。

本部分由全国电工电子设备结构综合标准化技术委员会提出并归口。

本部分由国家电网南京自动化研究院负责起草,四方电气(集团)有限公司、国电南京自动化股份有限公司、中兴通讯股份有限公司、华为技术有限公司、机械工业北京电工技术经济研究所参加。

本部分主要起草人:张钰、张开国、吴蓓、殷宝剑、张实、李剑侠。

本部分所代替标准的历次版本发布情况为:

——GB/T 18663.1—2002。

电子设备机械结构　公制系列和英制系列的试验　第1部分：机柜、机架、插箱和机箱的气候、机械试验及安全要求

1　范围

GB/T 18663 的本部分规定了户内和户外使用的符合 IEC 60917(公制系列)和 IEC 60297(英制系列)标准的机柜、机架、插箱和机箱的机械试验、气候试验和安全要求。它仅全部或部分地适用于机柜、机架、插箱和机箱的机械结构,而不适用于电子设备或系统。专用于户外机壳的试验在 GB/T 19183.5 中规定,本部分中的一些适合的部分用于 GB/T 19183.5。

本部分的目的是在考虑不同应用中不同性能等级的需要的同时,保证机柜、机架、插箱和机箱的物理完整性。它试图让用户在选择性能水平以尽可能精确满足其特定的应用要求时比较有把握。

2　规范性引用文件

下列文件中的条款通过 GB/T 18663 的本部分的引用而成为本部分的条款。凡是注日期的引用文件,其随后所有的修改单(不包括勘误的内容)或修订版均不适用于本部分,然而,鼓励根据本部分达成协议的各方研究是否可使用这些文件的最新版本。凡是不注日期的引用文件,其最新版本适用于本部分。

GB/T 2421　电工电子产品环境试验　第1部分:总则(GB/T 2421—1999, idt IEC 60068-1:1988)

GB/T 2423.1　电工电子产品环境试验　第2部分:试验方法　试验 A:低温(GB/T 2423.1—2001,IEC 60068-2-1:1990,IDT)

GB/T 2423.2　电工电子产品环境试验　第2部分:试验方法　试验 B:高温(GB/T 2423.2—2001, IEC 60068-2-2:1974, IDT)

GB/T 2423.5　电工电子产品环境试验　第2部分:试验方法　试验 Ea 和导则:冲击(GB/T 2423.5—1995,idt IEC 60068-2-27:1987)

GB/T 2423.10　电工电子产品环境试验　第2部分:试验方法　试验 Fc:振动(正弦)(GB/T 2423.10—2008,IEC 60068-2-6:1995, IDT)

GB/T 2423.17　电工电子产品基本环境试验规程　试验 Ka:盐雾试验方法(GB/T 2423.17—1993,eqv IEC 60068-2-11:1981)

GB/T 2423.18　电工电子产品环境试验　第2部分:试验方法　试验 Kb:盐雾,交变(氯化钠溶液)(GB/T 2423.18—2000, IEC 60068-2-52:1996, IDT)

GB/T 2423.55　电工电子产品环境试验　第2部分:试验方法　试验 Eh:锤击试验(GB/T 2423.55—2006, IEC 60068-2-75:1997, IDT)

GB 4208　外壳防护等级(IP 代码)(GB 4208—2008,IEC 60529:2001,IDT)

GB/T 15157.2　印制电路板用频率低于 3 MHz 的连接器　第2部分:有质量评定的具有通用安装特征基本网格 2.54 mm(0.1 in)的印制电路板用两件式连接器详细规范(GB/T 15157.2—1998, idt IEC 60603-2:1995)

GB/T 19183.5　电子设备机械结构　户外机壳　第3部分:机柜和机箱的气候、机械试验及安全要求(GB/T 19183.5—2003,IEC 61969-3:2001,IDT)

IEC 60068-2-30 环境试验 第2部分:试验 试验Db:交变湿热试验方法

IEC 60068-2-42 环境试验 第2-42部分:试验 试验Kc:接触点和连接件的二氧化硫试验方法

IEC 60068-2-43 环境试验 第2-43部分:试验 试验Kd:接触点和连接件的硫化氢试验方法

IEC 60068-2-49 环境试验 第2部分:试验 试验Kc导则:触点和连接件的二氧化硫试验

IEC 60297(所有部分) 482.6 mm(19 in)系列机械结构尺寸

IEC 60512-1-1 电子设备用连接器 试验和测量 第1-1部分:一般检查 试验1a:外观检查

IEC 60654-4 工业过程测量和控制设备的工作条件 第4部分:腐蚀和侵蚀影响

IEC 60721-3-3 环境条件分级 第3-3部分:环境参数分类及其严酷程度分级 有气候防护场所固定使用

IEC 60917(所有部分) 发展中的电子设备机械结构模数序列

IEC 60950-1 信息技术设备的安全

IEC 61010-1 测量控制和实验室用电气设备的安全要求 第1部分:一般要求

IEC 61076-4-100 电子设备用连接器 第4-100部分:高质量印制板用连接器 印制板和背板用基本网格为2.5 mm的两件式连接器组件详细规范

3 总则

本部分中规定的试验性能等级和种类可以按需要组合,允许符合单独的项目和等级要求。单独的试验和严酷程度用字母和数字表示(见表1示例)。

只要可能,宜使用同一试验样品作各种试验。经验表明,除非个别试验结果妨碍用同一试验样品进行另外的试验,即试验破坏了试验样品,本部分中列出的试验次序(也可见GB/T 2421)可实现用同一试验样品依次完成各种试验。

表1 试验参考示例

试验	IEC 60297 系列插箱	IEC 60917 系列插箱	机 柜
气候	C1 C2 C3		
工业大气	A1 A2 A3		
静载荷	SL1	SL2 SL3 SL4	SL5 SL6 SL7
动载荷(冲击和振动)	DL1 DL2 DL3		DL4 DL5 DL6
碰撞			K1 K2 K3
防护(IP)	IP20	IP20	IP20 IP30 IP42 IP54
抗地震性能			
屏蔽性能			

应用举例:

符合IEC 60917-2-2的某插箱依照下列试验要求:

——气候:C2(见表2);

——工业大气:A1(见表3);

——静载荷:SL2(见表6);

——冲击和振动:DL1(见表11);

——安全:6.2;

——防护:IP30(见表13)。

4 气候试验

4.1 总则

气候试验的目的是保证机柜、机架和插箱能经受正常工作时的特定环境,而不降低质量或产生危险。

机柜、机架和插箱的气候试验应参照表2中给出的应用示例选择。

必须满足某一指定等级的所有试验规范,才能宣称符合该等级的要求。

4.2 低温、高温和湿热(循环)

表2 低温、高温和湿热严酷等级

性能等级	应用场合	低温 根据 IEC 60068-2-1		高温 根据 GB/T 2423.2		湿热 根据 IEC 60068-2-30 (2次循环),类型2,上限/℃
		温度/℃	持续时间[a]/h	温度/℃	持续时间[a]/h	
C1	温度−10℃~+55℃,相对湿度20%~80%,无凝露的无特别影响的封闭空间(例如办公室、实验室)	−10	16	55	16	55
C2	温度−25℃~+70℃,相对湿度20%~80%,无凝露的有气候影响的封闭空间(例如生产厂房)	−25	16	70	16	55
C3	温度−40℃~+85℃,相对湿度20%~95%,无凝露的极端气候影响(例如热带气候,户外)	−40	16	85	16	55

[a] 当试样温度达到稳定值时,开始计算持续时间。

试验评定:

a) 目测检验(见 IEC 60512-1-1,试验1a)。

b) 接地连续性检验按6.2的要求进行。

4.3 工业大气

表3 工业大气性能等级

性能等级	应用示例	试验条件			试验评定
		二氧化硫试验和硫化氢试验,温度25℃,相对湿度75%(扩展范围温度40℃,相对湿度80%)。根据 IEC 60068-2-42,IEC 60068-2-43 和 IEC 60068-2-49		盐雾试验 Ka 温度35℃ 根据 GB/T 2423.17 (扩展范围按照 GB/T 2423.18)	
		SO_2	H_2S	NaCl	
A1(E)	有害物中等浓度,化学物排放量低的一般工业场所(例如封闭场所),有害物浓度根据 IEC 60654-4,为 SO_2:平均浓度 0.1 cm^3/m^3 最大浓度 0.5 cm^3/m^3	10 cm^3/m^3 4 d	1 cm^3/m^3 4 d		目测检验(例如表面涂层、腐蚀痕迹、颜色、光泽度等的变化)

表 3（续）

性能等级	应用示例	试验条件			试验评定
		二氧化硫试验和硫化氢试验，温度 25℃，相对湿度 75%(扩展范围温度 40℃，相对湿度 80%)。根据 IEC 60068-2-42，IEC 60068-2-43 和 IEC 60068-2-49		盐雾试验 Ka 温度 35℃ 根据 GB/T 2423.17 （扩展范围按照 GB/T 2423.18）	
		SO_2	H_2S	NaCl	
A2(E)	有害物高浓度，化学物排放量相当高(例如化工生产车间)，有害物浓度根据 IEC 60654-4，为 SO_2：平均浓度 5 cm^3/m^3 最大浓度 15cm^3/m^3 H_2S：平均浓度 10 cm^3/m^3 最大浓度 50 cm^3/m^3	25 cm^3/m^3 4 d	10 cm^3/m^3 4 d		目测检验(例如表面涂层、腐蚀痕迹、颜色、光泽度等的变化)。 接地连接性要求见 6.2
A3(E)	有害物高浓度加海洋性气候影响(例如海上化学加工和钻井)，有害物浓度根据 IEC 60654-4，为 SO_2：平均浓度 5 cm^3/m^3 最大浓度 15 cm^3/m^3 H_2S：平均浓度 10 cm^3/m^3 最大浓度 50 cm^3/m^3	25 cm^3/m^3 4 d	10 cm^3/m^3～15 cm^3/m^3 4 d	5% 35℃，96 h 扩展范围： 5% 35℃，146 h， 1 个循环	目测检验(例如表面涂层、腐蚀痕迹、颜色、光泽度等的变化)。 接地连接性要求见 6.2
注：本试验可用单个部件及样品单元或部件组合代替原始试验样品(插箱，机柜)，只要两者在材料和表面处理上相同。					

5　机械试验

5.1　总则

机械试验的目的是保证机柜、机架、插箱和机箱在制造、贮存、安装和使用中能够经受正常的操作，并能经受使用中的环境。机械试验应根据实际应用的要求，从以下项目中选择。只有当给定项目的所有试验指标都满足，才能宣称符合这个项目的要求。

5.2　静态机械载荷试验

5.2.1　机柜和机架的提吊试验

试验条件(见图 1)：

——试验样品应在标准的地脚螺栓位置，以栓接方式固定在地上；

——本试验不应施加内部静载荷。

试验过程：

——平稳施加作用力 P_1 如图 1；

——保持载荷至少 1 min；

——提吊进行两次。

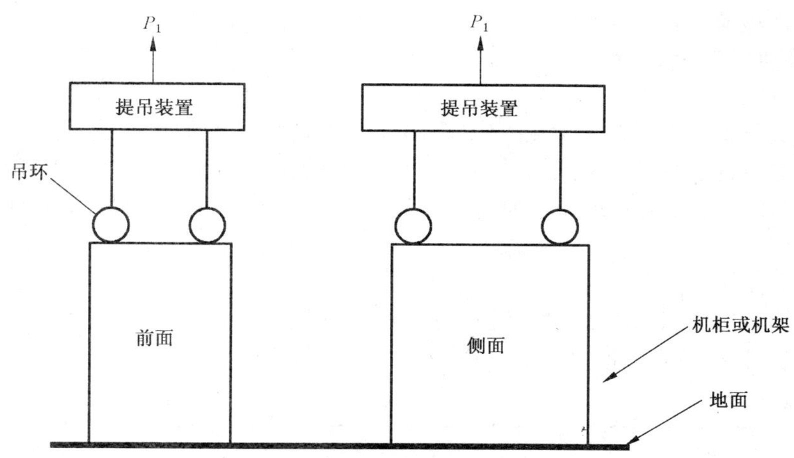

图 1 机柜和机架的提吊试验

试验评定：

a) 试验后不应有影响形状、配合或功能的零件变形或破坏。

b) 接地连续性检验按照 6.2 进行。

5.2.2 机柜和机架的刚度试验

本试验的目的是评价机柜或机架的结构刚度，此刚度作为克服使用和运输中受力的耐久性的最低衡量。试验严酷程度以表 4 中与提吊试验力和刚度试验力有关的静态载荷值规定。

试验条件(见图 2)：

——试验样品应在标准的地脚螺栓位置，以栓接方式固定在地上；

——本试验不应施加内部静载荷。

试验过程：

——在试验机柜或机架的每一面施加一个稳态的力 P_2，均匀分布在图 2 所示的阴影区域；

——保持载荷至少 1 min。

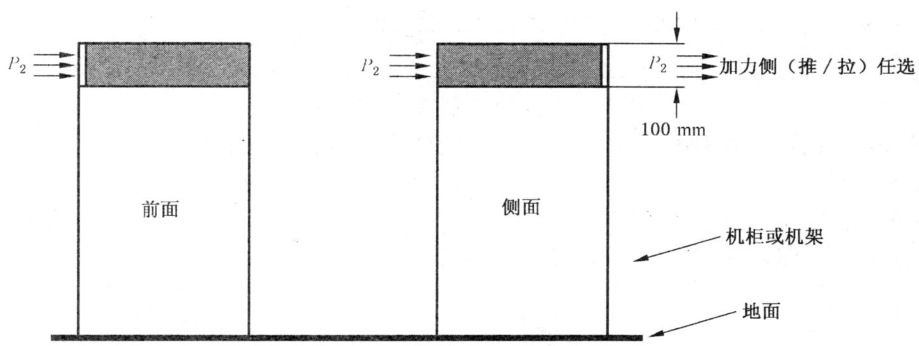

图 2 机柜和机架的刚度试验

表 4 提吊试验和刚度试验的性能等级

性能等级	机柜额定载荷 L_1/kg	提吊试验力 P_1/N	刚度试验力 P_2/N
SL5	200	3 000	500
SL6	400	6 000	1 000
SL7	800	12 000	2 000
注：额定载荷是机柜或机架的规定载荷能力。			

试验评定：

a) 在图 2 所示的每侧试验后，不应产生影响有关详细规范规定的形状、配合或功能的部件变形。

b) 接地连续性检验按照6.2进行。

5.2.3 插箱的静态机械载荷试验

5.2.3.1 总则

本试验的目的是评价包含导轨的插箱的结构部件的承受载荷的能力。为了模拟最恶劣的情况，模拟插件不应使用通常用螺钉固定在插箱上的前面板，也不应在后部安装连接器或背板。作为载荷能力的间接测量，水平构件的变形应在允许范围以内。这将防止当模拟载荷使得导轨间的开度扩宽时，导轨中的插件板脱出。

试验条件：

——如图3所示，试验样品应通过标准插箱安装凸缘固定到试验装置上；

——模拟载荷插件上不装前面板和连接器，它们应如图4和图6所示分布在插箱中。

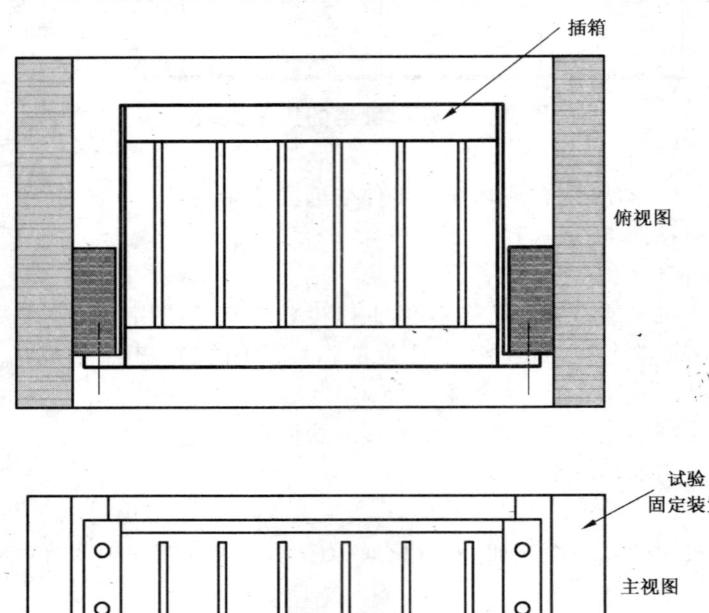

图3 插箱静态载荷试验的配置

5.2.3.2 IEC 60297(英制)系列插箱的静态机械载荷试验的性能等级

性能等级SL1的载荷分布：

模拟载荷 M_1 和单点力 P_3 布置见图4和表5。

符号 U 的定义见IEC 60297-1，D 和 HP 见IEC 60297-3-101。

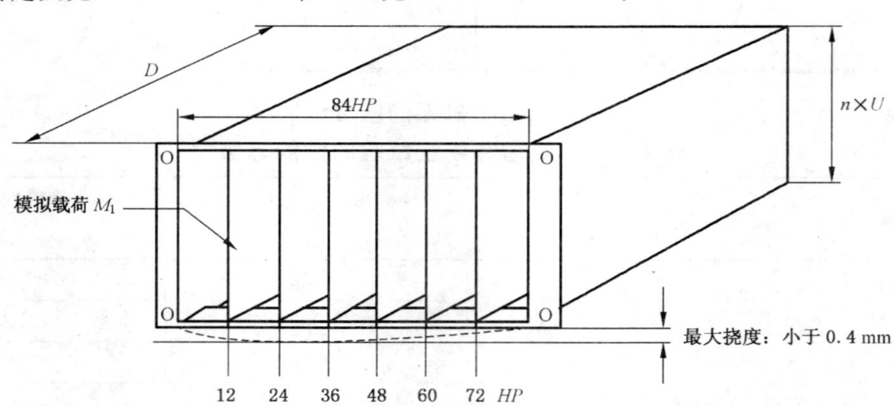

图4 IEC 60297(英制)系列插箱的静态载荷试验，模拟载荷分布设置

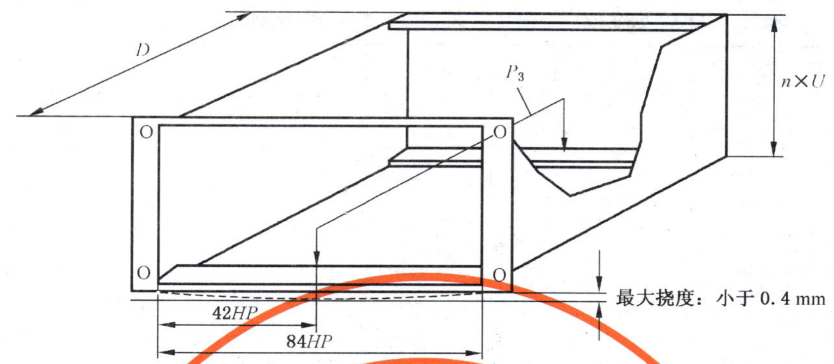

单点载荷 P_3=46 N

注：单点载荷应如图 4 和表 5 中所示，沿插箱中心线平均地施加到下层水平构件上。

图 5　IEC 60297（英制）系列插箱的静态载荷试验，单点力

表 5　IEC 60297（英制）系列插箱的静态机械载荷性能等级

性能等级	总载荷/kg	单点力 P_3[a]/N	载荷数	载荷 M_1/kg	模拟载荷位置 HP
SL1	6.9	46	6	1.15	12,24,36,48,60,72

[a] 对于每一水平构件的单独试验，单点力 P_3 应被插箱底部的水平构件数除。

试验评定：

验收标准为最大挠度小于 0.4 mm。

5.2.3.3　**IEC 60917（公制）系列插箱的静态机械载荷试验的性能等级**

性能等级 SL2、SL3 和 SL4 的载荷分布。

模拟载荷 M_2 布置见图 6、图 7 和表 6。

符号 D_s、W_s、mp_3 和 H_s 的定义见 IEC 60917-2-2。

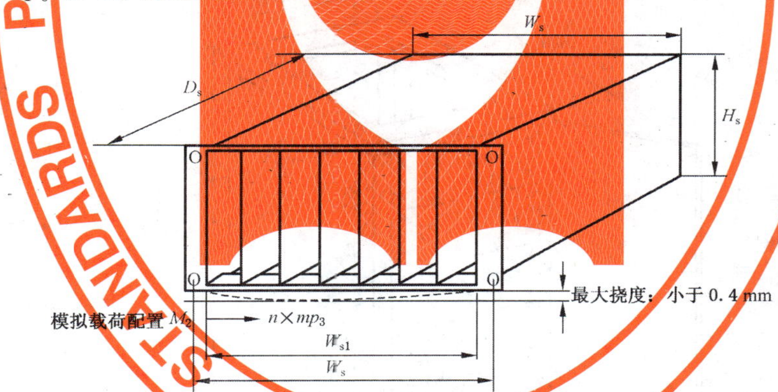

图 6　IEC 60917（公制）系列插箱的静态载荷试验，模拟载荷分布设置

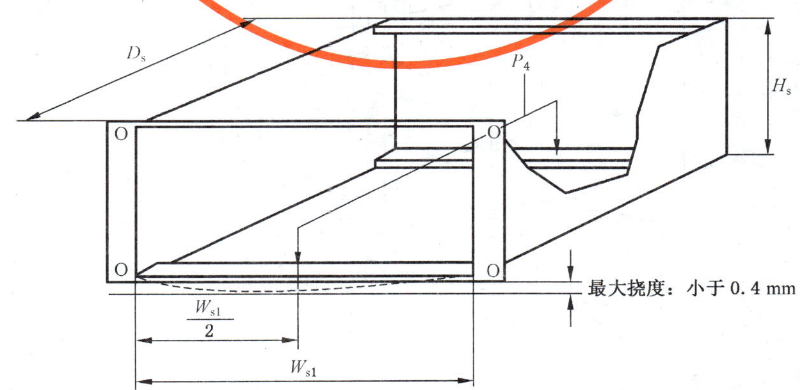

注：单点载荷应如图 7 和表 6 中所示，沿插箱中心线平均地施加到下层水平构件上。

图 7　IEC 60917（公制）系列插箱的静态载荷试验，单点力

表 6 IEC 60917(公制)系列插箱的静态机械载荷性能等级

性能等级	总载荷/kg	单点载荷 P_4/N	载荷数	载荷 M_2/kg	协调尺寸 W_s/mm	模拟载荷位置 n
SL2	5	31.25	6	0.833	450	12,24,36,49,61,73
					500	13,27,41,54,68,82
					625	17,34,51,69,86,103
SL3	10	62.50	6	1.667	450	12,24,36,49,61,73
					500	13,27,41,54,68,82
					625	17,34,51,69,86,103
SL4	15	93.75	6	2.500	450	12,24,36,49,61,73
					500	13,27,41,54,68,82
					625	17,34,51,69,86,103
注：对于每一水平构件的单独试验，单点力 P_4 应被插箱底部的水平构件数除。						

试验评定：

验收标准为最大挠度小于 0.4 mm。

5.3 动态机械载荷试验

5.3.1 机柜的振动和冲击试验

本试验应在如图 8 和表 7 配置的机柜上进行。试验机柜包括框架、前门、后门、两个侧板和顶盖。试验样品通过底部安装部位固定到试验台上。振动和冲击性能等级见表 8。

单位为毫米

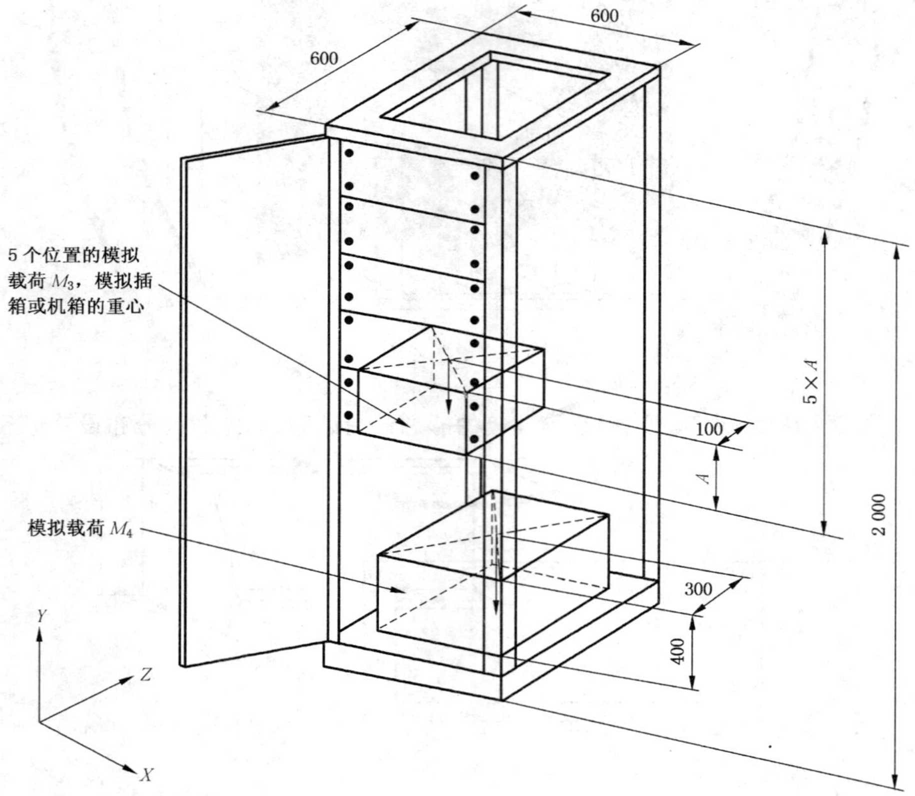

A——机柜上部模拟载荷 M_3 的高度；

M_4——机柜底部模拟载荷质量。

图 8 机柜振动和冲击试验的配置

表 7 机柜中的静态载荷分布

机柜符合标准	A/mm	M_3/kg	M_4/kg	总载荷/kg
IEC 60297-2	265.9	10	100	150
IEC 60917-2-1	250	10	100	150

表 8 机柜振动和冲击性能等级

性能等级	应用场合	试验 Fc:振动(正弦) 按 GB/T 2423.10			试验 Ea:冲击(1/2 正弦波),仅作 y 轴 按 GB/T 2423.5		
		频率范围/Hz	恒定振幅		峰值加速度/ m/s^2	持续时间/ ms	冲击次数
			位移振幅/ mm	加速度振幅/ m/s^2			
DL4	低强度冲击和振动,主要是固定使用,工厂和办公室常规操作和维修的带负载的机柜(IEC 60721-3-3 等级 3M2)	2～9 9～200	1.5 —	— 5	40	18	3
DL5	中等强度振动和冲击,固定和移动使用。铁路和公路用信号设备,接近转动机械的带负载的机柜(IEC 60721-3-3 等级 3M4)	2～9 9～200	3.0 —	— 10	100	11	3
DL6	高强度振动和冲击,例如商用船舶-低等级军用要求的应用(IEC 60721-3-3 等级 3M6)	2～9 9～200	7.0 —	— 20	250	11	3

试验条件:

试验机柜或机架应通过预留的地脚螺栓位置安装到振动台或冲击台上,以模拟可能采用的在背面或顶部有结构支撑的工作条件。

试验过程按 GB/T 2423.10。

扫频速率:1 oct/min。

试验轴:x-y-z(y 轴作为最严酷选择)。

试验持续时间/轴:10 次循环。

共振搜索:5 Hz～100 Hz,加速度 1 m/s^2。

共振试验:当试验样品共振响应的放大倍数达到 3～4 倍时,共振试验应将其响应幅值增加到 7～8 倍,并应保持此等级不低于 10 min。

试验评定:

a) 试验后,零部件不允许有影响形状、配合或功能的变形或破坏。

b) 接地连续性检验按照 6.2 进行。

5.3.2 插箱的振动和冲击试验

试验条件:

试验样品的配置如表 9 和表 10 中描述,试验样品应通过标准插箱安装凸缘固定到试验装置上,如图 9 所示。

载荷均布的插件应采用 M2.5 螺钉通过前面板安装到插箱上,并应使用连接器,连接器直接或通过背板安装到后横梁上。

插箱按照制造厂的说明进行组装，所有安装到试验装置（见图 9）上的以及插箱结构本身的螺钉都应按照推荐的扭矩拧紧。

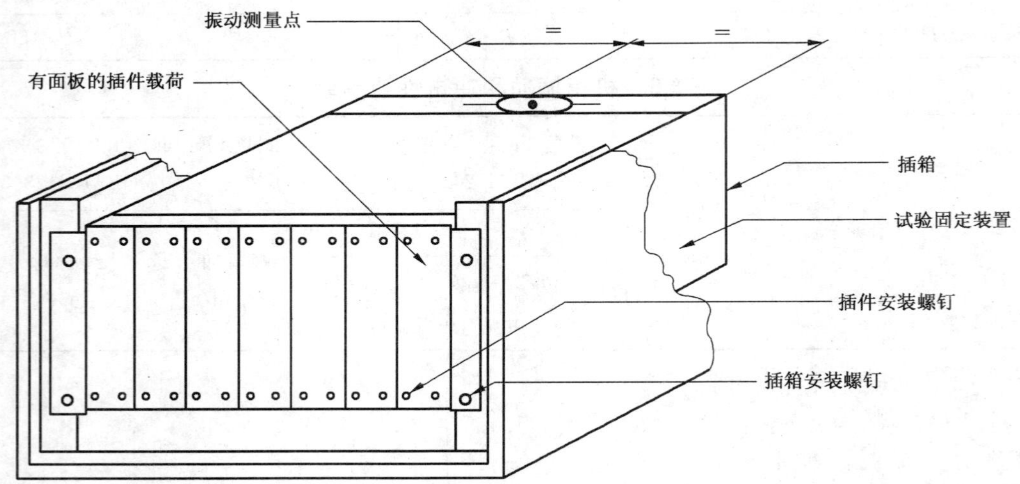

图 9　插箱振动和冲击试验的配置

表 9　IEC 60297（英制）系列插箱的试验配置

	试　样　号	
	1	2
插箱高度（U）和宽度（HP）	3 U/84 HP	6 U/84 HP
插箱印制板深度	160 mm	220 mm
插件安装	2×M2.5（上下各一个）	
符合 GB/T 15157.2 的连接器	见 5.3.2 中通用试验条件	
插箱安装凸缘	前面	
固定到试验装置	4×M6	
插件数（6HP 宽）	14	
单个插件质量	250 g	500 g

表 10　IEC 60917（公制）系列插箱的试样规定

	试　样　号		
	1	2	3
安装宽度 W_s	450 mm	500 mm	625 mm
插箱高度 H_s	300 mm		
插箱深度 D_s	175 mm		
插件固定	2×M2.5（上下各一个）		
符合 IEC 61076-4-100 的连接器	见 5.3.2 中通用试验条件		
插箱安装凸缘	前面		
固定到试验装置	4×M6		
插件数（宽 30 mm）	14	15	20
单个插件质量	500 g		

冲击和振动试验应按照表11中引用的GB/T 2423的相关部分,在装有插件的插箱上进行。

表11 插箱的振动和冲击性能等级

性能等级	应用场合	试验Fc:振动(正弦)按GB/T 2423.10			试验Ea:冲击按GB/T 2423.5		
		频率范围/Hz	位移振幅/mm	加速度振幅/m/s^2	峰值加速度/m/s^2	持续时间/ms	冲击次数
DL1	低强度振动和冲击,电站和一般工业的固定应用(IEC 60721-3-3等级3M3)	2~9 9~200	1.5 —	— 5	70	11	18
DL2	中等强度振动和冲击,固定和运动使用。铁路和公路信号设备应用,接近转动机械的带负载的机柜(IEC 60721-3-3等级3M4)	2~9 9~200	3.0 —	— 10	100	18	18
DL3	高强度振动和冲击,经受高应力的运动应用,例如重型旋转机械、船舶(IEC 60721-3-3等级3M7)	2~9 9~200	10 —	— 30	250	18	18

振动试验过程:

试验轴:x-y-z。

扫频速率:10 oct/min。

试验持续时间/轴:10次频率循环。

共振搜索:10 Hz~150 Hz,加速度2 m/s^2。

共振试验:当试验样品共振响应的放大倍数达到3~4倍时,共振试验应将其响应幅值增加到7~8倍,并保持此等级不低于10 min。

冲击试验过程:

在三个主轴x-y-z每个方向冲击三次。

试验评定:

a) 通过目测检验机械破坏情况,例如产生裂纹、残留尺寸变形、螺纹连接松动、插箱磨损、插入式连接器磨损等。

b) 接地连续性检验按照6.2进行。

5.3.3 机柜的碰撞试验

本试验的目的是评价机柜外露部件,例如门、覆板及玻璃或其他透明材料的抗碰撞能力。设备在经受正常使用中可能发生的碰撞时不应导致危害,为此设备应具有足够的机械强度和电气绝缘性能。进行表12中所列的由GB/T 2423.55规定的试验,以检验机柜的符合性。

表12 机柜碰撞试验的性能要求

性能等级	应用场合	能量值/J	
		机柜各部件	观察面板和使用玻璃、塑料等材料的窗
K1	一般电子设备(测量、实验室)使用	0.5	0.2
K2	一般工业电子设备(办公室、实验室)使用	2	0.2
K3	一般工业电子设备、车载设备(工厂、户外)使用	5	0.35

试验过程：

碰撞次数：试样的 x、y、z 每个轴向 5 次。

试验样品应安装在一个刚性的支撑面上，在直接施加此试验规定的某一能量等级的碰撞作用下，如果支撑面的移动不大于 0.1 mm，就可以假定它是刚性的。

本试验仅对机柜上以其预期配置安装的单独部件（门和盖板）进行，部件用螺钉以推荐的力矩拧紧固定。插箱不作此试验。

如果摆锤式试验不方便，允许将试样从正常位置转动 90°安装，以垂直碰撞试验代替摆锤试验，模拟垂直表面或倾斜表面上的水平碰撞。

试验样品上的碰撞位置应设定在实际应用中最可能发生损坏的地方。

试验评定：

a) 试验后不允许有影响形状、配合或功能的部件变形或损坏。

b) 接地连续性检验按照 6.2 进行。

6 安全

6.1 总则

安全包括人身安全和产品安全两个方面，完全符合 GB/T 18663 的本部分的安全要求是强制性的。通用的安全要求是：机柜、机架和插箱的机械设计应对防止人员的危险和伤害有充分的考虑，应有适当的遮拦措施阻止未经许可进入内部。

机壳的机械部分应没有锐边、毛刺等，这将防止在装配、安装、使用和维护过程中对人员造成危害。

IEC 60950-1 中的包括商用电气设备在内的信息技术设备的通用安全要求，应予以采用。

6.2 接地

6.2.1 总则

安全要求应符合 IEC 61010-1。

为了防止接触有电击危险的电压，所有机柜、机架或插箱的所有可能触及的金属部分都应实现电气互连。经验表明，仅靠安装螺钉不能保证有效、可靠的导电连接。例如用绝缘材料制作并使用金属锁、铰链等部件的前面板，应进行附加的测量。保护接地端子或接地点与需要接地的部件之间的连接电阻应小于 0.1 Ω。

6.2.2 试验过程

试验应按照 IEC 61010-1。

6.3 可燃性

用于机柜、机架或机箱中的结构件、零部件的所有材料应能将火的蔓延减至最低程度。

为了防火，所有材料可燃性等级不应低于 V2 等级。

6.4 机壳防护等级（IP 代码）

本条的目的是保证对人员危害的防护保持在相应的等级。表 13 仅用作性能等级的选择，全部细节见 GB 4208。

表 13 机壳防护等级（IP 代码）

性能等级	防护类别	试验条件	试验评定
IP20	手指或直径不小于 12.5 mm 的固体异物接触危险部件	直径 12 mm 的铰接试指和直径 12.5 mm 的物体试具（试球）	试指能进入达 80 mm，与危险部件应保持足够的间隙。试球应不能通过任何开孔

表 13（续）

性能等级	防护类别	试验条件	试验评定
IP30	工具和直径不小于 2.5 mm 的固体异物接触危险部件	直径 2.5 mm 的物体试具	试具应不能进入，并应与危险部件保持足够的间隙
IP42	工具和直径不小于 1 mm 的固体异物接触危险部件； 外壳在 15°范围以内倾斜时垂直方向的水滴	直径 1 mm 的物体试具； 滴水试验箱	试具应不能进入，并应与危险部件保持足够的间隙。水滴不应有任何有害影响
IP54	金属丝接触危险部件；少量灰尘； 向外壳任何方向的溅水	直径 1 mm 的物体试具； 灰尘试验箱； 摆管式喷水设备	试具应不能进入，并应与危险部件保持足够间隙。少量灰尘能进入，但功能和安全（产生泄漏电流）不受损害。所有方向的喷水不应有任何有害影响

ICS 67.140.10
X 55

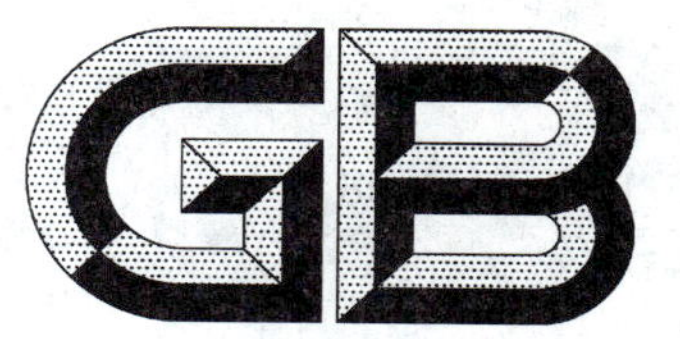

中华人民共和国国家标准

GB/T 18665—2008
代替 GB 18665—2002

地理标志产品　蒙山茶

Product of geographical indication—Mengshan tea

2008-06-17 发布　　2008-12-01 实施

中华人民共和国国家质量监督检验检疫总局
中国国家标准化管理委员会
发布

前　言

本标准根据《地理标志产品保护规定》与 GB 17924—1999《原产地域产品通用要求》制定。

本标准代替并废止 GB 18665—2002《蒙山茶》。

本标准与 GB 18665—2002 相比主要变化如下：

——将标准由强制性改为推荐性；

——根据《地理标志产品保护规定》，修改标准名称和相关表述；

——修改了卫生指标，直接采用 GB 2762《食品中污染物限量》和 GB 2763《食品中农药最大残留限量》（见 6.7）；

——删除了栽培技术内容，直接采用 NY/T 5018《无公害食品　茶叶生产技术规程》（见 6.3.3）；

——增加对各产品感官品质的总体要求（见 6.5）；

——提高了理化指标中的水分和粉末的指标水平（见 6.6）。

本标准的附录 A 为规范性附录，附录 B 为资料性附录。

本标准由全国原产地域产品标准化工作组提出并归口。

本标准起草单位：四川省雅安市名山质量技术监督局、四川省雅安市名山县蒙山茶地理标志产品保护办公室、四川省雅安市名山县茶叶研究所、四川省名山县禹贡蒙山茶叶有限责任公司、四川省名山县蜀名茶场、四川茗山茶叶有限公司。

本标准主要起草人：杨天炯、杨显良、闵国玉、杨红、夏家英、李廷松、陈吉学、胡庆林、黄文林、龙开军。

本标准所代替标准的历次版本发布情况为：

——GB 18665—2002。

地理标志产品　蒙山茶

1　范围

本标准规定了蒙山茶地理标志产品的地理标志产品保护范围、术语和定义、产品分类、要求、试验方法、检验规则、标志、标签及包装、运输、贮存。

本标准适用于国家质量监督检验检疫行政主管部门根据《地理标志产品保护规定》批准保护的蒙山茶。

2　规范性引用文件

下列文件中的条款通过本标准的引用而成为本标准的条款。凡是注日期的引用文件，其随后所有的修改单(不包括勘误的内容)或修订版均不适用于本标准，然而，鼓励根据本标准达成协议的各方研究是否可使用这些文件的最新版本。凡是不注日期的引用文件，其最新版本适用于本标准。

GB/T 191　包装储运图示标志

GB 2762　食品中污染物限量

GB 2763　食品中农药最大残留限量

GB 7718　预包装食品标签通则

GB/T 8302　茶　取样

GB/T 8304　茶　水分测定(GB/T 8304—2002,eqv ISO 1573:1980)

GB/T 8306　茶　总灰分测定(GB/T 8306—2002,eqv ISO 1575:1987)

GB/T 8311　茶　粉末和碎茶含量测定

GB 11767　茶树种苗

NY/T 787　茶叶感官审评通用方法

NY/T 5018　无公害食品　茶叶生产技术规程

NY 5020　无公害食品　茶叶产地环境条件

SB/T 10035　茶叶销售包装通用技术条件

国家质量监督检验检疫总局令[2005]第75号《定量包装商品计量监督管理办法》

3　地理标志产品保护范围

蒙山茶的地理标志产品保护范围限于国家质量监督检验检疫行政主管部门根据《地理标志产品保护规定》批准的范围，见附录A。

4　术语和定义

下列术语和定义适用于本标准。

4.1

蒙山茶　Mengshan tea

在国家批准的地理标志产品保护范围内种植的，采用传统工艺与现代先进技术相结合加工而成的，具有特定品质的茶叶。

5　产品分类

5.1　特色名茶

蒙顶黄芽、蒙顶石花、蒙顶甘露、蒙山毛峰、蒙山春露茶。

5.2 绿茶

蒙山烘青绿茶、蒙山炒青绿茶、蒙山蒸青绿茶。

5.3 花茶

蒙顶甘露花茶、蒙山毛峰花茶、蒙山香茗花茶与各级花茶等。

6 要求

6.1 地理环境

蒙山茶产地三面环山，形若“U”字，其间有一分水岭，将其分割为岷江流域和青衣江流域两部分。坪岗交错，溪谷纷呈，为川西老冲积地之一。地貌以平坝丘陵为主，仅在地域边缘有低山分布：蒙顶山林木丰茂，莲花山层峦迭嶂，总岗山连绵起伏，三山环绕，形成辖区的天然屏障；河流皆源出本境，源短流小；境内土层深厚，酸性微酸性土壤占70%以上，森林覆盖率达44%以上。优良的地理环境适宜发展茶叶生产。产地环境应符合NY 5020的要求。

6.2 气候特点

蒙山茶产地属中纬度亚热带湿润气候，年平均气温15.5 ℃，大于或等于10 ℃的年积温4 772.5 ℃，无霜期298 d，年均降雨量1 519.9 mm，蒸发量1 029.6 mm，年平均相对湿度82%，年平均日期1 035.5 h，为低光辐射区，气候温和，雨量充沛，四季分明，为茶树的生长和有益内含物质的形成提供了得天独厚的气候条件。

6.3 茶树栽培

6.3.1 茶树品种

应符合GB 11767。以蒙山群体种选育出的名山白毫131、名山早311、名山特早芽213、蒙山9号、蒙山11号、蒙山16号、蒙山23号等国家级、省级茶树优良品种为蒙山茶主栽品种。

6.3.2 土壤要求

砂、粘适中的壤土，土层深度35 cm以上，pH值4.0～6.5之间，有机质含量1.5%以上，全氮0.10%以上，水解性氮100 mg/kg以上，速效磷10 mg/kg以上，速效钾80 mg/kg以上。土壤中的重金属含量应符合NY 5020的要求。

6.3.3 栽培技术

栽培技术应符合NY/T 5018的要求。

6.3.4 采摘技术

采摘技术参见附录B。

6.4 工艺流程

6.4.1 蒙顶黄芽工艺流程

鲜叶摊放→杀青→摊凉→炒二青→包黄→炒三青→堆黄→四炒→干燥提毫→烘干→整理→拼配→烘焙提香→定量装箱入库。

6.4.2 蒙顶石花工艺流程

鲜叶摊放→杀青→摊凉→炒二青→摊凉→干燥提毫→烘干→整理→拼配→烘焙提香→定量装箱入库。

6.4.3 蒙顶甘露(蒙山毛峰、蒙山春露)工艺流程

鲜叶摊放→杀青→摊凉→头揉→炒(烘)二青→摊凉→二揉→干燥(炒或烘)→做形提毫→烘干→整理→拼配→烘焙提香→定量装箱入库。

6.4.4 烘青工艺流程

鲜叶摊放→杀青→摊凉→头揉→解块→烘二青→摊凉→二揉→解块→初烘→摊凉→复烘→精制筛

分→风选→拣梗→拼配→复烘→定量装箱(袋)入库。

6.4.5 **炒青茶工艺流程**

鲜叶摊放→杀青→摊凉→头揉→解块→烘二青→摊凉→二揉→解块→炒干→车色→精制筛分→风选→拣梗→拼配→炒足干→定量装箱(袋)入库。

6.4.6 **蒸青绿茶工艺流程**

鲜叶摊放→蒸气杀青→冷却→初干初揉→粗揉→平揉→中揉→精揉→烘干→抖筛→平园筛→拣梗→风选→检验→拼配→定量包装入库。

6.4.7 **茉莉花茶工艺流程**

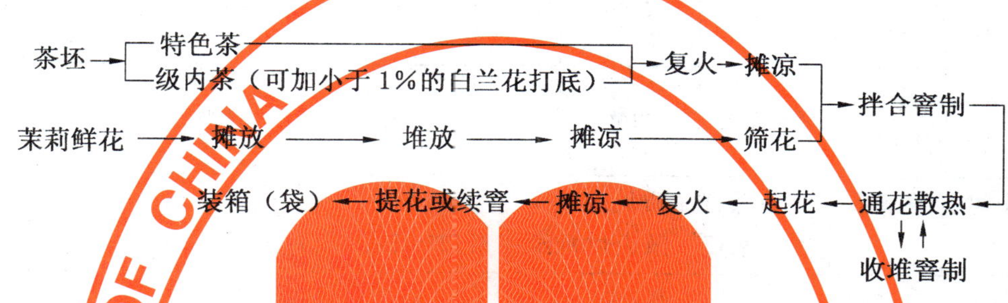

6.5 **感官品质**

6.5.1 蒙山茶产品应洁净、无任何添加剂，不得着色，不得夹杂非茶物质，无异味，无劣变。

6.5.2 蒙山特色名茶系列产品感官品质见表1。

表1 蒙山特色名茶系列产品感官品质

项目	外形				内质			
	条索	色泽	嫩度	净度	香气	汤色	滋味	叶底
蒙顶黄芽	扁平挺直	嫩黄油润	全芽披毫	净	甜香馥郁	浅杏绿明亮	鲜爽甘醇	黄亮鲜活
蒙顶石花特级	扁平匀直	嫩绿油润	嫩芽银毫	净	嫩香浓郁	清澈绿亮	鲜嫩甘爽	全芽匀亮
蒙顶石花一级	扁平匀整	嫩绿油润	细嫩多毫	净	清香持久	杏绿明亮	鲜醇甘爽	嫩黄明亮
蒙顶石花二级	扁平尚直	绿油润	细嫩有毫	净	清香	杏绿明亮	鲜爽回甘	绿黄明亮
蒙顶甘露特级	细秀匀卷	嫩绿油润	细嫩银毫	净	嫩香馥郁	杏绿鲜亮	鲜嫩醇爽	嫩黄明亮
蒙顶甘露一级	细紧匀卷	嫩绿油润	细嫩多毫	净	嫩香持久	杏绿明亮	鲜爽回甘	嫩黄匀亮
蒙顶甘露二级	细紧匀卷	绿油润	细嫩显毫	净	清香持久	黄绿明亮	醇厚回甘	绿黄匀亮
蒙山毛峰特级	紧细较直 多锋苗	嫩绿油润	细嫩多毫	净	清香鲜洁	杏绿明亮	鲜嫩醇爽	嫩黄明亮
蒙山毛峰一级	紧细较直 显锋苗	绿油润	细嫩显毫	净	清香持久	黄绿明亮	鲜醇甘爽	绿黄匀亮
蒙山毛峰二级	紧细较直 有锋苗	尚绿油润	细嫩有毫	净	清香	黄绿明亮	醇厚甘爽	黄绿匀亮
蒙山春露	紧细有锋	绿润	细嫩有毫	净	清香持久	黄绿明亮	醇厚爽口	黄绿匀亮

6.5.3 蒙山特色茉莉花茶系列产品感官品质见表2。

表2 蒙山特色茉莉花茶系列产品感官品质

项　目	外　形				内　质			
	条索	色泽	整碎	净度	香气	汤色	滋味	叶底
蒙顶甘露花茶	细紧显锋苗有毫	黄绿润	匀整	净	鲜灵持久	绿黄明亮	鲜爽回甘	绿黄明亮、芽叶较完整
蒙山毛峰花茶	紧细有锋苗带毫	黄绿尚润	匀整	净	鲜灵浓郁	绿黄明亮	鲜浓甘醇	绿黄明亮、芽叶较完整
蒙山香茗花茶	紧细有锋苗	黄绿尚润	匀整	净	鲜浓持久	绿黄明亮	浓醇	黄绿明亮、芽叶较完整

6.5.4 蒙山烘青绿茶系列产品感官品质见表3。

表3 蒙山烘青绿茶系列产品感官品质

项　目	外　形				内　质			
	条索	整碎	色泽	净度	香气	汤色	滋味	叶底
特级	紧细有毫	匀整	绿润	稍有嫩茎	清高	黄绿明亮	鲜醇	黄绿细嫩明亮
一级	紧细带毫	匀整	绿尚润	有嫩茎	清香	黄绿尚亮	浓醇	嫩匀绿亮
二级	紧实	尚匀整	绿稍润	显嫩梗	纯正	黄绿稍亮	醇正	绿尚嫩明
三级	尚稍实	尚匀整	黄绿	稍有朴片	稍低	黄绿	平和	欠绿亮
四级	稍粗松	欠匀整	绿黄	有梗朴片	稍粗	绿黄	稍粗淡	黄绿稍暗
五级	粗松	欠匀整	稍枯黄	多梗朴片	粗气	黄稍暗	粗淡	黄绿粗硬

6.5.5 蒙山炒青绿茶系列产品感官品质见表4。

表4 蒙山炒青绿茶系列产品感官品质

项　目	外　形				内　质			
	条索	整碎	色泽	净度	香气	汤色	滋味	叶底
特级	紧细有锋苗	匀整	绿润	稍有嫩茎	带栗香	黄绿明亮	浓爽	细嫩黄绿明亮
一级	紧实有锋苗	匀整	绿尚润	有嫩茎	清高	黄绿尚亮	浓醇	绿嫩明亮
二级	紧实	尚匀整	绿稍润	显嫩茎	清香	黄绿明	浓尚醇	黄绿尚嫩尚亮
三级	尚紧实	尚匀整	黄绿	有嫩梗片	纯和	绿黄尚明	平和	黄绿欠嫩稍摊张
四级	粗实	欠匀整	绿黄	有梗朴片	稍低	绿黄	稍粗淡	黄绿有摊张
五级	粗松	欠匀整	稍枯黄	显梗朴片	有粗气	绿黄稍暗	粗淡	黄绿粗老稍暗

6.5.6 蒙山蒸青绿茶系列产品感官品质见表5。

表5 蒙山蒸青绿茶系列产品感官品质

项目	外形				内质			
	条索	整碎	色泽	净度	香气	滋味	汤色	叶底
超特	挺秀松针形，多嫩芽	匀整	深绿鲜明油润	匀净	清香鲜嫩持久	醇厚鲜爽	绿艳	嫩匀多芽鲜嫩明亮
特一	紧直松针形，嫩芽显露	匀整	深绿油润	匀净	清香尚持久	鲜醇	嫩绿明亮	嫩匀显芽青绿明亮
特二	松针形，稍有嫩芽	匀整	深绿油润	稍有嫩茎梗片	清高	浓醇爽口	嫩绿明亮	嫩匀绿亮
一级	松针形，夹长条	匀整	绿润	有梗片	清高	浓醇	绿明亮	柔软绿亮
二级	松针形，稍扁直	尚匀整	绿	筋梗片稍多	尚清香	尚浓醇	绿明亮	绿匀明亮
三级	带松针形，稍扁直	尚匀	黄绿	稍有黄朴片	纯正	醇正	黄绿明亮	尚匀黄绿
四级	松条夹狭长条	尚匀	黄绿	有朴片梗	平正	平和	黄绿	欠匀黄绿
五级	松扁	尚匀	绿黄	黄朴片较多	稍有粗青气	带青涩	绿黄	稍粗老黄绿稍暗

6.5.7 蒙山茉莉花茶系列产品感官品质见表6。

表6 蒙山茉莉花茶系列产品感官品质

项目	外形			内质			
	条索	匀净度	色泽	香气	滋味	汤色	叶底
特级	紧细显锋苗	稍有嫩茎	绿润、花干白色	鲜灵持久	浓醇鲜爽	绿黄尚亮	黄绿明亮细嫩有芽
一级	紧直有锋苗	有嫩茎	绿尚润、花干黄白色	鲜浓	浓醇尚鲜	绿黄尚明	黄绿明亮细嫩柔软
二级	紧直	显嫩茎	尚绿润、花干黄白色	尚鲜浓	醇和	绿黄稍明	黄绿尚亮尚嫩柔软
三级	尚紧略直	有茎梗	黄绿欠润、花干黄白色	尚浓	尚醇和	绿黄	黄绿尚明稍有摊张
四级	稍松带块	有硬梗朴片	绿黄稍暗、花干黄白色	香弱	平和	黄稍暗	黄绿稍暗欠软较粗
五级	松扁轻飘	多梗朴片	绿黄稍枯、花干黄色	香薄	粗淡	黄暗	黄绿带暗较粗老

6.6 理化指标

6.6.1 蒙山特色名茶、特种茉莉花茶理化指标见表7。

表7 蒙山特色名茶、特种茉莉花茶理化指标

项目	水分/% ≤	总灰分/% ≤	粉末/% ≤	含花量/% ≤
蒙山特色名茶	6.5	6.5	0.5	—
蒙山特种茉莉花茶	8.0	6.5	0.8	0.5

6.6.2 蒙山烘青绿茶、炒青绿茶、蒸青绿茶理化指标见表8。

表8 蒙山烘青绿茶、炒青绿茶、蒸青绿茶理化指标

项目	水分/% ≤	总灰分/% ≤	粉末/% ≤
特级	7.0	6.5	1.0
1级~3级	7.0	6.5	1.5
4级~5级	7.0	6.5	1.5

6.6.3 蒙山茉莉花茶系列产品理化指标见表9。

表9 蒙山茉莉花茶系列产品理化指标

项目	水分/% ≤	总灰分/% ≤	粉末/% ≤	含花量/% ≤
特级	8.5	6.5	1.2	1.0
1级~2级	8.5	6.5	1.5	1.2
3级~5级	8.5	6.5	1.5	1.5

6.7 卫生指标

应符合GB 2762和GB 2763的规定。

7 试验方法

7.1 感官品质

按NY/T 787和蒙山茶实物标样执行。

7.2 理化指标

7.2.1 水分:按GB/T 8304的规定执行。

7.2.2 粉末:按GB/T 8311的规定执行。

7.2.3 总灰分:按GB/T 8306的规定执行。

7.3 卫生指标

按GB 2762和GB 2763的规定执行。

8 检验规则

8.1 组批

产品均以同批拼配茶为一批次。

8.2 抽样

按GB/T 8302执行,取样量为400 g。

8.3 检验分类

8.3.1 出厂检验

正常情况下,应对标签、包装、感官指标、理化指标按标准规定进行检验,检验合格并附产品质量检验合格证方能出厂。

8.3.2 型式检验

产品有下列情况之一时,应进行型式检验:

a) 原料来源变动较大时;

b) 生产工艺有较大变更时;

c) 正常生产一年;

d） 国家监督抽查时。

8.4 判定规则

8.4.1 型式检验或出厂检验项目如有一项或一项以上不符合本标准，判该批产品不合格。

8.4.2 复检：对检验不合格批次，应对留样进行复检或在同批产品中按 GB/T 8302 的规定重新抽样，对不合格项目进行复验，以复验结果为准。

9 标志、标签

9.1 标志

运输包装箱的图示标志应符合 GB/T 191 的规定。

9.2 标签

标签应符合 GB 7718 的规定，获准使用地理标志产品专用标志资格的生产者，还应在受保护的地理标志产品上使用地理标志产品保护专用标志。

10 包装、运输、贮存

10.1 包装

10.1.1 接触茶叶的包装材料应符合 SB/T 10035 规定。

10.1.2 包装容器应清洁、干燥、无异味、无毒，不影响茶叶品质；包装要牢固、整洁，要能防潮和保护茶叶品质，便于装卸、仓储和运输。

10.1.3 包装计量：小包装净含量，整件包装计量偏差按国家质量监督检验检疫总局令[2005]第 75 号《定量包装商品计量监督管理办法》执行。

10.2 运输

运输的各种交通工具应清洁、卫生、干燥、无异味；运输时应防雨、防潮、防曝晒；严禁与有毒、易污染物品混装、混运。

10.3 贮存

成品茶应贮存在清洁卫生、干燥、防潮、无异味的库房。特色名茶、特色花茶要在保鲜库房内贮存，库房内应保持 0 ℃～5 ℃的低温，相对湿度 50％以下，定期检查茶叶的贮存情况。

附 录 A

（规范性附录）

蒙山茶地理标志产品保护范围图

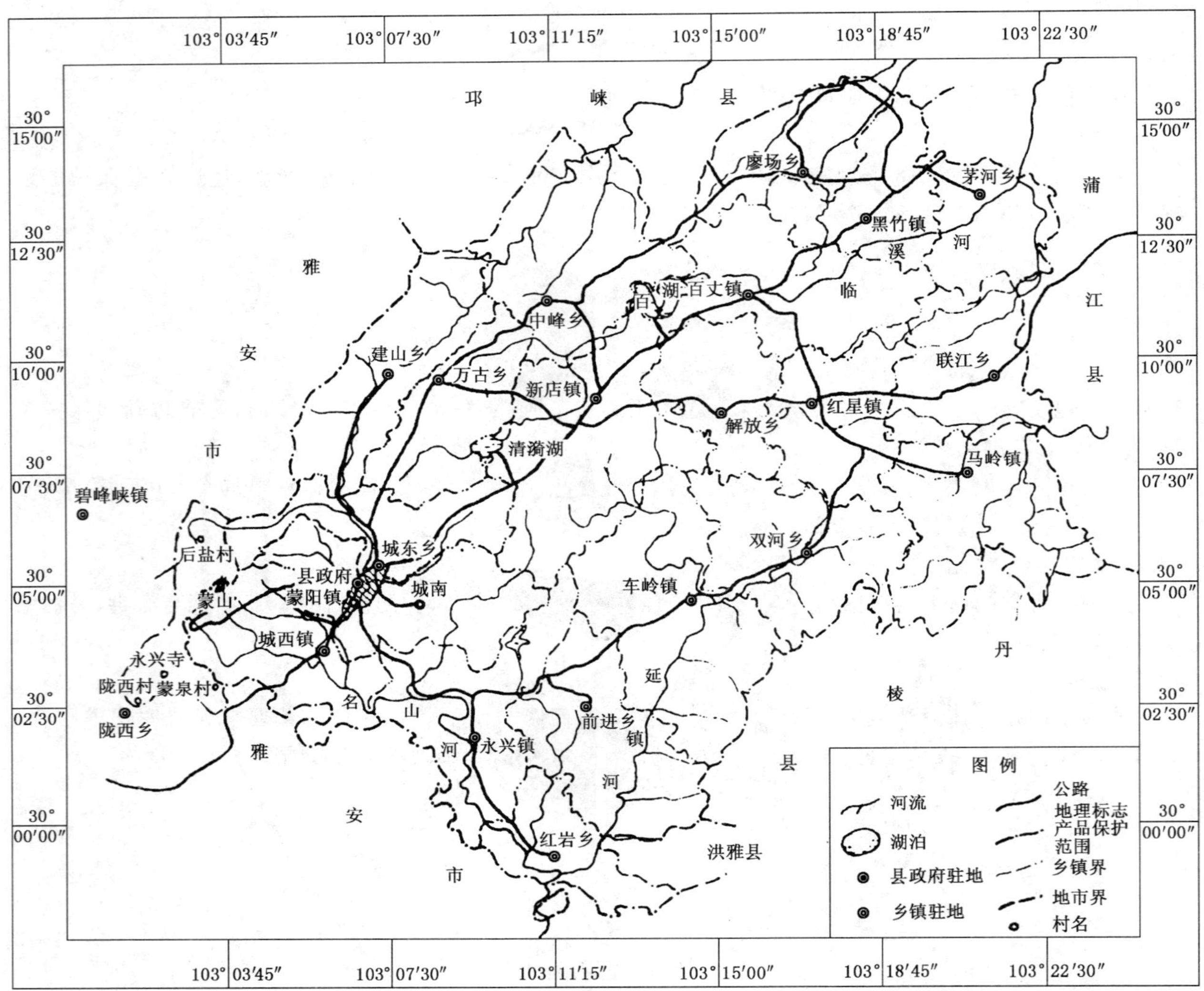

注：蒙山茶地理标志产品保护范围除包括四川省雅安市名山县全境外，还包括雅安市雨城区地处蒙山的碧峰峡镇的后盐村和陇西乡的陇西村和蒙泉村。

图 A.1　蒙山茶地理标志产品保护范围图

附 录 B
（资料性附录）
蒙山茶采摘技术

B.1 特色名茶采摘

当茶园蓬面上有3%～5%芽梢符合采摘标准时开采。黄芽、特级石花应采摘单芽作为原料，石花、甘露、毛峰系列产品和春露茶应采摘一芽一叶以及一芽二叶初展的新梢作为原料，特色名茶鲜叶分级标准见表B.1。

表B.1 特色名茶鲜叶分级标准 %

级别	单芽		一芽一叶初展		一芽二叶初展		一芽二叶		同等嫩度单片对夹叶	
	重量	个数	重量	个数	重量	个数	重量	个数	重量	个数
蒙顶黄芽	98	96	2	3～4	—	—	—	—	—	—
蒙顶石花特级	96	96	2	3～4	—	—	—	—	—	—
蒙顶石花一级	20～30	30～50	60～70	50～60	—	—	—	—	5～10	3～8
蒙顶石花二级	10～20	20～40	50～60	40～50	15～20	12～20	—	—	7～12	5～10
蒙顶甘露特级	20～30	30～50	60～70	50～60			—	—	5～10	3～8
蒙顶甘露一级	0～5	0～10	70～80	70～80	10～25	8～15	—	—	5～10	5～8
蒙顶甘露二级	—	—	44～55	45～60	40～50	30～40	—	—	10～17	8～10
蒙山毛峰特级	0～5	0～10	70～80	70～80	10～15	8～15	—	—	5～10	5～8
蒙山毛峰一级	—	—	40～55	45～60	40～50	30～40	—	—	—	—
蒙山毛峰二级	—	—	5～10	10～20	55～65	55～65	20～25	15～20	10～15	8～10
蒙山春露	—	—	5～10	10～20	55～65	55～65	20～25	15～20	10～15	8～10

B.2 绿茶的采摘

采一芽二、三叶与同等嫩度的单片对夹叶，依据鲜叶的老嫩程度，分别为特级至五级鲜叶原料，绿茶鲜叶分级标准见表B.2。

表B.2 绿茶鲜叶分级标准

级别	芽叶组成(重量)/%			感官特征
	一芽一、二叶	一芽二、三叶	同等嫩度单片对夹叶	
特级	≥40	≥55	5～10	芽叶鲜嫩、叶质软、叶色鲜润
一级	30～39	45～54	11～18	芽叶鲜嫩、叶质软、叶润
二级	20～29	35～45	19～26	芽叶嫩、叶质尚软、叶尚润
三级	10～19	25～36	27～44	芽叶新鲜、叶质欠软、叶欠润
四级	1～9	20～30	45～65	芽叶尚新鲜、叶质稍硬、叶无劣变
五级	0～5	5～20	65～75	芽叶欠新鲜、叶质较硬、叶无劣变

ICS 65.150
B 56

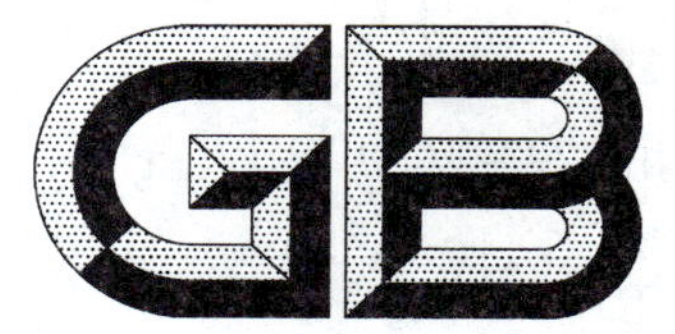

中华人民共和国国家标准

GB/T 18673—2008
代替 GB/T 18673—2002

渔用机织网片

Machine weaving netting for fisheries

2008-06-17 发布　　2008-10-01 实施

中华人民共和国国家质量监督检验检疫总局
中国国家标准化管理委员会　发布

前　言

本标准是对GB/T 18673—2002《渔用机织网片通用技术条件》的修订，在下列章节作了以下的修改和补充：

——将菱形网目聚乙烯经编网片更名为聚乙烯经编网片(3.6)；

——将方形网目聚乙烯经编网片更名为聚乙烯平织网片(3.7)；

——将聚乙烯渔用机织网片和聚酰胺复丝渔用机织网的股系数更名为断裂强力系数并进行了修改(5.3.1、5.3.2)；

——增加了聚酰胺单丝网片的结牢度指标及试验方法(5.3.3.2、6.4)；

——增加了断裂强力的变异系数指标及计算方法(5.3.6、6.5)；

——增加了构成渔用机织网片的单丝直径的测量方法(6.6)。

本标准的附录A为资料性附录。

本标准由中华人民共和国国家质量监督检验检疫总局提出。

本标准由全国水产标准化技术委员会渔具及渔具材料分技术委员会(TC 156/SC 4)归口。

本标准由国家渔具质量监督检验中心负责起草，鑫海绳网制造有限公司参加起草。

本标准主要起草人：苗傲霜、丛培云、刘放军。

本标准所代替标准的历次版本发布情况为：

——GB/T 18673—2002。

渔用机织网片

1 范围

本标准规定了渔用机织网片的分类与标记、要求、试验方法、检验规则、标志、标签、包装、运输及贮存。

本标准适用于以机器编织的聚乙烯经编型渔用机织网片和平织网片，以机器编织并经定型处理后的聚乙烯单线单死结型渔用机织网片、聚酰胺单线单死结型渔用复丝机织网片、聚酰胺单丝双死结型渔用机织网片。

2 规范性引用文件

下列文件中的条款通过本标准的引用而成为本标准的条款。凡是注日期的引用文件，其随后所有的修改单(不包括勘误的内容)或修订版均不适用于本标准，然而，鼓励根据本标准达成协议的各方研究是否可使用这些文件的最新版本。凡是不注日期的引用文件，其最新版本适用于本标准。

GB 251 评定沾色用灰色样卡

GB/T 3939.2 主要渔具材料命名与标记 网片

GB/T 4925 合成纤维渔网片断裂强力与断裂伸长率试验方法

GB/T 5708 纺织品 针织物 术语

GB/T 6964 渔网网目尺寸测量方法

GB/T 6965 渔具材料试验基本条件 预加张力

SC/T 5001 渔具材料基本术语

3 术语和定义

SC/T 5001 确立的以及下列术语和定义适用于本标准。

3.1

破目 breaking mesh

目脚断裂而使网目破损的网目。

3.2

漏目 leak mesh

漏织而造成的异形网目。

3.3

K 型网目 K-mesh

目脚长短不同的网目。

3.4

活络结 reef knotted

一根网线成圈不良而使另一根网线能够滑动的网结。

3.5

扭结 contorted knotted

网结的上下两目成 180°夹角。

3.6

聚乙烯经编型机织网片的名义股数 nom number of share of stock of PE knotless netting

网状经编针织物目脚中成圈纱根数的3倍与衬纬纱总根数之和；或者为其截面单丝根数之和。

3.7

聚乙烯平织网片的名义股数 nom number of share of stock of PE plain netting

纵向目脚的股数。

3.8

并目 incorporating mesh

相邻目脚中因纱线牵连而不能展开的网目。

3.9

跳纱 leaping yarn

一段纱越过了数个应该与其相连结的线圈纵行。

3.10

线圈 loop

线圈按GB/T 5708的规定执行。

4 分类与标记

4.1 分类

4.1.1 渔用机织网片按材料和结构不同分为：

——聚乙烯单线单死结型渔用机织网片(以下简称聚乙烯网片)；

——聚酰胺单线单死结型渔用复丝机织网片(以下简称聚酰胺复丝网片)；

——聚酰胺单丝双死结型渔用机织网片(以下简称聚酰胺单丝网片)；

——聚乙烯经编型渔用机织网片(以下简称聚乙烯经编网片)；

——聚乙烯平织网片。

4.1.2 渔用机织网片按工艺的不同分为：定型与未定型渔用机织网片。

4.2 标记

GB/T 3939.2确立的标记和代号适用于本标准。

4.2.1 聚乙烯网片、聚酰胺复丝网片和聚酰胺单丝网片的规格型号表示方法：

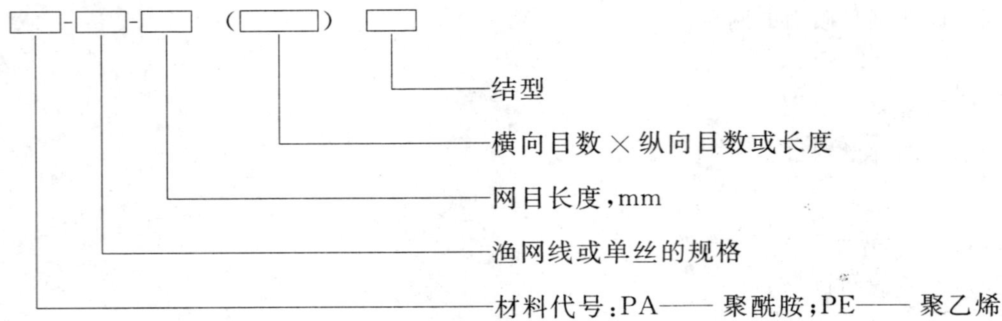

标记示例：

——由线密度为36 tex的单丝构成的6×3的渔网线、网目长度为60 mm、横向目数90、纵向目数100.5的聚乙烯网片标记为：

PE-36 tex×6×3-60 mm(90T×100.5 N)SJ

——直径为0.40 mm、网目长度为94 mm、横向目数1 000、纵向目数180.5的聚酰胺单丝网片标记为：

PA-ϕ0.40 mm-94 mm(1 000T×180.5 N)SS

4.2.2　聚乙烯经编网片的规格型号表示方法：

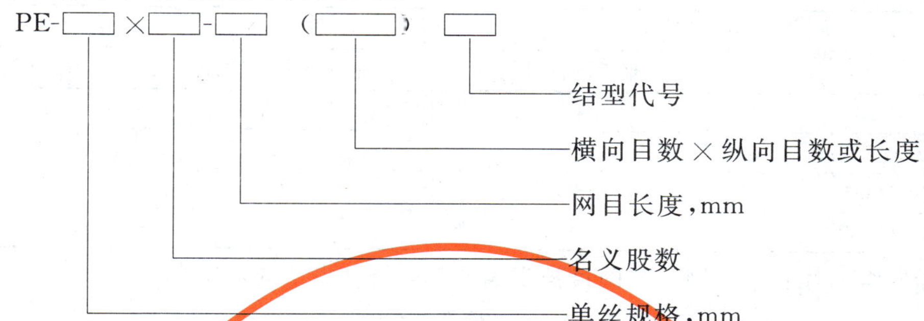

标记示例：

直径为 0.20 mm、名义股数为 4 股、网目长度为 20 mm、横向目数 100、纵向目数 1 800 的聚乙烯菱形网目经编网片标记为：

PE-ϕ0.20 mm×4-20 mm(100T×1 800 N)JB

5　要求

5.1　外观质量

5.1.1　聚乙烯网片、聚酰胺复丝网片和聚酰胺单丝网片的外观质量应符合表 1 的规定。

表 1

序　号	项　　目	要　　求
1	破目/%	≤0.01
2	漏目/%	≤0.02
3	活络结/%	≤0.02
4	扭结/%	≤0.01
5	混线	不允许
6	K 型网目	不明显
7	色差（不低于）	3～4

5.1.2　聚乙烯经编网片和平织网片的外观质量应符合表 2 的规定。

表 2

序　号	项　　目	要　　求
1	破目/%	≤0.03
2	并目/%	≤0.01・n
3	跳纱/%	≤0.01
4	缺股/%	≤0.02・n
5	每处修补长度/m	≤1.0
6	修补率/%	≤0.10
注 1：n——名义股数。 注 2：每处修补长度以网目闭合时长度累计。 注 3：修补率为网片修补目数与网片总目数的比值。		

5.2　网目长度

5.2.1　聚乙烯网片、聚酰胺复丝网片和聚酰胺单丝网片的网目长度偏差率应符合表 3 的规定。

表 3

网目长度(2a)/mm	要求/%		
	聚乙烯网片	聚酰胺复丝网片	聚酰胺单丝网片
$10 \leqslant 2a \leqslant 25$	±4.5	±5.5	±3.0
$25 < 2a \leqslant 50$	±4.0	±5.0	±2.5
$50 < 2a \leqslant 100$	±3.5	±4.5	±2.0
$2a > 100$	±3.0	±4.0	±1.5

5.2.2 聚乙烯经编网片和平织网片的网目长度偏差率应符合表 4 的规定。

表 4

网目长度(2a)/mm	要求/%	
	未定型	定型后
$2a \leqslant 10$	±6.0	±4.5
$10 < 2a \leqslant 20$	±5.5	±4.0
$20 < 2a \leqslant 45$	±5.0	±3.5
$2a > 45$	±4.5	±3.0

5.3 断裂强力

5.3.1 聚乙烯网片

聚乙烯网片的网目断裂强力不得低于式(1)或(2)的要求：

$$F_M = f \times \frac{\rho_x}{36} \qquad \cdots\cdots(1)$$

$$F_M = f \times \left(\frac{d}{0.2}\right)^2 \qquad \cdots\cdots(2)$$

式中：

F_M——聚乙烯网片的网目断裂强力，单位为牛(N)；

f——断裂强力系数(见表 5)；

ρ_x——构成渔网线的单丝的公称线密度，单位为特克斯(tex)；

d——构成渔网线的单丝直径，单位为毫米(mm)。

表 5

股数	断裂强力系数	股数	断裂强力系数
2	29.0	45	568
3	44.0	48	605
4	58.0	51	650
6	82.0	54	682
9	123	60	758
12	151	75	900
15	189	90	1 070
18	227	120	1 440
21	265	150	1 750
24	303	180	2 100
27	340	210	2 400
30	379	240	2 650
33	416	270	2 910
36	455	300	3 230
39	492	360	3 870
42	530	450	4 840

如果断裂强力系数在表 5 中查不到的可用插值法按式(3)求得(保留三位有效数字):

$$f_x = f_{x1} + (f_{x2} - f_{x1}) \times \frac{n - n_1}{n_2 - n_1} \quad \cdots\cdots(3)$$

式中:

f_x——所求的断裂强力系数;

f_{x1}、f_{x2}——分别为相邻的断裂强力系数($f_{x1} < f_{x2}$);

n——总股数;

n_1、n_2——分别为相邻的两总股数($n_1 < n_2$)。

5.3.2 **聚酰胺复丝网片**

聚酰胺复丝网片的网目断裂强力不得低于式(4)的要求:

$$F_M = f \times \frac{\rho_x}{23} \quad \cdots\cdots(4)$$

式中:

F_M——聚酰胺复丝网片的网目断裂强力,单位为牛(N);

f——断裂强力系数(见表 6);

ρ_x——构成渔网线的单丝的公称线密度,单位为特克斯(tex)。

表 6

股数	断裂强力系数	股数	断裂强力系数
2	25.0	33	335
3	35.0	36	360
4	50.0	39	390
6	65.0	42	420
9	95.5	45	450
12	125	48	480
15	156	51	510
18	185	54	540
21	215	60	600
24	245	75	750
27	275	90	900
30	305	120	1 200

如果股系数在表 6 中查不到的可用插值法按式(3)求得(保留三位有效数字)。

5.3.3 **聚酰胺单丝网片**

5.3.3.1 **网目断裂强力**

聚酰胺单丝网片的网目断裂强力不得低于表 7 的规定。

表 7

单丝公称直径/mm	网目断裂强力/N	单丝公称直径/mm	网目断裂强力/N
0.10	6.50	0.50	89.0
0.15	11.0	0.55	105
0.20	18.5	0.60	120
0.25	25.5	0.65	138
0.30	36.5	0.70	156
0.35	49.0	0.80	198
0.40	62.0	0.90	240
0.45	76.0	1.00	280

表 7 中未表示的规格的网目断裂强力用插值法按式(5)求得(保留三位有效数字):

$$F_{M} = F_{M1} + (F_{M2} - F_{M1}) \times \frac{d^2 - d_1^2}{d_2^2 - d_1^2} \qquad \cdots\cdots(5)$$

式中:

F_M——聚酰胺单丝网片的网目断裂强力,单位为牛(N);

F_{M1}、F_{M2}——分别为相邻两个规格的网目断裂强力 ($F_{M1} < F_{M2}$);

d——聚酰胺单丝的公称直径,单位为毫米(mm);

d_1、d_2——分别为相邻两个规格的公称直径($d_1 < d_2$),单位为毫米(mm)。

5.3.3.2 网目结牢度

聚酰胺单丝网片的网目结牢度不得低于表 7 规定的 85%。

5.3.4 聚乙烯经编网片

聚乙烯经编网片的网片纵向断裂强力不得低于式(6)的计算结果:

$$F_{W} = f \times n \times \left(\frac{d}{0.20}\right)^2 \qquad \cdots\cdots(6)$$

式中:

F_W——网片纵向断裂强力(保留三位有效数字),单位为牛(N);

f——断裂强力系数(见表 8);

n——聚乙烯经编网片的名义股数;

d——单丝直径,单位为毫米(mm)。

表 8

名义股数	3	4	5	6~9	10~12	>12
断裂强力系数	59.0	61.0	61.0	60.5	59.0	58.0

5.3.5 聚乙烯平织网片

聚乙烯平织网片的网片纵向断裂强力不得低于式(7)的计算结果:

$$F_{W} = f \times \left(\frac{d}{0.20}\right)^2 \qquad \cdots\cdots(7)$$

式中:

F_W——网片纵向断裂强力(保留三位有效数字),单位为牛(N);

f——断裂强力系数(见表 9);

d——单丝直径,单位为毫米(mm)。

表 9

名义股数	1	2	3
断裂强力系数	55.0	135	195

5.3.6 断裂强力的变异系数

断裂强力的变异系数不得大于表 10 的规定。

表 10

网片类型	聚乙烯网片	聚酰胺复丝网片	聚酰胺单丝网片	聚乙烯经编网片
变异系数/%	8.5	9.0	8.0	8.0

6 试验方法

6.1 外观质量

6.1.1 外观质量应在自然光线下，通过目测并采用钢卷尺进行检验。

6.1.2 色差按 GB 251 的规定进行检验。

6.2 网目长度偏差率

6.2.1 网目长度的测量按 GB/T 6964 和 GB/T 6965 的规定进行检验。

6.2.2 网目长度偏差率按式(8)计算：

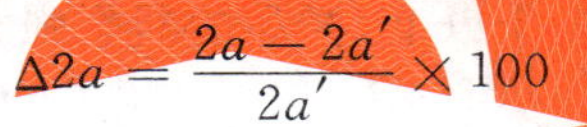

$$\Delta 2a = \frac{2a - 2a'}{2a'} \times 100 \qquad \cdots\cdots (8)$$

式中：

$\Delta 2a$——网目长度偏差率，%；

$2a$——网片的实测网目长度，单位为毫米(mm)；

$2a'$——网片的公称网目长度，单位为毫米(mm)。

6.3 断裂强力

网目或网片断裂强力按 GB/T 4925 的规定进行检验，网目断裂强力每个试样有效测试次数不少于 20 次，取其算术平均值。

6.4 网目结牢度

网目结牢度在按 GB/T 4925 的规定进行检验时，测得的打滑时网目的拉力，测试次数不少于 20 次，取其算术平均值。

6.5 断裂强力的变异系数

断裂强力的变异系数按式(9)计算（保留两位有效数字）：

$$CV = \frac{1}{\overline{F_d}} \sqrt{\frac{1}{n-1} \sum_{i=1}^{n} (F_{di} - \overline{F_d})^2} \times 100 \qquad \cdots\cdots (9)$$

式中：

CV——断裂强力的变异系数，%；

$\overline{F_d}$——断裂强力算术平均值，单位为牛(N)；

F_{di}——每次测试的断裂强力，单位为牛(N)。

6.6 单丝直径

构成渔用机织网片的单丝直径使用分度值为 0.01 mm 的千分尺，在拆出的单丝中，分别在 90°的两个方向上各测量 1 次，取其算术平均值；这样的测量共测 5 个点，取其算术平均值。

7 检验规则

7.1 出厂检验

7.1.1 每批产品应经厂检验部门进行出厂检验,合格后并附有合格证方可出厂。

7.1.2 出厂检验项目为本标准中5.1和5.2。

7.2 型式检验

7.2.1 型式检验每半年至少进行一次,有下列情况之一时亦应进行型式检验:

——新产品试制定型鉴定时或老产品转厂生产时;

——原材料和工艺有重大改变,可能影响产品性能时;

——质量技术监督部门提出型式检验要求时。

7.2.2 型式检验项目为本标准第5章的全部项目。

7.2.3 抽样

7.2.3.1 产品按批量抽样,在相同工艺条件下,同一品种、同一规格的100片渔用机织网片为一批,不足100片亦为一批。

7.2.3.2 从每批渔用机织网片中随机抽取5片作为样品进行检验。

7.2.4 判定规则

——在检验结果中,若所有样品的全部检验项目符合本标准第5章要求,则判该批产品合格;

——在检验结果中,若有1个(或1个以上)样品的断裂强力不符合本标准5.3要求,则判该批产品不合格;

——在检验结果中,若有2个(或2个以上)样品除断裂强力以外的检验项目不符合本标准第5章相应要求时,则判该批产品不合格;

——在检验结果中,若有1个样品除断裂强力以外的检验项目不符合本标准第5章相应要求时,应在该批产品中加倍抽样进行复检,若复检结果仍不符合要求,则判该批产品不合格。

7.3 聚酰胺网片质量测试说明

验收聚酰胺复丝网片和聚酰胺单丝网片的质量时,需按附录A测出实测回潮率换算成公定质量。

8 标志、标签、包装、运输及贮存

8.1 标志、标签

每片网片应附有产品合格证明作为标签,合格证明上应标明产品的标记、商标、生产企业名称与详细地址、生产日期、检验标志和执行标准编号。

8.2 包装

产品应捆扎牢固,便于运输。

8.3 运输

产品在运输时应避免拖拽摩擦,切勿用锋利工具钩挂。

8.4 贮存

产品应贮存在远离热源、无阳光直射、通风干燥、无腐蚀性化学物质的场所。产品贮存期超过一年,应经复检后方可出厂。

附　录　A
（资料性附录）
回　潮　率

验收聚酰胺复丝网片和聚酰胺单丝网片的质量时，需测出实测回潮率后换算成公定质量。

A.1　公定质量

公定质量允许偏差为－0.5%，公定质量按式(A.1)计算：

$$公定质量 = 实际质量 \times \frac{1 + 4.5\%}{1 + 实测回潮率} \qquad \cdots\cdots(A.1)$$

注：4.5%为公定回潮率。

A.2　试验方法

A.2.1　试验仪器

准确度为10 mg、0.5 ℃的八篮烘箱。

A.2.2　试验步骤

取50 g～100 g样品放入八篮烘箱内称重(G)，将八篮烘箱调整至(105±2)℃并使之升温至(105±2)℃，将试样放入八篮烘箱中烘1 h，然后每隔10 min称一次至恒重(G_0)。实测回潮率按式(A.2)计算：

$$R = \frac{G - G_0}{G_0} \times 100 \qquad \cdots\cdots(A.2)$$

式中：

R——实测回潮率，%；

G——试样放入八篮烘箱时的质量，单位为克(g)；

G_0——试样烘1 h后至恒重的质量，单位为克(g)。

ICS 77.140.75
H 48

中华人民共和国国家标准

GB/T 18704—2008
代替 GB/T 18704—2002

结构用不锈钢复合管

Stainless steel clad pipes for structural purposes

2008-05-13 发布　　2008-11-01 实施

中华人民共和国国家质量监督检验检疫总局
中国国家标准化管理委员会　发布

前　　言

本标准代替 GB/T 18704—2002《不锈钢复合管》。本标准与 GB/T 18704—2002 相比，主要变化如下：

——标准的名称修改为《结构用不锈钢复合管》；

——调整了规范性引用文件；

——增加了不锈钢覆材的最小厚度；

——修改了尺寸允许偏差；

——增加了制造方法；

——增加了力学性能规定；

——增加了尺寸规格。

本标准的附录 A、附录 B、附录 C 和附录 D 为规范性附录。

本标准由中国钢铁工业协会提出。

本标准由全国钢标准化技术委员会归口。

本标准起草单位：四川新日钢制品有限公司、冶金工业信息标准研究院。

本标准主要起草人：张志坤、潘正海、黄颖、余庆文、蒲朝海、冉家华。

本标准于 2002 年首次发布。

结构用不锈钢复合管

1 范围

本标准规定了结构用不锈钢复合管的分类、代号、尺寸、外形、重量、技术要求、试验方法、检验规则、标志、包装和贮存。

本标准适用于市政设施、车船制造、道桥护栏、交通护栏、铁路护栏、站台护栏、铁路接触网、建筑装饰、钢结构网架、医疗器械、家具、一般机械结构部件用不锈钢复合管(以下简称复合管)。

2 规范性引用文件

下列文件中的条款通过本标准的引用而成为本标准的条款。凡是注日期的引用文件,其随后所有的修改单(不包括勘误的内容)或修订版均不适用于本标准,然而,鼓励根据本标准达成协议的各方研究是否可使用这些文件的最新版本。凡是不注日期的引用文件,其最新版本适用于本标准。

GB/T 222 钢的成品化学成分允许偏差

GB/T 223.5 钢铁及合金化学分析方法 还原型硅钼酸盐光度法测定酸溶硅含量

GB/T 223.11 钢铁及合金化学分析方法 过硫酸铵氧化容量法测定铬量

GB/T 223.23 钢铁及合金化学分析方法 丁二酮肟分光光度法测定镍量

GB/T 223.58 钢铁及合金化学分析方法 亚砷酸钠-亚硝酸钠滴定法测定锰量

GB/T 223.59 钢铁及合金化学分析方法 锑磷钼蓝光度法测定磷量

GB/T 223.68 钢铁及合金化学分析方法 管式炉内燃烧后碘酸钾滴定法测定硫含量

GB/T 223.69 钢铁及合金化学分析方法 管式炉内燃烧后气体容量法测定碳含量

GB/T 228 金属材料 室温拉伸试验方法(GB/T 228—2002,eqv ISO 6892:1998)

GB/T 242 金属管 扩口试验方法(GB/T 242—2007,ISO 8493:1998,IDT)

GB/T 244 金属管 弯曲试验方法(GB/T 244—1997,eqv ISO 8491:1986)

GB/T 246 金属管 压扁试验方法(GB/T 246—2007,ISO 8492:1998,IDT)

GB/T 700 碳素结构钢

GB 912 碳素结构钢和低合金结构钢 热轧薄钢板和钢带

GB/T 2102 钢管的验收、包装、标志及质量证明书

GB/T 3280 不锈钢冷轧钢板

GB/T 12770 机械结构用不锈钢焊接钢管

GB/T 13793 直缝电焊钢管

GB/T 11253 碳素结构钢和低合金结构钢冷轧钢板及钢带

3 术语和定义

下列定义适用于本标准。

复合管 clad pipes

基材(内层)采用碳素钢钢带,覆材(外层)采用不锈钢钢带,紧密包覆连续焊接成型的钢管。

4 分类、代号

4.1 复合管按表面交货状态分为四种,状态名称及其代号如下:

a) 表面未抛光状态 SNB;

b) 表面抛光状态 SB;

c) 表面磨光状态 SP;

d) 表面喷砂状态 SS。

4.2 复合管按截面形状分为三种,形状名称及其代号如下:

a) 圆管 R;

b) 方管 S;

c) 矩形管 Q。

5 尺寸、外形、重量及允许偏差

5.1 尺寸及允许偏差

5.1.1 复合管的尺寸规格应符合附录A和附录B的规定。经供需双方协商,可生产附录A和附录B尺寸规格以外的钢管。

5.1.2 复合圆管的外径允许偏差应符合表1的规定。

表1 复合圆管的外径允许偏差

单位为毫米

表面交货状态	公称外径(D)	允许偏差
抛光、磨光状态(SB、SP)	≤25	±0.25
	>25~40	±0.30
	>40~50	±0.35
	>50~60	±0.40
	>60~70	±0.50
	>70~80	±0.60
	>80	±1%D
未抛光、喷砂状态(SNB、SS)	≤25	±0.30
	>25~50	±0.40
	>50	±1.0%D

5.1.3 复合管壁厚的允许偏差应符合表2规定。当需方未在合同中注明壁厚允许偏差级别时,壁厚的允许偏差应符合普通级的规定。

表2 复合管壁厚允许偏差

单位为毫米

壁厚(S)	允许偏差(高级)	允许偏差(普通级)
≥0.8~2.0	±0.10	±0.20
>2.0~3.0	±0.15	±0.30
>3.0	±5%S	±10%S

5.1.4 覆材(外层)不锈钢的厚度应不小于0.4 mm,覆材厚度允许偏差应符合GB/T 3280的规定。

5.2 长度

5.2.1 通常长度

复合管一般以通常长度交货,通常长度的范围为1 000 mm~8 000 mm。

5.2.2 定尺长度

根据需方要求,经供需双方协商,并在合同中注明,复合管可按定尺长度交货,其定尺长度允许偏差为$^{+15}_{0}$ mm。

5.3 外形

5.3.1 复合管的每米弯曲度应符合如下规定：

a) $D<89.0$ mm，不大于 1.5 mm/m；

b) $D\geqslant 89.0$ mm，不大于 2.5 mm/m。

5.3.2 复合管不允许有明显的扭转。

5.3.3 复合管两端应与钢管轴线垂直，并应平整，不允许有毛刺。

5.4 方管和矩形管

方管和矩形管的边长允许偏差由供需双方协商。

5.5 重量

5.5.1 复合管按实际重量交货，也可按理论重量折算成长度交货。以理论重量交货时，每米理论重量按公式(1)计算：

$$W=\frac{\pi}{1\ 000}[S_1(D-S_1)\rho_1+S_2(D-2S_1-S_2)\rho_2] \quad\cdots\cdots(1)$$

式中：

W——复合管的重量，单位为千克每米(kg/m)；

D——复合管的外径，单位为毫米(mm)；

S_1——复合管覆材的壁厚，单位为毫米(mm)；

S_2——复合管基材的壁厚，单位为毫米(mm)；

ρ_1——复合管覆材的密度，单位为千克每立方分米(kg/dm^3)，不锈钢的密度按 7.93 kg/dm^3；

ρ_2——复合管基材的密度，单位为千克每立方分米(kg/dm^3)，碳素钢的密度按 7.85 kg/dm^3。

5.5.2 方管和矩形管按实际重量交货。

5.6 标记示例

5.6.1 覆材钢的牌号为 06Cr19Ni10，基材钢的牌号为 Q195，圆形截面，抛光状态，公称外径为 25.4 mm，壁厚为 1.2 mm，长度为 6 000 mm 定尺的复合管，其标记示例如下：

06Cr19Ni10/Q195—25.4×1.2×6 000—GB/T 18704—2008

复合管以圆截面形状、抛光状态交货的，可不标注其代号。

5.6.2 覆材钢的牌号为 12Cr18Ni9，基材钢的牌号为 Q235B，方形截面，喷砂状态，边长为 30 mm，壁厚为 1.4 mm，长度为 6 000 mm 定尺的方形复合管，其标记示例如下：

12Cr18Ni9/Q235B—S. SS30×30×1.4×6 000—GB/T 18704—2008

6 技术要求

6.1 材料化学成分及力学性能

6.1.1 复合管的覆材材料采用牌号为 06Cr19Ni10、12Cr18Ni9、12Cr18Mn9Ni5N、12Cr17MnNi5N 的不锈钢，其化学成分(熔炼分析)应符合附录 C 的规定。不锈钢覆材的力学性能应符合附录 D 的规定。

6.1.2 复合管的基材采用牌号为 Q195、Q215、Q235 的碳素结构钢，其化学成分应符合 GB/T 700 的规定。外径不小于 25.4 的圆形复合管，其碳素结构钢基材的力学性能应符合 GB/T 13793 中相应牌号钢管低硬状态的规定；外径小于 25.4 的圆形复合管，其碳素结构钢基材的力学性能应符合 GB 912 或 GB/T 11253 中相应牌号钢板或钢带的规定。

6.1.3 经供需双方协商，复合管可选用其他牌号的材料制造。

6.2 制造方法

圆形复合管应采用碳素结构钢钢带和不锈钢钢带连续焊接成型的方法制造，方形管和矩形管的制造方法由生产厂自行选择。

6.3 圆形管的工艺性能

6.3.1 压扁试验

外径大于 22 mm 的圆形复合管应做压扁试验。压扁试验时，试样外径应压扁至复合管外径的1/3，焊缝应位于受力方向 90°位置。压扁试验后，试样不允许出现裂缝或裂口。

6.3.2 弯曲试验

外径不大于 22 mm 的复合管应做弯曲试验。弯曲试验弯曲角度应为 90°，弯心半径应为复合管外径的 3.5 倍。弯曲试验后，试样弯曲处内侧面不允许有皱褶。

6.3.3 扩口试验

根据需方要求，经供需双方协商，并在合同中注明，圆形复合管应做扩口试验。扩口试验顶心锥度应为 60°，试样外径应扩大管径的 6%。扩口试验后，试样不允许出现裂缝或裂口。

6.4 表面质量

6.4.1 复合管的外表面应清洁，不允许有裂纹、划伤、折叠、分层、氧化皮和明显的焊道缺陷。

6.4.2 复合管外表面粗糙度应符合如下规定：

a) 圆管外径不大于 63.5 mm 时，其表面粗糙度应不低于 R_a0.8 μm；

b) 圆管外径大于 63.5 mm 时，其表面粗糙度应不低于 R_a1.6 μm；

c) 方形管和矩形管的表面粗糙度应不低于 R_a1.6 μm。

7 试验方法

7.1 每批钢管的检验项目和试验方法应符合表 3 的规定。

表 3 钢管的检验项目、取样数量、取样方法及试验方法

序号	检验项目	取样数量(个)	取样方法	试验方法
1	化学成分	1	GB/T 20066	GB/T 223
2	拉伸实验	1	GB/T 2975	GB/T 228
3	压扁试验	1	GB/T 246	GB/T 246
4	扩口试验	1	GB/T 242	GB/T 242
5	弯曲试验	1	GB/T 244	GB/T 244
6	外　观	逐根	—	目视
7	尺　寸	逐根	—	符合精度要求的量具
8	粗糙度	见 7.2		
注：覆材与基材的生产供应商提供的质量保证书中，其合格的化学成分与力学性能指标可被引用于本检验项目。				

7.2 复合管的表面粗糙度检验应取 2 根钢管，在其表面上用粗糙度测定仪进行测量，测量点应不少于 3 处，也可用粗糙度标准样板或光亮度样板进行比对试验。

8 检验规则

8.1 检查和验收

复合管的检查和验收由供方质量技术监督部门进行。需方有权在钢管上按本标准规定进行验收。

8.2 组批规则

复合管应按批进行检查和验收。每批应由同一牌号、同一炉号基材与同一牌号、同一炉号覆材复合而成的，且为同一表面状态、同一尺寸规格的复合管组成。每批复合管的数量应不超过如下规定：

a) 外径不大于 63.5 mm 时，不超过 800 根；

b) 外径大于 63.5 mm 时，不超过 500 根。

8.3 取样数量

复合管的取样数量应符合表 3 的规定。

8.4 复验与判定规则

复合管的复验与判定规则应符合 GB/T 2102 的规定。

9 包装、标志及质量证明书

复合管的包装、标志及质量证明书应符合 GB/T 2102 的规定。

附 录 A
（规范性附录）
复合圆管尺寸规格

表 A.1 复合圆管尺寸规格(公称尺寸)

单位为毫米

外径	总壁厚[a]																					
	0.8	1.0	1.2	1.4	1.5	1.6	1.8	2.0	2.2	2.5	3.0	3.5	4.0	4.5	5.0	6.0	7.0	8.0	9.0	10	11	12
12.7	○	○	○	○	○	○	○	○														
15.9	○	○	○	○	○	○	○	○														
19.1	○	○	○	○	○	○	○	○														
22.2	○	○	○	○	○	○	○	○														
25.4	○	○	○	○	○	○	○	○	○	○												
31.8	○	○	○	○	○	○	○	○	○	○												
38.1			○	○	○	○	○	○	○	○												
42.4			○	○	○	○	○	○	○	○												
48.3			○	○	○	○	○	○	○	○												
50.8			○	○	○	○	○	○	○	○												
57.0		○	○	○	○	○	○	○	○	○												
63.5			○	○	○	○	○	○	○	○	○											
76.3			○	○	○	○	○	○	○	○	○											
80.0				○	○	○	○	○	○	○	○	○										
87.0									○	○	○	○										
89.0										○	○	○	○									
102											○	○	○									
108												○	○	○								
112											○	○	○									
114											○	○	○	○								
127												○	○	○								
133												○	○	○								
140												○	○	○	○							
159													○	○	○							
165													○	○	○							
180														○	○	○						
217														○	○	○	○	○	○	○		
219														○	○	○	○	○	○	○	○	
273																○	○	○	○	○	○	○
299																○	○	○	○	○	○	○
325																	○	○	○	○	○	○

注：表中“○”表示有产品。

a 复合管的总壁厚也可根据用户需要，基材为 0.4 mm～8.0 mm，覆材为 0.4 mm～0.8 mm 之间复合的管材。

附　录　B
（规范性附录）
复合方管、复合矩形管尺寸规格

表 B.1　复合方管、复合矩形管尺寸规格(公称尺寸)

单位为毫米

形状	边长	总壁厚[a]																	
		0.8	1.0	1.2	1.4	1.5	1.6	1.8	2.0	2.2	2.5	3.0	3.5	4.0	4.5	5.0	6.0	7.0	8.0
方管	15×15	○	○	○	○	○	○	○	○										
	20×20	○	○	○	○	○	○	○	○										
	25×25	○	○	○	○	○	○	○	○	○	○								
	30×30		○	○	○	○	○	○	○	○	○								
	40×40		○	○	○	○	○	○	○	○	○								
	50×50			○	○	○	○	○	○	○	○	○							
	60×60				○	○	○	○	○	○	○	○	○						
	70×70											○	○	○					
	80×80											○	○	○					
	85×85											○	○	○					
	90×90											○	○	○					
	100×100											○	○	○					
	110×110											○	○	○					
	125×125												○	○	○	○			
	130×130												○	○	○	○			
	140×140													○	○	○	○		
	170×170															○	○	○	○
矩形管	20×10	○	○	○	○	○	○	○	○										
	25×15	○	○	○	○	○	○	○	○										
	40×20		○	○	○	○	○	○	○	○	○								
	50×30		○	○	○	○	○	○	○	○	○								
	70×30			○	○	○	○	○	○	○	○								
	80×40			○	○	○	○	○	○	○	○	○							
	90×30			○	○	○	○	○	○	○	○	○							
	100×40											○	○	○					
	110×50											○	○	○					
	120×40											○	○	○					
	120×60												○	○	○				
	130×50												○	○	○				
	130×70												○	○	○				

表 B.1（续）

单位为毫米

形状	边长	总壁厚[a]																	
		0.8	1.0	1.2	1.4	1.5	1.6	1.8	2.0	2.2	2.5	3.0	3.5	4.0	4.5	5.0	6.0	7.0	8.0
矩形管	140×60												○	○	○				
	140×80												○	○	○				
	150×50												○	○	○				
	150×70												○	○	○	○			
	160×40												○	○	○				
	160×60												○	○	○	○			
	160×90													○	○	○			
	170×50												○	○	○	○			
	170×80													○	○	○			
	180×70													○	○	○			
	180×80													○	○	○			
	180×100													○	○	○	○		
	190×60													○	○	○			
	190×70													○	○	○			
	190×90													○	○	○	○		
	200×60													○	○	○			
	200×80													○	○	○	○		
	200×140														○	○	○	○	○

注：表中“○”表示有产品。

[a] 复合管的总壁厚也可根据用户需要，基材为 0.4 mm～8.0 mm，覆材为 0.4 mm～0.8 mm 之间复合的管材。

附　录　C
（规范性附录）
钢的牌号及化学成分

表 C.1　钢的牌号及化学成分

序号	统一数字代号	新牌号	旧牌号	化学成分(质量分数)/%							
				C	Si	Mn	P	S	Ni	Cr	N
1	S35350	12Cr17Mn6Ni5N	1Cr17Mn6Ni5N	≤0.15	≤1.00	5.50～7.50	≤0.050	≤0.030	3.50～5.50	16.00～18.00	0.05～0.25
2	S35450	12Cr18Mn9Ni5N	1Cr18Mn8Ni5N	≤0.15	≤1.00	7.50～10.0	≤0.050	≤0.030	4.00～6.00	17.00～19.00	0.05～0.25
3	S30210	12Cr18Ni9	1Cr18Ni9	≤0.15	≤1.00	≤2.00	≤0.045	≤0.030	8.00～10.00	17.00～19.00	≤0.10
4	S30408	06Cr19Ni10	0Cr18Ni9	≤0.08	≤1.00	≤2.00	≤0.045	≤0.030	8.00～11.00	18.00～20.00	—

附　录　D
（规范性附录）
材料的力学性能

表 D.1　材料的力学性能

序号	统一数字代号	新牌号	旧牌号	屈服强度 $R_{p0.2}$/MPa	抗拉强度 R_m/MPa	断后伸长率 A/%
				不　小　于		
1	S35350	12Cr17MnNi5N	1Cr17Mn6Ni5N	245	520	25
2	S35450	12Cr18Mn9Ni5N	1Cr18Mn8Ni5N	245	520	
3	S30210	12Cr18Ni9	1Cr18Ni9	210	520	30
4	S30408	06Cr19Ni10	0Cr18Ni9	210	520	

ICS 55.040
A 82

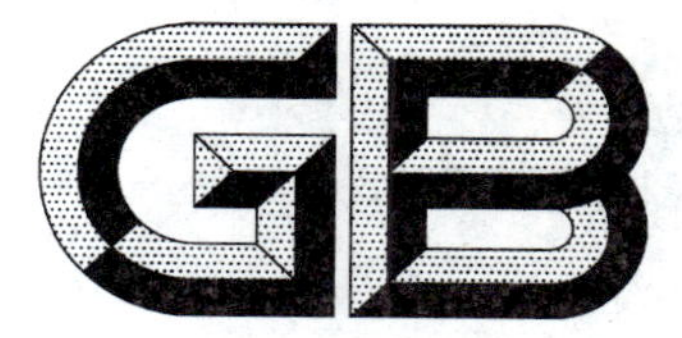

中华人民共和国国家标准

GB/T 18706—2008
代替 GB 18706—2002

液体食品保鲜包装用纸基复合材料

Paper based laminated material for fresh-keeping packaging of liquid food

2008-06-25 发布 2008-12-01 实施

中华人民共和国国家质量监督检验检疫总局
中国国家标准化管理委员会 发布

前　　言

本标准代替 GB 18706—2002《液体食品保鲜包装用纸基复合材料(屋顶包)》。

本标准与 GB 18706—2002 相比,主要变化如下:

——修改了内层塑料膜定量,取消了外层塑料膜定量;

——增加了对材料的要求;

——将"拉伸强度"改为"拉断力"。修改了"拉断力"、"封合强度"和"挺度"等物理机械性能指标;

——将"透氧率"分为"铝箔"和"其他阻隔材料"两类;

——取消了"复合层塑料膜与纸的粘结度"的要求;

——取消了"材料的卫生指标"要求;

——增加了"内层聚乙烯材料的卫生指标"和"溶剂残留量"要求;

——修改了"封合强度试验方法";

——明确规定了"拉断力试验"的试验条件;

——增加了"内层塑料膜的卫生检验"和"溶剂残留量的卫生检验"要求;

——修改了检验规则;

——增加了附录 A。

本标准附录 A 为规范性附录。

本标准由中国包装联合会提出。

本标准由全国包装标准化技术委员会归口。

本标准主要起草单位:唯绿包装(上海)有限公司、青岛人民印刷有限公司、中国包装联合会。

本标准参加起草单位:古林纸工(上海)有限公司、上海天龙无菌包装材料有限公司、利乐中国有限公司、山东新巨丰科技包装有限责任公司、四川威之国际新材料有限公司。

本标准主要起草人:李书良、王利、苏志杰、曹星、王渊博、吴建国、李肖萍、隗功海、王威之、许春敏、李建珍。

本标准所代替标准的历次版本发布情况为:

——GB 18706—2002。

液体食品保鲜包装用纸基复合材料

1 范围

本标准规定了液体食品保鲜包装用纸基复合材料的分类、要求、试验方法、检验规则、标志、包装、运输和贮存。

本标准适用于以原纸为基体，与塑料经复合而成，供液体食品保鲜包装用的复合材料。

本标准也适用于以原纸为基体，与塑料、铝箔或其他阻隔材料等经复合而成，供液体食品热灌装用的复合材料。

2 规范性引用文件

下列文件中的条款通过在本标准中引用而构成为本标准的条款。凡是注日期的引用文件，其随后所有的修改单(不包括勘误的内容)或修订版均不适用于本标准，然而，鼓励根据本标准达成协议的各方研究是否可使用这些文件的最新版本，凡是不注日期的引用文件，其最新版本适用于本标准。

GB/T 191 包装储运图示标志(GB/T 191—2008,ISO 780:1997,MOD)

GB/T 1038 塑料薄膜透气性试验方法(GB/T 1038—2000,neq ISO 2556:1997)

GB/T 1040.3 塑料 拉伸性能的测定 第3部分：薄膜和薄片的试验条件(GB/T 1040.3—2006,ISO 527-3:1995,IDT)

GB/T 2679.3 纸和纸板挺度的测定(GB/T 2679.3—1996,eqv ISO 2493:1992)

GB/T 2828.1—2003 计量抽样检验程序 第一部分：按接收质量限(AQL)检索的逐批检验计划(GB/T 2828.1—2003,ISO 2859-1:1999,IDT)

GB/T 4789.2—2003 食品卫生微生物学检验 菌落总数测定

GB/T 4789.3—2003 食品卫生微生物学检验 大肠菌群测定

GB/T 4789.15—2003 食品卫生微生物学检验 霉菌和酵母计数

GB/T 5009.60 食品包装用聚乙烯、聚苯乙烯、聚丙烯成型品卫生标准的分析方法

GB/T 8808 软质复合塑料材料剥离试验方法

GB 9685 食品容器、包装材料用助剂使用卫生标准

GB 9687 食品包装用聚乙稀成型品卫生标准

GB/T 10004—1998 耐蒸煮复合膜、袋(eqv JIS Z 1707:1995)

GB 11680 复合包装用原纸卫生标准

QB/T 2358 塑料薄膜包装袋热合强度试验方法

3 术语和定义

下列术语和定义适用于本标准。

3.1

液体食品 liquid food

可以在管道中流动的液态食品。包括液体中带颗粒的和酱状的食品。

3.2

保鲜包装 fresh keeping packaging

将经过杀菌的液体食品包装、封闭在经过或未经过杀菌的容器中，用低温冷藏方法保持液体食品的新鲜和卫生的包装。

3.3

搭接 longitudinal sealing

材料外表面与材料内表面互相接触的封合方式。

3.4

中封贴条 sealing strip

搭接部位内表面上覆盖原纸断面的条形塑料材料。

4 分类

按材料结构分为有阻隔层和没有阻隔层两类。其中,有阻隔层的又可分为铝箔和其他阻隔材料两类。

5 材料

5.1 复合材料原纸板卫生指标应符合 GB 11680 规定。

5.2 其他材料的卫生指标应符合相关国家标准规定。

6 要求

6.1 外观质量

6.1.1 无污染、无异物。

6.1.2 印刷图案完整清晰、无明显变形和色差、无残缺和错印。

6.1.3 内外表面平整,无皱摺,无孔洞,无裂纹,无气泡。

6.1.4 压痕线平直,无破裂。

6.2 尺寸偏差

6.2.1 材料的尺寸偏差应符合表 1 规定。

表 1 材料的尺寸偏差

项　　目	允许偏差/mm
宽度	±0.5
长度	±1

6.2.2 印刷位置的尺寸偏差应符合表 2 规定。

表 2 印刷位置的尺寸偏差

项　　目	允许偏差/mm
压痕线与印刷图案相对位置	±0.8
各切割边缘与印刷图案相对位置	±1

6.2.3 套印精度

印刷图案的套印精度为±0.8 mm。

6.3 内层塑料膜定量

内层塑料膜定量应不小于 18 g/m^2。

6.4 物理机械性能

物理机械性能应符合表 3 规定。

表 3 物理机械性能

项　　目	要　　求	
拉断力/(N/15 mm)	容器容量≤250 mL	纵向≥180 横向≥90
	250 mL<容器容量≤500 mL	纵向≥200 横向≥100
	容器容量>500 mL	纵向≥220 横向≥120
封合强度/(N/15 mm)	搭接≥30	
内层塑料膜剥离强度/(N/15 mm)	≥1.0	
透氧率[a]/[cm^3/(m^2 · 24 h · 0.1 MPa)]	铝箔≤ 1.0	
	其他阻隔材料≤15.0	
挺度/mN · m	容器容量≤250 mL	纵向≥8.0
	250 mL<容器容量≤500 mL	纵向≥12.0 横向≥6.0
	容器容量>500 mL	纵向≥18.0 横向≥8.0
[a] 适用于有阻隔层的材料。		

6.5 卫生指标

6.5.1 内层聚乙烯材料的卫生指标应符合 GB 9687 规定。

6.5.2 材料用添加剂卫生指标应符合 GB 9685 规定。

6.5.3 溶剂残留量卫生指标应符合表 4 规定。

表 4 溶剂残留量卫生指标

单位为毫克每平方米

项　　目	要　　求
溶剂残留总量	≤10
苯类残留量	≤2

6.5.4 材料与食品接触表面的微生物指标应符合表 5 规定。

表 5 材料与食品接触表面的微生物指标

项　　目	指　　标
菌落总数/(个/cm^2)	≤1
大肠菌群	不得检出
致病菌(系指肠道致病菌、致病性球菌)	不得检出
霉菌	不得检出

7 试验方法

7.1 外观质量

材料在自然光下用目测方法进行检验。

7.2 尺寸偏差

7.2.1 尺寸偏差用精度不低于 0.1 mm 的游标卡尺进行测量。

7.2.2 压痕线与印刷图案套印精度和分切位置偏差用 10 倍带刻度的放大镜测量并计算偏差。

7.3 内层塑料膜定量

内层塑料膜定量按附录A规定进行检验。

7.4 物理机械性能

7.4.1 拉断力

拉断力按GB/T 1040.3规定，取Ⅱ型试样，试验宽度为15 mm，试验速度为100 mm/min±10 mm/min，夹距为100 mm进行试验。当压痕间距小于100 mm时，取平板材料进行试验。

7.4.2 封合强度

封合强度按QB/T 2358规定进行试验。材料的热封条件由生产厂家根据材料特性提供。作搭接强度试验时允许将符合使用条件的中封贴条同时封上。试验速度为100 mm/min。

7.4.3 内层塑料膜剥离强度

内层塑料膜剥离强度按GB/T 8808规定进行检验。

7.4.4 透氧率

透氧率按GB/T 1038规定进行检验。

7.4.5 挺度

挺度按GB /T 2679.3规定进行检验。

7.5 卫生指标

7.5.1 内层塑料膜的卫生指标

内层塑料膜的卫生指标按GB/T 5009.60规定，可将材料折叠成无顶的正方体容器，仅对与食品直接接触的内表面进行检验。

7.5.2 溶剂残留量

溶剂残留量按GB/T 10004—1998中5.7规定进行检验。

7.5.3 材料与食品接触表面的微生物检查

7.5.3.1 在无菌室中将试样沿纵缝剪开，裁成最大的长方型，量出面积，精确到0.1 cm^2。取100 mL无菌水，用无菌水浸湿的无菌棉反复擦拭待检表面，将此棉球放回无菌水中，摇匀。然后按照GB/T 4789.2、GB/T 4789.3和GB/T 4789.15规定对菌落总数、大肠菌群、致病菌及霉菌进行检验。

7.5.3.2 根据试样面积换算出每平方厘米的菌落总数。

7.5.3.3 做3份平行试样，计算菌落总数的平均值，准确到小数点后1位。

8 检验规则

8.1 组批

同一品种，同一规格，连续生产的不超过200万个包装的产品为一批。

8.2 检验分类

产品检验分为出厂检验和型式检验。

8.2.1 出厂检验

出厂检验项目为6.1和6.2。

8.2.2 型式检验

型式检验项目为第6章的全部项目。有下列情况之一时，应进行型式检验：

a) 当原材料品种、产品结构、生产工艺改变时；

b) 停产6个月以上，重新恢复生产时；

c) 连续生产满1年时；

d) 首次生产时。

8.3 抽样

8.3.1 外观质量和尺寸偏差按GB/T 2828.1规定进行，采用正常检查二次抽样方案，特殊检查水平

S-4,接收质量限(AQL)为 2.5,见表 6。

表 6 外观质量和尺寸偏差抽样方案

批量	样本	样本量	累计样本量	接收质量限(AQL)	
				接收数 Ac	拒收数 Re
≤35 000	第一	32	32	1	4
	第二	32	64	3	5
35 001～500 000	第一	50	50	2	5
	第二	50	100	6	7
≥500 001	第一	80	80	3	6
	第二	80	160	9	10

8.3.2 内层塑料膜定量、物理机械性能及卫生指标,以批为单位,按试验项目要求,抽取足够试验用的样品进行检验。

8.4 判定

8.4.1 样本单位的判定

一个盒为一个样本单位;以一只为一个样本单位,全部项目均合格,则样本单位为合格。

8.4.2 合格项的判定

8.4.2.1 外观质量和尺寸偏差根据表 6 判定。

8.4.2.2 内层塑料膜定量、物理机械性能检验若有不合格项,应从原批产品中抽取双倍样品对不合格项进行复验,复验结果全部合格,则该批产品内层塑料膜定量和物理机械性能为合格;若复验仍不合格,则该批产品不合格。

8.4.2.3 卫生指标若有一项不合格,则该批产品不合格。

8.4.3 合格批的判定

产品按 8.4.2.1、8.4.2.2 和 8.4.2.3 判定均合格,则该批产品为合格。

9 标志、包装、运输和贮存

9.1 标志

标志应符合 GB/T 191 的规定。产品的外包装上应有合格标识,注明产品名称、规格、数量、批号、生产厂家、生产日期等内容。

9.2 包装

产品用纸箱进行包装,包装应完整、密封、无破损,其他包装方式可由供需双方商定。

9.3 运输

运输时应小心轻放,防止机械碰撞或接触锐利物体,防止日晒雨淋并不受污染。

9.4 贮存

产品应贮存在清洁、干燥、通风的库房内,远离热源和污染源,严禁与有毒、有害物品混放。产品贮存期限从生产之日起不超过 1 年。

附　录　A
（规范性附录）
内层塑料膜定量的检验方法

A.1　检验仪器

精度 0.001 g 的天平，1∶1（体积比）甲苯与乙醇的混合液，恒温水浴槽。

A.2　检验条件

用恒温水浴槽将甲苯与乙醇的混合液加温到 60 ℃±5 ℃。

A.3　检验步骤

A.3.1　用圆刀在试样上割取面积为 50 cm^2 或 100 cm^2 的试样 3 个。

A.3.2　将试样放入甲苯和乙醇的混合液中浸泡 10 min，轻轻将内层塑料膜分离掉，然后放置 120 min。

A.3.3　将三个试样分别在天平上称量，换算为克每平方米（为内层塑料膜的定量），以 3 个试样的平均值表示结果，精确到小数点后 1 位。

ICS 87.080
Y 44

中华人民共和国国家标准

GB/T 18724—2008/ISO 2836:2004
代替 GB/T 18724—2002

印刷技术　印刷品与印刷油墨耐各种试剂性的测定

Graphic technology—Prints and printing inks—Assessment of resistance to various agents

(ISO 2836:2004,IDT)

2008-12-30 发布　　2009-09-01 实施

中华人民共和国国家质量监督检验检疫总局
中国国家标准化管理委员会　发布

前　言

本标准等同采用 ISO 2836:2004《印刷技术　印刷品与印刷油墨　耐各种试剂性的测定》(英文版)。

为了便于使用,本标准对 ISO 2836:2004 做了下列编辑性修改:

——将 ISO 105-A03 改为 GB 251;

——删除 ISO 2836:2004 的前言。

本标准代替 GB/T 18724—2002《印刷技术　印刷品及印刷油墨的耐酸性测定》。

本标准与 GB/T 18724—2002 相比,主要变化如下:

——ISO 105-A03 改为 GB 251;

——蒸馏水改为去离子水。

本标准由中国轻工业联合会提出。

本标准由全国油墨标准化技术委员会归口。

本标准起草单位:北京印刷学院、洛阳百林威油墨有限公司、浙江永在化工有限公司。

本标准主要起草人:魏先福、吴铁军、吴敏。

本标准所代替标准的历次版本发布情况为:

——GB/T 18724—2002。

印刷技术　印刷品与印刷油墨耐各种试剂性的测定

1　范围

本标准规定了印刷品对液体和固体试剂、溶剂、树脂液以及酸的耐抗性的测定方法。

本标准适用于在各种承印物上的印刷，印刷方式为各种传统印刷和数字成像，例如喷墨、静电成像等，使用的标识材料应和印刷方式相符合。

2　规范性引用文件

下列文件中的条款通过本标准的引用而成为本标准的条款。凡是注日期的引用文件，其随后所有的修改单（不包括勘误的内容）或修订版均不适用于本标准，然而，鼓励根据本标准达成协议的各方研究是否可使用这些文件的最新版本。凡是不注日期的引用文件，其最新版本适用于本标准。

GB/T 251—2008　纺织品　色牢度试验　评定沾色用灰色样卡（ISO 105-A03:1993，IDT）

ISO 2834　印刷技术　实验室测试用印刷样品的制备

3　术语和定义

下列术语和定义适用于本标准。

3.1

试剂　agent

为评价印刷样品的耐抗性所使用的液体或固体物质。

3.2

耐抗性　resistance

印刷材料对特定试剂的耐抗能力，由本标准规定的测试方法确定。

4　原理

4.1　液体和固体试剂

从印刷品上裁下测试样品，使其与测试用试剂接触，通过印刷品的变化和与印刷品接触的接受表面的变化来评价耐抗性。

4.2　溶剂和树脂液

从印刷品上裁下测试样品，将其浸泡在测试用溶剂或树脂液中一段时间，记录溶剂或树脂液的颜色变化和测试样品的褪色及其他变化。

4.3　酸

从印刷品上裁下测试样品，将其压在两张已浸透相应酸溶液的滤纸之间。通过印刷品的各种变化或滤纸上颜色变化来评价耐抗性。

注1：酸的浓度和类型以及持续接触时间都没有严格标准，但要根据印刷品的用途来选择。

注2：测试样品要包含油墨和承印物，因为油墨、承印物及它们之间的相互作用都会影响到耐抗性的评价。

测试样品可以从已有的印刷品获取，也可以是专门制作的具有代表性的样品。

5 试剂

5.1 概要

应给出所用试剂的类型和浓度。

5.2 水

本标准未规定用于评价印刷品耐抗性所用的水的类型，它可以是自来水、蒸馏水、去离子水、天然水、碳酸水、海水等。

5.3 碱

本标准规定用于评价印刷品耐抗性所用的氢氧化钠溶液的质量分数为1%，并需用蒸馏水配制。

5.4 油和脂

本标准未规定用于评价印刷品耐抗性所用的油或脂，提炼的或人造的动物油、植物油、矿物油都可以使用，例如鱼油、橄榄油、液体石蜡、薰衣草油、硅油、黄油、人造奶油、润滑脂等。

5.5 干酪

本标准未规定用于评价印刷品耐抗性所用的干酪类型，软、硬干酪均可用。作为固体试剂，干酪应在自然状态下使用，而非液态。

5.6 洗涤剂

本标准未规定用于评价印刷品耐抗性所用的洗涤剂的类型，固体、液体均可用，只规定了质量分数为1%。

5.7 肥皂

本标准未规定用于评价印刷品耐抗性所用的肥皂的类型，硬的、软的均可用，只规定了质量分数为1%。

5.8 蜡

本标准未规定用于评价印刷品耐抗性所用的蜡的类型，动物蜡、植物蜡、矿物蜡和人工合成的蜡均可用，例如蜂蜡、巴西棕榈蜡、石蜡、费托蜡等。

5.9 香料

本标准未规定用于评价印刷品耐抗性所用的香料。

5.10 溶剂和树脂液

本标准规定了用于评价印刷品耐抗性所用的溶剂和树脂液，例如改性乙醇、混合乙醇、乙烷基醋酸盐、1-甲氧基-2丙醇或者其他的溶剂和树脂液。

5.11 酸

本标准未规定任何特殊的酸及其浓度，给出的酸都是在家庭和商业上常用的，并能够用于评价印刷品的耐抗性。酸及其浓度可根据印刷品的适用范围来选择。本标准所涉及的酸如下：

——乳酸：用来模拟干酪和干酪产品；

——柠檬酸：用来模拟果汁和柠檬；

——乙酸：用来模拟腌渍汁和醋汁；

——盐酸：用来模拟pH值小于2的产品；

——硫酸。

5.12 其他试剂

本标准规定的测试方法也适用于印刷品对其他试剂耐抗性的评价，如：

——液压油；

——香水、除臭剂；

——饮料：咖啡、茶、啤酒、烈酒；

——化妆品：唇膏、润肤膏。

6 仪器和试剂

下列为耐抗性测试需要的仪器和试剂。

6.1 设备和仪器

6.1.1 玻璃片:规格为 260 mm×90 mm×2 mm。

6.1.2 实验室滤纸:为了进行定性的化学分析,滤纸规格为 60 mm×90 mm,白色,中性,且具有柔软和光滑的表面。

6.1.3 皮氏培养皿:直径≥100 mm。

6.1.4 试管:两个无色玻璃管,内径约为 16 mm,高度约为 160 mm。

6.1.5 加压物:质量为 1 kg。

6.1.6 计时器。

6.1.7 温度计:测量范围为 20 ℃ ～30 ℃。

6.1.8 烘箱:能够加热到 40 ℃。

6.1.9 烘箱:能够保持温度为(50±2)℃。

6.1.10 电热板:能够加热到比蜡的熔点高 40 ℃。

6.1.11 厚度计:标尺等。

6.1.12 比色基板:白色、发亮的。

6.1.13 评定沾色用灰色样卡:应符合 GB 251。

6.1.14 pH 测量仪:如 pH 试纸、酸度计。

6.2 溶剂和树脂液

6.2.1 去离子水。

6.2.2 改性乙醇。

6.2.3 改性乙醇＋乙酸乙酯＋1-甲氧基-2 丙醇的混合物:各自所占的体积分数分别为 60%,30%,10%。

6.2.4 溶剂:测试报告中涉及的溶剂。

6.2.5 酸:用于测试。

6.2.6 树脂液:用于测试。

7 测试样品的准备

测试样品可以从印刷产品中获取,也可以在指定的承印物上形成分布均匀的墨层,然后以适当的方法进行干燥。如:ISO 2834 规定的制备方法。

8 测试方法

8.1 液体试剂

表 1 中给出了不同液体试剂的测试条件。

表 1 各种液体和固体试剂的测试条件

测试试剂	接受表面	温度/℃	测试时间	接触条件
水	滤纸	23±2	24 h	54 cm^2,1 kg
氢氧化钠(5.3)	滤纸	23±2	10 min	54 cm^2,1 kg
干酪[a]	干酪	23±2	72 h	无压力
固体脂肪	滤纸	23±2	24 h	无压力
油	滤纸	23±2	24 h	54 cm^2,1 kg

表 1（续）

测试试剂	接受表面	温度/℃	测试时间	接触条件
洗涤剂(5.6)	滤纸	23±2	3 h	54 cm^2,1 kg
香料	滤纸	23±2	7 d	水气
肥皂[b](5.7)	滤纸	23±2	3 h	54 cm^2,1 kg
蜡	熔化蜡	熔化点+40	5 min	液体

[a] 未处理过的干酪:4 ℃下,放置在相对湿度为100%的空气中24 h。

[b] 标准肥皂:碳酸氢钠肥皂,含有89%的脂肪酸。

把用于测试的四个滤纸条完全浸入到液体试剂中,然后干燥,直至滤纸上没有试剂液滴自由滴下。

把两条饱和的滤纸条放置在玻璃片上。

把待评价的测试样品(规格为20 mm×50 mm)放在滤纸条上,然后用其他两条饱和滤纸条覆盖。

用另一块玻璃片压盖,并在上面放置质量为1 kg的加压物。测试时间按照表1规定。

用去离子水清洗用于碱、洗涤剂或肥皂的耐抗性测试的测试样品,直至清洗水的pH值为中性,然后用烘箱干燥测试样品(除了耐油性测试),时间为30 min,温度约40 ℃。

8.2 固体试剂

表1给出了各种固体试剂的测试条件。

将测试样品(规格为20 mm×50 mm)的印刷面和测试用的固体试剂的光滑面紧密接触。

对测试样品施加有效的压力以保证其与固体试剂的最大接触。

按表1规定的条件维持测试持续状态。

仔细移去测试样品,如果需要,允许自然干燥。

8.3 可熔融的固体试剂(蜡)

表1给出了各种蜡的典型测试条件。

将50 g的固体试剂在皮氏培养皿中熔融,维持不超过固体熔点40 ℃的温度。

将测试样品(规格为20 mm×50 mm)浸入到熔融的固体试剂中5 min,留一小部分不浸入以方便拿取。

取出测试样品,并且在它冷却的过程中,使试剂滴在白色滤纸上。

8.4 固体香料

表1中给出了固体香料的测试条件。

将测试样品(规格为20 mm×50 mm)放置在皮氏培养皿的底部,印刷面朝上。

滤纸放在测试样品的上方,撒一层厚度不小于3 mm的测试试剂。

将玻璃片放在测试试剂层上,然后用盖子盖住皮氏培养皿。按表1规定的条件维持测试持续状态。

8.5 溶剂和树脂液

将溶剂或树脂液倒入试管至一半高度,淹没面积为6 cm^2 的测试样品,温度应为(23±2)℃。

浸泡5 min后取出测试样品,记录溶剂是否改变颜色。如果油墨不耐溶剂,测试时间不应超过5 s。为了观察颜色变化,将装有浸泡过测试样品溶剂的试管和另一个仅装有溶剂的试管放置在白色、发亮的比色基板上进行比较。

将测试样品放在烘箱中干燥10 min,温度约为40 ℃。

8.6 酸

表2给出了测试印刷品对常用酸的耐抗性而推荐使用的酸的浓度和持续接触时间。

如果没有具体说明使用的酸的类型以及测试条件,可以根据表2所给的条件进行试验。

测试温度可根据印刷品的使用温度来决定,通常为(20±2)℃、(23±2)℃和(27±2)℃。

将两张用于测试的滤纸条浸入酸中,然后干燥,直至滤纸上没有液滴自由滴下。

将其中一张滤纸条放在玻璃片上。

将测试样品(规格为 20 mm×50 mm)放在滤纸条的上面,并将另一张滤纸条盖在测试样品上面。

将另一块玻璃片盖在上面,用保湿包装纸裹覆或放在容器内,并在玻璃片上加载 1 kg 的加压物。

按表 2 给出的持续接触时间维持测试持续状态,然后取出测试样品,用去离子水清洗至水的 pH 值为中性。将测试样品放在烘箱中干燥 30 min,温度为(50±2)℃。

将用于测试的滤纸条自然干燥,在测试前不要清洗。

表 2 推荐的酸溶液

酸	选择	体积分数/%	浸染时间	典型物质
乳酸	1	10	1 h	干酪及其制品
	2	5	24 h	
柠檬酸	1	5	1 h	柠檬果汁
	2	1	24 h	
乙酸	1	5	30 min	醋和淡酸水
	2	1	24 h	
盐酸	1	5	10 min	pH<2 的产品
	2	1	24 h	
硫酸	1	5	10 min	—
	2	1	24 h	

9 结果评价

9.1 液体和固体试剂

比较试验后的测试样品和未试验的测试样品。观察差别,包括油墨层是否完好。

观察用于测试着色和油墨转移的接受表面,并记录所有观察到的变化。

9.2 溶剂和树脂液

比较干燥后的测试样品和未试验的测试样品。

记录溶剂是否导致测试样品褪色。

记录油墨层是否完好,以及与承印物的附着牢度的变化。

记录溶剂是否改变颜色。

9.3 酸

比较干燥后的测试样品和未试验的参照样品,并检查滤纸。

试验结果评价如下:

——如果测试样品的外观有很大变化,说明其不耐酸。

——如果测试样品的外观没有变化,但滤纸的表面有污点,应根据亮度进行评价。当滤纸上的污点是肉眼恰可见的,则表明印刷品产生脱落,相当于 GB/T 251—2008 规定的评定沾色用灰色样卡 4 级。

——记录承印物的所有颜色变化。

注:根据国际标准,某些测试用印刷品是不耐酸的。在许多情况下,即使观察到滤纸上有微小的污点,这些印刷品仍然可被满意使用。

10　测试报告

测试报告应包括下列信息：

——本国家标准编号的引用；

——测试材料的鉴定；

——如果确定印刷承印物,应使用该承印物制备测试样品；

——用于测试的试剂；

——测试溶液中试剂的浓度；

——室内温度和测试液的温度；

——测试持续时间；

——表1规定的不同测试样品件；

——观察油墨层是否完好以及其他变化,即测试样品的颜色变化和承印物的各种变化；

——和测试样品接触的滤纸是否有污点；

——试剂是否改变颜色。

ICS 25.040
N 04

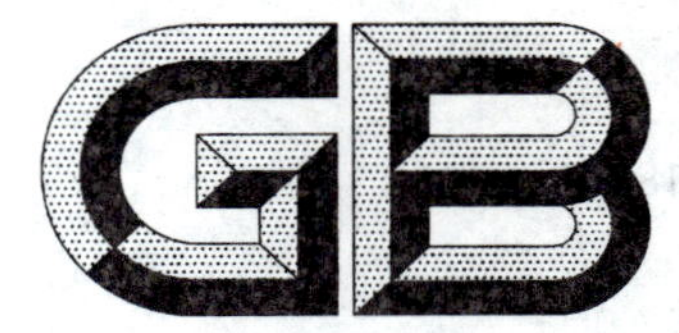

中华人民共和国国家标准

GB/T 18725—2008
代替 GB/T 18725—2002

制造业信息化　技术术语

Manufacturing information—Technical terminology

2008-07-28 发布　　　　2009-03-01 实施

中华人民共和国国家质量监督检验检疫总局
中国国家标准化管理委员会　发布

前　言

本标准是对 GB/T 18725—2002《制造业信息化　技术术语》的修订。

本标准代替 GB/T 18725—2002。

本标准与 GB/T 18725—2002 相比主要修改如下：

——修改了前言。

——在“规范性引用文件”中，用我国的国家标准代替对应的国际标准。

——对部分词条进行了修改，同时删除和新增了若干词条，并在修改或新增词条的页边空白处以双竖线标出。修订后本标准共有词条 251 项。

本标准由中国机械工业联合会提出。

本标准由全国工业自动化系统与集成标准化技术委员会(SAC/TC 159)归口。

本标准起草单位：北京机械工业自动化研究所。

本标准主要起草人：黎晓东、高雪芹、崔素荣。

本标准所代替标准的历次版本发布情况为：

——GB/T 18725—2002。

制造业信息化　技术术语

1　范围

本标准定义了制造业信息化领域所用的有关技术术语，包括信息技术基础理论部分的基本术语和信息技术在制造业中应用部分的技术术语，以及国际国内技术市场上出现的新的词汇。

本标准适用于与制造业信息化技术有关的科研、生产、工程、管理、经营、教育等部门。

本标准技术内容支持现代设计工程和企业信息化所要求的设计、制造、管理、集成、通信互连、网络及相关信息技术等方面的术语。

2　规范性引用文件

下列文件中的条款通过本标准的引用而成为本标准的条款。凡是注日期的引用文件，其随后所有的修改单(不包括勘误的内容)或修订版均不适用于本标准，然而，鼓励根据本标准达成协议的各方研究是否可使用这些文件的最新版本。凡是不注日期的引用文件，其最新版本适用于本标准。

GB/T 5271.1　信息技术　词汇　第1部分：基本术语(GB/T 5271.1—2000，eqv ISO/IEC 2382-1:1993)

GB/T 5271.6　信息技术　词汇　第6部分：数据的准备与处理(GB/T 5271.6—2000，eqv ISO/IEC 2382-6:1987)

GB/T 5271.7　信息技术　词汇　第7部分：计算机编程(GB/T 5271.7—2008，ISO/IEC 2382-7:2000，IDT)

GB/T 5271.24　信息技术　词汇　第24部分：计算机集成制造(GB/T 5271.24—2000，eqv ISO/IEC 2382-24:1995)

GB/T 5271.25　信息技术　词汇　第25部分：局域网(GB/T 5271.25—2000，eqv ISO/IEC 2382-25:1992)

GB/T 8129　工业自动化系统　机床数值控制　词汇(GB/T 8129—1997，idt ISO 2806:1994)

GB/T 12643　工业机器人　词汇(GB/T 12643—1997，eqv ISO 8373:1994)

GB/T 15312　制造业自动化　术语

GB/T 16656.1　工业自动化系统与集成　产品数据表达与交换　第1部分：概述与基本原理(GB/T 16656.1—1998，idt ISO 10303:1994)

GB/T 16720.1　工业自动化系统　制造报文规范　第1部分：服务定义(GB/T 16720.1—2005，ISO 9506-1:2003，IDT)

GB/T 16978　工业自动化　词汇(GB/T 16978—1997，idt ISO/TR 11065:1992)

GB/T 17165.3　模糊控制装置和系统　第3部分：可编程控制器　模糊控制编程(GB/T 17165.3—2001，idt IEC 61131-7:2000)

GB/T 17178.1　信息技术　开放系统互连　一致性测试方法和框架　第1部分：基本概念(GB/T 17178.1—1997，idt ISO/IEC 9646-1:1994)

GB/T 18755.2　工业自动化系统与集成　制造自动化编程环境(MAPLE)　第2部分：服务与接口(GB/T 18755.2—2003，ISO 13281-2:2000，IDT)

GB/T 18757　工业自动化系统　企业参考体系结构和方法论的需求(GB/T 18757—2002，idt ISO 15704:2000)

GB/T 19659.1　工业自动化系统与集成　开放系统应用集成框架　第1部分：一般参考描述

(GB/T 19659.1—2005,ISO 15745-1:2003,IDT)

GB/T 19902.1 工业自动化系统与集成 制造软件互操作性能力建规 第1部分:框架(GB/T 19902.1—2005,ISO 16100-1:2002,IDT)

ISO/IEC 2382-7 信息技术 词汇 第7部分:计算机程序设计(两种语言版)

ISO/IEC TR 10000-1 信息技术 国际标准化轮廓的框架和分类方法 第1部分:一般原则和文件可编制框架

3 术语和定义

3.1

访问控制决策功能 Access Control Decision Function (ADF)

用于访问控制决策的特殊功能,它将访问控制方针规则用于访问请求(发起者、目标、访问请求或先前决策所保留的)访问控制决策信息(ADI),以及发出访问请求的范围。

3.2

访问控制决策信息 Access Control Decision Information (ADI)

ACI(访问控制信息)的一部分(或全体),供ADF用于具体的访问控制决策。

3.3

访问控制强制功能 Access Control Enforcement Function (AEF)

一种特殊功能,是每次访问请求的发起者与目标之间的访问路径的一部分,强制由ADF决策。

3.4

访问控制信息 Access Control Information (ACI)

用于访问控制目的任何信息,包括上下文关联信息。

3.5

行动信息 action message

在信息管理系统中,说明要对现有的问题,或将要发生的问题是否需要解决,以及采用什么方式解决的一种输出。它可以是要采取某种行动的预告,也可以是已经完成某种行动的报告。对于一个管理系统来说,行动信息的掌握和处理是其顺利实施的重要内容。时效性、准确性和完整性是衡量行动信息质量的重要标准,只有符合这些标准的行动信息,才能保证信息管理系统的工作具有较高的水平。

3.6

基于活动的管理 Activity-Based Management(ABM)

利用作业集合和驱动原则、作业分析和营运过程等以作业为基础的成本计算信息去产生营运规则,改进产品设计,制造和分销,并消灭运作过程中的浪费现象的一种运动。

3.7

先进制造系统 Advanced Manufacturing System(AMS)

包含有关制造一切方面的通用CIM(见3.58)系统。它包含诸如业务管理、市场、工程、生产等方面。

3.8

先进制造技术 Advanced Manufacturing Technology (AMT)

当代信息技术、综合自动化技术、通用制造技术和现代管理理论与方法的有机结合,是传统制造技术不断吸收机械、电子、信息、材料、能源及现代管理等科技成果,并将其综合应用于制造全过程,以实现优质、高效、低耗、清洁、灵活生产,从而取得理想技术、经济效果的制造技术的总称。

3.9

代理 agent

所谓代理,即代理人或代理实体。

3.10

敏捷化计算机辅助工艺规划系统 agile computer aided process planning system

动态联盟中不同的伙伴企业内的CAPP(见3.63)系统的组合,它能够在支持动态联盟的组建、支持广义工艺规划、支持工艺设计活动的项目组织和工作流管理上发挥巨大作用。它在系统结构上具有可以重构和规模上可以变化的能力。在功能上也具有可以扩充的范围。

3.11

敏捷物流 agile logistics

物料遍及整个组织(从企业到用户的)的有效流动的一种形式。实现敏捷后勤的目的就是为了对市场需求作出快速响应。这里的"有效"是指为实现已建立的目标而采用代价最小的方法。"物料流动"是指物料在整个需求链(从基本的原料到最终的用户消费)中的流动。"对市场需求作出响应"是指尽快满足市场的需要。这一点乃是实现敏捷后勤的原因。

3.12

敏捷制造 Agile Manufacturing (AM)

通过动态联盟的方式,把优势互补的企业联合在一起,用最有效和最经济的方式组织企业活动,并参加竞争,迅速响应市场瞬息万变的需求。这种联盟式的企业按照市场和产品的变化随时做出相应的调整,并不是一成不变的,因此也称为"虚拟企业"。它将改变企业的价值观、业务流程和企业文化。

3.13

类人机器人 anthropomorphic robot

机器人手臂具有三个回转关节。

3.14

应用程序体系结构 application architecture

应用的一种规范。这些应用的接口界面,包括硬件与软件部件,均应支持各种业务需求。其构成为各种应用或应用组合。

3.15

应用程序构件 application component

当考虑其在某项计算机应用组合中是分担部分任务时,应用程序称作应用构件。

3.16

应用数据独立性 application data independence

此独立性存在于应用仅行使对数据的操作功能而不行使对数据的采集、管理或返回存储等功能时。这些功能由数据服务器行使。

3.17

应用使能器 application enabler

用来简化并控制生成应用程序或数据集的步骤的一组软件工具。它具有用于应用开发时的语法及运行时的程序调用两方面的作用能力。

3.18

应用实体 application entity

涉及通信系统的应用过程的一个部分。

3.19

应用集成 application integration

一种由分立的应用实现分立的功能,但在各应用之间存在通信和数据传递的状态。

这种应用组合,具有增添、修改和删除各种处理功能等柔性而不引起对合系统的破坏。

3.20

应用程序包　application package

安装一个应用的版本所需项目的集合。

3.21

应用平台(应用程序平台)　application platform

将一个应用在其上运行的资源组。

3.22

应用移植性(应用程序可移植性)　application portability

在不同的机器与操作环境间转移应用软件的能力。

3.23

应用专规　application profile

指由应用协议与执行程序协议二者组合所构成的一个可以执行与使用的功能标准。

3.24

应用程序接口　Application Program Interface (API)

应用软件与应用平台之间的接口,提供跨接的所有服务。

[GB/T 19659.1—2005/ISO 15745-1:2003]

3.25

体系结构　architecture

系统(不论物理的或概念的对象或实体)中各部分的基本配置和连接的描述(模型)。

注:针对系统集成,有两种,也只有两种体系结构,它们是:

a) 系统体系结构(有时又称为"第1类"体系结构)涉及系统的设计。例如整个企业集成系统中的计算机控制系统部分。

b) 企业参考项目(有时称为"第2类"体系结构)涉及诸如企业集成或其他企业开发计划的项目的开发与实施的组织。

[GB/T 18757—2008/ISO 15704:2002]

3.26

装配顺序规划　assemble sequence planning

装配工序中应用人工智能的一项技术。通过对装配工序的分解和分析,建立一个装配事例库。根据事例推理技术,从事例库中检索出相似的事例,利用认知和推理方法对几种装配事例进行模式匹配,经过人机交互修演,得到新的装配顺序,从而制订装配规划,使装配工作实现智能化。

3.27

自动交互式设计　autointeractive design

设计自动化与计算机辅助设计的组合。在设计自动化中,计算机执行程序,操作员不加干预;在计算机辅助设计中,操作员与计算机进行交互作用。

3.28

自动数据捕获系统　automated data capture system

信息管理系统中的一个分支系统。数据的采集实际上就是数据的捕获。为了对数据的收集描述更形象化,近年来,不少媒体开始使用捕获这个词。用数据的捕获代替数据的采集,主要意思就是使信息输入到信息系统的这部分工作,实现机械化和自动化,乃至智能化。购成这样的系统,既要有相应的硬件装置,更要有较好的软件系统。像条形码阅读系统和光学字符阅读系统等都可以称之为自动数据捕获系统。

3.29

自动化对象　automation object

COM(见3.56)对象的一个特例,它简化了COM的一些底层细节,它通过特定的Idispatch接口提供了一些弱类型语言实现 COM 对象的方法。

3.30

后向集成　backward integration

从原材料供应起倒推计算的生产周期内和供销渠道内各组成要素的采购或获取的过程。

3.31

行为建模技术　behavior modeling

一种建模技术。它在设计产品时,综合考虑产品所要求的功能行为、设计背景和几何图形。它采用知识捕捉和迭代求解的智能化方法,使工程师可以面对不断变化的要求,追求高度创新的、能满足行为和完善性要求的设计。行为建模技术的强大功能体现在智能模型、目标驱动式设计工具和一个开放式可扩展环境三个方面。

3.32

物料清单　Bill of Material (BOM)

生产过程中,列出装配的部件所用的配件、零件和材料的项目及其数量的清单。

[GB/T 15312—1994]

3.33

仿生制造系统　biological manufacturing system

在工厂内,具有 DNA 型信息的生产对象,从原材料“生长”为零件,再“成长”为产品。机床和机器人等设备则通过知识型的信息协调动作,对上述“生长”和“成长”过程起“孕育”作用。这样便可形成所需要的产品。这就是仿生制造系统。这种系统也可称之为生物型生产系统。

3.34

仿生制造　bio-manufacturing

模仿生命活动的一种新型制造技术。生命系统和现代制造系统的结构有许多相似之处。它们都具有大脑(计算机、思维和控制系统)、四肢(执行系统)、传感和神经(信息系统)。生命系统和现代制造系统都具有自组织性、自适应性、协调性、应变性、智性和柔性。将这些生物特性应用于现代制造技术就是仿生制造的主要内容。

3.35

业务构件　business component

表示一个“自治”的业务概念或业务过程的软件实现。它包括在大的业务系统中,作为可重用要素的软件表示和实现。

3.36

业务框架　business framework

将某一具体应用领域所涉及的业务构件按某种约定组合起来,形成支持业务流程的领域解决方案。

3.37

业务集成　business integration

企业内不同业务功能的集成,如设计、生产、市场、财务等。它也包括在这些业务功能中出现变化时的动态和柔性方式的调节适应能力。

3.38

商业智能　Business Intelligence(BI)

一种智能化的商业活动,以 ERP(见 3.109)企业数据库为资源,应用决策分析工具,进行财务分析、市场预测及销售分析、采购决策分析、质量分析、投资分析等经营决策分析。它不仅能使企业的营运工作更加科学化、精确化,而且还能加速企业的生产和销售活动,促使企业在市场竞争中获得赢利。

3.39

业务建模　business modelling

赖以获得业务模型的对问题的建立与解决的过程。

3.40

业务流程　Business Process(BP)

在功能确定的组织结构中,能够实现业务目标和策略的相互连接的过程和活动集。

3.41

业务流程重组　Business Process Reengineering(BPR)

对企业的业务流程(Process)进行根本性(Fundamental)的再思考和彻底性(Radical)的再设计,从而获得在成本、质量、服务和速度等方面的戏剧性(Dramatic)的改善。

作为强化企业管理,提高企业整体水平和竞争力的一种管理概念,BPR 是 1990 年于美国提出的。其核心是面对激烈的市场竞争,企业要加强过程控制,要不断对原有的业务流程进行根本性的思考和彻底重组,以适应市场竞争的需求。BPR 也是企业实施管理信息系统,特别是 ERP 系统的前提和基础。

3.42

经营战略　business strategy

经营管理企业必不可少的一种手段。主要是指分析企业经营状况,并结合市场形势,正确定位本企业的市场坐标位置,制定本企业的发展宏图,以便使企业的运转有明确的目标。

3.43

能力需求计划　Capacity Requirement Planning(CRP)

确定、测试能力和负荷水平,即为完成某生产任务需要多少劳动力和机器能力的过程。在 MRPⅡ系统中,把 MRP(见 3.165)的进度计划转化成各工作中心的劳动力和设备能力的需求,为计划人员提供调整能力的依据。

3.44

能力控制　capacity control

对生产量进行检测,并将其和能力需求进行对比,决定它的变量是否超出预定限度。如果超出限度,则应采取纠正措施,使其按计划进行。这样的过程就是能力控制。

3.45

能力管理　capacity management

建立、测量、监督和调整生产能力的水平和限度,以便顺利地执行所有的制造作业计划,如生产计划、主生产作业计划、材料需求计划和分销清单等的一种功能。生产能力管理可以分几个等级:资源需求计划编制、粗生产能力计划编制、生产能力需求计划编制和输入/输出控制。

3.46

能力标定　capacity pegging

显示生产能力需求的特殊资源。它和 MRPⅡ(见 3.165)中显示材料需求资源类似。

3.47

单元化制造　cellular manufacturing

只在一条线或一个设备单元内生产零部件族的制造过程。这些线和设备单元的控制人员也都实行专职管理,不在兼管其他线上或单元的控制工作。

3.48

计算机集成制造体系结构　CIM architecture

CIM(见 3.58)结构可解释为制造企业信息处理的构造或设计的形式。

3.49

计算机集成制造框架　CIM framework

一种对工业企业CIM(见3.58)建模时必须相应做出的互相关联的各种模型的分类。这些模型用在多尺度建模空间的坐标轴所代表的相应的模型性质尺度所标识。在建模空间每一点代表一个相应的模型类型或模型种类。

3.50

客户机/服务器模式　Client/Server (C/S)

Client程序的任务是将用户的要求提交给Server程序,再将Server程序返回的结果以特定的形式显示给用户;Server程序的任务是接收客户程序提出的服务请求,进行相应的处理,再将结果返回给客户程序。

3.51

协同设计　collaborative design

为了完成某一设计目标,由两个或两个以上设计主体,通过一定的信息交换和相互协同机制,分别以不同的设计任务共同完成一个设计目标。协同设计具有多主体性、协同性、目标一致性和灵活性的特点。

3.52

协同产品商务　Collaborative Product Commerce(CPC)

利用Internet技术,将制造商、供应商、合作伙伴和客户联系起来,在产品生命周期中协同开放、生产和管理产品。

3.53

公共对象请求代理体系结构　Common Object Request Broker Architecture(CORBA)

对创建和管理分布式程序对象的体系结构的说明。它允许在不同地点进行编程和开发的组织进行通信。其基本概念是对象请求代理(ORB),ORB支持网络上的客户和服务器,即客户可以不必知道请求的对象在什么地方,接口是什么,而直接透明地使用此对象。

3.54

通信网络专规　Communication Network Profile(CNP)

从集成的角度对联网装置所支持的通信网络的表达。

示例:集成方面的示例如:通信对象类型和关联的操作关系(客户机/服务器,生产者/用户,等等)、对象类型的服务和属性、对象类型和服务的数据类型,以及使用的编码规则。

[GB/T 19659.1—2005/ISO 15475-1:2003]

3.55

通信服务接口　Communication Services Interface (CSI)

一种界面,在此界面上提供对应用软件实体和应用平台之间的外部实体的物理交互作用。

[GB/T 19659.1—2005/ISO 15745-1:2003]

3.56

组件对象模型　Component Object Model(COM)

由微软提出的面向对象的中间件标准,它定义了中间件程序之间进行交互的标准和所需的运行环境。

3.57

计算机辅助软件工程　Computer Aided Software Engineering (CASE)

一套方法和工具,可使系统开发商规定企业的应用规则,并由计算机自动生成合适的计算机程序。CASE工具分成“高级”CASE和“低级”CASE。高级CASE工具用来绘制企业模型以及规定应用要求,低级CASE工具用来生成实际的程序代码。CASE工具和技术可提高系统分析和程序员工作效率。其重要的技术包括应用生成程序、前端开发过程面向图形的自动化、配置和管理系统以及寿命周期分析工具。

3.58

计算机集成制造　Computer Integrated Manufacturing(CIM)

信息技术与制造技术的联合应用，藉以提高制造企业的生产能力和反应能力。其所有的活动都集成为基于计算机的计划、管理和控制系统的一种制造技术，是企业组织与运行生产的一种哲理。它综合应用多种技术，将企业生产中的人、技术、经营管理三要素以及信息流与物流集成到基于计算机的系统中，使企业实现优质、低耗和高效生产并获得快速响应市场的能力。

3.59

计算机缩微图形　computer micrographics

将由计算机产生的记录于缩微印刷品上的数据转换为适合于计算机使用的形式的方法和技术。

3.60

计算机支持的协同工作　Computer Supported Cooperative(CSCW)

综合应用计算机和通信技术、分布式技术、人机工程、管理学和社会学等学科专业的理论和成果，通过提供一个共享的环境和界面，支持分布在异地的群体成员交互协商，快速高效地完成共同的任务。

3.61

计算机辅助几何设计　Computer-Aided Geometric Design(CAGD)

用较少量的几何信息(定义曲线、曲面的点、切矢二阶切矢等)描述复杂机械零件等产品的几何外形，建立它们的几何外形的数学模型，通过电子计算机计算它们各个部件，零构件的外形数据和数据参数，将这些数据和参数转化一连串的数值信息存储在计算机的相应数据库内，供以后设计与制造的各有关部门调用。这个过程就是计算机辅助几何设计。

计算机辅助几何设计这一术语是由恩希尔(Barnhill)与里森费尔德(Riesenfeld)二人于20世纪70年代共同提出的。

3.62

计算机辅助工业　Computer-Aided Industry (CAI)

利用计算机系统，并由信息处理系统支持运转的工业。

3.63

计算机辅助工艺规划设计　Computer-Aided Process Planning(CAPP)

利用计算机生成零件工艺规程的过程。

3.64

计算机集成产品工程　computer-integrated product engineering

在系统思想指导下，继承并发展了计算机信息管理和并行工程等的核心思想，用整体优化的观点，科学合理地对经营管理、产品结构和信息技术等进行重组的哲理、方法和技术。它强调在经营管理重组的基础上，通过标准化和规范化尽可能减少零部件数量，建立集成的智能产品模型和跨功能的并行工作环境，以充分挖掘、开发设计该领域中极为可观的时间和费用的潜力，大幅度缩短产品开发设计周期、降低产品成本和提高产品质量。

3.65

计算机电话集成技术　computer-telephone integration

电子商务应用于企业的一种技术，指的是将因特网和电话网融合在一起，使企业的计算机网络可以根据不同的需求，组合成不同的体系结构和应用系统，从而实现灵活的控制和管理功能。

3.66

并行协同设计　Concurrent Cooperative Design(CCD)

利用网络系统的一种设计概念。即在异地分布的网络环境下，从事零部件的设计与制造工作的各类人员并行协作地参与同一零部件的设计和生产过程，产生符合CAD/CAM集成的各个环节的要求的产品模型，因为它可以从单机环境转变为异地分布的网络环境，将串行处理方式转变为并行处理方式，将人机交互转变为人和人的直接交互，因而可以提高设计和制造的效率。

3.67

并行工程　Concurrent Engineering(CE)

一种集成地和并行地设计产品及其相关的各个过程(包括制造过程和支持过程)的系统方法。这种方法要求产品开发人员在设计一开始就考虑产品整个生命周期中从概念形成到产品报废处理的所有因素。包括质量、成本、进度计划和用户要求等。其关键是由来自企业各个部门的优秀人员所构成的多功能小组并行地进行产品的开发工作。

3.68

配置管理接口　Configuration Management Interface(CMI)

工业自动化系统与系统配置提供者之间的接口。

3.69

现代集成制造　Contemporary Integrated Manufacturing(CIM)

从实现企业内部的信息集成和功能集成，发展到实现产品开发过程的集成，进而实现全球企业间集成的敏捷化生产。

3.70

协同工作　Cooperative Work(CW)

在不同任务和不同空间之下，在协同(cooperative)、协调(coordinated)和协作(collaborative)工作组中计算机的应用。简言之，通过协同工作技术可以使不同工作组在不同背景和技术情况下讨论他们的工作，互相交流意见，促进多学科领域中不同观点的发展。协同工作系统的功能要求是：交互对话、协调性、分布性、特殊用户的响应、可视化和实现数据隐藏等。

3.71

用户交互系统　customer interactive system

先进制造企业的一种与用户联系的通信形式。为了做好用户服务工作，企业就必须建立功能完善的销售服务网并通过与顾客(用户)建立广泛的联系，迅速地获取顾客(用户)对产品的需求信息。对于先进制造企业的成功发展，这是市场分析和开拓经营范围、扩大市场份额的重要信息源，也是必不可少的手段。

3.72

客户关系管理　Customer Relationship Management(CRM)

信息技术领域的一种管理概念。它将管理理论和业务实践融合在一起。它集成了销售、定单管理，以及客户服务，可以协调和统一使用在客户生命周期内与客户交互的所有信息。通过这些信息，可以很好管理客户，从而增加企业竞争能力，最终达到赢利的目的。

3.73

数据手套　data glove

一种三维交互工具，可以测试出手指的弯曲度，并能精确地定位出手在三维空间的位置。在虚拟环境中，用户带上这种数据手套，就好比进入一个虚幻世界。随着手指的弯曲和手的运动等各种手势，能够和虚幻世界达到充分的交互，就像在一个现实世界中一样。

3.74

数据头盔　data helmet

一种三维交互工具。在这种数据头盔中，采用了特殊的光学原理，使用户通过头盔可以看到真实的，具有深度信息的立体图形。同时在头盔上还安装特殊的三维定位装置，它可以及时地跟踪用户视线的移动方向，并通知计算机及时地改变场景，从而使用户真正地产生身临其境的感觉。

3.75

数据多路器　data multiplexer

使两个以上的信道共用一个公用传输媒体的功能单元。

3.76

数据仓库　Data Warehouse(DW)

计算机和数据库技术的发展成果,它把整个企业的数据,不管其地址位置、格式和通信要求集成在一起,并能把当前使用的业务信息分离出来,保证关键任务的OLTP应用的安全性和完整性,同时可以访问各种各样的数据库。数据仓库不是单一的产品,而是由软硬件技术组成的环境。它把各种数据库集成为一个统一的数据仓库,并且把各种数据转换成面向主题的格式,能从异构的数据源中抽取、转换和集成所需要的数据。便于最终用户访问并能从历史的角度进行分析,最后做出战略决策。

3.77

设计转变灵活性　design changeover flexibility

使现有的生产系统适当调整,立可很快适应很多变换设计的生产需要。

3.78

设计仓库(产品设计仓库)　design depository

以知识为核心的特殊设计数据库。相对设计数据库,设计仓库对设计的表达更为完备,包括产品的功能模型、行为模型、设计规则和分析仿真模型等。除了包含图像(图纸)、文件型CAD模型、非结构化文本(文档),还包含形式化数据/信息模型、结构化文本(以表达功能、设计规则、逻辑表达式的专门语言来描述)、数据仿真模型、动画、视频和音频等信息类型。设计仓库不仅具有设计数据库对设计数据的查询、检索和存储等支持设计过程的能力,还具有查询检索满足功能、行为和结构需求的零部件能力,以及对功能、结构分解及它们间映射关系的显示表达能力,还具有对设计行为和性能仿真和自动推理能力。

3.79

设计工程化　design engineering

包括生产过程工程化和产品工程化在内的规范。

3.80

面向现有生产环境的设计　Design For Existing Environment(DFEE)

根据现有的生产设备和工艺布置设计产品,以降低制造成本和加快面市速度的设计方法。

3.81

面向大批量定制的设计　Design For Mass Customization(DFMC)

针对制造企业产品开发设计过程中存在的诸多问题而提出的一种哲理与方法。DFMC是一种在系统思想指导下,继承并发展了CIM(见3.58)、LP(见3.155)、GT(见3.132)、CE(见3.67)和BPR(见3.41)的核心思想,用整体优化的观点,科学合理地对业务过程、产品结构和信息技术进行重组的哲理、方法和技术。DFMC强调在产品开发设计过程重组的基础上,通过标准化和规范化尽可能减少零部件数量,建立集成的智能产品模型和跨功能的并行工作环境,以达到充分挖掘开发设计领域中极为可观的时间和费用的潜力,大幅度缩短产品开发设计周期、降低产品成本、提高产品质量。

3.82

物料流程图表化　diagrammatic logistics

实现物流现代化管理的一种方式。在物料流程中,上下工位之间,前后生产车间之间要有固定位置的流程图,为收发、运送和搬运的有关人员指明产品和零件的流向起到现场调度的作用。在主要的收、发、运和送的流程环节上尽量做到目视化,以便于管理和控制。

3.83

数字化　digitalization

以数字形式表示(或表现)本来不是离散数据的数据。具体说来,也就是将图象或声音等转化为数字码，以便这些信息能由计算机系统处理与保存。在信息化时代，数字化已经变成代表信息化程度的一个重要指标。

3.84

数字化鸿沟 digitized divide

在信息化时代，单位和部门，企业和企业乃至地区和地区之间在实现数字化方面的差距。也可以是指那些拥有数字化手段的人(单位)和那些未拥有实现数字化手段的人(单位)之间存在的差距(鸿沟)。

数字化鸿沟体现了当代信息技术领域中存在的一种差距现象。随着数字化浪潮的深入推进，各个单位(企业)在实现数字化方面的不均衡现象逐步加大；从另一方面来看，这种不均衡现象又将有力地推进信息化的进展。

3.85

数字化制造 digitized manufacturing

一种利用数字化定量表述、存储、处理和控制方法，支持产品生命周期和企业的全局优化的制造技术。它是在计算机网络技术与制造技术的不断融合，发展和广泛应用的基础上产生的技术。其内涵可以包括：

a) CAD/CAM/CAE为主体的技术；

b) 以MRPⅡ(见3.165)、MIS(见3.159)、PDM(见3.200)为主体的制造信息支持系统；

c) 数字控制制造系统等。

3.86

直接数控 Direct Numerical Control(DNC)

一组数控机床与一个公共的零件程序或加工程序存储器相连，需要时将数据提供给机床的控制系统。

[GB/T 8129—1997/ISO 2806:1994]

3.87

离散制造 discrete manufacturing

生产由离散元件组成的产品(如汽车、设备、家电、计算机等)或零部件的过程。

3.88

离散制造系统 discrete manufacturing system

在同一时刻或同一地点按不同加工程序进行单件加工的系统。

3.89

分散网络化制造 Dispersed Networked Manufacturing(DNM)

一种生产方式，按照这种制造哲理运作的经济实体称为网络联盟企业，它是通过互联网连接的、多个机构组成的一个组织，具有协作和联盟关系，能共享知识和资源，并能协同提供产品或服务。

分散网络化制造将改变企业的组织结构形式和工作方式，增强新产品的开发能力，缩短上市时间，降低成本，提高质量，从而增强企业的市场竞争力。

3.90

分散网络化生产系统 Dispersed Networked Productions System (DNPS)

利用现代化的信息处理技术和通信设施，通过并行工程的决策产品开发机构，在网络上运行的电子营销和采购、电子财务和人事管理系统等，将具有工程技术、管理、组织和人员柔性的独立制造岛联系在一起，组成以其为基础的虚拟企业。这种虚拟企业可以按照"网上行，大家赢"的原则，快速地响应市场的需求，最大限度地满足客户需要。

3.91

分布式监测诊断系统 distributed control/diagnostic system

通过网络对多种设备的故障进行监测的一种系统。针对大型机电设备的主机和多辅机功能分布和地域分布的特点，通过工业局网把分布于各个局部现场，独立完成特定功能的本地计算机互联起来，成为实现资源共享，协同工作，分散监测和集中操作、管理、诊断的工业计算机网络系统。它是一种基于工业局域网的相对开放的系统，监测信息的交流和处理是在局域网内部进行。

3.92

分布数据处理　distributed data processing

一种数据处理的组织化概念。在这种工作方式中，公司的计算机资源一般都分散在几个地方，即几个地方都安装有计算机，然后经过通信联系实现处理工作。一般说来，用户在自己的小型机上进行处理工作。处理过程中用户自己实行控制并编制作业计划。这和那种为所有用户在大型的、集中式计算机系统上加工处理不一样。

3.93

分布式制造系统　distributed manufacturing system

由分散在计算机网络上的若干个结点所组成。每个结点具有制造系统中的某一项（或几项）功能，这些结点之间通过密切的协调与合作，可以共同完成一个制造过程。

3.94

分布式数控　Distributed Numberical Control(DNC)

用一台计算机控制几个分散的数控机床的一种控制系统。

[GB/T 15312—1994]

3.95

分配网络结构　distribution network structure

从几个资源到现场仓库，最后再到客户的库存支付的计划渠道。这样的货品支付系统可以几个级别的。

3.96

分销资源计划　Distribution Resource Planning(DRP)

管理企业分销网络的系统，目的是使企业对订单和供货具有快速反应和持续补充库存的能力。DRP 通过互联网将供应商与经销商有机地联系在一起，为企业的业务经营及贸易伙伴的合作提供了一种模式。供应商和经销商之间可以实现实时提交订单、查询产品供应和库存状况、货款支付情况，并获得市场、销售信息及客户支持，实现了供应商与经销商之间端到端的供应链管理。这种模式借助互联网使商务过程不再受时间、地点和人员的限制，企业的工作效率和业务范围都得到了有效的提高。

3.97

配送系统　distribution system

联结备用件和成品库存的生产、储存和消费活动的一组相关硬件设施，如仓储、分选及其管理等设施。

3.98

虚活动　dummy activity

工程网络中，当一次活动结束，而新的活动又未开始时，用来表示一个虚工期的活动。但是这种活动并不在网络中的路径上。一般情况下，这种虚活动用介于两个节点之间的带箭头的虚线表示，只是表示它们的先后关系，或者表示同现有的活动的特殊的符号。

3.99

动态编程　dynamic programming

一种顺序决策方法。每个阶段的决策结果可为利用下一决策阶段的可能的（尚未预测）结果的期望范围提供最佳方法。

3.100

电子签字 electronic signature

在数据电文中,以电子形式所含、所附或在逻辑上与数据电文有联系的数据和与数据电文有关系的确认表现方式。它可用于鉴别与数据电文有关的签字持有人和表明与人认可的数据电文所含的信息。它是通过计算机来采集和验证个人签名,并将文档捆绑在一起,达到与纸上签名同样效果,从而实现无纸化办公的一种技术。

3.101

使能信息技术 enabling information technology

实现动态联盟的一种支持技术。在实现动态联盟的过程中,利用信息技术使得企业能够及时获取并有效维护所需要的信息,对企业的资源进行高效的管理和集成,使企业具有开放性和能够进行动态组合等使能特性,从而对敏捷制造和动态联盟提供必要的支持。

3.102

工程数据库系统 engineering database system

用于工程现场管理的数据库系统。

3.103

工程支持接口 Engineering Support Interface (ESI)

一个自动化系统与一个提供设计支持、构建文档、诊断和仿真功能的外部系统之间的接口。

[GB/T 19659.1—2005/ISO 15745-1:2003]

3.104

企业应用集成 Enteprise Application Integration(EAI)

为分布的、异构的开放系统环境提供一个交互式通信框架,开发一个集成结构使得制造数据可以准确地、兼容地、安全地在虚拟企业中通信,以支持最优的制造过程。

3.105

企业工程 enterprise engineering

用于致力于建立、改进或重组企业的一种专业。

[GB/T 18757—2008/ISO 15704:2000]

3.106

企业集成 Enterprise Integration(EI)

物理系统集成、应用集成及业务集成的复合。

3.107

企业模型 enterprise model

对一个企业打算实现什么、如何运行以及如何组织的表达。

注:一个企业模型是一个用来识别和表达企业其本元素和这些元素的必要等级分解的抽象。例如,它可以用来提供企业的效率和效能。它还指定了这些元素所需要的信息,并为集成信息系统提供了定义需求所必需的信息。

3.108

企业建模框架 Enterprise Modelling Framework(EMF)

特指企业(CIMS)建模的大致过程步骤及所建模型的基本结构要素。

3.109

企业资源计划 Enterprise Resource Planning(ERP)

由美国 Gartner Group 于 20 世纪 90 年代初提出来的概念,它在 MRPII 的基础上发展起来,采用计算机技术的成就,将供应链管理(SCM)(见 3.231)和企业业务流程重组(BPR)(见 3.41)放在重要位置的管理理论。ERP 所管理的对象包括了企业人、财、物、时间等所有的资源和产、供、销等所有的业务。ERP 扩展了企业内部各种管理功能的信息集成,而且超出了企业本身的范围,实现了整个供应链上所有相关业务的信息集成。与 MRPII 相比有了革命性的发展，并且还会随着技术进步和管理思想的发展不断充实，是一种应用信息技术的管理系统。

3.110

实体　entity

任何存在的具体或抽象的事物。

[GB/T 19659.1—2005/ISO 15745-1:2003]

3.111

设备专规　equipment profile

从集成的角度对某项设备的表达法。

示例：集成方面的示例如：输送机速度、容器的容量、泵的出力。

[GB/T 19659.1—2005/ISO 15475-1:2003]

3.112

可扩展语言　extensible language

一种编程语言，它可以被修改，或自身修改，以便给编程人员提供用户专用的附加功能。

[GB/T 5271.7—2008/ISO/IEC 2382-7:2000]

示例：Ada、C^{++}、FORTH、LISP、LOGO、Prolog、Smalltalk。

3.113

可扩展置标语言　eXtensible Markup Language(XML)

由 W3C(Word Wide Web Consortium)在 SGML 的基础上制定的。XML 语言可以让信息提供者根据需要，自行定义标记及属性名，也可以包含描述法，从而使 XML 文件的结构可以复杂到任意程度。与 HTML 相比较，XML 除了可以描述文档内容的优点外，还有数据跟踪能力，这将改变数据共享的方式及检索数据库和文件的方式。正因为这些优点，使 XML 可以广泛用于元信息定义、发布和交换数据库内容、不同应用系统间通信的消息描述等。

3.114

设施服务接口　Facility Services Interface(FSI)

一个自动化系统与一个提供设施内的服务(如：供暖、空调、访问控制以及安全)的外部系统之间的接口。

[GB/T 19659.1—2005/ISO 15745-1:2003]

3.115

特征设计　feature design

CAD 的一种应用技术。在设计阶段可以捕捉除几何信息以外的设计和加工信息，从而避免了特征的提取和识别。基于特征的设计系统使用参数化造型，并通过各类属性来描述零件的几何形状，以及它们之间的功能关系。系统通常提供特征库，通过布尔运算等操作来生成零件的特征表示。

3.116

特征映射　feature mapping

CAD 的一种应用技术。由于不同产品类型有其各自不同的结构特征，不同的应用领域作为特征的几何元素可能是完全不同的。一个几何元素在不同的应用领域中可能被视为不同的特征。因此，CAD/CAM 集成系统必须能将设计特征自动转换成针对特定应用的特征，这就需要特征映射。特征映射应该在相应的知识库的支持下，任意特征之间可以进行自由地改向转换。特征映射有直接映射、投影映射、组合映射和共轭映射四种。

3.117

特征识别　feature recognition

自动识别的一种应用技术。它利用几何造型系统所提供的数据模型，对几何模型进行解释，主要是针对应用特征。它通过利用几何模型特征与特征描述形式的匹配实现自动识别。它的实现方法可以有语义模式匹配法、基于规划法、基于图形法以及体分解法等。

3.118

现场总线　fieldbus

一种实现现场级设备数字化通信的网络技术。它是集控制技术、计算机技术和通信技术于一体，是现场设备(如现场仪表、传感器和执行机构等)与控制系统及控制室之间的一种全分散的、全数字化的、智能的、双向互联的、多变量的和多带点的通信与控制系统。它将自动控制系统与设备加到工厂的信息网络中，成为企业信息网络的底层，使企业信息沟通的覆盖范围可以延伸到生产现场，大大提高了控制效率。

3.119

现场总线体系结构　fieldbus architecture

一种控制结构，它在智能装置和控制/监控系统之间，采用数字式的、串行的、多点式、双通路通信。

3.120

柔性自动化　flexible automation

产品更换(从一个产品到另一个产品)时能提供较短的调置时间和能力的一种自动化方式。

3.121

柔性生产能力　flexible capability

机床在加工过程中能很快适应加工处理不同零件的能力。

3.122

柔性制造单元　Flexible Manufacturing Cell (FMC)

一种自动化生产系统，通常由数控机床和机器人组成。机器人用来给系统传递装卸零部件。使用这种生产系统的目的是为了在制造多种产品时能有更多的吞吐量(生产量)，更快的更换和调整能力等。

3.123

柔性制造技术　Flexible Manufacturing Technology(FMT)

采用计算机技术、电子技术，系统工程理论和现代管理科学与方法，能快速响应市场需求且能适应生产环境变化的自动化制造技术。

3.124

柔性传输线　flexible transfer line

适于少品种、大批量生产并具有一定柔性的自动生产线。

3.125

柔性制造系统仿真器　FMS simulator

一种在计算机上对柔性制造系统建模并进行试验，以评估和研究系统特性的软件，用于柔性制造系统的设计、分析和运行的决策支持。

3.126

通用活动模型　generic activity model

用来描述车间生产内的活动的执行及其他车间生产接口功能间相互作用的一般模型。

3.127

全局模型变换　global modeling transformation

组合模型变换的组成部分。当结构遍历开始时，它被设置成双亲结构的当前组合模型变换；或者它是已投寄的结构，它被设置成 PHIGS(见 4.67)描述表中的缺省值。

3.128

绿色设计　green design

在产品及其生命周期的全过程的设计中，充分考虑对资源和环境的影响，即在充分考虑产品的功能、质量、开发周期和成本的同时，优化各有关设计因素，使产品及其制造过程对环境的总体负影响减到最小。绿色设计的主要内容包括：产品结构设计、产品材料设计、制造工艺设计、制造环境设计或重组，产品包装设计和回收处理设计等。

3.129

绿色集成制造系统　green integrated manufacturing system

一种适应环保要求的制造系统，是一种可持续发展的企业组织管理和运行模式。它要求从产品整个生命周期中的概念设计，详细设计到生产制造、库存和运输、使用及废弃后的回收、重用或处理等各个阶段，综合考虑产品的环境影响因素，以达到最大限度地节约资源和减少污染。它综合运用现代制造技术、信息技术、自动化技术、管理技术和环保技术，将企业各样活动中的人、技术、管理、物能资源和生态环境，以及信息流、物料流、能量流和资金流等有机地集成起来，并实现企业和生态环境的整体优化，从而可以获得良好的经济效益和社会效益。

3.130

绿色生产　green production

一种综合考虑环境影响和资源效率的现代化生产方式。其目标是使产品从设计、制造、包装、运输、销售、使用乃至最后处理和处置的整个寿命周期全程中资源利用率最高，对环境的负面影响最小。绿色生产过程不仅可以有效减少废物和污染物的产生和排放，从而降低工业活动对环境的威胁，而且可以降低资源消耗成本，降低能耗，使产品在质量和成本上都具有市场竞争能力。

3.131

绿色供应链　green supply chain

绿色制造的一个重要组成部分。它是一种在整个供应链中综合考虑环境影响和资源效率的现代管理模式。它以绿色制造理论和供应链管理技术为基础，联同供应商、生产厂、销售商和用户，共同组织起来的活动链。其目的是使得产品在从物料获取、加工包装、仓储、运输、使用到报废处理的整个过程中，对环境的负作用影响达到最小，资源效率达到最高。这种绿色供应链更加强调了产品在整个生命周期中的绿色运作和管理。

3.132

成组技术　Group Technology (GT)

根据零件形状和工艺要求等特征利用相似原理对零件进行分组的技术。

3.133

硬件设计语言　Hardware Design Language(HDL)

具有专用语言结构，有时还具有校验协议的一种说明语言，用于程序设计的开发、分析和文档编制。

3.134

全能制造系统　Holonic Manufacturing System(HMS)

以建立高度分布的制造系统体系结构为核心的基于全能组织的制造系统。它由一系列标准的和半标准的、独立的、协作的和智能的模块以自组织的方式组成，以构建复杂的系统，高效利用内外部资源，提高对环境的适应能力。

3.135

人/机界面　Human/Computer Interface(HCI)；Human/Machine Interface(HMI)

人员和工业自动化平台间物理交互发生的边界。

3.136

工业计算机断层扫描成像　industrial computer tomography

一种通过对产品(或零件)的断层扫描，获取二维产品(或零件)的断层截面及其数据的方法。它是工业逆向工程方法之一,也是医用断层扫描获得广泛应用之后,向工业领域的拓展和延伸。

3.137

信息交换集成模型 Information Exchange Integration Model (IEIM)

在支持应用过程的资源之间交换的应用信息的语义和语法描述。

3.138

信息基础设施 information infrastructure

建立企业经营范围内的通信网络系统。由于先进制造企业的经营活动是在广泛范围内进行的,因此,要相应地建立起自己的广泛的通信网。这是先进制造企业的特点和发展的重要基础。在合理利用网络通信资源的前提下,发展并完善与合作伙伴之间的产品开发与经营通信网,与供应商之间的商贸经营的电子贸易信息网,以解决信息交换的通达性及安全性问题。

3.139

集成测试技术 integrated mesuration

对多种硬测试仪器的测试功能进行"集成",从而取代众多的昂贵而复杂的测试仪器的一种测试系统。将众多的测试仪器的功能、技术参数和精度指标等有序地、保真地集成在一个"测试功能软件库"中,通过与若干专用的硬卡和接口搭配,使之在一台工作站或个人计算机户精确无误地实现被集成测试仪器的全部内能。

3.140

集成编程环境 integrated programming environment

集成编程环境是在公共的用户界面(通常是图形界面)下的一批集成的、用于支撑程序开发的硬件和软件工具。

[GB/T 5271.7—2008/ISO/IEC 2382-7:2000]

3.141

智能CAD integrated CAD

一种由多个智能体与多种CAD功能模块有机集成的支持产品设计的复杂CAD系统。

3.142

智能数据库 intelligent data base

一种数据库。它是数据库技术与人工智能的结晶;不仅具有数据库的功能,可以提供强大的数据支持,还具有人工智能的思想,可以用知识形式表示满足设计工作不断发展的需要。这种智能数据库为设计工作处理各种复杂的问题和满足各种特殊需要提供了可能。

3.143

智能工程 Intelligent Engineering (IE)

一种关于知识的自动化处理和应用的技术。在一般情况下,知识既包括理论性知识,也包括经验性知识。智能工程是探索关于知识的表示,获取(包括学习)、保存(记忆)、变换(交换)、运用(包括检索、推理及其他形式的加工)的方法和如何实现的技术。智能工程在设计和制造方面的应用,导致了智能设计和智能制造,亦即基于知识的设计和制造的出现。智能工程也可称为知识工程。

3.144

智能制造系统 Intelligent Manufacturing System(IMS)

采用人工智能、智能制造设备、测控技术和分布自治技术等各学科的先进技术和方法,实现从产品设计到销售整个生产过程的自律化。

3.145

智能虚拟控件 intelligent virtual controller

一类具有测试仪器功能和特点的"仪器单元"。将这些仪器单元在计算机屏幕上通过积木式的装配,拼搭起来,可在计算机内形成多种类型的智能虚拟仪器。然后使这些虚拟仪器中的功能模块和控件模块实现“融合”,即可实现各种智能化的虚拟控制功能。

3.146

交互式图形用户界面　interaction graphical user interface

用户界面的进一步发展,可由使窗口、菜单、图标和对话框等组件来构成。用户对应用软件系统的操作是通过鼠标器等输入设备对屏幕上的图形对象进行直接操作来完成的。这种交互式图形用户界面具有直接操作、用户控制、实现反馈和图形通信等功能。这种技术体现了以用户为中心的设计思想,它的设计清晰、格式标准,有利于用户的学习和理解,是一个友好的交互环境。

3.147

互动管理　interaction management

电子商务时代出现的一种管理模式。它是利用先进的软件技术和管理思想,实现企业从内部到外部、从后台到前端,以及包括其客户在内的各种资源的智能互动、信息交流和管理,从而使企业获得新的价值。互动管理的主导思想就在于对市场变化和顾客需求可以通过电子方式做出快速的反应。在这种思想指导下,人们可以运用多种方法,其中包括基于电子数据交换的供应链管理方法、供应链中的延迟和快速响应方法,以及有效的顾客响应方法等,尽快地提高企业的管理能力。

3.148

国际标准化专规　Interational Standardized Profile(ISP)

经国际协商一致的描述一个或多个专规的文件。

[ISO/IEC TR 10000-1:1998]

3.149

独立制造岛　isolated manufacturing island

一个以成组技术为基础,数控机床为核心,数控机床与普通机床并存,强调信息流的自动化,以软取胜和以“人”为中心的生产方式。它的特征是组织、人员和技术三者的有机集成,面向车间、权力下放,综合治理,并以获取经济效益为主要目标。在岛内工作的人借助岛内的计算机系统,在其职能范围内对生产准备和生产指挥行使必要的决策权,并且负责对决策结果进行实施和监控,形成了“相对独立”的区域自治。

3.150

准时制生产　Just In Time (JIT)

采用逻辑数学的计算方法,在多品种混合流水生产中及时合理地安排各种产品(零件)的生产顺序,达到产量、品种、工时和生产负荷的均衡,从而充分利用生产能力和资金,提高经济效益的生产方式。

3.151

知识型制造企业　knowledge-based manufacturing enterprise

知识经济时代的一种知识密集型制造企业。在这样的企业中知识和创新是企业利润的主要源泉。知识型员工是企业的主要工作人员。企业文化和企业的组织管理机制都特别强调发挥人的积极性和创造性。一般说来,在这样的企业里,需要更多地采用知识型设计和制造技术,从而使产品中知识和信息所占的比重越来越大,知识型产品所创造的利润将是企业的兴旺所在。

3.152

知识工程　knowledge engineering

利用计算机处理知识的有关部门技术的总称。它多是将知识以格式化的形式存储,按照给出的条件进行推理、判断。

3.153

知识密集型工业　knowledge intensive industry

在作为生产要素的劳动中,那些知识密集程度较高的工业。

例如研究发展密集工业(计算机、宇航和海洋开发等),高度组装工业(数控机床和环保设备等),高级工业(高级医疗器械、音响设备等)和知识工业(信息服务和咨询等)。知识密集型工业不仅能提供较高的利润,还能带动一大批传统工业的发展。它是一个国家实现现代化的重要支柱。

3.154

知识管理　Knowledge Management(KM)

对企业中集体的知识和技能(以数据库、纸张、思维等形式出现)的捕获,然后将这些知识发送到需要它们的地方去,帮助企业实现最大产出。其目标是将最恰当的知识在最恰当的时间传递给最恰当的人,帮助他们做出决策。

3.155

精益生产　Lean Production (LP)

一种企业经营战略体系,汇集了后勤保证体系和供应链的核心思想及准时制生产的哲理,用较少的投入生产出能满足客户多方面需求的高质量产品。LP 将客户纳入产品开发过程,把销售代理商和供应商、协作单位纳入生产体系,按客户不断变化着的需求同步组织生产。为了减少投入,降低成本,LP 要求杜绝浪费、合理利用企业资源,最大限度地消除一切不对产品起增值作用的无效工作。

3.156

生命周期　life cycle

系统走完其全部生命历程所经历的一般阶段和步骤的有限集。

[GB/T 18757—2002/ISO 15704:2000]

3.157

生命历程　life history

系统在其生命周期中走过的实际步骤序列。

[GB/T 18757—2002/ISO 15704:2000]

3.158

物流　logistics

物品从供应地向接收地的实体流动过程。根据实际需要,将运输、储存、装卸、搬运、包装、流通加工、配送、信息处理等基本功能实施的有机结合。

3.159

管理信息系统　Management Information System(MIS)

用于执行管理功能的信息系统。

3.160

管理支持对象　management support object

一个专门定义来支持系统管理功能的系统被管客体(例如:日志、鉴别器)。

3.161

制造自动化编程环境　Manufacturing Automation Programming Environment (MAPLE)

一种公共的、与供应商无关的、中性的为多种制造装置和控制器的编程支持设施。

[GB/T 18755.2—2003/ISO 13281-2:2000]

3.162

制造数据字典　manufacturing data dictionary

制造数据库的存贮类型和数据源描述的集合。

[GB/T 18755.2—2003/ISO 13281-2:2000]

3.163

制造数据管理器　manufacturing data manager

能够访问制造数据库的制造软件。

[GB/T 18755.2—2003/ISO 13281-2:2000]

3.164

制造执行系统 Manufacturing Execution Systems(MES)

生产活动管理系统,该系统能启动、指导、响应并向生产管理人员报告在线、实时生产活动的情况。这个系统辅助执行制造订单的活动。

[GB/T 19902.1—2005/ISO 16100-1:2002]

3.165

制造资源计划 Manufacturing Resource Planning (MRPⅡ)

制造过程中在给定的时间内对各要素的需求进行计算和预测的管理计划(为了和物料需要计划MRP相区别,记为MRPⅡ)。

3.166

制造软件应用 manufacturing software application

在某个制造应用中使用制造软件,在给定的硬件平台上和执行环境中执行一套特定软件的功能。

[GB/T 19902.1—2005/ISO 16100-1:2002]

3.167

制造软件能力专规 manufacturing software capability profile

制造软件能力的简明的表述,以适应制造应用的需求。

[GB/T 19902.1—2005/ISO 16100-1:2002]

3.168

制造软件字典 manufacturing software dictionary

制造软件程序能力及调用的描述集。

[GB/T 18755.2—2003/ISO 13281-2:2000]

3.169

制造软件互操作性 manufacturing software interoperability

使用一致的语法和语义,通过公用接口共享和交换信息,以满足特定应用中功能关系的能力。

[GB/T 19902.1—2005/ISO 16100.1:2002]

3.170

制造软件互操作性的框架 manufacturing software interoperability framework

对通用环境建模的一套元素和规则,建模的目的是管理软件互操作性。

[GB/T 19902.1—2005/ISO 16100.1:2002]

3.171

制造软件单元 manufacturing software unit

一类软件资源,由一个或多个制造软件组件组成,在制造活动中执行一个特定的功能或任务,同时支持与其他单元的公共信息交换的机制。

注:一个软件单元能用UML建模成一个软件对象。

[GB/T 19902.1—2005/ISO 16100-1:2002]

3.172

大批量定制 Mass Customization(MC)

简单地说,MC是以大规模的生产成本和时间满足用户的个性化需求。其基本思想是:将个性化定制产品的生产问题通过产品重组和过程重组转化为或部分转化为批量生产问题。MC在系统思想指导下,用整体优化的观点,通过充分挖掘企业的潜力,在标准化技术、现代设计方法学、并行工程等技术和思想的支持下,最终实现根据每个用户的特殊需求以大规模生产的效率提供定制产品的过程。

3.173

大批量生产　Mass Production(MP)

在市场环境相对稳定的情况下,根据对市场的预测,以批量产品为特征的生产活动过程。MP又称为库存生产(Make-to-Stock,MTS)。

3.174

中间件　middleware

中间件是一个将数据与功能封装在一起以完成特定任务的计算机程序,它本身往往不能单独运行,要在其宿主程序中与其他程序一起协调地工作。中间件把应用程序与系统所依附软件的较低层细节和复杂性隔离开来,使应用程序开发者只处理某种类型的单个应用接口,其他细节则由中间件处理。这种将接口与实现分离的好处是可以采用灵活的、积木式的开发方法。

3.175

模型坐标　modeling coordinates

与设备无关的三维笛卡尔坐标系统,在该坐标系中应用程序使用PHIGS(见4.67)输出图原定义图形对象。

3.176

模型变换　modelling transformation

显示更新状态的一部分。修改模式控制在工作站上应及时达到哪一类视觉效果和如何达到。

3.177

模块化编程　modular programming

将软件作为一批模块来开发的软件开发方法。

[GB/T 5271.7—2008/ISO/IEC 2382-7:2000]

3.178

多媒体计算机辅助工程　multimedia computer aided engineering

多媒体技术在工程领域中的一种应用技术。其目标是指借助计算机多媒体信息处理和通信技术,使工程设计人员能够更好地发挥创造力,提高生产效率。多媒体计算机辅助工程的发展有两大趋势:一方面计算机在软/硬件的性能上将进一步提高,成为“多维信息处理机”;另一方面,信息的表征能力和信息模型的科学性将加强,使得人们从设计制造和管理等环节搜集到的信息更加规范化,从而可以高效地反映出各种规律,促进科学研究和生产制造,实际上,这也是多媒体计算机辅助工程的目标。

3.179

多媒体技术　multimedia technology

一种将数字声音、数字图像、数字电视图像、计算机图形和通用计算机集成为一个具有人机交互功能和可编程环境的全数字技术。通常称这种计算机环境为交互式数字多媒体系统。多媒体信息系统能提供多种形式的图像(包括文字、图形、图像、视频、动画等)与多种形式的声音(语音、音乐、音响效果等)的输入输出、传输、存储和处理。系统具有多种媒体信息的模拟量与数字量相互转换的功能,能表示多种媒体的不同数据类型,并且具有统一处理、存储、检索、编辑、传递多媒体信息的功能,并向用户提供方便、操作简易、功能较强的多媒体应用开发工具。

3.180

多模型技术　multi-model technology

一种面向功能和过程的层次化产品模型定义技术。每个模型就是一个产品信息的操作对象,在产品开发过程中,操作对象可以被不同的用户(如CAD、CAM、CAE等)根据自己的需要进行操作。不同的用户都是基于统一的模型进行工作,从而实现了整个产品开发过程中产品定义模型的统一和产品数据的共享。这种多模型技术一般包括四个层次:基础模型层、功能模型层、毛坯模型层和零件模型层。

3.181

非过程语言　nonprocedural language

一种编程语言，该语言不必通过给出按规定顺序执行的特定语言和指令来表述一个数据处理系统的活动要完成什么。

[GB/T 5271.7—2008/ISO/IEC 2382-7:2000]

3.182

对象　object

一种实体，它具有明确定义的边界，以及封装状态和行为特性的标识。[UML]

注：状态有属性和关系描述，行为特性由操作、方法和状态机描述。一个对象是一个类的一则实例。

[GB/T 19659.1—2005/ISO 157454-1:2003]

3.183

对象定义语言　Object Define Language (ODL)

Microsoft MFC 所采用的用于定义 COM 接口对象的定义语言，它是 IDL 的扩展。

3.184

对象管理集团　Object Management Group (OMG)

一个由众多与信息技术相关的公司所组成的开放的研讨组织，其工作是制定对象计算的开放标准。CORBA(见 3.53)就是它制定的一个分布式环境下的重要的面向对象的中间件标准。

3.185

面向对象数据库　object-oriented data base

人工智能等技术所应用的一种数据库，是专门处理复杂对象的数据库。所谓复杂对象是指属性本身是对象的对象。办公室自动化、设计自动化和人工智能等将技术的应用都要求有效地处理复杂对象。这些应用不仅涉及到数据，而且还涉及到结构。这种面向对象的数据库在应用过程中既能识别数据和结构，又能操纵此类信息。

3.186

面向对象语言　object-oriented language

支持面向对象概念的编程语言。

[GB/T 5271.7—2008/ISO/IEC 2382-7:2000]

示例：Eiffel Smalltalk。

3.187

面向对象的中间件　object-oriented middleware

具有面向对象软件设计特性的中间件，这些特性包括封装、多态性、动态联编、继承性等。面向对象中间件的还具有和语言的无关特性/即无论一个中间件是采用什么语言实现的，支持这种中间件的任何其他语言都可以在运行代码的级别上使用它，而不是使用其源码。

3.188

面向对象的程序设计　Object-Oriented Programming (OOP)

在计算机的编程中使用反映如下概念的编码技术和工具：它把业务环境看作是一组带有诸如数据、数据操作/动作、继承等属性的元素或对象。对象通过数据和函数来封装所关注的业务的属性。

3.189

办公自动化　Office Automation(OA)

为了帮助办公室工作人员简化他们的日常任务和职责而设计的各种交互式的应用系统，通常包括文字处理、电子邮件以及日程安排。

3.190

开放数据库互连　Open DataBase Connectivity(ODBC)

微软推出的 ODBC 技术为异质数据库的访部提供了统一的接口。ODBC 基于 SQL，并把它作为访问数据库的标准。

这个接口提供了相互可操作性；一个应用程序可以通过一组通用的代码访问不同的数据管理系统。一个软件开发的客户机/服务器应用程序不会被束定某个特定的数据库之上。ODBC 可以为不同的数据库提供相应的驱动程序。

3.191

光学字符识别　Optical Character Recognition（OCR）

在阅读手写印刷资料或特殊字体时采集数据的一种机械化的方法。如果是手写体，该信息需严格遵守预先规定的有关大小、格式和表格位置的规则。

3.192

“无纸”设计/制造　paperless design/manufacturing

一种直接利用计算机进行产品设计和制造的技术，它无需利用工程图纸作为设计/制造的依据。其关键是利用数字化设计和功能交叉的设计与管理技术。其具体措施包括：

a） 将所有产品零件在计算机上进行三维设计，并行数字化预装配；

b） 组织综合设计组，开展并行工程，并行进行结构的详细设计、系统布置、分析、计算、工艺规划、工装设计和跟踪服务等工作。

3.193

参数化设计　parameter design

一般是指设计对象的结构形状比较定型，可以用一组参数来约定尺寸关系。参数的求解比较简单，参数与设计对象的控制尺寸的显示对应，设计结果的修改受到尺寸驱动。生产中最常用的系列化标准件就是属于这一类型。

3.194

合作性设计/工程　participative design/engineering

又称并行工程(parallel engineering)，有关公司的所有职能部门合作参与产品设计活动的一种概念。供应商和客户也常被包括在内。其目的在于利用所有关键各方的输入来提高设计。该过程应保证最终设计能满足各方的所有要求，并且保证产品能很快投放市场，而质量最好、成本最低。

3.195

对等网络　peer to peer network

一种小型网络结构。在这种网络结构中，每一台 PC 上的驱动器、文件和打印机为网络上的其他 PC 所用。这样取消了专用服务器的必要，每一台 PC 仍可运行本地的应用程序。这种对等网络系统一般只有 10 多个用户，都是运行在基于 DOS、OS/2 或 UNIX 的操作系统之上。现在比较流行的对等网络操作系统主要是 Novell 公司的 Personal Netwar 和 Artisoft 公司的 LANtastic。

3.196

面向问题的语言　problem-oriented language

与特定应用领域的概念相关的编程语言。

[ISO/IEC 2382-7:2000]

示例：用于数据库应用的 SQL，用于商务应用的 COBOL。

3.197

过程语言　procedural language

一种编程语言，它通过给出按规定顺序执行的一些特定语句或指令来表述一个数据处理系统的活动要完成什么。

[GB/T 5271.7—2008/ISO/IEC 2382-7:2000]

3.198

过程级联盟　process level alliance

企业动态联盟的一种组织形式。联盟企业之间基于某一项目所涉及的各类资源及生产计划统一进行生产调度与分配，共同进行某些过程的活动，相互了解项目的进展情况，相互参与对方的过程，共享与互操作联盟企业的生产计划及资源，并根据项目的进展情况，动态地调整自己的工作进程与调度策略。

3.199

产品数据交换规范　Product Data Exchange Specification (PDES)

美国国家标准研究所(NIST)主持拟定的产品数据交换标准，草案被国际标准化组织(ISO)接受后已作为STEP继续研制。

3.200

产品数据管理　Product Data Management (PDM)

指对整个产品生命周期内的产品设计、制造数据及产品管理数据进行管理。

3.201

产品定义数据　product definition data

对被设计或制造产品的基本工程特征进行描述的数据，如：产品的物理形状、尺寸以及其他说明信息。

3.202

产品信息模型　product information model

对一个产品的事实、概念或指令提供抽象描述的信息模型。

3.203

产品主模型技术　product master model technology

一种描述、表达、实现、管理、控制，调度、决策和分布或并行实施产品主模型的一种哲理和方法。它是以计算机技术为基础，综合应用产品建模技术、数据库管理技术以及其他相关技术，研究并改善产品设计活动和过程，而且还作用于整个产品寿命周期的所有适应技术的总称。

3.204

产品模型　product model

基于信息理论和计算机技术，在现代设计方法学的指导下，定义和表达在产品全生命周期中重用产品资源所必须的产品数据内容、数据关系及活动过程的数字化的信息模型。

3.205

产品多生命周期　product multi-life cycle

在产品可持续发展中出现的一种概念。多生命周期不仅包括该代产品生命周期的全部时间，而且还包括该代产品报废或停止使用后，产品或其有关零部件在换代、下一代、再下一代……多代的产品中的循环使用和循环利用的时间。所谓循环使用是指将旧产品或其零部件直接或经整修后用在新产品中；所谓循环利用是指将旧产品或其零部件转换成新产品的原材料。

3.206

产品全生命周期　product total cycle

包括市场需求调研阶段、产品开发阶段、产品设计阶段、销售阶段和售后服务阶段等的全部时间的总称。

3.207

专规　profile

一个或多个基础规范和/或子专规的集合，在应用时，为完成一个特定功能、活动或关系需要辨识这些基础规范或子专规所选择的类、一致性子集、选项和参数。

注：采用ISO/IEC TR10000-1。

［GB/T 19659.1—2005/ISO 15745-1:2003］

3.208

专规对象模板　Profile Object Template (POT)

为记录所有专规中信息所用的格式和语法。

3.209

项目　project

为完成一个唯一的产品或服务的一种一次性努力。

3.210

项目生命期　project life cycle

按顺序的项目阶段的总体，这些阶段的名称和数量是由参加项目机构的控制需要来决定的。

3.211

项目管理　Project Management(PM)

在项目工作中应用知识、技能、工具和技术完成项目，以便满足或超过项目干系者需要和期望。

3.212

项目管理知识体系　Project Management Body of Knowledge(PMBOK)

一个描述在项目管理的专业之内的知识的总和全称术语，像其他的专业（例如：法律、医药和会计）一样，这个知识体系由使用和发展它的实践家和学术工作者支撑。PMBOK 包含通过实践检验，并得到广泛应用的传统做法和已经得到部分应用的创造性做法。

3.213

协议　protocal

一套语义和语法的规则，它用于规定功能部件在进行通信过程中的行为。

3.214

协议实体　protocol entity

为了对服务用户提供服务对协议的运行负有责任的实体，同时也是对具有成对协议实体、成对用户和内部服务提供者的运行负有责任的实体。

3.215

质量功能配置　Quality Function Deployment(QFD)

一种把用户（或市场）的需求转化为设计要求、工艺要求和生产要求的多层次分析法。这种方法充分体现了以市场为导向，以用户需求为产品开发的指导思想。

3.216

快速原型　Rapid Prototyping(RP)

快速原型技术是一种基于离散堆积成型思想的技术，是集计算机、数控、激光和新材料等技术而发展起来的先进的产品研究与开发技术。快速原型制造（RPM-Rapid Prototyping Manufacturing）技术使用 RP 技术的总称。

3.217

快速可重构制造　rapid reconfigurable manufacturing

一种能按市场需求变化，以重排、重复利用、革新元素或子系统方式实现快速调整的制造过程、功能和生产能力的可变集成的制造系统。

3.218

快速响应工程　rapid response engineering

一种企业为适应市场竞争而采用的运营机制。它可以使企业具备从捕捉产品信息到及时投放市场的全面快速响应能力。主要内容包括建立快速捕捉市场动态需求信息的决策机制，实现产品的快速设计、追求新产品快速试制定型和推行快速响应的生产体系。它是以关系型产品模型和与之相适应的产品信息管理系统，以及基于实例推理的智能技术为主要手段，特别强调对企业产品信息的标准化和规范化重组，通过对企业现有成熟产品的变型再设计，使企业的宝贵信息资源得到尽可能多的重用，从而达到以快交货、高质量、低成本和重环保的快速响应竞争策略赢得市场的目的。

3.219

特性的逼真显示　realistic presentation of properties

利用物理和数学原理以生成逼真图像的一种可视化类型。逼真显示利用了透视变换、光的反射计算、明暗的透光性以及颜色的定义。

3.220

实时作业调度　real-time job scheduling

在零部件加工过程中，根据某个目标函数，统一安排物料、工具及设备，保证得到最佳的效果。

3.221

基于网络化的区域性制造系统　regional manufacturing system based on network

在一定地域（如省、市、地、县）范围内，采用管产学研的组织模式，在计算机网络（包括 Internet 和 Intranet）和数据库支持下，以市场为导向，动态集成区域内的企业、高校、研究单位的制造系统与科技资源，形成一个包括网络化制造信息系统、网络化资源系统、虚拟仓库及网络的销售系统、网络化的产品协同开发系统、虚拟供应链及网络化的供应系统等分系统和网络化的技术支持中心及服务中心的一个开放性的现代集成制造系统。它和“分散网络化制造系统”的主要区别在于强调了区域性，使地方政府可以发挥很大的作用，同时，也具有相对的稳定性，而整个系统及其技术支持中心是长期存在的。

3.222

可靠性系统工程　reliability system engineering

一种研究产品全寿命过程以及同故障作斗争的工程技术。它是从产品的整体性及其同外界环境的辨证关系出发，用实验研究、现场调查、故障或维修活动分析等方法，研究产品寿命和可靠性与外界环境的相互关系，研究产品故障的发生、发展及其预防和维修保障，直到消灭故障的一种规律。它还是提高可靠性、延长寿命和提高效能的一系列技术和管理活动的综合。

3.223

需求说明语言　requirement specification language

具有专用语言结构，有时还具有校验协议的一种说明语言，用于硬件需求和软件需求的制定、分析和文档编制。

[GB/T 5271.7—2008/ISO/IEC 2382-7:2000]

3.224

安全性和环境接口　Safety and Environment Interface(SEI)

在一个工业自动化系统与一个提供安全和环境管理服务的外部系统之间的接口。

3.225

信标管理　semaphore management

对信标的控制。

[GB/T 16720.1—2005/ISO 9506-1:2003]

3.226

软件代理技术　software agent

这是一种拟人化的技术名词。所谓代理，即代理人或代理实体；他们是按照他人的意愿或利益发生作用的人或实体。在计算机领域中，代理是指按用户意愿，能够自主执行的软件模块，所以也叫软件代理。

代理技术源于分布式人工智能。在复杂环境中，代理是具有智能的人工助手，它可以根据需要自觉地行使其职责。它还可以通过制造、复制、组装、销毁等手段对自身进行改造，以适应复杂的任务。

3.227

软件程序能力　software program capability

与MAPLE连接的软件程序的功能分类。

[GB/T 18755.2—2003/ISO 13281-2:2000]

3.228

软件工具链接器　Software Tool linker

用于对其他制造软件程序进行分析、选择和排序,使其满足MAPLE引擎请求的制造软件。

[GB/T 18755.2—2003/ISO 13281-2:2000]

3.229

供应链　supply chain

一些活动的集合,这些活动覆盖企业从原材料订货和接收,到制造产品,直至将产品发配和提交给客户的功能。

3.230

供应链执行　supply chain execution

使用信息技术支持原料和零件供应商网络及其工厂、仓库、分销中心、运输工具和销售点。

[GB/T 19902.1—2005/ISO 16100-1:2002]

3.231

供应链管理　Supply Chain Management (SCM)

供应链管理是计划、组织和控制从最初原材料到最终产品及其消费的整个业务流程,对供应链过程中涉及的跨部门、跨企业、跨产业、跨地域运作的物流、信息流、资金流进行整体规划设计与运作管理的活动。

3.232

供应链计划　supply chain planning

用信息技术使用模型在不同的层次和不同详细程度上做计划和解决物流问题,用于生产线、生产车间或者是一个具有多种需求的资源、供应商、生产车间和配送方法的完全的链。

注:供应链计划可以用来同步生产,基于及时发生、最小库存、最大利润等目标来平缓约束条件。

[GB/T 19902.1—2005/ISO 16100-1:2002]

3.233

分类法　taxonomy

一种分类的方案,由此可以无歧义地引用专规或专规组。

[ISO/IEC TR 10000-1:1998]

3.234

企业全面集成　total enterprise integration

实现企业信息化的一个重要手段。主要是指建立企业内部各生产和经营环节之间的计算机通信网络系统及相应的分布式数据库管理系统,实现企业的全面集成。在这样的工作环境里,整个经营管理需要采取群体决策的方式。为此,需要在企业各类人员之间准确及时地交换和传递产品设计制造、生产计划调度及制造资源和经营管理等各种数据信息,实现全方位协调,多快好省地实现企业的营运目标。

3.235

全面质量控制　Total Quality Control(TQC)

企业为了保证和提高产品质量所运用的一套完整的质量管理活动体系、手段和方法。

3.236

全面质量管理　Total Quality Management (TQM)

一种思想观念,一套方法、手段和技巧,它强调通过全体员工的参与来改进流程、产品、服务和公司文化，达到在百分之百时间内生产百分之百的合格产品，以满足顾客需求，从而获取竞争优势和长期成功。其核心内容是满足顾客需要。

3.237

一体化建模语言　Unified Modeling Language(UML)

在面向对象方法的基础上，由Booch、Rumbaugh和Jacobson等三位著名的方法学家提出的一体化业务过程建模语言UML。UML将一些先进的面向对象思想和方法统一起来，而成为一种通用的、稳定的且表达能力强的建模方法。

3.238

虚拟会议空间　virtual conferencing space

指由计算机技术、通信技术与虚拟现实技术构造出来的虚拟会场。所有与会者的影像活跃在虚拟会场中，给每个与会者的感觉是大家同在一个会议室内开会，或专题发言，或自由讨论。它能提供无缝的会场环境、眼神接触和凝视感知等普通多媒体会议系统不具备的虚拟协同工作环境。为此，它作为网络时代的一项技术，深受欢迎。目前，对这种虚拟会议室间的深入研究主要集中在虚拟现实技术和增强现实技术两方面。

3.239

虚拟企业　Virtual Enterprise(VE)

为了快速响应某一市场需求，通过信息高速公路，将产品涉及到的不同公司临时组建成为一个没有围墙、超越空间的约束、靠计算机网络联系、统一指挥的合作经济实体。

VE是一种多家独立企业通过信息技术在网络中联系起来的一种临时性组织结构。网络中的各个成员充分信任和相互合作，发挥各自的核心优势，共享技术，分摊费用，迅速将共同开发与制造的产品推向市场。它通过企业间的最佳动态组合，不仅能迅速抓住市场，提供差别化的产品和服务，快速响应复杂多变的市场，而且还可以通过集成各成员企业的核心能力，发挥综合效应。

3.240

虚拟环境　virtual enviroment

采用虚拟技术模拟出来的一个虚幻的场景。其特点是用户与三维场景的充分融合与和谐统一。在虚拟环境中，用户和利用计算机生成的三维场景完全融为一体，用户又通过特殊的设备利用语言、手势和头部的运动等尽可能地接近于现实的操作方式，有效地控制和改变场景的状态，就像置身于现实世界一样，只有一种身临其境的感觉。处于一个分布式虚拟环境中的用户，相互之间还可以进行交流。使设计工作实现集成化和智能化，从机制和手段上保证了CAD产品的高性能、高质量、低成本和短周期。

3.241

虚拟机　virtual machine

一种虚拟的数据处理系统，它看起来是在某个特定用户的独占使用下，但其功能是通过共享真实数据处理系统的各种资源得以实现的。

[GB/T 5271.1—2000]

3.242

虚拟制造　virtual manufacturing

一种制造技术，它以信息技术、仿真技术、虚拟现实技术为支持，在产品设计或制造系统的物理实现之前，就能使人体会或感受到未来产品的性能或者制造系统的状态，从而可以作出前瞻性的决策与优化实施方案。

3.243

虚拟制造设备　Virtual Manufacturing Device(VMD)

真实制造设备的特定资源和功能集的抽象表达，以及该抽象表达向真实制造设备的物理和功能方面的映射。

［GB/T 16720.1—2005/ISO 9506-1:2003］

3.244

虚拟产品开发　virtual product development

产品开发设计制造的全过程在计算机虚拟环境中的映射，同时也是将产品的设计、分析、测试和制造等开发过程在计算机构造虚拟开发环境中进行数字的模拟过程。

虚拟产品开发是以计算机仿真和建模为基础，集计算机图形学、智能技术、并行工程、虚拟现实及多媒体技术等为一体，由多学科知识组成的综合系统技术。

3.245

虚拟原型　virtual prototype

在CAD模型的基础上，使虚拟技术与仿真技术相结合，为建立产品原型而使用的一种方法。通过虚拟环境在可视化方面的优势以及可交互地探索虚拟物体的功能，对产品进行虚拟设计分析，从而进行建模。运用虚拟模型，可以减少甚至取消物理原型的制作，从而加速新产品的开发过程。

3.246

虚拟现实　Virtual Reality(VR)

可以对真实世界进行动态模拟，产生的动态模拟环境能对用户的姿势、语言命令等做出实时响应，也就是说计算机能够跟踪用户的输入，并及时按输入修改模拟获得的虚拟环境，使用户和模拟环境之间建立起一种实时交互性关系，进而使用户产生身临其境的感觉。交互性(interaction)和沉浸性(immersion)是VR技术的两个基本特征。

3.247

可视化科学计算　visualization in science computing

一种计算方法，该方法是用来解决大体积数据集的分析与处理的一门技术。它将数据字符号转化为几何图形或图像，使研究者能够观察到它们的模拟和计算过程，并进行交互的控制。作为一门交叉科学，这种技术涉及到的相关领域有计算机图形学、图像处理、计算机视觉、计算机辅助设计、信息处理以及用户界面研究等。科学计算可视化的出现，为人们提供了一种发现不见的信息的方法，丰富了科学发现的过程，给予人们深刻的与意想不到的洞察力，从而使科学家们的研究方式发生了根本的变化。

3.248

可视化工程设计　visualized engineering design

可视化技术是计算机几何、计算机图形/图像处理技术，CAD技术、计算机视觉及用户接口技术等交叉作用而形成的技术。可视化工程设计是可视化技术在工程设计领域的应用技术。它主要解决如何把设计对象、分析计算、以及与设计对象相关的现实环境转换成视觉可以直接感受的静止或活动的图像或图形。这种使设计结果成为人能直观地、容易判别的形式。可视化技术不仅极大地提高了设计质量，而且还加速了设计和制造的革命。

3.249

工作流　workflow

在计算机支持下的全自动或半自动化实现的全部或部分业务流程，在此过程中，文档、信息或任务按一定的过程规则流转，实现组织成员间的协调工作以达到业务的整体目标。

3.250

工作流程管理系统　WorkFlow Management System(WFMS)

运行在一个或多个工作流引擎上，用于定义、实现和管理工作流运行的一套软件系统。它与工作流执行者交互，推进工作流实例的执行，并监控二作流的运行状态。工作流管理系统由过程(工作流)建模工具、工作流机(工作流引擎)、任务表管理器、用户界面及其相关的应用和数据组成。

3.251

零库存生产 zero stock production

现代化生产管理中的一种方式，也是企业物流管理的基本要求。其具体的实施内容就是按订货单制造产品，按生产情况购进原材料，使库存等于零。这样做不仅可以减少库存积压，还可以减少在制品和材料的占有资金。它既需要有科学的管理手段，又需要有严格的管理制度。这种管理方式不仅可以提高企业的管理水平，而且还可以提高企业的经济效益。

4 缩略语

4.1 AAM——应用活动模型(Application Activity Model)

4.2 AGV——自动导引小车(Automatic Guided Vehicle)

4.3 AMT——先进制造技术(Advanced Manufacturing Technology)

4.4 AOP——应用外包供应商(Application Outsourcing Provider)

4.5 AS/RS——自动化仓库(Automated Storage/Retrieval System)

4.6 B/S——浏览器/服务器模式(Browser/Server)

4.7 BOM——物料清单(Bill of Materual)

4.8 BPSP——业务流程服务供应商(Business Process Service Provider)

4.9 C/S——客户机/服务器模式(Client/Server)

4.10 CAD——计算机辅助设计(Computer-Aided Design)

4.11 CAE——计算机辅助工程(Computer-Aided Engineering)

4.12 CALS——连续采办与寿命周期保障(Continuous Acquisition and Life-cycle Support)
CALS——计算机辅助后勤支援(Computer-Aided Logic Support)

4.13 CAM——计算机辅助制造(Computer-Aided Manufacturing)

4.14 CAP——计算机辅助计划(Computer-Aided Planning)

4.15 CAPM——计算机辅助生产管理(Computer-Aided Production Management)

4.16 CAQ——计算机辅助质量保证(Computer-Aided Quality Assurance)

4.17 CAT——计算机辅助测试(Computer-Aided Test)

4.18 CGI——计算机图形接口(Computer Graphics Interfaces)

4.19 CGM——计算机图形元文件(Computer Graphics Metafile)

4.20 CIMS——计算机集成制造系统(Computer Integrated Manufacturing System)
CIMS——现代集成制造系统(Contemporary Integrated Manufacturing Systems)

4.21 COBOL——面向商业的通用语言(Common Business-Oriented Language)

4.22 CSP——商业服务供应商(Commerce Service Provider)

4.23 DBMS——数据库管理系统(Data Base Management System)

4.24 DDL——数据描述语言(Data Description Language)

4.25 DDN——数字数据网(Digital Data Network)

4.26 DML——数据操纵语言(Data Manipulation Language)

4.27 DRP——分销需求计划(Distribution Requirements Planning)

4.28 DTD——文件类型定义(Document Type Definition)

4.29 EB——电子商务(Electronic Business)

4.30 EBOM——工程物料清单(Engineering Bill of Material)

4.31 EC——电子商务(Electronic Commerce)

4.32 ECO——工程设计变更(Engineering Change Order)

4.33 EDI——电子数据交换(Electronic Data Interchange)

4.34 EDP——电子数据处理(Electronic Data Processing)

4.35 FMA——失效模式分析(Failure Mode Analysis)

4.36 FMC——柔性制造单元(Flexible Manufacturing Cell)

4.37 FMC——柔性加工中心(Flexible Machining Center)

4.38 FMS——柔性制造系统(Flexible Manufacturing System)

4.39 GKS——图形核心系统(Graphic Kernel System)

4.40 GT——成组技术(Group Technology)

4.41 HTML——超文本标记语言(HyperText Markup Language)

4.42 IAS——工厂自动化系统(Industrial Automation Systems)

4.43 IDL——接口定义语言(Interface Define Language)

4.44 IGES——初始图形交换规范(Initial Graphics Exchange Specifications)

4.45 IP——因特网协议(Internet Protocal)

4.46 ISDN——综合业务数据网(Integrated Services Digital Network)

4.47 ISI——信息服务接口(Information Service Interface)

4.48 LAN——局域网(Local Area Network)

4.49 MAP——制造自动化协议(Manufacturing Automation Protocol)

4.50 MAPLE——制造自动化编程环境(Manufacturing Automation Programming Environment)

4.51 MBOM——制造物料清单(Manufacturing Bill of Material)

4.52 MCS——报文的公共服务(Messaging Common Services)

4.53 MFC——模块化特征结构(Modular Feature Construction)

4.54 MMS——制造报文规范(Manufacturing Message Specification)

4.55 MP——大批量生产(Mass Production)

4.56 MPS——制造周期/非周期服务(Manufacturing Periodic/aperiodic Service)

4.57 MPS——主生产计划(Master Production Schedule)

4.58 MRP——物料需求计划(Material Requirements Planning)

4.59 MST——制造软件工具(Manufacturing Software Tool)

4.60 MSTD——制造软件工具字典(Manufacturing Software Tool Dictionary)

4.61 MTI——物料传输接口(Material Transport Interface)

4.62 NC——数控、数值控制(Numerical Control)

4.63 OLTP——联机事物处理(OnLine Transaction Processing)

4.64 ORB——对象请求代理(Object Request Broker)

4.65 OSI——开放系统互连(Open Systems Interconnection)

4.66 PC——可编程序控制器(Programmable Controller)

4.67 PHIGS——程序员分层交互图形系统(Programmer's Hierachical Interactive Graphics System)

4.68 PLM——产品生命周期管理(Product Lifecycle Management)

4.69 PMP——项目管理专业人员(Project Management Professional)

4.70 PSL——过程说明语言(Process Specification Language)

4.71 RPM——快速原型制造(Rapid Prototyping Manufacturing)

4.72 RT——光线跟踪技术(Ray Tracking)

4.73 SDAI——标准数据访问接口(Standard Data Access Interface)

4.74 SGML——标准通用置标语言(Standard Generic Markup Language)

4.75 SMMPS——系统管理制造周期规范(System Management Manufacturing Periodic Specification)

4.76 SMS——系统管理规范(System Management Specification)

4.77 SQL——标准查询语言(Standard Query Language)

4.78 STEP——产品数据表达与交换标准(Standard for product data representation and exchange)

4.79 STEP-NC——以 STEP 标准描述方法表达的数控

4.80 TCP——传输控制协议(Transmission Control Protocol)

4.81 TIS——技术信息系统(Technique Information System)

4.82 VI——虚拟仪器(Virtual Instrument)

4.83 WAN——广域网(Wide Area Network)

4.84 WPM——工作流程管理(Workflow and Process Management)

4.85 WWW——万维网(World Wide Web)

附 录 A
（规范性附录）
本标准的配套标准中定义的术语

A.1 GB/T 5271.1—2000 定义的术语

信息管理 information management
数据管理 data management
数据媒体 data medium
软件工程 software engineering
软件包 software package
知识库 knowledge base
计算机体系结构 computer architecture
互操作性 interoperability
信息检索 information retrieval

A.2 GB/T 5271.6—2000 定义的术语

对分搜索 binary search
数据采集 data acquisition

A.3 GB/T 5271.24—2000 定义的术语

计算机辅助绘图 computer-aided drafting
产品建模 product modeling
计算机辅助生产控制 computer-aided production control
有限元建模 finite-element modeling
几何建模 geometric modeling
实体建模 solid modeling;volume modeling

A.4 GB/T 5271.25—2000 定义的术语

网桥 bridge
总线网 bus network
网关 gateway
逻辑链路控制协议 logical link control LLC protocol
媒体访问控制协议（MAC 协议） medium access control protocol

A.5 GB/T 8129—1997 定义的术语

控制字符 control character
准备功能 preparatory function
轮廓控制系统 contouring control system
计算机数控 computer numerical control

A.6 GB/T 12643—1997 定义的术语

拟人机器人 anthropomorphic robot

适应机器人　adaptive robot
圆坐标型机器人　cylindrical robot
离线编程机器人 off-line programmable robot
示教再现机器人　playback robot
轨迹控制机器人　trajectory operated robot
机器人学　robotics

A.7　GB/T 15312—1994 定义的术语

自动化孤岛　isoland of automation
工业机器人　industrial robot
网络体系结构　network architecture
实时作业调度　real-time job scheduling
远距离操作机器人　teleoperated robot

A.8　GB/T 16978—1997 定义的术语

龙门机器人　gantry robot
末端执行器连接装置　end-effector coupling device
诊断功能　diagnostic function

A.9　GB/T 17165.3—2001 定义的术语

模糊(逻辑)控制　fuzzy(logic)control
模糊逻辑　fuzzy logic
模糊(逻辑)推理　fuzzy(logic)inference
模糊化　fuzzification

A.10　GB/T 17178.1—1997 定义的术语

专规规范　profile specification
实现一致性声明　implementation conformance statement

A.11　GB/T 18755.2—2003 定义的术语

逻辑到物理的映射　logical-to-physical mapping
数据存贮类型目录　data storage type catalogue
数据存贮类型　data storage type
数据源　data source
制造软件程序　manufacturing software programs
数据分类目录　data classification catalogue
字典管理器　dictionary manager

A.12　GB/T 19902.1—2005 定义的术语

制造软件单元　manufacturing software unit
制造软件能力　manufacturing software capability
制造软件组件　manufacturing software component
制造软件　manufacturing software

A.13 GB/T 5271.7—2008 定义的术语

面向问题的语言 problem-oriented language
可扩展语言 extensible language
说明语言 specification language

附　录　B
（规范性附录）
术　语　词　条

B.1　访问控制令牌　access control token
B.2　访问请求　access request
B.3　综合库存管理　aggregate inventory management
B.4　应用连接　application inventory
B.5　应用层协议　application layer protocol
B.6　应用模型　application model
B.7　应用移植性　application portability
B.8　应用服务供应商　application service provider
B.9　应用范围　application universe
B.10　应用软件　applications software
B.11　评估　appraisal
B.12　存档文件生成　archive file generation
B.13　存档文件检索　archive file retrieval
B.14　按订单装配　assemble to order
B.15　按订单装配　assemble to order to order
B.16　自动绘图系统　automated drafting system
B.17　自律式机器人　autonomous robot
B.18　备份/再存　backup/restore
B.19　仿生制造系统　biological manufacturing system
B.20　封闭操作　blocked operations
B.21　随机扫描显示设备　calligraphic display device
B.22　像元阵列　cell array
B.23　单元化制造系统　cellular manufacturing system
B.24　中央刀库　central tool rack
B.25　集中调度　centralized dispatching
B.26　企业信息主管　chief information officer
B.27　编码图像　coded image
B.28　协同商务　collaborative business
B.29　连续轨迹控制机器人　continuous path controlled robot
B.30　成本 BOM　Costing Bill of Material
B.31　密码连接　cryptographic chaining
B.32　数据流图　data flow chart
B.33　数据帧　data frame
B.34　数据处理系统安全性　data processing system security
B.35　数据规范化语言　data specification language
B.36　数据传送阶段　data transfer phase
B.37　数据仓库　data vault

B.38 数据仓库 data warehouse
B.39 分散式多端点连接 decentralized multi-endpoint-connection
B.40 专用设备 dedicated equipment
B.41 面向装配的设计 design for assembly
B.42 面向环境的设计 design for environment
B.43 面向检验的设计 design for inspection
B.44 面向维修的设计 design for maintenance
B.45 面向制造的设计 design for manufacturing
B.46 面向网络化制造的设计 design for networked manufacturing
B.47 面向质量的设计 design for quality
B.48 面向回收的设计 design for recycling
B.49 面向可靠性的设计 design for reliability
B.50 设计方法学 design methodology
B.51 设计评审 design review
B.52 数字化企业 digital enrerprise
B.53 数字指纹 digital fingerprint
B.54 维数 dimensionality
B.55 离散定单数量 discrete order quantity
B.56 离散零件制造 discrete parts manufacturing
B.57 调度 dispatching
B.58 可显示的产品信息 displayable product information
B.59 分布式问题求解 distributed problem solying
B.60 分销 distribution
B.61 动态图像 dynamic image
B.62 电子市场 electronic market
B.63 最终用户 end user
B.64 工程观点 engineering viewpoint
B.65 企业活动 enterprise activity
B.66 企业工程 enterprise engineering
B.67 企业模型实施与集成服务 enterprise model execution and integration services
B.68 企业视图 enterprise view
B.69 实体引例 entity instance
B.70 环境意识设计与制造 environmentally conscious design and manufacturing
B.71 设备故障诊断技术 equipment failure diagnostic technology
B.72 以太网 EtherNet
B.73 以太网工业协议 EtherNet/IP
B.74 交换结构 exchange structure
B.75 执行管理器 execution manager
B.76 执行信息系统 executive information system
B.77 故障软化 fail soft
B.78 确认计划订单 firm planned order
B.79 平面展开图的生成 flat-pattern generation
B.80 柔性产量 flexible capacity

B.81 工厂自动化控制链路网络 FL-net(Factory automation control Link Network)
B.82 功能分解 functional decomposition
B.83 龙门机器人 gantry robot
B.84 网关 gateway
B.85 广义绘图原语 generalized drawing primitives
B.86 递阶控制 hierarchical control
B.87 图像再生 image regeneration
B.88 工业机器人 industrial robot
B.89 信息分类 information classifying
B.90 信息编码 information coding
B.91 信息处理系统 information processing system
B.92 信息视图 information view
B.93 询问功能 inquiry function
B.94 引例 instance
B.95 集成化产品及过程开发 integrated product and process development
B.96 异构设备集成系统 integrated system of different equipments
B.97 交互式图形系统 interactive graphics system
B.98 库存合理化 inventory rationalization
B.99 看板管理 Kanban management
B.100 PDM中的工作空间 Locatopn —PDM
B.101 物流能力 logistic capacity
B.102 物流配送 logistic distribution
B.103 机器视觉 machine vision
B.104 按订单生产 make to order
B.105 按库存生产 make to stock
B.106 制造BOM Making Bill of Material
B.107 人机一体化 man-machine integration
B.108 管理模式创新 management model creation
B.109 管理支持对象 management support object
B.110 工业制造管理数据 MANDATA(industrial manufacturing management data)
B.111 制造通信网络 manufacturing communication network
B.112 网络化制造 manufacturing in network
B.113 映象生成 map generalization
B.114 市场快速反应 market response
B.115 主计划订单 master schedule order
B.116 机电一体化 mechatronics
B.117 方法论 methodology
B.118 微型智能仪器 micro-intelligent instrumentation
B.119 数控伴同标准用户 NC-CS user
B.120 网络管理 network management
B.121 对象描述类型 object descriptor type
B.122 对象标识符类型 object identifier type
B.123 离线编程 off-line programming

B. 124　在线处理　on-line processing
B. 125　订单 BOM　Order Bill of Material
B. 126　OSI 参考模型　OSI reference model
B. 127　参数化对象　parameterized object
B. 128　参数化对象分类　parameterized object class
B. 129　零件库　part library
B. 130　周期订货批量　period order quantity
B. 131　计划物料清单　planning bill of material
B. 132　示教再现机器人　playback robot
B. 133　极坐标机器人　polar robot
B. 134　点位控制机器人　pose to pose controlled robot
B. 135　现场传感装置　presence sensing device
B. 136　过程控制系统　process control system
B. 137　产品分类管理　product classification management
B. 138　产品配置管理　product configuration management
B. 139　产品灵活性　product flexibility
B. 140　生产计划编制　production planning
B. 141　程序调用　program invocation
B. 142　可编程序控制器　programmable controller
B. 143　可编程设备　programmable device
B. 144　项目沟通管理　project communication management
B. 145　项目成本管理　project cost management
B. 146　项目人力资源管理　project human resource management
B. 147　项目综合管理　project integration management
B. 148　协议实现一致性声明　protocol implementation conformance statement
B. 149　定量数据元素类型　quantitative data element type
B. 150　参考模型　reference model
B. 151　关系数据库　relational data base
B. 152　可靠性评估　reliability assessment
B. 153　遥控系统　remote control system
B. 154　远程诊断　remote diagnose
B. 155　逆向工程　reverse engineering
B. 156　逆向工程开发系统　reverse engineering development system
B. 157　回转关节式机器人　revolute articulated robot
B. 158　机器人生产系统　robor production system
B. 159　机器人系统控制器　robot system controller
B. 160　机器人控制系统　robotics control system
B. 161　采样模式　sample mode
B. 162　缩放计算机图形　scaling in computer graphics
B. 163　信标管理　semaphore management
B. 164　顺序搜索　sequential search
B. 165　跳越功能　skip function
B. 166　软测量　soft measurement

B.167 软件配置 software configuration

B.168 信息分类编码标准 standard of the information classifying and coding

B.169 战略级联盟 strategic level alliance

B.170 严格时间网络管理 time-critical network management

B.171 轨迹控制机器人 trajectory operated robot

B.172 遍历 traverse

B.173 PDM中的数据(电子)仓库 Valut—PDM

B.174 视图映射矩阵 view mapping matrix

B.175 视图方位 view orientation

B.176 计算机辅助设计的虚拟环境 virtual environment for CAD

B.177 可视化 visualization

附 录 C
（资料性附录）
有关标准和术语概念的参考资料

C.1

a） 计算机辅助后勤支援 Computer-Aided Logic Support（CALS）

这是美国国防部提出的一项庞大的科研计划，得到日本和欧洲一些国家的支持。国际标准化组织(ISO)还为它成立了CALS高层指导委员会（HZSGC）。这个计划的主要任务是生成、存取、维护、分配和传播企业所有商业活动中与操办、使用、维修有关的信息和包括图纸工程技术手册、培训材料及各种数据的技术资料。CALS可以说是一种先进的战略思想，一种组织现代化生产的模式，是从客户角度出发，寻求如何解决所需产品的办法。通过信息技术为核心的一系列先进制造技术的综合利用，建立一个开放的集成化的数据环境，进而实现企业内部的有机集成以及不同地域的企业集成，以此达到高质量低成本地获取，提供目标产品的目的。

b） 连续采办与寿命周期保障 Continuous Acquisition and Life-cycle Support（CALS）

从用户的角度出发，通过以信息技术为核心的一系列先进制造技术的综合应用建立一个开放的、集成化的数据环境，以实现企业内部有机集成以及不同地域或全球范围内的企业集成，并使用户更多地参与、控制、管理产品的研制、开发、生产和维护，实现快捷获取，提供产品以及产品全生命周期支持的目的。

c） CALS术语概念的发展过程

1985年9月美国国防部提出“计算机辅助后勤保障（Computer-Aided Logistic Support，简称CALS）”。

1987年在原名称中加入“Acquisition”一词，即为：Computer-aided Acquisition and Logistic Support，意为：计算机辅助采办与后勤保障。

1993年以后，由于实施信息高速公路计划，以CALS为基础广泛开展并行工程、企业集成、电子商务等。1994年CALS的定义是：“为在政府与工业企业之间开发、管理、交换及使用事务和技术信息，用最好的技术、过程和标准生成的一种综合数据环境”。

C.2

a） 计算机集成制造系统 Contemporary Integrated Manufacturing Systems（CIMS）

以计算机系统为基础，综合生产过程中信息流、资金流和物流的运动，集市场研究、生产决策、经营管理、设计制造与销售服务等功能为一体，使企业走向高度集成化、自动化和智能化的生产技术与组织方式。它将CAD/CAM、PDM、ERP/MIS等企业所涉及到的设计、生产、管理业务融为一体，组成企业先进的生产和管理模式。在国内，原国家科委组织了一些高校等机构专门对CIMS进行研究和推广，成立了国家863/CIMS主题专家组，还有相应的一个庞大的系统组织配合专家组的工作。在过去的十多年里，该主题取得了较为显著的成绩，并且提出了“现代集成制造系统”的概念。

b） 现代集成制造系统 Contemporary Integrated Manufacturing System（CIMS）

CIMS将信息技术、现代管理技术和制造技术相结合，并应用于企业产品全生命周期（从市场需求分析到最终报废处理）的各个阶段。通过信息集成、过程优化及资源优化，实现物流、信息流、价值流的集成和优化运行，达到人（组织、管理）、经营和技术三要素的集成。以加强企业新产品开发的T（时间）、Q（质量）、C（成本）、S（服务）、E（环境）、I（个性化），从而提高企业的市场应变能力和竞争能力。系统化、信息化、集成化、网络化、虚拟化、智能化是现代集成制造系统的主要特征。

C.3

制造报文规范(标准)　Manufacturing Message Specification(MMS)

ISO/IEC9506 标准所定义一套用于工业控制系统的通信协议。国际标准化组织出台 MMS 的目的是为了规范工业领域具有通信能力的智能传感器、智能电子设备、智能控制设备的通信行为,使出自不同制造商的设备之间具有互操作性(interoperation),使系统集成变得简单、方便。MMS 为 CIMS 系统和所用的各种可编程设备提供接口协议、数据格式及报文结构。它使系统和设备实现互连和信息交换。设备包括数控机床、机器人、PLC、测量与控制设备以及实现自动化用的各种装置。它是网络化制造和网络环境下信息共享以及实现虚拟企业集成的关键基础标准。本标准支持 CIMS 环境中的各种可编程设备之间的双向报文通信。对应我国标准为 GB/T 16720。包括:MMS 服务定义、MMS 协议规范。

C.4

零件库标准　Parts Library(PLIB)

一个国际标准(ISO 13584),该标准提供了一种能够转换零件库数据的中性机制,用于零件库数据的可解释表达与交换。按功能分为七大类:概念描述、逻辑资源、实现资源、描述方法学、一致性测试、视图交换协议、标准化相关环境。

我国采用 ISO 13584 制定为国家标准 GB/T 17645。

C.5

产品数据表达与交换标准　Product data representation and exchange

STEP 标准是一个计算机可识别的产品数据表达与交换国际标准(ISO 10303)。我国已采用制定的国家标准 GB/T 16656。本标准分为描述方法、集成资源、应用协议、抽象测试套件、实现方法及一致性测试六大类。其目的是在产品整个生命周期中提供一种独立于任何具体系统描述产品数据能力的途径。这种描述的功能不仅适应于文件交换,而且也适合于作为实现和共享产品数据库以及编辑文档的基础。

C.6

技术和办公自动化协议/制造自动化协议　Technical and Office Protocol Specification/Manufacturing Automation Protocol(TOP/MAP)

面向办公和制造自动化的网络协议。MAP 是美国 GM 公司于 1980 年开发的适合工厂自动化环境的通信标准。在 MAP 的基础上,Boeing 公司于 1985 年提出了面向办公自动化的 TOP 协议。TOP/MAP 遵循 ISO/OSI 模型的七层结构。MAP 最具特色的是应用层的制造报文服务 MMS(九大类 83 种服务),MAP 的加强型 MAP/EPA 和 MiniMAP 旁路了网络层到表示层,改善了实时响应能力,更适应于制造领域的需要。

中 文 索 引

H

J

K

L

英 文 索 引

A

B

C

D

G

H

I

J

K

L

M

N

O

P

Q

R

S

Z

ICS 85.060
Y 32

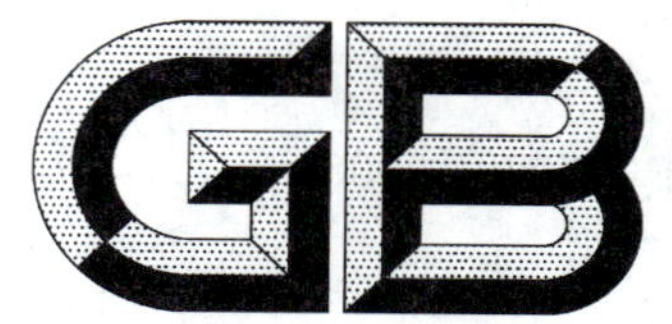

中华人民共和国国家标准

GB/T 18739—2008
代替 GB 18739—2002

地理标志产品 宣纸

Product of geographical indication—Xuan paper

2008-06-25 发布　　　　2008-10-01 实施

中华人民共和国国家质量监督检验检疫总局
中国国家标准化管理委员会　发布

前　言

本标准根据国家质量监督检验检疫总局颁布的 2005 第 78 号令《地理标志产品保护规定》及 GB 17924—1999《原产地域产品通用要求》制定。

本标准代替 GB 18739—2002《宣纸》。

本标准与 GB 18739—2002 相比主要变化如下：

——标准属性由强制性国家标准改为推荐性国家标准；

——根据国家质量监督检验检疫总局颁布的《地理标志产品保护规定》，修改了标准中英文名称及相关表述；

——修改完善了宣纸的定义，强调“不掺杂其他原材料”；

——将亮度(白度)指标由 72 调整为 70，使之更加符合宣纸产品的实际情况；

——修改了抽样的样本数量，使之更符合实际生产的批量。

本标准的附录 A、附录 B 为规范性附录，附录 C 为资料性附录。

本标准由全国原产地域产品标准化工作组提出并归口。

本标准主要起草单位：中国标准化协会、安徽省质量技术监督局、安徽泾县中国宣纸集团公司。

本标准主要起草人：佘光斌、邢春荣、陈宇平、王恒义、渠升泉、程庆雨。

本标准所代替标准的历次版本发布情况为：

——GB 18739—2002。

地理标志产品 宣纸

1 范围

本标准规定了宣纸的术语和定义、地理标志产品保护范围、产品分类、要求、试验方法、检验规则及标志、标签、包装、运输、贮存。

本标准适用于国家质量监督检验检疫行政主管部门根据《地理标志产品保护规定》批准保护的宣纸。

2 规范性引用文件

下列文件中的条款通过本标准的引用而成为本标准的条款。凡是注日期的引用文件，其随后所有的修改单(不包括勘误的内容)或修订版均不适用于本标准，然而，鼓励根据本标准达成协议的各方研究是否可使用这些文件的最新版本。凡是不注日期的引用文件，其最新版本适用于本标准。

GB/T 450 纸和纸板试样的采取

GB/T 451.1 纸和纸板尺寸及偏斜度的测定法

GB/T 451.2 纸和纸板定量的测定法

GB/T 451.3 纸和纸板厚度的测定

GB/T 453 纸和纸板抗张强度的测定(恒速加荷法)

GB/T 455 纸和纸板撕裂度的测定

GB/T 459 纸和纸板伸缩性的测定

GB/T 462 纸和纸板 水分的测定

GB/T 464.1 纸和纸板的干热加速老化方法(105±2℃,72 h)

GB/T 465.2 纸和纸板按规定时间浸水后抗张强度的测定法

GB/T 1541 纸和纸板 尘埃度的测定

GB/T 4688 纸、纸板和纸浆纤维组成的分析

GB/T 7974 纸、纸板和纸浆亮度(白度)的测定 漫射/垂直法

GB/T 8940.1 纸和纸板白度测定法(45/0定向反射法)

GB/T 10342 纸张的包装和标志

GB/T 10739 纸、纸板和纸浆试样处理和试验的标准大气条件

3 术语和定义

下列术语和定义适用于本标准。

3.1

宣纸 Xuan paper

采用产自安徽省泾县境内及周边地区的青檀皮(*Pteroceltis tatarinowii* Maxim)和沙田稻草，不掺杂其他原材料，并利用泾县独有的山泉水，按照传统工艺经过特殊的传统工艺配方，在严密的技术监控下，在安徽省泾县内以传统工艺生产的，具有润墨和耐久等独特性能，供书画、裱拓、水印等用途的高级艺术用纸。

4 地理标志产品保护范围

限于国家质量监督检验检疫行政主管部门根据《地理标志产品保护规定》批准的宣纸产地范围，即安徽省泾县现辖行政区域，见附录 A。

5 产品分类

5.1 宣纸按原料的配比分为三类：特种净皮类、净皮类、棉料类，也可根据合同要求或生产方特殊要求进行配比。

5.2 宣纸质量等级分为正牌和副牌（优等品和合格品）。

6 要求

6.1 原料要求

6.1.1 青檀皮

在泾县及周边地区喀斯特山地丘陵地带生长的青檀树，组织均匀、纤维匀整、三年左右嫩枝的韧皮组织。

6.1.2 沙田稻草

取自泾县及周边地区河谷平原沙土上生长的纤维长、韧性强、不易腐烂的金黄色稻草。

6.1.3 水

取自泾县境内的山泉水。

6.2 工艺要求

6.2.1 选料

6.2.1.1 青檀皮料加工程序

伐条⟶蒸煮⟶浸泡⟶剥皮⟶日光晒干⟶皮坯

6.2.1.2 燎草加工程序

选草⟶切草⟶捣草（破节）⟶埋浸⟶洗涤⟶渍灰⟶堆积⟶洗涤⟶日光晒干⟶草坯⟶蒸煮⟶洗涤⟶日光摊晒⟶蒸煮⟶洗涤⟶日光摊晒⟶燎草

6.2.2 制浆

6.2.2.1 青檀皮料

皮坯⟶浸泡⟶蒸煮⟶洗涤⟶压榨⟶选检⟶漂白⟶洗涤⟶压榨⟶选检⟶打料⟶洗涤⟶漂白檀皮纤维料

6.2.2.2 草料

燎草⟶鞭草⟶打料⟶洗涤⟶漂白⟶漂白草纤维料

6.2.3 配料

草料、青檀皮料⟶粉碎⟶配合⟶筛选⟶打匀⟶洗涤⟶全料

6.2.4 制纸

全料⟶配水⟶配胶⟶捞纸⟶压榨⟶焙纸⟶选纸⟶剪纸⟶成品

6.3 感官指标

纸质绵韧，手感润柔，纸面应平整，有隐约竹帘纹，切边应整齐洁净，纸面不许有折子、裂口、洞眼、沙粒和附着物等影响使用的瑕疵。同批产品色调应一致，亮度（白度）差不得大于 3%（绝对值）。

6.4 宣纸常用规格、重量及偏差

宣纸常用规格、重量及偏差见表 1。

表 1　尺寸偏差及每刀重量允许差

品　种	规格/mm	尺寸偏差/mm	每刀重/kg	每刀允许差/g	
四尺单	690×1 380 700×1 380	±3	2.40	+100	−100
重四尺单			2.95	+100	−150
棉连			2.15	+100	−100
四尺夹			3.65	+150	−150
四尺二层			4.10	+150	−200
四尺三层			5.55	+150	−250
罗纹			2.15	+100	−100
皮四尺单			3.05	+150	−150
皮棉连			2.45	+100	−100
扎花			1.50	+100	−100
五尺单	840×1 530		3.20	+100	−150
五尺夹			5.15	+100	−250
五尺二层			5.40	+150	−250
五尺三层			7.00	+200	−350
皮五尺单			3.80	+100	−150
六尺单	970×1 800		5.00	+150	−250
六尺夹			7.30	+250	−350
六尺二层			7.90	+200	−350
六尺三层			10.00	+300	−500
尺八屏	530×2 340		3.15	+100	−150
八尺匹	1 242×2 484		21.00	+2 100	−2 100
丈二宣	1 449×3 675		37.50	+3 750	−3 750
丈六(露皇)	1 932×5 037		67.50	+4 000	−10 000
二丈(千禧)	2 460×6 530(毛边)	—	—	—	

注 1：宣纸为平板纸，以 100 张为 1 刀。

注 2：也可按订货合同执行。

注 3：每刀允许偏差只作推荐性要求。

6.5　理化指标

理化指标应符合表 2 的规定。

表 2　理化指标

指　标　名　称	单　位	指　　标		
		特种净皮类	净皮类	棉料类
紧度	g/cm³	0.35±0.04		
亮度(白度)　　≥	%	70.0		
裂断长纵横平均　　≥	km	2.50	2.20	1.70

表 2（续）

指标名称				单位	指标		
					特种净皮类	净皮类	棉料类
撕裂指数纵横平均			≥	mN·m^2/g	9.2	8.2	8.0
湿强度纵横平均			≥	mN	440	390	320
润墨性	方法一（见附录 B）			—	应符合标准样要求		
	方法二（见附录 C）	*A*		—	2.3～3.5		
		D		%	27.0～33.0	25.0～35.0	22.0～38.0
		S			0～5	0～6	0～7
耐老化白度（绝对值）下降			≤	%	5.0		
吸水性	纵横平均			mm	12～20		
	纵横差		≤		3.0		
伸缩性	受湿后平均伸长		≤	%	0.75		
	干燥后平均收缩		≤		1.00		
尘埃度	0.5 mm^2～2.0 mm^2		≤	个/m^2	68	88	100
	其中：不多于 0.3 mm^2～1.5 mm^2（黑）				24	28	32
	大于 1.5 mm^2（黑）				不许有		
双浆团				个/m^2	不许有		
水份			≤	%	10.0		
注：方法二暂不作型式检验和交收检验的依据。							

7 试验方法

7.1 试验应在 GB/T 10739 规定的条件下进行，试样采样按 GB/T 450 规定进行。

7.2 宣纸的原料组成按 GB/T 4688 进行测定。

7.3 纸张尺寸按 GB/T 451.1 规定进行测定。

7.4 定量按 GB/T 451.2 规定进行测定。

7.5 理化指标

7.5.1 紧度

按 GB/T 451.3 规定进行测定。

7.5.2 亮度（白度）

按 GB/T 7974 的规定或 GB/T 8940.1 规定进行测定。仲裁时按 GB/T 7974 规定进行测定。

7.5.3 裂断长纵横平均

按 GB/T 453 规定进行测定。

7.5.4 撕裂指数纵横平均

按 GB/T 455 规定进行测定。

7.5.5 湿强度纵横平均

按 GB/T 465.2 规定进行测定，浸水时间为 10 min。

7.5.6 润墨性

按附录 B 或附录 C 规定进行测定，仲裁时按附录 B 规定进行测定。

7.5.7 耐老化白度（绝对值）下降值

按 GB/T 464.1 的规定，连续加热 72 h.测定老化前、后的试样白度，计算差值。

7.5.8 吸水性

切取宽 15 mm，长 250 mm 的纵横向试样各 5 条，一端夹在吸水性测定仪的夹纸器上，将试样另一端垂直插入水温为(23±1)℃的水中 5 mm；待液面升到试样 20 mm 高度时开始计时。60 s 后从 20 mm 高度起读出其液面上升高度，以测定值的算术平均值表示测定结果，精确至 1 mm。

7.5.9 伸缩性

按 GB/T 459 规定进行测定。

7.5.10 尘埃度

按 GB/T 1541 规定进行测定。

7.5.11 双浆团

切取试样 1 m×1 m 面积为 1 m^2 的纸，对着光亮检查两个单根纤维束连接的，形似哑铃状的浆团，数出总的个数表示测定结果。

7.5.12 水分

按 GB/T 462 的规定进行测定。

7.5.13 外观

采用目测方法。

8 检验规则

8.1 交收检验

8.1.1 同类产品以一次交货数量为一批，样本单位为刀。

8.1.2 生产应保证所生产的产品符合本标准要求。交货时，应附产品质量合格证。成刀纸切边应盖有清晰印章。

8.1.3 交收检验时，检查项目的检查水平、抽样检查方案及合格质量水平(AQL)等按表 3 规定进行。

表 3 抽样方案及合格判定

批量/刀	正常二次检查抽样方案 检查水平 S-4						不合格的分类	
	样本大小/刀	B 类不合格品 AQL=6.5		C 类不合格品 AQL=10			B 类不合格	C 类不合格
		Ac	Re	Ac	Re			
26～300	3	—	—	0	2		润墨性 伸缩性 吸水性 湿强度 耐老化	紧度 亮度(白度) 裂断长 撕裂指数 双浆团 尘埃度 交货水分 外观瑕疵
	3(6)	—	—	1	2			
	5	0	2	0	3			
	5(10)	1	2	3	4			
301～500	8	0	3	1	3			
	8(16)	3	4	4	5			
501～1 200	13	1	3	2	5			
	13(26)	4	5	6	7			
1 201～10 000	20	2	5	3	6			
	20(40)	6	7	9	10			

8.1.4 判定规则

8.1.4.1 若同时出现 B 类和 C 类不合格产品时，在符合 B 类不合格品 Ac、Re 判定要求的前提下，同时只有在B类和C类不合格品之和小于或等于C类不合格品的Ac值时，则判为批合格；若大于C类不合格品的Re值，则判为批不合格，若小于Re且大于Ac，则进行第二样本的测定和判定，判定方法同前。

8.1.4.2 理化指标检验时，有下列情况之一者为副牌(合格品)，但不得同时超过两项：

a) 裂断长低于规定10%以内者；
b) 撕裂指数低于规定5%以内者；
c) 亮度(白度)低于规定2%(绝对值)以内者；
d) 尘埃度超过规定20%以内者。

8.2 型式检验

8.2.1 有下列情况之一者应进行型式检验，检验项目为本标准的全部技术指标：

a) 产品停产后，恢复生产时；
b) 正常生产，每半年进行一次；
c) 出厂检验结果与上次型式检验有较大差异时；
d) 国家质量监督机构提出型式检验要求时。

8.2.2 型式检验采用抽样检验，在一个周期内的产品中随机抽取样品。

8.2.3 按本标准规定的全部技术指标对样品进行检验，符合时判为合格。

8.2.4 型式检验不合格的，可进行一次复检，复检合格判为合格，复检不合格判为不合格。

9 标志、标签、包装、运输、贮存

9.1 标志、标签、包装

应符合GB/T 10342规定，标注地理标志产品标志、产品名称、原料(或原料与配料)、规格尺寸、制造者的名称和地址、生产日期、执行产品标准号；或按订货合同的规定进行；还应有“怕湿”等警示标志。

9.2 运输

运输时应使用有篷而洁净的运输工具，运输过程中不得曝晒、雨淋、受潮，不得剧烈碰撞。

9.3 贮存

产品应贮存在阴凉、干燥、通风的库房中；严禁露天堆放、日晒、雨淋或靠近热源。

附 录 A
（规范性附录）
宣纸地理标志产品保护范围

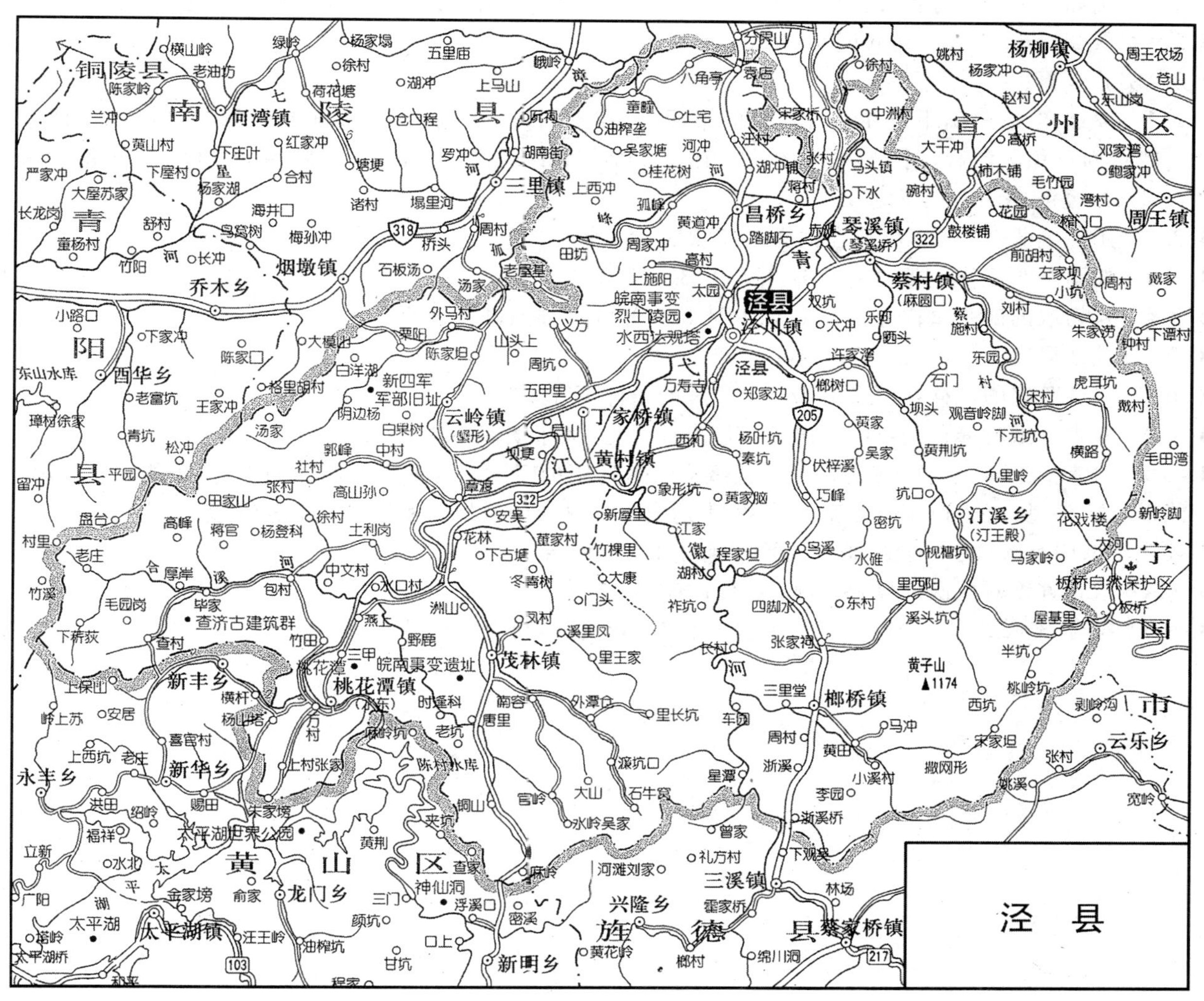

图 A.1 宣纸地理标志产品保护范围图

附 录 B
（规范性附录）
宣纸润墨性测试方法一

B.1 采用如中华墨汁等标准墨汁配制成100%、2%浓度的墨汁，分别装入50 mL滴瓶里。

B.2 切取250 mm×250 mm试样四张。

B.3 实验步骤

B.3.1 取试样纸一张，平放在铺有毛毯的桌面上，在不同位置分别滴上一滴浓度为100%和2%的墨汁。待纸面不积墨汁后，用2%浓度的墨汁在100%浓度的墨滴边缘滴上一滴；用毛笔蘸100%浓度墨汁在2%浓度的墨滴上任意划"+"字。

B.3.2 用毛笔蘸2%浓度墨汁在试样上任意划"#"字。

B.3.3 在同一张试样上重复一遍B.3.1和B.3.2步骤。

B.3.4 将切取的四张试样分别照B.3.1、B.3.2、B.3.3步骤进行试验。

B.4 试验结果

B.4.1 将试验完的试样在符合GB/T 10739的条件下晾干。

B.4.2 检查宣纸对墨色的反映情况。浓墨乌而鲜艳，淡墨淡而不灰。

B.4.3 检查宣纸对墨色的变化情况。宣纸应具备适当的吸附墨粒和扩散墨液的性能，既能以水导墨，又能以水抗墨，从而达到墨韵万变的效果，表达出水墨淋漓的风格。积墨时笔笔分清，浓淡笔痕不对流，能表现出浓中有淡，淡中有浓，既有湿润又有干的微妙效果。

B.4.4 检查宣纸对层次的反映情况，要求重笔层次清晰。

B.4.5 符合B.4.2～B.4.4要求的判为"合格"；不符合的判为"不合格"。

附 录 C
（资料性附录）
宣纸润墨性测试方法二

C.1 仪器和试剂

C.1.1 显微扫描光密度计，应符合以下条件：

——数据分辨率 0.01D；

——灵敏度 0～4D 光密度等级；

——测量孔面积为 50 μm×50 μm；

——扫描点间距为 50 μm；

——扫描距离为 40 mm 以上。

C.1.2 滴定管

容量为 25 mL 的酸式滴定管。

C.1.3 标准墨汁

如采用中华墨汁等。

C.1.4 毛毯、压板等工具。

C.2 制样

C.2.1 切取 250 mm×250 mm 试样四张，平放在铺有毛毯的桌子上。

C.2.2 将标准墨汁装入 25 mL 滴定管内，把滴定管固定在试管架上，调节滴定管高度，使其下口的最下端距试样表面 50 mm。滴一滴墨汁在试样上，待其自然干燥。

C.3 测定步骤

C.3.1 将 B.2.2 中的试样放在显微扫描光密度计的载物台上。仪器的扫描方向应与试样的纵(横)向一致，并尽量使扫描轨迹经过墨迹的中心。调节仪器直线扫描范围，应足以穿过试样墨迹的纵(横)向。

C.3.2 将纸面空白处光密度调为零。

C.3.3 启动仪器，开始测定，先使扫描轨迹穿过墨迹的纵向(或横向)，再将试样旋转 90°，按 C.3.1 调好仪器，使扫描轨迹穿过墨迹的横向(或纵向)。

C.3.4 分别记录两组(纵、横)测定值。

C.4 测定结果的计算和表述

C.4.1 墨色的反映情况，以均值表示，代表符号 $\overline{X}$。

从一组测定值中第一个大于 0.01 的值开始，至最后一个大于 0.01 的数值止，去除所有的 0.00，将其余数值作为有效数值带入式(C.1)计算 $\overline{X}$ 值。

$$\overline{X}=\frac{X_1+X_2+\cdots+X_{n-1}+X_n}{n} \qquad \text{(C.1)}$$

式中：

$X_1, X_2, \cdots\cdots X_n$——有效测定值；

n——有效测定值的个数。

C.4.2 墨色的变化情况，以变动系数表示，代表符号 D(diffirence)。

去除一组测定值中所有小于 1.00 的数值，将其余有效数值带入式(C.2)计算 D 值。

$$D=\frac{1}{\overline{X}}\sqrt{\frac{\sum_{n}(X_n-\overline{X})^2}{n}}\times 100\%=\frac{1}{\overline{X}}\sqrt{\frac{\sum_{n}X_n^2-n\overline{X}^2}{n}}\times 100\% \quad \cdots\cdots\cdots\cdots(\text{C.2})$$

C.4.3 滴上墨液时扩散成形情况，以纵、横向的二组变动系数之差表示，代表符号 S(shape)。按式(C.3)计算 S 值。

$$S(\%)=|D_{纵}(\%)-D_{横}(\%)| \quad \cdots\cdots\cdots\cdots(\text{C.3})$$

C.4.4 取四张试样的算术平均值，作为测定结果，$\overline{X}$ 保留一位小数，D 保留一位小数，S 保留至整数。

ICS 67.080.10
B 31

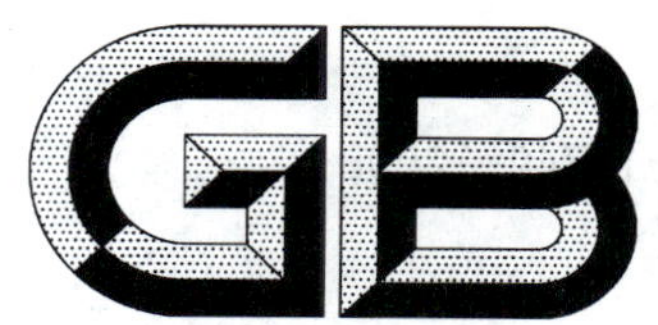

中华人民共和国国家标准

GB/T 18740—2008
代替 GB 18740—2002

地理标志产品　黄骅冬枣

Product of geographical indication—Huanghua Dong jujube

2008-05-05 发布　　2008-10-01 实施

中华人民共和国国家质量监督检验检疫总局
中国国家标准化管理委员会　发布

前　言

本标准代替 GB 18740—2002《黄骅冬枣》。

本标准与 GB 18740—2002 相比主要变化如下：

——将强制性标准修订为推荐性标准；

——根据国家质量监督检验检疫总局颁布的《地理标志产品保护规定》，修改相关名称内容；

——调整了部分理化指标(2002 年版的 5.6；本版的 6.6)；

——卫生指标采用了国家新发布的食品方面的强制性标准(2002 年版的 5.7；本版的 6.7)。

本标准的附录 A 为规范性附录。

本标准由全国原产地域产品标准化工作组提出并归口。

本标准起草单位：黄骅市质量技术监督局、河北省黄骅市华夏冬枣开发有限公司。

本标准主要起草人：李岩、王金庭、赵连峰、刘贤召、高增海、刘玉君、李义福、孔德路、杨骁钰、马振军、姚桂霞。

本标准所代替标准的历次版本发布情况为：

——GB 18740—2002。

地理标志产品　黄骅冬枣

1　范围

本标准规定了黄骅冬枣的术语和定义、地理标志产品保护范围、种植技术、质量要求、试验方法、检验规则及包装、标签、运输和贮存。

本标准适用于国家质量监督检验检疫行政主管部门根据《地理标志产品保护规定》批准的黄骅冬枣。

2　规范性引用文件

下列文件中的条款通过本标准的引用而成为本标准的条款。凡是注日期的引用文件，其随后所有的修改单(不包括勘误的内容)或修订版均不适用于本标准，然而，鼓励根据本标准达成协议的各方研究是否可使用这些文件的最新版本。凡是不注日期的引用文件，其最新版本适用于本标准。

GB 2762　食品中污染物限量

GB 2763　食品中农药残留最大限量

GB/T 5009.8　食品中蔗糖的测定

GB/T 5009.10　植物类食品中粗纤维的测定

GB/T 5009.14　食品中锌的测定

GB/T 5009.83　食品中胡萝卜素测定

GB/T 5009.85　食品中核黄素测定

GB/T 5009.90　食品中铁、镁、锰的测定

GB/T 5009.124　食品中氨基酸的测定

GB/T 6195　水果、蔬菜维生素C含量测定法(2,6-二氯靛酚滴定法)

GB 7718　预包装食品标签通则

GB/T 10651　鲜苹果

GB/T 12456　食品中总酸的测定方法

3　术语和定义

下列术语和定义适用于本标准。

3.1

黄骅冬枣　Huanghua Dong jujube

在地理标志保护范围黄骅境内栽培、生产的冬枣。

3.2

着色比例　colouring proportion

冬枣果实成熟时表面着赭红色的面积占整个冬枣表面的比例。

3.3

可食部分　eatable part

除去枣核以外的果肉部分。

3.4

浆头　serous part

枣的两头或局部出现浆包，色泽发暗，进一步发展即成霉烂果。

4 地理标志产品保护范围

黄骅冬枣的产地保护范围限于国家质量监督检验检疫行政主管部门根据《地理标志产品保护规定》批准的范围，见附录A。

5 种植技术

5.1 品种

5.1.1 品名

黄骅冬枣。

5.1.2 果实特征

果实近圆形，果顶较平，果实赭红色，皮薄，肉质细嫩酥脆，核小肉厚，含糖量高。

5.1.3 果树特性

5.1.3.1 树体：乔木型，树姿较开张，干性强，分枝多。

5.1.3.2 枝条：多年生枝条，座果率高，负载量大，枝条较脆、易劈裂。嫩梢，前期为浅绿色，后期为紫红色。

5.1.3.3 枣吊：枣吊10 cm～28 cm，15节左右，旺树吊长达30 cm以上。

5.1.3.4 叶：叶狭长形，长4 cm～6 cm，宽2 cm～3 cm，叶尖渐尖，叶缘整齐。

5.1.3.5 花：花冠直径0.5 cm左右，雄蕊高出雌蕊，柱头分泌粘液多。

5.1.3.6 生育期：4月初开始萌动，5月下旬始花，6月中旬盛花，10月上中旬果实成熟，11月上旬落叶，逐渐进入休眠。

5.1.3.7 抗逆性：耐旱、耐盐碱、耐瘠薄，抗病虫能力较强。

5.2 苗木繁育

5.2.1 砧木苗培养

5.2.1.1 选种和播种：选优良的酸枣种仁，3月中旬至5月下旬播种。

5.2.1.2 苗圃管理：苗高10 cm时定苗，株距15 cm～20 cm。适时中耕除草、病虫害防治，8月中旬摘心。

5.2.1.3 在2月至3月25日，选择0.3 cm～0.6 cm一年生优质枣头或二次枝冬枣树接穗封蜡，4月至5月进行劈接或插皮接。

5.2.2 嫁接苗培育

及时进行抹芽、肥水管理及病虫害防治。

5.2.3 苗木出圃要求

嫁接苗木达到表1规定时出圃。

表1 苗木规格

级别	苗高/cm	基茎粗/cm ≥	根系 侧根数量/条 ≥	根系 平均长/cm ≥	成熟度
一级	≥120	1.0	5	15	根茎至苗高2/3处为灰白或褐红色
二级	80～<120	0.8	4	12	
三级	60～<80	0.6	3	10	

5.3 栽培技术

5.3.1 主要栽培管理技术措施

5.3.1.1 栽植

选择轻壤质体粘潮土(含盐量不超过0.3%)，小冠密植，春栽为宜，秋栽亦可。

5.3.1.2 **修剪**

修剪时以通风透光为原则。依其枝芽特性培养骨干枝，使各级枝组交替排列，培养成纺锤形、圆柱形树形。运用抹芽、摘心、拉枝、开甲、疏枝、短截、回缩等管理措施。

5.3.1.3 **土肥水管理**

春秋两季进行土壤翻耕，枣树生长期及时中耕锄草。秋施有机肥，每株 20 kg～40 kg，盛果期树要以磷、钾肥为主，氮肥适量。浇好封冻水、花前水、果实膨大水和果实采前水，并结合浇水及时施肥。

5.3.1.4 **保花保果**

5.3.1.4.1 开甲：栽植第二年环割，第三年环剥，在盛花期进行，环剥宽度 0.3 cm～0.8 cm。

5.3.1.4.2 施用微肥、菌肥，增强树势，提高座果率。

5.3.1.4.3 摘心：利用枣头摘心和二次枝摘心，提高座果率，摘心时间为 5 月上中旬。

5.3.2 **病虫害防治**

病虫防治采取预防为主，综合防治的原则。春季枣芽萌动时，主要防治食芽象甲、枣缨蚊、枣粘虫等害虫；5 月底至 7 月中旬注意红蜘蛛的防治；7 月初至 8 月底是桃小食心虫的危害高峰期，应根据预测预报及时防治；雨季注意枣锈病、炭疽病的发生防治。在病虫害防治中宜使用物理方式杀虫和生物农药。采摘前 40 d 禁止使用农药。

6 质量要求

6.1 质量等级

6.1.1 **等级**

分为特级、一级、二级。

6.1.2 **等级质量**

各等级质量见表 2。

表 2 等级质量要求

等级	粒 数	着色比例	损伤和缺陷
特级	1 kg 冬枣不超过 50 粒	每个冬枣着色比例≥1/2	无病虫果、无浆头、无裂口
一级	1 kg 冬枣为 51 粒～65 粒	每个冬枣着色比例≥1/2	无病虫果、无浆头、无裂口
二级	1 kg 冬枣 66 粒～100 粒	每个冬枣着色比例≥1/2	病虫果不超 3%、浆头果不超 4%、裂口果不超 5%

6.2 感官指标

果实近圆形，果顶较平，果粒均匀，果肉酥脆、甜酸可口，果实阳面为赭红色，有光泽。

6.3 理化指标

理化指标应符合表 3 规定。

表 3 理化指标

项 目		指 标
可食部分(以质量计)/%	≥	90
总糖(可食部分，以蔗糖计)/%	≥	25
总酸(以苹果酸计)/(g/kg)		0.5～2.5
维生素 C(可食部分)/(mg/100 g)	≥	320
可溶性固形物/%	≥	27
粗纤维/%	≤	7
氨基酸总量/%	≥	2.5

表 3（续）

项目		指标
核黄素/(mg/kg)	≥	0.9
铁(以 Fe 计)/(mg/kg)	≥	0.2
锌(以 Zn 计)/(mg/kg)	≥	2.6
胡萝卜素/(mg/kg)	≥	80

6.4 卫生指标

卫生指标应符合 GB 2762 和 GB 2763 的规定。

7 试验方法

7.1 质量等级

用肉眼观察样枣的着色面积和有无病虫果、浆头及裂口果，计算其占总数的比例，并对样枣进行称量和查点枣粒数量，归等分级。

7.2 感官特性

将样品放于洁净的瓷盘中，在自然光下用肉眼观察样枣的形状、颜色、光泽和果粒的均匀程度，并品尝。

7.3 理化指标

7.3.1 可食部分的测定

称取具有代表性的样枣 200 g～300 g，逐个切开，将枣肉与核分离，分别称量，然后按式(1)计算：

$$A = \frac{m_2 - m_1}{m_2} \times 100 \qquad \cdots\cdots\cdots\cdots(1)$$

式中：

A——可食部分，%；

m_1——核质量，单位为克(g)；

m_2——全果质量，单位为克(g)。

7.3.2 总糖的测定

按 GB/T 5009.8 规定的方法进行。

7.3.3 总酸的测定

按 GB/T 12456 规定的方法进行。

7.3.4 维生素 C 的测定

按 GB/T 6195 规定的方法进行。

7.3.5 可溶性固形物的测定

按 GB/T 10651 规定的方法进行。

7.3.6 粗纤维的测定

按 GB/T 5009.10 规定的方法进行。

7.6.7 氨基酸的测定

按 GB/T 5009.124 规定的方法进行。

7.3.8 核黄素的测定

按 GB/T 5009.85 规定的方法进行。

7.3.9 铁的测定

按 GB/T 5009.90 规定的方法进行。

7.3.10 锌的测定

按 GB/T 5009.14 规定的方法进行。

7.3.11 胡萝卜素的测定

按 GB/T 5009.83 规定的方法进行。

7.4 卫生指标

按 GB 2762 和 GB 2763 规定的方法进行。

8 检验规则

8.1 组批

同样等级、包装及贮存条件下存放的枣品为一批。

8.2 抽样

8.2.1 抽样方法

抽取样品应具有代表性，应在同批货物的不同部位按 8.2.2 的要求进行抽取，每件抽取样品 500 g，放置于洁净的铺垫上，将全部样品充分混合，以四分法取样，待检。

8.2.2 抽样数量

抽样数量见表 4。

表 4 抽样数量

每批数量	抽样件数
100	每 100 件抽取 2 件，不足 100 件按 100 件计
101～600	以 100 件抽取 2 件为基数，每增加 100 件增抽 1 件
601～1 200	以 600 件抽取 7 件为基数，每增加 200 件增抽 1 件
1 200 以上	以 1 200 件抽取 10 件为基数，每增加 300 件增抽 1 件，不足 300 件按 300 件计

8.3 交收检验

产品交收前应按照本标准要求进行质量等级和感官检验，合格的按等级要求分别包装，并将合格证附于包装上。

8.4 型式检验

8.4.1 有下列情况之一时应进行型式检验：

a) 每年采摘初期；

b) 同一批枣品保存达三个月时；

c) 贮存条件发生变化时；

d) 国家质量监督机构提出型式检验时。

8.4.2 型式检验项目为本标准全部质量要求。

8.5 判定规则

检验时出现不合格项，允许加倍抽样复检，如仍有不合格项即判为该批产品不合格。卫生指标有一项不合格即判为不合格品，不得复检。

9 包装、标签、运输和贮存

9.1 包装

采用符合卫生要求的包装材料。

9.2 标签

产品标签应符合 GB 7718 和《地理标志产品保护规定》的要求。

9.3 运输和贮存

采用冷藏车运输，贮存时采用气调冷藏保鲜库贮藏。

附　录　A
（规范性附录）
黄骅冬枣地理标志产品保护范围图

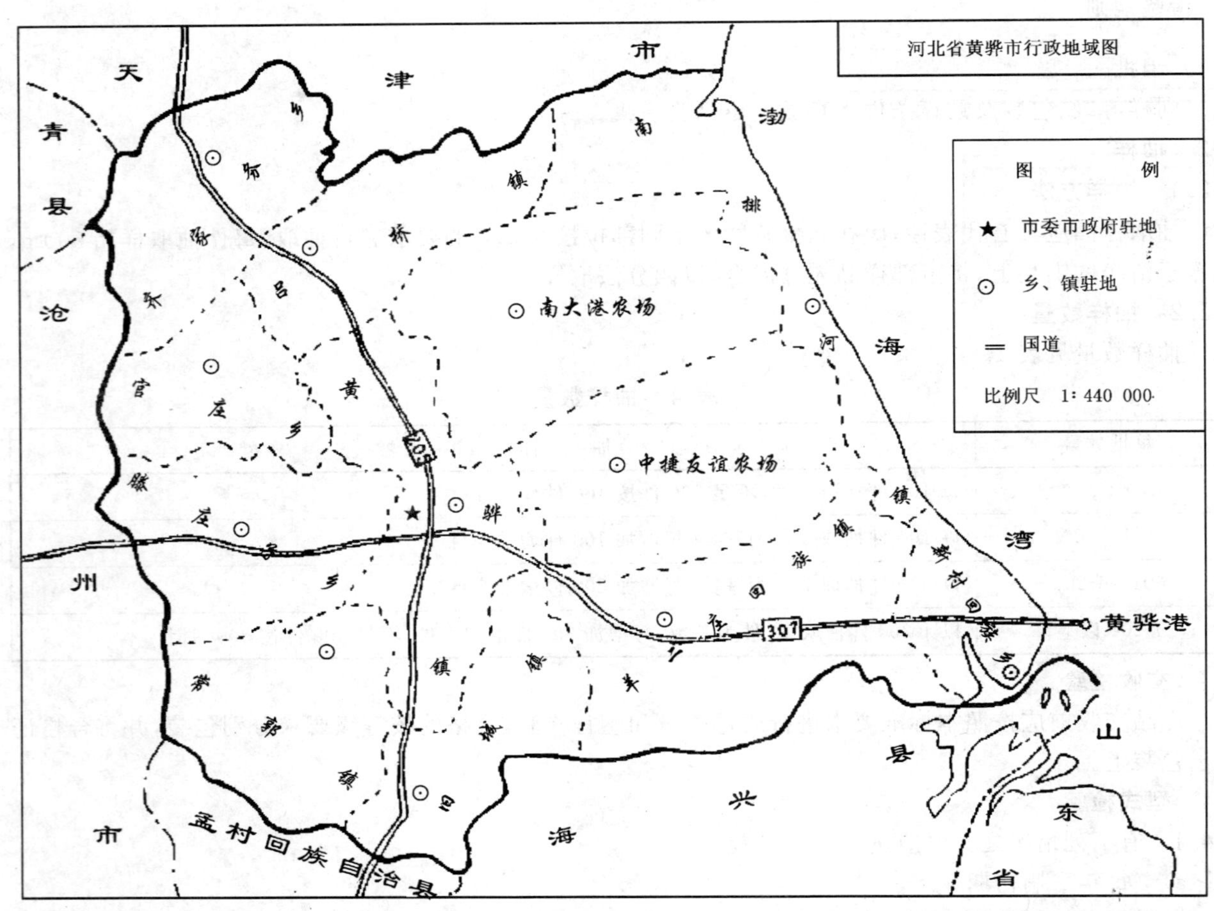

注：黄骅市地理位置为东经 117°19′，北纬 38°38′。

图 A.1　黄骅冬枣地理标志产品保护范围图

ICS 71.120;81.060
G 94

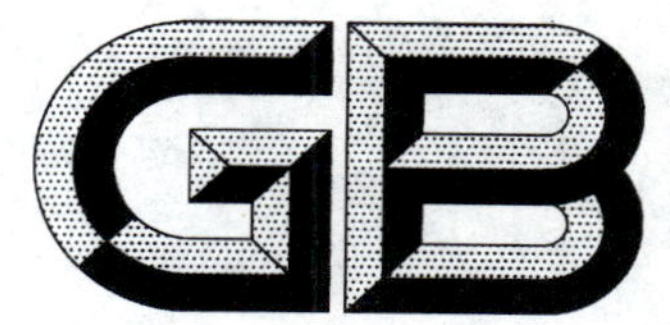

中华人民共和国国家标准

GB/T 18749—2008
代替 GB/T 18749—2002

耐化学腐蚀陶瓷塔填料技术条件

Standard specification for chemical-resistant ceramic tower packings

2008-05-27 发布　　2009-01-01 实施

中华人民共和国国家质量监督检验检疫总局
中国国家标准化管理委员会　发布

前　言

本标准修改采用美国国家标准及美国材料与试验协会标准 ANSI/ASTM C515:2001《耐化学腐蚀陶瓷塔填料技术条件》。

本标准在采用 ANSI/ASTM 标准时,对其耐酸度指标改为不低于其技术水平的国内现行行业标准的要求指标和试验方法;针对国内现行的生产应用情况,在附录中增加了一些新型的塔填料品种,如鲍尔环、矩鞍环、异鞍环、阶梯环、共轭环等,并对有关的技术要求作了规定。

本标准代替 GB/T 18749—2002《耐化学腐蚀陶瓷塔填料技术条件》。

本标准与 GB/T 18749—2002 相比主要变化如下:

——提高了耐酸度指标;

——将原标准中第 5 章几何尺寸一章拆分为几何尺寸和验收两章;

——删除了原标准中第 9 章精确度和偏差;

——删除了原标准中第 10 章关键词;

——对附录中的特性参数进行了修订。

本标准的附录 A、附录 B、附录 C、附录 D 和附录 E 为规范性附录。

本标准由中国石油和化学工业协会提出。

本标准由全国非金属化工设备标准化技术委员会(SAC/TC 162)归口。

本标准起草单位:天华化工机械及自动化研究设计院、中国石油化工集团公司南京设计院、萍乡市环球化工填料有限公司、福建宁德市俊杰瓷业有限公司。

本标准主要起草人:陈峥、李洪发、孙正东、胡自斌、李成良、俞群、胡建凌。

本标准所代替标准的历次版本发布情况为:GB/T 18749—2002。

耐化学腐蚀陶瓷塔填料技术条件

1 范围

本标准规定了耐化学腐蚀陶瓷塔填料的物理、化学性能指标和试验方法。对影响工艺过程及塔的实际操作效率或特性的性能指标，本标准未做规定。

本标准适用于由天然黏土及混合料烧制的，用于塔内作填料的陶瓷产品，这些陶瓷产品主要用于化工或其他相关工业的过程设备中。

2 规范性引用文件

下列文件中的条款通过本标准的引用而成为本标准的条款。凡是注日期的引用文件，其随后所有的修改单(不包括勘误的内容)或修改版均不适用于本标准，然而，鼓励根据本标准达成协议的各方研究是否使用这些文件的最新版本。凡是不注日期的引用文件，其最新版本适用于本标准。

HG/T 3210 耐酸陶瓷材料性能试验方法

3 术语和定义

下列术语和定义适用于本标准。

3.1

陶瓷塔填料 ceramic tower packing

设计成具有一定形状的陶瓷制品，如球形、端面垂直或倾斜的圆筒环、内有障碍物的环形、开孔圆柱形及弧鞍形等。这些陶瓷制品用于塔内提供相接触的表面积，以促进液体与液体之间、气体与液体之间及气体与气体之间的能量传递、质量传递或化学反应。

3.2

细瓷填料 porcelain tower packing

用精制黏土和其他天然矿物原料经专门配制组成坯料制成的陶瓷制品。这种陶瓷制品具有均匀的晶体和玻璃体结构组织，外观呈白色或浅灰色，具有较小的吸水率。

3.3

粗瓷塔填料 stoneware tower packing

用天然黏土和其他矿物原料经专门配制组成坯料制成的陶瓷制品，具有较大的吸水率。

4 形状、尺寸和数量

4.1 陶瓷塔填料的形状、尺寸和堆积个数应符合表1、表2、表3及附录A～附录E的要求。

4.2 其他型式及规格的陶瓷塔填料由供需双方协商制造，其质量要求除合同专门规定外，仍应符合本标准要求。

表1 环形填料的形状、尺寸和数量

规格[a]/mm	壁厚/mm	大约堆积个数[b]/m^{-3}
拉 西 环		
6	1.0±0.5	2 640 000
8	1.5±0.5	1 210 000
10	2.0±0.5	750 000

表 1（续）

<table>
<tr><th>规格[a]/mm</th><th>壁厚/mm</th><th colspan="4">大约堆积个数[b]/m^{-3}</th></tr>
<tr><td>13</td><td>2.5±0.5</td><td colspan="4">330 000</td></tr>
<tr><td>16</td><td>3.0±0.5</td><td colspan="4">178 000</td></tr>
<tr><td>20</td><td>3.0±0.5</td><td colspan="4">96 000</td></tr>
<tr><td>25</td><td>3.0±0.5</td><td colspan="4">42 000</td></tr>
<tr><td>32</td><td>4.0±0.5</td><td colspan="4">21 000</td></tr>
<tr><td>38</td><td>4.0±0.5</td><td colspan="4">12 000</td></tr>
<tr><td>50</td><td>2.5±0.5</td><td colspan="4">5 200</td></tr>
<tr><td>76</td><td>3.0±0.5</td><td colspan="4">2 100～2 500</td></tr>
<tr><td>100</td><td>10.0±2.0</td><td colspan="4">900～1 030</td></tr>
<tr><td>150</td><td>15.0±3.0</td><td colspan="4">270～300</td></tr>
<tr><td colspan="6">隔　板　环</td></tr>
<tr><td>25</td><td>3.0±0.5</td><td colspan="4">41 000</td></tr>
<tr><td>32</td><td>4.0±0.5</td><td colspan="4">21 000</td></tr>
<tr><td>38</td><td>4.0±0.5</td><td colspan="4">11 000</td></tr>
<tr><td>50</td><td>5.0±1.0</td><td colspan="4">4 700</td></tr>
<tr><td>76</td><td>9.0±1.0</td><td colspan="4">1 500</td></tr>
<tr><td>100</td><td>10.0±2.0</td><td colspan="4">700</td></tr>
<tr><td colspan="6">十字隔板环</td></tr>
<tr><td>76</td><td>9.0±1.0</td><td rowspan="3">平行排列</td><td>2 100</td><td rowspan="3">交错排列</td><td>2 500</td></tr>
<tr><td>100</td><td>10.0±2.0</td><td>900</td><td>1 030</td></tr>
<tr><td>150</td><td>15.0±3.0</td><td>270</td><td>300</td></tr>
<tr><td colspan="6">a 环形填料的规格为环的外径，也是环的高度，仅为参考数据，不作为验收依据。
b 堆积个数：对大尺寸填料环（大于 76 mm），通常有平行排列和交错排列方式。此处堆积个数仅为参考数据，不作为验收依据。</td></tr>
</table>

表 2　鞍形填料的形状[a]、尺寸和数量要求

规格/mm	大约堆积个数[b]/m^{-3}
6	3 833 000
10	1 667 000
13	567 000
20	207 000
25	71 000
38	23 000
50	8 600
76	1 700

a 鞍形填料的形状应与用户预先认可的样品一致。

b 堆积个数为随机堆放数据，仅为参考数据，不作为验收依据。

表 3　弧鞍形填料和矩鞍形填料的形状、尺寸和数量要求

规格/mm	最少个数[a]/m^{-3}	规格/mm	最少个数[a]/m^{-3}
弧鞍形填料		矩鞍形填料	
6	3 202 000	6	3 315 000
13	528 000	13	621 000
20	157 000	20	204 000
25	69 000	25	75 000
38	21 000	38	22 000
50	7 900	50	8 500
[a] 最少个数为随机堆放数据，仅为参考数据，不作为验收依据。			

5　尺寸公差

5.1　尺寸精度

5.1.1　拉西环、隔板环、十字隔板环及弧鞍形陶瓷塔填料的每批填料中，80%的填料的平均外径和平均高度与规定尺寸的偏差应小于±5%；100% 的填料的平均外径和平均高度与规定尺寸的偏差应小于±10%。

5.1.2　鲍尔环、矩鞍形、异鞍形、阶梯环及共轭环类陶瓷塔填料的尺寸偏差应符合相应各附录的规定，每批填料中尺寸不合格的填料数应小于 10%。

5.2　尺寸测量

使用卡尺测量环的尺寸时，应避开毛刺、凸起部位和明显的表面缺陷，以测得的最大和最小外径值之和的一半作为平均外径，以测得的最大和最小高度值之和的一半作为平均高度。

5.3　圆度

每批填料中，任何一个环的最大和最小外径之差，不得超过规定直径的 10%。

注：表 2 中只列出了规格尺寸，可按本章要求确定尺寸公差。

6　物理、化学性能要求

6.1　抗压强度

6.1.1　环形陶瓷塔填料采用径向加载方式，向整个圆筒体施加载荷时，其受力线上单位长度所能承受的载荷不低于 4.4 N/mm。对于十字隔板环，应在其两分隔板中间的圆筒体上施加载荷。

6.1.2　鞍形陶瓷塔填料采用轴向加载方式，向圆筒体轴向的外沿施加载荷时，其受力线上单位长度所能承受的载荷不低于 4.4 N/mm。

6.2　吸水率

细瓷填料的吸水率应不大于其质量的 0.5%，粗瓷填料的吸水率应不大于其质量的 3%。

6.3　耐酸度

细瓷填料的耐酸度应不低于 99.8%，粗瓷填料的耐酸度应不低于 99.7%。

注 1：陶瓷塔填料一般用于酸性或化学中性的环境中作为传质或传热介质。

注 2：陶瓷塔填料在进行耐酸度试验时，应采取随机抽样，试样制备时，不要刻意除去塔填料的表面层。

7　化学成分

7.1　陶瓷塔填料的化学成分的质量分数为：SiO_2：65%～85%；Al_2O_3：15%～30%；Fe_2O_3：≤1.5%；其他：5%～15%。化学成分仅为参考数据，不作为验收依据。

7.2　顾客有特殊要求时，也可由供需双方协商确定。

8 试验方法

8.1 抗压强度

取至少 10 个试样为一组试样，使用分度值为 0.02 mm 的游标卡尺测量试样受力线的长度。

选用具有足够压力，测力精度达 0.01 kN 的试验机，将试样置于试验机压板正中，在试样与上下压板间垫以(0.5～1.0) mm 的吸油纸垫，其放置如图 1 所示。试验时，平稳均匀地以(5～25) mm/min 或(0.5～2.5) kN/min 的速度加载，读取试样破坏时的最大压力值，用式(1)计算试样的抗压强度，以其算术平均值作为试验结果，并报告所用的加载速率。

$$P = F/L \qquad (1)$$

式中：

P——抗压强度，单位为牛顿每毫米(N/mm)；

F——压碎力，单位为牛顿(N)；

L——受力线长度，单位为毫米(mm)。

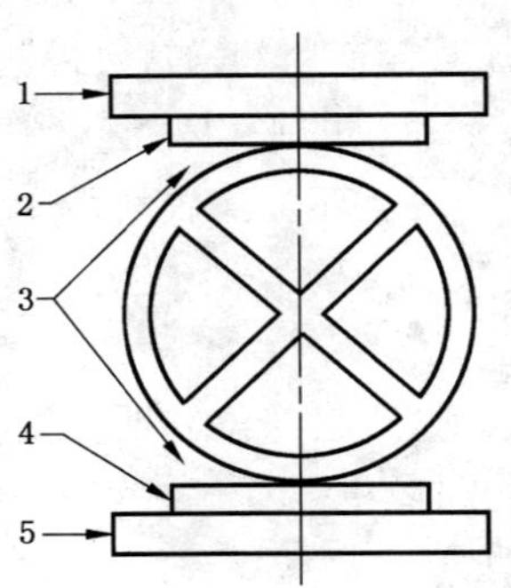

a) 环形填料试样的位置

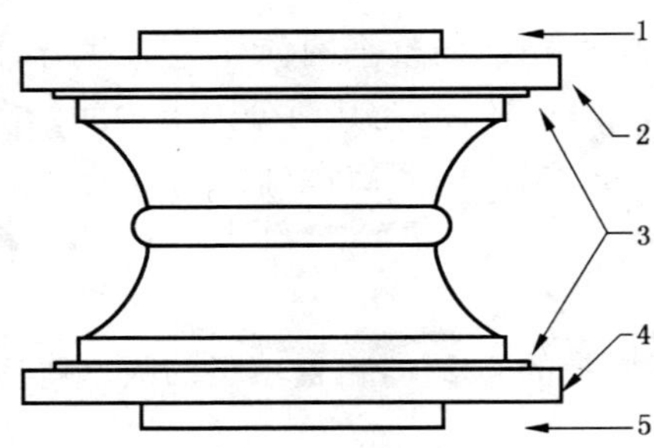

b) 鞍形填料试样的位置

1——试验机上压头；
2——硬质上压板；
3——吸油纸垫；
4——硬质下压板；
5——试验机下压头。

图 1 试样放置示意图

8.2 吸水率和耐酸度

陶瓷塔填料的吸水率和耐酸度试验按 HG/T 3210 规定进行。

9 验收

9.1 验收方式可由供需双方在购买时协商确定。

9.2 供需双方未作专门规定的，填料应按批进行检验、验收。以相同原料、相同工艺条件制成的同一规格的填料 50 m^3 作为一批，不足 50 m^3 亦按一批计，每批抽样数量为 20 个。

附 录 A
（规范性附录）
鲍尔环填料的形状、尺寸和特性参数

A.1 鲍尔环填料的外形为高度与直径相等，表面开有若干窗口，内有米字筋的圆筒体，如图 A.1 所示。

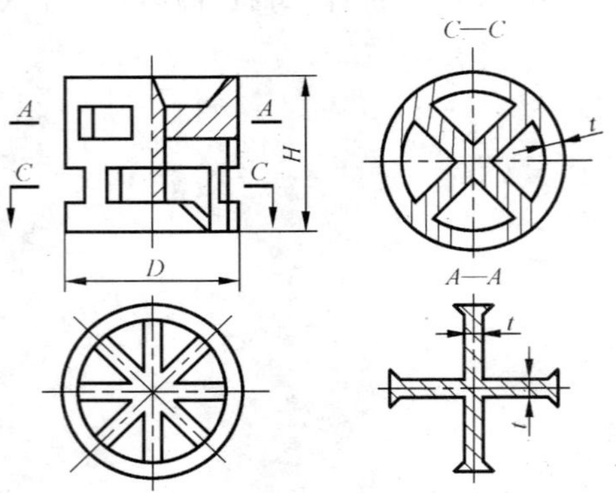

图 A.1 鲍尔环填料

A.2 鲍尔环填料的主要尺寸及其偏差应符合表 A.1 要求。

表 A.1 鲍尔环填料的主要尺寸及其偏差

单位为毫米

规格 D_N	直径 D	高度 H	壁厚 t
16	16±1.0	16±1.0	2.0±0.5
25	25±1.5	25±1.5	3.0±0.5
38	38±2.0	38±2.0	4.0±1.0
50	50±2.5	50±2.5	5.0±1.0
76	76±4.0	76±4.0	9.0±1.0

A.3 鲍尔环填料的特性参数应符合表 A.2 要求。

表 A.2 鲍尔环填料的特性参数

规格 D_N/mm	比表面积 a/(m^2/m^3)	空隙率 δ/%	堆积密度 γ_p/(kg/m^3)	堆积个数 n/m^{-3}	干填料因子 ϕ/m^{-1}
16	260	71	680	173 000	726
25	210	73	630	36 000	540
38	140	75	590	12 000	332
50	100	78	520	4 900	210
76	70	80	470	1 500	137
注：特性参数仅供参考，不作为验收依据。					

附 录 B
（规范性附录）
矩鞍形填料的形状、尺寸和特性参数

B.1 矩鞍形填料的外形为中间带有一道环筋的双曲线圆筒体作轴向对切的一半，如图 B.1 所示。

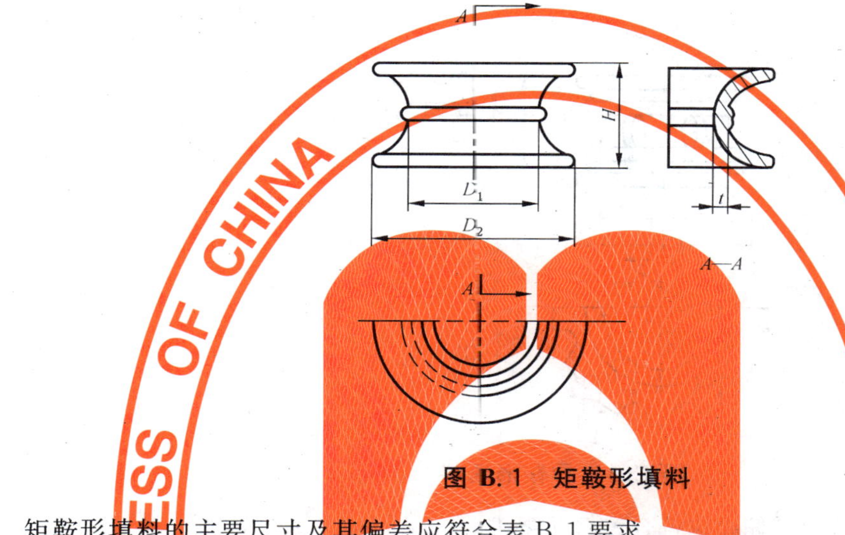

图 B.1 矩鞍形填料

B.2 矩鞍形填料的主要尺寸及其偏差应符合表 B.1 要求。

表 B.1 矩鞍形填料的主要尺寸及其偏差

单位为毫米

规格 D_N	颈部直径 D_1	外沿直径 D_2	高度 H	壁厚 t
16	16±1.0	24±1.5	12±1.0	2.0±0.5
25	25±1.5	38±2.0	19±1.0	3.0±0.5
38	38±2.0	60±3.0	30±1.5	4.0±1.0
50	50±2.5	80±4.0	40±2.0	5.0±1.0
76	76±4.0	114±4.0	57±3.0	9.0±1.0

B.3 矩鞍形填料特性参数应符合表 B.2 要求。

表 B.2 矩鞍形填料的特性参数

规格 D_N/mm	比表面积 a/(m^2/m^3)	空隙率 δ/%	堆积密度 γ_p/(kg/m^3)	堆积个数 n/m^{-3}	干填料因子 ϕ/m^{-1}
16	450	70	710	382 000	1 311
25	250	74	610	84 000	617
38	164	75	590	25 000	389
50	142	76	560	9 300	323
76	92	78	520	1 800	194
注：特性参数仅供参考，不作为验收依据。					

附　录　C
（规范性附录）
异鞍形填料的形状、尺寸和特性参数

C.1　异鞍形填料的外形为中部带有两道环筋，中间有开孔，外沿为锯齿形的双曲线圆筒体作轴向对切的一半，如图 C.1 所示。

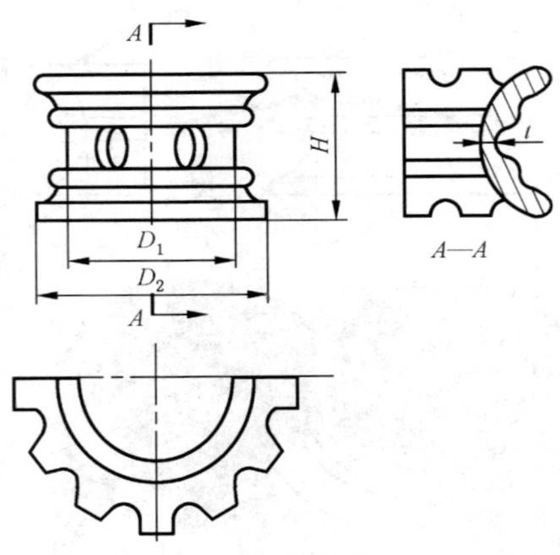

图 C.1　异鞍形填料

C.2　异鞍形填料的主要尺寸及其偏差应符合表 C.1 要求。

表 C.1　异鞍形填料的主要尺寸及其偏差

单位为毫米

规格 D_N	颈部直径 D_1	外沿直径 D_2	高度 H	壁厚 t
25	25±1.5	38±2.0	19±1.0	3.0±0.5
38	38±2.0	60±3.0	30±1.5	4.0±1.0
50	50±2.5	80±4.0	40±2.0	5.0±1.0
76	76±4.0	114±4.0	57±3.0	9.0±1.0

C.3　异鞍形填料特性参数应符合表 C.2 要求。

表 C.2　异鞍形填料的特性参数

规格 D_N/mm	比表面积 a/(m^2/m^3)	空隙率 δ/%	堆积密度 γ_p/(kg/m^3)	堆积个数 n/m^{-3}	干填料因子 ϕ/m^{-1}
25	160	78	530	52 000	337
38	102	80	480	16 000	199
50	88	81	450	7 300	166
76	58	82	430	1 600	105
注：特性参数仅供参考，不作为验收依据。					

附 录 D
（规范性附录）
阶梯环填料的形状、尺寸和特性参数

D.1 阶梯环填料的外形为表面开有若干窗口，内有米字筋的圆筒体，并在圆筒的一端增加一个喇叭形扩大口，如图 D.1 所示。

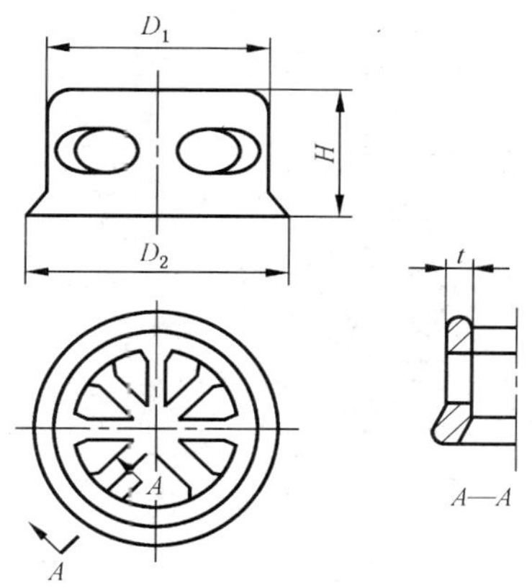

图 D.1 阶梯环填料

D.2 阶梯环填料的主要尺寸及其偏差应符合表 D.1 要求。

表 D.1 阶梯环填料的主要尺寸及其偏差

单位为毫米

规格 D_N	筒体直径 D_1	端口直径 D_2	高度 H	壁厚 t
25	25±1.5	28±1.5	15±1.0	3.0±0.5
38	38±2.0	43±2.0	23±1.5	4.0±1.0
50	50±2.5	56±3.0	30±1.5	5.0±1.0
76	76±4.0	85±4.0	46±2.0	9.0±1.0

D.3 阶梯环填料的特性参数应符合表 D.2 要求。

表 D.2 阶梯环填料的特性参数

规格 D_N/mm	比表面积 a/(m^2/m^3)	空隙率 δ/%	堆积密度 γ_p/(kg/m^3)	堆积个数 n/m^{-3}	干填料因子 ϕ/m^{-1}
25	210	73	650	72 000	540
38	153	74	630	21 600	378
50	102	76	580	9 100	232
76	75	78	530	2 500	158
注：特性参数仅供参考，不作为验收依据。					

附　录　E
（规范性附录）
共轭环填料的形状、尺寸和特性参数

E.1　共轭环填料的外形为表面开有窗口，内有米字筋，外带半喇叭口，两个半圆筒沿轴向作阶梯形对称的构件状，如图 E.1 所示。

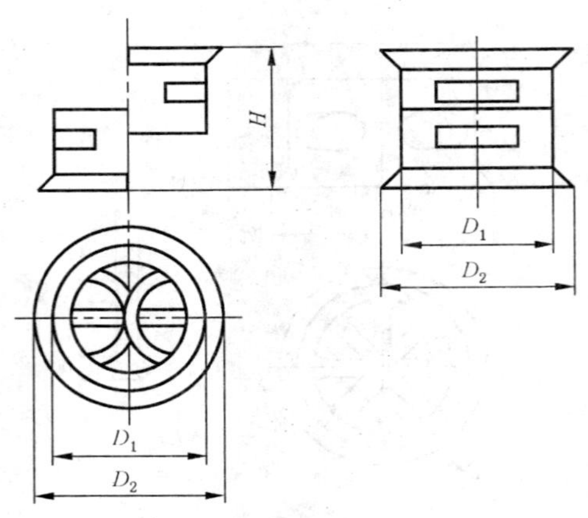

图 E.1　共轭环填料

E.2　共轭环填料的尺寸和公差应符合表 E.1 要求。

表 E.1　共轭环填料的尺寸要求

单位为毫米

规格 D_N	筒部直径 D_1	外沿直径 D_2	高度 H	壁厚 t
25	25±1.5	28±1.5	25±1.5	3.0±0.5
38	38±2.0	43±2.0	38±2.0	4.0±1.0
50	50±2.5	56±3.0	50±2.5	5.0±1.0

E.3　共轭环填料特性参数应符合表 E.2 要求。

表 E.2　共轭环填料的特性参数

规格 D_N/mm	比表面积 a/(m^2/m^3)	空隙率 δ/%	堆积密度 γ_p/(kg/m^3)	堆积个数 n/m^{-3}	干填料因子 ϕ/m^{-1}
25	175	78	520	64 000	369
38	118	80	470	14 000	230
50	72	81	450	6 300	135
注：特性参数仅供参考，不作为验收依据。					

ICS 27.060.01
J 98

中华人民共和国国家标准

GB/T 18750—2008
代替 GB/T 18750—2002

生活垃圾焚烧炉及余热锅炉

Municipal solid waste incinerator and boiler

2008-10-15 发布

2009-06-01 实施

中华人民共和国国家质量监督检验检疫总局
中国国家标准化管理委员会
发布

前　言

本标准代替 GB/T 18750—2002《生活垃圾焚烧锅炉》。

本标准与 GB/T 18750—2002 的主要差异为：

——标准名称改为“生活垃圾焚烧炉及余热锅炉”；

——第 1 章删除了处理量的描述；

——第 2 章增加了 9 个规范性引用文件：GB 50185、GB 50264、GBJ 126、GB/T 3766、GB/T 10180、GB/T 16618、ZBFGH 15、ZBFGH 16、NFPA 85，删除了 1 个规范性引用文件：GB 5085.3；

——第 3 章增加了 4 个术语：3.3 余热锅炉、3.4 机械炉排式生活垃圾焚烧炉、3.5 流化床式生活垃圾焚烧炉、3.6 回转窑式生活垃圾焚烧炉，删除了 2 个术语：生活垃圾焚烧锅炉和漏渣；

——删除了 GB/T 18750—2002 的 4.1 中按大小分类的内容；

——表 1 的生活垃圾焚烧炉处理量增加了 550 t/d～800 t/d 的分档；

——GB/T 18750—2002 的 4.2.1～4.2.3 纳入术语描述，删除了 4.2.4 的描述；

——将 GB/T 18750—2002 的 6.1.2 纳入 6.2.10；

——删除了 GB/T 18750—2002 的 6.2.13“焚烧锅炉飞灰应进行毒性鉴别”的描述；

——增加了 6.3 机械炉排式生活垃圾焚烧炉。

本标准的附录 A 为规范性附录。

本标准由中华人民共和国住房和城乡建设部提出。

本标准由中华人民共和国住房和城乡建设部城镇环境卫生标准技术归口单位上海市市容环境卫生管理局归口。

本标准负责起草单位：重庆三峰卡万塔环境产业有限公司。

本标准参加起草单位：重庆同兴垃圾处理有限公司、重庆科技学院、上海浦城热电能源有限公司、上海市环境工程设计科学研究院、江西江联能源环保股份有限公司、江苏徐州燃烧控制研究院有限公司、宁波枫林绿色能源开发有限公司、无锡市宜刚耐火材料有限公司、宜兴市中电耐磨耐火工程有限公司、杭州锅炉集团股份有限公司、深圳市市政环卫综合处理厂。

本标准主要起草人：雷钦平、王定国、刘思明、熊绍武、舒成光、陈耀华、朱新才、郑奕强、卢忠、曹秋、秦峰、安淼、雷明、裴万柱、崔德斌、陈天军、方阳升、蒋建民、蒋洪伟、曹学义、姜宗顺、林桂鹏。

本标准所代替标准的历次版本发布情况为：

——GB/T 18750—2002。

生活垃圾焚烧炉及余热锅炉

1 范围

本标准规定了生活垃圾焚烧炉及余热锅炉的分类、型号、要求、试验方法、检查和验收、标志、油漆、包装和随机文件。

本标准适用于以生活垃圾为燃料的生活垃圾焚烧炉及余热锅炉的设计、制造、调试、验收等。

掺烧非危险废物的生活垃圾焚烧炉及余热锅炉，掺烧常规燃料或用常规燃料助燃的生活垃圾焚烧炉及余热锅炉参照本标准执行。

2 规范性引用文件

下列文件中的条款通过本标准的引用而成为本标准的条款。凡是注日期的引用文件，其随后所有的修改单(不包括勘误的内容)或修订版均不适用于本标准，然而，鼓励根据本标准达成协议的各方研究是否可使用这些文件的最新版本。凡是不注日期的引用文件，其最新版本适用于本标准。

GB 1576 工业锅炉水质

GB/T 3766 液压系统通用技术条件(GB/T 3766—2001,eqv ISO 4413:1998)

GB/T 9222 水管锅炉受压元件强度计算

GB/T 10180 工业锅炉热工性能试验规程

GB/T 10184 电站锅炉性能试验规程

GB/T 12145 火力发电机组及蒸汽动力设备水汽质量(GB/T 12145—1999,neq JIS B 8223:1989)

GB/T 16508 锅壳锅炉受压元件强度计算(GB/T 16508—1996,neq ISO 5370:1992)

GB/T 16618 工业炉窑保温技术通则

GB 50185 工业设备及管道绝热工程质量检验评定标准

GB 50264 工业设备及管道绝热工程设计规范

GB 50273 工业锅炉安装工程施工及验收规范

GBJ 126 工业设备及管道绝热工程施工及验收规范

CJ/T 20 城市环境卫生专用设备 垃圾焚烧、气化、热解

CJ/T 3039 城市生活垃圾采样和物理分析方法

DL/T 561 火力发电厂水汽化学监督导则

DL/T 5047 电力建设施工及验收技术规范 锅炉机组篇

JB/T 1609 锅炉锅筒制造技术条件

JB/T 1610 锅炉集箱制造技术条件

JB/T 1611 锅炉管子制造技术条件

JB/T 1612 锅炉水压试验技术条件

JB/T 1613 锅炉受压元件焊接技术条件

JB/T 1615 锅炉油漆和包装技术条件

JB/T 1616 管式空气预热器技术条件

JB/T 1620 锅炉钢结构技术条件

JB/T 3375 锅炉用材料入厂验收规则

JB/T 5255 焊制鳍片管(屏)技术条件

TJ 36 工业企业设计卫生标准

ZBFGH 15　蒸汽锅炉安全技术监察规程

ZBFGH 16　热水锅炉安全技术监察规程

NFPA 85　多燃烧器锅炉炉膛防内爆和外爆

3　术语和定义

下列术语和定义适用于本标准。

3.1

生活垃圾焚烧处理　municipal solid waste（MSW）incineration

生活垃圾通过焚烧达到垃圾处理规定要求，生活垃圾焚烧残渣和烟气排放达到规定，质量和能量传递达到设计要求的过程。

3.2

生活垃圾焚烧炉（简称焚烧炉）　MSW incinerator（MSWI）

对生活垃圾进行焚烧处理的装置。

3.3

余热锅炉　boiler

对焚烧过程释放的能量进行有效转换的热力设备。

3.4

机械炉排式生活垃圾焚烧炉　MSW grate incinerator

采用层状燃烧方式的生活垃圾焚烧炉。

3.5

流化床式生活垃圾焚烧炉　MSW fluid bed furnace

采用沸腾燃烧方式的生活垃圾焚烧炉。

3.6

回转窑式生活垃圾焚烧炉　MSW rotary kiln furnace

采用卧式回转燃烧方式的生活垃圾焚烧炉。

3.7

生活垃圾焚烧处理量　MSW incineration capacity

单位时间内通过焚烧炉获得焚烧处理的生活垃圾质量，用 t/d（吨/天）表示。

3.8

生活垃圾焚烧残渣　MSW incineration residue

生活垃圾焚烧处理过程中产生的固态残余物的总称。

3.9

生活垃圾焚烧炉炉渣　MSW incineration slag

生活垃圾焚烧后从炉床直接排出的残渣。

3.10

生活垃圾焚烧飞灰　MSW incineration fly ash

余热锅炉灰斗排出的细灰、烟气净化系统捕集物、烟囱底部沉降的烟囱底灰。

3.11

辅助燃烧　auxiliary combustion

添加辅助燃料以确保生活垃圾稳定燃烧。

3.12

焚烧短路　short circuit in MSW incineration process

进入焚烧炉的生活垃圾未经焚烧处理而直接排出、漏出的现象。

4 分类

4.1 焚烧炉按处理量分档见表1。

表1 单台生活垃圾焚烧炉处理量分档

单位为吨每天

100,150,200,250,300,350,400,450,500,550,600,650,700,750,800
注：100 t/d、150 t/d 的原则上不采用。

4.2 焚烧炉按燃烧方式的不同分为四类(见表2)。

表2 焚烧方式分类

焚烧方式	焚烧炉	代号
层状燃烧	机械炉排式生活垃圾焚烧炉	C
沸腾燃烧	流化床式生活垃圾焚烧炉	F
回转燃烧	回转窑式生活垃圾焚烧炉	H
其他燃烧	其他焚烧炉	Q

5 型号

5.1 生活垃圾焚烧炉及余热锅炉的产品型号由三部分组成，各部分之间用短横线相连，如图1所示。

SL△×××-××/×××-×

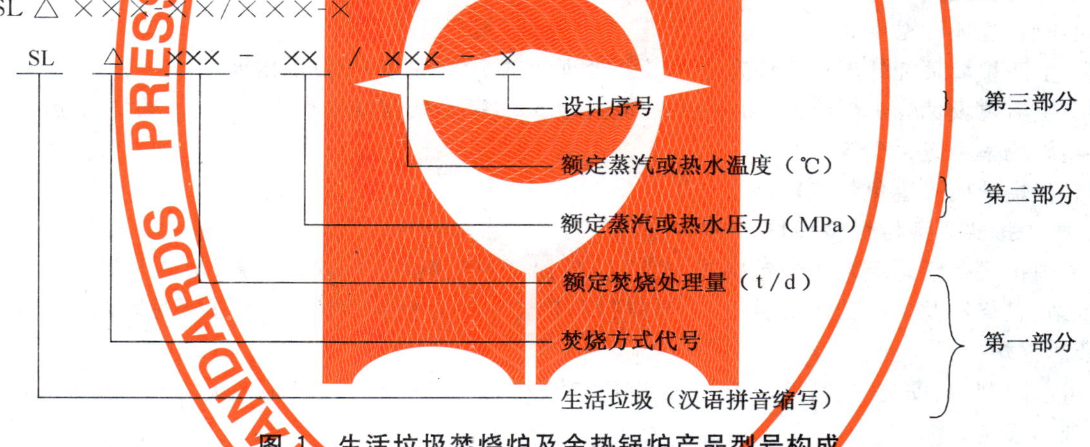

图1 生活垃圾焚烧炉及余热锅炉产品型号构成

5.2 生活垃圾焚烧炉及余热锅炉产品型号中的焚烧方式代号见表2。产品型号中的数值采用阿拉伯数字表示，型号中只写数字，不写计量单位。

5.3 设计序号用阿拉伯数字表示。原型设计产品的型号中无设计序号。

5.4 示例：生活垃圾额定焚烧处理量为600 t/d的炉排式生活垃圾焚烧炉，余热锅炉额定蒸汽压力为3.9 MPa，额定蒸汽温度为400 ℃的原型设计产品，其型号为SLC 600-3.9/400。

6 要求

6.1 入炉生活垃圾

6.1.1 水分含量不宜大于50%，灰分含量不宜大于25%，低位发热量不宜小于4.18 MJ/kg。

6.1.2 生活垃圾焚烧炉给料系统宜附设生活垃圾渗滤液汇集、外引装置，该装置应有利于生活垃圾渗滤液的后续处理。

6.1.3 低位发热量设计上限不小于6.38 MJ/kg时，生活垃圾进料槽宜设置冷却装置。

6.2 焚烧炉及余热锅炉工艺要求

6.2.1 入炉生活垃圾预热、干燥、燃烧、燃烬等焚烧各阶段应正常进行。

6.2.2 入炉生活垃圾焚烧过程中进料、分布、混合、移动、配风、排渣等应可靠、稳定。

6.2.3 焚烧助燃空气应由生活垃圾贮坑上方抽取，助燃空气的预热温度的确定应满足使用要求。

6.2.4 焚烧炉一次风和二次风的配置与调节应满足生活垃圾焚烧的要求。

6.2.5 焚烧炉及余热锅炉正常运行时，其内部应存在同时满足以下条件的气相空间高温燃烧区域：

a) 烟气温度不应低于 850 ℃；

b) 烟气含氧量不应低于 6%(湿基)；

c) 有足够的湍流强度，确保均匀混合；

d) 生活垃圾焚烧处理产生的烟气在该区域的停留时间不低于 2 s。

6.2.6 满足 6.2.5 要求的气相高温燃烧区域应采用高温燃烧炉膛、二次高温燃烧室或其他方式。

6.2.7 高温燃烧炉膛和二次高温燃烧室沿烟气流程计算时，应以同时满足 6.2.5 的四点要求的最前和最后流通截面为起止，且起止截面之间不应存在未满足 6.2.5 的区域。

6.2.8 烟道布置应有利于生活垃圾焚烧飞灰的重力分离，烟道结构应避免结渣。

6.2.9 应有可靠的密封和保温性能。从进料溜槽入口至排烟出口，运行时应处于负压密闭状态，不应有气体和粉尘泄漏；停炉时焚烧炉及余热锅炉周边环境空气应达到 TJ 36 的要求。垃圾料斗与进料槽之间应设置机械挡板。

6.2.10 低位发热量不大于 4.18 MJ/kg 时，允许采用辅助燃烧，宜采用天然气或轻柴油。但辅助燃烧的热量以使生活垃圾焚烧过程满足 6.2.5 为限。

6.2.11 当环境温度不高于 25 ℃时，炉体外壁面温度不应超过 50 ℃；环境温度高于 25 ℃时，炉体外壁面温度不应超过环境温度 25 ℃。

6.2.12 生活垃圾焚烧处理量允许在额定焚烧处理量的 70%～110%范围内波动。

6.2.13 生活垃圾焚烧炉炉渣的热灼减率不应大于 5%，额定处理量不小于 200 t/d 的生活垃圾焚烧炉炉渣的热灼减率不应大于 3%。

6.2.14 焚烧炉内应避免焚烧短路。

6.3 机械炉排式生活垃圾焚烧炉

机械炉排式生活垃圾焚烧炉包括进料斗、给料器、炉排、钢结构支撑、炉壳、灰斗及渗滤液斗、除渣机、液压站、燃烧器及炉内的耐火材料、保温材料和焚烧炉上的平台栏杆等。要求详见附录 A 的规定。

6.4 余热锅炉

6.4.1 设计、制造、安装、运行等应符合 ZBFGH 15、ZBFGH 16 规定及其他相关的安全技术规范、国家现行标准的规定。

6.4.2 蒸汽参数

6.4.2.1 设计蒸汽参数可由设计、制造单位和用户商定。

6.4.2.2 允许实际蒸发量在额定蒸发量的 70%～110%范围内波动。

6.4.2.3 过热蒸汽温度允许偏差见表 3。

表 3 过热蒸汽温度允许偏差

单位为摄氏度

额定蒸汽温度	允许偏差
≤300	+30，−20
≤350	+20，−20
≤400	+10，−20
>400	+10，−15

6.4.2.4 饱和蒸汽湿度允许偏差：水管式锅炉不应大于 3%；锅壳式锅炉不应大于 4%。

6.4.2.5 在运行中，蒸汽压力变化在符合 ZBFGH 15 、ZBFGH 16 规定的前提下，由设计图样及技术文件规定。

6.4.3 给水品质

6.4.3.1 额定蒸汽压力大于2.45 MPa时,应符合GB/T 12145的规定。

6.4.3.2 额定蒸汽压力不大于2.45 MPa时,应符合GB 1576的规定。

6.4.4 设计与制造

6.4.4.1 锅炉受压元件设计计算和重大设计更改计算应符合GB/T 9222或GB/T 16508的规定。

6.4.4.2 受压元件的材料应符合设计图样和技术文件的规定,材料代用应按规定程序审批。

6.4.4.3 受压元件所用钢材和焊接材料的质量应符合国家现行标准,应有材料质量证明书,并按JB/T 3375进行入厂检验,合格后方可使用。

6.4.4.4 主要零部件制造应符合JB/T 1609、JB/T 1610、JB/T 1611、JB/T 1612、JB/T 1616、JB/T 1620和JB/T 5255的规定。

6.4.4.5 焊接焊缝应符合JB/T 1613的技术要求。

6.4.4.6 水压试验应符合JB/T 1612的技术要求。

6.4.4.7 锅炉炉膛可采用膜式水冷壁结构或耐高温墙体结构,应能适应高温、磨损、腐蚀、热膨胀等复杂工作条件,膜式水冷壁炉膛下部可按垃圾设计热值设置卫燃带,以利稳定燃烧。

6.4.4.8 锅炉受热面设计应避免高温腐蚀、低温腐蚀、灰垢腐蚀和垢底腐蚀。应防止灰粒粘结、冲蚀及磨损,应配置清渣除灰装置。

6.4.4.9 锅炉安全装置和各表计的设置、选配应符合ZBFGH 15 、ZBFGH 16的要求。

6.5 其他总体要求

6.5.1 生活垃圾焚烧炉及余热锅炉的结构和热力设计应紧凑、合理,能适应生活垃圾成分和发热量在较大范围内变化。

6.5.2 生活垃圾焚烧炉及余热锅炉排放的烟气应与后续烟气净化系统的要求相匹配。

6.5.3 应设置各类必要的监测表计、调节机构、试验装置、观测检查孔和门、阀门。

6.5.4 所有与生活垃圾、生活垃圾渗滤液、烟气、焚烧空气、生活垃圾焚烧残渣接触的组件、部件和零件,在选材时都应考虑耐腐性能要求。

6.5.5 生活垃圾焚烧炉及余热锅炉的热效率不应低于75%。

6.5.6 生活垃圾焚烧炉及余热锅炉的使用寿命不应小于1.6×10^5 h。

6.5.7 生活垃圾焚烧炉及余热锅炉应易于现场安装,运行操作和巡检方便,维护和检修工作量小,受热面外部生活垃圾焚烧飞灰清理和内部污垢清洗方便。

6.5.8 安装工程应按安装图及有关技术文件的要求执行,额定蒸汽压力不大于2.45 MPa时,应符合GB 50273的规定;额定蒸汽压力大于2.45 MPa时,应符合DL/T 5047的规定。

7 试验方法

7.1 入炉生活垃圾的水分、灰分和发热量按CJ/T 3039的规定测定。

7.2 生活垃圾焚烧炉炉渣热灼减率的测定和计算应符合CJ/T 20的规定。

7.3 余热锅炉安装完毕后,应按JB/T 1612的规定进行水压试验。

7.4 生活垃圾焚烧炉及余热锅炉应按GB/T 10184或GB/T 10180的规定进行热工试验。

7.5 额定蒸汽压力不大于2.45 MPa时,锅炉水质应按GB 1576的规定化验;额定蒸汽压力大于2.45 MPa时,锅炉水质按DL/T 561的规定监督。

7.6 具有运动部件的生活垃圾焚烧炉的冷态试车和出厂

7.6.1 整装的生活垃圾焚烧炉及余热锅炉,应在出厂前进行总装冷态试车。

7.6.2 散装的生活垃圾焚烧炉及余热锅炉,若为第一次设计的产品,应在厂内至少抽一台总装并冷态试车;图样、工艺元件相同的产品,宜每年在厂内总装一台(套)并冷态试车。

7.6.3 生活垃圾焚烧炉及余热锅炉现场安装后应进行冷态试车。

7.6.4 制造单位内或现场的冷态试车连续运转时间应不少于 48 h，期间应动作平稳顺畅、转动灵活、无异响，不应出现跑偏、隆起、卡住、断片、偏心、刻蚀、局部摩擦过热、平面偏倾等缺陷，距任何活动件 1 m远的任何地方的噪声不应超过 80 dB(A)，润滑油温和液压油温不得超过规定温度。

7.7 用户可按照本标准的规定，检查生活垃圾焚烧炉及余热锅炉的制造质量和考核产品性能指标。未达到本标准要求的生活垃圾焚烧炉及余热锅炉，设计、制造、建设、运行单位可在一年内进行不超过三次的全面消缺、改进和重新调试以达到本标准的规定要求。否则为不合格产品。

8 检查和验收

8.1 生活垃圾焚烧炉及余热锅炉应按本标准质检合格，并附质量证明书方可出厂，质量证明书应符合 ZBFGH 15 、ZBFGH 16 的要求。

8.2 生活垃圾焚烧炉及余热锅炉安装工程施工验收应符合 GB 50273 或 DL/T 5047 的规定。

8.3 生活垃圾焚烧炉及余热锅炉应经调试达到设计工况并连续稳定运行 72 h+24 h，同时按合同要求提供下列测试报告，方可验收。

a) 热工测试报告；

b) 烟气污染物排放测试报告；

c) 生活垃圾焚烧飞灰成分毒性及环境污染指标测试报告；

d) 生活垃圾焚烧锅炉噪音测试报告；

e) 生活垃圾焚烧炉炉渣热灼减率测试报告。

9 标志、油漆、包装和随机文件

9.1 生活垃圾焚烧炉及余热锅炉应在明显位置装有固定的金属铭牌。铭牌内容至少应包括：

a) 制造单位名称；

b) 产品型号和名称；

c) 额定焚烧处理量(t/d)；

d) 额定蒸发量(t/h)或额定热功率(MW)；

e) 额定蒸汽或热水压力(MPa)；

f) 额定蒸汽或热水温度(℃)；

g) 制造单位产品编号；

h) 制造日期；

i) 制造单位余热锅炉制造许可证级别；

j) 制造单位余热锅炉制造许可证编号；

k) 监检单位名称和监检标记。

9.2 生活垃圾焚烧炉及余热锅炉的油漆、包装应符合 JB/T 1615 的规定。

9.3 生活垃圾焚烧炉及余热锅炉产品应提供下列图样及技术文件：

a) 产品总清单、供应用户图样及技术文件、包装清单、备件清单各两份；

b) 总图、基础荷重图、主要承压部件图、筑炉图、安装图、热膨胀系统图、测点布置图、易损件清单及图、焚烧炉总图、焚烧炉主要组件图各两份；

c) 受压元件强度计算书、受压部件重大设计更改资料、安全阀排放量计算书、安全阀质量合格证、热力计算书(或计算结果汇总表)、烟风阻力计算书(或计算结果汇总表)、汽水阻力计算书(或计算结果汇总表)各两份；

d) 安装、使用说明书各两份；

e) 产品质量证明书(出厂合格证、金属材料证明、焊接质量证明和水压试验证明)一份；

f) 其他用户和制造单位商定的特别执行工序的有关资料和特别提供的图样和文件。

附 录 A
（规范性附录）
机械炉排式生活垃圾焚烧炉技术要求

A.1 进料斗及溜槽

A.1.1 溜槽内应有一定的料柱高度，确保垃圾燃烧所产生的烟气不外逸。同时，减少给料时对料斗和给料器的冲击。

A.1.2 在进料斗和溜槽之间设置液压驱动的机械挡板，避免启炉时热空气的外逸。同时在燃烧过程中避免垃圾架桥时火焰通过进料斗外窜。

A.1.3 溜槽下部和上部之间宜设置膨胀节。

A.1.4 进料斗宽度尺寸应大于垃圾抓斗展开的最大尺寸，保证垃圾能顺利进入进料斗。

A.1.5 溜槽应有足够的容量。

A.1.6 进料斗及溜槽应有合理的倾角，确保垃圾顺利下行，尽可能避免出现滑料和垃圾架桥两种情况的产生。

A.1.7 溜槽下部内层需设置耐火层，减少热量散失和结构的变形。

A.1.8 针对高热值垃圾，溜槽可设冷却装置。

A.2 给料器

A.2.1 给料器由给料平台、给料小车和中间隔墙组成，根据垃圾焚烧炉处理能力大小，确定小车的数量。

A.2.2 给料器采用液压或机械驱动，给料量的大小根据垃圾焚烧情况可调。

A.2.3 给料器能均匀给料并能有效预防滑料。

A.2.4 给料器应具备耐磨、耐腐蚀、耐高温的能力。

A.3 炉排

A.3.1 炉排为机械炉排，根据垃圾焚烧状况，炉排运动速度可调。

A.3.2 炉排的倾角应满足垃圾的燃烧和排渣。

A.3.3 炉排的分段设置应有利于垃圾的干燥、燃烧、燃尽和排渣。

A.3.4 炉排的铸件应耐高温、耐磨、耐腐蚀和抗冲击，使用寿命不小于 3 年，炉排片进风孔的设置应满足燃烧风量的要求，使用过程中不易堵塞。

A.3.5 炉排机械强度满足焚烧炉机械负荷的要求，传动机构合理可靠，炉排运行平稳。

A.3.6 炉排框架的防腐应满足高温、腐蚀性气体等恶劣工作环境。

A.3.7 炉排铸件与侧壁间应采用合适的密封结构，保证炉排运动自如和合理的炉排热膨胀量，“生料”不会从间隙漏到一次风室。

A.3.8 炉排运动机构的润滑应满足高温、高粉尘和腐蚀气体等恶劣的工作环境。

A.3.9 距焚烧炉任何活动部件 1 m 处任何地方的噪音不应超过 80 dB(A)。

A.4 钢结构支撑

A.4.1 钢结构支撑应满足安全原则。

A.4.2 给料器和炉排的安装面应平整。

A.5 炉壳

A.5.1 炉壳的几何形状满足垃圾焚烧的需要，炉壳的强度和刚度应满足支撑耐火材料及其他附属设施。

A.5.2 炉壳上应设置二次风口、检测孔和观火孔。

A.5.3 与余热锅炉的联接应采用可合理吸收热膨胀的结构。

A.5.4 炉壳与给料器、溜槽和炉排之间应设置密封装置。

A.5.5 根据入炉垃圾的低位发热量设计值来选择合适的炉墙结构。

A.5.6 炉拱的设置应满足生活垃圾焚烧着火需热和烟风混合的要求。

A.5.7 炉拱材料应容易浇铸和修补，不易烧损，炉拱线型应便于施工。

A.5.8 可根据垃圾热值情况设置渗滤液回喷口。

A.6 灰斗及渗滤液斗

A.6.1 灰斗个数及大小的设置应与炉排燃烧分段相适应。

A.6.2 灰斗的倾角应有利于灰渣的排出。

A.6.3 灰斗出口应设置与卸灰装置联接的法兰。

A.6.4 渗滤液斗应满足给料器下部渗滤液的收集，并留与排液管相联接的法兰。

A.7 除渣机

A.7.1 应满足对生活垃圾焚烧炉炉渣的冷却和除渣要求，同时起到焚烧炉出渣口与外界的隔离作用。

A.7.2 除渣机的前后腔及推头体应设耐磨、耐蚀的衬板，并方便更换。

A.7.3 除渣机采用液压驱动。

A.7.4 除渣机应设水位控制器。

A.8 液压站

A.8.1 该液压站应控制整个焚烧炉的执行元件，即：进料斗与溜槽间的密封隔离门、给料器、炉排、料层厚度调节装置和除渣机。

A.8.2 一套焚烧炉宜设一个液压站，液压站提供整个焚烧炉的液压动力源及动作控制。

A.8.3 液压控制系统对于给料器和炉排宜采用比例阀调节系统。

A.8.4 液压系统除执行元件外，其余的站内的控制和保护采用 PLC 控制，应留有与中控室 DCS 的接口。

A.8.5 液压油为阻燃抗磨液压油，油的清洁度应达到 NAS 1638 7 级。

A.8.6 液压系统通用技术条件应满足 GB/T 3766。

A.9 启动燃烧器和助燃燃烧器

A.9.1 启动燃烧器用于焚烧炉启炉时投入运行，助燃燃烧器是入炉垃圾热值达不到低位热值时，气相空间高温燃烧区域不能满足 6.2.5 要求时，需要投入运行，并用于焚烧炉启动时对垃圾进行点火。

A.9.2 燃烧器的控制和保护采用 PLC 控制。应留有与中控室 DCS 的接口。

A.9.3 燃烧器应具备自动点火、功率调节、熄火保护等功能。

A.9.4 燃烧器具有一定的调节比，燃烧过程要稳定，能向炉内连续供热。

A.9.5 燃烧器火焰的方向、外形、刚性和铺展性符合炉型及工艺的要求。

A.9.6 燃烧器的设计、控制应符合 NFPA 85 的规定。

A.10 耐火保温材料

A.10.1 焚烧炉原则上应设计成重型绝热结构炉墙，在垃圾推进区、干燥区、气化熔融区、燃烬区、生活垃圾焚烧炉炉渣冷却区及排渣区、炉膛烟气出口区等均应合理布置耐火保温材料，以满足不同部位的工况要求。

A.10.2 焚烧炉匹配不同余热锅炉时，余热锅炉的第一通道、锅炉主灰斗、各类门孔及密封罩、烟气连通罩、省煤器等亦应相应合理设计耐火保温材料。

A.10.3 耐火材料、保温材料及其厚度的选择，应通过传热计算和稳定性计算确定。

A.10.4 与耐火保温材料密切相关的金属锚固支撑件应与耐火保温材料配套设计，以满足炉体结构稳定性的要求。

A.10.5 耐火保温材料应符合 GB/T 16618、GBJ 126、GB 50185、GB 50264 的要求。

A.11 平台栏杆

A.11.1 平台栏杆的设置应满足人员通行和设备检修的需要和安全需要。
